教育部高等学校材料类专业教学指导委员会规划教材

材料化学

第3版

曾兆华 杨建文 主编
刘 卫 黄 盛 参编

MATERIALS CHEMISTRY

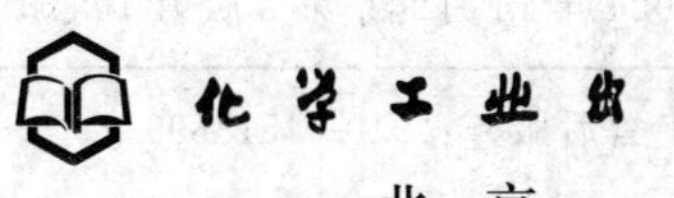

·北 京·

内容简介

《材料化学》（第3版）主要围绕材料的结构、性能、制备、应用这四个要素展开，介绍了材料化学的基础知识，并把化学原理和方法渗入其中，层层递进，构筑一个内容完整、结构明晰的材料化学体系。具体内容包括绪论、材料中的化学、材料的结构、材料的性能、材料的制备、电子与微电子材料、光子材料、生物医用材料、高性能复合材料、纳米材料、能源材料、环境材料。

《材料化学》（第3版）可供高等院校材料类、化学化工相关专业师生教学使用，也可供相关专业从业人员参考。

图书在版编目（CIP）数据

材料化学/曾兆华，杨建文主编；刘卫，黄盛参编．—3版．—北京：化学工业出版社，2022.8（2024.11重印）

ISBN 978-7-122-41647-6

Ⅰ.①材… Ⅱ.①曾…②杨…③刘…④黄… Ⅲ.①材料科学-应用化学-教材 Ⅳ.①TB3

中国版本图书馆CIP数据核字（2022）第100362号

责任编辑：陶艳玲　孙凤英　　装帧设计：史利平

责任校对：李雨晴

出版发行：化学工业出版社（北京市东城区青年湖南街13号　邮政编码100011）

印　　装：河北延风印务有限公司

787mm×1092mm　1/16　印张24　字数586千字　　2024年11月北京第3版第4次印刷

购书咨询：010-64518888　　售后服务：010-64518899

网　　址：http://www.cip.com.cn

凡购买本书，如有缺损质量问题，本社销售中心负责调换。

定　　价：69.00元

前 言

在2013年出版的《材料化学》第2版的架构中，主要围绕材料的结构、性能、制备、应用这四个要素展开，并把化学原理和方法渗入其中，层层递进，以期构筑一个内容较为完整、结构较为明晰的材料化学体系。本次教材修订改版总体上仍保留了第2版的思路脉络，基于教材第2版出版以来的使用情况，对原教材在结构和内容上进行了适当的调整和完善。首先，把原来包含在各章节中的化学基础知识提取出来作为单独一章（第2章），并在该章中增加了电化学基础的内容，原第4章“材料化学热力学”的内容作为基础知识合并到第2章中。通过这样的调整，使教材的结构更明晰，更有层次感。其次，考虑到当今社会对于能源和环境问题的关注度越来越高，在这次修订改版中增加了能源材料（第11章）和环境材料（第12章），第3版教材在新材料领域方面将更加完备。最后这次对第2版中的第6章“电子与微电子材料”和第7章“光子材料”进行了较大规模的压缩修订，着重突出这两大类材料所涉及的化学方面的内容。

与第2版类似，第3版的前5章在内容上更系统，基本上可以自成一体，因此可以把前5章作为授课主体内容。后7章涉及材料的多个领域，可以根据专业特点、授课对象的水平层次以及课时数等实际情况，有选择性地进行介绍或作为学生的扩展阅读材料。

本书第3版的第1～5章以及第8章、第10章、第12章由曾兆华编写，第6章、第7章和第9章由杨建文编写（本版中第6章、第7章由曾兆华作了修订），第11章由刘卫和黄盛共同编写。本次修订，得到了中山大学材料科学与工程学院的大力支持，考虑到材料化学课程建设的需要，邀请刘卫和黄盛两位老师参与编写，孟跃中老师和宋树芹老师对教材编写和课程建设给予了有益的建议和支持，在此感谢。

希望本书对材料化学的教学及材料领域相关工作有所帮助，也恳请各位教师、学生和其他读者对本书中的疏漏和不足给予指正。最后，感谢在教学中采用本教材的师生，您的支持是我们不断改进、完善教材的动力。

编者

2022年春于中山大学康乐园

第一版前言

能源、信息和材料被认为是当今社会发展的三大支柱，其中材料更是科学技术发展的物质基础，没有先进的材料，就没有先进的工业、农业和科学技术。从世界科技发展史看，重大的技术革新往往起始于材料的革新，而近代新技术（如原子能、计算机、集成电路、航天工业等）的发展又促进了新材料的研制 。因此，近年来材料科学技术受到人们的普遍重视并获得迅猛发展。

材料化学伴随着材料科学的发展而诞生和成长，它是材料科学的重要组成部分，又是化学学科的一个分支。材料化学从分子水平到宏观尺度认识结构与性能的相互关系，从而调节改良材料的组成、结构和合成技术及相关的分析技术，并发展出新型的具有优异性能的先进材料。

目前很多高等学校的化学类专业开设了材料化学这门课程。我们基于几年来对这门课程的教学体会，并吸取了国内外同类教材及相关专业述著的精华，编写了这本《材料化学》。

本书的第2～5章涉及材料的结构、性能、制备等材料化学的基本内容；第6～9章则以四大类材料（金属材料、无机非金属材料、高分子材料和复合材料）为主线，对不同种类的材料进行介绍，其中涉及各种现代先进材料如高性能金属材料、功能陶瓷、电子信息材料、生物医用材料、航空航天材料、能源材料、感光材料等，叙述各种材料的性能和行为与其成分及内部组织结构之间的关系。另外，纳米材料从组成来看，可以是四大类材料（金属材料、无机非金属材料、高分子材料和复合材料）中的一种，但其尺度和特性却与传统材料有着明显的差异，因此本书最后另辟一章（第10章）专门介绍纳米材料。

本书可作为高等学校材料化学课程的教材，也可作为材料科学工作者的参考书。本书第1～5章、第10章由曾兆华编写，第6～9章由杨建文编写。希望本书对材料化学的教学及材料相关工作能有所帮助，也恳请大家对本书出现的不足给予指正。

编　者

2008年1月

第二版前言

本书自2008年出版以来，已有5年时间。鉴于材料科学领域近年来发展迅速，以及本书使用过程中发现的一些问题，有必要对本书加以修订。

本书第二版的基本架构与第一版相同，但在内容上做了适当调整。整体上仍然分为两部分，第一部分（第2～5章）主要包含材料化学的基本内容，涉及材料的结构、性能、制备和材料化学热力学；第二部分（第6～10章）具体介绍各类高性能材料或功能材料。其中在第二部分的内容上调整较大。第一版的第二部分按四大类材料（金属材料、无机非金属材料、高分子材料以及高性能复合材料）和纳米材料进行逐章介绍，内容上较系统，但有些宽泛。在第二版中，我们主要是按材料的不同应用领域分章介绍，包括电子与微电子材料、光子材料、生物医用材料这些当今应用广泛和备受关注的新型材料，加上第一版原有的高性能复合材料和纳米材料，共5章。此外，第二版中的第一部分的内容进行了相应的调整充实。例如在原版的第6～8章中包含有金属材料、无机非金属材料、高分子材料的结构和制备的相关内容，而在第二版中都融合到第一部分相应章节中；考虑到材料界面和表面特性在材料研究和应用中的重要性，在第4章“材料化学热力学”中增加了“材料界面热力学”；在第5章“材料的制备”中增加了“自组装技术”。这样，第二版的前5章在内容上更系统，基本上可以自成一体。对于少课时（36课时及以下）的材料化学课程来说，可以把前5章作为授课主体内容，后5章作为扩展阅读材料。对于较多课时的课程来说，可以根据专业特点、授课对象的水平层次以及课时数等实际情况，对后5章的内容有选择性地进行介绍。

本书第二版的第1～5章以及第8章、第10章由曾兆华编写，第6章、第7章和第9章由杨建文编写。希望本书对材料化学的教学及材料领域相关工作有所帮助，也恳请教师和读者对本书出现的不足给予指正。特别是对于一直使用本书第一版作为授课教材的各校教师，如果对改版后本书在内容和结构上的改变有不同看法，希望大家给予意见及建议。正是大家对本书（第一版）的认可和采用，并给予了不少宝贵建议，使我们有动力投入时间和精力对本书进行了较系统和细致的修订。

编　者

2013年春于中山大学

目 录

第1章 绪论

第2章 材料中的化学

第4章 材料的性能

第5章 材料的制备

第6章 电子与微电子材料

第7章 光子材料

第10章 纳米材料

第11章 能源材料

第1章

绪论

1.1 材料与化学

材料化学（materials chemistry）从字面上理解，应该是与材料相关的化学学科的一个分支。材料（materials）是具有使其能够用于机械、结构、设备和产品的性质的物质。具体来说，材料首先是一种物质，这种物质具有一定的性能（performance）或功能（function），从而为人们所使用。材料与化学试剂（chemicals）不同，后者在使用过程中通常被消耗并转化成别的物质，而材料则一般可重复、持续使用，除了正常损耗，它不会不可逆地转变成别的物质。另外，化学的研究对象就是物质，化学是关于物质的组成、结构和性质以及物质相互转变的学科。把材料学与化学结合起来，可以从分子水平到宏观尺度认识结构与性能的相互关系，从而调节改良材料的组成、结构和合成技术及相关的分析技术，并发展出新型的具有优异性质与性能的先进材料。实际上，材料领域中有很多方面涉及化学问题，包括材料的化学组成及结构，材料的性能或功能，材料的制备加工以及一些与材料应用相关的化学问题。因此，可以把材料化学简单描述为关于材料的结构、性能、制备和应用的化学。

材料在人类发展历史中占有重要地位，早期人类文明划分为石器时代（Stone Age）、青铜器时代（Bronze Age）、铁器时代（Steel Age），正是以各时期所使用的有代表性的材料为标志。石器时代分为旧石器时代（Old Stone Age or Paleolithic）和新石器时代（New Stone Age or Neolithic）。旧石器时代历时100万年以上，这期间地球上的气候、环境发生较大变化，人类在体质演化上经历了直立人阶段、早期智人阶段和晚期智人阶段，体态由猿人向现代人逐渐进化，脑容量不断增加。整个旧石器时代都以打制石器作为标志。打制石器由简单、粗大，向规整、细小发展，石器的种类不断增多。旧石器时代晚期还发明了骨器磨光技术和骨、石器钻孔技术。新石器时代处于约1万年～4千年前，其标志为陶器和农业的出现。新石器时代人类开始定居下来，从事原始农业生产，并把一些野生动物驯化成家畜，从而有了比较稳定的食物来源。人类还改进渔猎手段，从事制陶、纺织、木作等手工生产。

青铜器时代是以使用青铜器为标志的人类物质文化发展阶段。青铜是古代人类有意识地将铜与锡或铅配合而熔铸成的合金，硬度较纯铜高，含锡10%的青铜，硬度为红铜的4.7倍。熔化的青铜在冷凝时的体积略有胀大，所以填充性较好，气孔也少，再加上其熔点（700～900℃）比红铜的熔点（1083℃）低，所以容易熔化和铸造成型。这都使青铜在应用上具有更广泛的适应性，所以青铜的生产发展很快。中国的青铜器时代为夏、商、西周和春秋战国时期。在商代的手工业中，青铜工具如斧、锯、凿、锥等已广泛使用，青铜兵器也日益增多。青铜工具在生产中的效用，使青铜冶铸技术日益重要，因而能获得飞速的发展。

铁器时代约开始于公元前1500～公元前1000年，以能够冶铁和制造铁器为标志。人们最早知道的铁是陨石中的铁，地球上的天然铁是少见的，所以铁的冶炼和铁器的制造经历了一个很长的时期。当人们在冶炼青铜的基础上逐渐掌握了冶炼铁的技术之后，铁器时代就到来了。铁器坚硬、韧性高、锋利，胜过石器和青铜器。

在这几个时代中，人类先是使用天然材料（石头、骨），然后对天然材料进行加工（打制、磨光、钻孔等），进而人工合成材料（制陶、炼铜、炼铁）。炼铁技术的出现使材料的制备与应用进入了一个全新的领域。现在人们可以从矿石中通过一定的化学过程提炼出金属，但在此之前，金属是相当稀有的。即使在青铜器时代出现了从铜矿石提炼纯铜或青铜的技术，但这些矿石本身也不是随处可得，这显著地限制了这类金属的大范围使用。直到炼铁技术的出现，才得以在实际应用中广泛采用金属作为材料，这得益于铁矿石的储量丰富和分布广泛。显然，早期文明的发展中，金属是最有影响力的材料，而化学则与这些材料的生产密切相关，尽管当时还没有化学这个概念。从铁的冶炼中，我们可以体会化学在材料生产中所起的作用。不同于金和铜，在自然界中很难获得单质的铁，而必须通过化学方法从铁矿石（氧化铁）中提炼得到。把赤铁矿（Fe_2O_3）与碳一起加热，发生如下反应：

$$3Fe_2O_3 + 11C \longrightarrow 2Fe_3C + 9CO$$

$$Fe_2O_3 + 3C \longrightarrow 2Fe + 3CO$$

Fe_3C称为渗碳铁（cementite），质硬而脆，纯铁则是较软且有延展性。这两者形成复合材料，也就是所谓碳钢，也简称钢。当碳的浓度太高时，复合物中渗碳铁比例过高，所得产品太脆，因而用处不大。通过反复地加热、锻打，可以除去部分碳以及硅酸盐（炉渣），同时铁表面形成黑色的氧化物FeO，该氧化物又可以与碳化铁反应生成铁：

$$Fe_3C + FeO \longrightarrow 4Fe + CO$$

所得的单质铁与原来的渗碳铁复合，形成性能良好的碳钢。

早期人类当然不知道这些反应过程的存在，其所基于的基本概念也远远超出当时人们的想象。像所有早期的材料那样，钢的生产纯粹凭经验工艺。随着人们对基本化学原理的逐渐理解，并且认识到热和物理处理对物质微结构的影响关系，出现了各种钢制品精炼工艺技术，由此生产出性能优良而价值更高的碳钢和合金钢。化学的发展往往导致材料技术的实质性进步。在新材料的研发和材料工艺的发展中，化学一直担当着关键的角色。20世纪初出现的合成高分子就是最好的例子。

作为天然有机聚合物，木材和其他植物纤维是人类最早使用的材料。木材作为结构材料一直使用至今，不过现在是常常把木材与合成有机聚合物复合，以改善性能、降低价格以及减轻对绿化的破坏。古代中国发明了造纸，使木材有了另一重要用途。化学对实用合成高分子材料发展的首次重要影响出现在1839年，当时美国人查尔斯·古德伊尔（Charles Goodyear）发现把天然橡胶与硫黄一起加热，可改善其弹性，减小黏结性。在该项成果发展成为商业产品的过程中，出现了另一种从天然材料通过化学处理而成的产品——硝酸纤维素，它可以用来制造火药棉（gun cotton）和赛璐玢（cellophane，也称玻璃纸）薄膜。这些材料衍生于天然高分子，可以归类为半合成材料。首个商业化的全合成高分子出现在20世纪初，美籍比利时裔化学家里奥·贝克兰（Leo Baekeland）利用苯酚与甲醛反应制备得到酚醛塑料，这是一种热固性高分子，俗称电木（Bakelite）。对高分子的研究始于20世纪20年代的赫尔曼·施陶丁格（Hermann Staudinger）的工作，直到50年代，其间包括赫尔曼·马克

(Herman Mark)、库尔特·迈耶(Kurt Meyer)、华莱士·卡罗瑟斯(Wallace Carothers)和保罗·弗洛里(Paul Flory)等的工作，对高分子的结构、键合和反应逐渐产生了科学认识，这时才产生合成高分子产品的实用工艺。这是合成材料的一次革命，其标志是尼龙、人造纤维、特氟隆(teflon，聚四氟乙烯)和莱克桑(lexan，聚碳酸酯)等商业产品的出现。今天有机高分子已经成为我们日常生活中的一部分。因此有人把这个高分子工业发展时期称为合成材料时代，跟随在铁器时代之后。

纳米结构材料(nanostructural materials)发展自20世纪80年代中期。纳米级结构材料简称为纳米材料，是指其结构单元的尺寸介于1～100nm范围之间。由于它的尺寸已经接近电子的相干长度，它的性质因为强相干所带来的自组织使得性质发生很大变化。并且，其尺度已接近光的波长，加上其具有大表面的特殊效应，因此其所表现的特性，例如熔点、磁性、光学、导热、导电特性等，往往不同于该物质在整体状态时所表现的性质。化学在纳米材料发展中起着关键作用，层出不穷的纳米结构材料如纳米半导体薄膜、纳米线、纳米管、纳米陶瓷、纳米瓷性材料和纳米生物医学材料等，得益于分子设计和化学合成技术的创新及进步。

1.2 材料的分类

材料一般按其化学组成、结构进行分类。通常，基本固态材料可分为金属、无机非金属、聚合物。复合材料(composites)是由两种或多种基本材料相结合而构成的，其组成、结构和性能特点有别于上述三类基本固态材料，因此应独立作为一类材料考虑。这样，可把材料分成金属材料、无机非金属材料、聚合物材料和复合材料四大类。若按照材料使用时对性能的侧重点不同，则可分为结构材料和功能材料。结构材料主要用作产品、设备、工程等的结构部件，因而关注其强度、韧性、抗疲劳等力学性质；功能材料则着重考虑其光、电、磁等性能，用于制作具有特定功能的产品、设备、器件等。此外，随着材料科学的迅猛发展，各种不同功能和用途的新材料层出不穷，在不同的场合，人们可能更关注材料的功能或用途，因此材料也可以按功能或用途划分为导电材料、绝缘材料、生物医用材料、航空航天材料、能源材料、电子信息材料、感光材料等。

(1) 金属材料(metallic materials)　金属材料通常由一种或多种金属元素组成，其特征是存在大量的离域电子，也就是说，这些电子并不键合在特定原子上。金属的很多特性都可归因于这些离域电子，例如良好的导电导热性、抛光表面的反光性、金属光泽、延展性、塑性等。除汞外，所有金属在常温下都是固体。青铜和铁作为金属材料已有数千年的使用历史。今天，钢材在建筑、桥梁、设备等广泛用作结构材料，铜材则常常作为导电材料使用。材料科学的发展赋予金属材料各种新特性，形成各种各样的新型金属材料，如超塑性合金、形状记忆合金、储氢合金等。

(2) 无机非金属材料(inorganic non-metallic materials)　无机非金属材料包括陶瓷、玻璃、水泥等化合物材料，以及一些由无机元素组成的单质材料如单晶硅、金刚石、石墨。其中陶瓷占了很大一部分。国外很多材料科学教科书在材料分类中都以陶瓷(ceramics)代替无机非金属材料，ceramics这个词在意义上几乎等同无机非金属材料，而把半导体材料单独作为一类。陶瓷是由金属与非金属之间组成的化合物，例如氧化物、硫化物、氮化物、碳化物以及硅酸盐、碳酸盐等。此类材料通常是电和热的不良导体，材质通常硬而脆。可用作结构材料、光学材料、电子材料等。传统陶瓷一般以天然原料通过煅烧等手段进行加工制造而成，其制品如卫生洁具、器皿等在日常生活中应用广泛。而现在的材料研究及应用侧重于以精制的高纯天然无机物或人工合成无机化合物为原料，采用特殊工艺烧结制造，这样的陶瓷可称为精细陶瓷。精细陶瓷具有各种优异性能或功能，主要用于工业技术，特别是高新技术方面。

半导体材料有单质（如单晶硅）和化合物（如砷化镓、磷化铟、磷化镓等）。半导体的电性质介于导体和绝缘体之间，微量杂质或晶体缺陷的存在对这种材料的电性质往往产生巨大影响，这种特性成了半导体材料应用的关键。半导体材料是制造大规模集成电路的关键材料，此外，还用于制造固态激光器、发光二极管、晶体管等。

（3）高分子材料（polymeric materials） 高分子是由碳、氢、氧、硅、硫等元素组成的分子量足够高的有机化合物。常用高分子材料的分子量在几千到几百万之间，一般为长链结构，以碳链居多。高分子材料由很多这样的长分子链构成，分子链有的相对独立，链间没有通过化学键相接，这样的高分子材料一般可通过加热熔融，称为热塑性高分子；有的分子链之间存在化学键链接，也就是交联，当交联密度足够大时，这样的高分子材料在加热时不会熔融，在溶剂中只能溶胀，称为热固性高分子。热塑性高分子材料一般有较好的延展性，易于加工；热固性高分子材料通常较坚硬而脆。

高分子材料包括天然高分子材料和合成高分子材料。木材、天然橡胶、棉花、动物皮毛等属于天然高分子。合成高分子则分成塑料、合成橡胶和合成纤维三大类。涂料和胶黏剂的主体组分通常是高分子，因而也归于高分子材料行列。高分子材料正朝着高性能化、功能化的方向发展，从而衍生出各种各样具有特殊性能或功能的高分子材料，如工程塑料、导电高分子、高分子半导体、光导电高分子、磁性高分子、光功能高分子、液晶高分子、高分子信息材料、生物医用高分子材料、反应性高分子、离子交换树脂、高分子分离膜、高分子催化剂及高分子试剂等。

（4）复合材料（composites） 复合材料是由两种或多种不同材料组合而成的材料。通常一种材料为连续相，作为基体；其他材料为分散相，作为增强体。各种材料在性能上互相取长补短，产生协同效应，使复合材料既保留原组分材料的特性，又具有原单一组分材料所无法获得的或更优异的特性。金属材料、无机非金属材料和高分子材料相互之间或同种材料之间均可复合形成复合材料，一般可按照基体材料的种类分为聚合物基复合材料、金属基复合材料和陶瓷基（包括玻璃和水泥）复合材料。也可按其结构特点分为纤维复合材料、夹层复合材料、细粒复合材料和混杂复合材料。

复合材料在自然界也普遍存在，例如树木和竹子为纤维素和木质素的复合体；动物骨骼则是由无机磷酸盐和蛋白质胶原复合而成。复合材料使用的历史可以追溯到古代，例如稻草增强黏土以及漆器（麻纤维和土漆复合而成）。而建筑上广泛使用的钢筋混凝土也有上百年历史。复合材料这一名词源于20世纪40年代发展起来的玻璃纤维增强塑料（也就是玻璃钢）。现在，复合材料广泛应用在航空航天领域，汽车工业、化工、纺织和机械制造领域，医学领域及建筑工程领域等。

1.3 材料化学的特点

材料化学本身是学科交叉的产物。化学工作者利用化学反应和物理方法合成加工各种各样的材料；利用化学理论和方法可以从分子水平构筑材料，并能自主调节材料功能，这使化学与材料科学的界限越来越模糊，进而形成材料化学这一新学科。

材料化学既是化学学科的一个次级学科，又是材料科学的一个分支。材料化学的内容涉及化学的所有其他次级学科，如无机化学、有机化学、物理化学、分析化学、结构化学，它是这些学科在材料研究中的具体运用。我们在材料化学中同样关心形成分子的各种化学键，如同无机化学那样，但我们所关注的是这些化学键的特性会给材料带来怎样的性质或功能。

材料化学天生是跨学科的。材料化学与其他学科的结合，在20世纪带来了各式各样的合成材料。新材料的发展，往往源于其他科学技术领域的需求，这导致材料化学与物理学、生物学、药物学等众多学科紧密相连。材料合成与加工技术的发展不断地对诸如生物技术、信息技术、纳米技术等新兴技术领域产生巨大影响。通过分子设计和特定的工艺，可以使材料具备各种特殊性质或功能，如高强度、特殊的光性能和电性能等，这些材料在现代技术中起着关键作用。例如，高速计算机芯片和固态激光器是一种复杂的三维复合材料，是通过运用各种合成手段、以纳微米尺度把不同性能的材料组合起来而得到的。随着材料的不断发展，对化学分辨率的要求将越来越高，人们必须在纳米尺度下对材料进行化学合成、加工和操控。这样，无论对于新材料以及现有材料，都要有更巧妙的制备技术，同时还要考虑成本的控制和对环境的影响。特别是对于纳米技术领域，需要发展出一些新的合成技术，例如气相、液相和固相催化反应。此外，新型自组装方法的出现使由分子组元自下而上（bottom up）合成纳米结构或其他特殊结构的材料成为可能。

材料化学是理论与实践相结合的产物，这是它与固体化学的主要区别所在。材料通过实验室的研究工作而得到深入的了解，从而指导材料的发展和合理使用。高性能、高质量及低成本的材料只有通过工艺的不断改进才能实现，材料变为器件或产品要解决一系列工程技术问题，这都需要理论和实践的结合，一方面用理论指导实践，另一方面通过大量实践使理论得到进一步发展。

1.4 材料化学在各个领域的应用

材料化学已渗透到现代科学技术的众多领域，如电子信息、生物医药、环境能源，其发展与这些领域的发展密切相关。

1.4.1 生物医药领域

材料化学和医药学多年来协同努力，并取得了巨大的进步。材料可植入人体作为器官或组织的修补或替代品，但材料一经进入体内，就有可能涉及生物过程和反应，引起不良反应。为此，必须从结构和组成上对材料进行改性，使其具备良好的生物相容性。通过材料化学与生物学的配合，研发出特殊用途的金属合金和聚合物涂层，以保护人体组织不与人工骨头置换体或其他植入物相排斥。现在，已经有很多生物医用材料可以植入人体内并保持多年无不良影响。此外，材料化学对于生物应用中的分离技术也产生了显著影响，如人造肾脏、血液氧合器、静脉过滤器以及诊断化验等。生物相容高分子材料已在药物、蛋白质及基因的控制释放方面获得应用。现在，人们正进行大量的研究，以开发用于医学诊断的新材料。将来，材料化学的研究可能会涉及原位药物生成（in situ drug production）、类细胞系统等。可以肯定，得益于材料化学最新进展的新型传感器将会对人类健康产生极大帮助。

1.4.2 电子信息领域

先进的计算机、信息和通信技术离不开相关的材料和成型工艺，而化学在其中起了巨大的作用。现代芯片制造设施基本上是一个化学工厂，在这个工厂里面，通过使用化学过程，如光致抗蚀剂、化学气相沉积法、等离子体刻蚀，简单的分子物质转化成具有特定电子功能的复杂三维复合材料。两个令人振奋的未来方向是电子及光学有机材料的相互渗透，以及通过光子晶格对光进行模拟操控，就如我们现在对电子进行操控那样。材料化学将会激活一个新领域的发展，一个可能的例子就是光子电路和光计算的产生。

1.4.3 环境和能源领域

基本化学研究创造了基础，使关键技术能够造福于大众的健康和生活水准。为了达到既提高生活质量而环境质量又能同时得到改善，必须通过多方面进行努力，其中包括材料化学。随着世界人口的持续增长和生活水平的提高，发展中国家对环境的关心在不断增长。为了减少对日渐萎缩的资源的使用，一个关键的挑战是开发新的技术，以发展低资源消耗的清洁能源。在发展光伏电池、太阳能电池、燃料电池的过程中，材料化学起了关键的作用。

在日常生活中，塑料作为包装或容器被广泛使用，其大量弃置可对环境产生严重破坏。随着对环境的关注，开发新的可回收和可生物降解的材料，也将成为材料化学的一个重要任务。

物质生产过程需要用到大量材料，也会产生很多废弃物料，这对环境的影响不容忽视。减少整个生产过程中过度浪费的工艺过程称为产品全生命周期工程（life cycle engineering），这个过程中需要发展对环境无害的材料，以及可持续的处理和处置方法。

食品包装材料的一个基本要求是安全无毒，这在今天不难做到。而利用材料化学技术，可以开发新的包装材料，其中植入感应材料以显示食物变坏或储存条件不符合要求，这将为我们的食品安全提供有效的保障。

1.4.4 结构材料领域

结构材料是材料化学涉足最广的领域。材料合成与加工技术的发展使现代的汽车和飞机比以前更安全、轻便和省油。基于材料化学所发展出来的特种涂料，具有防腐、保护、美化或其他用途，可在结构材料上使用。材料设计和制造过程中，需要把材料的结构与合适的工艺条件有机地结合起来，这要求对其中所蕴含的化学过程有一个深刻的认识。将来，我们会把感觉、反馈甚至自愈功能集成到结构材料个体中，成为一种智能化的结构材料，这种材料将由各种具有不同功能或性能的材料组合而成，而要获得成功，则离不开材料化学与相关学科的协同努力。

1.5 材料化学的主要内容

正如前面所述，材料化学是关于材料的结构、性能、制备和应用的化学。材料化学的研究主要是围绕这几方面的内容展开的。

(1) 结构　材料的结构是指组成原子、分子在不同层次上彼此结合的形式、状态和空间分布，包括原子与电子结构、分子结构、晶体结构、相结构、晶粒结构、表面与晶界结构、缺陷结构等；在尺度上则包括纳米以下、纳米、微米、毫米及更宏观的结构层次。所有这些层次都影响产品的最终行为。

最精细的层次是组成材料的单个原子结构。原子核四周电子的排列方式在很大程度上影响材料的电、磁、热和光的行为，并可能影响到原子彼此结合的方式，因而也决定着材料的类型（金属、陶瓷还是聚合物）。

第二个层次是原子的空间排列。根据原子排列的有序性，可以把材料分为晶体和非晶体（无定形或非晶态材料）。晶体结构影响金属的力学性能，如延性、强度和耐冲击性。无定形材料的行为与结晶材料有很大差别。例如，玻璃态的聚乙烯是透明的，而结晶聚乙烯则是半透明的。原子排列中存在缺陷，对这些缺陷进行控制，就能使性能发生显著变化。

在大多数金属、某些陶瓷以及个别的聚合物材料中可以发现晶粒组织。晶粒之间的原子排列的变化，改变它们之间的取向，从而影响材料的性能。在这一结构层次上，颗粒的大小和形状起着关键作用。

最后，大多数材料是多相组成的，每个相有着它自己的、独特的原子排列方式和性能。因而控制材料主体内这些相的类型、大小、分布和数量就成为控制性能的一种辅助方法。

(2) 性能　性能是指材料固有的物理、化学特性，也是确定材料用途的依据。广义地说，性能是材料在一定的条件下对外部作用的反应的定量表述，例如力学性能和各种物理性能。

力学性能描述材料对作用力或应力的响应。最常见的力学性能是材料的强度、延性和刚度。力学性能不仅决定着材料工作的好坏，也决定着是否易于将材料加工成合用的形状。锻造成形的部件必须能够经受快速加载而不致破坏，并且还要有足够的延性才能加工变形成适用的形状。微小的结构变化往往对材料的力学性能产生很大的影响。

物理性能包括电、磁、光、热等行为。物理性能由材料的结构和制造工艺两方面决定。对于许多半导体金属和陶瓷材料来讲，即使成分稍有改变，也会引起导电性的很大变化。过高的加热温度有可能显著地降低耐火砖的绝热特性。少量的杂质会改变玻璃或聚合物的颜色。

(3) 制备　材料的合成与制备就是将原子、分子聚集起来并最终转变为有用产品的一系列连续过程。合成与制备是提高材料质量、降低生产成本和提高经济效益的关键，也是开发新材料、新器件的中心环节。

在合成与制备中工艺技术固然重要，基础理论也不应忽视。对材料合成与制备的热力学和动力学过程的研究可以揭示工艺过程的本质，为改进制备方法和建立新的制备技术提供科学基础。以晶体材料为例，在晶体生产中如果不了解原料合成与生产各阶段发生的物理化学过程、热量与质量的传输、固液界面的变化和缺陷的生成以及环境参数对这些过程的影响，就不可能建立并掌握生长参数优化的制备方法，生长出具有所需组成、完整性、均匀性和物理性的晶体材料。

(4) 应用　材料的最终目标是应用，而材料实际应用所需具备的性能或功能则取决于材料的组成和结构，后者则归结到材料的合成和制备工艺。可以说，材料化学中，应用、性能、结构和制备总是交织在一起的。一定的制备手段可获得具有特定结构、性能的材料，从而使材料产生某种用途。换个角度看，很多化学理论都是为了解决材料的应用问题而诞生和发展的。

本书的前面章节主要是关于材料的结构、性能和制备。后面则对电子材料、光子材料、生物医学材料等几种材料进行较系统的介绍，材料应用方面的问题可以从这些章节中得到。

参考文献

[1] 刘光华．现代材料化学．上海：上海科学技术出版社，2000.

[2] Mitchell B S. An Introduction to Materials Engineering and Science. New York：Wiley-Interscience，2004.

[3] Callister Jr W D. Materials Science and Engineering：An Introduction. 5th Ed. New York：John Wiley & Sons Inc，1999.

[4] Smith W F，Hashemi Jr. Foundations of Materials Science and Engineering. New York：McGraw-Hill Book Co.，1992.

[5] Fahlman B D. Materials Chemistry. Berlin：Springer，2007.

[6] Hummel R E. Understanding Materials Science-History·Properties·Applications. Berlin：Springer，2004.

[7] Interrante L V，Hampden-Smith M J. Chemistry of Advanced Materials. Weinheim：Wiley-VCH，1998.

思考题

1. 什么是材料化学？其主要特点是什么？

2. 材料与试剂的主要区别是什么？

3. 观察一只灯泡，列举出制造灯泡所需要的材料。

4. 材料按其组成和结构可以分为哪几类？如果按功能和用途对材料分类，请列举 10 种不同功能或用途的材料。

5. 简述材料化学的主要内容。

第2章

材料中的化学

材料化学的内容涉及化学的所有其他次级学科，如无机化学、有机化学、物理化学、分析化学、结构化学，它是这些学科在材料领域的具体运用。本章将介绍材料领域涉及的一些相关的化学知识。

2.1 元素和化学键

2.1.1 元素及其性质

宇宙中氢和氦这两种元素占了绝大部分。氢的丰度是排在第3位的氧的750倍。其余元素只占很少部分。而在地球上，最丰富的是氧和硅，氢元素排在第10位。氧元素大量存在于空气、水和矿石中，而硅元素则主要以硅酸盐、二氧化硅等形式存在于地壳中。氦则在地球上非常稀有。

很多元素的单质在常温下是固态，一些单质可直接作为材料使用，如铜、铁、铝、金、银、碳（金刚石、石墨），但很多时候都是由两种或多种不同元素相互结合构成各种各样的化合物材料。元素的原子之间通过化学键结合，不同元素由于其电子结构不同，形成化学键的倾向也不同。元素的这种性质可以用第一电离能、电子亲和势、电负性等物理量进行表征。由于元素电子结构的周期性变化，这些物理量在周期表中也存在相应的变化规律。

(1) 第一电离能（first ionization energy，I_1） 第一电离能有时称为电离势（ionization potential），其定义为从气态原子移走一个电子使其成为气态正离子所需的最低能量。所移走的是受原子核束缚最小的电子，通常是最外层电子。该过程如下式所示：

$$\text{原子(g)} + I_1 \longrightarrow \text{一价正离子(g)} + e^- \tag{2-1}$$

使用由Bohr模型和Schrödinger方程给出的最外层电子能量可以计算出 I_1 值（单位为电子伏特，eV）：

$$I_1 = \frac{13.6Z^2}{n^2} \tag{2-2}$$

式中，Z 为有效核电荷；n 为主量子数。

第一电离能可以比较气态原子失去电子的难易，第一电离能越大，原子越难失去电子。在周期表中，第一电离能的变化规律如下。

① 同一周期的主族元素，从左到右作用到最外层电子上的有效核电荷逐渐增大，第一电离能也逐渐增大。稀有气体由于具有稳定的电子层结构，其第一电离能最大。

② 同一周期的副族元素，从左至右有效核电荷增加不多，原子半径减小缓慢，其第一电离能增加不如主族元素明显。

③ 对同一主族元素来说，从上到下有效核电荷增加不多，但原子半径增加，所以第一电离能由大变小。

④ 同一副族第一电离能变化不规则。

(2) 电子亲和势（electron affinity，EA） 它是指气态原子俘获一个电子成为一价负离子时所产生的能量变化。如式(2-3) 所示：

$$原子(g)+e^{-}\longrightarrow 一价负离子(g)+EA \tag{2-3}$$

不同于第一电离能，EA 的值可能是正，也可能是负。如果形成阴离子时放出能量，则 EA 为正，如果吸收能量则为负。电子亲和势的大小涉及核的吸引和核外电荷相斥两个因素，故同一周期和同一族元素都没有单调变化规律。大体上，同周期元素的电子亲和势从左到右呈增加趋势（更负），而同族元素的电子亲和势变化不大。

(3) 电负性（electronegativity） 电负性的概念由莱纳斯·鲍林（Linus Pauling）于 1932 年首先提出，它是衡量原子吸引电子能力的一个化学量，用 χ 表示。电负性的值不能直接测量，必须从其他原子或分子性质计算得到。人们已提出了几种计算电负性的方法，所得数值略有不同，在利用电负性时，必须是同一套数据进行比较。但几种数据在周期表中的变化趋势是一致的。一般来说，同一周期的元素，从左到右电负性逐渐增大；同族元素电负性从上到下逐渐减小。

使用最普遍的 Linus Pauling 所提出的计算公式，即原子 A 和 B 的电负性差为：

$$\chi_A-\chi_B=(eV)^{-1/2}\sqrt{E_d(AB)-[E_d(AA)+E_d(BB)]/2} \tag{2-4}$$

式中，E_d（AB)、E_d（AA）和 E_d（BB）分别为 A—B、A—A 和 B—B 键的离解能，eV，式前乘以（eV)$^{-1/2}$ 使计算结果为无量纲的值。由于得到的仅仅是一个电负性差值，因此必须选择一个基准点以建立标度。因为氢可以与大多数元素形成共价键，因此就把氢作为基点，定其电负性为 2.1，后来改为 2.20。

(4) 原子及离子半径（atomic and ionic radii） 在周期表中原子和离子的半径变化趋势与 I_1 和 EA 大致相反。从左到右，有效核电荷逐渐增大，内层电子不能有效屏蔽核电荷，外层电子受原子核吸引而向核接近，导致原子半径减小。所以从左到右，原子半径趋于减小。而从上到下，随着电子层数的增加，原子半径增大。

对于离子来说，通常正离子半径小于相应的中性原子，负离子的半径则变大。

2.1.2 原子间的键合

固体材料的性质及材料中的原子排列方式主要受原子间键合的性质和方向性影响。因此，要把握材料性质的变化规律，就必须了解材料中的原子是如何键合在一起的。原子间的键合，依据其强弱，可以分为主价键（primary bonds）和次价键（secondary bonds）。主价键是两个或多个原子之间通过电子转移或电子共享而形成的键合，也就是通常所说的化学键，包括离子键、共价键和金属键，属于较强的键合方式；次价键如范德华键（Van der Waals bonding）是一种较弱的键合力，属于物理键；氢键的强弱介于主价键和范德华键之间，也归为次价键。

在无机化学或基础化学中对化学键的形成都有详细介绍。而在材料化学中，我们主要关注各种键的特点及其对材料性质的影响。

（1）金属键（metallic bond）　简单来说，金属键就是金属中自由电子与金属正离子之间构成的键合。其特点一是电子共有化，可以自由流动；二是既无饱和性又无方向性。自由电子的定向移动形成了电流，使金属表现出良好的导电性；正电荷的热振动阻碍了自由电子的定向移动，使金属具有电阻；自由电子能吸收可见光的能量，使金属具有不透明性；当自由电子从高能级回到低能级时，将吸收的可见光的能量以电磁波的形式辐射出来，使金属具有光泽；晶体中原子发生相对移动时，正电荷与自由电子仍能保持金属键结合，使金属具有良好的塑性。金属有很强的结晶倾向，其晶体为低能量密堆结构，配位数高。

（2）离子键（ionic bond）　金属元素的原子易于失去电子，非金属元素的原子易于获得电子，当这两种元素的原子结合时，电子从金属原子转移到非金属原子上，分别形成正离子和负离子，正离子和负离子之间由于静电引力而形成化学键，就是离子键。离子键具有强的键合力，既无饱和性也无方向性，配位数高。这些特性确定了由离子键形成的材料具有高熔点、高强度、高硬度、低膨胀系数、塑性较差等性质。此外，离子化合物在固态下不导电、熔融状态下由于离子迁移而导电。

（3）共价键（covalent bond）　原子间通过共用电子对（电子云重叠）所形成的化学键叫做共价键。在共价键中，两个或多个原子共同使用它们的外层电子，在理想情况下达到电子饱和的状态，由此组成比较稳定和坚固的化学结构，键合强度较高，与离子键接近。共价键具有饱和性和方向性，配位数低。因此由共价键构成的材料（如金刚石）具有高熔点、高强度、高硬度、低膨胀系数、塑性较差等特点。共价晶体有良好的光学特性。

同种原子间形成的共价键，共用电子对不偏向任何一个原子，成键原子都不显电性，这种键称为非极性共价键。不同原子间形成的共价键，由于不同原子的电负性不同，共用电子对偏向电负性大的原子，电负性大的原子就带部分负电荷，电负性小的原子就带部分正电荷，这样的键称为极性共价键。当两成键原子的电负性相差较大时，共用电子对强烈偏向电负性大的原子，这时的键就带有离子键的性质。极性共价键与离子键的界限有时不很分明，一个简单的判断方法是利用电负性差$\Delta\chi$：当$\Delta\chi>1.7$时，主要形成离子键，而当$\Delta\chi<1.7$时，则倾向于形成共价键。也可以通过鲍林公式计算键的离子特征百分率（percent ionic character）：

$$离子特征百分率=\left[1-e^{(-1/4)(\chi_A-\chi_B)^2}\right]\times100\% \tag{2-5}$$

式中，χ_A 和 χ_B 分别是A原子和B原子的电负性。

【例 2-1】　利用鲍林公式计算半导体化合物GaAs和ZnSe的离子特征百分率。其中Ga、As、Zn、Se的电负性分别为1.8、2.2、1.7和2.5。

解

$$\begin{aligned}GaAs离子特征百分率&=\left[1-e^{(-1/4)(\chi_{Ga}-\chi_{As})^2}\right]\times100\%\\&=\left[1-e^{(-1/4)\times(1.8-2.2)^2}\right]\times100\%=4\%\end{aligned}$$

$$\begin{aligned}ZnSe离子特征百分率&=\left[1-e^{(-1/4)(\chi_{Zn}-\chi_{Se})^2}\right]\times100\%\\&=\left[1-e^{(-1/4)\times(1.7-2.5)^2}\right]\times100\%=15\%\end{aligned}$$

（4）氢键（hydrogen bond）　与负电性大的原子X（氟、氧、氮等）共价结合的氢，如与负电性大的原子Y（可以与X相同）接近，在X与Y之间以氢为媒介，生成X—H…Y型的键。这种键称为氢键。氢键具有饱和性和方向性。

氢键的键强远低于上述3种化学键，但对材料的结构和性质同样有很大影响。例如DNA的双螺旋结构就是氢键所导致的。在高分子材料中，如果分子间形成氢键（如聚酰胺），由于这些氢键数目巨大，所以对聚合物的性质如熔点、力学性能等影响很大。对于小分子来说，氢键的形成对熔点、沸点、溶解性、黏度、密度等性质也有显著影响。

（5）范德华键（Van der Waals bonding） 也称范德华力，或称分子间力，是存在于分子间的一种吸引力，它比化学键的键能小1～2个数量级，比氢键还弱。范德华力有3种来源，即取向力（orientation force）、诱导力（induction force）和色散力（dispersion force）。当极性分子相互接近时，它们的固有偶极相互吸引产生分子间的作用力，叫做取向力。当极性分子与非极性分子相互接近时，非极性分子在极性分子的固有偶极的作用下，发生极化，产生诱导偶极，然后诱导偶极与固有偶极相互吸引而产生分子间的作用力，叫做诱导力。极性分子之间的相互诱导可使分子极性更大，所以诱导力同样存在于极性分子之间；非极性分子之间由于组成分子的正、负微粒不断运动，产生瞬间正、负电荷重心不重合，而出现瞬时偶极。这种瞬时偶极之间的相互作用力，叫做色散力。同样，在极性分子与非极性分子之间或极性分子之间也存在着色散力。范德华键不具有方向性和饱和性，作用范围在几百个皮米之间。它对物质的沸点、熔点、汽化热、熔化热、溶解度、表面张力、黏度等物理化学性质有决定性的影响。对于聚合物材料来说，由于分子链很长，所以即使范德华键很弱，但分子链间范德华力总和还是很大的，聚合物材料的性质在很大程度上受范德华力的影响。

表2-1总结并比较了几种结合键的主要特点。

表2-1 各种结合键主要特点比较

类型	作用力来源	键合强弱	形成晶体的特点
离子键	原子得、失电子后形成负、正离子，正负离子间的库仑引力	最强	无方向性键，高配位数，高熔点，高强度，高硬度，低膨胀系数，塑性较差，固态不导电，熔态离子导电
共价键	相邻原子价电子各处于相反的自旋状态，原子核间的库仑引力	强	有方向性键，低配位数，高熔点，高强度，高硬度，低膨胀系数，塑性较差，在熔态也不导电
金属键	自由电子气与正离子实之间的库仑引力	较强	无方向性键，结构密堆，配位数高，塑性较好，有光泽，良好的导热、导电性
范德华键	原子间瞬时电偶极矩的感应作用	最弱	无方向性弱键，结构密堆，较低的熔点，硬度小，易升华
氢键	氢原子核与极性分子间的库仑引力	弱	有方向性键，含有氢键的晶体相对于纯范德华键构成的晶体具有较高熔点

2.1.3 原子间的相互作用与键能

在化学键中，原子基本保持一定的距离，这个距离就是键长（bond length），这是一个平衡点，如果没有外来作用力，原子不能靠得更近，也不能相互远离。显然，原子间存在吸引力，它使原子相互靠近；同时也存在排斥力，使原子不能无限接近，只能在某一位置达到平衡。原子相互接近的吸引能（attractive energy，E_A）源于原子核与电子云间的静电引力，其值与原子间的距离 r 相关，如式(2-6)所示：

$$E_A = -\frac{a}{r^m} \tag{2-6}$$

式中，a、m 为常数，对于离子来说，m 的值为1，对分子来说则为6。按惯例，吸引能为负能量，所以式子前面加上负号。

两原子核之间以及两原子的电子云之间相互排斥，所产生的能量称为排斥能（repulsive energy，E_R），其值与原子间距离 r 的关系如式(2-7) 所示：

$$E_R=\frac{b}{r^n} \tag{2-7}$$

式中，b、n 为常数，n 的值称为排斥指数，与原子的外层电子构型有关，表 2-2 列出了不同外层电子构型的 n 值。

表 2-2　排斥指数 n 的值

惰性气体离子核	外层电子构型	n
He	$1s^2$	5
Ne	$2s^2 2p^6$	7
Ar	$3s^2 3p^6$	9
Kr	$3d^{10} 4s^2 4p^6$	10
Xe	$4d^{10} 5s^2 5p^6$	12

吸引能与排斥能之和即为系统的总势能：

$$E=E_A+E_R=-\frac{a}{r^m}+\frac{b}{r^n} \tag{2-8}$$

系统总势能与原子间的相互作用力 F 有如下关系：

$$F=-\frac{dE}{dr} \tag{2-9}$$

势能与作用力随原子间距离变化的曲线分别称为势能图和力图，如图 2-1 所示。当原子（或离子）间的距离 r 逐渐减小时，由于吸引能和排斥能的共同作用，总势能在某一距离 r_0 达到最小值。这种包含局部最小值的能量区域称为势能阱（potential energy well）。在 r_0 处，粒子间的相互作用力为零，即排斥力和吸引力大小相等，该距离即为平衡键合距离，也就是键长。数学表达如式(2-10) 所示：

$$F=-\left.\frac{dE}{dr}\right|_{r=r_0}=0 \tag{2-10}$$

利用式(2-8) 与式(2-10)，可得到 r_0 的值：

$$r_0=\left(\frac{nb}{ma}\right)^{\frac{1}{n-m}} \tag{2-11}$$

势能阱是材料物理性质的一个重要数据。化合物中的原子结合得是否紧密，可直接影响材料诸如熔点、弹性模量、热膨胀系数等性质。较深的势能阱表示原子间结合较紧密，其对应的材料就较难熔融，并具有较高的弹性模量和较低的热膨胀系数。

原子间结合的紧密程度可以用键能（bond energy）来表征。对于双原子分子，键能在数值

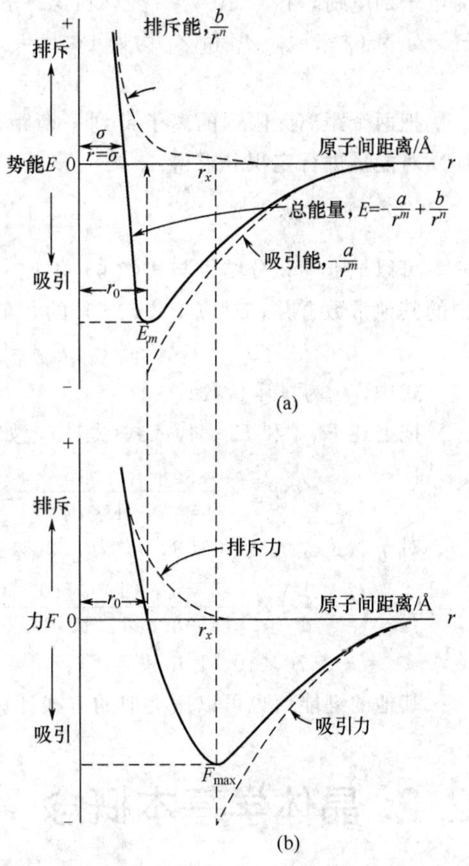

图 2-1　势能图（a）和力图（b）

1Å=0.1nm，下同

上等于在 101.3kPa 和 298K 下将 1mol 气态分子拆开成气态原子时，每个键所需能量的平均值。键能可以通过实验测定，也可以利用势能图进行计算。例如对于离子键，在其形成过程中，首先是电子从一个原子完全转移到另一原子，形成正负离子，然后正负离子互相吸引形成离子键。此时，势能 E 不仅是吸引能 E_A 与排斥能 E_R 之和，还要把形成正负离子所需能量（ΔE_{ions}）考虑进去。这样能量表达式应为：

$$E = E_A + E_R + \Delta E_{ions} \tag{2-12}$$

在平衡位置的势能 E_0 则为：

$$E_0 = E_{A,0} + E_{R,0} + \Delta E_{ions} \tag{2-13}$$

这个 E_0 值就是离子键的键能。可以利用第一电离能和电子亲和势的数据，计算出离子键的键能。以氯化钠为例，离子键的键能值计算如下。

钠原子 Na 失去一个电子形成钠正离子 Na^+ 所需能量也就是 2.1.1 节中提到的第一电离能 I_1，对钠原子来说其值为 498kJ/mol。而氯原子 Cl 得到一个电子变成 Cl^- 的能量变化就是电子亲和势 EA，对氯原子来说其值为－354kJ/mol。这样，形成离子所需的能量为：

$$\Delta E_{ions} = I_{1,Na} + EA_{Cl} = 498 - 354 = 144(kJ/mol) \tag{2-14}$$

对于双原子分子，两个离子间的引力源于相反电荷离子的静电吸引，引力大小由库仑定律求得：

$$F_A = (Z_1 e Z_2 e)/(4\pi\varepsilon_0 r^2) \tag{2-15}$$

式中，ε_0 为真空介电常数（electric permittivity），其值为 $8.854\times10^{-12}\ C^2/(N\cdot m^2)$；$e$ 为电子的电荷，$1.6\times10^{-19}C$；Z_1 和 Z_2 分别为正、负离子的电荷数；r 为离子间的距离，m。对 NaCl 来说，Z_1 和 Z_2 均为 1，代入式(2-15)，得到：

$$F_A = +e^2/(4\pi\varepsilon_0 r^2) \tag{2-16}$$

把两个距离无限远的离子带到平衡距离 r_0 所产生的能量，可以利用式(2-10) 和式(2-16) 对能量进行定积分求得：

$$E_{A,0} = -\int_{\infty}^{r_0} F_A \mathrm{d}r = e^2/(4\pi\varepsilon_0 r_0) \tag{2-17}$$

可以把上述积分结果与式(2-6) 类比，其中 r 的指数为 1，这是对于离子的 m 值；上式中的其他常数合并，对应于式(2-6) 的 a 值，再结合式(2-7) 和式(2-11)，可求得排斥能：

$$E_{R,0} = e^2/(4\pi\varepsilon_0 n r_0) \tag{2-18}$$

式中，n 为排斥指数。

把上述 $E_{A,0}$ 和 $E_{R,0}$ 代入式(2-13)，如前所述，吸引能应取负值，于是得到：

$$E_0 = \frac{-e^2}{4\pi\varepsilon_0 r_0} + \frac{e^2}{4\pi\varepsilon_0 n r_0} + \Delta E_{ions} = \left(1-\frac{1}{n}\right)\left(\frac{-e^2}{4\pi\varepsilon_0 r_0}\right) + \Delta E_{ions} \tag{2-19}$$

对于 NaCl，n 的值为 8，r_0 为 2.36×10^{-10}m，这样就可以计算出 Na—Cl 的键能：

$$\begin{aligned} E_0 &= \left(1-\frac{1}{8}\right)\times\left[\frac{-1\times(1.6\times10^{-19}C)^2\times(6.02\times10^{23}/mol)}{4\pi\times8.854\times10^{-12}C^2/(N\cdot m^2)\times2.36\times10^{-10}m}\right] + 1.44\times10^5 J/mol \\ &= -3.70\times10^5 kJ/mol \end{aligned} \tag{2-20}$$

其他的键能值也可以用类似的方式计算出来。

2.2 晶体学基本概念

材料的微观结构，所考虑的首先是材料中所含元素的原子的结合方式，包括所形成分子的相互作用，其次是材料中的原子、离子或分子的排列方式。这两者都对材料的性质和使用性能有直接的影响。第一个问题在上一节中已经述及，也就是原子的各种键合和分子间作用力。在这一节中，我们将关注第二个问题，即材料中的微粒（原子、离子或分子等）是如何排列的。这部分的内容主要涉及晶体学的概念。晶体学在结构化学的课程中有详细的叙述，这里仅仅对在材料结构中经常用到的一些晶体学基本概念进行简单介绍。

2.2.1 晶体和非晶体

根据微粒排列的有序性，可以把固态物质分为晶体和非晶体。组成晶体的微粒（离子、原子、分子等）在三维空间中有规则地排列，具有结构的周期性，即同一种微粒单元在空间排列上每隔一定距离重复出现，即所谓平移对称性。而在非晶体中，微粒是无规则排列的，没有一个方向比另一个方向特殊，也不存在周期性的空间点阵结构。这两种结构的对比如图2-2所示。

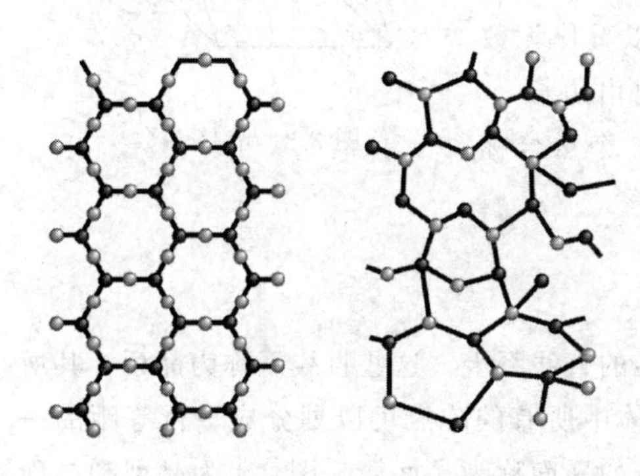

图 2-2 晶体与非晶体原子排列对比示意

基元排列有序范围一般可描述为长程有序（long-range order）和短程有序（short-range order），前者指在大范围内的有序排列，而后者则是指很小范围（低至一两个原子）内的有序。晶体中基元的排列无论在长程还是短程都是有序的，而非晶体则是长程无序，短程有序，即在有限的小范围内表现出一定的有序性。

晶体与非晶体微观结构的差异导致其宏观性质有很大的不同，主要表现在如下几方面。

① 晶体有整齐、规则的几何外形。例如，只有结晶条件良好，可以看出食盐、石英、明矾等分别具有立方体、六角柱体和八面体的几何外形。这是晶体内微粒的排布具有空间点阵结构在晶体外形上的表现。对晶体有规则的几何外形进行深入研究以后，人们发现不同晶体有不同程度的对称性。晶体中可能具有的对称元素有对称中心、镜面、旋转轴、反轴等许多种。

相反，玻璃、松香、橡胶等非晶体都没有一定的几何外形。

② 晶体具有各向异性。一种性质在晶体的不同方向上它的大小有差异，这叫做各向异性。晶体的力学性质、光学性质、热和电的传导性质都表现出各向异性。例如，云母的结晶薄片，在外力的作用下，很容易沿平行于薄片的平面裂开。但要使薄片断裂，则困难得多。这说明晶体在各个方向上的力学性质不同。在云母片上，涂上一层薄薄的石蜡，然后用炽热的钢针去接触云母片的反面，则石蜡沿着以接触点为中心，向四周熔化成椭圆形，这表明云母晶体在各方向上的导热性不同。又如，石墨晶体在平行于石墨层方向上比垂直于石墨层方向上电导率大一万倍。

非晶体由于微粒的排列是混乱的，表现为各向同性。用玻璃板代替云母片重做上面的实验，发现熔化了的石蜡在玻璃板上总成圆形，这说明非晶体的玻璃在各个方向上的导热性相同。

③ 在一定压力下，晶体有固定的熔点，必须达到熔点时才能熔融。不同的晶体，具有各不相同的熔点。且在熔解过程中温度保持不变。而非晶体在熔解过程中，没有明确的熔点，只有一段软化温度范围，随着温度升高，物质首先变软，然后逐渐由稠变稀。

这是由于晶体的每一个晶胞都是等同的，都在同一温度下被微粒的热运动所瓦解。在非晶体中，微粒间的作用力有的大有的小，极不均一，所以没有固定的熔点。

2.2.2 晶格、晶胞和晶格参数

组成晶体的质点（离子、原子、分子等）在三维空间中有规则地排列，具有结构的周期性，即同一种质点在空间排列上每隔一定距离重复出现。此时，在任一方向排在一直线上的相邻两质点之间的距离都相等，这个距离称为周期。把晶体中质点的中心用直线连起来构成的空间格架即晶体格子，简称晶格（lattice）。质点的中心位置称为晶格的结点，由这些结点构成的空间总体称为空间点阵（space lattice），所以结点又可以称为阵点、格点。构成晶格的最基本的几何单元称为晶胞（unit cell），其形状、大小与空间格子的平行六面体单位相同，保留了整个晶格的所有特征。晶体可以看作无数个晶胞有规则地堆积而成。晶胞的大小和形状可以由边长 a、b、c（叫晶轴）和轴间夹角 α、β、γ 来确定，这 6 个量合称晶格参数（lattice parameters），如图 2-3 所示。

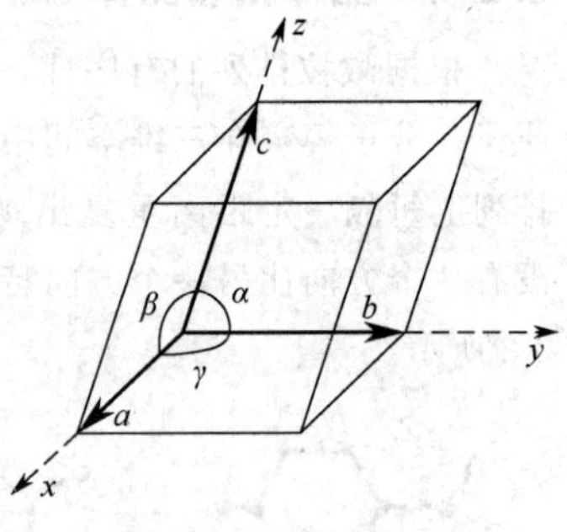

图 2-3 晶格参数

2.2.3 晶向指数和晶面指数

晶格的格点可看成是分列在一系列平行、等距的直线系上，这些直线系称为晶列，其所指方向称为晶向（crystallographic directions）。晶体中所有的阵点可以划分成平行等距的一组平面（晶面，crystallographic planes），这些平行的平面称为晶面簇。图 2-4 为晶列和晶面簇的示意。晶向和晶面与晶体的生长、变形、性能及方向性等密切相关，因此在晶体研究中常常要对晶向和晶面进行标示，这就是晶向指数与晶面指数，国际上统一采用密勒指数（Miller indices）来进行标定。

图 2-4 晶列图中每组平行线代表一个方向的晶列的缩影（实际上是扩展到整个晶体的）；晶面簇图中，只画出其中一种取向的晶面。

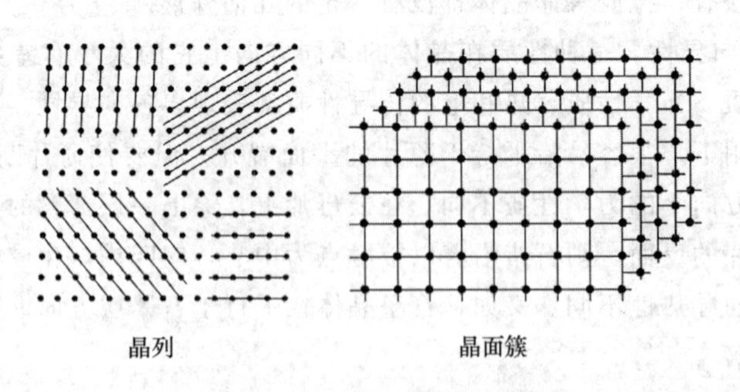

图 2-4 晶列和晶面簇

晶向指数的标定方法为：首先根据空间点阵的基向量 a、b 和 c 来取晶轴系，即以晶胞的某一阵点 O 为原点，过原点 O 的 3 条棱边为坐标轴 x，y，z，晶胞点阵向量的长度（晶格参数）作为坐标轴的长度单位。然后从晶列通过原点的直线上任取一格点，把该格点坐标值化为最小整数 u，v，w，加以方括号，$[u\ v\ w]$ 即为待定晶向的晶向指数。例如图 2-5

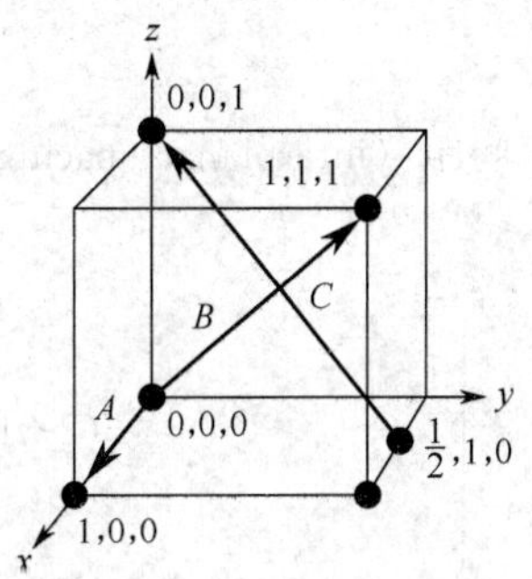

图 2-5　晶向指数标定实例

中，A 为某晶列的方向，则晶向指数为［100］。对于 B，晶向指数则为［111］。实际上，并不一定要求用过原点的直线计算，当直线不过原点时，可以选取直线上的前后两点，用后点坐标减去前点坐标然后化为最小整数即为晶向指数。例如图 2-5 中的方向 C，后点为（0，0，1），前点为（1/2，1，0），相减后得到（−1/2，−1，1），同时乘以 2 得到最小整数（−1，−2，2），则晶向指数为［$\bar{1}\,\bar{2}\,2$］，其中的负号写在数字上面。

晶面指数的标定方法为：首先根据空间点阵的基向量 a、b 和 c 来取晶轴系，然后求得待定晶面在三个晶轴上的截距 r、s 和 t。取各截距的倒数，并将其化为互质的整数比 $h:k:l$，即 $1/r:1/s:1/t=h:k:l$，加上圆括号，即表示该晶面的指数，记为（$h\,k\,l$）。若该晶面与某轴平行，则在此轴上截距为无穷大，其倒数则为 0；若该晶面与某轴负方向相截，则在此轴上截距为一负值。

例如图 2-6 中有晶面 A、B 和 C，对于晶面 A，r、s 和 t 分别为 1、1 和 1，其倒数为 1、1 和 1，则晶面指数记为（111）。

对于晶面 B，r、s 和 t 分别为 1、2 和∞（晶面与 z 轴平行），其倒数为 1、1/2 和 0，化为互质的整数比为 2∶1∶0，则晶面指数记为（210）。

对于晶面 C，因为该晶面过原点（0，0，0），将其沿 y 轴平移一个晶格参数（平移后代表同一晶面）使其在 y 轴截距为−1，则 r、s 和 t 分别为∞、−1 和∞（晶面与 z 轴平行），其倒数为 0、−1 和 0，则晶面指数记为（$0\bar{1}0$），其中的负号写在数字上面。如果向相反方向平移，使 $s=1$，则晶面指数为（010）。实际上，两者是等价的，因化为互质整数比时所乘的系数可正可负，例如（$0\,\bar{1}\,0$）可通过乘以−1 变为（010）。类似地，（$\bar{1}\,0\,0$）与（100）等效。

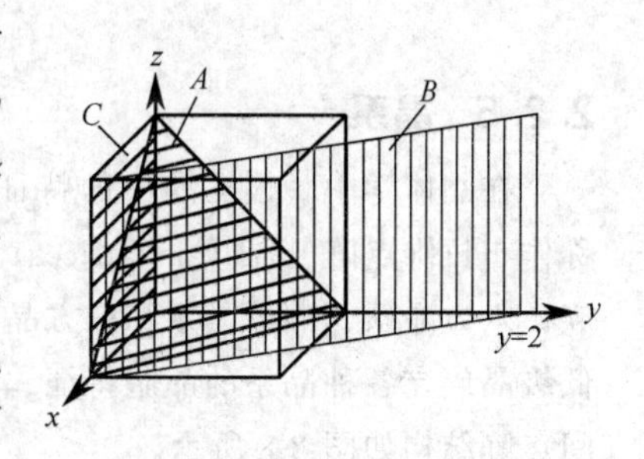

图 2-6　晶面指数标定实例

图 2-7 为立方晶格中的几个重要的晶面。对于（100）晶面来说，与其垂直的另外两个晶面（010）和（001），其晶面间距和晶面上原子的分布完全相同，只是空间位向不同。像这样的晶面可以归并为同一晶面族，以｛$h\,k\,l$｝表示，它代表由对称性相联系的若干组等效晶面的总和。例如立方体的｛1 0 0｝包括了（100）、（010）和（001）三个等效晶面。类似地，｛111｝包括 4 个等效晶面，｛110｝包括 6 个等效晶面。

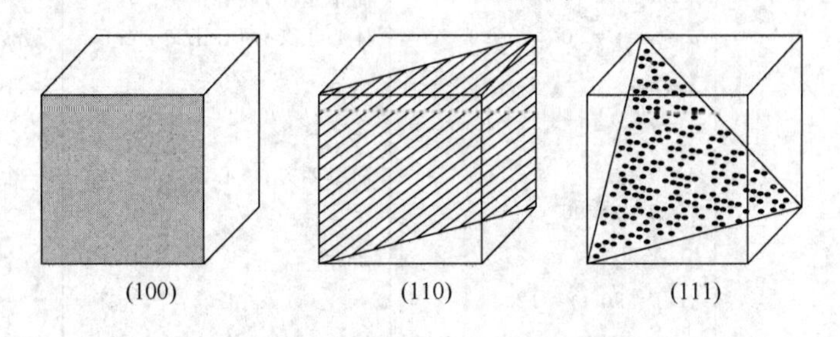

图 2-7　立方晶格中的几个重要的晶面

2.2.4 晶面间距

具有相同密勒指数的两个相邻平行晶面之间的距离称为晶面间距（interplanar spacing）用 d_{hkl} 表示，可以通过晶胞参数和密勒指数计算得到：

$$d_{hkl}=V\begin{bmatrix} h^2b^2c^2\sin^2\alpha+k^2a^2c^2\sin^2\beta+l^2a^2b^2\sin^2\gamma \\ +2hlab^2c\ (\cos\alpha\cos\gamma-\cos\beta) \\ +2hkabc^2\ (\cos\alpha\cos\beta-\cos\gamma) \\ +2kla^2bc\ (\cos\beta\cos\gamma-\cos\alpha) \end{bmatrix}^{-1/2} \tag{2-21}$$

式中

$$V=abc(1-\cos^2\alpha-\cos^2\beta-\cos^2\gamma+2\cos\alpha\cos\beta\cos\gamma)^{1/2} \tag{2-22}$$

【例 2-2】 计算金晶体（111）晶面之间的距离（立方晶系，晶格参数为 0.40786nm）。

解 对于立方晶系，$a=b=c=a_0$，$\alpha=\beta=\gamma=90°$，代入式(2-21)，可得：

$$d_{hkl}=\frac{a_0}{\sqrt{h^2+k^2+l^2}}$$

（111）晶面之间的距离为：

$$d_{111}=\frac{0.40786}{\sqrt{1^2+1^2+1^2}}=0.2355\ (\text{nm})$$

2.2.5 晶系

在晶体学中，根据晶体的特征对称元素，将所有晶体分为 7 个晶系，14 种空间点阵，称作布拉维点阵（Bravais lattices)。7 个晶系分属于 3 个不同的晶族。立方晶系属于高级晶族；六方晶系、四方晶系和三方晶系属于中级晶族；正交晶系、单斜晶系和三斜晶系则属于低级晶族。各种晶系的晶胞特征、所包含的空间点阵类型以及对称元素列于表 2-3。14 种空间点阵结构如图 2-8 所示。

表 2-3 7 个晶系和 14 种空间点阵类型

晶系	特征	空间点阵	对称元素
三斜 (triclinic)	$a\neq b\neq c$ $\alpha\neq\beta\neq\gamma$	简单三斜(无转轴)	既无对称轴也无对称面
单斜 (monoclinic)	$a\neq b\neq c$ $\alpha=\beta=90°;\gamma\neq 90°$	简单单斜;底心单斜	一个二次旋转轴,镜面对称
正交 (orthorhombic)	$a\neq b\neq c$ $\alpha=\beta=\gamma=90°$	简单正交;底心正交;体心正交;面心正交	三个互相垂直的二次旋转轴
三方 (rhombohedral)	$a=b=c$ $\alpha=\beta=\gamma\neq 90°$	三方	一个三次旋转轴
四方 (tetragonal)	$a=b\neq c$ $\alpha=\beta=\gamma=90°$	简单四方;体心四方	一个四次旋转轴
六方 (hexagonal)	$a=b\neq c$ $\alpha=\beta=90°;\gamma=120°$	六方	一个六次旋转轴
立方 (cubic)	$a=b=c$ $\alpha=\beta=\gamma=90°$	简单立方;体心立方;面心立方	四个三次旋转轴

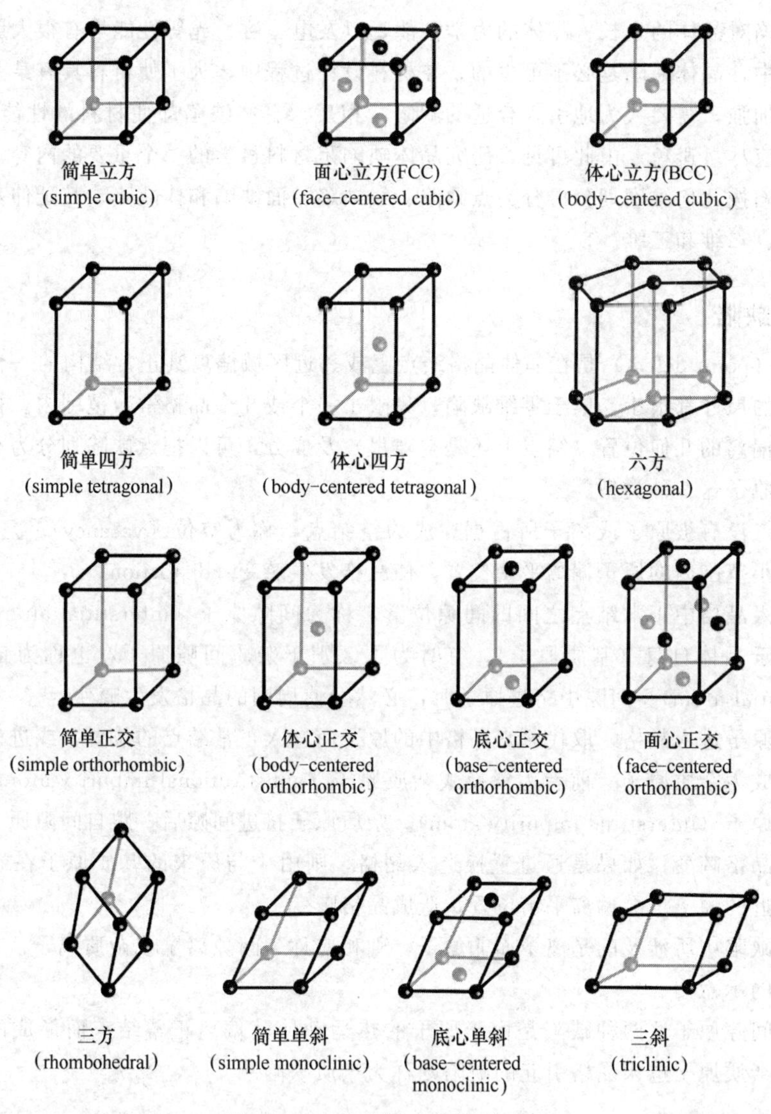

图 2-8　14 种空间点阵类型示意

2.3 晶体缺陷

前面所讨论的晶体结构，都是基于晶体的完美结构。实际上，晶体中质点的排列往往存在某种不规则性或不完善性，表现为晶体结构中局部范围内，质点的排布偏离周期性重复的空间点阵规律而出现错乱的现象。实际晶体中原子偏离理想的周期性排列的区域称作晶体缺陷（crystallographic defects）。缺陷的存在只是晶体中局部规则性的破坏，在晶体中所占的总体积很小，因此总体上，晶体的正常结构仍然保持。晶体缺陷有的是在晶体生长过程中，由于温度、压力、介质组分浓度等变化而引起的；有的则是在晶体形成后，由于质点的热运动或受应力作用而产生。它们可以在晶格内迁移，以至消失；同时又可有新的缺陷产生。

晶体缺陷对晶体的生长、晶体的力学性能，以及电、磁、光等性能均有很大影响，在某些材料应用中，晶体缺陷是必不可少的。在材料设计过程中，为了使材料具有某些特性，或使某些特性加强，需要人为地引入合适的缺陷。相反，有些缺陷却使材料的性能明显下降，这样的缺陷应尽量避免。由此可见，研究晶体缺陷是材料科学的一个重要的内容。

晶体缺陷按几何维度划分可分为点缺陷、线缺陷、面缺陷和体缺陷，其延伸范围分别是零维、一维、二维和三维。

2.3.1 点缺陷

点缺陷（point defect）是在晶体晶格结点上或邻近区域偏离其正常结构的一种缺陷，它在三个方向的尺寸都很小，属于零维缺陷，只限于一个或几个晶格常数范围内。根据点缺陷对理想晶格偏离的几何位置（结点上还是空隙里）及成分，可以把点缺陷划分为空位、间隙原子和杂质原子这 3 种类型。

正常结点没有被原子或离子所占据，成为空结点，称为空位（vacancy）。空位的出现，会导致附近小范围内的原子偏离平衡位置，使晶格发生畸变（distortion）。

原子进入晶格中正常结点之间的间隙位置，称为间隙原子（interstitial atom）。这种间隙原子来自于晶体自身（基质原子），有时为了区别于杂质间隙原子，也称为自间隙原子（self-interstitial atom）。间隙中挤进原子时，必然会使周围的晶格发生畸变。

当外来原子进入晶格，取代原来晶格中的原子而进入正常结点的位置，或进入点阵中的间隙位置，成为杂质原子。前者为置换式杂质原子（substitutional impurity atom），后者为间隙式杂质原子（interstitial impurity atom）。杂质原子挤进间隙后，跟自间隙原子一样，会引起周围的晶格畸变；如果是通过置换进入晶格，则由于与原来的基质原子在半径上有差异，周围附近的原子也会偏离平衡位置，造成晶格畸变。

如果点缺陷中所涉及的是离子而非原子，则相应称为间隙离子或杂质离子。图 2-9 为这几种点缺陷的示意图。

空位和间隙原子这两种缺陷是由于原子的热运动使其偏离正常结点而形成的，所以称为热缺陷。杂质原子进入晶格引起的缺陷则称为杂质缺陷。

2.3.1.1 热缺陷

原子、离子等质点之所以能以空间点阵的方式规整地排列，是因为这些质点之间存在相互作用力。当给予足够的能量，原子就能克服其束缚力脱离晶格。例如对晶体材料加热到一定温度，晶体的质点就能获得足够的能量（热振动能），纷纷脱离晶格，晶体因此解构，逐渐变为液体，这就是晶体的熔融。

在低于熔点的温度下，晶体总体上保持其空间点阵结构。但只要晶体的温度高于绝对零度，晶格内原子就会吸收能量，在其平衡位置附近热振动。温度越高，热振动幅度就越大，原子的平均动能随之增加。热振动的原子在某一瞬间可以获得较大的能量，挣脱周围质点的作用，离开平衡位置，进入到晶格内的其他位置形成间隙原子，而在原来的平衡结点位置上留下空位。

从以上的分析可知，热缺陷的形成一方面与晶体所处的温度有关，显然，温度越高，原子离开平衡位置的机会越大，形成的点缺陷就越多。另一方面，也与原子在晶格中受到的束缚力有关，束缚力越小，原子挣脱束缚的机会就越大。这种关系可用如式(2-23) 表示：

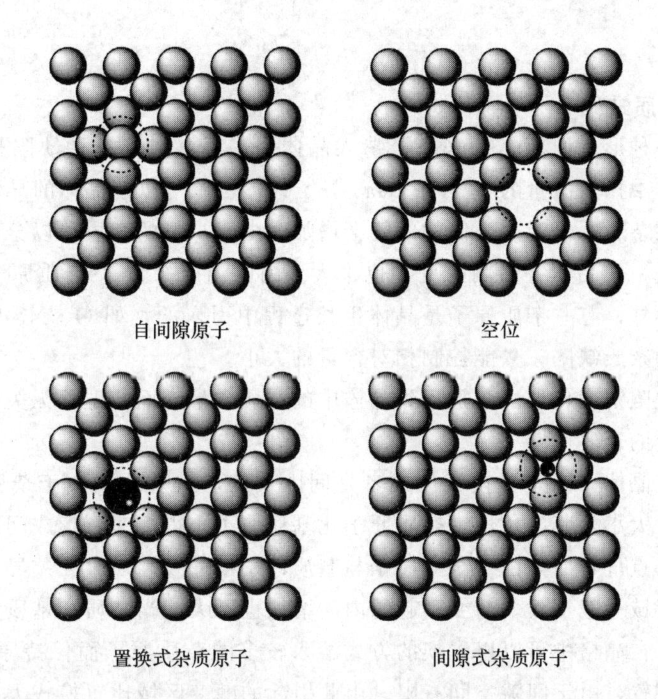

图 2-9　自间隙原子、空位、置换式杂质原子和间隙式杂质原子

$$N_d = N\exp[-E_d/(k_B T)] \tag{2-23}$$

式中，N_d 为点缺陷的平衡数目；N 为单位体积或每摩尔晶体中质点的总数目；E_d 为形成缺陷所需的活化能；k_B 为玻尔兹曼常数，1.38×10^{-23} J/K；T 为热力学温度。

(1) 弗仑克尔缺陷（Frenkel defect）　原子或离子离开平衡位置后，挤入晶格间隙中，形成间隙原子或离子，同时在原来位置上留下空位，由此产生的缺陷称为弗仑克尔缺陷，如图 2-10 所示。弗仑克尔缺陷中，空位与间隙粒子成对出现，数量相等，晶体体积不发生变化。显然，间隙较大的晶体结构有利于形成弗仑克尔缺陷。

(2) 肖特基缺陷（Schottky defect）　原子或离子移动到晶体表面或晶界的格点位上，在晶体内部留下相应的空位，这种缺陷称肖特基缺陷，如图 2-10 所示。

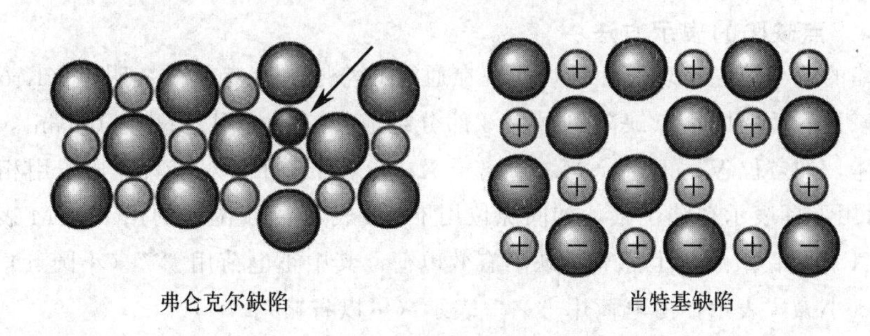

图 2-10　弗仑克尔缺陷和肖特基缺陷

实际上，内部的质点并不是直接移动到晶体表面的，而是通过晶格上质点的接力运动实现的。首先是表面层质点离开原来格点位，跑到表面外新的格点位，原来位置形成空位，这一空位被里层的质点填入，相当于空位往晶体内部移动了一个位置，这样晶格深处的质点依次填入，结果空位逐渐转移到内部去。

肖特基缺陷导致晶体体积膨胀，密度下降。对于离子晶体，正负离子空位成对出现，数量相等。

2.3.1.2 杂质缺陷

点缺陷的另一种形成原因是外来原子掺入晶体中。很多时候这种缺陷是有目的地引入的，例如在单晶硅中掺入微量的B、Pb、Ga、In、P、As等可以使晶体的导电性能发生很大变化。当晶体存在杂质原子时，晶体的内能会增加，由于少量的杂质可以分布在数量很大的格点或间隙位置上，使晶体组态熵的变化也很大。因此温度 T 下，杂质原子的存在也可能使自由能降低。此外，有些杂质原子是晶体生长过程中引入的，如O、N、C等，这些是实际晶体不可避免的杂质缺陷，只能控制相对含量的大小。

晶体的杂质缺陷浓度仅取决于加入到晶体中的杂质含量，而与温度无关，这是杂质缺陷形成与热缺陷形成的重要区别。

杂质原子进入晶体可能是置换式的或者是间隙式的，这主要取决于杂质原子与基质原子几何尺寸的相对大小及其电负性。杂质原子比基质原子小得多时，形成间隙式杂质，因为置换式杂质占据格点位置后，由于杂质原子与基质原子尺寸及性质存在差异，会引起周围晶格畸变，但畸变区域一般不大，畸变引起的内能增加也不大。当杂质和基质具有相近的原子尺寸和电负性时，在晶格中可以以置换的方式溶入较多的杂质原子而保持原来的晶体结构。若杂质占据间隙位置，由于间隙空间有限，由此引起的畸变区域比置换式大，因而使晶体的内能增加较大。所以只有半径较小的杂质原子才能进入间隙位置中，这样对周围晶格的影响相对较小。

2.3.1.3 非化学计量缺陷

化合物分子式一般具有固定的正负离子比，其比值不会随着外界条件而变化，此类化合物的组成符合定比定律，称为化学计量化合物。但是，有一些易变价的化合物，在外界条件如所接触气体的性质和压力大小的影响下，很容易形成空位和间隙原子，使组成偏离化学计量，由此产生的晶体缺陷称为非化学计量缺陷。

非化学计量缺陷的形成，关键是其中的离子能够通过自身的变价来保持电中性。例如，TiO_2 晶体在周围氧气压力较低时，在晶体中会出现氧空位（负离子空位），此时部分 Ti^{4+} 变价成 Ti^{3+} 使正负电荷得到平衡。

2.3.1.4 点缺陷的表示方法

表示缺陷的符号曾经出现过几种，而现在通行的符号是由克罗格·明克（Kroger-Vink）设计的。在该符号系统中，点缺陷符号由3部分组成，首先是用主符号（main symbol）表明缺陷的主体，如空位V、正离子M、负离子X、杂质原子L（对于具体原子用相应的元素符号）；然后用下标表示缺陷位置，如间隙位用下标i表示，M位置的用下标M表示，X位置的用下标X表示；最后用上标表示缺陷有效电荷，其中正电荷用“•”（小圆点）表示，负电荷用“′”（小撇）表示，零电荷用“×”表示（可以省略）。

以二价正负离子化合物MX为例，其各种缺陷如图2-11所示。M_i 表示间隙位置填入正离子，X_i 表示间隙位置填入负离子，L_M 表示杂质离子置换正离子，L_X 表示杂质离子置换负离子，M_X 表示正离子错位进入负离子位置，X_M 表示负离子错位进入正离子位置，V_M'' 表示正离子离开原来位置而形成的空位，$V_X^{\bullet\bullet}$ 表示负离子离开原来位置而形成的空位。除此之外，自由电子及电子空穴属于电子缺陷，可分别表示为 e' 和 $h^{\bullet}$。

下面以NaCl晶体中可能出现的点缺陷为例加以说明。

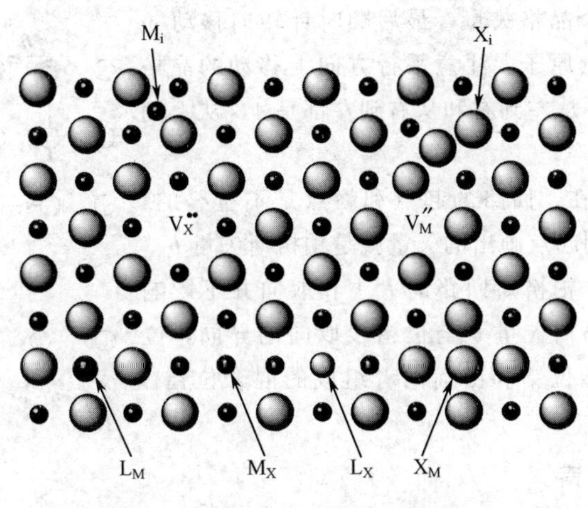

图 2-11　MX 化合物中的点缺陷（M 为二价正离子、X 为二价负离子）

(a) Na^+ 格点位置的空位，表示为 V_{Na}'。应该注意，由于 Na^+ 的缺失，该空位缺陷的有效电荷数是 0－（＋1）＝－1，所以上标是一小撇。

(b) Cl^- 格点位置的空位，表示为 $V_{Cl}^{\bullet}$。同样，Cl^- 的缺失而出现的空位缺陷的有效电荷数是 0－（－1）＝＋1，所以上标是一小圆点。

(c) Na^+ 处于间隙位置，表示为 $Na_i^{\bullet}$。缺陷的有效电荷就是 Na^+ 所带的＋1 价电荷，所以上标是一小圆点。

(d) 假设 $CaCl_2$ 混进 NaCl 晶体中形成缺陷，如果 Ca^{2+} 取代 Na^+ 而进入 Na^+ 的位置，则缺陷表示为 $Ca_{Na}^{\bullet}$，其中缺陷的有效电荷为（＋2）－（＋1）＝＋1。如果 Ca^{2+} 进入间隙位置，则这种间隙式杂质缺陷表示为 $Ca_i^{\bullet\bullet}$。

2.3.1.5　点缺陷对材料性能的影响

点缺陷造成晶格畸变，从而对晶体材料的性能产生影响，如定向流动的电子在点缺陷处受到非平衡力，增加了阻力，加速运动提高局部温度，从而导致电阻增大；空位可作为原子运动的周转站，从而加快原子的扩散迁移，这样将影响与扩散有关的相变化、化学热处理、高温下的塑性形变和断裂等。

2.3.2　线缺陷和位错

线缺陷（line defect）属于一维缺陷，在两个方向上尺寸很小，而第三方向上的尺寸却很大，甚至可以贯穿整个晶体。线缺陷的具体形式就是晶体中的位错（dislocation），它是由于晶体生长不稳定或机械应力等原因，在晶体中引起部分滑移而产生的。位错线就是晶体中已滑移区和未滑移区在滑移面上的交界线。

由位错引起的晶格中的相对原子位移用柏格斯矢量（Burger's vector）$\boldsymbol{b}$ 表示。柏格斯矢量通过如下步骤确定（图 2-12）。

① 定义一个沿位错线的正方向（图 2-12 中，位错线方向垂直于纸面）。

② 构筑垂直于位错线的原子面，也就是图中所见的原子面。

③ 围绕位错线按顺时针方向画出柏格斯回路（Burger's circuit）：从一个原子出发，移动 n 个晶格矢量（图中为 4 个），然后顺时针转向再移动 m 个晶格矢量（图中为 2 个），

再顺时针转向移动 n 个晶格矢量，最后顺时针转向移动 m 个晶格矢量，到达终点原子。注意平行方向上移动的晶格矢量必须相同，如图中从左到右和从右到左都是 4，从上到下和从下到上都是 2。

④ 由于位错的存在，回路的起点和终点是不重叠的，从柏格斯回路的终点到起点画出的矢量就是柏格斯矢量 $\boldsymbol{b}$。

对同一位错来说，柏格斯回路的大小和取向并不影响柏格斯矢量。根据柏格斯矢量 $\boldsymbol{b}$ 与位错线取向的异同，位错分为刃型位错、螺型位错和由前两者组成的混合位错 3 种类型。

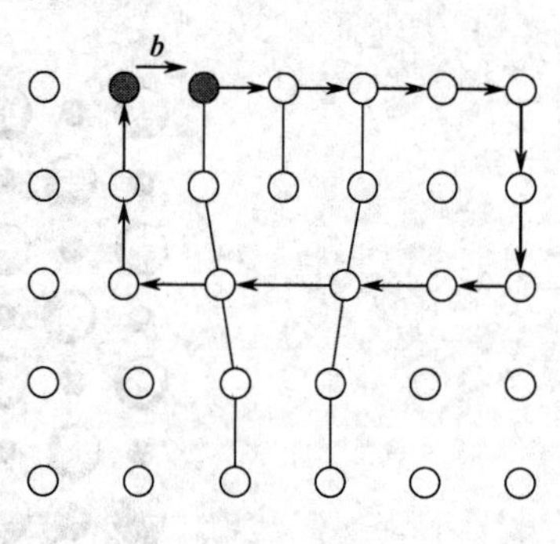

图 2-12 柏格斯矢量的确定

2.3.2.1 刃型位错

理想晶格中，每个原子面都可以延伸至整个晶体。如果其中单个原子面不能延伸整个晶体，即所谓半原子面，则这个半原子面的终点位置形成线缺陷，这种缺陷就是刃型位错（edge dislocation）。就好像平直整齐的一叠纸中插入了半张纸，于是这叠纸在沿着这半张纸的边缘附近不再平直，产生一定的扭曲。图 2-13 是刃型位错示意图，其中平面 $ABCD$ 就是引起刃型位错的半原子面，DC 则是位错线，滑移区（上）与非滑移区（下）的分界面为滑移面。半原子面在滑移面上方的称正刃型位错，记为“⊥”；相反，半原子面在滑移面下方的称负刃型位错，记为“⊤”，如图 2-14 所示。

刃型位错的位错线与柏格斯矢量相垂直（图 2-12）。

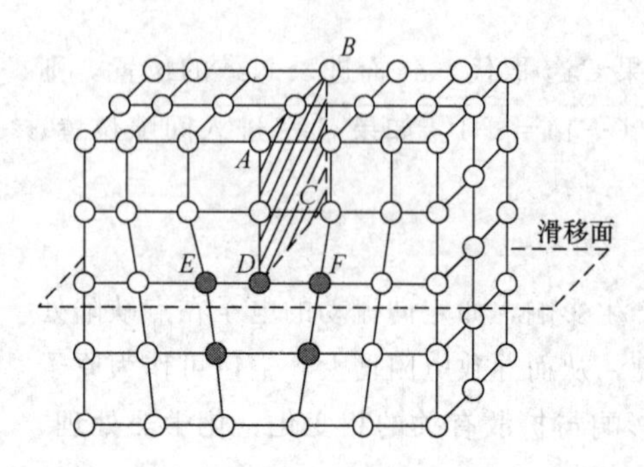

图 2-13 刃型位错示意

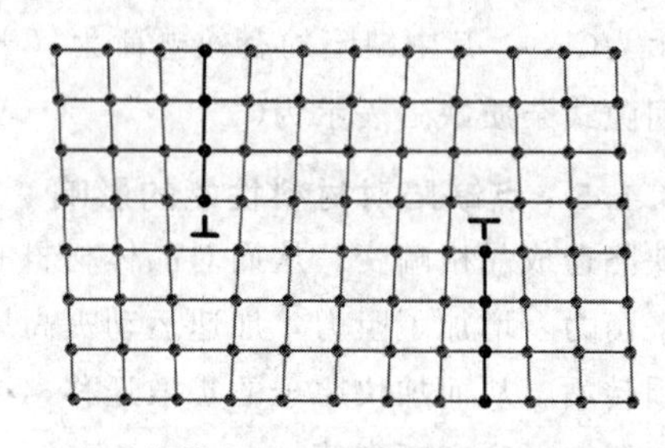

图 2-14 正刃型位错（左）和负刃型位错（右）及其记号

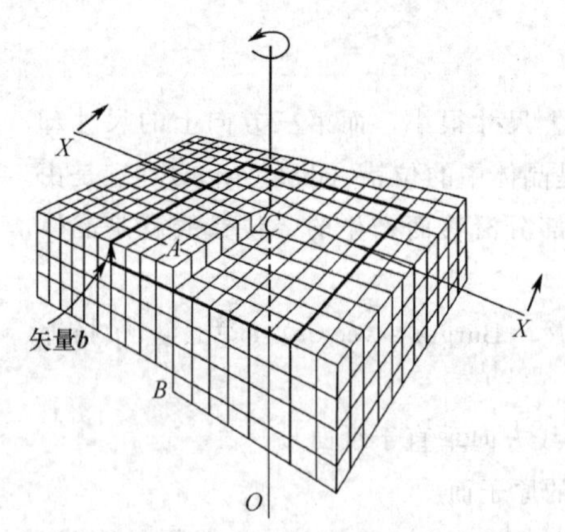

图 2-15 螺型位错示意

2.3.2.2 螺型位错

位错线平行于滑移方向，则在该处附近原子平面扭曲为螺旋面，即位错线附近的原子是按螺旋形式排列的，这种晶体缺陷称为螺型位错（screw dislocation）。如图 2-15 所示，图中的柏格斯回路给出柏格斯矢量，与位错方向（轴 O）平行。

螺型位错的形成如图 2-16，设想把晶体沿某一端任一处切开，并对相应的平面 $BCFE$ 两边的晶体施加切应力，使两个切开面沿垂直晶面的方向相对滑移（1 个）晶格间距，得到图 2-16（右）的情况。这样，平面 $BCFE$ 是滑移面，滑移区边界 EF 就是螺型位错。

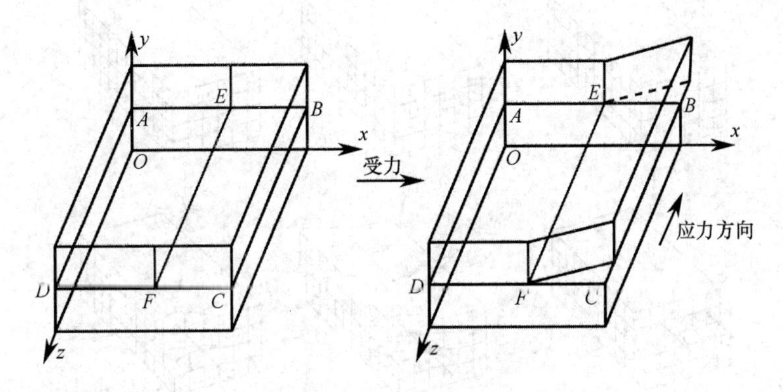

图 2-16 螺型位错形成示意

2.3.2.3 混合位错

混合位错（mixed dislocation）是刃型位错和螺型位错的混合形式，位错线与柏格斯矢量 $\boldsymbol{b}$ 的方向既不垂直，也不平行，如图 2-17 所示。混合位错可分解为刃型位错分量和螺型位错分量，它们分别具有刃型位错和螺型位错的特征。

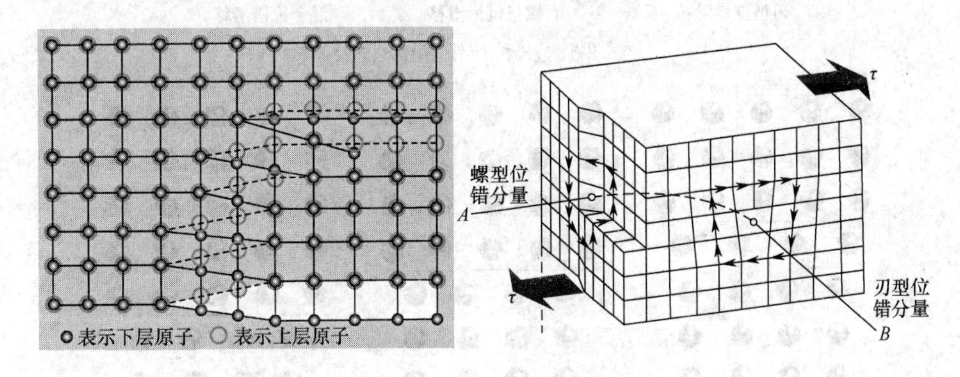

图 2-17 混合位错示意

2.3.2.4 位错的运动

位错运动分为滑移（slip）和攀移（climb）两种基本形式。位错的滑移是在外加切应力作用下，通过位错中心附近的少数原子沿柏格斯矢量方向在滑移面上不断地作小于一个原子间距的位移而逐步实现的，在位错线滑移通过整个晶体后，将在晶体表面沿柏格斯矢量方向产生一个柏格斯矢量的滑移台阶，如图 2-18 所示。在滑移过程中，位错线沿着其各点的法线方向在滑移面滑移。位移的速度可以很快，甚至接近声速。3 种类型的位错都可以发生滑移。

攀移只发生在刃型位错，它是位错线上的原子扩散到晶体中其他缺陷区（如空位、晶界等），从而导致半原子面缩小，位错线沿滑移面法线方向上升；或者反过来，晶体点阵上的原子扩散到位错线下方，从而导致半原子面扩大，位错线沿滑移面法线方向下降。前者称为正攀移，后者称为负攀移，如图 2-19 所示。攀移的运动方向与滑移面方向垂直。

正攀移在晶格中产生的间隙原子或负攀移产生的空位，随后会迁移扩散到界面或表面。由于涉及原子的迁移扩散，温度的升高有利于攀移的发生。另外，外加应力对攀移也有影

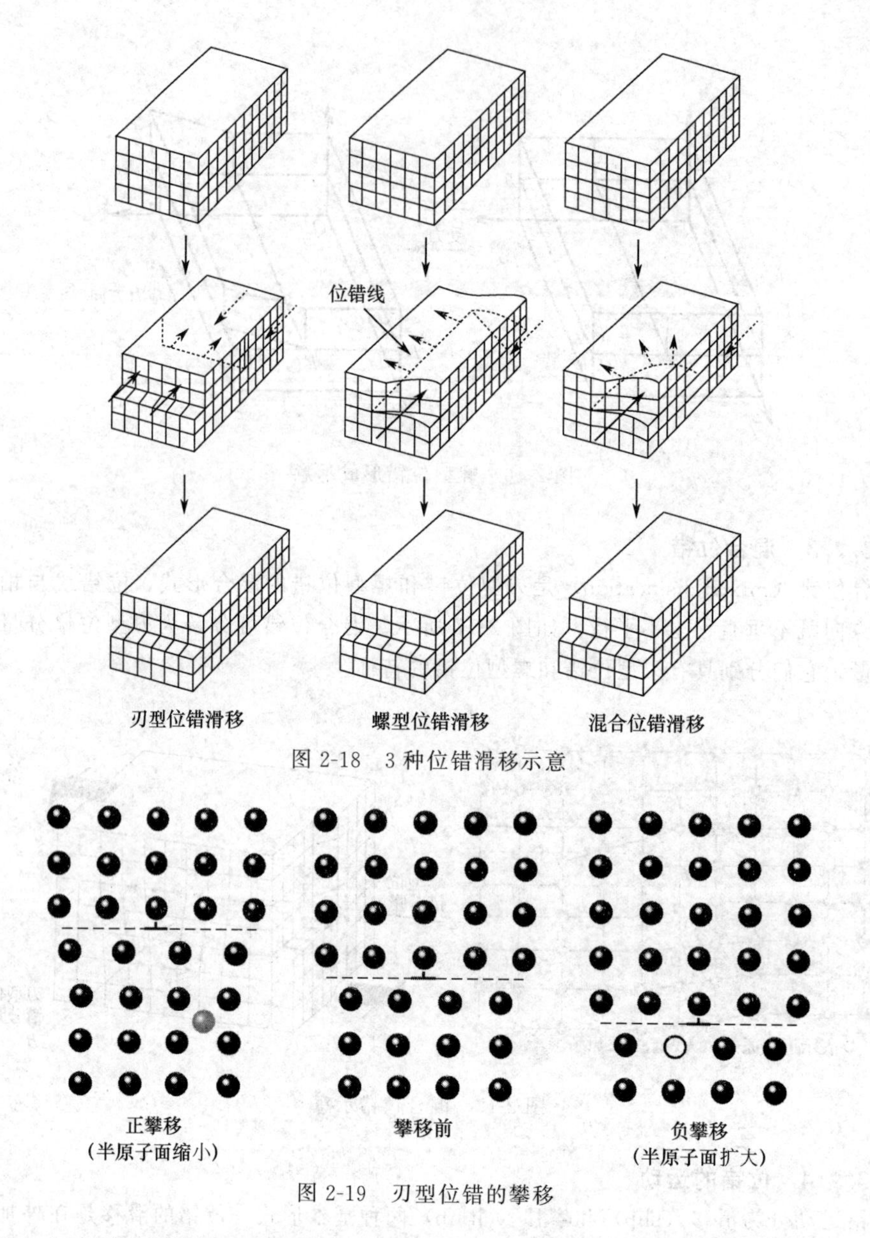

图 2-18　3 种位错滑移示意

图 2-19　刃型位错的攀移

响。作用在半原子面上的拉应力有助于半原子面的扩大，压应力则相反。所以，拉应力有利于负攀移，压应力有利于正攀移。

位错理论是晶体缺陷理论的中心，也是理解其他晶体缺陷的钥匙。位错的密度、分布、运动和其他晶体缺陷的相互作用对晶体的力学性质有较大影响；位错在晶体中产生应力和应变，因而增加储存的弹性性能。此外，位错的存在改变了晶体的电学性质、光学性质、磁学性质和超导性质等。晶体的蠕变、解理、加工硬化、回复和再结晶等现象都可以利用位错的概念加以解释。而与位错有关的堆垛层错概念，在研究机械孪晶、外延生长和马氏体相变等方面相当重要。

2.3.3　面缺陷

面缺陷（planar defects）属于二维缺陷，在一个方向上的尺寸很小，而其余两个方向上的尺寸很大。晶体中的晶界或表面就属于面缺陷。

很多晶体材料都属于多晶（polycrystalline），也就是由很多小晶体（称为晶粒，grain）构成的，这些晶粒相互之间的取向都是无序的。除非处于表面，晶粒之间是彼此接邻的，所形成的交界称为晶界（grain boundary）。有两种类型的晶界，分别是倾斜晶界（tilt boundary）和扭转晶界（twist boundary）。多晶的结构如图 2-20 所示。

倾斜晶界可看作是由一列平行的刃型位错所构成，如图 2-21 所示。其位向差角（angle of misorientation）θ 是倾斜晶界的表征值，定义为相邻晶粒在同一方向的夹角。由柏格斯矢量 $\boldsymbol{b}$ 和刃型位错之间的垂直距离 h 可求得 θ 值：

$$\tan\theta=\boldsymbol{b}/h \tag{2-24}$$

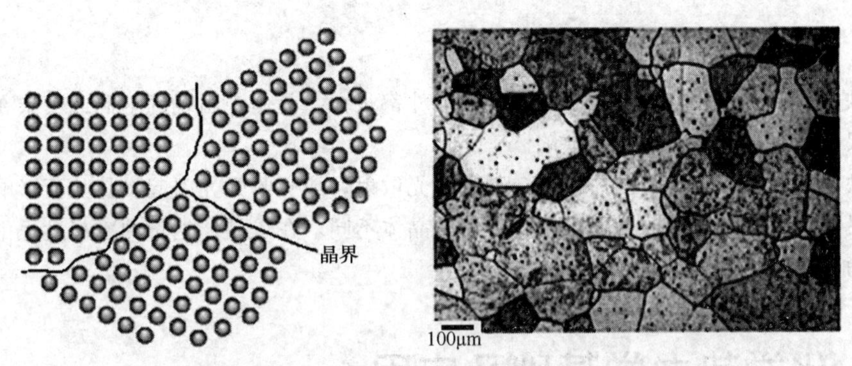

图 2-20　多晶结构示意（右图为实际多晶材料的显微图）

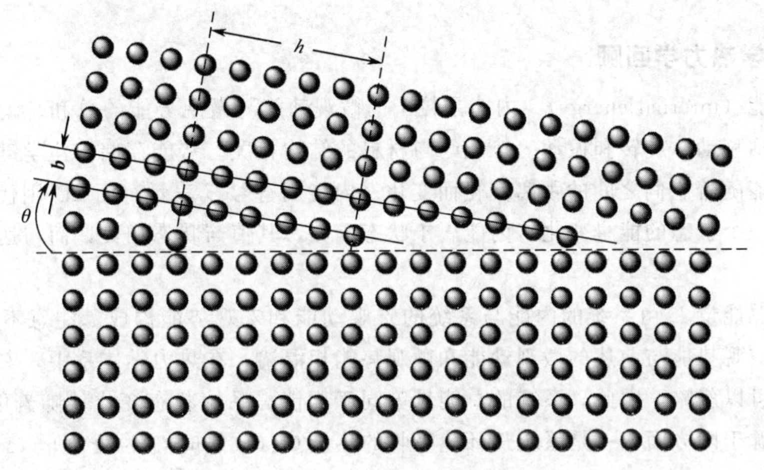

图 2-21　倾斜晶界示意

当 $\theta>15°$时，这种晶界属于大角度晶界，$\theta<15°$则为小角度晶界。对于小角度晶界，式(2 24) 可简化为 $\theta\approx\boldsymbol{b}/h$。倾斜晶界是一种小角度晶界。

扭转晶界也是小角度晶界的一种类型，可看成是两部分晶体绕某一轴在一个共同的晶面上相对扭转一个 θ 角所构成的，扭转轴垂直于这一共同的晶面。该晶界的结构可看成是由互相交叉的螺型位错所组成。

扭转晶界和倾斜晶界均是小角度晶界的简单情况，不同之处在于倾斜晶界形成时，转轴在晶界内；扭转晶界的转轴则垂直于晶界。一般情况下，小角度晶界都可看成是两部分晶体绕某一轴旋转一角度而形成的，只不过其转轴既不平行于晶界也不垂直于晶界。对于这样的小角度晶界，可看作是由一系列刃型位错、螺型位错或混合位错的网络所构成。

小角度晶界实际上更多地出现在单晶中，因为实际的单晶并不是完整晶体，而是由许多微小的晶粒构成的聚集体。这些小晶粒边长约 10^{-5}m，晶粒和晶粒之间不是共面，而是共棱相连，晶面之间以很小的位向差角（$<0.5°$）倾斜着，这种晶界就是小角度晶界。当然，由于位向差角很小，故仍可以认为各晶粒的取向基本上是平行的，整体上仍作为单晶看待，即含有面缺陷的单晶。

而在多晶中，晶粒之间的晶界通常为大角度晶界，只有少数属于小角度晶界。晶界两侧的晶粒位向差角较大，不能用位错模型。关于大角度晶界的结构说法不一，晶界可视为 2～3 个原子的过渡层，这部分的原子排列尽管有其规律，但排列复杂，暂以相对无序来理解。

2.3.4 体缺陷

体缺陷属于三维缺陷，在 3 个方向上的尺寸都很大。晶体中出现的空洞或夹杂在晶体中的较大尺寸杂质包裹体都属于体缺陷。

体缺陷的存在严重影响晶体性质，如造成光散射，或吸收强光引起发热从而影响晶体的强度。另外，由于包裹体的热膨胀系数一般与晶体不同，在单晶体生长的冷却过程中会产生体内应力，造成大量位错的形成。

2.4 化学热力学基础及应用

2.4.1 化学热力学回顾

（1）内能（internal energy） 内能是粒子的微观动能与微观势能的总和。动能源于粒子的运动，包括移动、旋转和振动。势能则与材料的结构相关。势能存储于化学键中，两原子或离子的势能随着它们之间的距离变化而变化。内能用符号 U 表示，而 ΔU 则代表系统从一个状态到另一个状态的能量变化。内能属于状态函数，其值与状态相关，而与达到状态的过程无关。

系统的总能量 E 由系统的内能与系统的宏观动能和宏观势能构成。注意不要把系统的宏观动能和宏观势能与前述的微观动能和微观势能相混淆。在热力学体系中，宏观动能和宏观势能通常可以忽略，因此，系统的总能量等同于内能。系统状态变化伴随着能量的变化，能量的变化源于两方面：一是系统从环境吸收的热量 Q（放热时 Q 为负值），二是系统对环境做功 $-W$（负值表示能量从系统输出），由于能量守恒，系统内能变化（ΔU）应等于热量（Q）和功（$-W$）之和，即：

$$\Delta U = Q - W \tag{2-25}$$

这就是热力学第一定律的表达式。其意思就是：能量具有各种不同的形式，能够从一种形式转化为另一种形式，从一个物体传递给另一个物体，而在转化及传递中，能量的总量保持不变。此式也有表达为 $\Delta U = Q + W$，这里 W 为环境对系统做的功，两式本质上一样。

系统做功通常是源于一定压力下体积发生的变化，即压力体积功（pV），对于材料科学中常常碰到的凝聚态封闭系统，这一部分可以忽略，于是有：

$$\Delta U = Q \tag{2-26}$$

或其微分形式：

$$dU = \delta Q \tag{2-27}$$

（2）焓（enthalpy） 焓（H）也是状态函数，定义为系统的内能 U 与体积功 pV 之和，即：

$$H = U + pV \tag{2-28}$$

大多数情形下，我们关心的是从一个状态到另一状态时焓和内能的变化，于是式(2-28)可表示为：

$$dH = dU + d(pV) \tag{2-29}$$

如前所述，对于凝聚态的密封系统，d(pV)项可以忽略，代入式(2-26)，得：

$$dH = \delta Q \tag{2-30}$$

其积分形式为：

$$\Delta H = Q \tag{2-31}$$

（3）熵（entropy） 熵（S）是另一个状态函数，定义为可逆过程热效应（Q_R）与热力学温度的比值：

$$S = \frac{Q_R}{T} \tag{2-32}$$

其微分形式为：

$$dS = \frac{\delta Q_R}{T} \tag{2-33}$$

热力学第二定律指出，任何自发变化过程始终伴随着隔离系统的总熵值的增加。熵的变化指明了热力学过程进行的方向，熵的大小反映了系统所处状态的稳定性。

熵值用来衡量系统中的自由度或无规度。对于纯净物质的完整晶体，在绝对零度时，分子间排列整齐，且分子的任何热运动也都停止了，这时系统呈完全有序化，熵值为零。因此，热力学第三定律指出：在绝对零度时，任何纯物质的完整晶体的熵都等于零。根据热力学第三定律，可以计算出物质在某一温度时熵的绝对值，即绝对熵。一种物质在标准状态下的绝对熵称为标准熵，用 $S^{\ominus}$ 表示，可用式(2-34) 计算：

$$\Delta S = S_{298K} - S_{0K} = S^{\ominus} \tag{2-34}$$

式中，S_{298K} 为标准状态下（温度为 298K）的熵值；S_{0K} 为绝对零度下的熵值，其值为零。

（4）自由能（free energy） 材料科学研究中最有用的一个状态函数是吉布斯（Gibbs）自由能，等温等压下吉布斯自由能 G 定义为：

$$G = H - TS \tag{2-35}$$

用微分形式表示为：

$$dG = dH - TdS \tag{2-36}$$

式(2-36) 积分得到吉布斯自由能变化（ΔG）的表示式：

$$\Delta G = \Delta H - T\Delta S \tag{2-37}$$

式(2-37) 称为吉布斯-赫姆霍兹方程式，或称为热力学第二定律方程式。据此，热力学第二定律又可以叙述为“在任何自发变化过程中，自由能总是减少的，即 $\Delta G<0$”。ΔG 是衡量在恒压下发生的等温可逆过程可取功的尺度，并且直接指明了化学反应的可能性。所以，我们把化学变化的驱动力定义为 ΔG，称为吉布斯自由能。

利用 ΔG 判断一个过程的自发性，有 3 种情形：当 $\Delta G<0$，过程能自发进行；当 $\Delta G>0$，过程能不自发进行；当 $\Delta G=0$，过程处于平衡状态。

对于化学反应，只有当反应过程的吉布斯自由能变为负值时，反应才能自发进行。当反应自由能减少并趋于零时，过程趋于平衡，其平衡常数为：

$$\ln K = -\Delta G^{\ominus}/(RT) \tag{2-38}$$

式中，$\Delta G^{\ominus}$为标准吉布斯自由能。

(5) 化学势（chemical potential） 化学势（μ）是在等温等压条件下增加1mol的物质时系统的吉布斯自由能的增加量。某一物质i的化学势μ_i可表达为吉布斯自由能G对该物质的物质的量n_i的偏微分：

$$\mu_i = \left(\frac{\partial G}{\partial n_i}\right)_{T,p,n_j} \tag{2-39}$$

化学势还可以表达成另外两个热力学变量的偏微分，即：

$$\mu_i = \left(\frac{\partial U}{\partial n_i}\right)_{S,V,n_j} = \left(\frac{\partial H}{\partial n_i}\right)_{p,S,n_j} \tag{2-40}$$

这几个偏微分是等效的，都代表物质i的化学势。G、H和U都是量度性质或广延性质的热力学变量，而化学势则是强度变量，与物质的含量无关。

2.4.2 化学热力学在材料研究中的应用

2.4.2.1 材料加工中的焓变

材料加工过程较多涉及温度的升降和热量的吸收或释放。材料吸收一定的热量将导致温度的上升，上升的程度用比热容c表示：

$$c = \frac{\delta Q}{\mathrm{d}t} \tag{2-41}$$

通常材料加工是在恒压状态下进行的，所对应的热容即恒压比热容c_p，结合式(2-30)可得到：

$$c_p = \left(\frac{\delta Q}{\mathrm{d}T}\right)_p = \left(\frac{\mathrm{d}H}{\mathrm{d}T}\right)_p \tag{2-42}$$

式(2-42) 积分可得到：

$$\Delta H = \int_{T_1}^{T_2} c_p \mathrm{d}T \tag{2-43}$$

材料的恒压比热容与温度通常具有如下关系式：

$$c_p = a + bT + cT^{-2} \tag{2-44}$$

式中，a、b和c是常数，可通过实验测定。利用上两式可以计算材料温度变化时的焓变。

另外，材料合成加工过程中还会涉及相变或化学反应，所产生的焓变都要考虑在内。

【例 2-3】 计算1mol铜从1000℃加热到1100℃的焓变。其中，纯铜的熔点为1084℃；铜熔体的恒压比热容$c_{p,\mathrm{Cu(l)}} = 0.0314\mathrm{kJ/(mol \cdot K)}$；固态铜的恒压比热容$c_{p,\mathrm{Cu(s)}} = 22.6 + 6.28 \times 10^{-3}T$ [J/(mol·K)]；熔化热或熔融焓变$\Delta H_t = 13.0\mathrm{kJ/mol}$。

解 固态铜加热至熔点的焓变

$$\Delta H_s = \int_{1273}^{1357} c_{p,\mathrm{Cu(s)}} \mathrm{d}T = \int_{1273}^{1357} (22.6 + 6.28 \times 10^{-3}T)\mathrm{d}T = 2.59(\mathrm{kJ/mol})$$

铜熔体从熔点加热至1100℃的焓变

$$\Delta H_l = \int_{1357}^{1373} c_{p,\mathrm{Cu(l)}} \mathrm{d}T = \int_{1357}^{1373} 0.0314\mathrm{d}T = 0.50(\mathrm{kJ/mol})$$

总焓变：

$$\Delta H=\Delta H_s+\Delta H_t+\Delta H_l=2.59+13.0+0.50=16.09(\text{kJ/mol})$$

【例 2-4】 铜熔体过冷至比熔点低 5℃（熔点为 1084℃），然后在绝热条件下发生成核和凝固。计算铜熔体凝固成固态的百分比。

解 绝热条件下，过冷的铜熔体一部分结晶析出为固体，所放出热量使体系升温直至熔点。这个过程的焓变包含两部分：一是熔体从 1079℃ 升温至熔点 1084℃ 的焓变 ΔH_1，二是部分熔体转变成固体的焓变 ΔH_2。

$$\Delta H_1=\int_{1352}^{1357} c_{p,\text{Cu(l)}}\,\mathrm{d}T-\int_{1352}^{1357} 0.0314\mathrm{d}T=0.157(\text{kJ/mol})$$

$$\Delta H_2=-x\Delta H_t=-13.0x$$

式中，x 为凝固铜的分数。凝固过程放热，所以 ΔH_2 为负值。由于是绝热条件，总焓变为 0，即：

$$\Delta H=\Delta H_1+\Delta H_2=0.157-13.0x=0$$

于是计算得到 $x=0.012$。

2.4.2.2 材料加工条件的确定

利用化学热力学原理和方法，对各类材料体系作热力学分析和计算所得出的有关数据，可供材料制备、工艺设计和新材料的研究与开发参考。在这方面应用最早而且也是最成功的是在冶金过程中。冶金工艺中通常是先从金属矿物原料中制得金属氧化物，然后用价廉的活泼金属，如 Fe、Al 或用 H_2 及 CO 等物质来还原金属氧化物，制得纯金属材料。为此，可先通过热力学计算得出有关反应过程的吉布斯自由能变化及化学反应的平衡常数，以确定反应的方向和进行的限度。例如，对于平衡反应

$$ZnO(s)+CO(g)\rightleftharpoons Zn(s/g)+CO_2(g) \tag{2-45}$$

在 300K（固态锌）和 1200K（气态锌）时的标准焓变分别为 $\Delta H^{\ominus}_{300\text{K}}=65.0\text{kJ/mol}$ 和 $\Delta H^{\ominus}_{1200\text{K}}=180.9\text{kJ/mol}$；这两个温度下标准熵变则分别为 $\Delta S^{\ominus}_{300\text{K}}=13.7\text{J/(K·mol)}$ 和 $\Delta S^{\ominus}_{1200\text{K}}=288.6\text{J/(K·mol)}$。假设所有反应物和产物均处于标准状态（$\Delta G=\Delta G^{\ominus}$），则可通过计算出 $\Delta G^{\ominus}$，从其正负值推断在这两个温度下反应进行的方向。同时利用 $\Delta G^{\ominus}$ 计算出在每一温度下反应的平衡常数值，从而推断出反应进行的限度。根据式(2-37)，$\Delta G^{\ominus}$ 与 $\Delta H^{\ominus}$、$\Delta S^{\ominus}$ 的关系为：$\Delta G^{\ominus}=\Delta H^{\ominus}-T\Delta S^{\ominus}$，代入上述两个温度下的 $\Delta H^{\ominus}$ 和 $\Delta S^{\ominus}$ 值，可以计算出 300K 和 1200K 下的标准吉布斯自由能分别为 $\Delta G^{\ominus}_{300\text{K}}=60.89\text{kJ/mol}$ 和 $\Delta G^{\ominus}_{1200\text{K}}=-165.42\text{kJ/mol}$。所以，在 1200K 下可以用 CO 还原 ZnO 制得金属锌（$\Delta G^{\ominus}<0$），而在 300K 下则不可行（$\Delta G^{\ominus}>0$）。

平衡常数 K_p 可以利用式(2-38) 计算得到。在 300K 时：

$$\ln K_p=\frac{-60.89\times10^3}{8.314\times300}=-24.41$$

$$K_p=2.51\times10^{-11}$$

在 1200K 时：

$$\ln K_p=\frac{-(-165.42\times10^3)}{8.314\times1200}=16.58$$

$$K_p=1.60\times10^7$$

从计算结果可见，不同温度下 K_p 值差别很大。在 1200K 的高温下，反应向右进行的情

况良好；而在 300K 的室温下，则反应可以忽略。

化学热力学原理和方法同样也是无机材料制备过程中的重要依据和工具。许多无机材料可通过简单的氧化物原料在高温固相条件下反应（煅烧）制得。可通过热力学分析和计算寻找合理的合成工艺途径和技术参数。例如，与镁质陶瓷及镁质耐火材料密切相关的是 MgO-SiO_2 系统，发现 MgO 和 SiO_2 之间存在固相反应，形成顽火辉石（$MgO \cdot SiO_2$）和镁橄榄石（$2MgO \cdot SiO_2$），首先可由有关手册查得相关物质在不同温度下的热力学数据，进而利用式(2-37) 计算出不同温度下这两个固相反应的 $\Delta G^{\ominus}$ 值，据此确定适当的料比而获得所需的产物。

2.4.2.3 埃林汉姆图的应用

埃林汉姆（H. J. T. Ellingham）于 1944 年通过实验测定了一系列金属在不同温度下的氧化过程的 $\Delta G^{\ominus}$，并作出了 $\Delta G^{\ominus}$-T 关系图（人们称之为埃林汉姆图，也叫氧化物自由能图、氧势图、氧位图等），发现当反应过程中不存在物质状态变化时，$\Delta G^{\ominus}$-T 为近似线性关系，于是，不同温度下的金属氧化标准自由能可以用如下式表达：

$$\Delta G^{\ominus} = A + BT \tag{2-46}$$

式中，A 和 B 为常数。这种线性关系可以通过式(2-37) 得到说明，用 $\Delta G^{\ominus}$、$\Delta H^{\ominus}$、$\Delta S^{\ominus}$ 代替其中的 ΔG、ΔH、ΔS，得到：

$$\Delta G^{\ominus} = \Delta H^{\ominus} - T\Delta S^{\ominus} \tag{2-47}$$

假定 $\Delta H^{\ominus}$ 和 $\Delta S^{\ominus}$ 都不随温度 T 变化，则 $\Delta G^{\ominus}$ 和 T 呈线性关系，分别把 $\Delta H^{\ominus}$ 和 $\Delta S^{\ominus}$ 换成 A 和 $-B$，即可还原成式(2-46)。实际上，由于 $\Delta H^{\ominus}$ 和 $\Delta S^{\ominus}$ 在不同温度下会发生变化，因此 $\Delta G^{\ominus}$ 和 T 只能是近似的线性关系。例如，Cu 被氧化成 Cu_2O 的反应：

$$4Cu(s) + O_2(g) \longrightarrow 2Cu_2O(s) \tag{2-48}$$

根据实验数据拟合得到的 $\Delta G^{\ominus}$-T 关系为：

$$\Delta G^{\ominus}(J) = -333900 + 14.2\ln T + 247T \tag{2-49}$$

可以近似地把上式化成线性形式：

$$\Delta G^{\ominus}(J) = -333000 + 141.3T \tag{2-50}$$

在 300K 温度下，使用式(2-50) 得到结果的误差为 0.3%，1200K 时则为 1.4%。可见，在较大的温度范围内，$\Delta G^{\ominus}$-T 关系对线性的偏离较小。

图 2-22 为各种氧化物生成的埃林汉姆图。金属氧化物形成过程中，反应物中有气体 O_2，而生成物为固体，反应结果是熵减少，即 $\Delta S^{\ominus} < 0$，所以 $\Delta G^{\ominus}$-T 线的斜率（$-\Delta S^{\ominus}$）为正。而对于 C 氧化成 CO_2 的反应：

$$C(s) + O_2(g) = CO_2(g) \tag{2-51}$$

1mol 的 O_2 气体可形成 1mol 的 CO_2 气体，反应前后气体分子数不变，因此熵变化很小，$\Delta G^{\ominus}$-T 线几乎与横轴平行，$\Delta G^{\ominus}$ 几乎与温度无关。另外，CO 的生成反应：

$$2C(s) + O_2(g) = 2CO(g) \tag{2-52}$$

1mol 的 O_2 气体可形成 2mol 的 CO 气体，气体分子数增加，混乱度增大，因而熵值增加，即 $\Delta S^{\ominus} > 0$，所以 $\Delta G^{\ominus}$-T 线的斜率（$-\Delta S^{\ominus}$）为负。在埃林汉姆图中得到一条由左向右往下倾斜的直线，表示这个反应随着温度升高自由能负值增大。这表明碳对氧的亲和力随着温度升高而增强，即在高温下碳作为氧化物的还原剂，其效果大大增强。

从埃林汉姆图中还可看出，较活泼的金属还原剂如 Ca、Mg 的氧化物生成焓较大，因而生成氧化物过程的 $\Delta G^{\ominus}$ 负值也很大，相应的直线出现在图的下方，表示反应自发进行的倾向很大，生成的氧化物很稳定。而在图上方的直线则表示相应金属生成氧化物的倾向相对较弱，生成的氧化物较不稳定，例如 Ag_2O。

此外，在某一温度下，$\Delta G^{\ominus}$-T 关系曲线发生明显转折，这是由于在该温度下金属或其氧化物发生相态变化，使标准熵变 $\Delta S^{\ominus}$ 发生变化，斜率改变。

利用埃林汉姆图，可在很宽的温度范围内研究各种材料的热力学性质及氧化还原性质，为材料的制备和使用以及新材料的研究开发提供依据和参数。

（1）氧化物生成平衡及控制　从图 2-22 可见，对大多数氧化物来说，其 $\Delta G^{\ominus}$ 在很大温度范围内均为负值，因此氧化物的生成在所有温度下都是可行的。反之，氧化物的分解是不可行的。个别金属氧化物如 Ag_2O 的 $\Delta G^{\ominus}$ 较高（负值较小），在一定温度下达到零。图 2-23 为 Ag_2O 生成的埃林汉姆图。温度为 462K 时，$\Delta G^{\ominus}=0$，纯固态银和 0.101MPa（1atm）的

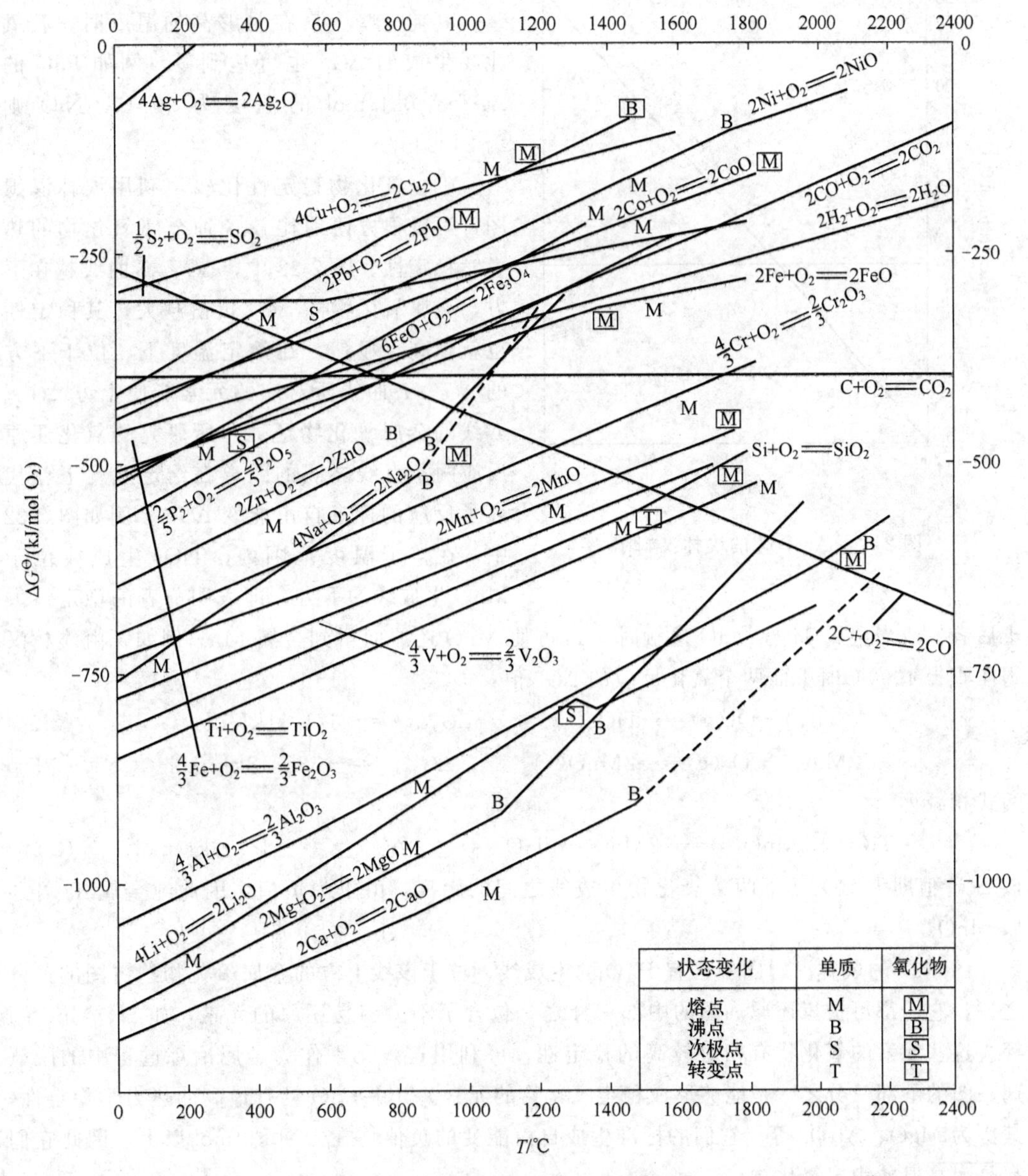

状态变化	单质	氧化物
熔点	M	M
沸点	B	B
次极点	S	S
转变点	T	T

图 2-22　各种元素氧化的埃林汉姆图

氧气与氧化银在此温度下达到平衡。当温度低于462K时，$\Delta G^{\ominus}<0$，Ag的氧化自发进行，但当氧气压力下降到某一值（平衡压力$p_{O_2,eqT}$），使$\Delta G=0$，则反应达到平衡。温度高于462K时，$\Delta G^{\ominus}>0$，Ag的氧化不能自发进行，Ag_2O分解，但当氧气压力高于0.101MPa并达到$p_{O_2,eqT}$时，反应达到平衡，只要把氧气压力保持高于$p_{O_2,eqT}$，Ag的氧化就可自发进行。可见，在一定温度下，通过调节氧气压力，就可控制反应进行的方向，关键是要知道该温度下的平衡压力$p_{O_2,eqT}$。利用式(2-38)可以得到：

$$\Delta G^{\ominus}=-RT\ln p_{O_2}^{-1} \tag{2-53}$$

从埃林汉姆图获得温度T下对应的$\Delta G^{\ominus}$值，通过式(2-53)就可以计算出该温度下氧气的$p_{O_2,eqT}$。显然，一定温度下$\Delta G^{\ominus}$越负，则$p_{O_2,eqT}$越小，即Ag越容易被氧化，相应地，其氧化物越稳定。

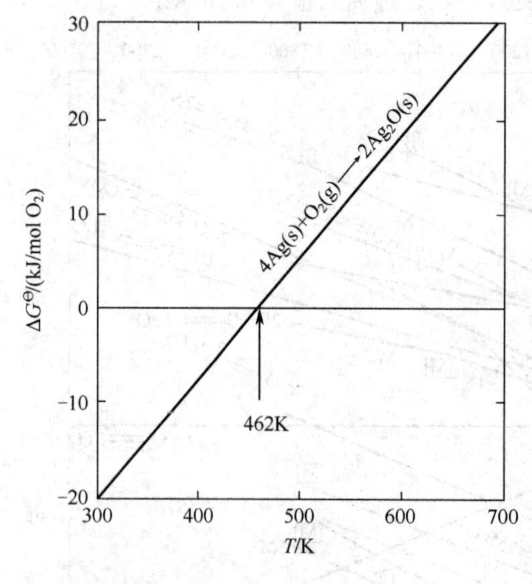

图2-23 Ag氧化的埃林汉姆图

其他一些金属在足够高的温度时，其氧化物生成的$\Delta G^{\ominus}$也可达到零，例如PdO的$\Delta G^{\ominus}=0$kJ/mol的温度为900℃，NiO则为2400℃。

（2）氧化物稳定性比较　利用埃林汉姆图，可以很方便地比较各种金属氧化物的热力学稳定性。图2-22中，$\Delta G^{\ominus}$-T曲线越在下方，金属氧化物的$\Delta G^{\ominus}$负值越大，其稳定性也就越高。显然，在给定温度下，位于下方的$\Delta G^{\ominus}$-T曲线所对应的元素能使上方$\Delta G^{\ominus}$-T线的金属氧化物还原。所研究的氧化还原反应两条直线之间的距离在给定温度下就代表了反应的标准自由能变$\Delta G^{\ominus}$。例如图2-22中，在整个温度范围内，TiO_2生成线位于MnO生成线的下方，即表明前者的稳定性大于后者。或当金属Ti与MnO接触时，Ti可使MnO还原而得到金属Mn。例如，由埃林汉姆图查得1000℃时下面两个氧化反应的$\Delta G^{\ominus}$值：

$$Ti(s)+O_2(g)=\!=\!=TiO_2(s) \qquad \Delta G^{\ominus}_{1000℃}=-674.11\text{kJ/mol} \tag{2-54}$$

$$2Mn(s)+O_2(g)=\!=\!=2MnO(s) \qquad \Delta G^{\ominus}_{1000℃}=-586.18\text{kJ/mol} \tag{2-55}$$

两式相减得：

$$Ti(s)+2MnO(s)=\!=\!=2Mn(s)+TiO_2(s) \qquad \Delta G^{\ominus}_{1000℃}=-87.93\text{kJ/mol} \tag{2-56}$$

该$\Delta G^{\ominus}$值即为1000℃下两条氧化物生成线之间的距离，由于为负值，因此纯金属Ti可还原MnO。

图2-22的埃林汉姆图中含有H_2O的生成线，位于该线上方的金属氧化物约占图的三分之一，它们都可被氢还原。图的中部三分之一包含了不太容易还原的元素，如Si、Mn、Cr等。这些元素的氧化物有相对较高的稳定性，可利用这些元素作为金属冶炼过程中的脱氧剂。图的下部三分之一是能够形成稳定氧化物的元素。其中CaO具有最高的热力学稳定性，其次为MgO、Al_2O_3等，它们的标准生成自由能变的负值均在1000kJ/mol以上，因此它们都是耐高温的稳定氧化物。

（3）还原能力的相互反转　当两根氧化物生成线在某特定温度相交时，则两个元素的相对还原能力便相互反转。例如 MgO 线与 Al_2O_3 线在 1550℃ 相交，在低于交点温度（1550℃）时，Mg 可使 Al_2O_3 还原；高于该温度时，则 Al 将还原 MgO，温度越高，越容易还原。

碳被氧化时可生成 CO 或 CO_2：

$$C(s)+O_2(g)=\!=\!=CO_2(g) \tag{2-57}$$

$$2C(s)+O_2(g)=\!=\!=2CO(g) \tag{2-58}$$

两条生成线在 700℃ 相交。在较低温度下，CO_2 生成线位于 CO 生成线下方，所以 CO_2 比较稳定，在还原反应产物中占优势地位。但在高于 700℃ 时，CO 生成线位于 CO_2 生成线下方，所以 CO 比较稳定。由于 CO 生成线斜率为负，随着温度升高，$\Delta G^{\ominus}$ 越负，CO 稳定性越高。只要温度足够高，图中出现的氧化物均可被还原。例如 MgO、CaO、Al_2O_3 这些难熔氧化物可分别在 1850℃、2150℃ 和 2000℃ 温度下被还原。

2.5 材料界面热力学

材料的界面（interface）是指材料与另一相接触的交界面，若所接触的相为气体（严格来说应该是真空或材料的饱和蒸气），这种界面通常称为表面（surface）。界面通常包含几个原子层厚的区域，该区域内的原子排列甚至化学成分往往不同于其内部，因此，固体材料界面的热力学性质必须与材料内部区别开来考虑。

2.5.1 表面张力和表面能

材料表面的分子（或原子）处于与内部分子不同的环境中。体相内部分子所受四周邻近相同分子的作用力是对称的，各个方向的力彼此抵消。而处在表面的分子，受到体相分子的拉力大，受到气相分子的拉力小（因为气相密度低），所以表面分子受到被拉入体相的作用力。这种状况对于固相及液相的表面均存在，图 2-24 为液体表面与内部分子（或原子）受力环境差异示意图。由于表面分子所受作用力的不均衡，导致其势能高于体相内部分子。如果要把分子从内部移到界面，或可逆地增加表面积，就必须克服体系内部分子之间的作用力，对体系做功。增加表面积所消耗的可逆功 $\delta W'$，正比于所增加的表面积 dA_s，如式(2-59) 所示：

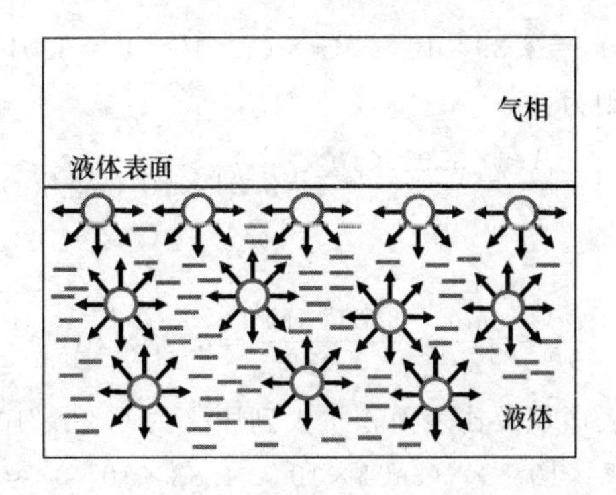

图 2-24　液体表面与内部分子（或原子）受力环境差异示意

$$\delta W'_r = \gamma dA_s \tag{2-59}$$

式中，比例系数γ称为比表面功，式(2-59) 重排可得到：

$$\gamma = \frac{\delta W'_r}{dA_s} \tag{2-60}$$

由于外界对系统做可逆功而使系统热力学能升高，根据第一定律 $dU = \delta Q + \delta W$，可得 $dU = TdS + \gamma dA$，再结合式(2-29) 和式(2-36) 得到 $dG = dU + d(pV) - d(TS)$。当温度、压力和组成不变时，从这些关系式可得到：

$$\gamma = \left(\frac{\partial G}{\partial A}\right)_{T,p,N_i} \tag{2-61}$$

因此，γ可表达为保持体系的温度、压力和组成不变时，每增加单位表面积所导致的吉布斯自由能变化，简称比表面自由能或表面能（surface energy），单位是J/m^2。

【例 2-5】 在 20℃时，将 0.001kg 的球形水滴分散成直径为 2nm 的小水滴。

(1) 求分散前后水滴的表面积和比表面并进行比较；

(2) 系统的比表面自由能增大多少？已知 20℃时，水的密度 $\rho = 1000kg/m^3$，$\gamma = 72.75 \times 10^{-3} N/m$。

解 (1) 0.001kg 的球形水滴，分散前的体积为：

$$V = \frac{m}{\rho} = \frac{0.001kg}{1000kg/m^3} = 1 \times 10^{-6} m^3$$

设球形水滴的半径为 r_1，则 $V = \frac{4}{3}\pi r_1^3$，由此得到：$r_1 = 6.2 \times 10^{-3}$ m。球形水滴的表面积为：

$$A_{s1} = 4\pi r_1^2 = 4\pi \times (6.2 \times 10^{-3})^2 = 4.83 \times 10^{-4}(m^2)$$

水滴的比表面积则为：

$$a_{s1} = \frac{A_s}{m} = \frac{4.83 \times 10^{-4}}{0.001} = 0.483(m^2/kg)$$

将 0.001kg 水滴分散成直径为 2nm 的小水滴，其半径 r_2 为 $1nm = 1 \times 10^{-9}$ m，小水滴个数为：

$$n = \frac{0.001kg}{\frac{4}{3}\pi r_2^3 \rho} = \frac{0.001kg}{\frac{4}{3}\pi \times (1 \times 10^{-9} m)^3 \times 1000kg/m^3} = 2.39 \times 10^{20}(\text{个})$$

小水滴的总面积为：

$$A_{s2} = n \times 4\pi r_2^2 = 2.39 \times 10^{20} \times 4\pi \times (1 \times 10^{-9})^2 = 3.01 \times 10^3(m^2)$$

小水滴的总比表面积则为：

$$a_{s2} = \frac{A_{s2}}{m} = \frac{3.01 \times 10^3}{0.001} = 3.01 \times 10^6(m^2/kg)$$

水滴分散前后比较：

$$\frac{A_{s2}}{A_{s1}} = \frac{a_{s2}}{a_{s1}} = \frac{3.01 \times 10^6}{0.483} = 6.23 \times 10^6$$

也就是说，分散后水滴的表面积及比表面积扩大到原来的 6.23×10^6 倍。

(2) $\Delta G = \gamma \Delta A = 72.75 \times 10^{-3} \times (3.01 \times 10^3 - 4.83 \times 10^{-4}) \approx 2.19 \times 10^2 J$

固体表面可通过离子重排、变形、极化、晶格畸变来降低表面能。对于液体来说，则倾向于通过减小表面积而降低表面能，呈现出一种收缩的力。因此当体相为液体时，表面能通

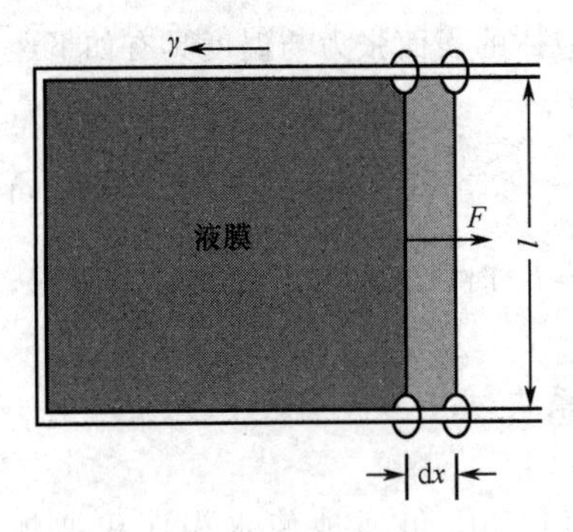

图 2-25　液体表面张力示意

常使用表面张力（surface tension）来表达。如图 2-25 所示，用金属丝围成的框架，右边可以活动，上罩有一层液膜。在力 F 的作用下把液膜可逆地往右平移微小距离 $\mathrm{d}x$，则需要克服向内拉力对系统做功，其值为：

$$\delta W'_{\mathrm{r}}=F\mathrm{d}x \tag{2-62}$$

平移 $\mathrm{d}x$ 距离后，液膜的表面积增加 $\mathrm{d}A_{\mathrm{s}}=2l\mathrm{d}x$（液膜是两面的，所以 $l\mathrm{d}x$ 前面乘以 2），结合式(2-59)，可以得到：

$$\gamma=\frac{F}{2l} \tag{2-63}$$

实际测量时，由于液膜向内收缩，为维持右边活动金属丝固定不动，需往右施加力 F，测量出 F 值，就可以利用式(2-63) 计算出表面张力 γ。液体的表面张力可描述为垂直作用于液体表面任意单位边界长度上的紧缩力，其方向和液面相切。如果液面是平面，表面张力就在这个平面上；如果液面是曲面，表面张力就在这个曲面的切面上。表面张力以 N/m（牛顿/米）作为单位，与上述表面能的单位 $\mathrm{J/m^2}$ 是一致的（1J 等于 1N·m）。

表面张力和表面能是分别用力学和热力学方法研究表面性质时所用的物理量，两者代表的物理概念不同。表面张力是表面层分子实际存在的表面收缩力；表面能是形成一个单位的新表面时体系自由能的增加，或表示物质体相内部的分子迁移到表面时，形成一个单位表面所要消耗的可逆功。表面张力和表面能有相同的量纲，对于液体，两者数值相同，而对于固体，两者则有所不同。此外，对于界面（例如固液界面）而非表面，则通常称为界面能和界面张力。

表面张力（或表面能）的大小受分子间相互作用力影响。对纯液体或纯固体，表面张力决定于分子间形成的化学键能的大小，一般化学键越强，表面张力越大。金属表面具有较大的表面能，其次是离子晶体、陶瓷。塑料的表面能则一般较低，尤其是聚乙烯、聚丙烯这些低极性的塑料。液体中，水和极性溶剂有较高的表面张力，有机低极性溶剂如烃类则表面张力较低。表 2-4 列出了几种液体及固体的表面张力。

表 2-4　几种液体及固体的表面张力 γ

物质	$\gamma/(\times10^{-3}\mathrm{N/m})$	T/K	物质	$\gamma/(\times10^{-3}\mathrm{N/m})$	T/K
水(液)	72.75	293	W(固)	2900	2000
乙醇(液)	22.75	293	Fe(固)	2150	1673
苯(液)	28.88	293	Fe(固)	1880	1808
丙酮(液)	23.7	293	Hg(液)	485	293
正辛醇(液/水)	8.5	293	NaCl(固)	227	298
正辛酮(液)	27.5	293	KCl(固)	110	298
正己烷(液/水)	51.1	293	MgO(固)	1200	298
正己烷(液)	18.4	293	CaF_2(固)	450	78
正辛烷(液/水)	50.8	293	He(液)	0.308	2.5
正辛烷(液)	21.8	293	Xe(液)	18.6	163

此外，表面张力还受外界环境影响。例如压力增加会减小表面张力，因为气相密度随压力增加而增大，气体分子被表面吸附机会增加，导致表面分子受力不均匀性减小。一般来说，压力每增加 10atm（1atm＝101325Pa，下同），表面张力将减小 1N/m，例如水在 1atm 压力下，表面张力为 72.8N/m，在 10atm 压力下则为 71.8N/m。此外，温度升高会导致液

体分子间距离增大而作用力减小，因而表面张力下降。纯液体的表面张力与温度具有如下经验公式：

$$\gamma=\gamma_0\left(1-\frac{T}{T_c}\right)^n \tag{2-64}$$

式中，γ_0 和 n 为经验常数；T_c 为超临界温度。当 $T\rightarrow T_c$ 时，液相和气相再没有界限，此时表面张力趋于零。

【例 2-6】 水的比表面自由能与摄氏温度 t（℃）的关系式为：

$$\gamma(\times10^{-3}\text{N/m})=75.64-0.14t(℃)$$

若水的表面积改变、总体积不变时，试求 10℃、压力恒定下，可逆地使水表面积增加 5cm^2，必须做多少功？从外界吸收多少热？

解 温度为10℃时，水的表面张力为：

$$\gamma=(75.64-0.14\times10)\times10^{-3}=74.24\times10^{-3}(\text{N/m})$$

增加表面积所需做的功为：

$$W'=\Delta G=\gamma\Delta A=74.24\times10^{-3}\times5\times10^{-4}=3.71\times10^{-5}(\text{J})$$

从外界吸收的热量可从下式得到：

$$Q_r=T\Delta S=T\left(-\frac{\partial\Delta G}{\partial T}\right)_p=T\left[-\Delta A_s\left(\frac{\partial\gamma}{\partial T}\right)_{A_s,p}\right]$$

其中

$$\left(\frac{\partial\gamma}{\partial T}\right)_{A_s,p}=\left[\frac{\partial(75.64-0.14t)}{\partial T}\right]_{A_s,p}=-0.14\times10^{-3}\text{N/(m·K)}$$

于是有：

$$Q_r=283\times(-5\times10^{-4})\times(-0.14\times10^{-3})=1.981\times10^{-5}(\text{J})$$

液体表面张力的测定方法分静力学法和动力学法。静力学法有毛细管上升法、Wilhelmy盘法、旋滴法、悬滴法、滴体积法、最大气泡压力法等；动力学法有振荡射流法、毛细管波法。固体的表面能可以通过实验测定或理论计算法来确定。实验方法一般是将固体熔融成液态，测定其表面张力与温度的关系，作图外推到凝固点以下来估算固体的表面张力。

2.5.2 润湿和接触角

2.5.2.1 润湿

润湿（wetting）是指固体表面上一种液体取代另一种与之不相混溶流体的过程。从热力学的角度看，固体与液体接触后系统的吉布斯自由能降低，即 $\Delta G<0$。G 减少得愈多，愈易润湿。近代工业技术中，很多工艺和理论都与润湿作用有密切关系，例如机械的润滑，注水采油，油漆涂布，印刷，金属焊接，陶瓷、搪瓷的坯釉结合，陶瓷或玻璃与金属的封接等。无机材料因其蒸气压小，所以固-液界面问题要比固-气界面重要得多。

润湿属于固-液界面行为，可分为沾湿（adhesion）、浸湿（dipping）和铺展（spreading）3 种情况，如图 2-26 所示。

（1）沾湿　沾湿是将气-液界面与气-固界面转变为液-固界面的过程。设当各个界面都为单位面积时，从热力学的角度，在等温-等压可逆条件下过程的吉布斯自由能的变化值为：

$$\Delta G=\gamma_{l\text{-}s}-\gamma_{g\text{-}s}-\gamma_{g\text{-}l} \tag{2-65}$$

$$W_a=-\Delta G=\gamma_{g\text{-}s}+\gamma_{g\text{-}l}-\gamma_{l\text{-}s} \tag{2-66}$$

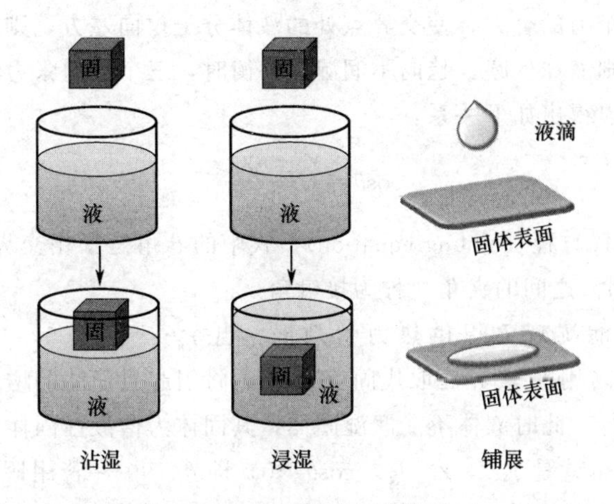

图 2-26 润湿的 3 种情况

式中，γ_{g-s}、γ_{g-l} 和 γ_{l-s} 分别表示气-固、气-液和液-固的界（表）面张力。W_a 称为黏附功，它是液-固黏附时系统对外所做的最大功。W_a 值愈大，液体愈易润湿固体，液-固界面结合得愈牢固。

（2）浸湿 浸渍是指将气-固界面转变为液-固界面，而液体表面没有变化的过程。在等温、等压可逆情况下，该过程的吉布斯自由能的变化值为：

$$\Delta G=\gamma_{l-s}-\gamma_{g-s} \tag{2-67}$$

$$W_i=-\Delta G=\gamma_{g-s}-\gamma_{l-s} \tag{2-68}$$

W_i 称为浸湿功，它是液体在固体表面上取代气体能力的一种量度，$W_i \geqslant 0$ 是液体浸湿固体的条件，此值越大，浸湿效果越好。

（3）铺展 铺展是少量液体在光滑的固体表面（或液体表面）上自动展开，形成一层薄膜的过程。铺展过程中，当液-固界面在取代气-固界面的同时，气-液界面也扩大了同样的面积。在等温、等压下可逆铺展一单位面积时，系统吉布斯自由能的变化值为：

$$\Delta G=\gamma_{l-s}-\gamma_{g-s}+\gamma_{g-l} \tag{2-69}$$

设定

$$S=-\Delta G=\gamma_{g-s}-\gamma_{g-l}-\gamma_{l-s} \tag{2-70}$$

式中，S 称为铺展系数（spreading coefficient），当 $S \geqslant 0$，液体可以在固体表面上自动铺展。

2.5.2.2 接触角与杨氏方程

理论上根据有关界面能的数据可判断各种润湿过程是否能够进行，但是实际上，除了气-液之间的界面能 γ_{g-l}（也就是液体的表面张力）能比较方便地获得外，液-固之间和气-固之间的界面能目前还无法直接测定。人们发现润湿现象还与液体在固体表面铺展的润湿角（接触角，contact angle）有关，而接触角是可以通过实验来测定的。因此根据上述理论分析，结合实验所测表面张力和接触角的数据，可以作为解释各种润湿现象的依据。

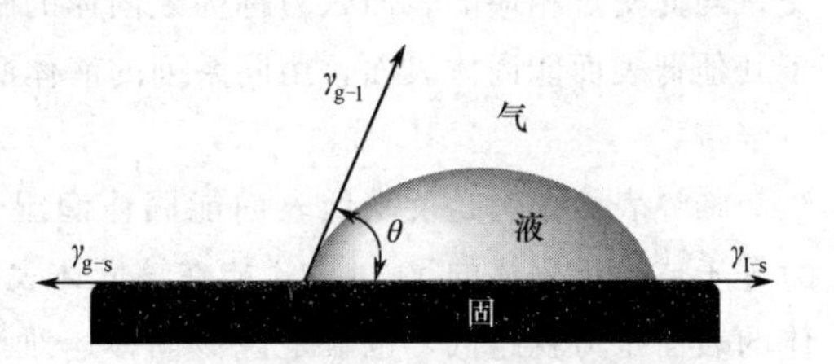

图 2-27 液滴在平滑固体表面上的润湿角

如图 2-27 所示，液滴滴到固体表面上，可铺展开来或是取一定的形状。达到平衡时，在气、液、固三相交界点有 γ_{g-l}、γ_{g-s} 和 γ_{l-s} 等三个作用力。如果这三个力的合力，使交界点处的液体分子拉向左方，则液珠扩大，固体被润湿；如果拉向右方，则液珠变圆，趋向不润湿。平衡时，三个界面张力在三相交界线上力的矢量和为零，由此可以得出如下关系：

$$\cos\theta=\frac{\gamma_{g-s}-\gamma_{l-s}}{\gamma_{g-l}} \tag{2-71}$$

式(2-71) 称为杨氏方程（Young equation）。式中的 θ 角是三相交界处气-固体表面张力 γ_{g-s} 和液-固界面张力 γ_{l-s} 之间的夹角，称为接触角。

杨氏方程可以为润湿现象提供热力学判据。当 $\gamma_{g-s}-\gamma_{l-s}<0$，也就是 $\gamma_{g-s}<\gamma_{l-s}$ 时，$\cos\theta<0$，即 $\theta>90°$，若用固-液界面取代固-气表面，将引起界面能的增加，这个过程是非自发过程，不能自动进行。此时液体不能润湿固体，其固体为憎液性固体。

当 $\gamma_{g-s}-\gamma_{l-s}>0$，也就是 $\gamma_{g-s}>\gamma_{l-s}$ 时，$\cos\theta>0$，即 $\theta<90°$，若用固-液界面取代固-气表面，将引起界面能的减少，这个过程是自发过程。此时液体可润湿固体，其固体为亲液性固体。

当 $\gamma_{g-s}-\gamma_{l-s}=\gamma_{g-l}$ 时，$\theta=0°$，液体在固体表面上自由铺展，为完全润湿。当 $\gamma_{g-s}-\gamma_{l-s}>\gamma_{g-l}$ 时，杨氏方程不成立（因 $\cos\theta$ 不能大于 1），但液体仍然可以在固体表面完全铺展开来。

杨氏方程的应用条件是理想表面，即指固体表面是组成均匀、平滑、不变形（在液体表面张力的垂直分量的作用下）和各向同性的。只有在这样的表面上，固体才有固定的平衡接触角，杨氏方程才可适用。实际应用中，可通过适当的表面处理使其尽可能接近理想表面。

2.5.2.3 固体材料表面的润湿问题

材料应用中常常涉及表面润湿问题。有些应用需要好的润湿性，如表面涂饰、黏附、液体吸收等；有些应用则要求润湿性低，如抗污、防雾。根据固体的表面能大小，一般可将固体表面分为高表面能和低表面能两类。前者的表面能高于 100mN/m，这些固体易被液体所润湿。一般的无机物固体如金属及其氧化物、二氧化硅、无机盐等的表面能约在 500～5000mN/m，其数值远远大于一般液体的表面张力，因此，液体与这类固体接触后，使固体表面能显著降低。低表面能固体的表面能一般低于 100mJ/m^2，这类固体不易被液体所润湿，如有机固体、高分子材料。低表面能固体和高表面能固体有不同的润湿特性。

（1）低表面能固体的润湿　聚四氟乙烯、聚乙烯、聚丙烯等高分子材料具有低表面能，这些材料往往较难被润湿。某些高分子材料做成的生产用品和生活用品，就要求其能很好地被水所润湿；涂料对低表面能塑料（如聚乙烯、聚丙烯）的附着、塑料电镀、降解等也需要解决润湿问题。20 世纪 50 年代，W. A. Zisman 等对低表面能固体润湿进行了大量的研究，提出了临界表面张力的概念。如图 2-28 所示，测定不同链长的正烷烃在聚四氟乙烯表面上的接触角，发现 $\cos\theta$ 对液体的表面张力作图可得一直线。将直线延至与 $\cos\theta=1$ 的水平线相交，与此交点相应的表面张力称为该固体的临界表面张力（critical surface tension，γ_c）。对于其他低表面能固体表面，用同系列的液体测试时，都能得到直线；对于非同系物液体可得一窄带。

临界表面张力是反映低表面能固体润湿性能的一个极重要的经验常数。当液体表面张力等于或小于固体的 γ_c 时，才能在该固体表面上铺展。固体的 γ_c 越小，要求能润湿它的液体的表面张力就越低，也就是说该固体越难润湿。表 2-5 列出了一些有机固体的 γ_c 值。固体的润湿性与分子的极性有关，极性化合物的可润湿性明显优于相应的完全非极性的化合

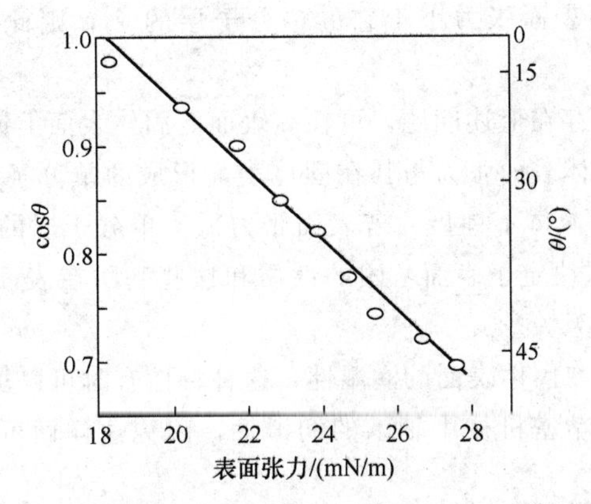

图 2-28　聚四氟乙烯的润湿性（20℃下用不同链长的正烷烃润湿）[Fox H W, Zisman W A. J Colloid Sci，5，514（1950）. Zisman W A. Relation of the Equilibrium Contact Angle to Liquid and Solid Constitution. Advances in Chemistry Series，No. 43，American Chemical Society，Washington，D. C.，1964，p 1]

物（如纤维素的 $\gamma_c=40\sim45$mN/m，而聚乙烯为 31mN/m）。另外，高分子固体的可润湿性与其元素组成有关，在碳氢链中氢被其他原子取代后，其润湿性能将明显改变，用氟原子取代使 γ_c 变小，且氟原子取代越多，γ_c 越小（如聚四氟乙烯为 18mN/m，聚一氟乙烯为 28mN/m）。而用氯原子取代氢原子，则使 γ_c 变大、可润湿性提高，如聚氯乙烯的 γ_c 为 39mN/m，大于聚乙烯的 31mN/m。氯原子取代时，C—Cl 键的极性导致表面能增加。而氟原子取代尤其是多氟取代时，氟原子的大小有利于对高分子链的有效覆盖，因而具有低的 γ_c。聚二甲基硅氧烷与此类似，低极性的甲基围绕覆盖分子链，导致较低的 γ_c。氟取代树脂和甲基硅氧烷类树脂是典型的疏水材料。涂料工业中常利用含氟或硅的单体树脂对涂料进行改性，以获得较好的耐水性和抗污性能。

表 2-5　一些低表面能材料的临界表面张力 γ_c

固体表面	γ_c/(mN/m)	固体表面	γ_c/(mN/m)
聚甲基丙烯酸全氟辛酯	19.6	聚甲基丙烯酸甲酯	39
聚四氟乙烯	18	聚氯乙烯	39
聚三氟乙烯	22	聚偏二氯乙烯	40
聚偏二氟乙烯	25	聚酯	43
聚氟乙烯	28	尼龙 66	46
聚乙烯	31	甲基硅树脂	20
聚苯乙烯	33	石蜡	26
聚乙烯醇	37	正三十烷	22

（2）高表面能固体的润湿　金属、金属氧化物和高熔点的无机固体等高表面能固体材料的表面，应能较易被液体润湿，如煤油等烃类液体可在干净的玻璃、金属上铺展。不过，但大量实验发现，对于一些极性有机液体或含有极性有机物的液体，却难以在高表面能固体表面上铺展。Zisman 等认为，极性有机液体可在高表面能固体表面形成以极性基转向高表面能固体表面而非极性基露在外面的定向单分子层。这时表面已转变为低表面能，它的润湿性只决定于单分子层的润湿性，如果液体的表面张力比定向单分子层的临界表面张力高，则液体在其自身的单分子层表面上不铺展。这种现象称为自憎现象，具有此种性质的液体常称自

憎液体。反之，一液体的表面张力小于它的单分子层的 γ_c，则此液体可在其单分子层上展开。

一般非极性液体则不存在上述问题，可在高表面能固体表面上铺展。对于极性有机液体来说，能否铺展取决于液体表面张力与其在固体表面形成的单分子层的 γ_c 大小。若表面张力高于单分子层的 γ_c，则液体不铺展；若表面张力低于单分子层的 γ_c，则液体可铺展。实验表明，单分子层的 γ_c 只决定于表面基团的性质和这些基团在表面排列的紧密程度，而与单分子层下面固体的性质无关。

液体的自憎现象可改变固体表面的润湿性，这种特性有时可以加以利用，如常用一些有自憎现象的油品作为一些精密机械中轴承的润滑油，因为这样做可以防止油品在金属零件上的铺展而形成油污。

2.5.3 弯曲表面热力学

2.5.3.1 弯曲液体表面的附加压力——拉普拉斯方程

对于平液面，表面张力都在平面上，表面收缩力是沿着平面作用的。而对于弯曲液面，表面张力方向与曲面相切，表面张力的合力在截面垂直的方向上的分量并不为零，于是产生一个附加压力（excess pressure）。对于球面曲面，附加压力大小可以简单地推算。如图 2-29 所示。以 AB 为弦长的一个球面上的环作为边界。环上每点两边的表面张力都与液面相切，大小均为 γ，但不在同一平面上，每个表面张力都产生一个向下的分量 $\gamma\cos\alpha$。环边界的长度为 $2\pi r_1$，则所产生的向下合力 F 为：

$$F=2\pi r_1\gamma\cos\alpha=2\pi r_1\gamma\frac{r_1}{r}=\frac{2\pi r_1^2\gamma}{r} \tag{2-72}$$

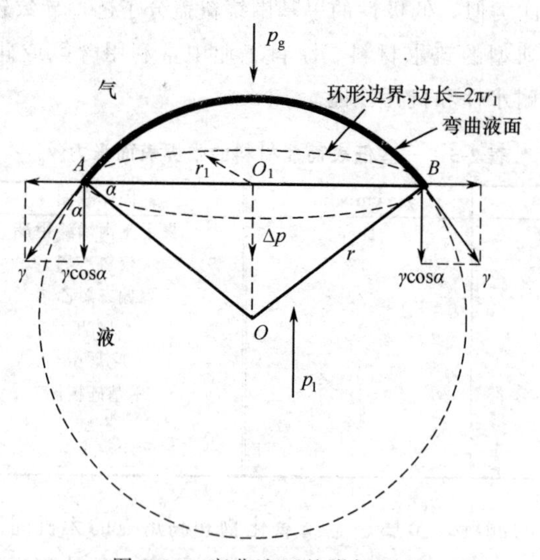

图 2-29 弯曲液面的附加压力

这个合力产生向下的附加压力 Δp，所作用的面积为 πr_1^2，于是得到：

$$\Delta p=\frac{F}{\pi r_1^2}=\frac{2\pi r_1^2\gamma/r}{\pi r_1^2}=\frac{2\gamma}{r} \tag{2-73}$$

若气相的压力为 p_0，则总压力为：

$$p=p_0+\frac{2\gamma}{r} \tag{2-74}$$

按照数学上的规定，对于凸曲面，曲面半径 r 取正值，附加压力>0，总压力增加；对于凹曲面，则曲面半径 r 为负值，附加压力<0（或者说，其方向指向气体），总压力减小。

式(2-73) 仅适用于球面。对于任意曲界面，则可用拉普拉斯（Laplace）公式计算：

$$\Delta p=\gamma\left(\frac{1}{R_1}+\frac{1}{R_2}\right) \tag{2-75}$$

式中，R_1、R_2 为主曲率半径。对于球面曲面，曲率半径只有一个（r），于是式(2-75) 可还原成式(2-73)。

2.5.3.2 毛细现象

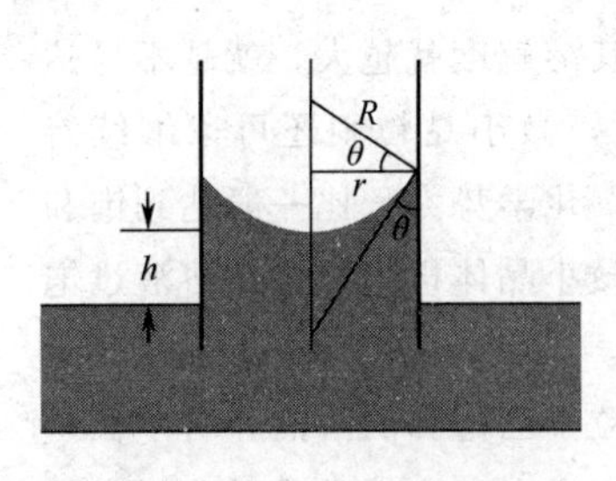

图 2-30 毛细现象

液体沿着缝隙上升或扩散的现象称为毛细现象。毛细现象与上面提到的附加压力和润湿现象都有关联。如图 2-30 所示，当毛细管壁能被液体很好地润湿时（$\theta<90°$），毛细管内液面呈现凹面，该凹面可近似看做是半径为 R 的球面的一部分。凹面的产生导致液体受到一个向上的附加压力 Δp，使液柱上升 h 高度。平衡时，液柱升高产生的静压力与凹面附加压力相等，根据式(2-73) 可得：

$$\Delta p=\frac{2\gamma}{R}=\rho gh \tag{2-76}$$

式中，ρ 为液体的密度；g 为重力加速度。

凹曲面半径 R 与毛细管半径的关系为 $r=R\cos\theta$，代入式(2-76) 得：

$$h=\frac{2\gamma\cos\theta}{\rho gr} \tag{2-77}$$

当液体不能润湿毛细管壁时，管内液面就成现凸面。因为凸液面下方液体的压力比液面上方气体压力大，所以管内液柱反而下降。例如把玻璃毛细管浸入水银里，毛细管中的水银面要比容器中的水银面低。

2.5.3.3 弯曲表面的饱和蒸气压

根据拉普拉斯方程，弯曲界面存在着附加压力 Δp。对于液体来说，压力的改变将导致化学势改变，因此与弯曲液面平衡的蒸气压将不同于与平液面平衡的蒸气压。弯曲液面上的饱和蒸气压与其表面曲率大小有关，这种关系可以用开尔文（Kelvin）公式来描述：

$$\ln\frac{p_r}{p}=\frac{2\gamma M}{RT\rho r} \tag{2-78}$$

式中，r 为弯曲液面的曲率半径；p_r 为气泡的饱和蒸气压；p 为平液面的饱和蒸气压；ρ 为液体密度；M 为液体的摩尔质量；γ 为液体的表面张力。对于凸液面，$r>0$，饱和蒸气压高于平液面饱和蒸气压。r 越小，饱和蒸气压越大。所以，小液滴比大液滴有更高的饱和蒸气压。对于凹液面（负曲率），$r<0$，饱和蒸气压低于平液面饱和蒸气压，r 越小，饱和蒸气压越低。例如蒸气泡内的饱和蒸气压比正常蒸气压小。

上面的开尔文公式也可以表示为两种不同曲率半径（分别为 r_1 和 r_2）的液滴或蒸气泡的蒸气压之比：

$$\ln\frac{p_2}{p_1}=\frac{2\gamma M}{RT\rho}\left(\frac{1}{r_2}-\frac{1}{r_1}\right) \tag{2-79}$$

液面弯曲导致的饱和蒸气压变化，与很多自然现象都有关，例如毛细管凝结、过饱和蒸汽、液体过热暴沸、过冷液体等。

2.5.3.4 微小固体颗粒的溶解与熔融

固体颗粒也属于弯曲界面，在溶液中的溶解同样受颗粒大小影响，其情形跟液滴在气相中类似，同样可以用开尔文公式表达：

$$\ln C/C_0=\frac{2\gamma_{\text{l-s}}M}{dRTr} \tag{2-80}$$

式中，$\gamma_{\text{l-s}}$ 为液-固界面张力；C、C_0 分别为小晶粒（半径为 r）与大晶体的溶解度；M 为固体的摩尔质量；d 为固体的密度。

显然，晶体的溶解度与晶粒的大小有关。晶体颗粒越小，其溶解度就越大，就越不易达到饱和。也就是说，当溶液的浓度对大晶体来说已达到饱和时，微小晶粒则还可以继续溶解。即微小晶粒不可能存在。由于新生成的微小晶体比表面大，化学势大，比一般达到饱和浓度的溶液化学势高，因而溶液浓度达到饱和浓度时，还没有微小晶体析出，这是溶液过饱和的原因。

在一个饱和溶液中，若已经有大小不同的粒子存在，对大粒子已饱和的溶液，对小粒子仍未达到饱和，所以陈放一段时间，小粒子将消失，大粒子略有增大，这就是重量分析中的陈化过程。

类似地，微小晶粒的熔融（固-液平衡）也受晶粒大小的影响。结合开尔文公式和克劳修斯-克拉贝隆方程，可得到固体颗粒半径对其熔化温度的影响：

$$\Delta T=T_{\text{m}}-T=\frac{2\gamma_{\text{vS}}MT_{\text{m}}}{d\Delta Hr}=\frac{2\gamma_{\text{vS}}V_{\text{m}}T_{\text{m}}}{\Delta Hr} \tag{2-81}$$

式中，T 和 T_{m} 分别为小晶体（半径为 r）和大晶体的熔融温度（熔点）；γ_{vS} 为晶体表面张力；ΔH 为晶体的熔融热；V_{m} 为晶体的摩尔体积。微小球状晶体的熔点降低反比于它的半径，半径越小，熔点下降越多。

【例 2-7】 计算半径为 10nm 的金纳米颗粒的熔点。已知块状金的熔点 $T_{\text{m}}=1336\text{K}$，$\Delta H=12360\text{J/mol}$，$V_{\text{m}}=10.2\times10^{-6}\text{m}^3/\text{mol}$，$\gamma_{\text{vS}}$ 为 0.132J/m^2。

解

$$\Delta T=T_{\text{m}}-T=\frac{2\gamma_{\text{vS}}V_{\text{m}}T_{\text{m}}}{\Delta Hr}=\frac{2\times0.132\times10.2\times10^{-6}\times1336}{12360\times10\times10^{-9}}=29.1(\text{K})$$

金纳米颗粒的熔点为：$T=T_{\text{m}}-\Delta T=1336-29.1=1306.9(\text{K})$。

2.5.4 固体表面的吸附

吸附（adsorption）是一种物质的原子或分子（吸附质）附着在另一物质（吸附剂）表面的现象。材料应用中较常见的是固体材料作为吸附剂对气体的吸附，也就是气-固吸附，这类吸附属于固-气界面行为。固体表面分子或原子因受力不对称而产生表面能，通过吸附气体分子则可使表面能降低。

根据相互作用力的性质不同，吸附可以分为物理吸附和化学吸附两种。物理吸附的吸附力为范德华力，即气体分子凝聚为液体的力，类似于气体分子在固体表面上凝聚。化学吸附的吸附力则是由吸附剂与吸附质分子之间产生的化学键力，相当于两者之间发生了化学反应，吸附力较强。表 2-6 比较了这两种吸附的特点。

表 2-6 物理吸附和化学吸附的比较

性质	物理吸附	化学吸附
吸附力	范德华力	化学键力
吸附层数	单分子层或多分子层	单分子层
选择性	无/极低，易液化者易吸附	有选择性
吸附热	小（近于冷凝热）	大（近于反应热）
可逆性	可逆	不可逆
吸附平衡	易达平衡	不易达平衡
吸附速率	快	慢

物理吸附与化学吸附不是截然分开的，两者有时可以同时发生，且在一定条件下可相互转化。例如氧在金属钨表面上，有的是氧分子状态（物理吸附），有的是氧原子状态（化学吸附）。很多时候，通过快速的物理吸附而使气体分子与吸附剂表面充分接触，进而发生化学反应，实现化学吸附。可以说物理吸附是化学吸附的前奏，若无物理吸附，则许多化学吸附将变得极慢，而实际上将不能发生。

固体吸附气体的量与被吸附气体的压力有关。Langmuir 在研究低压下气体在金属上的吸附时，提出了单分子层吸附方程式。该方程式的推导基于如下假设：①固体表面是均匀的，因此它对所有分子吸附的机会都相等，而且吸附热以及吸附和脱附活化能与覆盖度无关；②吸附是单分子层的，每个吸附位置只能吸附一个气体分子，吸附分子之间没有相互作用；③吸附平衡是动态平衡，即达到平衡时吸附速率和脱附速率相等。

设表面覆盖度 $\theta=V/V_m$，其中 V 和 V_m 分别为吸附体积（吸附量）和吸满单分子层的体积（饱和吸附量），则吸附速率为：

$$r_a=k_a p(1-\theta) \tag{2-82}$$

脱附（desorption）速率为：

$$r_d=k_d\theta \tag{2-83}$$

式中，k_a 和 k_d 分别是吸附速率常数和脱附速率常数。达到平衡时，吸附与脱附速率相等，即 $r_a=r_d$，于是有：

$$k_a p(1-\theta)=k_d\theta \tag{2-84}$$

设 $a=k_a/k_d$，式(2-84) 可改写为：

$$\theta=\frac{ap}{1+ap} \tag{2-85}$$

式(2-85) 称为 Langmuir 吸附等温式，式中 a 称为吸附系数，它的大小代表了固体表面吸附气体能力的强弱程度。把 $\theta=V/V_m$ 代入式(2-85)，重排后可得到 Langmuir 吸附公式的另一表示形式：

$$p/V=\frac{1}{V_m a}+\frac{1}{V_m}p \tag{2-86}$$

此时 V 是达到平衡时的气体吸附量（平衡吸附量）。利用实验测定数据，以 p/V-p 作图得一直线，从斜率和截距求出吸附系数 a 和铺满单分子层的气体体积 V_m。从吸附质分子截面积 A_m，可计算吸附剂的比表面 A：

$$A=\frac{LA_m}{V_0 m}V_m \tag{2-87}$$

式中，L 是 Avogadro 常数；V_0 为 1mol 气体在标准状况下的体积，$22.4\text{dm}^3/\text{mol}$；$m$ 为吸附剂质量。

2.6 电化学基础

电化学（electrochemistry）是研究化学能和电能之间相互转化规律的科学，材料科学中很多领域都与电化学相关，如电冶金、电化学加工、能源材料（正极、负极、隔膜及电解质等）、腐蚀与防护、电沉积等。现代电化学技术已成为材料科学很多领域不可缺少的重要方法。

本节将介绍电化学方面的一些最基本的知识，对电化学更详细的了解可参考有关专业书籍或教材。本书第11章将专门介绍能源材料。

2.6.1 原电池基本概念

2.6.1.1 氧化还原反应与原电池

氧化还原反应（oxidation-reduction reactions 或 redox reaction）是化学反应前后，元素的氧化数有变化的一类反应。根据氧化数的升高或降低，可以将氧化还原反应拆分成两个半反应：氧化数升高的半反应，称为氧化反应；氧化数降低的半反应，称为还原反应。反应中，发生氧化反应的物质，称为还原剂（reducing agent 或 reductant），生成氧化产物；发生还原反应的物质，称为氧化剂（oxidizing agent 或 oxidant），生成还原产物。氧化反应与还原反应是相互依存的，不能独立存在，它们共同组成氧化还原反应。

原则上，在自发的氧化还原反应中释放的能量可以用来做电功，这一过程可通过一个原电池（galvanic cell）装置来实现。在原电池中，电子转移是通过外部路径进行的，而不是直接在反应物之间进行。以如下氧化还原反应为例：

$$Zn(s) + Cu^{2+}(aq) \xlongequal{} Zn^{2+}(aq) + Cu(s) \tag{2-88}$$

括号中的 s 和 aq 分别表示固态和水溶液（有气态则用 g 表示），该反应可以构成一个铜锌原电池，如图2-31所示。氧化还原过程中，电子从 Zn 负极通过外电路流向 Cu 正极，可对外做电功。

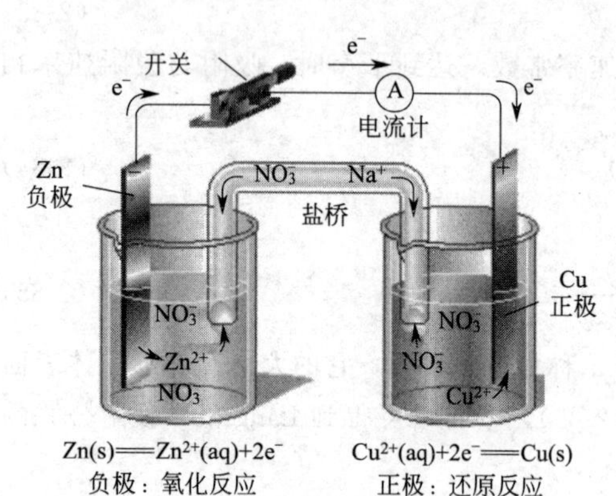

图2-31 铜锌原电池

2.6.1.2 电极和电极反应

在原电池中，由氧化态的物质（如 Zn^{2+}、Cu^{2+}、Ag^{+} 等）和对应的还原态物质（如 Zn、Cu、Ag 等）构成电极（又称半电池）；半电池中的反应，也就是氧化还原中的半反应，称为电极反应。在氧化还原反应中，氧化剂与还原产物、还原剂与氧化产物各自组成共轭的氧化还原体系，这种共轭的氧化还原体系，称为氧化还原电对，简称电对。电对用符号“氧化态/还原态”表示，例如铜锌原电池中的两个半电池的电对可分别表示为 Zn^{2+}/Zn 和 Cu^{2+}/Cu。

原电池放电时，负极发生氧化反应，放出电子；正极发生还原反应，接受电子。例如下列氧化还原反应：

$$Cu(s) + 2Ag^{+}(aq) \xlongequal{} Cu^{2+}(aq) + 2Ag(s) \tag{2-89}$$

其所组成的原电池在放电过程中，铜电极（负极）和银电极（正极）分别发生氧化反应和还原反应：

$$Cu(s)-2e^- \xlongequal{} Cu^{2+}(aq) \quad (\text{在负极上发生 Cu 的氧化反应}) \tag{2-90}$$

$$2Ag^+(aq)+2e^- \xlongequal{} 2Ag(s) \quad (\text{在正极上发生 }Ag^+\text{的还原反应}) \tag{2-91}$$

这两个半电池的电对可分别表示为 Cu^{2+}/Cu 和 Ag^+/Ag。留意这里 Cu^{2+}/Cu 电对作为负极，Cu 被氧化；而图 2-31 的铜锌原电池中 Cu^{2+}/Cu 电对则作为正极，Cu^{2+} 被还原。实际上，任何电极既可发生氧化反应，也可发生还原反应，所以电极反应通式表示为：

$$a(\text{氧化态})+ne^- \rightleftharpoons b(\text{还原态}) \tag{2-92}$$

其中 n 为电子的化学计量数，为单位物质的量的氧化态物质在还原过程中获得的电子的物质的量，也是在这一过程中金属导线内通过的电子的物质的量。由于 1 个电子所带的电量为 1.6022×10^{-19}C（库仑），所以单位物质的量的电子所带电量为

$$Q=N_a e=6.022\times10^{23}\text{mol}^{-1}\times1.602\times10^{-19}\text{C}\approx96485\text{C/mol} \tag{2-93}$$

通常把单位物质的量的电子所带电量称为 1 Faraday（法拉第），简写为 1F，即 1F＝96485C/mol。

2.6.1.3 电池符号表示式

为书写简便，原电池的装置常用符号来表示，其写法习惯上遵循如下几点规定：

（1）一般把负极写在电池符号表示式的左边，正极写在电池符号表示式的右边。

（2）以化学式表示电池中各物质的组成，溶液要标上活度或浓度（mol/dm^3），若为气体物质，应注明其分压（Pa），还应标明当时的温度。如不写出，则温度为 298.15K，气体分压为 101.325kPa，溶液浓度为 $1mol/dm^3$。

（3）以符号“|”表示不同物相之间的接界，用“‖”表示盐桥（也有用双虚线竖线）。同一相中的不同物质之间用“,”隔开。

（4）非金属或气体不导电，因此非金属元素在不同氧化值时构成的氧化还原电对作半电池时，需外加惰性导体（如铂或石墨等）做电极导体。其中，惰性导体不参与电极反应，只起导电（输送或接送电子）的作用。

按上述规定，铜锌原电池的电池符号为

$$(-)Zn|Zn^{2+}(c_1)\parallel Cu^{2+}(c_2)|Cu(+) \tag{2-94}$$

理论上，任何氧化还原反应都可以设计成原电池，例如对于在稀 H_2SO_4 溶液中 $KMnO_4$ 和 $FeSO_4$ 发生的反应：$MnO_4^-+H^++Fe^{2+}\longrightarrow Mn^{2+}+Fe^{3+}$，其电池符号为

$$(-)Pt|Fe^{2+}(c_1),Fe^{3+}(c_2)\parallel MnO_4^-(c_3),H^+(c_4),Mn^{2+}(c_5)|Pt(+) \tag{2-95}$$

在原电池符号中，之所以标明溶液浓度和气体分压，是因为电极的氧化能力或还原能力的强弱，除了与构成电极的物质种类有关以外，还与组成电极的物质的相态及浓度（溶液中）或压力（气态下）有关。这可以从下面的能斯特方程中反映出来。

2.6.2 原电池的热力学——能斯特方程

从热力学的角度来说，原电池是一种利用氧化还原反应对环境输出电功（非体积功 w'）的装置。而在恒温恒压下，可逆过程所做的最大有用功等于体系自由能的减少：

$$w'=\Delta_r G_m \tag{2-96}$$

以铜锌原电池为例，其氧化还原反应的标准摩尔吉布斯函数变 $\Delta_r G_m^\ominus$（298.15K）为 -212.55kJ/mol，因此标准状态下，该反应过程能够对环境做的最大的非体积功为 $w'=\Delta_r G_m^\ominus=-212.55$kJ/mol。如果非体积功是电功，则每进行 1mol 的化学反应，系统最多可

以对环境做 212.55kJ 的电功。

考虑一个电动势为 E 的原电池，其中进行的电池反应为

$$a\mathrm{A(aq)}+b\mathrm{B(aq)}=g\mathrm{G(aq)}+d\mathrm{D(aq)} \tag{2-97}$$

如果在 1mol 的反应过程中有 $n$mol 的电子通过电路，则电池反应的摩尔吉布斯函数变 $\Delta_r G_m$ 与电池电动势 E 之间存在以下关系：

$$\Delta_r G_m = w'_{max} = -QE = -nFE \tag{2-98a}$$

如果原电池在标准状态下工作，则

$$\Delta_r G_m^{\ominus} = -nFE^{\ominus} \tag{2-98b}$$

其中 $E^{\ominus}$ 是原电池在标准状态下的电动势，简称标准电动势。

结合热力学的化学反应等温式

$$\Delta_r G_m = \Delta_r G_m^{\ominus}(T) + RT\ln\frac{[c(\mathrm{G})/c^{\ominus}]^g[c(\mathrm{D})/c^{\ominus}]^d}{[c(\mathrm{A})/c^{\ominus}]^a[c(\mathrm{B})/c^{\ominus}]^b} \tag{2-99}$$

可得

$$E = E^{\ominus} - \frac{RT}{nF}\ln\frac{[c(\mathrm{G})/c^{\ominus}]^g[c(\mathrm{D})/c^{\ominus}]^d}{[c(\mathrm{A})/c^{\ominus}]^a[c(\mathrm{B})/c^{\ominus}]^b} \tag{2-100}$$

上式称为电动势的能斯特（W. Nernst）方程。当参与反应的物质为气态时，相对浓度 $c/c^{\ominus}$ 改用相对压力 $p/p^{\ominus}$；固体及纯液体不出现在浓度项中。此外，若半反应含有 H^+ 或 OH^-，则 $c(H^+)$ 或 $c(OH^-)$ 应出现在能斯特方程的浓度项中。

能斯特方程式反映了平衡状态下原电池电动势与参与电池反应的各物质的浓度及环境温度的关系。结合式(2-38)，我们可以利用标准电动势 $E^{\ominus}$ 计算电池反应的标准平衡常数 $K^{\ominus}$：

$$\ln K^{\ominus} = nFE^{\ominus}/(RT) \tag{2-101a}$$

温度为 298.15K 时，代入各项数值，可得

$$\lg K^{\ominus} = nE^{\ominus}/0.0592\mathrm{V} \tag{2-101b}$$

需要指出的是，电池的电动势 E 是指在电池中没有电流通过时（即电流等于零或无限小，只有这样才能达到平衡条件），原电池两个终端相之间的电位差。对于图 2-31 的铜锌原电池，测量电动势时使用高阻抗的电压计代替图中的电流计，这时通过原电池回路的电流几乎为零。

2.6.3 电极电势

2.6.3.1 标准电极电势

根据物理化学理论，无论是电子导体还是离子导体，凡是固相颗粒同液相接触，在其界面上必定产生双电层，其间的电位差称为电极电势，用符号 φ（氧化态/还原态）表示，单位是 V。例如锌电极的电极电势表示为 $\varphi(Zn^{2+}/Zn)$。对于原电池，两个电极电势的差值就构成了电池的电动势 E，即

$$E = \varphi_+ - \varphi_- \tag{2-102}$$

式中下标“+”、“−”分别对应电极的正极、负极。

为了获得各种电极的电极电势数值，通常以某种电极的电极电势作标准与其他各待测电极组成电池，通过测定电池的电动势，而确定各种不同电极的相对电极电势。目前，国际上统一规定“标准氢电极” （standard hydrogen electrode，SHE）的电极电势为零，即

$\varphi^{\ominus}(H^+/H_2)=0.000V$，其他电极电势的数值都是通过与标准氢电极比较而得到的相对值。

由于标准氢电极要求氢气纯度高、压力稳定，并且铂在溶液中易吸附其他组分而失去活性，因此，实际上常用易于制备、使用方便且电极电势稳定的甘汞电极或氯化银电极等作为电极电势的对比参考，称为参比电极。例如甘汞电极 $Pt|Hg(l)|Hg_2Cl_2(s)|Cl^-$（饱和溶液），其中 KCl 为饱和溶液，即 $c(Cl^-)=2.8mol/L$，其电极电势为 0.2412V。

利用标准氢电极或参比电极，一系列待定电极在标准状态下的电极电势已被测定，可从相关手册查到。

2.6.3.2 电极电势的能斯特方程

对于式(2-92) 所表达的任意给定的电极，基于热力学原理可以推导出

$$\varphi=\varphi^{\ominus}-\frac{RT}{nF}\ln\frac{[c(\text{还原态})/c^{\ominus}]^a}{[c(\text{氧化态})/c^{\ominus}]^b} \tag{2-103a}$$

温度为 298.15K 时，代入各项数值，可得

$$\varphi=\varphi^{\ominus}+\frac{0.0592V}{n}\lg\frac{[c(\text{氧化态})/c^{\ominus}]^a}{[c(\text{还原态})/c^{\ominus}]^b} \tag{2-103b}$$

这就是电极电势的能斯特方程，该方程与原电池电动势的能斯特方程具有相同的形式。

【例 2-8】 计算温度为 298.15K，pH=5.00，$c(Cr_2O_7^{2-})=0.0100mol/dm^3$，$c(Cr^{3+})=1.00\times10^{-6}mol/dm^3$ 时，重铬酸钾溶液中的 $\varphi(Cr_2O_7^{2-}/Cr^{3+})$ 值。已知 $\varphi^{\ominus}(Cr_2O_7^{2-})$ 为 1.23V。

解 半反应式为： $Cr_2O_7^{2-}+14H^++6e^-=\!=\!=2Cr^{3+}+7H_2O$

根据电极电势的能斯特方程可得：

$$\begin{aligned}\varphi&=\varphi^{\ominus}+\frac{0.0592V}{6}\lg\frac{[c(Cr_2O_7^{2-})/c^{\ominus}][c(H^+)/c^{\ominus}]^{14}}{[c(Cr^{3+})/c^{\ominus}]^2}\\&=1.23V+\frac{0.0592V}{6}\times\lg\frac{0.0100\times(1\times10^{-5})^{14}}{(1.00\times10^{-6})^2}\\&=0.64V\end{aligned}$$

电极电势 φ 的大小反映了电极中氧化态物质和还原态物质在水溶液中氧化还原能力的相对强弱。φ 值越小，则该电极上越容易发生氧化反应，其还原态物质越容易失去电子，是较强的还原剂；φ 值越大，则该电极上越容易发生还原反应，其氧化态物质越容易得到电子，是较强的氧化剂。

此外，结合式(2-98b)，还可以利用电极电势判断氧化还原反应的方向。从式(2-102) 来看，只有作为氧化剂电对的电极电势代数值 φ_+ 大于作为还原剂电对的电极电势代数值 φ_- 时，才能满足反应自发进行的条件（$E>0$，$\Delta G<0$），此时氧化还原反应正向能自发进行；反之，只能逆向自发进行。

2.6.4 电解

电解（electrolysis）是利用外加电能的方法迫使反应进行的过程。在电解过程中，电能转变为化学能，实施这一转变的装置称为电解池。

电解池是由分别浸没在含有正、负离子的溶液中的两个电极（阴极和阳极）构成，其中阴极与直流电源的负极相连，阳极与直流电源的正极相连。电解时，电流进入阴极，使阴极电子过剩而带上负电，吸引溶液中的正离子迁移到阴极，并与电子结合，发生还原反应；待负离子迁移到阳极，给出电子而被氧化。在电解池的两极反应中氧化态物质得到电子或还原

态物质给出电子的过程都叫做放电。通过电极反应这一特殊形式，使金属导线中电子导电与电解质溶液中离子导电联系。

2.6.4.1 分解电压

分解电压（decomposition voltage）是指使电解质在电极上分解生成电解产物所需施加的最小电压。以电解 0.100mol/dm³ Na_2SO_4 溶液为例（Pt 作电极），通电时，溶液中的 H^+ 移向阴极，获得电子（还原反应）而产生 H_2，其阴极反应为 $2H^+ + 2e^- \longrightarrow H_2$；$OH^-$ 移向阳极，放出电子（氧化反应）而形成 O_2，阳极反应为 $4OH^- - 4e^- \longrightarrow 2H_2O + O_2$。此时两个电极上附着的电解产物 H_2 和 O_2 与电解质构成氢氧原电池，其中 H_2 为负极、O_2 为正极。中性水溶液的 pH=7，即 $c(H^+)=c(OH^-)=1.00\times10^{-7}\,\text{mol/dm}^3$，根据能斯特方程式计算得到氢电极和氧电极的电极电势分别为 −0.414V 和 0.815V，原电池电动势 $E=0.815\text{V}-(-0.414\text{V})=1.23\text{V}$。该电动势方向与电解方向相反，因而至少需要外加一定值的电压以克服该原电池所产生的电动势，才能使电解顺利进行。此即为电解质的理论分解电压 $E_{(理)}$。

实际上，在理论分解电压下，电极上电解过程和原电池过程处于动平衡状态，不会出现宏观的电解产物。当提高外加电压至超过理论分解电压一定值，才能观察到电解产物不断形成，电解过程便由此开始。例如上述电解实验中，发现施加电压达到 1.7V 才能发生电解反应，此电压值称为实际分解电压 $E_{(实)}$，简称分解电压。电解时电解池的实际分解电压 $E_{(实)}$ 与理论分解电压 $E_{(理)}$ 之差称为超电压 $E_{(超)}$，即

$$E_{(超)}=E_{(实)}-E_{(理)} \tag{2-104}$$

分解电压的数值可以通过实验测定。例如上述电解 0.100mol/dm³ Na_2SO_4 溶液的例子，如图 2-32 所示的电解装置中，通过调节可变电阻逐渐增大电压，同时记录不同电压下的电流或电流密度（电极单位面积所通过的电流），然后作出电流-电压曲线（2-32 右图），D 点即为分解电压。

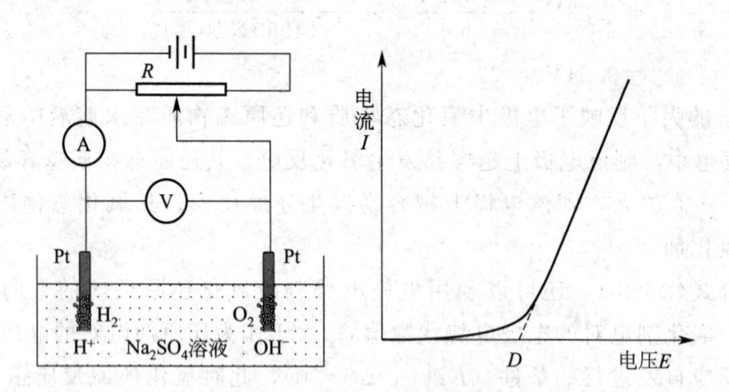

图 2-32 分解电压的测定

2.6.4.2 电极极化和超电势

电解池中的实际分解电压与理论分解电压之间的偏差，一方面是源于电解回路中各处电阻造成的电压降，另一方面则是由于电极的极化所引起的。按照能斯特方程计算得到的电极电势，是在电极上（几乎）没有电流通过条件下的平衡电极电势。当有可察觉量的电流通过电极时，电极的电势会与上述的平衡电势有所不同。这种电极电势偏离了没有电流通过时的平衡电极电势值的现象，在电化学上称为极化。

（1）电极极化 电极极化包括浓差极化和电化学极化两个方面。

① 浓差极化 浓差极化现象是由于离子扩散速率缓慢所引起的。在电解过程中，离子

在电极上放电的速率总是比溶液中离子扩散速率快，使得电极附近的离子浓度与溶液中间部分的浓度有差异（在阴极附近的正离子浓度小于溶液中间部分的浓度，而在阳极附近的正离子浓度大于溶液中间部分的浓度），这种差异随着电解池中电流密度的增大而增大。此时，为使电解池阳极上发生氧化反应，外电源加在阳极上的电势必须比没有浓差极化时的更正（大）一些；同样道理，外电源加在阴极上的电势必须比没有浓差极化时的更负（小）一些，也就是说，在浓差极化的情况下，实际分解电压（外电源两极之间的电势差）比理论分解电压更大。

浓差极化可以通过搅拌电解液和升高温度，使离子扩散速率增大而得到一定程度的消除。

② 电化学极化　电化学极化是由电解产物析出过程中某一步骤（如离子的放电、原子结合为分子、气泡的形成等）反应速率迟缓而引起电极电势偏离平衡电势的现象。即电化学极化是由电化学反应速率决定的。对电解液的搅拌，一般并不能消除电化学极化的现象。

（2）超电势　有显著大小的电流通过时电极的电势 $\varphi_{(实)}$ 与没有电流通过时电极的电势 $\varphi_{(理)}$ 之差的绝对值被定义为电极的超电势 η，即

$$\eta=\left|\varphi_{(实)}-\varphi_{(理)}\right| \tag{2-105}$$

显然，电解中由于电极极化引起的超电压相当于阴极的超电势 $\eta_{(阴)}$ 和阳极的超电势 $\eta_{(阳)}$ 之和，即

$$E_{(超)}=\eta_{(阴)}+\eta_{(阳)} \tag{2-106}$$

影响超电势的因素主要有三个方面：

① 电解产物　金属的超电势一般很小，气体的超电势较大，而氢气、氧气的超电势则更大。

② 电极材料和表面状态　同一电解产物在不同的电极上的超电势数值不同，且电极表面状态不同时超电势数值也不同。

③ 电流密度　随着电流密度增大超电势增大。

在表达超电势的数据时，必须指明电流密度的数值或具体条件。

2.6.4.3　电解在材料领域的应用

（1）电镀　电镀是应用电解原理在某些金属表面镀上一薄层其他金属或合金的过程，既可防腐蚀又可起装饰的作用。在电镀时，一般将需要镀层的零件作为阴极，而用作镀层的金属（如 Ni-Cr 合金、Au 等）作为阳极。电镀液一般为含镀层金属配离子的溶液，配离子的作用是使金属晶体在镀件上析出的过程中有个适宜（不致太快）的晶核生成速率，可得到结晶细致的光滑镀层。

在适当的电压下，阳极发生氧化反应，金属失去电子而成为正离子进入溶液中，即阳极溶解；阴极发生还原反应，金属正离子在阴极镀件上获得电子，析出沉积成金属镀层。例如电镀锌，被镀零件作为阴极材料，金属锌作为阳极材料，在锌盐（如 $Na_2[Zn(OH)_4]$）溶液中进行电解。两极主要反应为：阴极 $Zn^{2+}+2e^-=Zn$；阳极 $Zn=Zn^{2+}+2e^-$。

（2）电抛光　电抛光是金属表面精加工方法之一。其原理是在电解过程中利用金属表面上凸出部分的溶解速率大于金属表面上凹入部分的溶解速率，从而使金属表面平滑光亮。电抛光时，将工件（如钢铁）作为阳极材料，可用铅板作为阴极材料，在含有磷酸、硫酸和铬酐的电解液中进行电解。随着电解的进行，工件（阳极）铁的表面逐渐被氧化而溶解，剩下的工件表面变得越来越平滑光亮。

（3）阳极氧化　将金属或合金的制件作为阳极，采用电解的方法使其表面形成氧化物薄

膜。金属氧化物薄膜改变了表面状态和性能，如表面着色，提高耐腐蚀性，增强耐磨性及硬度，保护金属表面等。例如铝阳极氧化，将铝及其合金置于相应电解液（如硫酸、铬酸、草酸等）中作为阳极，在特定条件和外加电流作用下，进行电解。阳极的铝或其合金氧化，表面上形成氧化铝薄层，其厚度为 5～30μm，硬质阳极氧化膜可达 25～150μm。阳极氧化后的铝或其合金，提高了其硬度和耐磨性，可达 250～500kgf/mm^2（1kgf＝9.80665N，下同）；其耐热性良好，硬质阳极氧化膜熔点高达 2320K；还有优良的绝缘性，耐击穿电压高达 2000V，增强了抗腐蚀性能。此外，氧化膜薄层中具有大量的微孔，可吸附各种润滑剂，适合制造发动机汽缸或其他耐磨零件；膜微孔吸附能力强，可着色成各种美观艳丽的色彩。

有色金属或其合金（如铝、镁及其合金等）都可进行阳极氧化处理，这种方法广泛用于机械零件、飞机汽车部件、精密仪器及无线电器材、日用品和建筑装饰等方面。

(4) 电化冶金　电化冶金是利用电化学反应，使金属从含金属盐类的溶液或熔体中析出。在电化冶金中，根据所使用的电解液是水溶液还是熔盐，分为水溶液电解和熔盐电解。这两种电解方法按目的可分为电解提取和电解精炼。

① 电解提取　以金属盐的水溶液或熔融盐类作为电解液，通过电解在阴极产出金属。以金属铝的制备为例，先通过烧结法从铝矿石中制备出氧化铝，然后采用冰晶石 Na_3AlF_6 作熔剂（氧化铝熔点高达 2050℃，不方便单独熔融），形成冰晶石和氧化铝熔体，然后在 1000℃以下进行电解，Al^{3+} 在阴极上获得电子被还原成金属铝（$2Al^{3+}+6e^- \longrightarrow 2Al$）；作为阳极的碳电极则失去电子并与 O^{2-} 结合生成 CO_2 气体（$3O^{2-}+1.5C-6e^- \longrightarrow 1.5CO_2\uparrow$）。

由于铝的化学性质活泼，不能通过各种化学处理直接还原得到粗金属，而利用电解法很容易制备金属铝，成本远远低于化学还原法。

② 电解精炼　同样是以金属盐水溶液或熔盐作为电解液，但用粗金属作为原料，通过电解在阴极产出纯金属。以电解精炼铜为例，先从含铜的硫化矿中炼制出粗铜，并将粗铜进行火法精炼去除主要杂质，然后进行电解精炼。精炼步骤为：将火法精炼铜作阳极，电解铜作阴极（又称始极片），两者相间地装在电解槽中，用硫酸铜和硫酸溶液作电解液，引入直流电后，阳极铜发生电化学溶解反应，在阴极上析出，铜中杂质元素或者进入阳极泥或者保留在电解液中。

2.7 相图及其应用

在一个系统中，成分、结构相同，性能一致的均匀的组成部分叫做相（phase）。同一相内其物理性能和化学性能是均匀的。不同相之间有明显的界面分开，该界面称为相界面。应注意相界面和晶界的区别。若固体材料是由组成与结构均相同的同种晶粒构成的，尽管各晶粒之间有界面（晶界）隔开，但它们仍然属于同一种相。若材料是由组成与结构都不相同的几种晶粒构成的，则它们属于几种不同的相。例如，纯金属都是单相材料，而陶瓷材料大多为多晶多相材料。

相图（phase diagram）又称平衡图或状态图，是用几何（图解）的方式来描述处于平衡状态下物质的成分、相和外界条件相互关系的示意图。利用相图，我们可以了解不同成分的材料，在不同温度时的平衡条件下的状态，由哪些相组成，每个相的成分及相对含量等，还能了解材料在加热冷却过程中可能发生的转变。因此，相图是研究材料中各种微观结构及其变化规律的有效工具，也是材料选择和材料制备工艺设计的重要依据。

2.7.1 相平衡与相律

2.7.1.1 组元

组元（component）通常是指系统中每一个可以单独分离出来，并能独立存在的化学纯物质，在一个给定的系统中，组元就是构成系统的具有特定化学成分的各种单质或化合物。仅含一种组元的系统称为一元体系或单元体系，含有两种、三种组元的系统分别称为二元体系、三元体系，等等。

2.7.1.2 相平衡

一个体系的稳定状态及其变化方向，可以根据热力学第二定律来判断：在一定的温度和压力条件下，体系将自发地趋向吉布斯自由能最低的状态。对于二元体系（或多元体系），自由能不仅是温度的函数，也是成分的函数，并且往往是不同成分的两种相所组成的混合物具有最低的自由能，二元相图中有大量的两相区就充分说明了这一点。相图中所表明的材料状态是热力学上的平衡态，它意味着体系在一定的成分、温度和压力下，各组成相之间的物质转移达到了动态平衡，这时组成相的成分、数量不再变化，这就是相平衡（phases equilibrium)。从热力学的角度来说，如果是两相平衡，例如 α 相和 β 相两相平衡，则任意一个组元，在 α 相和 β 相中的化学势相等，即：

$$\mu_1^\alpha=\mu_1^\beta;\mu_2^\alpha=\mu_2^\beta;\ \cdots;\mu_i^\alpha=\mu_i^\beta \tag{2-107}$$

这时整个体系中自由能的变化为零，即 $\Delta G=0$，说明物质迁移的驱动力为零，从而 α 相和 β 相达到平衡。当温度或成分改变时，将打破这种平衡，这时将发生物质在各相之间的迁移，从而引起各相成分和数量的变化，直至达到新的平衡。

2.7.1.3 吉布斯相律

相律是描述处于热力学平衡状态的系统中自由度与组元数和相数之间的关系法则。相律有多种，其中最基本的是吉布斯相律（Gibbs phase rule)，其通式如下：

$$f=c-p+2 \tag{2-108}$$

式中，f 是自由度数；c 是组成材料系统的独立组元数；p 是平衡相的数目；2 是指温度和压力这两个非成分的变量，如果电场、磁场或重力场对平衡状态有影响，则相律中的“2”应为“3”“4”“5”。如果研究的系统为固态物质，可以忽略压力的影响，相律中的“2”应为“1”。

所谓自由度数，是指温度、压力、组分浓度等可能影响系统平衡状态的变量中，可以在一定范围内改变而不会引起旧相消失新相产生的独立变量的数目。

利用相律很容易计算出材料体系中平衡相的最大数目，相律也是相图要遵循的重要原则之一。还可利用相律结合动力学因素来分析非平衡状态。

2.7.2 相图

2.7.2.1 相图的建立

从理论上讲，相图可以通过热力学函数计算出来。但是，由于某些物理化学参数尚无法精确测定或计算，因此计算相图尚有很大的困难，只有非常简单的相图才有可能计算出来。迄今为止，绝大多数相图都是由实验测得的。它是利用物质在发生状态变化时可能出现的各种物理或化学效应，通过热分析（thermal analysis)、硬度法（hardness method)、膨胀法（dilatometry method)、磁性法（magnetic method)、电阻法（electrical resistivity method)、金相法（metallorgraphic method）及X射线衍射法（X-ray diffraction method）等实验方法进行测定而得到的。

以热分析法为例，它是根据系统在冷却过程中温度随时间的变化情况来判断系统中是否发生了相变化。以Cu-Ni二元相图的建立为例（图2-33），具体做法是：先将样品加热成液态，然后令其缓慢而均匀地冷却，记录冷却过程中系统在不同时刻的温度数据；以温度为纵坐标、时间为横坐标，绘制成温度-时间曲线，即步冷曲线（冷却曲线），当出现相变时，冷却曲线发生转折，转折点就是相变点。这样测出各种不同成分的样品的相变温度，并把这些数据引入以温度为纵坐标、成分为横坐标的坐标系中，连接相关点，得到相应的曲线。所得曲线把图分成若干区间，这些区间分别限定了一定成分范围和温度范围，称为相区（phase field）。通过必要的组织分析测出各相区所含的相（如图中的液相L和固溶体α），将它们的名称分别标注在相应的相区中，最终形成相图。

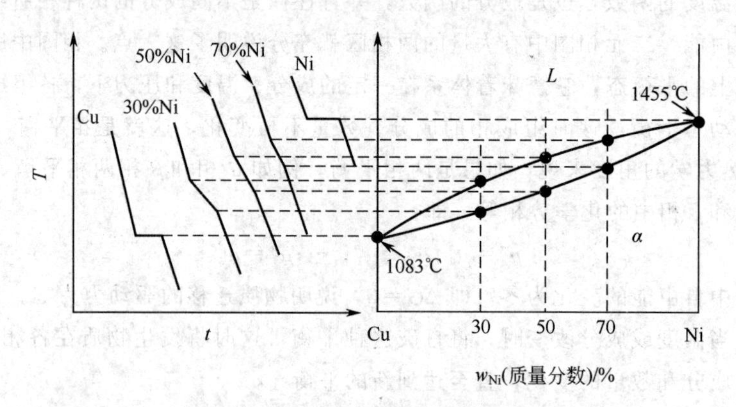

图2-33　热分析法建立相图示意

2.7.2.2　单元系相图

根据组元的数目，相图可以分为单元系相图（unary phase diagrams）（一元相图）、二元相图（binary phase diagrams）和三元相图（ternary phase diagrams）。单元系统中，只有一种组分，不存在浓度问题。影响因素只有温度和压力。由于组元数c为1，根据相律$f=c-p+2=3-p$。若$p=1$，则$f=2$，即单相时有温度和压力两个自由度，所以可以用温度和压力作坐标的平面图（p-T图）来表示系统的相图。以水的相图（图2-34）为例，在单相区，$p=1$，得到$f=2$，因而温度和压力可独立变化。在两相共存线上，$p=2$，$f=1$，这时如果温度发生变化，为了维持两相平衡，压力也必须沿相线变化。在三相点，$p=3$，$f=0$，要保持三相平衡，任何变量都不能变化。水的三相点为4.579mmHg（1mmHg=133.322Pa，下同）蒸气压和0.0099℃。

在材料化学中，较关心的是单组分材料的多晶转变，其相图较为复杂。例如ZrO_2有三种晶型：单斜ZrO_2，四方ZrO_2和立方ZrO_2，其转变关系为：

$$\text{单斜}ZrO_2 \underset{1000℃}{\overset{1200℃}{\rightleftharpoons}} \text{四方}ZrO_2 \overset{2370℃}{\rightleftharpoons} \text{立方}ZrO_2 \tag{2-109}$$

这些转变可以从相图中反映出来，如图2-35所示。

2.7.2.3　二元相图

二元系统有两个组元，对于凝聚态体系，压力的影响可以忽略，根据相律$f=c-p+1=3-p$，若$p=1$，则$f=2$，所以二元系统最大的自由度数目$f=2$，这两个自由度就是温度和成分。故二元凝聚系统的相图，仍然可以采用二维的平面图形来描述。即以温度和任一组元浓度为坐标轴的温度-成分图表示。

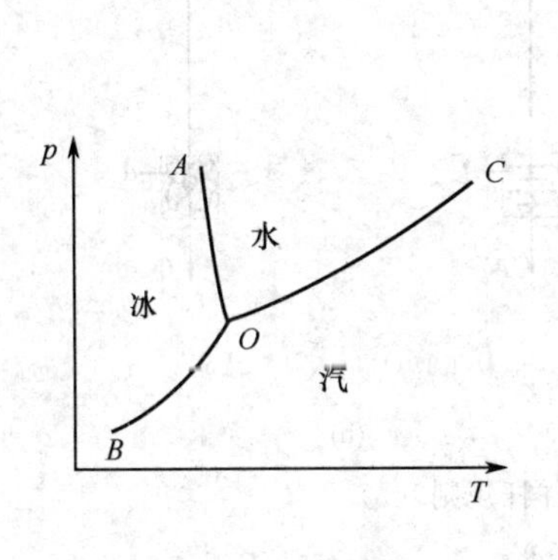

图 2-34　水的相图

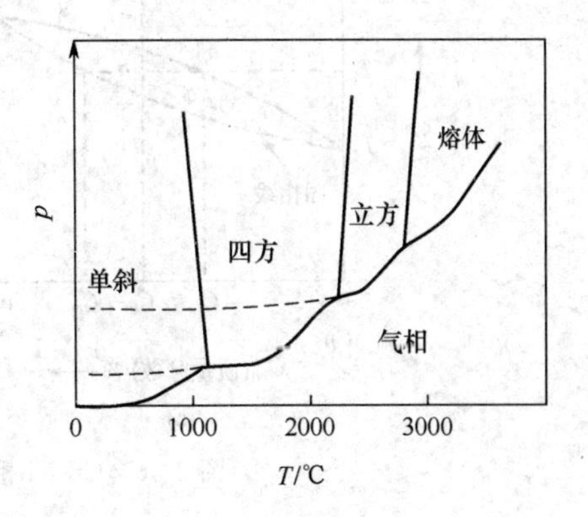

图 2-35　ZrO_2 相图

（1）二元匀晶相图与杠杆规则　当两个组元化学性质相近、晶体结构相同、晶格常数相差不大时，它们不仅可以在液态或熔融态完全互溶，而且在固态也完全互溶，形成成分连续可变的固溶体，称为无限固溶体或连续固溶体（见第 3 章“固溶体”相关内容），它们形成的相图即为匀晶相图（isomorphous system）。它是一种最简单的二元相图，仅由两条曲线（液相线和固相线）所分隔开的两个单相区（液相区和固相区）和一个双相区（液相与固相共存区）组成。

以 Cu-Ni 相图为例，如图 2-36(a) 所示，T_A 与 T_B 分别为纯 Cu 与纯 Ni 的熔点。上弧线为液相线，该线以上合金全部为液相（L）。任何合金从液态冷却时，碰到液相线就要结晶出固体。而下弧线为固相线，在该线以下，合金全部转变为固体（固溶体 α）。当合金加热到固相线时，就开始产生液相。在固相线与液相线之间的区域是液相与固相共存的两相平衡区（$L+\alpha$）。从相律角度来分析，在该两相平衡区中，只有一个独立变量。假设温度为独立变量，那么 L 和 α 两相平衡时的成分和相对量应是温度的函数。在某一温度（如图中的 T_1）下，L 相与 α 相各自的成分可由该温度水平线（两平衡相成分点间连线，tie line）与液、固相线的交点（a 和 c）确定，分别对应图中的 C_L 和 C_α。

在二元合金的两相区中，不仅温度和成分有一定的对应关系，而且两相的相对量也有确定的关系，如图 2-36(a) 所示。成分为 C_0 的合金，在温度 T_1 下处于（$L+\alpha$）两相平衡状态，液态的成分为 C_L，固溶体的成分为 C_α。设该合金总质量为 W_0，液相和 α 相的质量分别为 W_L 和 W_α，则可以推导两相的质量 W_L 和 W_α 具有如下关系：

$$\frac{W_L}{W_\alpha}=\frac{C_\alpha-C_0}{C_0-C_L} \tag{2-110}$$

这一关系与杠杆作用中力与力臂的关系相似，如图 2-36(b) 所示，故称为杠杆规则（lever rule）。它说明在二元相图的两相区中，在某一确定温度下，两平衡相的相对量由合金成分及平衡两相成分来确定。由于在二元系相图的两相区中，只有一个温度独立变量，一旦温度确定，两平衡相的成分便可从相图上求得，而且两相的相对量也可根据杠杆规则确定。

在匀晶相图中，有时会有极大点或极小点，如图 2-37 所示。在极大点或极小点处，不符合相律的规则，这时应把 C 合金看成是一个特殊的组元，整个相图看成是 AC 和 CB 两个匀晶相图的组合。

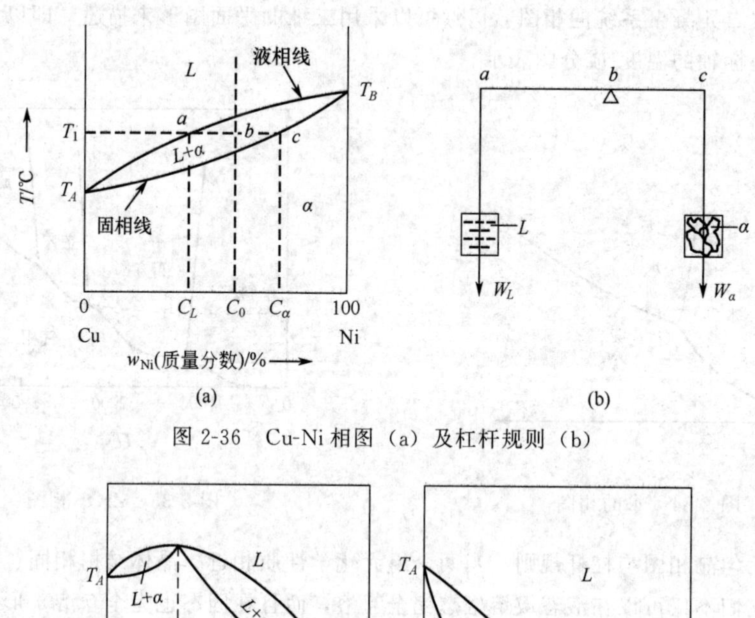

图 2-36　Cu-Ni 相图（a）及杠杆规则（b）

图 2-37　具有（a）极大点和（b）极小点的匀晶相图

【例 2-9】 下图为 Cu-Ni 合金的相图。如果合金中铜和镍的含量分别为 47%（质量分数）和 53%（质量分数），温度为 1300℃，回答如下问题：

① 在此温度下铜在液体中和固相中的百分含量分别是多少？

② 该合金液态和固态各占百分之几？

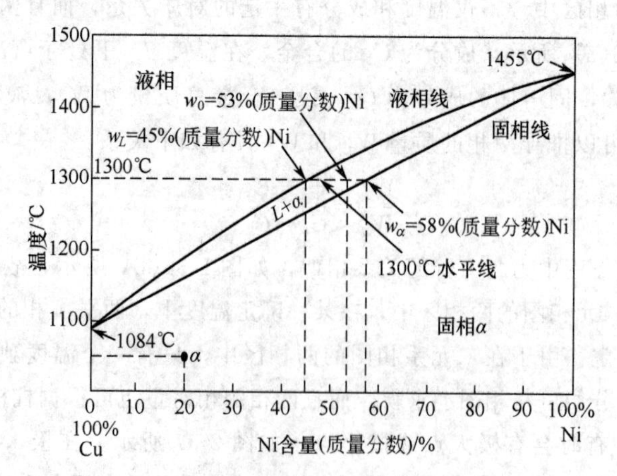

解　①从图中可见，1300℃的水平线与液相线的交点为 55%（质量分数）的 Cu，此为

铜在液态中的含量；1300℃的水平线与固相线的交点为42%（质量分数）的Cu，此为铜在固相α中的含量。

②由题目可知：$w_0=53\%$ Ni；从1300℃的水平线得到：$w_L=45\%$ Ni，$w_\alpha=58\%$ Ni。根据杠杆规则可得：

$$液相百分含量=\frac{w_\alpha-w_0}{w_\alpha-w_L}\times100\%=\frac{58-53}{58-45}\times100\%=38\%（质量分数）$$

$$固相百分含量=\frac{w_0-w_L}{w_\alpha-w_L}\times100\%=\frac{53-45}{58-45}\times100\%=62\%（质量分数）$$

(2) 二元共晶相图（eutectic phase diagram） 两组元（A和B）在液态可无限互溶，固态只能部分互溶发生共晶反应时形成的相图，称为共晶相图。如图2-38所示。在共晶相图中有液相L、固相α和固相β共三种相。α相是B原子溶入A基体中形成的固溶体；β相是A原子溶入B基体中形成的固溶体。CF线为α固溶体中B组元的溶解度线或固溶线（solvus）；DG线为β固溶体中A组元的固溶线。相图中有3个单相区，即L相区、α相区和β相区。单相区之间有3个双相区，即（$L+\alpha$）相区、（$L+\beta$）相区和（$\alpha+\beta$）相区。相图中HEI线称为液相线（liquidus），$HCDI$线称为固相线（solidus）。T_A（H点）和T_B（I点）分别为组元A和组元B的熔点。

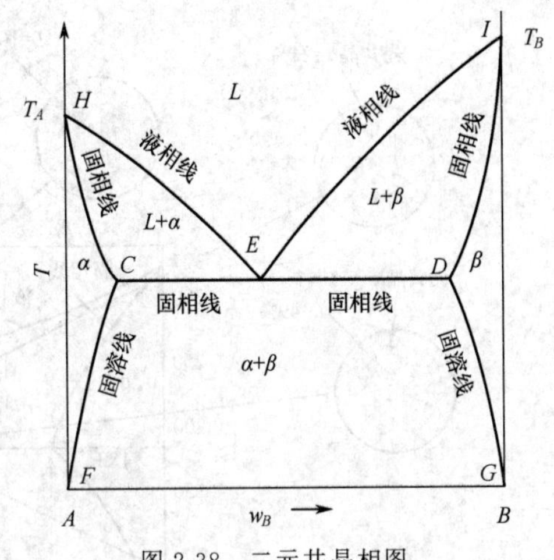

图2-38 二元共晶相图

在相图的E点处，α和β两个固相同时结晶，因此E点称为共晶点（eutectic point），该点对应的温度称为共晶温度（eutectic temperature），对应的组成称为共晶成分（eutectic composition）。这种一个液相同时析出两种固相的反应，称为共晶反应（eutectic reaction），可用如式(2-111)表示：

$$L_E \longrightarrow \alpha_C+\beta_D \tag{2-111}$$

共晶反应的产物（$\alpha_C+\beta_D$）称为共晶体。根据相律，三相平衡时有$f=c-p+1=2-3+1=0$，因此三个平衡相的成分及反应温度都是确定的，在冷却曲线中出现一个平台，也就是图中的水平线CED，该水平线称为共晶反应线。

共晶合金的结晶过程分析如下：当共晶合金由液态冷却到E点温度时，将发生共晶反应，即从组成为w_E的液相中同时结晶出成分为w_C的α相和成分为w_D的β相。两相的质量比W_α/W_β可用杠杆规则求得：

$$\frac{W_\alpha}{W_\beta}=\frac{C_D-C_E}{C_E-C_C} \tag{2-112}$$

两相的百分含量为：

$$w_\alpha=\frac{C_D-C_E}{C_D-C_C}\times100\% \tag{2-113}$$

$$w_\beta=\frac{C_E-C_C}{C_D-C_C}\times100\% \tag{2-114}$$

整个结晶过程在恒温下进行，直至液相完全消失。结晶产物（$\alpha_C+\beta_D$）共晶体为细密的机械混合物。在E点温度以下，α相与β相的溶解度沿各自的固溶线变化。由于溶解度随温度的降低而减小，因而从 α 相中析出二次 β 相，从 β 相中析出二次 α 相。由于共晶体中析出的次生相与共晶体中同类相混在一起，且次生相数量少，因而在显微镜下很难辨认。

下面以 Pb-Sn 合金为例，对其共晶相图（图 2-39）进行分析。Pb-Sn 合金共晶成分为 61.9%，对于含 61.9%Sn 的合金 1，缓慢降温时沿虚线到达共晶点，开始共晶反应，生成 $(\alpha+\beta)$ 共晶体。两相的百分含量可通过式(2-113) 和式(2-114) 计算得到：

$$w_{\alpha}=\frac{97.5-61.9}{97.5-19.2}\times 100\%\approx 45.5\%$$

$$w_{\beta}=\frac{61.9-19.2}{97.5-19.2}\times 100\%\approx 54.5\%$$

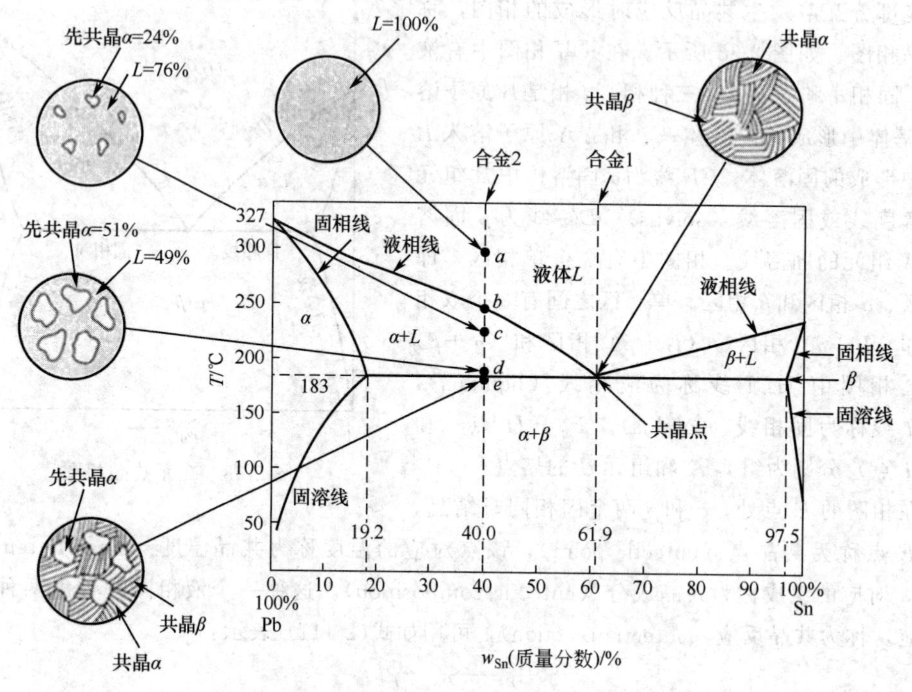

图 2-39　Pb-Sn 相图

对于含 40%Sn 的合金 2，情况要复杂些。在 a 点时（温度为 300℃），体系全部是液体；随着降温，沿虚线到达液相线上的 b 点，此时开始形成先共晶 α（proeutectic α），温度下降到 230℃时（c 点），形成 24%的先共晶 α，液体含量为 76%。这两个值可通过杠杆规则计算得到。继续降温至 183℃（共晶温度），到达固相线（d 点），此时先共晶 α 含量为 51%，尚余 49%的液体，其成分等于共晶成分，此时剩余的液相开始共晶反应。温度低于 183℃时，体系由先共晶 α 相和 $(\alpha+\beta)$ 共晶体所构成。

(3) 二元包晶相图（peritectic phase diagram）　二组元组成的合金系，在液态时无限互溶且在固态时有限互溶，并发生包晶反应的相图，叫包晶相图。这类相图在有色合金材料中经常见到。以 Pt-Ag 合金的相图为例，如图 2-40 所示，相图中有 L、α 和 β 三个单相区；三个双相区，分别为 $(L+\alpha)$ 相区、$(L+\beta)$ 相区和 $(\alpha+\beta)$ 相区；一条三相共存的水平线 DEC，称为包晶线，E 点为包晶点。所有在 $D\sim C$ 成分范围内的合金从液态冷却时，都要发生包晶反应（peritectic reaction）。包晶反应是在一定温度下，由一个固定成分的液相与一个固定成分的固相作用，生成另一个成分固相的反应。在这里就是 D 点成分的 α 相和 C 点

成分的 L 相在 1186℃恒温下相互转变为 E 点成分的 β 相的过程，其反应可表示为：

$$L_C + \alpha_D \xrightleftharpoons{\text{恒温}} \beta_E \tag{2-115}$$

图 2-40 中的合金 1 冷却时，先从液相中结晶出 α 相，剩余液相成分沿 AC 线变至 C，L_C 与一部分 α_D 发生包晶反应生成 β，最后组成为（$\alpha+\beta$）两相。合金 2 在冷却时，由于在包晶反应前结晶生成的 α 相太少，不足以使所有剩余液体都通过包晶反应变成 β 相，因此只有一部分液相和 α 相形成 β 相，剩余的液相进入（$L+\beta$）两相区，通过匀晶反应继续生成 β 相。

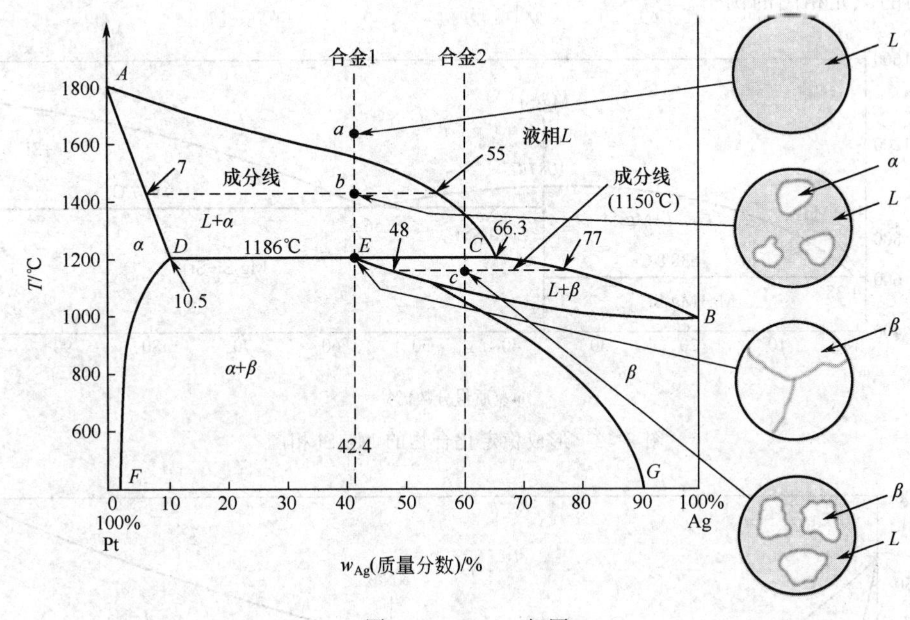

图 2-40 Pt-Ag 相图

图 2-40 的右边标出了处于相图中各种位置点［处于液相的 a 位置、处于（$L+\alpha$）相的 b 位置、处于（$L+\beta$）相的 c 位置以及包晶点 E］时的相态。图中的虚线称为成分线，即两平衡相成分点间连线，成分线两端标出了该温度下两种相的成分，据此可通过杠杆规则计算该点（b 点和 c 点）的两相含量。

如果把包晶相图中的 L 液相换成另一个固相 γ，则有：

$$\gamma + \alpha \xrightleftharpoons{\text{恒温}} \beta \tag{2-116}$$

这种反应称为包析反应（peritectoid reaction），这类相图则称为包析相图。包析相图的分析方法与包晶相图相同。

（4）二元偏晶相图（monotectic phase diagram）

偏晶相图如图 2-41 所示。图中含有由两种不互溶的液体组成的两相区（L_1+L_2）。假设液体从 s 点冷却，当到达液相线（p 点）时，熔体分成两种液体 L_1（成分 p）和 L_2（成分 q）；继续降温，则液体的成分分别沿着液相线 pm 和 qn 变化；温度到达

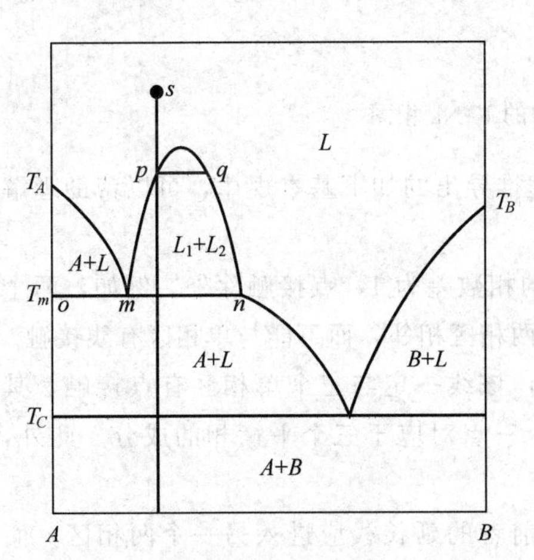

图 2-41 二元偏晶相图示意

T_m 时，液体 L_1（成分 m）分解为纯固体 A 和液体 L_2（成分 n）。该反应可表达为：

$$L_{1,m} \xrightleftharpoons{\text{恒温}} A_o + L_{2,n} \tag{2-117}$$

这种反应称为偏晶反应（monotectic reaction），m 点称为偏晶点（monotectic point）。

（5）具有化合物的二元相图　化合物存在于此类相图中间，故又称中间相。化合物分为稳定化合物和不稳定化合物。稳定化合物是指有确定的熔点，可熔化成与固态相同成分液体的化合物，也称为一致熔融化合物；不稳定化合物不能熔化成与固态相同成分的液体，当加热到一定温度时会分解转变为两个相。图 2-42 和图 2-43 分别为形成稳定化合物和形成不稳定化合物的二元相图的例子。

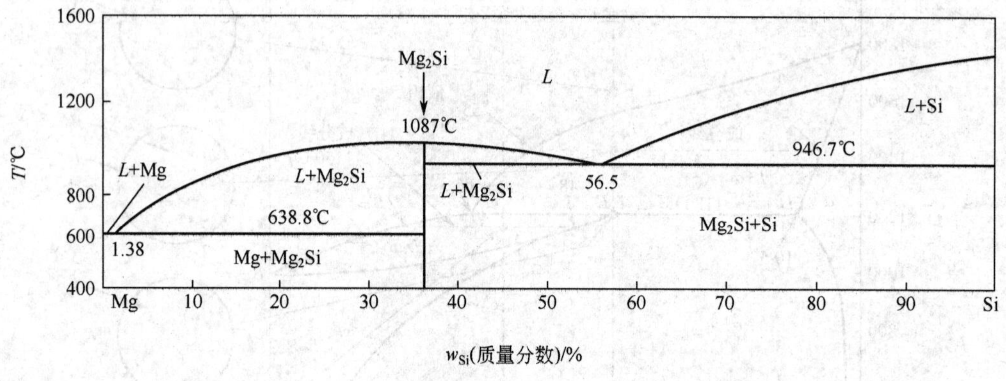

图 2-42　形成稳定化合物的 Mg-Si 相图

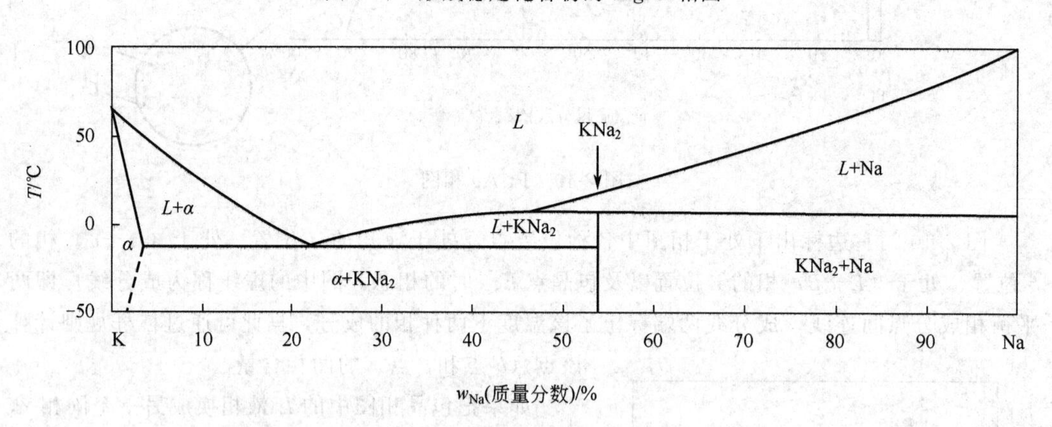

图 2-43　形成不稳定化合物的 K-Na 相图

（6）二元相图的一些基本规律　根据热力学原理推导出的如下基本规律，可以帮助理解和分析比较复杂的二元相图。

① 相区接触法则是指在二元相图中，相邻相区的相数差为 1，点接触除外。例如，两个单相区之间必有一个双相区，三相平衡水平线只能与两相区相邻，而不能与单相区有线接触。

② 在二元相图中，三相平衡一定是一条水平线，该线一定与三个单相区有点接触，其中两点在水平线的两端，另一点在水平线中间某处，三点对应于三个平衡相的成分。此外，该线一定与三个两相区相邻。

③ 两相区与单相区的分界线与水平线相交处，前者的延长线应进入另一个两相区，而不能进入单相区。

（7）复杂二元相图的分析方法

① 先看清它的组元，然后找出它的单相区，分清哪些是固溶体，哪些是中间相，并注意它们存在的温度和成分区间。

② 根据相区接触法则，检查所有双相区是否填写完全并正确无误，如有疏漏，则要将其完善。

③ 找出所有的水平线，有水平线就意味着存在三相反应，该水平线同时表明平衡状态下发生该反应的温度。

④ 在各水平线上找出三个特殊点，即水平线的两个端点和靠近水平线中部的第三个点。中部点表明产生三相反应的成分，如共晶点、包晶点、共析点等。确定中部点上方与下方的相，并分析其反应的类型，平衡相若在中部点之上，则该反应必是该相分解为另外两相；若平衡相在中部点的下面，则该相一定是反应生成相。各种三相平衡反应的特征见表 2-7。

⑤ 若相图中存在稳定化合物，则可把稳定化合物看成一个组元，把复杂相图从成分上划分为若干区域，化繁为简。

表 2-7　二元相图中的三相反应特征

恒温转变类型		反应式	相图特征
分解型(共晶型)	共晶转变	$L \rightleftharpoons \alpha+\beta$	α　L　β
	共析转变	$\gamma \rightleftharpoons \alpha+\beta$	α　γ　β
	偏晶转变	$L_1 \rightleftharpoons L_2+\alpha$	L_2　L_1　α
	熔晶转变	$\delta \rightleftharpoons \gamma+L$	γ　δ　L
合成型(包晶型)	包晶转变	$L+\beta \rightleftharpoons \alpha$	L　α　β
	包析转变	$\gamma+\beta \rightleftharpoons \alpha$	γ　α　β
	合晶转变	$L_1+L_2 \rightleftharpoons \alpha$	L_2　α　L_1

2.7.2.4　三元相图简述

工业上使用的材料大多数是二组元以上的多元材料，如三组元的合金有合金钢（Fe-C-M，M 为合金元素）、不锈钢（Fe-Cr-Ni）、轴承钢（Fe-C-Cr）、铸铁（Fe-C-Si）、铝合金（Al-Cu-Mg，Al-Mg-Si）等；陶瓷材料有硅酸盐（CaO-Al_2O_3-SiO_2）、耐火材料（MgO-Al_2O_3-SiO_2）等。对于这些材料，必须用三元相图（ternary phase diagrams）来进行分析。

常用的二元材料中也或多或少地含有其他加入或带入的微量元素或杂质，当研究这些微量元素或杂质对材料的影响时，都应该将其作为三元或更多元材料来对待，因此三元相图的应用是很广泛的。

(1) 三元相图的构成及其成分表示　对于三元凝聚态，组元数 $c=3$，忽略压力影响，根据相率有 $f=c-p+1=3-p+1=4-p$。自由度 f 为零时，相数 $p=4$，即最多有四相，即在三元系统中可能存在四相平衡。自由度最大为 3（$p=1$），包括两个组成变量和温度变化。由于存在三个独立变量，因此完整的三元相图是三维的。

三元相图以水平浓度三角形表示成分，以垂直于浓度三角形的纵轴表示温度，整个三元相图是一个三角棱柱的空间图形（图 2-44）。三元相图是由一系列相区、相界面和相界线所组成的。由于三元相图的测定工作量大、形状复杂、分析困难，而且由于在实际中常常只需要三元相图的部分信息，所以多采用更为简单的水平截面图、垂直截面图和投影图来表示和研究实际的三元相图。

三元相图的成分表示法有 3 种，分别是等边三角形表示法、等腰三角形表示法和直角坐标表示法。其中等边三角形表示法较为常用。

等边三角形表示法如图 2-45 所示，它的三个顶点分别代表三个纯组元 A、B 和 C，等边三角形的边长定为 100%，三角形的三条边构成三个组元两两组成的二元系。对于等边三角形$\triangle ABC$ 内的任一组成点 M，确定各组元浓度的方法为：过 M 点作三条边的平行线 DD'、EE'、FF'，所截的顶角对面的边线线段 CD 即为 M 中组元 A 的浓度（a%），AE 为组元 B 的浓度（b%），BF 为组元 C 的浓度（c%）。

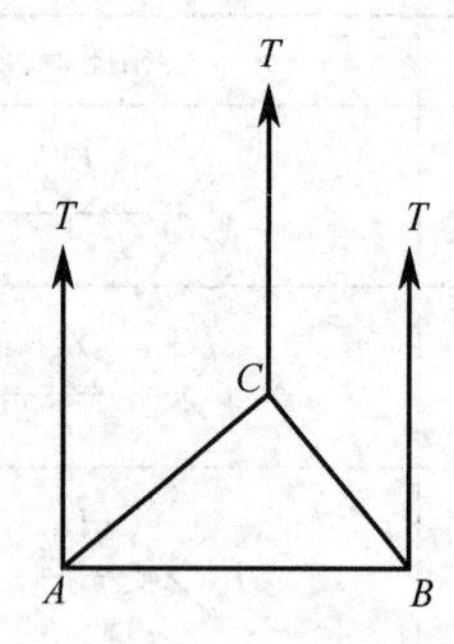

图 2-44　三元相图的构成

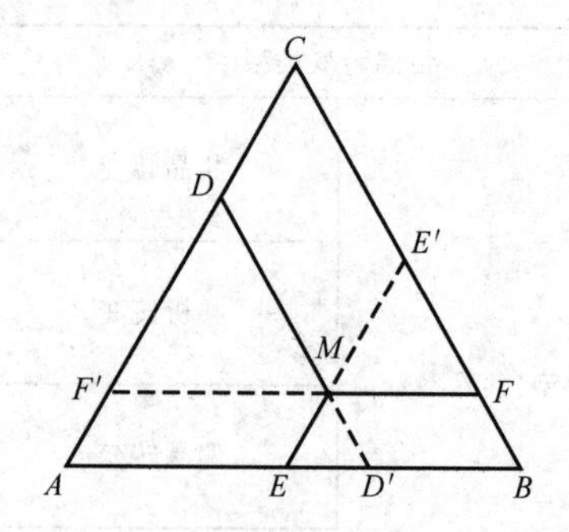

图 2-45　三元相图的等边三角形成分表示法

（2）三元匀晶相图　与二元相图类似，三元相图可分为多种类型，如三元匀晶相图、三元共晶相图、三元包晶相图等，以及各种混合类型的复杂组合。这里以最简单的三元匀晶相图为例，对三元相图进行简单分析。关于三元相图的更详细介绍可以参看相关专业书籍和文献。

三元匀晶相图就是其 3 个组元不仅在液态完全互溶，形成均匀的液相，在固态也完全互溶形成单一的固溶体。Au-Pt-Cu、Au-Pt-Ag、Ni-Pt-Cu 等三元合金系都属于三元匀晶相图。

图 2-46 为三元匀晶相图示意图。T_A、T_B、T_C 分别为纯组元 A、B、C 的熔点，T_A、T_B、T_C 所围成的上面凸起的曲面为液相面，下面凹下的曲面为固相面。在这两个曲面中间的区域为固液平衡共存的区域，即两相区（$L+\alpha$），液相面以上的空间为液相区 L，固相面以下的空间为固相区 α，或称固溶体区。

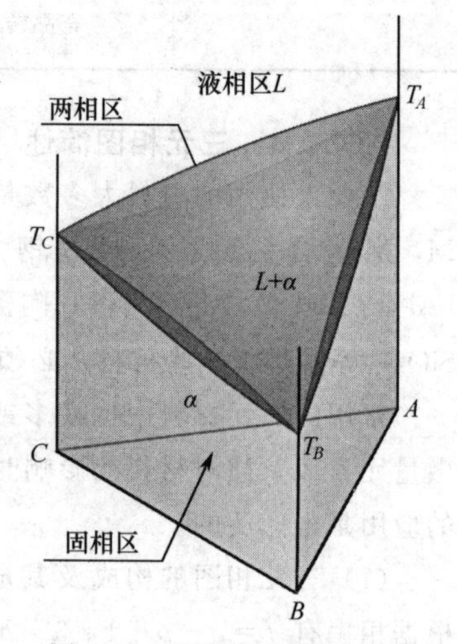

图 2-46　三元匀晶相图示意

下面以图 2-47 的熔体 M 在温度下降过程中的相变为例对三元匀晶相图进行简单分析。假设有一组成为 M 的熔体，在降温过程中结晶，当冷却至液相面的点时，便会开始析出

固溶体 S_1，体系处于两相平衡，此时 L_1 即为 M_1 点的组成。温度继续下降至 M_2 点，固溶体不断析出，使固溶体的组成由 S_1 变化到 S_2，液相组成由 L_1 变化到 L_2。温度继续下降至位于固相面上的 M_3 点，液相即将消失，结晶过程也即将结束，M_3 点的组成即为 S_3。温度低于 M_3 点，整个体系完全凝固成组成为 M 的固溶体。所以，组成为 M 的熔体的结晶过程中，液相组成沿着 $L_1L_2L_3$ 的曲线变化，而固相组成则沿着 $S_1S_2S_3$ 的曲线变化。液相和固相之间的相对数量按杠杆规则进行计算。

图 2-48 为该体系的投影图。为了在平面上表示出温度，在立体图上设若干个等温截面。等温面与图中的液相面和固相面相交，便得图中不同温度下的等温线。其中实线 t_{L_1}、t_{L_2}、t_{L_3} 表示为液相面上的等温线，与其相对应的虚线 t_{S_1}、t_{S_2}、t_{S_3} 表示为固相面上的等温线，t_{L_1}、t_{L_2}、t_{L_3} 分别与 t_{S_1}、t_{S_2}、t_{S_3} 相等。由图中便可知道，组成 M 在温度 t_{L_1} 时开始结晶，并在温度 t_{S_3} 时结晶结束。

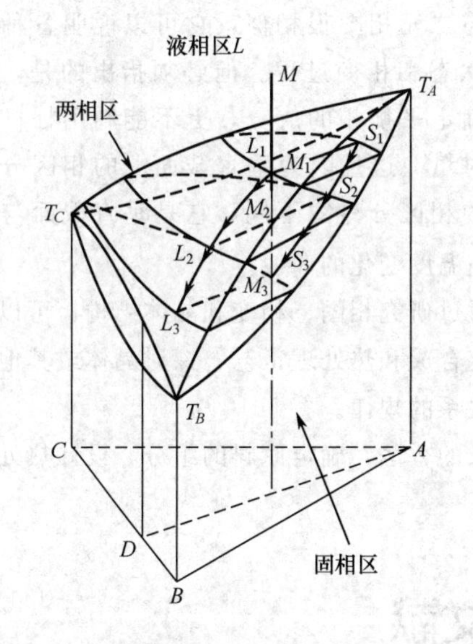

图 2-47　三元匀晶相图中的熔体 M 冷却结晶过程示意

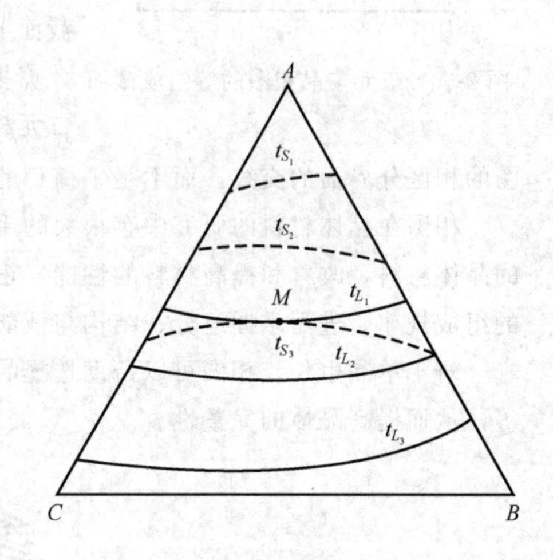

图 2-48　三元匀晶相图的投影

图 2-49 为该三元匀晶相图在 M_1、M_2、M_3 点温度的等温截面图。液相线和固相线将相图划分为三个区域，靠 A 顶角的区域为固相区，为 A、B、C 构成的固溶体（S_{ABC}），远离 A 顶角的区域为液相区，液相线和固相线之间的区域为固-液两相平衡共存区。图中在两相

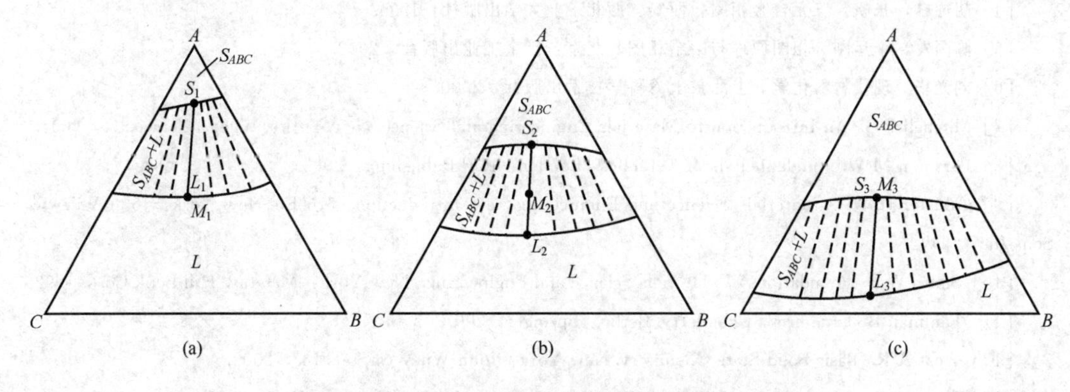

图 2-49　三元匀晶相图的等温截面

平衡共存区内标示出了这两个相平衡时组成点的联结直线，称为结线或共轭线，它是通过实验确定的固-液相组成点的变化轨迹。可以看到，图 2-49(a) 中，M_1 点位于液相线上，此时开始析出固溶体 S_1；图 2-49(b) 中，M_2 处于两相区，即体系为合金和熔体两相平衡共存；图 2-49(c) 中，M_3 处于固相线，此时液相即将消失，结晶过程也即将结束。

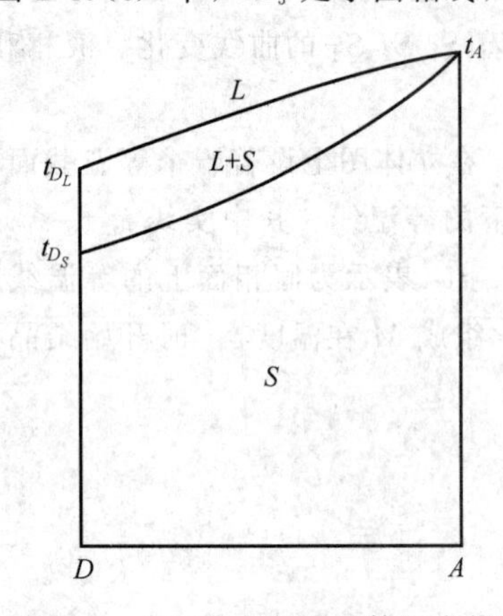

图 2-50　三元匀晶相图的等组成截面

利用等温截面图，可以考察该温度下三元系中各合金的相态；通过杠杆定律计算平衡相的相对量。另外，等温截面图反映液相面、固相面走向和坡度，确定熔点、凝固点。

除了等温截面图，三元相图分析中还常常使用垂直截面图。图 2-50 是过成分特征线 AD 所作的三元匀晶相图的垂直截面图，即等组成（变温）截面图。可以看到，垂直截面图与二元相图很相似，它可以说明各种温度下材料存在的状态和相变过程。但必须指出的是，在垂直截面上不能确定平衡相的成分，更不能利用杠杆规则来计算相的相对量。这是因为垂直截面上的相区分界线与二元相图中的相区分界线不同，它是垂直截面与立体相图的相区分界面的交线，而不是平衡相的成分随温度变化的曲线。

相图在晶体材料的研究中有很大的用途。通过研究相图、相变和晶体结构，可以发现新的晶体材料，改善和提高材料的性能，正确确定合成和热处理工艺，探讨晶体或其他化合物的组成规律，进而掌握组分、结构与性能之间关系的规律。

对于单晶生长，相图可以帮助选择晶体生长的方法，确定原料的组分，设计热处理工艺等，从而提高晶体的完整性。

参考文献

[1] 余永宁．材料科学基础．北京：高等教育出版社，2006.

[2] 徐恒钧．材料科学基础．北京：北京工业大学出版社，2001.

[3] 浙江大学普通化学教研组．普通化学．6 版．北京：高等教育出版社，2011.

[4] 胡德林，张帆．三元合金相图．西安：西北工业大学出版社，1995.

[5] 陈国发，李运刚．相图原理与冶金相图．北京：冶金工业出版社，2002.

[6] 刘光华．现代材料化学．上海：上海科学技术出版社，2000.

[7] Mitchell B S. An Introduction to Materials Engineering and Science. New York：Wiley-Interscience，2004.

[8] Barsoum M W. Fundamentals of Ceramics. London：IOP Publishing，2003.

[9] Callister Jr W D. Materials Science and Engineering：An introduction. 5th Ed. New York：John Wiley & Sons Inc，1999.

[10] Smith W F. Foundations of Materials Science and Engineering. New York：McGraw-Hill Book Co.，1992.

[11] Fahlman B D. Materials Chemistry. Berlin：Springer，2007.

[12] West A R. Basic Solid State Chemistry. New York：John Wiley & Sons Inc，2003.

[13] Smart L E，Moore E A. Solid State Chemistry-An introduction. London：Taylor & Francis，2005.

思考题

1. 原子间的结合键共有几种？各自有何特点？

2. 试求下图中所示方向的密勒指数：

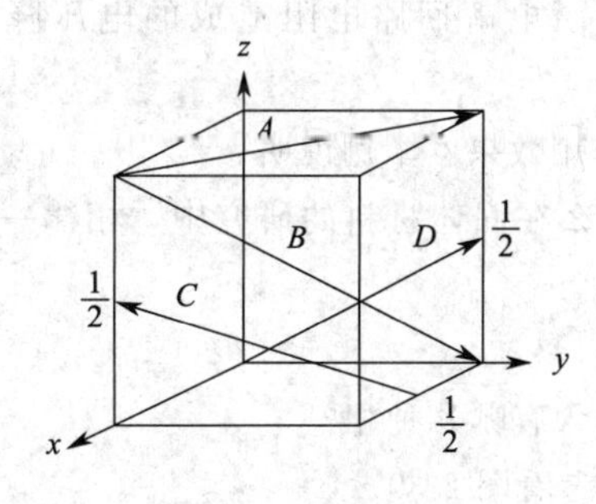

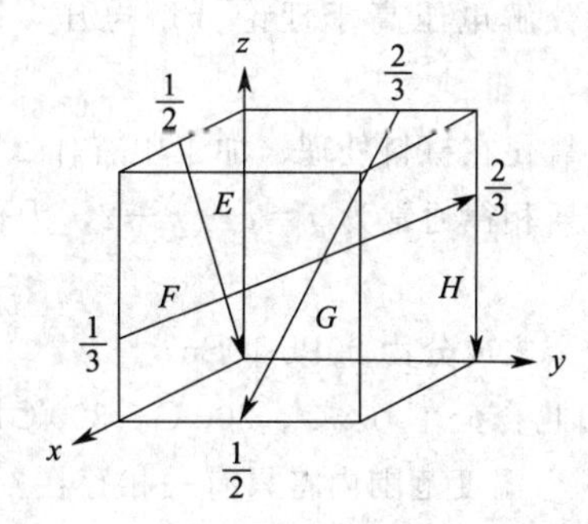

3. 试求下图中所示面的密勒指数：

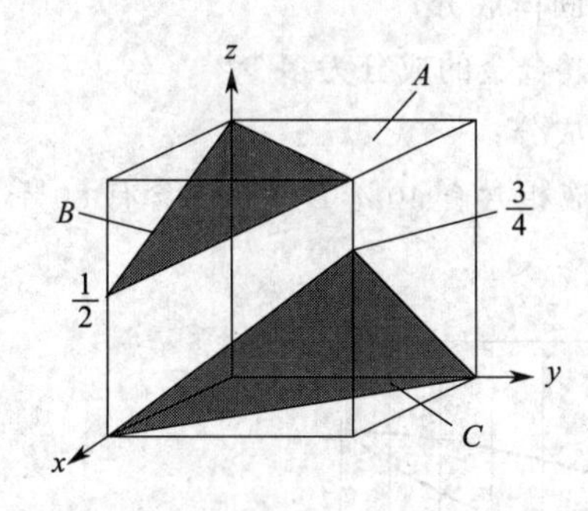

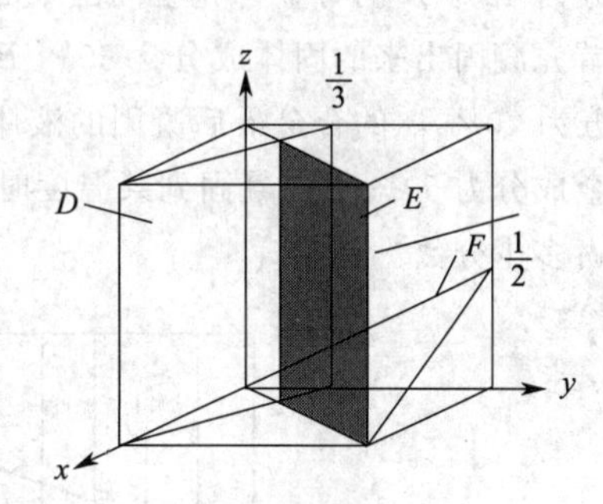

4. 说明下列符号的含义：

V_{Na}，V'_{Na}，$V_{Cl}^{\cdot}$，$Ca_K^{\cdot}$，Ca_{Ca}，$Ca_i^{\cdot\cdot}$

5. 写出 $CaCl_2$ 溶解在 KCl 中的各种可能的缺陷反应式。

6. 铜的空位形成能为 1.7×10^{-19}J，试计算 1000℃时，1cm^3 的铜中所包含的空位数。已知铜的密度为 8.9g/cm^3，原子量为 63.5，波尔兹曼常数 $k=1.38\times10^{-23}$J/K。

7. 用热力学原理解释，为何埃林汉姆图中 $\Delta G^{\ominus}$-T 线为近似线性关系？

8. 埃林汉姆图上大多数斜线的斜率为正，但是反应 $C+O_2 \longrightarrow CO_2$ 的斜率为 0，反应 $2C+O_2 \longrightarrow 2CO$ 的斜率为负，请解释原因。

9. 在 293.15K 时，将直径为 0.1mm 的玻璃毛细管插入乙醇中。问需要在管内加多大的压力才能阻止液面上升？若不加任何压力，平衡后毛细管内液面的高度为多少？已知该温度下乙醇的表面张力为 22.3×10^{-3}N/m，密度为 789.4kg/m^3，重力加速度为 9.8m/s^2。设乙醇能很好地润湿玻璃。

10. 已知在 273.15K 时，用活性炭吸附 $CHCl_3$，其饱和吸附量为 93.8dm^3/kg，若 $CHCl_3$ 的分压力为 13.375kPa，其平衡吸附量为 82.5dm^3/kg。试求：

(1) 朗缪尔吸附等温式中的吸附系数 a 值；

(2) $CHCl_3$ 的分压力为 6.6672kPa 时，平衡吸附量为多少？

11. 将 Sn 和 Pb 的金属片分别插入含有该金属离子的溶液中并组成原电池，金属离子的浓度分别为 $c\ (Sn^{2+})=1.00mol/dm^3$，$c\ (Pb^{2+})=0.100mol/dm^3$，（1）写出该原电池的图式符号；（2）写出原电池的两电极反应和电池总反应式；（3）计算原电池的电动势。已知 $\varphi^{\ominus}(Sn^{2+}/Sn)=-0.1375V$；$\varphi^{\ominus}(Pb^{2+}/Pb)=-0.1262V$。

12. 已知 $\varphi^{\ominus}(Zn^{2+}/Zn)=-0.7618V$；$\varphi^{\ominus}(Fe^{2+}/Fe)=-0.447$，求反应 $Zn+Fe^{2+}(aq)$ ══ $Zn^{2+}(aq)+Fe$ 在 298.15K 时的标准平衡常数。

13. 实际分解电压高于理论分解电压，除了电解回路电阻造成的电压降，还有什么原因？

14. 阳极氧化在材料处理、加工中有什么作用效果？举例说明。

15. 吉布斯相律通常为 $f=c-p+2$，为什么在固体材料的研究中，相律一般可表达成 $f=c-p+1$？

16. 一合金之成分为 90Pb-10Sn，

（a）请问此合全在 100℃、200℃、300℃时含有哪几种相？

（b）在哪个温度范围内将只有一相存在？（参看图 2-39）

17. 固溶体合金的相图如下图所示，试根据相图确定：

（a）成分为 40% *B* 的合金首先凝固出来的固体成分；

（b）若首先凝固出来的固体成分含 60% *B*，合金的成分为多少？

（c）成分为 70% *B* 的合金最后凝固的液体成分；

（d）合金成分为 50% *B*，凝固到某温度时液相含有 40% *B*，固体含有 80% *B*，此时液体和固体各占多少分数？

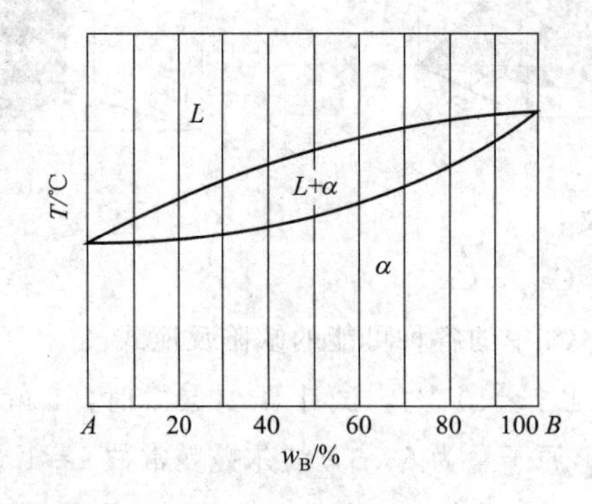

18. 三组元 *A*、*B* 和 *C* 的熔点分别是 1000℃、900℃和 750℃，三组元在液相和固相都完全互溶，并从三个二元系相图上获得下列数据：

成分(质量分数)/%			温度/℃	
A	*B*	*C*	液相线	固相线
50	50	—	975	950
50	—	50	920	850
—	50	50	840	800

（a）在投影图上作出 950℃和 850℃的液相线投影；

（b）在投影图上作出 950℃和 850℃的固相线投影；

（c）画出从 *A* 组元角连接到 *BC* 中点的垂直截面图。

第3章

材料的结构

材料具有某些性能或功能而为人们所使用，而材料具备怎样的特性，则主要是由材料的结构（包括组成）所决定。材料的很多物理性质，如强度、硬度、弹塑性、导电性、导热性、光学性能等都与材料的结构密切相关。本章将对四大类材料中的金属材料、无机非金属材料以及高分子材料的结构特征进行较详细叙述，复合材料的结构将在第9章“高性能复合材料”中介绍。

3.1 金属材料的结构

金属材料是指金属元素或以金属元素为主构成的具有金属特性的材料的统称，其种类包括纯金属、合金、金属间化合物等。由于金属键的特性，金属材料一般都是以晶体的形式存在的，也就是金属晶体。而非晶金属材料需要特殊的工艺手段（如金属熔体的超快速冷却）才能得到。

3.1.1 金属晶体

金属晶体中的金属原子可以看成是直径相等的刚性圆球，这些等径圆球在三维空间堆积构建而成的模型叫做金属晶体的堆积模型。金属晶体中的原子不存在受邻近质点的异号电荷限制和化学量比的限制，所以在一个金属原子的周围可以围绕着尽可能多的符合几何图形的邻近原子。这样的结构由于充分利用了空间，从而使体系的势能尽可能降低，使体系稳定。因此金属晶格是具有较高配位数的紧密型堆积。

单层等径圆球排列，最紧密的方式就是每个球与周围其他六个球相接触，这样的排列为等径圆球密置层，它是沿二维空间伸展的等径圆球密堆积唯一的排列方式。

上下两个等径圆球密置层要做最密堆积使空隙最小也只有唯一的堆积方式，就是将两个密置层平行地错开一点，使上层球的投影位置正落在下层中三个球所围成的空隙的中心上，并使两层紧密接触。这时，每一个球将与另一层的三个球相接触。上下两层圆球形成的空隙为正四面体空隙和正八面体空隙。

把下层球标记为A层，上层为B层。当在B层上面再放第三层，就有两种方式，一种是将这层球的投影位置对准前两层组成的正八面体空隙中心，并与B层紧密接触。该层标记为C层。以后各密置层的投影位置分别依次与A、B、C层重合，即重复进行ABC层的堆积，这样得到的结构称为A1型的最密堆积（…ABCABC…）。A1型密堆积对应的晶格结构是面心立方结构。

第三层放置的另一种方式是其投影完全与A层重叠，放在B层上面并与B层紧密接触，以后依次A、B层相间密堆，这样得到的结构称为A3型的最密堆积（…ABABAB…）。A3型密堆积对应的晶格结构为六方最密堆积结构。

图3-1为A1和A3型密堆积的示意，图中为直观起见，把每层分离开来，实际是每层紧密接触的。

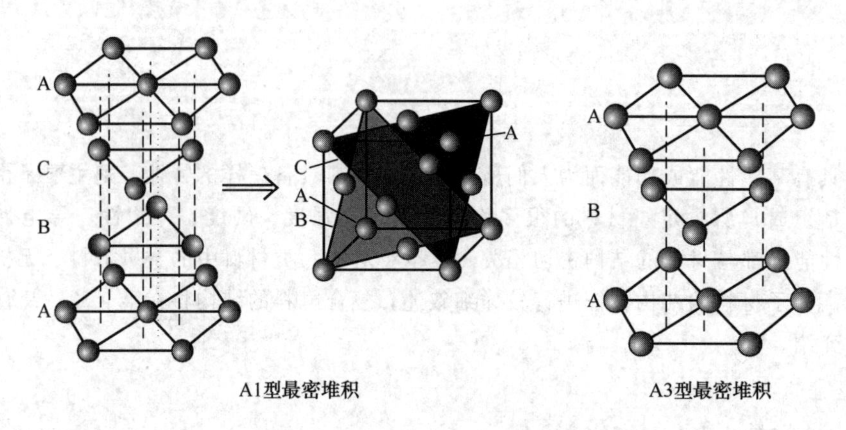

图3-1 最密堆积结构分解示意

除A1和A3型外，还有一种A2型密堆积，也就是体心立方结构，立方体中心有一个球，每一顶角各有一个球。体心立方不是最密堆积，但仍是一种高配位密堆积结构。

这样，常见的金属晶体结构共有3种，即面心立方结构（FCC）、体心立方结构（BCC）和六方密堆结构（HCP）。除了晶格参数的不同，每种结构都有其特定的配位数、致密度、晶胞原子数以及间隙结构等。

（1）晶胞原子数　图3-2为具有面心立方结构的单个晶胞的等径圆球模型。实际的晶体由大量这样的晶胞堆砌而成，所以处于晶胞顶角上的原子为几个晶胞所共有，对立方结构来说是8个晶胞共享一个原子，对六方结构来说是6个晶胞共享一个原子。而晶胞面上的原子为相邻两个晶胞所共有。由此可以计算出单个晶胞所包含的原子数 n。对于面心立方结构，每个顶角含1/8个原子，每个面心含1/2个原子，所以原子数 n 为：

$$n=8\times1/8+6\times1/2=4$$

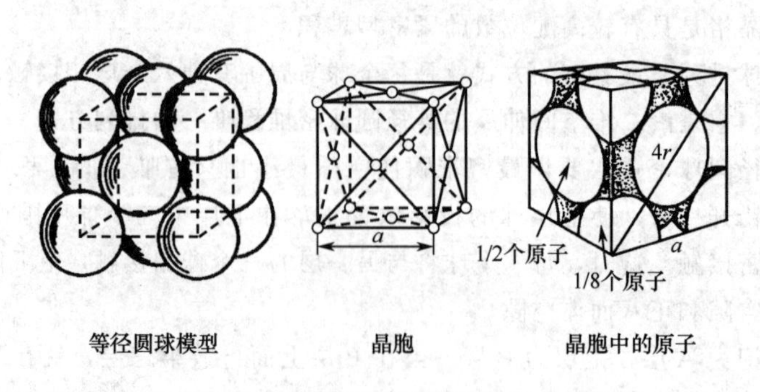

图3-2 面心立方结构

图3-3和图3-4分别为具有体心立方结构和六方密堆结构的单个晶胞的等径圆球模型。

同理可计算出这两种结构的每个晶胞所含原子数分别为 2 和 6。

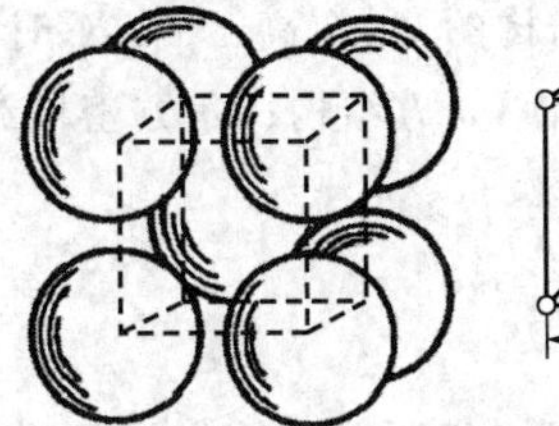
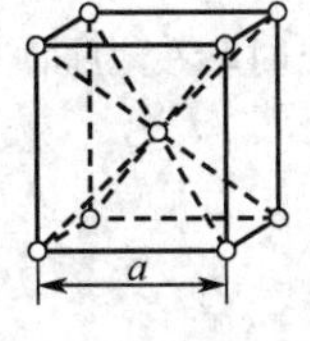

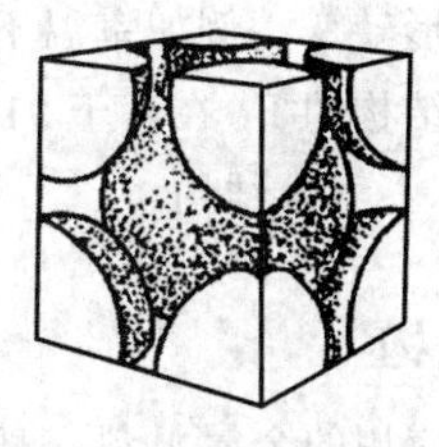

图 3-3　体心立方结构

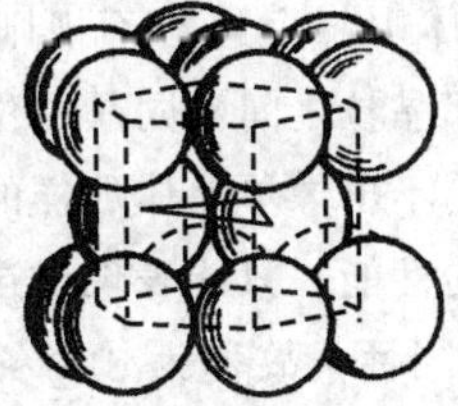
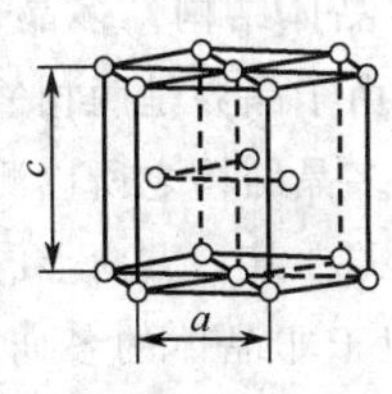

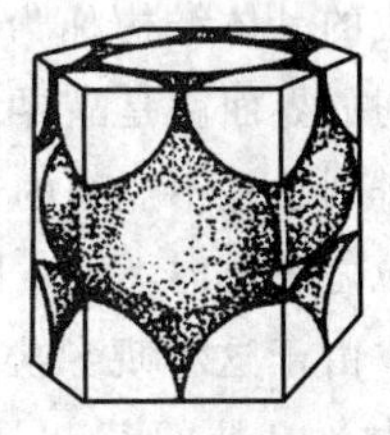

图 3-4　六方密堆结构

(2) 配位数（coordination number，CN）　配位数是指晶体结构中，与任一原子最近邻并且等距离的原子数。A1 和 A3 型为最密堆积，每个原子都与 12 个同种原子相接触，所以面心立方结构和六方密堆结构的配位数都是 12。而体心立方结构中，每个原子与 8 个同种原子相接触，所以配位数为 8。

(3) 密堆系数　原子排列的紧密程度用晶胞中原子所占的体积分数表示，称为堆积系数 (ξ)，可用式(3-1) 计算：

$$\xi=\frac{nV_{\text{atom}}}{V_{\text{cell}}} \tag{3-1}$$

式中，V_{atom} 和 V_{cell} 分别是原子和晶胞的体积。

对于面心立方结构来说，晶格参数 a 与原子半径 r 的关系为 $4r=\sqrt{2}a$（图 3-2），所以，堆积系数为：

$$\xi=\frac{nV_{\text{atom}}}{V_{\text{cell}}}=\frac{4\times\frac{4\pi}{3}r^{3}}{(2\sqrt{2}r)^{3}}=0.74$$

用同样的方法可以算出体心立方结构和六方密堆结构的堆积系数分别为 0.68 和 0.74。

表 3-1 总结了 3 种晶体结构的配位数、原子数和堆积系数。可见，面心立方和六方密堆均有较大的配位数和较高的堆积系数，即原子排列紧密程度高。相对来说，体心立方结构的配位数和堆积系数均较前两者低，所以不属于最密堆积结构。但体心立方结构中每个原子除了有 8 个相邻原子外，还有 6 个相距较近的次相邻原子，所以这种结构同样较稳定。

表 3-1　三种晶体结构的几何参数

项目	CN	n	ξ
体心立方结构(BCC)	8	2	0.68
面心立方结构(FCC)	12	4	0.74
六方密堆结构(HCP)	12	6	0.74

在常见的金属中，碱金属一般都是体心立方结构；碱土金属元素中 Be、Mg 属于六方密堆结构；Ca 既有面心立方结构也有六方密堆结构；Ba 属于体心立方结构；Cu、Ag、Au 属

于面心立方结构；Zn、Cd属于六方密堆结构。这里指的是室温下的结构，有些金属在较高温度下会发生晶形转变。例如室温下为面心立方结构的Ca在高于447℃时转变为体心立方结构；体心立方结构的Fe在高于912℃时转变为面心立方结构；六方密堆结构的Ti在高于883℃时转变为体心立方结构。

3.1.2 多晶结构

工业上实际应用的金属材料一般是多晶体材料。所谓多晶体材料是指整块金属材料包含着许多小晶体，每个小晶体内的晶格位向是一致的，而各小晶体之间彼此方位不同。这种由许多小晶体组成的晶体结构称为多晶体结构。多晶体中每个外形不规则的小晶体称为晶粒，晶粒与晶粒间的界面就是晶界。由于晶界是两相邻晶粒之间不同晶格位向的过渡层，所以晶界上原子的排列总是不规则的。多晶结构之所以测不出像单晶体那样的各向异性，是因为大量微小的晶粒之间位向不同，因此在某一方向上的性能，只能表现出这些晶粒在各个方向上的平均性能。由于这种现象类似于非晶体的各向同性，故称为"伪各向同性"。另外，若在多晶体材料中各晶粒的某一晶面或晶向的方位趋向一致，则多晶体材料也将具有各向异性。

图 3-5 T12号钢退火金相形态

多晶结构晶粒尺寸小，如钢铁材料晶粒尺寸一般为1～10^2μm。在显微镜下不能直接观察到这些小晶体的立体形态，而只能观察到所要研究的金属试样表面所截晶粒的平面图形。通过对所要观察试样表面的细磨和抛光，获得平整而没有磨痕的光洁表面，然后用腐蚀剂对试样表面进行腐蚀。由于晶粒的晶界容易被腐蚀成凹沟，所以在显微镜下呈现出暗色的晶界，而晶粒内部相对比较明亮，如图3-5所示。

这种在显微镜下所观察到的金属材料各种类晶粒的显微形态，即晶粒的形状、大小、数量和分布等情况，称为显微组织或金相组织，简称组织。金属材料的组织决定了金属材料的性能。实验和理论都证实，金属的晶粒越细，金属材料在室温时的强度、硬度就越高，塑性和韧性也越好。

3.1.3 固溶体

由于纯金属性能的局限性，不能满足各种使用要求，所以目前使用的金属材料绝大多数是合金。由两种或两种以上的金属或金属与非金属经熔炼、烧结或其他方法组合而成并具有金属特性的物质称为合金，例如，最普通的碳钢和铸铁就是由铁和碳所组成的铁碳合金。

根据组成合金组元数目的多少，合金可分成二元合金或多元合金等。合金中具有同一化学成分且结构相同的均匀部分称为相。在固态下可以形成均匀的单相合金，也可以是由几种不同的相组成多相合金，合金中的相之间由明显的界面分开。虽然各种合金中的组成相是多种多样的，但它们可以归纳为混合物合金、固溶体及金属化合物合金等基本类型。

固溶体（solid solution）是指一种或多种溶质组元溶入晶态溶剂并保持溶剂的晶格类型所形成的单相晶态固体。除金属晶体材料之外，其他晶体材料如无机非金属晶体也可以形成固溶体，将在这里一起叙述。

固溶体可以看成是晶态固体下的"溶液"，由溶剂和溶质构成，为多组元体系，组元间以原子尺度相混合，所以是均相的。其中溶剂是一种晶态固体，并且在形成固溶体前后其晶格类型保持不变。与一般的溶液类似，固溶体的溶质含量可以在一定范围内变化，存在一个溶解性的问题，即所谓固溶度（solid solubility）。如果溶质原子在溶剂中的溶解度是有限的，这个限度就是固溶度，溶质的含量超过固溶度就会出现第二相，正如过饱和的盐水会析出盐沉淀那样。这样的固溶体称为有限固溶体（finite solid solution）。也有的固溶体，其溶质和溶剂可以按任意比例无限制地相互溶解，就如乙醇和水互溶那样，这样的固溶体则称为无限固溶体（infinite solid solution），也称为连续固溶体（continuous solid solution）。

按照溶质原子在晶格中的位置，可以把固溶体分为置换型固溶体（substitutional solid solution）和填隙型固溶体（interstitial solid solution）。前者其溶质质点通过取代溶剂质点进入溶剂晶体中的正常结点位置；后者则是溶质质点进入晶体中的间隙位置。

3.1.3.1　置换型固溶体

由溶质原子代替一部分溶剂原子而占据着溶剂晶格某些结点位置所组成的固溶体称为置换型固溶体。图 3-6 为 MgO 的结构中 Mg^{2+} 被 Fe^{2+} 所取代而形成的置换型固溶体示意。一般情况下，置换型固溶体的溶质和溶剂可以任意比例互溶，因此属于无限固溶体。影响置换型固溶体形成的因素有原子或离子尺寸差、电价因素、场强、电负性和晶体结构类型等。

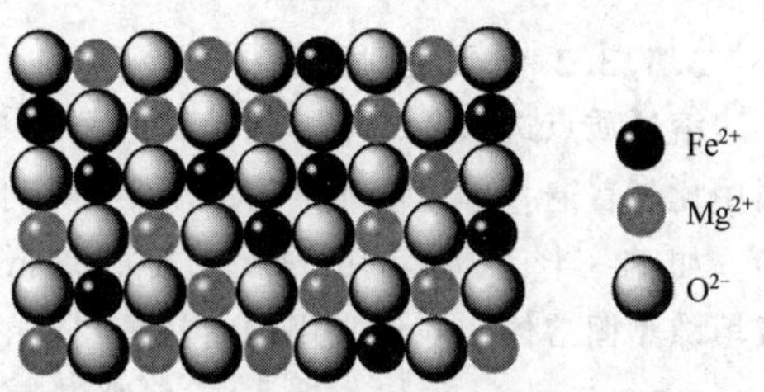

图 3-6　MgO 的结构中 Mg^{2+} 被 Fe^{2+} 所取代而形成的置换型固溶体

（1）原子或离子尺寸差　当溶质原子或离子通过置换进入晶格中，如果其尺寸与溶剂原子或离子相差太远，将会影响溶剂的晶体结构。所以，要形成置换型固溶体，必要条件是溶质与溶剂的原子或离子半径相近，或者说，两者的差异不能太大。这个差异可以用半径差 Δr 表示：

$$\Delta r=\frac{r_1-r_2}{r_1}\times 100\% \tag{3-2}$$

式中，r_1 为较大的原子或离子的半径；r_2 为较小的原子或离子的半径。

一般来说，当 $\Delta r<15\%$ 时，溶剂和溶质有可能形成连续固溶体。对于金属二元体系来说，只要满足这个条件，大多数都能形成连续固溶体。而对于离子晶体来说，则还要满足电价、晶体结构类型等条件。换言之，$\Delta r<15\%$ 是形成连续固溶体的必要条件，但不是充分条件。

当 $15\%<\Delta r<30\%$ 时，溶质与溶剂之间只能形成有限固溶体。随着半径差增大，溶解度下降，生成化合物的倾向增大。当 $\Delta r>30\%$，溶质与溶剂之间很难形成固溶体，固溶度很小或可忽略，而容易形成中间相或化合物。

（2）电价因素　对于离子固溶体，由于离子价的存在，除了离子尺寸差异，还必须考虑电价因素的影响。一般来说，两种固体只有在离子价相同或同号离子的离子价总和相同时，才可能满足电中性的要求，生成连续固溶体，因此，这也是生成连续固溶体的必要条件。例如，NiO-MgO 系统中，两种正离子的半径差小于 15%，而且价态相同，可形成连续固溶体。

在硅酸盐晶体中，常发生复合离子的等价置换，如 $Na^{+}+Si^{4+}$ ══ $Ca^{2+}+Al^{3+}$，因此钙长石 Ca [$Al_2Si_2O_6$] 和钠长石 Na [$AlSi_3O_8$] 能形成连续固溶体。又如，在沸石矿物中，一个二价正离子与两个单价正离子进行置换（如 Ca^{2+} 与 $2Na^+$、Ba^{2+} 与 $2K^+$）可形成连续固溶体。

(3) 键性影响　化学键性质相近，即取代前后离子周围离子间键性相近，容易形成连续固溶体。有时键性的相近对形成固溶体起主要作用，例如 Si^{4+} 和 Al^{3+} 的离子半径分别是 0.26nm 和 0.39nm，Δr 超过 30%，电价又不同，但 Si—O、Al—O 键性接近，键长亦接近，仍能形成连续固溶体，在铝硅酸盐中，常见 Al^{3+} 置换 Si^{4+} 形成置换固溶体的现象。所以，有人提出用键长差代替半径差来作为固溶体形成条件。

(4) 晶体结构类型　形成连续固溶体的另一个必要条件是晶体结构类型相同。晶体结构不同则只能生成有限固溶体或不能形成固溶体。例如同样具有 NaCl 型结构的 NiO 和 MgO 可以形成连续固溶体；同属于刚玉型结构的 Cr_2O_3 和 Al_2O_3 也可以形成连续固溶体；而镁橄榄石 Mg_2SiO_4 和硅锌矿 Zn_2SiO_4 分别属斜方晶系和三方晶系，由于晶体结构不同，它们之间只能形成有限固溶体。

3.1.3.2　填隙型固溶体

溶质质点进入晶体中的间隙位置所形成的固溶体称为填隙型固溶体。此类固溶体在金属中比较普遍，非金属元素的原子半径较小时可以填入金属晶格的间隙（空隙）位置（图 3-7）。如 H（半径为 0.046nm）、B（0.097nm）、C（0.077nm）、N（0.071nm）均可与金属形成填隙型固溶体。我们常用的钢就是在铁的晶体间隙填入碳原子而形成的固溶体。

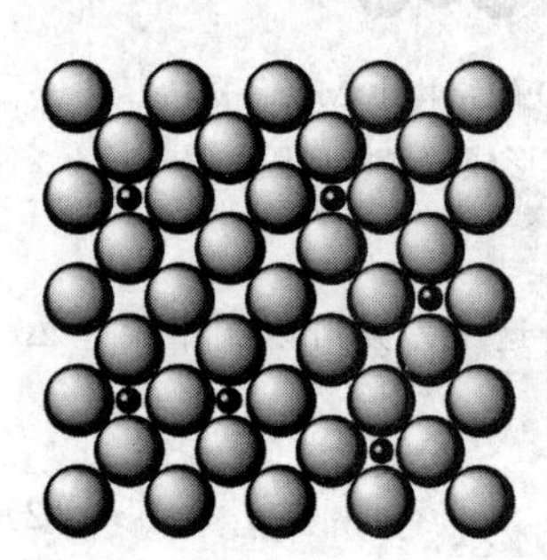

图 3-7　填隙型固溶体示意

显然，由于晶体中的空隙有限，能填入的异质原子或离子的数目也有限，所以填隙型固溶体是一种有限固溶体。填隙型固溶体的生成，一般都能使主晶体的晶胞参数增大，但增加到一定的程度时，固溶体会变得不稳定而造成分相。晶体的间隙大小与晶体结构相关，所以晶体结构对填隙型固溶体的形成有影响。例如在沸石［如方沸石 Na（$AlSi_2O_6$）· H_2O］类的具有架状结构的硅酸盐中，由 6 个硅氧四面体［SiO_4］或铝氧四面体［AlO_4］组成的六元环中有较大的空腔，因此有较大的形成填隙型固溶体的倾向。而在具有 NaCl 型结构的 MgO 中，氧八面体间隙都已被 Mg^{2+} 占满，只有尺寸较小的氧四面体间隙空着，因此较难形成填隙型固溶体。

电价因素同样是填隙型固溶体所必须考虑的。当外来带电质点进入间隙时，必然引起晶体结构中电价的不平衡，这时可以通过生成空位，产生部分取代或离子的价态变化来保持电价平衡。例如把 YF_3 加入到 CaF_2 中，F^- 进入萤石结构的间隙，产生负电荷[0+(−1)=−1]，而 Y^{3+} 进入 Ca^{2+} 位置产生正电荷[(+3)−(+2)=+1]，这样就可达到电价的平衡。

3.1.3.3　固溶体的形成对晶体材料性质的影响

晶体材料的性能受其化学组成和结构两方面的影响，特别是结构敏感的性质，如力学性能、磁学性能、电学性能、光学性能及扩散等。固溶体正是在组成和结构两方面对材料的结构敏感性质起作用，因此，固溶体的性能往往和纯组分有非常显著的差别。

晶体材料溶解溶质质点形成固溶体之后，其强度（拉伸强度、屈服强度等）和硬度将会提高，这种现象称为固溶强化（solid-solution strengthening）。固溶强化现象在改善金属材料力学性能中起重要作用，很多合金钢就是采用在钢中加入 Mn、Si、W、Mo、Ni、V、Cr 等元素形成固溶体来提高 α-Fe 的机械强度的。

在一定范围内，固溶体的强度和硬度随着溶质浓度增加而提高。同时，固溶强化的效果与加入的溶质特性有关。例如，对于铁的拉伸强度的增加，加入 Si、Ni 的效果比 Cr、V 更明显。

此外，固溶体的类型、结构特点、固溶度、组元原子半径差等一系列因素都对固溶强化产生影响。例如，填隙型溶质原子的强化效果一般要比置换型溶质原子更显著。

除了金属体系，固溶体的形成对无机非金属材料的性能也有影响。陶瓷在较高温度下往往发生晶型转变，伴随着体积的变化（因不同晶形其堆积系数不同），从而导致结构受损，例如开裂。而形成固溶体，则可以阻止某些晶形转变。例如氧化锆的熔点达 2680℃，可用作耐火材料，但单纯的 ZrO_2 晶体在 1200℃会发生晶形转变，从单斜晶系转变成四方晶系，伴随着很大的体积收缩，这对材料的高温应用很不利。ZrO_2 中加入 CaO 形成固溶体后，可抑制晶型转变，体积效应减少，使 ZrO_2 成为一种很好的高温结构材料。

固溶体的形成可导致晶格一定程度的畸变，使其处于高能量状态，有利于进行化学反应。这一特点可以在固相反应中加以利用。固溶体中产生的空位缺陷则有利于质点在晶体中的扩散，降低烧结温度。例如 Al_2O_3 熔点高达 2050℃，不利于烧结，若加入 TiO_2 形成固溶体，Ti^{4+} 置换 Al^{3+} 后带正电，为平衡电价，产生了正离子空位，从而加快扩散，可使烧结温度下降到 1600℃。

3.2 无机非金属材料的结构

无机非金属材料一般定义为某些元素的氧化物、碳化物、氮化物、硼化物、硫系化合物（包括硫化物、硒化物及碲化物）和硅酸盐、钛酸盐、铝酸盐、磷酸盐等含氧酸盐为主要组成的无机材料。

无机非金属材料的化学键包括离子键（如 MgF_2、Al_2O_3 等）、共价键（如金刚石、Si_3N_4、BN 等）以及离子键与共价键的混合体。离子晶体在陶瓷材料中占有重要地位，金属氧化物材料主要以离子键结合，由于离子键没有方向性，只要求正负离子相间排列，尽可能紧密堆积，因而离子晶体材料具有高密度、结合化学键牢固的结构特点，并具有大强度、高硬度、耐热、高脆性的性能特点。很多普通无机非金属材料具有这种结构。共价键具有方向性与饱和性，因而共价晶体材料中原子难以达到紧密堆积，密度较小，共价晶体材料键强度较高，具有稳定化学结构，熔点高，硬度大，脆性大，热膨胀系数小。即使熔融状态不具电荷特征，不存在载流子，故而共价键类型的陶瓷材料可作为优良的绝缘材料。高温陶瓷 Si_3N_4、高硬度材料金刚石以及高硬度碾磨材料金刚砂 SiC 等均属共价晶体结构。

许多无机非金属材料实际上是金属键与共价键的混合体系。如前所述，金刚石具有单一共价键，而同为碳族的 Si、Ge、Sn、Pb 由于电负性逐渐降低，失电子倾向渐增，这些元素在形成共价键的同时，价层电子有脱离原子核束缚成为自由电子的倾向，即存在一定的金属键成分，因而 Si、Ge、Sn、Pb 元素的结合同时包含共价键和金属键，且金属键比例逐渐增加，到 Pb 时，因其电负性很低，已过渡到完全金属键结合。另外，虽然熟知金属大多以金属键结合，但也会出现非金属键结合。如过渡金属元素，特别是高熔点过渡金属（W、Mo 等），其原子结合伴随有少量共价结合，此共价成分是该类金属熔点较高的主要原因。又如金属间化合物 CuGe，虽同为金属元素，但 Cu 与 Ge 电负性差别较大，存在一定离子键成分，形成金属键与离子键的混合结构，失去金属材料常见的塑性，脆性增加。

陶瓷等非金属材料中出现离子键与共价键混合的情况较为常见，通常，金属元素与非金属元素所构成的化合物并不一定就是“纯粹”的离子化合物，化合物中离子键的比例取决于组成元素间的电负性差异，差异越大，离子键比例越高（表 3-2）。

无机非金属材料中也常出现分子晶体结构，即材料存在以化学键结合的独立分子结构，而分子与分子之间通过范德华力作用，构成有用材料。如石墨材料中，单个片层内碳原子以共价键结合形成面状分子网络，但层与层之间通过范德华力作用构成固体材料。无机非金属材料中多种作用分立共存或混合存在的情况比较普遍，且其比例随材料组成、形成条件而变化，正是由于这种结构上的多样性，材料从而具有较宽的性能调节空间，满足不同应用需求。

表 3-2　部分陶瓷化合物化学键混合特征

陶瓷化合物	结合原子	电负性差	离子键比例/%	共价键比例/%
MgO	Mg—O	2.13	68	32
Al_2O_3	Al—O	1.83	57	43
SiO_2	Si—O	1.54	45	55
Si_3N_4	Si—N	1.14	28	72
SiC	Si—C	0.65	10	90

3.2.1　离子晶体

离子键与金属键一样，既无方向性，也无饱和性，所以也倾向于紧密堆积结构。所不同的是，离子键是由两种相反电荷的离子构成的，正负离子半径也存在差异，因而不能用等径圆球模型描述。总的来看，在离子晶体中，无方向性也无饱和性导致离子周围可以尽量多地排列异号离子，而这些异号离子之间也存在斥力，故要尽量远离。显然离子晶体结构远比金属晶体复杂。

3.2.1.1　鲍林规则

1928 年，鲍林（Linus Pauling，电负性概念的首先提出者）根据当时已测定的晶体结构数据和晶格能公式所反映的关系，提出了判断离子化合物结构稳定性的规则——鲍林规则。鲍林规则共包括五条规则，第一、二条是关于离子的电荷、离子半径差异对离子晶体结构的影响，后面三条是关于多面体的连接和堆积方式的。

① 鲍林第一规则是关于负离子配位多面体的形成，因此也称为配位多面体规则，其内容是：“在离子晶体中，在正离子周围形成一个负离子多面体，正负离子之间的距离取决于离子半径之和，正离子的配位数取决于离子半径比。”在晶体结构中，一般负离子要比正离子大，往往是负离子作紧密堆积，而正离子充填于负离子形成的配位多面体空隙中。按离子晶体结合能理论，正负离子间的平衡距离 $r_0=r^++r^-$，相当于能量最低状态，也就是最稳定状态，因此离子晶体结构应该满足正负离子半径之和等于平衡距离这个条件。考虑一个二元化合物的二维结构，如图 3-8 所示，正离子（浅色小球）被负离子（深色大球）所包围，当

正离子足够大时，就能够与周围的负离子接触，形成图 3-8(a) 和 (b) 的稳定结构；当正离子半径小于某个值时，就再也不能与周围的负离子接触，如图 3-8(c) 所示，这样的结构是不稳定的。对于三维结构来说，当正负离子半径比（r^+/r^-）一定时，负离子可通过堆积成不同的多面体，以获得合适的空隙容纳正离子，从而达到类似于图 3-8(a) 或 (b) 的稳定结构。

这也可以从配位数的角度说明。中心正离子半径越大，周围可容纳的负离子就越多。因此，正负离子半径比越大，配位数就越高。对于特定配位数，存在一个半径比的临界值，高于此值，则结构不稳定。不同的配位数对应于不同的堆积结构。表 3-3 列出了配位数及堆积结构与正负离子半径比的关系。这些数值是根据各种堆积结构的间隙刚好能容纳的正离子半径而计算得到的。以八面体间隙为例，如图 3-9 所示，计算出正负离子比值为 0.414，此时正负离子刚好能接触，即具有图 3-8(b) 的稳定结构。当比值小于 0.414 时，正离子太小，则倾向于填入四面体空隙中。

运用这一规则，可以进行晶体结构分析和计算一些结构参数。

表 3-3　正负离子半径比与配位数及负离子堆积结构的关系

r^+/r^-	配位数	堆积结构	r^+/r^-	配位数	堆积结构
＜0.155	2		0.414～0.732	6	
0.155～0.225	3		0.732～1.000	8	
0.225～0.414	4		约 1.000	12	

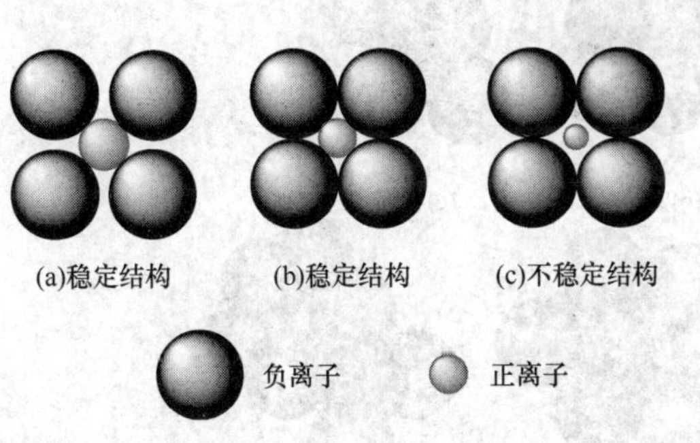

图 3-8　离子化合物的稳定结构和不稳定结构

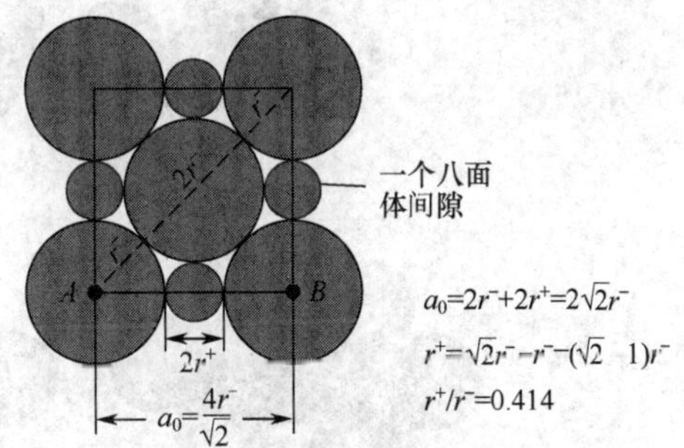

图 3-9　负离子八面体间隙容纳正离子时的半径比计算

【例 3-1】 已知 K^+ 和 Cl^- 的半径分别为 0.133nm 和 0.181nm，试分析 KCl 的晶体结构，并计算堆积系数。

解 晶体结构：因为 $r^+/r^-=0.133/0.181=0.735$，其值处于 0.732 和 1.000 之间，所以正离子配位数应为 8，处于负离子立方体的中心（表 3-3）。也就是属于下面提到的 CsCl 型结构。

堆积系数计算：每个晶胞含有一个正离子和一个负离子 Cl^-，晶格参数 a_0 可通过如下计算得到：

$$\sqrt{3}a_0=2r^++2r^-=2\times0.133+2\times0.181=0.628(\text{nm})$$

$$a_0=0.363\text{nm}$$

$$\text{堆积系数}=\frac{\frac{4}{3}\pi(r^+)^3+\frac{4}{3}\pi(r^-)^3}{a_0^3}=\frac{\frac{4}{3}\pi\times0.133^3+\frac{4}{3}\pi\times0.181^3}{0.363^3}=0.725$$

② 鲍林第二规则指出，在一个稳定的离子晶体结构中，每一个负离子电荷数等于相邻正离子分配给这个负离子的静电键强度的总和。这一规则也称为电价规则。个别离子晶体会出现一定偏差，其偏差值≤1/4 价。静电键强度 S（bond strength）是正离子的形式电荷与其配位数的比值。

电价规则可用于判断晶体是否稳定，以及判断共用一个顶点的多面体的数目。例如，在 $CaTiO_3$ 结构中，Ca^{2+}、Ti^{4+}、O^{2-} 的配位数分别为 12、6、6。O^{2-} 的配位多面体是 [OCa_4Ti_2]，静电键强度总和为 $2\times4/12+2\times4/6=2$，与 O^{2-} 的电价数值相等，故晶体结构是稳定的。又如，一个 [SiO_4] 四面体顶点的 O^{2-} 还可以和另一个 [SiO_4] 四面体相连接（2 个配位多面体共用一个顶点），或者和另外 3 个 [MgO_6] 八面体相连接（4 个配位多面体共用一个顶点），这样可使 O^{2-} 电价饱和。

③ 鲍林第三规则是关于多面体的连接方式的，其内容是："在一个配位结构中，共用棱，特别是共用面的存在会降低这个结构的稳定性。其中高电价、低配位的正离子的这种效应更为明显。"多面体的可能连接方式有共顶、共棱和共面三种（图 3-10），而稳定结构倾向于共顶连接。这是因为当采取共棱和共面连接，正离子的距离缩短，增大了正离子之间的排斥，从而导致不稳定结构。例如两个四面体，当共棱、共面连接时其中心距离分别为共顶连接的 58% 和 33%。

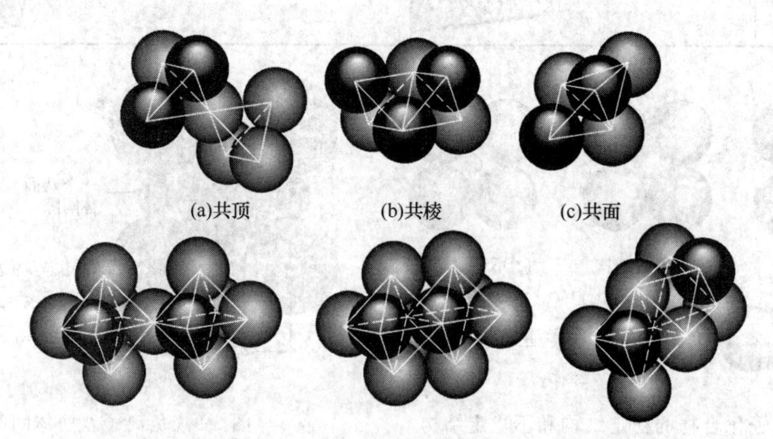

图 3-10 四面体（上）和八面体（下）的连接方式

具体来说，离子晶体中多面体的连接方式主要视乎正离子的电价，例如含高电价正离子 Si^{4+} 的 [SiO_4] 四面体只能共顶连接，而 [AlO_6] 却可以共棱连接，在有些结构，如刚玉中，$[AlO_6]$ 还可以共面连接。

④ 鲍林第四规则指出，若晶体结构中含有一种以上的正离子，则高电价、低配位的多面体之间有尽可能彼此互不连接的趋势。例如，在镁橄榄石结构中，有 $[SiO_4]$ 四面体和 $[MgO_6]$ 八面体两种配位多面体，但 Si^{4+} 电价高、配位数低，所以 $[SiO_4]$ 四面体之间彼此无连接，它们之间由 $[MgO_6]$ 八面体所隔开。

⑤ 鲍林第五规则指出，在同一晶体中，组成不同的结构基元的数目趋向于最少。例如，在硅酸盐晶体中，不会同时出现 $[SiO_4]$ 四面体和 $[Si_2O_7]$ 双四面体结构基元，尽管它们之间符合鲍林其他规则。这个规则的结晶学基础是晶体结构的周期性和对称性，如果组成不同的结构基元较多，每一种基元要形成各自的周期性、规则性，则它们之间会相互干扰，不利于形成晶体结构。

3.2.1.2 二元离子晶体结构

很多无机化合物晶体都是基于负离子（X）的准紧密堆积，而金属正离子（M）置于负离子晶格的四面体或八面体空隙。表 3-4 列出了一些常见的二元离子晶体结构，每种结构以其中有代表性的化合物或矿物名称命名。下面对这些常见二元离子晶体的结构作简单描述。

表 3-4 常见的二元离子晶体结构

结构名称	负离子堆积结构	正负离子配位数比	正离子位置关系	化学式	实例
CsCl	简单立方	8∶8	立方体	MX	CsCl,CsBr,CsI
岩盐	立方密堆	6∶6	八面体	MX	NaCl,KCl,LiF,KBr,MgO,CaO,SrO,BaO,CdO,VO,MnO,FeO,CoO,NiO
闪锌矿	立方密堆	4∶4	1/2 四面体	MX	ZnS,BeO,SiC
反萤石	立方密堆	4∶8	四面体	M_2X	Li_2O,Na_2O,K_2O,Rb_2O 及其硫化物
金红石	变形六方密堆	6∶3	1/2 八面体	MX_2	TiO_2,GeO_2,SnO_2,PbO_2,VO_2,NbO_2,TeO_2,MnO_2,RuO_2,OsO_2,IrO_2
纤维锌矿	六方密堆	4∶4	1/2 四面体	MX	ZnS,ZnO,SiC
砷化镍	六方密堆	6∶6	八面体	MX	NiAs,FeS,FeSe,CoSe
刚玉	六方密堆	6∶4	2/3 八面体	M_2X_3	Al_2O_3, Fe_2O_3, Cr_2O_3, Ti_2O_3, V_2O_3,Ga_2O_3,Rh_2O_3
萤石	简单立方	8∶4	1/2 立方体	MX_2	ThO_2,CeO_2,PrO_2,UO_2,ZrO_2,HfO_2,NpO_2,PuO_2,AmO_2
硅石	连接四面体	4∶2	—	MX_2	SiO_2,GeO_2

（1）CsCl 型结构　CsCl 型结构为最简单的离子晶体结构，正负离子均构成空心立方体，且相互成为对方立方体的体心；正负离子的配位数均为 8。每个晶胞中有 1 个负离子和 1 个正离子，组成为 1∶1，如图 3-11 所示。虽然体心位置上存在离子，但由于与顶点的离子不相同，所以并不是体心立方，而是简单立方晶格结构。CsCl、CsBr 和 CsI 的晶体结构均属于 CsCl 型结构。

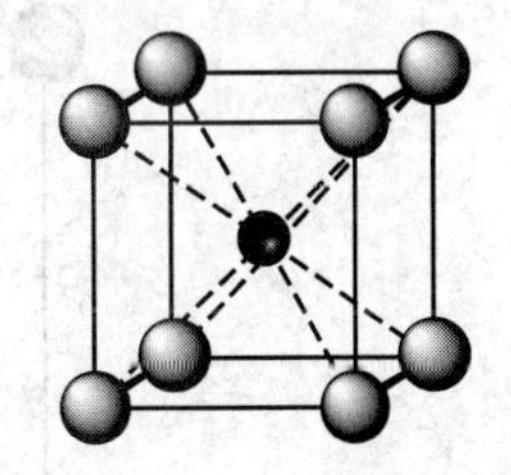
图 3-11　CsCl 型晶体结构

（2）岩盐型结构（rock salt structure）　岩盐型结构是最常见的二元离子化合物结构，在至今为止所研究的四百种化合物中，有超过一半是属于岩盐结构的。岩盐型结构的代表是 NaCl，所以也称为 NaCl 型结构。这种结构中，正负离子的配位数都是 6，负离子按面心立方排列，正离子处于八面体间隙位，同样形成正离子的面心立方阵列，如图 3-12 所示。

（3）闪锌矿型结构（zinc blende structure） 闪锌矿型结构的代表为 ZnS，故也称为 ZnS 型结构。在这种结构中，正负离子配位数均为 4，负离子按面心立方排列，正离子填入半数的四面体间隙位（面心立方晶格有 8 个四面体空隙，其中 4 个填入正离子），同样形成正离子的面心立方阵列，正负离子的面心立方互相穿插。其结果是每个离子与相邻的 4 个异号离子构成正四面体，如图 3-13 所示。这种结构如果把所有正负离子换成碳原子，就是金刚石的结构。

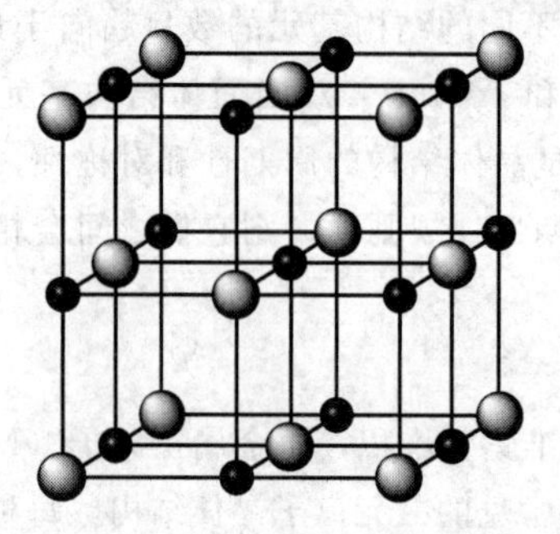

图 3-12 NaCl 型离子晶体结构

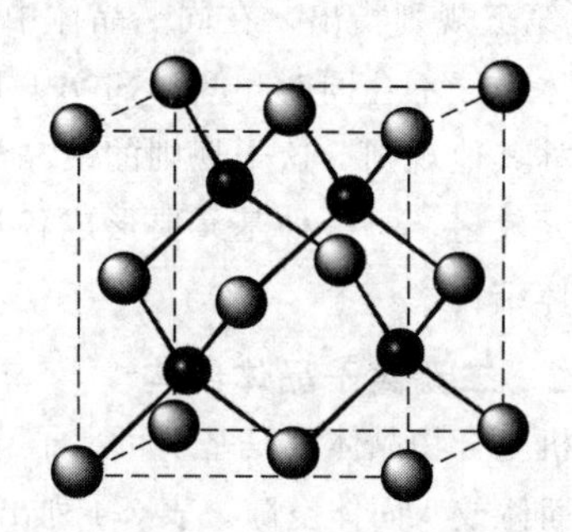

图 3-13 闪锌矿型晶体结构

（4）萤石和反萤石型结构（fluorite and antifluorite structures） 在 Na_2O 晶体中，负离子按面心立方排列，正离子填入全部的四面体间隙位中，即每个面心立方晶格填入 8 个正离子，如图 3-14 所示。这样，正离子的配位数为 4，负离子的配位数为 8，正负离子的比例为2∶1。由于这种晶体结构与萤石（CaF_2 晶体）的结构类似，但正负离子位置刚好互换，因而称为反萤石型结构。Li_2O、Na_2O、K_2O、Rb_2O 及其硫化物的晶体都是反萤石型结构。

反萤石型结构中的正负离子位置互换，就是萤石型结构，其正负离子的配位数分别为 8 和 4，正负离子比例为 1∶2。半径较大的 4 价正离子（如四价的 Zr、Hf、Th）氧化物和半径较大的 2 价正离子（如二价的 Ca、Sr、Ba、Cd、Hg、Pb）氟化物的晶体倾向于形成这种结构。CaF_2 晶体结构中，8 个 F^- 之间形成的八面体空隙都没有被填充，成为一个“空洞”，结构比较开放，有利于形成负离子填隙，也为负离子扩散提供了条件。立方 ZrO_2 属萤石型结构，常被用作测氧传感器探头、氧泵、固体氧化物燃料电池中的电解质材料等，被称作固体快离子导体，就是因为 ZrO_2 晶体中具有氧离子扩散传导的机制，在 900～1000℃ 间 O^{2-} 电导率可达 0.1S/cm。

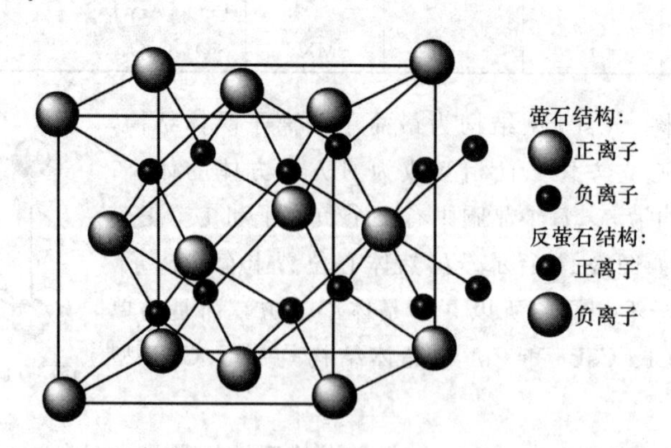

图 3-14 萤石和反萤石型晶体结构

（5）金红石型结构（rutile structure） 金红石为一种 TiO_2 晶体的俗称，这种晶体的结构称为金红石型结构。在金红石晶体中，O^{2-} 为变形的六方密堆，Ti^{4+} 在晶胞顶点及体心位置，O^{2-}在晶胞上下底面的面对角线方向各有2个，在晶胞半高的另一个面对角线方向也有2个，如图3-15所示。Ti^{4+}的配位数是6，形成［TiO_6］八面体。O^{2-}的配位数是3，形成［OTi_3］平面三角单元。晶胞中正负离子比为1∶2。除了TiO_2外，GeO_2、SnO_2、PbO_2、VO_2、NbO_2、TeO_2、MnO_2、RuO_2、OsO_2和IrO_2都形成金红石型结构的晶体。

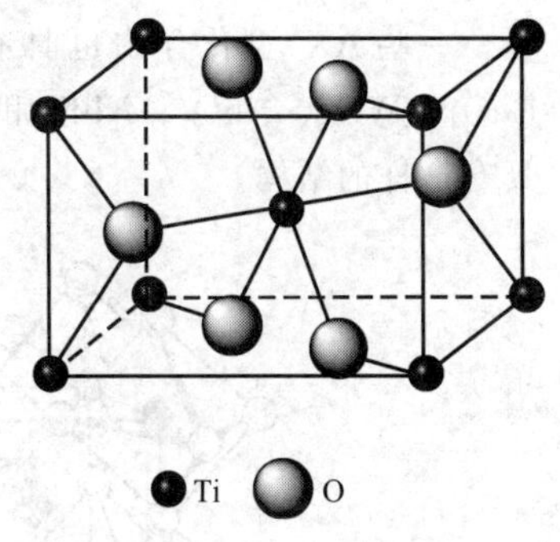

图3-15 金红石型晶体结构

3.2.1.3 多元离子晶体结构

在离子晶体中，负离子通过紧密堆积形成多面体，多面体的空隙中可以填入超过一种正离子，于是形成多元离子晶体结构。表3-5列出了一些常见的多元离子晶体结构，同样，每种结构都以其代表性的矿物名称命名。其中钙钛矿型结构和尖晶石型结构是较为常见的多元离子晶体结构。

表3-5 常见的多元离子晶体结构

结构名称	负离子堆积结构	正负离子配位数比	正离子位置关系	化学式	实例
钙钛矿	立方密堆	12∶6∶6	1/4八面体(B)	ABX_3	$CaTiO_3$，$SrTiO_3$，$SrSnO_3$，$SrZrO_3$，$SrHfO_3$，$BaTiO_3$
尖晶石	立方密堆	4∶6∶4	1/8四面体(A) 1/2八面体(B)	AB_2X_4	$FeAl_2O_4$，$ZnAl_2O_4$，$MgAl_2O_4$
反尖晶石	立方密堆	4∶6∶4	1/8四面体(B) 1/2八面体(A,B)	$B(AB)X_4$	$FeMgFeO_4$，$MgTiMgO_4$
钛铁矿	六方密堆	6∶6∶4	2/3八面体(A,B)	ABX_3	$FeTiO_3$，$NiTiO_3$，$CoTiO_3$
橄榄石	六方密堆	6∶4∶4	1/2八面体(A) 1/8四面体(B)	A_2BX_4	Mg_2SiO_4，Fe_2SiO_4

（1）钙钛矿型结构（perovskite structure） 钙钛矿的组成为$CaTiO_3$，其英文名（perovskite）取自19世纪俄国矿物学家Count Perovski。钙钛矿型结构的化学通式为ABX_3，其中A是二价（或一价）金属离子，B是四价（或五价）金属离子，X通常为O，组成一种复合氧化物结构。以钙钛矿$CaTiO_3$为例，其结构如图3-16所示。负离子（O^{2-}）按简单立方紧密堆积排列，较大的正离子A（这里为Ca^{2+}）在8个八面体形成的空隙中，被12个O^{2-}包围，而较小的正离子B（这里为Ti^{4+}）在O^{2-}的八面体中心，被6个O^{2-}包围。在钙钛矿结构中，只要满足晶体的电中性要求，正离子的组合可以有很多种，例如$NaWO_3$、$CaSnO_3$和$YAlO_3$都可以形成钙钛矿型结构的晶体或其变种。结构的变种通常在大正离子（A）较小时发生，导致B八面体轴倾斜，这是该类晶体具有压电性的原因。

钙钛矿结构在高温时保持上述的立方晶系结构，但温度下降将引起结构畸变，对称性下降。例如在600℃以下c轴伸长或缩短而畸变成四方晶系。如果两个轴向发生畸变，则称为正交晶系。畸变会导致钙钛矿晶体结构中正、负电荷中心不重合，晶胞中产生偶极矩，此现象称为自发极化。在没有外加影响时，自发极化的方向是随机的，各个方向相互抵消，因而宏观上不呈现极性。当对晶体施加一个直流电场时，那么所有自发极化将顺着电场方向而排列，宏观上呈现出很强的极性，也就是所谓铁电性。

一些 AX_3 型化合物也具有类似于这种钙钛矿结构，只是把体心正离子去掉。例如 ReO_3、WO_3、NbO_3、NbF_3 和 TaF_3 等氧化物或氟化物以及氟氧化物如 $TiOF_2$ 和 $MoOF_2$ 都具有这样的结构。

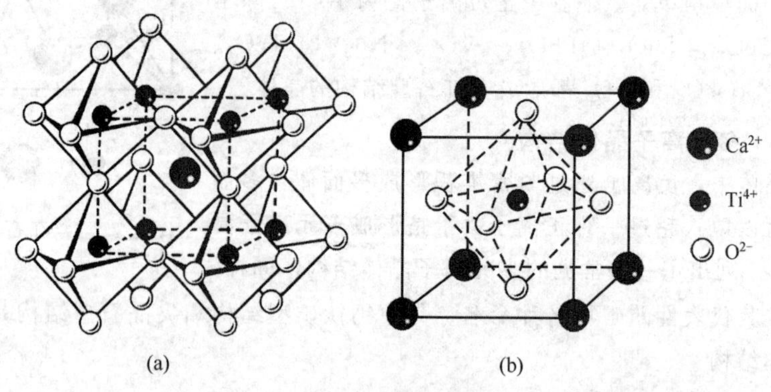

图 3-16　钙钛矿型结构

(2) 尖晶石型结构（spinel structure）　尖晶石型结构的化学通式为 AB_2X_4 型，属于复合氧化物，其中 A 是二价金属离子如 Mg^{2+}、Mn^{2+}、Fe^{2+}、Co^{2+}、Ni^{2+}、Zn^{2+}、Cd^{2+} 等，B 是三价金属离子如 Al^{3+}、Cr^{3+}、Ga^{3+}、Fe^{3+}、Co^{3+} 等。尖晶石型结构的典型代表是镁铝尖晶石 $MgAl_2O_4$，属于这种结构的化合物有一百多种，是离子晶体中的一个大类。尖晶石型结构中，负离子 O^{2-} 为立方紧密堆积排列，A 离子填充在四面体空隙中，配位数为 4，B 离子在八面体空隙中，配位数为 6。尖晶石型结构如图 3-17 所示，一个晶胞可分成 8 个小立方体，这些小立方体按质点排列的不同可分为两种类型（图中的 X 小方块和 Y 小方块），两种方块交错排列，即不同类型的方块共面排列，相同类型的方块共棱而不共面。从 X 小方块中可见 A 正离子占据四面体空隙，从 Y 小方块中可见 B 正离子占据八面体空隙。

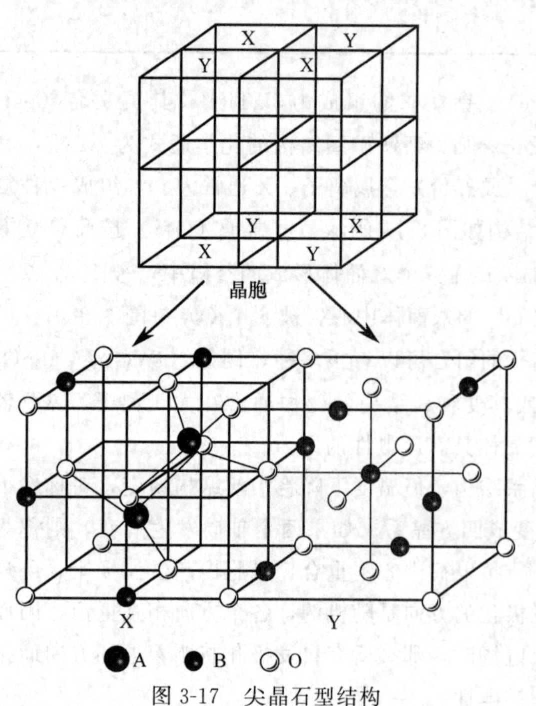

图 3-17　尖晶石型结构

一个尖晶石型结构的晶胞中，共有 32 个 O^{2-}、8 个 A 正离子、16 个 B 正离子。32 个 O^{2-} 作立方密堆，可形成 64 个四面体空隙，32 个八面体空隙，其中的 1/8 四面体空隙（8 个）被 8 个 A 正离子填充，一半的八面体空隙被 16 个 B 正离子填充，结构中存在较多空位。表 3-5 中还有一种反尖晶石型结构，通式为 $B(AB)X_4$。与尖晶石型结构相比，是 A 与一半的 B 位置互换，即原来 A 的位置（1/8 四面体空隙）被一半的 B 占据，A 则与另一半 B 占据一半的八面体空隙。磁铁矿 Fe_3O_4 即属于反尖晶石型结构，它是二价铁与三价铁的复合氧化物（$FeO \cdot Fe_2O_3$），按通式可以写成 $Fe^{3+}(Fe^{2+}Fe^{3+})O_4$。

Al—O、Mg—O 均形成较强的离子键，结构牢固，硬度大（莫氏硬度 8），熔点高

(2135℃)，相对密度大（3.55），化学性质稳定，无解理，是重要的耐火材料。

3.2.1.4 离子晶体的晶格能

晶格能（lattice energy）也称为点阵能，用符号 U 表示，其定义是：在反应时 1mol 离子化合物中的正、负离子从相互分离的气态结合成离子晶体时所放出的能量。离子晶体可以看成是点电荷的三维阵列，这种三维阵列纯粹是靠点电荷之间的静电作用力来维持的。离子晶体中的离子之间的静电作用力所产生的净势能，其值就相当于晶格能。因此，晶格能可以通过理论计算得到。

离子之间的静电作用力可通过库仑定律得到，其所产生的势能 E 为：

$$E=\int_{\infty}^{r}F\mathrm{d}r=-\frac{Z_+Z_-e^2}{4\pi\varepsilon_0 r} \tag{3-3}$$

式中，ε_0 为真空介电常数，其值为 $8.854\times10^{-12}\ \mathrm{C^2/(N\cdot m^2)}$；$e$ 为电子的电荷，1.6×10^{-19}C；Z_+ 和 Z_- 分别为正、负离子的电荷数；r 为离子之间的距离。在晶体中，每个离子除了与周围最靠近的异号离子有静电作用外，与更外围的离子（同号或异号的）也有静电作用，其势能应该是所有这些静电作用产生的库仑势的加入。

除了库仑作用力外，当离子或原子相互靠近时，还因电子云交叠而产生排斥力，这是一个短程作用力，只存在于相邻离子之间，所产生的排斥能 E_R 如式(2-7) 所示。

晶格能的计算就是总库仑势再加上总排斥能。以岩盐型晶体为例（图 3-12），位于体心的正离子被 6 个位于面心的负离子围绕，距离为 r（棱长为 $2r$），其所产生的势能（吸引能）为：

$$E=-6\frac{Z_+Z_-e^2}{4\pi\varepsilon_0 r} \tag{3-4}$$

再往外就是位于棱中心的 12 个正离子，距离为$\sqrt{2}r$，其所产生的势能（排斥能）为：

$$E=+12\frac{Z_+Z_-e^2}{4\sqrt{2}\pi\varepsilon_0 r} \tag{3-5}$$

式中，离子电荷数部分应该是两个正离子的电荷数，为方便起见仍以 Z_+、Z_-表达，式子符号相应改变。再往外就是晶胞的 8 个角上的负离子，距离为$\sqrt{3}r$，其与体心正离子所产生的势能（吸引能）为：

$$E=-8\frac{Z_+Z_-e^2}{4\sqrt{3}\pi\varepsilon_0 r} \tag{3-6}$$

再往外延伸，这个体心正离子还会与其他更远的离子产生静电作用。总的库仑势能为：

$$E_{库仑}=-\frac{Z_+Z_-e^2}{4\pi\varepsilon_0 r}\left(6-\frac{12}{\sqrt{2}}+\frac{8}{\sqrt{3}}-\frac{6}{\sqrt{4}}+\cdots\right) \tag{3-7}$$

这个总势能对于每个离子都存在。1mol 晶体中，正负离子总个数为 $2N_A$（N_A 为阿伏伽德罗常数），考虑到正负离子对的重复计算，必须除以 2，因此 1mol 离子晶体中的总库仑势等于上式右边乘上 N_A。上式括号中的数值适用于岩盐结构，可以计算出其加和值为 1.748。对于各种晶体结构类型，可以通过数学方法得到具体的数值。这个数值用一个系数 A 表达，则式(3-7) 可表示成：

$$E_{库仑}=-\frac{AN_AZ_+Z_-e^2}{4\pi\varepsilon_0 r} \tag{3-8}$$

式中，A 称为马德隆常数（Madelung constant）。表 3-6 列出了几种常见离子晶体的马德隆常数值。

表 3-6 常见晶体的马德隆常数

结构类型	A
岩盐	1.748
CsCl	1.763
纤锌矿	1.641
闪锌矿	1.638
萤石	2.520
金红石	2.408

从式(2-7) 得到1mol 晶体的短程排斥能为：

$$E_R=\frac{N_A b}{r^n} \tag{3-9}$$

式中，排斥指数 n 值见表 2-2，离子对的 n 值为两种离子 n 值的平均值。总能量 U 为总库仑势和短程排斥能之和：

$$U=-\frac{AN_A Z_+ Z_- e^2}{4\pi\varepsilon_0 r}+\frac{N_A b}{r^n} \tag{3-10}$$

晶体状态下，静电吸引力和排斥力达到平衡（正负离子的中心距离为 r_0），能量处于最低状态（图 2-1），因此能量 U 对距离 r 的导数为零：

$$\frac{dU}{dr}=\frac{e^2 Z_+ Z_-}{4\pi\varepsilon_0 r_0^2}N_A A-\frac{nN_A b}{r_0^{n+1}}=0 \tag{3-11}$$

于是得到：

$$b=\frac{e^2 Z_+ Z}{4\pi\varepsilon_0 n}Ar_0^{n-1} \tag{3-12}$$

代入式(3-10) 得到晶格能 U：

$$U=-\frac{AN_A Z_+ Z_- e^2}{4\pi\varepsilon_0 r_0}\left(1-\frac{1}{n}\right) \tag{3-13}$$

从式(3-13) 可见，晶格能与晶体结构类型（影响 A 值）、离子电荷数、晶胞参数（影响 r_0 值）、离子的电子壳层结构（影响 n 值）相关。

【例 3-2】 已知 KCl 晶体具有 NaCl 型结构，晶胞棱长 0.628nm。试计算 KCl 晶体的晶格能。

解 将 N_A、e、ε_0 等按国际单位数值代入式(3-13)，得到：

$$U=\frac{1.3894\times10^{-7}}{r_0}AZ_+Z_-\left(1-\frac{1}{n}\right)\ (\text{kJ/mol})$$

从晶胞棱长可得到：$r_0=\frac{1}{2}\times0.628\text{nm}=0.314\text{nm}=3.14\times10^{-10}\text{m}$。对于 NaCl 晶型，$A=1.748$，又 $Z_+=Z_-=1$，$n=(9+9)/2=9$，代入上式得到：

$$U=\frac{1.3894\times10^{-7}\times1.748\times1\times1}{3.14\times10^{-10}}\times\left(1-\frac{1}{9}\right)\ (\text{kJ/mol})=687.5\text{kJ/mol}$$

3.2.2 硅酸盐结构

地壳的氧元素含量为 48%，硅元素 26%，铝元素 8%，铁元素 5%，钙、钠、钾和镁共占 11%。因此，地壳的组成以硅酸盐为主是毫不奇怪的。同时，它是生产水泥、普通陶瓷、玻璃、耐火材料的主要原料。硅酸盐由硅和氧再加上一些金属元素所构成。O和Si的电负性差为1.7，刚好处于离子键和共价键的分界，Si—O键有相当高的共价键成分，估计离子键和共价键大约各占一半，所以硅酸盐与一般的离子晶体有不同的结构特征。

在硅酸盐中，每个Si与4个O结合成［SiO_4］四面体，作为硅酸盐的基本结构单元。这些四面体可以相互孤立地存在，也可以连接在一起，剩余的负电荷由金属离子的正电荷平衡。连接方式为共顶连接（见鲍林第四规则），即通过共用一个氧原子连接起来，而每个氧原子最多只能被两个［SiO_4］四面体共用。这个共用的氧原子称为桥氧（bridging oxygen），它与两个硅原子键合。其余的氧原子称为非桥氧（nonbridging oxygen），只与一个硅原子结合。显然，桥氧越多，连接在一起的［SiO_4］四面体就越多。桥氧的数量，反映在组成上就是O/Si的比例。例如桥氧数量为0，则O/Si为4；而4个桥氧对应的O/Si值为2，也就是SiO_2。［SiO_4］四面体连接数量的变化，导致硅酸盐结构的多样化。表3-7列出了不同桥氧数量和O/Si对应的硅酸盐晶体结构类型。

表3-7　硅酸盐晶体结构类型

结构类型	桥氧	O/Si	形状	负离子单元	实例
岛状	0	4	四面体	$[SiO_4]^{4-}$	镁橄榄石 Mg_2SiO_4，Li_4SiO_4
成对	1	3.5	双四面体	$[Si_2O_7]^{6-}$	硅钙石 $Ca_3[Si_2O_7]$
环状	2	3	三元环	$[Si_3O_9]^{6-}$	蓝锥矿 $BaTi[Si_3O_9]$
			四元环	$[Si_4O_{12}]^{8-}$	
			六元环	$[Si_6O_{18}]^{12-}$	绿宝石 $Be_3Al_2[Si_6O_{18}]$
链状	2	3	单链	$[Si_2O_6]^{4-}$	透辉石 $CaMg[Si_2O_6]$
	2和3	2.75	双链	$[Si_4O_{11}]^{6-}$	透闪石 $Ca_2Mg_5[Si_4O_{11}]_2(OH)_2$
层状	3	2.5	平板层	$[Si_4O_{10}]^{4-}$	叶蜡石 $Al_2[Si_4O_{10}](OH)_2$，滑石 $Mg_3[Si_4O_{10}](OH)_2$
架状	4	2	网络	$[SiO_2]$	石英 SiO_2
				$[(Al_xSi_{4-x}O_8)]^{x-}$	钠长石 $NaAlSi_3O_8$

(1) 岛状硅酸盐（island silicates）　岛状硅酸盐中，$[SiO_4]^{4-}$四面体以孤岛状存在，无桥氧，结构中O/Si值为4。每个O^{2-}一侧与1个Si^{4+}连接，另一侧与其他金属离子相配位使电价平衡。$[SiO_4]^{4-}$作为负离子，再加上一种金属正离子，这样的结构可以看作伪二元结构（pseudobinary structure）的离子化合物，如镁橄榄石Mg_2SiO_4和Fe_2SiO_4。当然，很多时候岛状硅酸盐中的金属离子不止一种，例如石榴石，通式为［M(Ⅱ)］$_3$［M(Ⅲ)］$_2$(SiO_4)$_3$，M(Ⅱ)为二价金属离子如Mg^{2+}、Fe^{2+}、Mn^{2+}、Ca^{2+}，M(Ⅲ)为三价金属离子如Cr^{3+}、Al^{3+}、Fe^{3+}。

镁橄榄石Mg_2SiO_4的结构如图3-18所示。镁橄榄石属斜方晶系，O^{2-}近似于六方最紧密堆积排列，Si^{4+}填于1/8的四面体空隙，Mg^{2+}填于一半的八面体空隙。每个［SiO_4］四面体被［MgO_6］八面体所隔开呈孤岛状分布。由于Mg—O键和Si—O键都比较强，镁橄榄石表现出较高硬度和高熔点（1890℃），可以用于耐火材料制备。镁橄榄石结构中各个方向上键力分布比较均匀，没有明显的解理，破碎后呈现粒状。

(2) 环状和链状硅酸盐（ring and chain silicates）　每个［SiO_4］四面体含有两个桥氧时，可形成环状和单链状结构的硅酸盐，此时O/Si值为3。也可以形成双链结构，如图3-19所示，此时桥氧的数目为2和3相互交错，O/Si值为2.75。

绿宝石$Be_3Al_2[Si_6O_{18}]$的负离子单元是由6个$[SiO_4]^{4-}$四面体组成的六元环，其晶体

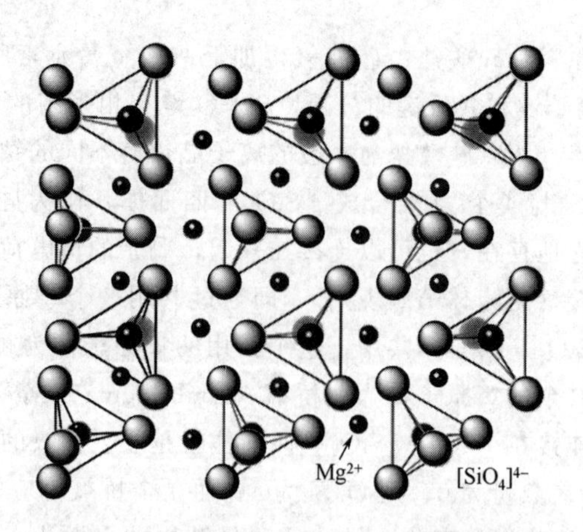

图 3-18　镁橄榄石 Mg_2SiO_4 的晶体结构

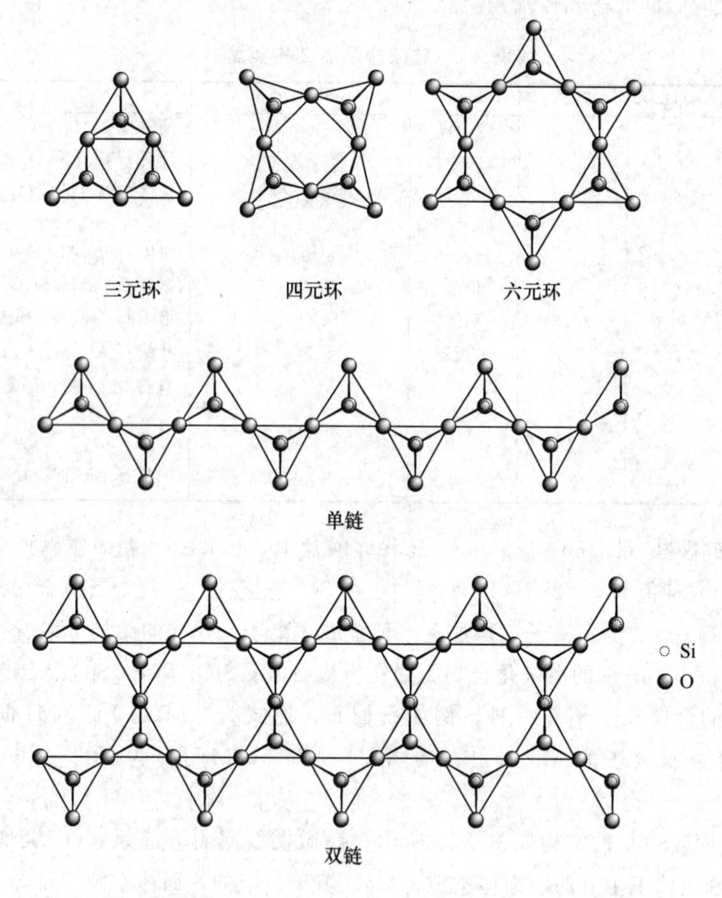

图 3-19　环状和链状硅酸盐结构示意

结构属于六方晶系。六元环中的 1 个 Si^{4+} 和 2 个 O^{2-} 处在同一高度，环与环相叠起来，通过 Be^{2+} 和 Al^{3+} 连接。六元环内没有其他离子存在，使晶体结构中存在大的环形空腔。低价小半径正离子（如 Na^{+}）存在时，在直流电场中，晶体会表现出显著的离子导电，在交流电场中会有较大的介电损耗。同时，大的空腔为质点热振动提供空间，使晶体宏观上不会有明显的热膨胀，因而表现出较小的膨胀系数。

单链状结构硅酸盐的代表是辉石类矿物，化学通式为 XY［Si_2O_6］，式中 X 和 Y 为正离子，通常X的半径比Y大；硅氧四面体中的Si^{4+}可被少量Al^{3+}或Fe^{3+}等以类质同象替代。结构中每一个硅氧四面体均以两个角顶相互共用，联结成沿一个方向无限延伸的单链。链与链之间借Mg、Fe、Ca、Al等金属离子相连。其晶体结构属单斜或斜方晶系，一般不含或少含Ca、Na等阳离子的辉石结晶成斜方晶系，否则就结晶成单斜晶系。

(3) 层状硅酸盐（sheet silicates） 当每个［SiO_4］含有3个桥氧时，可形成层状硅酸盐晶体结构，O/Si值为2.5。［SiO_4］通过3个桥氧在二维平面内延伸形成硅氧四面体层，在层内［SiO_4］之间形成六元环状，另外一个顶角共同朝一个方向，如图3-20所示。层内的三个桥氧的价键已经饱和，层外的非桥氧则需要与其他正离子（如Mg^{2+}、Al^{3+}、Fe^{3+}、Fe^{2+}等）连接，构成金属氧化物［MO_6］八面体层。八面体层中有一些O^{2-}不能与Si^{4+}配位（活性氧），因而剩余电价就要由H^+来平衡，所以层状结构中都有OH^-出现。这样，在层状硅酸盐晶体中，存在［SiO_4］四面体层和［MO_6］八面体层。

层状硅酸盐结构中各层排列方式有两种：一种是由一层［SiO_4］和一层［MO_6］组合作为层单元，然后重复堆叠，这种结构称为两层型；另一种是由两层［SiO_4］层间夹一层［MO_6］作为层单元，然后重复堆叠，这种结构称为三层型。单元组层内质点之间是化学键结合，很牢固，而单元层之间是依靠分子间键或者氢键结合，结合力较弱，很容易沿层间解理，或者在层间渗入水分子。

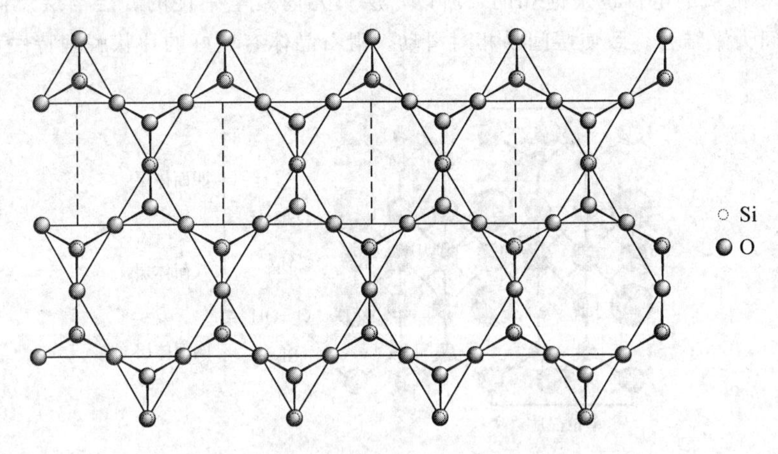

图3-20 层状硅酸盐结构示意

两层型硅酸盐的一个例子是高岭石（kaolinite），化学式为$Al_4[Si_4O_{10}](OH)_8$，或表达成$Al_2O_3 \cdot 2SiO_2 \cdot 2H_2O$，其层单元横截面的结构如图3-21所示。层单元是由硅氧层和水铝石层组成的两层结构，整个晶体由这些层单元平行叠放构成，属于三斜晶系。Al^{3+}配位数为6，2个是O^{2-}，4个是OH^-，形成［$AlO_2(OH)_4$］八面体，正是这两个O^{2-}把水铝石层和硅氧层连接起来。水铝石层中，Al^{3+}占据八面体空隙的2/3。由Pauling静电价键规则可算出层单元中O^{2-}的电价是平衡的，即理论上层内是电中性的，所以，高岭石的单元层间只能靠物理键来结合，这一结构特征导致了高岭石容易解理成片状的小晶体。另外，由于层单元在平行叠放时水铝石层OH^-与硅氧层的O^{2-}相接触，故层间靠氢键来结合。而氢键结合比分子间力强，所以，高岭石相对于层单元间靠分子间力结合的三层结构硅酸盐（如稍后提到的滑石）来说，水分子不易进入层单元之间，晶体不会因为水含量增加而膨胀，并且没有滑石这类三层结构硅酸盐所具有的滑腻感。

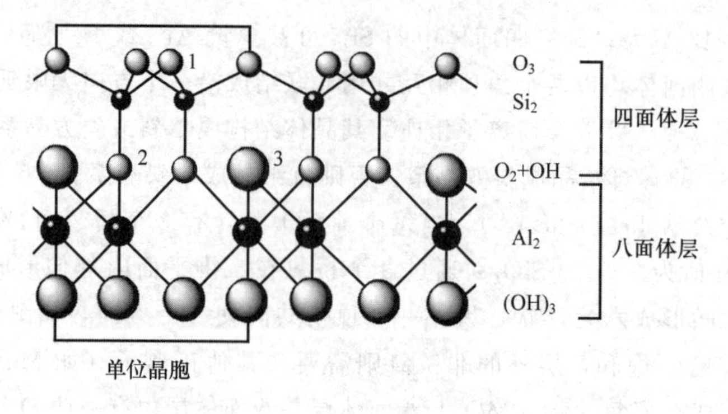

图 3-21　高岭石晶体的结构

三层型硅酸盐的代表是滑石（talc），化学式为 $Mg_3[Si_4O_{10}](OH)_2$，或 $3MgO \cdot 4SiO_2 \cdot H_2O$，其层单元横截面的结构如图 3-22 所示。两个硅氧层的非桥氧指向相反，中间通过水镁石层连接，形成三层结构的层单元。整个滑石晶体由这些层单元平行叠放构成，属于单斜晶系。水镁石层中 Mg^{2+} 的配位数为 6，4 个是 O^{2-}、2 个是 OH^-，形成$[MgO_4(OH)_2]$八面体，其中全部八面体空隙被 Mg^{2+} 所填充。层单元中每个非桥氧同时与 3 个 Mg^{2+} 相连接，从 Mg^{2+} 处获得的静电键强度为 $3 \times 2/6 = 1$ 价，从 Si^{4+} 处也获得 1 价，故活性氧的电价饱和。同理，OH^- 中的氧的电价也是饱和的，所以，层单元内是电中性的。层与层之间只能依靠较弱的分子间力来结合，致使层间易相对滑动，滑石晶体有良好的片状解理特性和滑腻感。

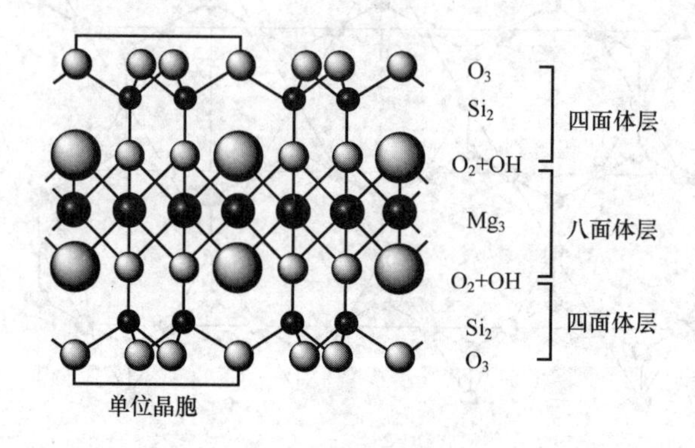

图 3-22　滑石晶体的结构

对于实际的硅酸盐晶体，还常常存在离子取代现象，比如 $[SiO_4]$ 中的 Si^{4+} 被 Al^{3+} 等取代，八面体层中 Al^{3+} 也可能被 Mg^{2+} 或 Fe^{2+} 等取代，造成电价不平衡，就必然在层单元之间进入其他低价正离子，如 Na^+、K^+ 等，以保持电中性。例如云母（mica），化学式 $K_2Al_4(Si_6Al_2)O_{20}(OH)_4$，每 8 个 Si^{4+} 中有 2 个被 Al^{3+} 取代，并加入 2 个 K^+ 以保持电价平衡。层单元为三层型结构，体积较大而数目较少的 K^+ 正离子处于层单元之间，因而层单元间的结合力较弱，易于解理，表面光滑。

蒙脱石（montmorillonite）则是铝氧八面体中 Al^{3+} 被 Mg^{2+} 所取代，并在层单元之间加入 M^+ 或 M^{2+} 正离子以平衡多余的负电价，取代后实际化学式为：$Mg_xAl_{2-x}[Si_4O_{10}](OH)_2 \cdot M_x \cdot nH_2O$。在一定条件下，这些层间正离子容易被交换出来，因此蒙脱石的正离子交换容量大。另外蒙脱石的层单元之间结合力弱，容易渗入大量水分子，因而被称作膨润土。

（4）架状硅酸盐（networked silicates）　当 $[SiO_4]$ 四面体中的 4 个氧全部为桥氧时，

四面体将连接成网架结构。如果其中的 Si^{4+} 没有被其他正离子部分取代，则结构中仅含氧和硅，O/Si 为 2，化学式为 SiO_2，也就是硅石（silica）。在不同的温度下，SiO_2 可以形成各种不同的晶态结构，石英（quartz）是其中的一种，它在低于 870℃下稳定存在，密度为 2.655g/cm³，在 870℃则转变成密度为 2.27g/cm³ 的鳞石英（tridymite）。在温度达到 1470℃时可转变成方石英（cristobalite），其密度为 2.30g/cm³。每种晶体结构又可以分为 α-型和 β-型，其中鳞石英也有 γ-型，但这些晶型变化均不涉及晶体结构中键的破裂和重建，只是质点的小量位移和键角的小量旋转，转变过程迅速，这种转变称为位移型转变。图 3-23 为 α-方石英的结构示意，其中 Si^{4+} 按金刚石结构进行排列，在距离最近且完全等距离的每 2 个 Si^{4+} 之间插入 O^{2-}。由于 Si—O 的共价键性质，通常把 SiO_2 晶体归类为原子晶体。

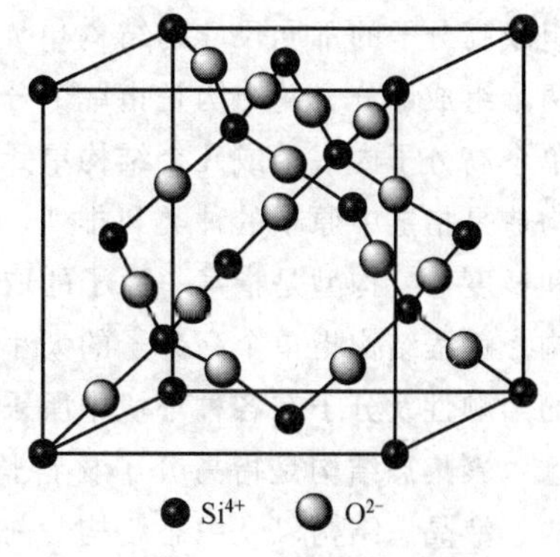

图 3-23　α-方石英晶体结构

SiO_2 结构中 Si—O 键的强度很高，键力分别在三维空间，比较均匀，因此 SiO_2 晶体的熔点高、硬度大、化学稳定性好，无明显解理。

[SiO_4] 网架结构中的 Si^{4+} 可以部分地被 Al^{3+} 取代，剩余负电荷由其他正离子（如 Li^+、Na^+、K^+、Ca^{2+}）平衡。钠长石（albite，$NaAlSi_3O_8$）、钙长石（anorthite，$CaAl_2Si_2O_8$）、锂霞石（eucryptite，$LiAlSiO_4$）和正长石（orthoclase，$KAlSi_3O_8$）都属于这种结构，其中 O/(Al+Si) 为 2。

3.2.3 共价晶体

原子间通过共价键结合成的具有空间网状结构的晶体称为共价晶体。如上面提到的石英晶体，其他如金刚石、晶体硅、碳化硅等，都属于共价晶体。金刚石（diamond）是单质碳的一种结构形态，其结构与闪锌矿的结构类似（图 3-13），只是把所有质点换成碳原子 C。金刚石晶体属立方晶系，C 的配位数为 4，每个晶胞中共有 8 个 C 原子，分别位于立方面心的所有结点位置和交替分布在立方体内 8 个小立方体中的 4 个小立方体的中心，C—C 之间以共价键结合。可以算出金刚石晶体中碳的堆积系数只有 0.34，加上 C 原子质量较轻，所以金刚石的密度较小。由于 C—C 之间形成很强的共价键，所以金刚石具有非常高的硬度和熔点，其硬度是自然界所有物质中最高的，所以常被用作高硬切割材料和磨料以及钻井用钻头。

除碳外，硅、锗、灰锡也可形成金刚石型晶体结构。

3.3 高分子材料的结构

高分子材料也称为聚合物材料，它是以高分子化合物（树脂）为基体，再配有其他添加剂（助剂）所构成的材料。高分子材料包括天然高分子，如棉、麻、丝、毛等；由天然高分子原料经化学加工而成的改性高分子材料，如黏胶纤维、醋酸纤维、改性淀粉等；以及由小分子化合物通过聚合反应合成的合成高分子材料，如聚氯乙烯树脂、顺丁橡胶、聚酯及聚酰胺纤维、聚丙烯酸酯树脂等。

高分子化合物（polymer）也称高聚物、聚合物，是由许多个实际或概念上的低分子量分子结构作为重复单元组成的高分子量分子，其分子量通常在 10^4 以上。高聚物的结构是指组成高分子的不同尺寸的结构单元在空间的相对排列，包括高分子的链结构和聚集态结构两个组成部分。链结构是指单个分子的结构和形态，分为近程结构和远程结构。近程结构指单个高分子内一个或几个结构单元的化学结构和立体化学结构。近程结构包括构造与构型。构造是指链中原子的种类和排列，取代基和端基的种类，单体单元的排列顺序，支链的类型和长度等。构型是指某一原子的取代基在空间的排列。近程结构属于化学结构，又称一级结构。远程结构指单个高分子的大小和在空间所存在的各种形状，包括分子的大小与形态，链的柔顺性及分子在各种环境中所采取的构象。远程结构又称二级结构。

聚集态结构是指高分子材料整体的内部结构，包括晶态结构、非晶态结构、取向态结构、液晶态结构以及织态结构。前四种是描述高分子聚集体中的分子之间是如何堆砌的，又称第三级结构。织态结构和高分子在生物体中的结构则属于高级结构，是不同高分子间或者高分子与添加剂间的排列或堆砌结构。高分子的链结构是反映高分子各种特性的最主要的结构层次。聚集态结构则是决定聚合物制品使用性能的主要因素。

3.3.1 高分子链结构单元的化学组成

一般合成高分子是由单体通过聚合反应连接而成的链状分子，称为高分子链，高分子链中的重复结构单元的数目称为聚合度。高分子链的化学组成不同，聚合物的化学和物理性能也不同。按其主链结构单元的化学组成可分为以下几大类。

（1）碳链高分子　分子主链全部由碳原子以共价键相联结的碳链高分子，它们大多数由加聚反应制得的，如常见的聚乙烯、聚丙烯、聚苯乙烯、聚甲基丙烯酸甲酯、聚丙烯腈、聚异戊二烯、聚氯乙烯等。大多数碳链高分子具有可塑性好、容易加工成型等优点。只是耐热性较差，且易燃烧，易老化。但与杂链高分子相比，则具有较高的耐水解性能。

（2）杂链高分子　分子主链除了碳原子外，还有其他原子如氧、氮、硫等存在，并以共价键相连接，如聚酯、聚酰胺、聚甲醛、聚苯醚、聚砜等均是杂链高分子，它们多由缩聚反应或开环聚合而制得。具有较高的耐热性和机械强度。因主链带有极性，所以容易水解。

（3）元素有机高分子　主链中不含碳原子，而由 Si、B、P、Al、Ti、As 等元素和 O 组成主链，其侧链则是有机基团，故元素有机高分子兼有无机高分子和有机高分子的特征，其优点为具有较高的热稳定性和耐寒性，又具有较高的弹性和塑性，缺点是强度较低。例如各种有机硅高分子。

（4）无机高分子　无机高分子的主链上不含碳原子，也不含有机基团，而完全由其他元素组成。如：

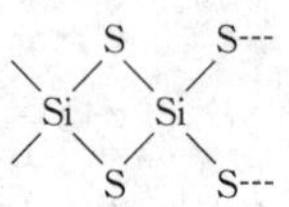

S　S---
Si　Si
S　S---

（二硫化硅）

Cl　Cl
—P═N—P═N---
Cl　Cl

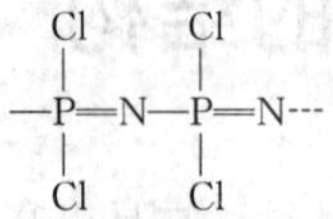

（聚二氯一氮化磷）

这类元素的成链能力较弱，所以聚合物分子量不高，并容易水解。

3.3.2 高分子链结构单元的键接方式

(1) 均聚物结构单元顺序　键接结构是指结构单元在高分子链中的连接方式，它也是影响性能的重要因素之一。在缩聚和开环聚合中，结构单元的键接方式是明确的。但在加聚过程中，单体可以按头-头、尾-尾、头-尾三种形式键接，但以头-尾键接为主。在双烯类高聚物中，高分子链结构单元的键接方式更为复杂，除头-头（尾-尾）和头-尾键接外，还依双键开启位置的不同而有不同的键接方式，同时可能伴随有顺反异构等。例如，丁二烯 $CH_2{=}CH{-}CH{=}CH_2$ 在聚合可以导致 1，2-加成、1，4-顺式加成、1，4-反式加成结构等。单元的键接方式对高聚物材料的性能有显著的影响。例如，1，4-加成是线型高聚物，1，2-加成则有支链，作橡胶用时会影响材料的弹性。

(2) 共聚物的序列结构　按其结构单元在分子链内排列方式的不同，可分为无规共聚物、交替共聚物、嵌段共聚物和接枝共聚物，即：

```
无规共聚物  —A—B—B—A—B—A—A—B—
交替共聚物  —A—B—A—B—A—B
嵌段共聚物  —A—A—A—A—B—B—B—B—A—A—A—A—A—
接枝共聚物  —A—A—A— A —A—A—A— A —A—
                    |            |
                    B            B
                    |            |
                    B            B
                    |            |
                    B            B
                    |            |
```

无规共聚物的分子键中，两种单体的无规则排列，既改变了结构单元的相互作用，也改变了分子之间的相互作用，因此，其性能与均聚物有很大的差异。例如聚乙烯、聚丙烯为塑料，而乙烯-丙烯无规共聚物当丙烯含量较高时则为橡胶。接枝与嵌段共聚物的性能既不同于类似成分的均聚物，又不同于无规共聚物，因此可利用接枝或嵌段的方法对聚合物进行改性，或合成特殊要求的新型聚合物。例如聚丙烯腈接枝 10%聚乙烯的纤维，既可保持原来聚丙烯腈纤维的物理性能，又使纤维的着色性能增加了 3 倍，又例如丁二烯和苯乙烯的 3 种不同结构的共聚物在性能上的差异为：75%丁二烯和 25%苯乙烯的共聚物为丁苯橡胶。

3.3.3 高分子链的几何形态

高分子的性能与其分子链的几何形态也有密切关系。高分子链的几何形态通常分成如下几种。

(1) 线型高分子　这一类高分子很多，如无支化的聚乙烯、定向聚丙烯、无支化的顺式 1,4-丁二烯、天然橡胶及缩聚物（聚酯、尼龙等）。其中最典型的是无支链的聚乙烯，一般自由状态是无规线团，在外力拉伸下可得锯齿形的高分子链。这类高聚物由于大分子链之间没有任何化学键连接，因此它们柔软，有弹性，在加热和外力作用下，分子链之间可产生相互位移，并在适当的溶剂中溶解，可以抽丝，也可成膜，并可热塑成各种形状的制品，故常称为热塑性高分子。

(2) 支链高分子　在主链上带有侧链的高分子为支链高分子。在缩聚反应中，如果有三官能团单体的存在，则可能引起支化，在加聚反应中，由于链转移反应或双烯单体双键活化等均可能引起支化生成支链高分子。支链的形状有枝形、星形和梳形等。支链高分子也能溶于适当的溶剂中，并且加热能熔融。短支链使高分子链之间的距离增大，有利于活动，流动性好；而支链过长则阻碍高分子流动，影响结晶，降低弹性。总的来说，支链高分子堆砌松散，密度低，结晶度低，因而硬度、强度、耐热性、耐腐蚀性等也随之降低，但透气性增加。

(3) 交联高分子　高分子链之间的交联作用是通过支链以化学键连接形成的。交联后成为网状结构的大分子，称为交联高分子。一块交联高聚物可看做是一个“大分子”，形状也被固定下来。最熟悉的例子是硫化橡胶，其结构可以下式表示：

$$\sim\sim CH_2-\underset{}{\overset{CH_3}{\overset{|}{C}}}=CH-CH_2\sim\sim + S_x \longrightarrow \begin{array}{c} \sim\sim CH-\overset{CH_3}{\overset{|}{C}}=CH-CH_2\sim\sim \\ | \\ S_x \\ | \\ \sim\sim CH-\underset{CH_3}{\underset{|}{C}}=CH-CH_2\sim\sim \end{array}$$

交联点

有三个官能团的单体进行体型缩聚可得到交联高分子；交联剂与线型分子链反应也能得到交联高分子，以机械作用、辐射作用使高聚物产生活性点也可发生交联，得到交联高分子。交联高分子因成为既不溶解也不能熔融的网状结构，因此它的耐热性好，强度高，抗溶剂力强，并且形态稳定。例如硫化橡胶、酚醛树脂、脲醛树脂和环氧树脂等。但是在合成橡胶中过度地交联也会影响产品的质量。

3.3.4 高分子链的构型

链的构型是指分子中由化学键所固定的原子在空间的相对位置和排列，这种排列是稳定的，要改变构型，必须经过化学键的破坏或生成。

由烯类单体合成的高聚物$\text{+}CH_2-CHR\text{+}_n$在其结构单元中有一个不对称碳原子，因而存在两种旋光异构单元，它们在高分子链中有三种排列方式(图 3-24)。假定把主链上的碳原子拉伸成锯齿状固定在平面上。当 R 取代基全都处在主链平面一侧或者说高分子全部由一种旋光异构单元键接而成的高分子称为全同立构［图 3-24(a)］。当取代基 R 交替地处于平面两侧或者说由两种旋光异构单元交替键接而成的高分子称为间同立构［图 3-24(b)］。当取代基 R 在平面两侧不规则排列或者说由两种旋光异构单元完全无规键接成时，称为无规立构［图 3-24(c)］。实际上，这种分子的主链是呈螺旋状排列，取代基随着螺旋的旋转排列在螺旋链的周围。

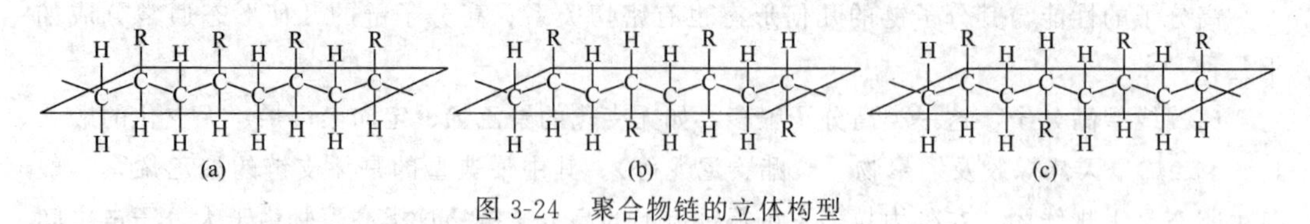

图 3-24　聚合物链的立体构型

全同立构和间同立构聚合物称为有规立构聚合物（或等规立构聚合物）。在聚合物中的有规立构聚合物的百分含量称为等规度。等规度高，则分子链紧密敛集形成结晶。等规聚合物具有较高的结晶度和高熔点，且不易溶解。例如全同立构和间同立构聚丙烯的熔点分别为180℃和 134℃，可作塑料，可作成纤维纺丝。而无规聚丙烯却是一种无实用价值的橡胶状物质。

双烯类单体定向聚合时也可得到有规立构聚合物，并由于双键上的基团在双键两侧排列的方式不同而有顺式构型和反式构型之分，称为几何异构体。例如在钴、镍和钛催化体系中丁二烯单体主要进行1,4-加成聚合，并得到顺式构型的含量高于94%的顺丁橡胶，而用钒或醇烯催化剂制得聚丁二烯。

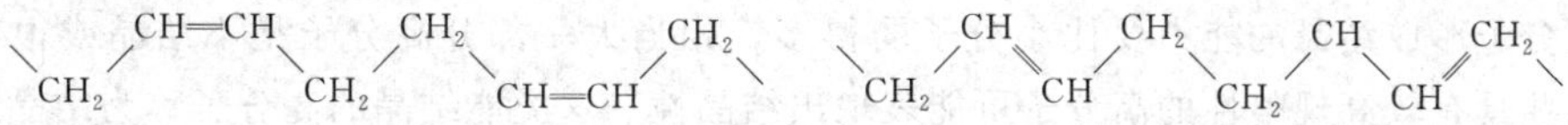

$$\diagdown\underset{CH_2}{}\diagup\overset{CH=CH}{}\diagdown\underset{CH_2}{}\diagup\overset{CH_2}{}\diagdown\underset{CH=CH}{}\diagup\overset{CH_2}{}\diagdown$$

顺式

$$\diagdown\underset{CH_2}{}\diagup\overset{CH}{}\diagdown\!\!\!\!=\underset{CH}{}\diagup\overset{CH_2}{}\diagdown\underset{CH_2}{}\diagup\overset{CH}{}\diagdown\!\!\!\!=\underset{CH}{}\diagup\overset{CH_2}{}\diagdown$$

反式

顺式构型和反式构型聚丁二烯由于结构不同，性能也就不同。顺式1,4-聚丁二烯分子链之间距离较大，室温下是一种弹性很好的橡胶；反式1,4-聚丁二烯分子链的结构比较规整，容易结晶，室温下弹性较差，只能作塑料使用。1,2-加成的全同立构或间同立构聚丁二烯，由于结构规整，容易结晶，弹性很差，也只能作塑料使用。

3.3.5 高分子链的柔顺性

链状高分子链的直径为几个埃，链长则为数千、数万乃至数十万埃，长径比巨大，但通常分子链呈卷曲线团状，显示较好的柔顺性。高分子长链能不同程度地卷曲的特性称为柔顺性或柔性。长链高分子的柔顺性是决定高分子形态的主要因素，对高分子的物理力学性能有根本的影响。聚合物链柔顺性来源于主链σ单键的低能垒内旋转，高分子链越长，可供单键内旋转的单键数越多，高分子链产生的构象数越多，则高分子的柔顺性也就越好。聚合物分子链的柔顺性受自身化学结构影响，主要包括聚合物主链和侧链的化学结构。主链结构对高分子链的刚柔性起决定性作用。主链上的C—O、C—N、Si—O、C—C单键都是有利于增加柔顺性的基本结构，尼龙、聚酯、聚氨酯等都是柔性链。Si—O键长、键角大，更容易内旋转，聚硅氧烷在低温下分子链仍能活动，是耐寒橡胶。主链上的芳环、大共轭结构将使分子链僵硬，柔顺性降低，如聚对苯等。

侧链结构对主链柔顺性也有多方面的影响。侧基带有极性时，将因极性作用而影响主链键的旋转，使柔顺性下降。侧基的极性越大，链的柔顺性越小。例如聚丙烯腈、聚氯乙烯、聚丙烯的侧基极性依次减小，因此柔顺性的顺序为：

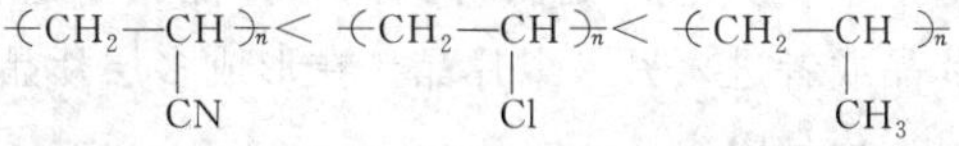

$$\text{+}\!\!\!\left(CH_2-\underset{\displaystyle CN}{\underset{|}{CH}}\right)_n < \text{+}\!\!\!\left(CH_2-\underset{\displaystyle Cl}{\underset{|}{CH}}\right)_n < \text{+}\!\!\!\left(CH_2-\underset{\displaystyle CH_3}{\underset{|}{CH}}\right)_n$$

另外，极性侧基数目越多，则柔顺性越低。氯化聚乙烯当含氯量小时是一种弹性好的橡胶，随着含氯量的增加，链的柔顺性下降，弹性下降，最后变成一种硬质材料。

侧基为非极性时，如果侧基是柔性链或基团，则侧基越长，链的柔性越好。例如柔顺性顺序聚甲基丙烯甲酯＜聚甲基丙烯乙酯＜聚甲基丙烯丙酯。如果侧基是刚性，则其体积增大将导致空间位阻效应增加，柔顺性下降。例如下列三种聚合物的柔顺性为：

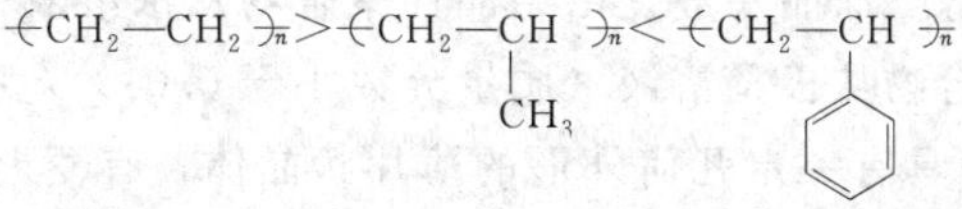

$$\text{+}\!\!\!\left(CH_2-CH_2\right)_n > \text{+}\!\!\!\left(CH_2-\underset{\displaystyle CH_3}{\underset{|}{CH}}\right)_n < \text{+}\!\!\!\left(CH_2-\underset{\displaystyle C_6H_5}{\underset{|}{CH}}\right)_n$$

结构因素是决定大分子柔性的内因，而环境的温度和外力作用快慢等则是影响高分子柔性的外因。温度愈高，热运动愈大，分子内旋转愈自由，故分子链愈柔顺。外力作用快，大分子来不及运动，也能表现出刚性或脆性。例如柔软的橡胶轮胎在低温下或高速运行中显得僵硬。高分子链的柔性大小，直接影响着高分子的一系列物理力学性能，如弹性、流动性、黏度、耐热性、机械强度等。橡胶需要好的弹性，故用柔性的分子链，耐高温的塑料和纤维则用刚性链。

3.3.6 聚合物的晶态结构

根据聚合物链间的作用形态，聚合物中可能出现晶态、非晶态、取向态、液晶态及织态等。高分子形成结晶的能力要比小分子弱得多，相当大一部分高分子是不结晶或很难结晶的，某些具有较高规整性的高分子可能表现出结晶性。这类能结晶的高分子称为结晶性高分子。而即使结晶性高分子，如工艺条件等外在因素不合适，也可能导致非晶态。结晶聚合物中往往同时存在晶相与非晶相，或称晶区与非晶区，是一种多相结构。结构因素是决定聚合物结晶能力的关键因素，结晶性高聚物从熔融体冷却到熔点 T_m 与玻璃化温度 T_g 之间的任一温度，都能产生结晶，总的过程是从无序进而有序化生成有序结构单元后生长成晶体。

多数高聚物的结晶度在50%左右，只有少数在80%以上，结晶度以及晶区大小对高聚物的综合性能有重要影响。结晶使分子链更紧密敛集，分子间作用力增强，使得高聚物的强度、硬度、密度、耐热性、抗溶剂性、耐气体渗透性等都有所提高。同时，使链与链运动受到更大限制，因而高聚物的弹性、断裂伸长、抗冲击强度等都有所降低。

3.3.6.1 聚合物的晶态结构模型

高分子材料结晶时，分子链按照一定的顺序排列成三维长程有序的点阵结构，形成晶胞。由于大分子链很长，一个晶胞无法容纳整条分子链，一个大分子可以贯穿若干个晶胞。一个晶胞中可能容纳多条分子链的局部段落，因此聚合物晶体结构包括晶胞结构、晶体中大分子链的形态以及结晶形态等。聚合物晶体结构模型主要有缨状胶束模型（fringed-micelle model）和折叠链模型（folded chain model）。缨状胶束模型的要点是聚合物结晶中存在许多胶束和胶束间区域，胶束是晶区，胶束间是非晶区。该模型比较适用于低及中等结晶度聚合物。折叠链模型是指在聚合物晶体中，大分子链是以折叠的形式堆砌起来的。对于不同条件下所形成的折叠情况有3种方式，即近邻规则折叠、拉线板折叠和松散环圈折叠。折叠链模型适用于高结晶度聚合物。

此外，还有20世纪60年代Flory等提出的插线板模型（switchboard model），其要点：从一个片晶出来的分子链并不在其邻位处回折到同一片晶，而是在进入非晶区后在非邻位以无规方式再回到同一片晶或者进入另一个片晶。在形成多层片晶时，一个分子链可以从一个片晶通过非晶区进入另一片晶中去。

3.3.6.2 聚合物的结晶形态

通过改变聚合物的结晶条件，可以形成不同形态的聚合物晶体。聚合物的结晶形态主要有单晶、球晶、伸直链片晶、纤维状晶、串晶、树枝晶等。球晶是聚合物最常见的结晶形态，为圆球状晶体，尺寸较大，球晶在正交偏光显微镜下可观察到其特有的黑十字消光或带同心圆的黑十字消光图像。球晶一般是由结晶性聚合物从浓溶液中析出或由熔体冷却时形成的。如果让结晶性聚合物从极稀溶液（质量分数小于0.01%）中缓慢结晶，则可得到单晶（折叠链片晶），乃是具有一定几何外形的薄片状晶体，有菱形、平行四边形、长方形、六角形等形状。分子呈折叠链构象，分子垂直于片晶表面。

3.3.6.3 液晶聚合物

液晶聚合物（liquid crystalline polymer，LCP）是介于固体结晶和液体之间的聚合物。由于其既不是完全的液态，也不属于固态，因此称为中间相（mesophase）材料。这类中间相材料具有类似于液体的一些性质例如流动性，但结构上也不是液体那样无序，而是具有一定（一维或二维）的有序性。

结构上，液晶聚合物分子中包含有一般液晶材料所具备的细长棒状的刚性小分子，这些棒状小分子作为高分子结构单元的一部分同其他分子链段共同组成聚合物链。在液晶聚合物中把这种具有一定长径比的结构单元称为液晶基元。液晶基元可以位于高分子链的不同位置。其中主链为柔性分子链，侧链带有液晶基元的聚合物称为侧链型液晶聚合物，而液晶基元位于聚合物主链上时称为主链型液晶聚合物。主链型液晶聚合物大多数为高强度、高模量的材料，侧链型液晶聚合物则大多数为功能性材料。图 3-25 为这两种液晶聚合物的实例。

关于液晶材料更详细的介绍，可参看本书第 7 章。

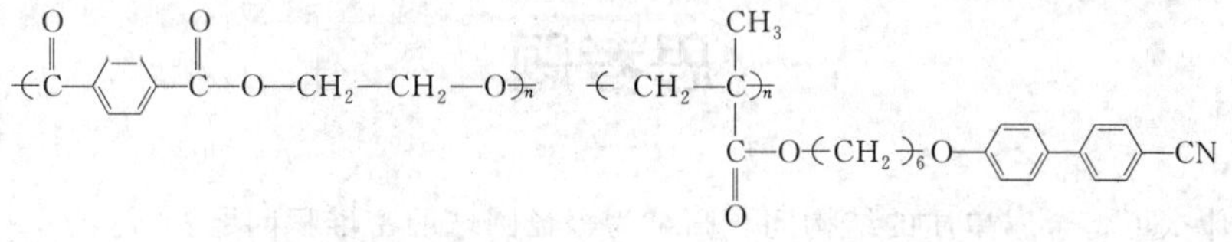

$-\!\!\left[C(=O)-C_6H_4-C(=O)-O-CH_2-CH_2-O\right]_n-$

主链型液晶聚合物

$-\!\!\left[CH_2-C(CH_3)\right]_n-$，侧基为 $C(=O)-O-(CH_2)_6-O-C_6H_4-C_6H_4-CN$

侧链型液晶聚合物

图 3-25 主链型和侧链型液晶聚合物

3.3.6.4 聚合物取向态结构

聚合物的取向，是指链段、整个大分子链以及晶粒在外力场作用下沿一定方向排列的现象。其中链段、大分子链及晶粒称为取向单元。高分子链段及整个大分子链朝一定方向占优势排列的现象，称为分子取向。例如，将高分子溶液或熔体通过小孔或窄缝挤出成型时，链段或分子链沿挤出的方向有所取向。非晶态聚合物的取向属于分子取向。而晶粒的某个晶轴或晶面朝一定方向择优排列的现象则称为晶粒取向。例如，将乙烯熔体夹在两块玻璃板之间使之冷却结晶，所得到的球晶中的各个晶粒的某个晶轴都处于和玻璃片相平行的平面内。

聚合物的取向方式分单轴取向（uniaxial orientation）和双轴取向（biaxial orientation）。单轴取向是指材料只沿一个方向拉伸，长度增加，厚度和宽度减小，高分子链或链段沿拉伸方向排列。高分子材料在取向前，分子链和链段的排列是无序的，呈现出各向同性，取向以后，沿着分子链方向的是共价键结合，而垂直于分子链方向的是次价键结合。因此，材料呈现各向异性的力学、光学和热学性能。在力学性能上，取向方向上的模量、强度比未取向时显著增大，而在与取向垂直的方向上强度降低。例如尼龙纤维经拉伸取向后，其拉伸强度可从 70～80MPa 增加到 470～570MPa（拉伸方向）。

双轴取向是指材料沿着两个互相垂直的方向拉伸，高分子链或链段处于与拉伸平面平行排列的状态。双轴拉伸一般是对薄膜片材而言，材料经双轴拉伸以后，在平面方向上，强度和模量比未拉伸前提高，而在厚度方向上强度下降。尺寸方面则是面积增加，厚度减小。如果在两个拉伸方向上拉伸比相同，则材料平面内的力学性能差不多是各向同性的。电影胶卷、录像磁带等都是双轴拉伸薄膜。

参考文献

[1] 徐恒钧．材料科学基础．北京：北京工业大学出版社，2001.

[2] 余永宁．材料科学基础．北京：高等教育出版社，2006.

[3] Mitchell B S. An Introduction to Materials Engineering and Science. New York：Wiley-Interscience，2004.

[4] Barsoum M W. Fundamentals of Ceramics. London：IOP Publishing，2003.

［5］ Callister Jr W D. Materials Science and Engineering：An Introduction. 5th Ed. New York：John Wiley & Sons Inc，1999.

［6］ Smith W F. Foundations of Materials Science and Engineering. New York：McGraw-Hill Book Co.，1992.

［7］ Fahlman B D. Materials Chemistry. Berlin：Springer，2007.

［8］ West A R. Basic Solid State Chemistry. New York：John Wiley & Sons Inc，2003.

［9］ Smart L E，Moore E A. Solid State Chemistry-An Introduction. London：Taylor & Francis，2005.

思考题

1. 为什么可将金属单质的结构问题归结为等径圆球的密堆积问题？

2. 计算体心立方结构和六方密堆结构的堆积系数。

3. 试确定简单立方、体心立方和面心立方结构中原子半径和点阵参数之间的关系。

4. 金属铷为A2型结构，Rb的原子半径为0.2468nm，密度为1.53g/cm^3，试求：晶格参数a和Rb的原子量。

5. FCC结构的镍原子半径为0.1243nm。试求镍的晶格参数和密度。

6. 铀具有斜方结构，其晶格参数为a=0.2854nm，b=0.5869nm，c=0.4955nm；其原子半径为0.138nm，密度为19.05g/cm^3。试求每单位晶胞的原子数及堆积系数。

7. 已知金属镍为A1型结构，原子间接触距离为249.2pm，请计算：1）Ni立方晶胞的参数；2）金属镍的密度；3）分别计算（100）、（110）、（111）晶面的间距。

8. 试计算体心立方铁受热而变为面心立方铁时出现的体积变化。在转变温度下，体心立方铁的晶格参数是0.2863nm，而面心立方铁的点阵参数是0.3591nm。

9. 单质Mn有一种同素异构体为立方结构，其晶胞参数为0.6326nm，密度ρ=7.26g/cm^3，原子半径r=0.112nm，计算Mn晶胞中有几个原子，其堆积系数为多少？

10. 固溶体与溶液有何异同？固溶体有几种类型？

11. 试述影响置换型固溶体固溶度的因素。

12. 说明为什么只有置换型固溶体的两个组分之间才能相互完全溶解，而填隙型固溶体则不能。

13. NaCl晶体的晶胞棱长为0.558nm。试计算NaCl晶体的晶格能。

14. 高分子材料的聚态结构有哪些？

15. 聚1,4-丁二烯的几何异构体有哪些？不同的构型如何影响其性能？

16. 简述高分子链的柔顺性与其结构的关系。

17. 什么是液晶聚合物？液晶聚合物有哪几种结构类型？

第4章 材料的性能

材料化学主要是从分子水平到宏观尺度认识结构与性能的相互关系，在合成和加工材料过程中有意识地控制材料的组成和结构，从而获得具有预期使用性能的材料。材料的性能是指材料所具有的物理、化学特性。一种材料的用途，很大程度上取决于它所具有的性能。不同的应用场合，对材料的性能有不同的要求。例如，结构材料首先关注材料的力学性能、电子材料关注其电性能、光学材料关注其光学性能等等。本章介绍材料各种性能与材料组成和结构的关系，以及性能的测试表征方法。

4.1 化学性能

一般来说，材料不同于化学试剂，它在使用过程中是不希望发生化学反应而消耗掉或转化成别的东西的。但材料在使用过程中往往要接触外界物质，例如空气、水汽、酸性物质、碱性物质等，一定条件下会与这些物质发生化学反应。材料的化学性能就是材料对这些外界接触物的耐受性，也就是化学稳定性。由于组成和结构的差异，不同材料的化学性能特点也有所不同。金属材料主要涉及氧化腐蚀的问题，即生锈；无机非金属材料则关注其耐酸碱性；高分子材料主要是耐有机溶剂性以及老化问题。

4.1.1 耐氧化性

金属作为单质容易失去电子而被氧化，所以金属材料的化学性能主要涉及氧化腐蚀的问题。除少数贵重金属（如金、铂）外，多数金属在空气中都会被氧化而形成金属氧化物，例如铁或钢铁会生锈，铜会形成铜绿等。锈蚀对于金属材料和制品有严重的破坏作用。

化学锈蚀是指金属与非电解质相接触时，介质中的分子被金属表面所吸附，然后与金属化合，生成锈蚀产物。以空气中的金属为例，首先是金属吸附空气中的氧气分子，然后发生氧化还原反应形成金属氧化物，氧化物成核、生长并形成氧化膜。当生成的氧化膜很致密时，如氧化铝，氧分子不能穿过氧化膜，阻止了金属进一步被氧化。由于致密氧化膜本身很薄，一般情况下并不影响金属的使用性能，因此这些能形成致密氧化膜的金属可以认为具有良好的耐锈蚀性。在材料设计中，可以利用致密氧化膜的保护特性，以改善材料的耐氧化腐蚀性能。例如在钢中加入对氧的亲和力比铁强的Cr、Si、Al等，可以优先形成稳定、致密的Cr_2O_3、Al_2O_3或SiO_2等氧化物保护膜，从而提高钢的高温抗腐蚀性能。

金属在潮湿空气中的大气锈蚀，在酸、碱、盐溶液和海水中发生的锈蚀，在地下土壤中的锈蚀，以及在不同金属的接触处的锈蚀等等，均属于电化学锈蚀。电化学锈蚀的原理和金属原电池的原理是相同的。即当两种金属材料在电解质溶液中构成原电池时，作为原电池负极的金属就会锈蚀。这种能导致金属锈蚀的原电池为腐蚀电池。只要形成腐蚀电池，阳极金属就会发生氧化反应而遭到电化学锈蚀。例如铁的电化学腐蚀过程如下：

阳极：
$$Fe \longrightarrow Fe^{2+} + 2e^- \tag{4-1}$$

阴极：
$$H_2O + \frac{1}{2}O_2 + 2e^- \longrightarrow 2OH^- \tag{4-2}$$

由这两个电极反应产生以下的反应：

$$Fe^{2+} + 2OH^- \longrightarrow Fe(OH)_2 \tag{4-3}$$

$$4Fe(OH)_2 + O_2 \longrightarrow 2(Fe_2O_3 \cdot H_2O) + 2H_2O \tag{4-4}$$

形成腐蚀电池必须具备三个基本条件：首先是有电位差存在。即不同金属或同种金属的不同区域之间存在着电位差。电位差越大，锈蚀越剧烈。对于不同金属接触或金属材料与所含杂质构成的腐蚀电池，较活泼的金属电位较低，成为阳极而遭受锈蚀；而较不活泼的金属电位较高，作为阴极只起传递电子的作用，而不受锈蚀。第二个条件是有电解质溶液，即两极材料共处于相连通的电解质溶液中。潮湿的空气溶解了 SO_2 等酸性气体并吸附在金属表面形成水膜，即可构成电解质溶液。第三个条件是具有不同电位的两部分金属之间必须有导线连接或直接接触。

由于空气中不可避免地存在水蒸气、酸性气体，所以电化学锈蚀要比化学锈蚀更普遍，危害性也更大。为防止金属发生电化学锈蚀，可以通过抑制上述三个条件中的任何一个，使腐蚀电池不能形成。例如，在金属涂料底漆中加入具有表面活性的缓蚀剂，借助其界面吸附作用可将金属表面上吸附的水置换出来。此外，底漆中所含的水分，可被缓蚀剂的胶粒或界面膜稳定在油中，使其不能与金属直接接触。

牺牲阳极法保护金属则是人为地构造腐蚀电池。因为在腐蚀电池中，被侵蚀的是阳极，所以只要在金属材料上外加较活泼的金属作为阳极，而金属材料作为阴极，发生电化学腐蚀时阳极被腐蚀，金属材料主体则得以保护。

4.1.2 耐酸碱性

除了金刚石、石墨、单质硅等少数单质材料外，无机非金属材料大多数为化合物，价态较稳定，不易发生氧化还原反应。而这些无机化合物很多都具有一定的酸性或碱性，在接触碱或酸时可能会受侵蚀。

无机非金属材料有耐酸材料和耐碱材料之分，依据就是其对酸碱的耐受性不同。二氧化硅是一种酸性的氧化物，所以组成上以二氧化硅为主的材料在酸性环境下稳定，而在碱液中将会被溶解或侵蚀。其反应为：

$$SiO_2 + 2NaOH \longrightarrow Na_2SiO_3 + H_2O \tag{4-5}$$

普通的无机玻璃主要含二氧化硅，所以盛碱液的玻璃瓶不能用玻璃塞，以防瓶盖与瓶子的接触部位受碱液侵蚀而黏合在一起。基于同样原因，碱式滴定管也有别于酸式滴定管。

另外，硅酸盐材料也会被氢氟酸所腐蚀，其反应为：

$$SiO_2 + 4HF \longrightarrow SiF_4\uparrow + 2H_2O \tag{4-6}$$

$$SiF_4 + 2HF \longrightarrow H_2[SiF_6] \tag{4-7}$$

大多数金属氧化物都是碱性氧化物，当材料中含有大量碱性氧化物时，则表现出较强的耐碱性，而易受酸侵蚀或溶解。

除无机非金属材料外，在一些应用领域，金属材料耐酸碱性也必须考虑。如在氯碱工业中很多使用不锈钢、碳钢和灰铸铁，这些材料直接接触碱液，耐碱性是个大问题。例如碳钢在室温的碱性溶液中是耐蚀的，但在浓碱溶液中，特别是在高温工作下不耐蚀。为此，人们不断研究开发耐碱蚀的金属材料，如高镍奥氏体铸铁是一种开发较早、用途广泛的耐碱蚀合金铸铁。此外，铸铁中加入适量的 Mn、Cr、Cu，通过热处理得到奥氏体＋碳化物的白口组织，这种合金铸铁在海水中的耐蚀性可以与高镍耐蚀合金铸铁相比，并且没有高镍耐蚀合金铸铁的点蚀及石墨腐蚀现象。镍铬铸铁中加入稀土，降低镍含量，可以降低材料成本，又可以保证合金铸铁有良好的耐碱蚀性。其耐蚀机理是碱蚀后稀土高镍铬铸铁表面生成完整、致密的 $\gamma\text{-(Fe,Cr)}_2O_3$ 氧化膜和 Na_2SO_4、$FeCl_3$ 等附着物，使材料本体受到保护。

对于高分子材料来说，其主链原子以共价键结合，而且即使含有反应性基团，其长分子链对这些反应基团都有保护作用，所以作为材料使用，其化学稳定性较好，一般对酸和碱都有较好的耐受性。

4.1.3 耐有机溶剂性

金属材料和无机非金属材料一般都不受有机溶剂侵蚀，而高分子材料的使用则常常要考虑有机溶剂的耐受性问题。热塑性高分子材料一般由线型高分子构成，很多有机溶剂都可以将其溶解。交联型高分子在有机溶剂中不溶解，但能溶胀，使材料体积膨胀，性能变差。交联密度足够高时，也有良好的耐溶剂性。不同的高分子材料，其分子链以及侧基不同，对各种有机溶剂表现出不同的耐受性。此外，组织结构对耐溶剂性也有较大影响。例如，作为结晶性聚合物，聚乙烯在大多数有机溶剂中都难溶，因而具有很好的耐溶剂性。

4.1.4 耐老化性

(1) 老化及其影响因素　老化是高分子材料使用过程中面临的问题。很多高分子材料在太阳光照射下容易老化，导致性状发生变化（如黄变）、力学性能下降等，这主要是因为聚合物分子链吸收太阳光中的紫外线能量而发生光化学降解反应。例如含有不饱和结构的聚合物聚异戊二烯等能直接吸收紫外线，在消除氢原子后生成共轭的烯丙基自由基：

$$\sim\sim CH_2\overset{\overset{\displaystyle CH_3}{|}}{C}=CHCH_2\sim\sim \xrightarrow[-H^+]{h\nu} \sim\sim CH_2\overset{\overset{\displaystyle CH_3}{|}}{C}=CH-\dot{C}H\sim\sim \tag{4-8}$$

空气中的氧气可参与光降解过程，在紫外线（太阳光）的照射下，氧气与高分子材料进行如下的自由基反应：

$$\begin{gathered} P-H(S_0)\xrightarrow{h\nu}P-H^*(S_1)\longrightarrow P-H^*(T_1) \\ P-H^*(T_1)+\cdot O-O\cdot\longrightarrow POOH \\ POOH\begin{cases}\longrightarrow PO\cdot+\cdot OH \\ \longrightarrow P\cdot+\cdot OOH\end{cases} \end{gathered} \tag{4-9}$$

高分子吸收一定波长的光能后从基态 S_0 激发成单线态 S_1（*表示激发态），单线态通过系间穿跃转变为寿命较长的激发三线态 T_1，然后与空气中的氧分子反应，生成高分子过氧化物，后者在光的作用下很容易分解为自由基，产生的自由基容易导致链的断裂，例如聚甲基丙烯酸甲酯（PMMA）形成自由基后具有如下反应：

$$\sim CH_2-\underset{\underset{\underset{CH_3}{|}}{O}}{\overset{CH_3}{\underset{O=C}{C}}}-\underset{\bullet}{CH}-\overset{CH_3}{\underset{\underset{\underset{CH_3}{|}}{O}}{\underset{C=O}{C}}}-CH_2\sim \longrightarrow \sim CH_2-\overset{CH_3}{\underset{\underset{\underset{CH_3}{|}}{O}}{\underset{O=C}{\dot{C}}}}=CH + \cdot\overset{CH_3}{\underset{\underset{\underset{CH_3}{|}}{O}}{\underset{C=O}{C}}}-CH_2\sim \tag{4-10}$$

结果是高分子材料被氧化而降解。羰基容易吸收紫外线，因此含羰基的聚合物在太阳光照射下容易被氧化降解。例如，聚氯乙烯氧化腐蚀时，首先氧化生成羰基，接着进行氧化裂解，生成物能进一步进行反应，生成羰基。由于氧化降低了分子量，并引入了其他官能团，导致聚氯乙烯的渗透和溶解能力大大增加，造成腐蚀破坏。如果高分子链中存在—RO—OH基，则由于其O—O键容易光解产生自由基，使上述过程加速进行。

高分子的化学结构和物理状态对其老化变质有着极其重要的影响。例如聚四氟乙烯有极好的耐老化性能，这是因为电负性最大的氟原子与碳原子形成牢固的化学键。同时，因为氟原子尺寸大小适中，一个紧挨一个，能把碳链紧紧包围住，如同形成了一道坚固的“围墙”保护碳链免受外界攻击。聚乙烯相当于把聚四氟乙烯的所有氟换成氢，而C—H键不如C—F键结合牢固，同时氢原子的尺寸很小，在聚乙烯分子中不像氟原子那样能把碳链包围住。因此聚乙烯的耐老化性能比聚四氟乙烯差。聚丙烯分子的每一个链节中都有一个甲基支链，其叔碳原子上的氢原子容易脱掉而成为活性中心，引起迅速老化。所以，聚丙烯的耐老化性能不如聚乙烯。此外，分子链中含有不饱和双键、聚酰胺的酰胺键、聚碳酸酯的酯键、聚砜的碳硫键、聚苯醚的苯环上的甲基等等，都会降低高分子材料的耐老化性。

(2) 老化的预防　为了防止或减轻高分子材料的老化，在制造成品时通常都要加入适当的抗氧化剂和光稳定剂以提高其抗氧化能力。其中光稳定剂主要有光屏蔽剂、紫外线吸收剂、猝灭剂等。光屏蔽剂是指能在聚合物与光辐射源之间起屏障作用的物质，聚乙烯的铝粉涂层以及分散于橡胶中的炭黑都是光屏蔽剂的实例。紫外线吸收剂的功能在于吸收并消散能引发聚合物降解的紫外线辐射。这类稳定剂一般都能透可见光，但吸收紫外线，因此可将其看作是紫外线区的屏蔽剂。它与光屏蔽剂之间的区别只是光线波长范围不同，在作用机理上是相同的。猝灭剂的功能是消散聚合物分子上的激发态的能量，所以猝灭剂是很有效的光稳定剂。

(3) 耐老化性测试　老化一般是太阳光照射造成的，因此耐老化测试通常模拟大阳光辐射条件，把测试样品放在老化试验箱中，辐照一定时间然后观察性能变化。辐照光源可采用氙灯，其特点是可仿制全部的太阳光谱，包括紫外线、可见光和红外线，所要评估的性能视材料的实际应用需要而定，包括外观（如颜色变化）、力学性能等。

一般认为，长期在室外暴露的耐久性材料，受短波紫外线照射引起的老化损害最大。基于这样的原理，耐老化试验中也普遍采用紫外线作为老化试验的辐射源。与氙灯老化试验不同，紫外线老化试验并不企图仿制太阳光线，而只是模仿太阳光的破坏效果。

4.2 力学性能

材料在实际应用中或多或少地受到外界各种力的作用。力对材料的作用方式有拉伸

(tensile)、压缩（compressive)、弯折（bending)、剪切（shear）等。材料受到外力作用时，表现出一定程度的形变，当受力足够大时，则发生破坏（如断裂)。材料的力学性能，简单来说就是材料抵受外力作用的能力，对这些力学性能的表征包括强度（strength)、韧性(toughness）以及硬度（hardness）等。

4.2.1 材料的强度

通过测量材料受力时的形变情况，可以获得材料强度的数据。在工程学上，材料的受力用应力（stress）表示，等于样品在单位横截面积上所承受的负荷（F），也称为工程应力(engineering stress)。如果样品的原始横截面积为 A_0，则应力 σ 为：

$$\sigma = F/A_0 \tag{4-11}$$

材料受力发生的形变可用应变（strain）表示，符号为 ε，也称为工程应变（engineering strain)，等于样品受力时的相对长度变化，可表示如下：

$$\varepsilon = (l - l_0)/l_0 \tag{4-12}$$

式中，l_0 为试样的原始标距长度（gauge length)；l 为试样受力变形后的长度。利用拉力机可以测量材料的应变随应力的变化情况。测量时，施加恒定而缓慢的拉力，所得到的 σ-ε 曲线称为工程应力-工程应变曲线，简称应力-应变曲线（stress-strain curve)。典型的应力-应变曲线如图 4-1 所示。不同力学性能的材料，其应力-应变曲线也有所不同，曲线 A 对应于韧性较大的材料，曲线 B 对应于韧性较低（即脆性）的材料。

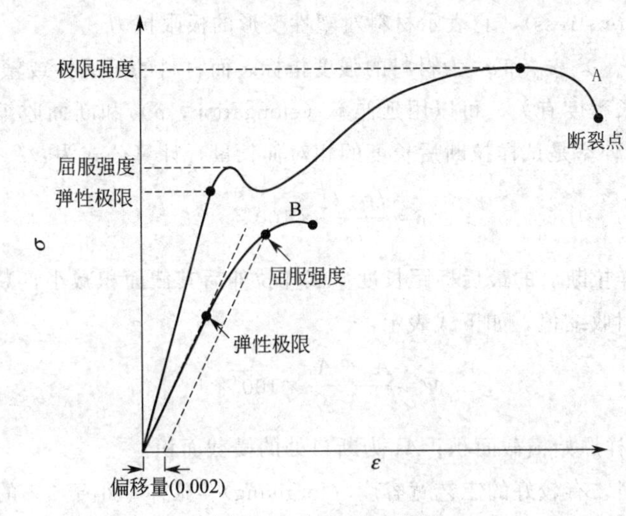

图 4-1 应力-应变曲线

以曲线 A 为例，在起始阶段，材料受力作用而发生变形，当外力撤去后，可以恢复原状，这称为弹性形变，属于非永久性形变。在该阶段中，应力与应变呈线性关系，即

$$\sigma = E\varepsilon \tag{4-13}$$

该式是虎克定律（Hooke's law）的表达式，其中 E 称为弹性模量（modulus of elasticity）或杨氏模量（Young's modulus)，反映材料的坚硬程度（stiffness）或抵抗弹性形变的能力。该阶段的形变源于原子间距离的小量改变或原子间化学键的有限拉伸。金属材料具有较高的杨氏模量，如不锈钢为 204GPa，钨为 407GPa，镁为 45GPa。无机非金属材料的杨氏模量通常也较高，如玻璃为 120GPa，混凝土为 25～37GPa。典型的高分子材料的杨氏模量

为 2GPa，弹性较差，但一些合成纤维也有较高的杨氏模量，例如 Kevlar 合成纤维为 131GPa。

超过弹性极限后，应力与应变之间的直线关系被破坏，当撤去应力，试样的变形只能部分恢复，而保留一部分残余变形，即塑性变形，此时材料的变形进入弹塑性变形阶段。应力随应变增加而继续增大，达到某一个值之后反而下降，该值为材料的屈服强度（yield strength，σ_s），表示材料开始发生明显塑性变形的抗力。对于没有明显屈服点的材料，规定以产生 0.002 残余变形的应力值 $\sigma_{0.2}$ 为其屈服强度。可以把应力-应变曲线的弹性形变段的直线向右平移 0.002 应变量（称偏移量，offset），其延长线与应力-应变曲线的交点所对应的应力，即为屈服强度，如图 4-1 曲线 B 所示。因为塑性形变意味着材料尺寸发生不可恢复的改变，所以屈服强度往往是材料选择的主要依据。

从结构上来说，塑性形变的产生，对于晶体材料是由于位错的滑移，或者原子面通过位错的形成和移动而依次地滑移。而非晶体材料则是基于黏性流（viscous flow）。

过了屈服点，应力有时会稍降（视材料特性而定），然后继续增大，试样发生明显而均匀的塑性变形。当应力达到最大值 σ_b 时，试样的均匀变形阶段即告中止，该 σ_b 值称为材料的拉伸强度（tensile strength）或极限拉伸强度（ultimate tensile strength），简写为 UTS，它表示材料发生最大均匀塑性变形的抗力，是材料受拉时所能承受的最大载荷的应力。金属材料中，铝的 UTS 为 50MPa，而高强度钢则高达 3000MPa。在 σ_b 以后，试样开始发生不均匀塑性变形并形成颈缩（necking），应力下降，最后应力达 σ_k 时，试样断裂。σ_k 称为材料的断裂应力（fracture stress），它表示材料对塑性变形的极限抗力。

上述的 σ_s（或 $\sigma_{0.2}$）、σ_b 和 σ_k 为材料的强度指标，而材料的延展性或塑性（ductility）则与材料断裂时的伸长程度有关，可以用延伸率（elongation，δ）和断面收缩率（reduction of area，Ψ）表示。延伸率是试样拉断后长度的相对伸长量，计算公式为：

$$\delta=\frac{l_f-l_0}{l_0}\times 100\% \tag{4-14}$$

式中，l_f 为试样拉断后的最后标距长度。试样拉伸后其截面积减小，断面收缩率是试样拉断后横截面的相对收缩值，如下式表示：

$$\Psi=\frac{A_0-A_f}{A_0}\times 100\% \tag{4-15}$$

式中，A_0 为试样原始横截面积；A_f 为断口处的横截面积。

延展性好的材料，有较好的工艺宽容度（forgiving）。延伸率小于 5% 的材料可视为脆性材料。很多金属材料既有高的强度，又有良好的延展性。多晶材料的强度高于单晶材料，这是因为多晶材料中的晶界可中断位错的滑移，改变滑移的方向。通过控制晶粒的生长，可以达到强化材料的目的。此外，固溶体或合金的强度高于纯金属，简单来说是因为杂质原子的存在对位错运动具有牵制作用。

无机非金属材料中的原子以离子键和共价键结合，由于共价键的方向性，无机非金属晶体中的位错是很难运动的，所以多数无机非金属材料延展性很差，屈服强度高。例如，Al_2O_3 的屈服强度为 5GPa，SiC 为 10GPa，NbC 为 6GPa，钠玻璃为 3.6GPa。

除了拉伸试验外，材料强度的表征方法还有弯折试验、冲击试验。具体可参看相关资料。

4.2.2 材料的硬度

硬度是材料局部抵抗硬物压入其表面的能力的量度。它既可理解为材料抵抗弹性变形、塑性变形或破坏的能力，也可表述为材料抵抗残余变形和反破坏的能力。硬度不是一个简单的物理概念，而是材料弹性、塑性、强度和韧性等力学性能的综合指标。测量硬度的方法有多种，而最常用的方法有布氏硬度（Brinell hardness）、洛氏硬度（Rockwell hardness）和维氏硬度（Vickers hardness）等测试方法。各种硬度测量都有相应的仪器产品，通过电子、光学以及机械技术，可以把各测量值直接读入仪器，仪器再按一定的计算公式计算出硬度值并显示出来。

在各类材料中，由共价键结合的材料如金刚石具有很高的硬度，这是因为共价键的强度较高。无机非金属材料由离子键和共价键构成，这两种键的强度均较高，所以一般都有较高的硬度，特别是当含有价态较高而半径较小的离子时，所形成的离子键强度较高（因静电引力较大），故材料的硬度更高。金属材料的硬度主要受金属晶体结构的影响，形成固溶体或合金时可显著提高材料的硬度。高分子材料的分子链以共价键结合，但分子链之间主要以范德华力或氢键结合，键力较弱，因此硬度通常较低。

4.2.3 疲劳性能

疲劳（fatigue）是指材料在循环受力（拉伸、压缩、弯曲、剪切等）下，在某点或某些点产生局部的永久性损伤，并在一定循环次数后形成裂纹、或使裂纹进一步扩展直到完全断裂的现象。疲劳破坏是一种损伤积累的过程，因此它的力学特征不同于静力破坏。在循环应力远小于静强度极限情况下破坏就可能发生，但不是立刻发生的，而要经历一段时间，甚至很长的时间。同时在疲劳破坏前，即使塑性材料有时也没有显著的残余变形。

疲劳性能就是材料抵抗疲劳破坏的能力。高循环疲劳的裂纹形成阶段的疲劳性能常以 σ-N 曲线表征，σ 为应力水平，N 为疲劳寿命，即在循环加载下，产生疲劳破坏所需的应力或应变循环数。在 σ-N 曲线上，对应某一寿命值的最大应力称为疲劳强度。图 4-2 为工具钢和铝合金的 σ-N 曲线，可以看到，高应力下寿命较短，随着应力降低，寿命不断增加，σ-N 曲线逐渐趋向于与 N 轴平行的某一渐近线，也就是说只有当交变应力超过一定数值时才能发生疲劳断裂。经过无限多次循环应力作用而材料不发生断裂的最大应力，称为疲劳极限。鉴于疲劳极限存在较大的分散性，把疲劳极限定义为指定循环基数下的中值（50％存活率）疲劳强度。对于 σ-N 曲线具有水平线段的材料，如图中的工具钢，循环基数取 10^7；对于 σ-N 曲线无水平线段的材料，如图中的铝合金，循环基数取 10^7～10^8。

在较低应力下，各种因素对拉伸强度、屈服强度的影响与对疲劳极限的影响大体上一致；但合金的晶体结构对疲劳强度与抗拉强度比值有很大影响。例如铁素体钢的疲劳强度与抗拉强度之比是 0.6，珠光体钢是 0.4，回火马氏体钢是 0.55，奥氏体钢是 0.35，而时效硬化铝合金仅为 0.25～0.3。

低频高应力下，裂纹扩展寿命占疲劳总寿命的大部分，这时裂纹尖端区材料对范性形变（也叫塑性形变）的容纳能力成为控制裂纹扩展的因素，它对组织结构类型不敏感，疲劳寿命由应变幅和材料的塑性来决定。

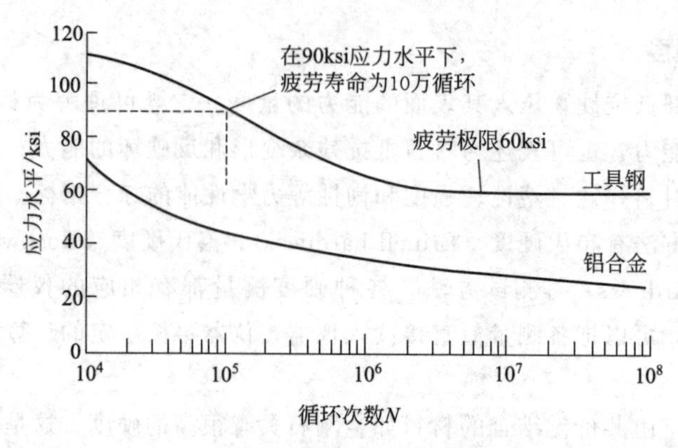

图 4-2　疲劳试验 σ-N 曲线

1ksi=6894.76kPa，下同

4.3　热性能

热性能主要包括比热容、热膨胀（thermal expansion）和热传导（thermal conduction），它们均与材料中的原子振动相关，而导热性还涉及电子的能量转移。

4.3.1　比热容

原子的振动可用能量描述，或利用能量的波动性质进行处理。绝对零度下，原子具有最低能量。一旦对材料加热，原子获得热能而以一定的振幅和频率振动。振动产生弹性波（elastic wave），称为声子（phonon），其能量 E 可用波长 λ 或频率 ν 表示，即 $E=hc/\lambda=h\nu$，式中，h 和 c 分别为普朗克常数和光速。材料热量得失过程就是声子得失过程，其结果是引起材料温度的变化，其变化程度可用比热容表示。

比热容是 1mol 物质升高 1K 所需要的热量，单位为 J/(mol・K)。等压条件下测定的比热容称定压比热容，用符号 c_p 表示；等容条件下测定的比热容称定容比热容，用符号 c_V 表示。对于晶体材料来说，在较高温度下比热容为一常数，即 $c_p=3R=24.9$J/(mol・K)。室温下的比热容即与此值接近，温度越高，则越趋近。在极低温度下，物质的比热容与热力学温度的三次方成正比。

由于热膨胀（稍后提及）的存在，固体材料的定压比热容稍大于定容比热容。通常所测定的都是定压比热容。

4.3.2　热膨胀

原子获得热能而振动，其效果相当于原子半径增大、原子间距离以及材料的总体尺度增加。材料的尺度随温度变化的程度用膨胀系数 α 表示，指的是温度变化 1K 时材料尺度的变化量。材料的尺度分为长度（线尺寸）和体积，因此膨胀系数有线膨胀系数 α_l 和体积膨胀系数 α_V 之分，这两者在定压条件下分别表达为：

$$\alpha_l=\left(\frac{1}{l}\right)\left(\frac{\partial l}{\partial T}\right)_p \qquad \alpha_V=\left(\frac{1}{V}\right)\left(\frac{\partial V}{\partial T}\right)_p \tag{4-16}$$

材料的热膨胀可以通过势能图说明，如图 4-3 所示。原子间距离在 r_0 处总势能达到最小（温度为 0K），相应的相互作用力为零，即排斥力和吸引力大小相等，该距离即为平衡键合距离，也就是键长。当温度升高时，原子吸收热能而产生振动，能量上升到 E_1，此时的平衡距离为 r_1，它是在 E_1 能量时曲线上相应的两个横坐标值（距离）的平均值，也就是曲线之间截线的中点。由于能量曲线通常是不对称的，左边较陡而右边较平缓，所以能量升高时原子间的平衡距离增大，如图中所示，能量依次上升到 E_2、E_3、E_4、E_5 时，原子间的平衡距离分别增大到 r_2、r_3、r_4、r_5，宏观上就是材料尺度的增加，也就是热膨胀。假如势能曲线是对称的，则平衡距离将不会随振动能的增加而改变，如图 4-3 的右图所示，其 3 个 r 值是相等的，即没有热膨胀现象。

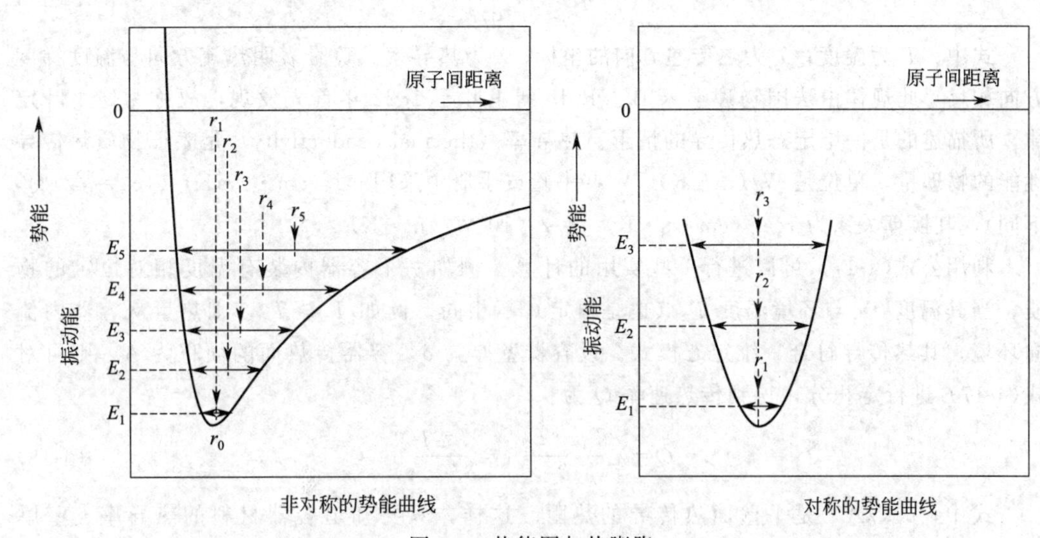

图 4-3　势能图与热膨胀

不同材料的线膨胀系数也不同，其中金属和无机非金属材料的线膨胀系数较小，而聚合物材料则较大。热膨胀的这种差异同样可以通过势能图说明。原子间的键合力越强时，其势能阱越深，如图 4-4 所示。比较键合力较强和较弱的两条势能曲线，当能量增加 ΔE 时，原子间平衡距离增加 Δr。可以发现，对于较强键来说，其 Δr 较小，而对于较弱键来说，其 Δr 则较大。可见，原子间的键合力越强，则热膨胀系数越小。聚合物分子链间以范德华力结合，键合力较弱，因此热膨胀系数较大。以离子键和共价键结合的陶瓷材料则热膨胀系数较小。

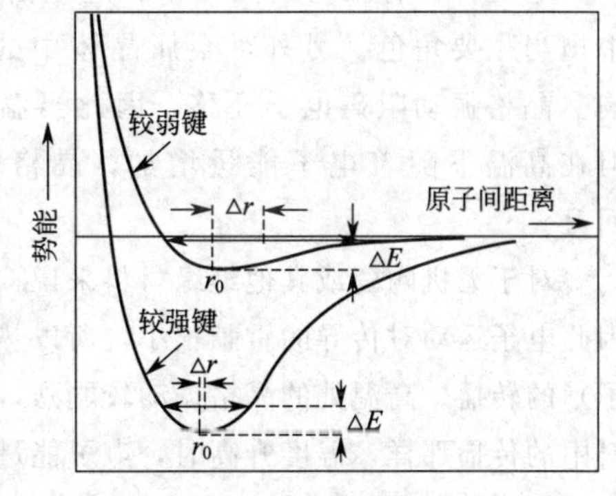

图 4-4　键强与热膨胀

除了键强外，材料的组织结构对热膨胀也有影响。结构紧密的固体，膨胀系数大。对于氧离子紧密堆积结构的氧化物，相互热振动导致膨胀系数较大，如：MgO、BeO、Al_2O_3、$MgAl_2O_4$、$BeAl_2O_4$ 都具有相当大的膨胀系数。固体结构疏松，内部空隙较多，当温度升高，原子振幅加大，原子间距离增加时，部分被结构内部空隙所容纳，宏观膨胀就小。

4.3.3 热传导

热量从系统的一部分传到另一部分或由一个系统传到另一个系统的现象叫热传导。热传导是热传递三种基本方式（对流、传导和辐射）之一，它是固体中热传递的主要方式。材料中的热传导依靠声子（分子、原子等质点的振动）的传播或电子的运动，使热能从高温部分流向低温部分。材料各部分的温度差的存在是热传导的关键。如果只考虑一维的热传导，并且温度分布不随时间而变，则当沿着 x 坐标方向存在温度梯度 dT/dx 时，热量通量 q 与温度梯度成正比：

$$q=-\lambda \frac{dT}{dx} \tag{4-17}$$

式中，T 为温度；x 为热传递方向的坐标；λ 为热导率。负号表明热流方向与温度梯度方向相反。此规律由法国物理学家 B. J. B. J. 傅里叶于 1822 年首先发现，故称为傅里叶定律，所描述的是一维定态热传导的情形。热导率（thermal conductivity）是表征物质热传导性能的物理量，单位是 W/(m·K)，一些书籍或手册中采用 cal/(cm·s·K)（1cal=4.18J，下同），其换算关系为 1cal/(cm·s·K)=4.2×10^2 W/(m·K)。

利用公式(4-17) 可以进行一些实用的计算。例如一个容器内装有温度相对恒定的物质，当其温度 T_1 与环境温度 T_2（也是恒定）不相同，例如 $T_1>T_2$，则热量从容器内流向环境，其热传导符合一维定态模式。设容器壁厚为 δ，容器传热面的面积为 A，则可对式(4-17) 进行定积分，得到传热速率 Q 为

$$Q=\lambda \frac{T_1-T_2}{\delta}A=\frac{\Delta T}{\delta/(\lambda A)} \tag{4-18}$$

式中，$\delta/(\lambda A)$ 是平壁面热传导的热阻。这样，只要知道容器材料的热导率、壁厚和容器面积以及容器内外温差，就可以求得传热速率，即单位时间内散失的热量。当容器壁由多层厚度各异、材质不同的材料构成，仍可用上式计算，只要把各层的热阻相加作为总热阻即可。

金属材料有很高的热导率，这是由于其电子价带没有完全充满，自由电子在热传导中担当主要角色。另外，金属晶体中的晶格缺陷、微结构和制造工艺都对导热性有影响。晶格振动阻碍电子迁移，因此当温度升高时，晶格振动加剧，金属的热导率下降。但在高温下随着电子能量增加，晶格振动本身也传导热能，这时热导率可能会有所回升。

对于无机陶瓷或其他绝缘材料来说，由于电子能隙很宽，大部分电子难以激发到价带，因此电子运动对传导的贡献很小，所以热导率较低。这类材料的热传导依赖于晶格振动（声子）的转播。高温处的晶格振动较剧烈，从而带动邻近晶格的振动加剧，就像声波在固体材料中的传播那样。温度升高时，声子能量增大，再加上电子运动的贡献增加，其热导率随温度升高而增大。

半导体材料的热传导是电子与声子的共同贡献。低温时，声子是热能传导的主要载体。随着温度升高，由于半导体中的能隙较窄，电子在较高温度下能激发进入导带，所以导热性显著增大。

高分子材料的热传导是靠分子链节及链段运动的传递，其对能量传递的效果较差，所以高分子材料的热导率很低。

4.4 电性能

材料的电性能就是材料被施加电场时所产生的响应行为，主要包括导电性、介电性、铁电性和压电性等。

4.4.1 导电性能

对材料两端施加电压V，则材料中的可移动的带电粒子（载流子，charge carriers）从一端移动到另一端，电荷流动的速率即电流I与电压V成正比，与材料的电阻R成反比，即$V=IR$。这就是著名的欧姆定律，其中V的单位为V（伏特，等于J/C，即焦耳每库仑），I的单位为A（安培，等于C/s，即库仑每秒），R的单位为Ω(欧姆)。电阻R与材料的长度l成正比，与材料的截面积A成反比，即

$$R=\rho\left(\frac{l}{A}\right) \tag{4-19}$$

式中，比例系数ρ为材料的体积电阻率，简称电阻率，单位为Ω·m。电阻率的倒数即为电导率σ，单位为S/m，它是材料导电性能的量度，σ越大，则导电性越好。

电导率大小等于载流子的密度n、每个载流子的电荷数Z_e和载流子迁移率μ的乘积，即$\sigma=nZ_e\mu$。所以，要增加材料的导电性，关键是增大单位体积内载流子的数目和使载流子更易于流动。导体中的载流子是自由电子，半导体中的载流子则是带负电的电子和带正电的空穴。材料的导电性与材料中的电子运动密切相关，而能带理论（band theory）是研究固体中电子运动规律的一种近似理论，不同种类材料在导电性上的差异可以在该理论中得到较好解释。

分子轨道可以由分子中原子轨道波函数的线性组合（linear combination of atomic orbitals，LCAO）而得到，有几个原子轨道就可以组合成几个分子轨道。在金属晶体中，金属原子靠得很近，可以通过原子轨道组合成分子轨道，以使能量降低。金属晶体中通常包含数目极多的原子，这些原子的原子轨道可组成极多的分子轨道。由于数目巨大，各相邻分子轨道间的能级应非常接近，实际上连成一片，构成了一个具有一定能量宽度的能带（enegy band），如图4-5所示。这是能带理论的基础。

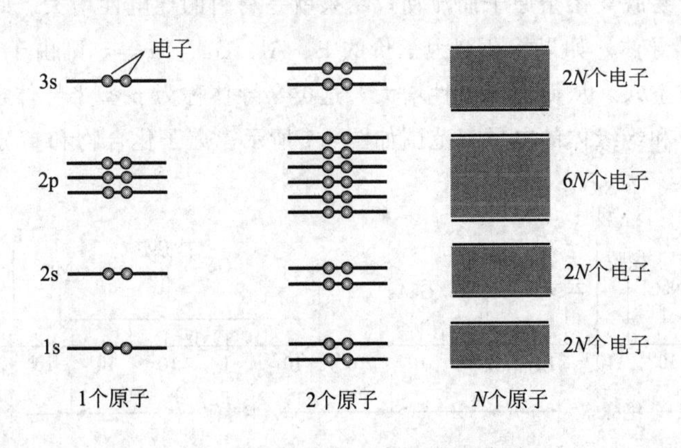

图4-5　能带形成示意图

金属晶体中含有不同的能带。已充满电子的能带叫做满带（filled band），其中电子无法自由流动、跃迁。在此之上，能量较高的能带，可以是部分充填电子或全空的能带，叫做空带（empty band），空带获得电子后可以参与导电过程，故又称为导带（conduction band，CB）。价电子所填充的能带称为价带（valence band，VB）。而在半导体和绝缘体中，满带与导带之间还隔有一段空隙，称为禁带（forbidden band）。

固体的导电性能由其能带结构决定。如图 4-6 所示，对一价金属（如 Na），价带是未满带，故能导电。对二价金属（如 Mg），价带是满带，但禁带宽度为零，价带与较高的空带相交叠，满带中的电子能占据空带，因而也能导电，绝缘体和半导体的能带结构相似，价带为满带，价带与空带间存在禁带。禁带宽度较小时（0.1～3eV）呈现半导体性质，禁带宽度较大（>5eV）则为绝缘体。在任何温度下，由于热运动，满带中的电子总会有一些具有足够的能量激发到空带中，使之成为导带。由于绝缘体的禁带宽度较大，常温下从满带激发到空带的电子数微不足道，宏观上表现为导电性能差。

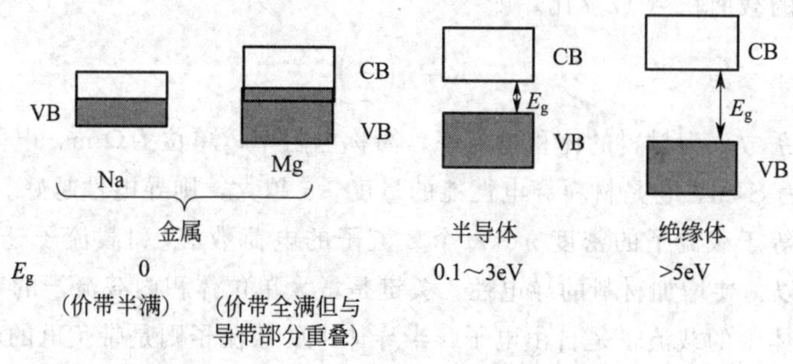

图 4-6　各种材料的能带结构示意图

在半导体（如硅、锗）中，禁带不太宽，热能足以使满带中的电子被激发越过禁带而进入导带，从而在满带中留下空穴，而在导带中增加了自由电子，它们都能导电。并且由于温度越高，电子激发到空带的机会越大，因而电导率越高。这类半导体属于本征半导体（intrinsic semiconduction）。另一类半导体是通过掺杂（doping）而制备的，称为非本征半导体（extrinsic semiconduction）。所谓掺杂就是加入杂质（掺杂剂），使电子结构发生变化。例如在四价的 Si 或 Ge 中掺杂五价的 P、As 或 Sb，掺杂剂外层的 5 个价电子有 4 个参与形成共价键，剩余的一个电子尽管不是自由电子，但掺杂原子对其束缚力较弱，结合能在 0.01eV 数量级，因此很容易脱离掺杂原子而流动，结果就是材料的导电性增大。此类含剩余电子的半导体称为 n-型半导体。如果掺杂剂为三价的 B、Al、Ga、In 等，则由于只有 3 个价电子，在价键轨道上形成空穴，从而使导电性增大。这类半导体称为 p-型半导体。

导体、半导体和绝缘体的电导率范围如图 4-7 所示。离子化合物和高分子的电子结构中

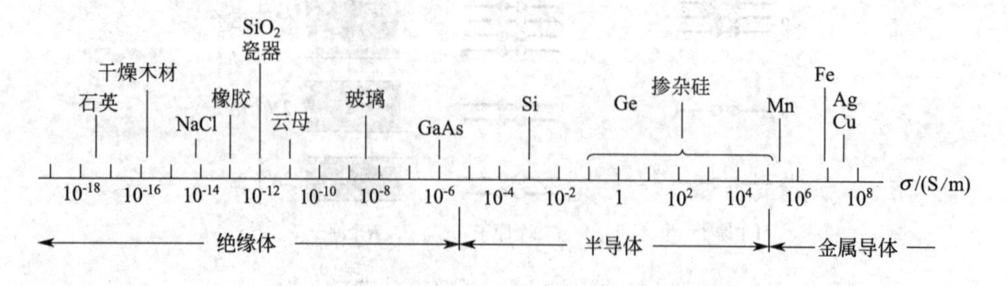

图 4-7　导体、半导体和绝缘体的电导率范围

均具有较大的能隙，电子难以从价带激发到导带，因此这两类材料的导电性通常很低，作为绝缘材料使用。但一些无机陶瓷在低温下表现出超导性，即温度下降到某一值（临界温度T_c）时电阻突然大幅下降，直至降到接近零。

4.4.2 介电性能

介电性是指在电场作用下，材料表现出对静电能的储蓄和损耗的性质。这种对静电能的储蓄和损耗，是由于在外电场作用下材料产生极化。这一过程称为电极化，而在电场作用下能建立极化的物质称为电介质。

电极化有两种情形：一种是在外电场作用下，材料内的质点（原子、分子、离子）正负电荷中心分离，使其转变成偶极子；另一种是正、负电荷尽管可以逆向移动，但它们并不能挣脱彼此的束缚而形成电流，只能产生微观尺度的相对位移并使其转变成偶极子。

对相距L的平行金属平板施加电压V，撤去电压后所产生的电荷基本上保留在平板上，这一储存电荷的特性称为电容C（capacitance），定义为电荷量q与电压V的比值，即$C=q/V$，单位为F（法拉第）。数值上C与平板面积A成正比，与平板距离L成反比，即$C=\varepsilon(A/L)$，式中，ε称为介电常数（dielectric constant）或电容率（permittivity），表征材料极化和储存电荷的能力，单位为F/m。真空的介电常数ε_0为8.85×10^{-12} F/m。当在平板之间充入作为绝缘体的电介质时，电容值由于电介质的电极化作用而增大，显然，由于A和L保持不变，故电容增大倍数等于电介质材料的介电常数ε与真空介电常数ε_0之比，该比值称为相对介电常数ε_r，即$\varepsilon_r=\varepsilon/\varepsilon_0$。为直观起见，材料的介电常数通常以相对介电常数表示，其测定方法为：首先在两块极板之间为空气的时候测试电容器的电容C_0（空气的介电常数非常接近ε_0）。然后，用同样的电容极板间距离但在极板间加入电介质后测得电容C_x，则$\varepsilon_r=C_x/C_0$。

衡量材料介电性能的另两个指标是介电强度（dielectric strength）和介电损耗。介电强度就是一定间隔的平板电容器的极板间可以维持的最大电场强度，也称击穿电压，单位为V/m。当电容器极板间施加的电压超过该值时，电容器将被击穿和放电。介电损耗是指电介质在电压作用下所引起的能量损耗，它是由于电荷运动而造成的能量损失。介电损耗愈小，绝缘材料的质量愈好，绝缘性能也愈好。通常用介电损耗角正切$\tan\delta$衡量。一些材料的介电性能见表4-1。

表4-1 一些材料的介电性能

材料	介电常数ε_r		介电强度	$\tan\delta$
	(60Hz)	(10^6Hz)	/(10^{-6}V/m)	(10^6Hz)
聚乙烯	2.3	2.3	20	0.00010
聚四氟乙烯	2.1	2.1	20	0.00007
聚苯乙烯	2.5	2.5	20	0.00020
聚氯乙烯	3.5	3.2	40	0.05000
尼龙	4.0	3.6	20	0.04000
橡胶	4.0	3.2	24	
酚醛树脂	7.0	4.9	12	0.05000
环氧树脂	4.0	3.6	18	
石蜡		2.3	10	
熔融氧化硅	3.8	3.8	10	0.00004
钠钙玻璃	7.0	7.0	10	0.00900

续表

材料	介电常数 ϵ_r		介电强度 /(10^{-6}V/m)	$\tan\delta$ (10^6Hz)
	(60Hz)	(10^6Hz)		
Al_2O_3	9.0	6.5	6	0.00100
TiO_2		14～110	8	0.00020
云母		7.0	40	
$BaTiO_3$		2000～5000	12	约 0.0001
水		78.3		

4.4.3 铁电性与压电性

外电场作用下电介质产生极化，而某些材料在除去外电场后仍保持部分极化状态，这种现象称为铁电性（ferroelectricity）。当铁电材料置于较强的电场时，永久偶极子增加并沿着电场方向取向排列，最终所有偶极子平行于电场方向，达到饱和极化 P_s，如图 4-8 所示。当外场撤去后，材料仍处于极化状态，其剩余极化强度为 P_r，该极化强度只有在施加反方向的电场并且电场强度达到某一数值（ξ_c）才能完全消除。继续增大反向电场的强度，则导致偶极子在反方向上平行取向，直至极化饱和。如果再把电场方向反转并达到饱和极化，则可得到一个闭合的滞后回线。

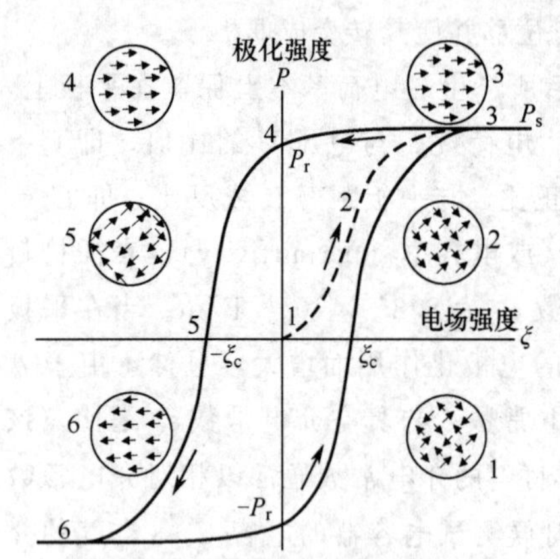

图 4-8　铁电体在电场中的滞后环

铁电体存在一临界温度，高于此温度，则铁电性消失。该温度称为居里温度（Curie temperature，T_c）。铁电性的改变通常是由于在居里温度下晶体发生相变，以钛酸钡 $BaTiO_3$ 为例，在高于 120℃时，属于规则立方对称的钙钛矿晶体结构，正负电荷中心完全重合，不具有偶极矩，因此呈现非铁电性。当温度低于 120℃时，$BaTiO_3$ 单元的中心 Ti^{4+} 和周围的 O^{2-} 发生轻微的反方向位移，形成微细的电偶极矩（图 4-9），从而使材料呈现铁电性。这个 120℃就是居里温度。不同材料的居里温度可以有很大差别，例如 $SrTiO_3$ 的 T_c 低至－200℃，而 $NaNbO_3$ 的 T_c 则高达 640℃。

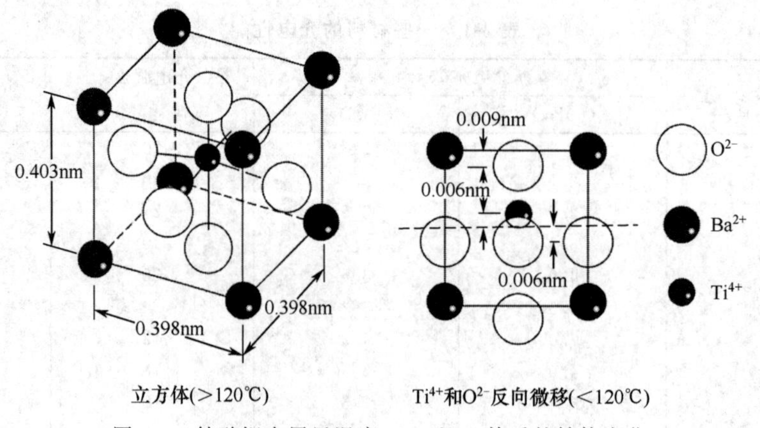

图 4-9　钛酸钡在居里温度（120℃）前后的结构变化

对 $BaTiO_3$ 之类的铁电材料施加压力，导致极化发生改变，从而在样品两侧产生小电压，这一现象称为压电性或压电效应（piezoelectricity，PZT），相应的材料称为压电体。压电体可以把应力转换成容易测量的电压值，因此常常用于制造压力传感器。

对压电体两侧施加电压，则可引起其尺寸发生变化，这种现象称为电致伸缩（electrostriction），也称为逆压电效应。如果对压电体薄膜施加交变电流，则薄膜产生振动而发出声音，利用这一现象可以制作音频发声器件，如扬声器、耳机、蜂鸣器。

4.5 磁性

4.5.1 磁性的基本概念

磁性是物质放在不均匀磁场中所受到磁力的作用。任何物质都具有磁性，所以在不均匀磁场中都会受到磁力的作用，磁场本身则受物质磁性的影响而增强或减弱。例如以电流 I 通过匝数为 n、长度为 l 的螺线管，在真空中产生的磁场强度为 $H_0=0.4\pi nI/l$，磁感应强度（magnetic induction）为 $B_0=\mu_0 H_0$，其中 μ_0 为真空中的磁导率（magnetic permeability）。当把磁介质插入螺线管中，磁场强度变为 $H=H_0+H_m$，其中 H_m 为由磁介质产生的磁场，称为磁化强度（magnetization）。对多数物质来说，磁化强度直接正比于 H_0，即 $H_m=\chi_m H_0$，χ_m 称为磁化率（magnetic susceptibility），此时磁通量密度为 $B=\mu_0(H_0+H_m)=\mu_0(1+\chi_m)H_0$。磁化率是衡量材料磁性的无量纲值，与材料数量无关。表 4-2 列出了一些反磁性单质和顺磁性单质的磁化率。

表 4-2　一些反磁性单质和顺磁性单质的磁化率（20℃）

反磁性单质	$\chi_m/10^{-5}$	顺磁性单质	$\chi_m/10^{-5}$
汞	−2.9	铝	+2.2
铜	−1.0	钠	+0.72
银	−2.6	钙	+1.9
铅	−1.8	铂	+27.9
金刚石	−2.1	钛	+18.2

4.5.2 磁性的种类

（1）反磁性（diamagnetism）当外磁场作用于材料中的原子时，将使其轨道电子产生轻微的不平衡，在原子内形成细小的磁偶极，其方向与外磁场方向相反。这一过程产生一个负的磁效应，当磁场撤去后磁效应可逆地消失，这就是反磁性。反磁性表现为一个负的磁化率，如表 4-2 所示。金属中的 Hg、Cu、Ag、Pb 表现出反磁性，非金属的金刚石、MgO、NaCl（岩盐）及绝大多数高分子材料也呈现反磁性。实际上所有材料都具有反磁性效应，但在很多材料中都被正磁性效应所淹没，从而表现出正的磁化率。

（2）顺磁性（paramagnetism）顺磁性就是感应磁化的方向与外磁场方向相同，即材料在磁场中沿磁场方向被微弱磁化，磁场撤去后又能可逆地消失，具有正的磁化率。在含有非零角动量原子（例如过渡金属）的材料中可观察到顺磁性，此类顺磁性的磁化率与热力学温度 T 成反比，这一规律为皮埃尔·居里首先发现，称为居里定理。一些非过渡金属（例如 Al）也具有顺磁性，它源于传导电子的自旋，但此类顺磁性基本上与温度无关。

（3）铁磁性（ferromagnetism）一些固体材料即使在没有外磁场的情况下也能自发磁化，

而在外磁场作用下能沿磁场方向被强烈磁化。由于铁在具有这种性质的材料中最具代表性，所以把这种性质称为铁磁性。Fe、Co、Ni 和一些稀土金属（如 Sm 和 Nd）及它们的合金具有铁磁性。铁磁性具有两个特征：一是在不太强的磁场中，就可以磁化到饱和状态，磁化强度不再随磁场而增加；二是在某一温度以上时，铁磁性消失而变为正常的顺磁性，磁化强度满足居里定理，该转变温度称为居里温度。

(4) 反铁磁性（antiferromagnetism） 一些材料出现另一种类型的磁性，就是反铁磁性。施加外磁场时，反铁磁性材料的原子磁偶极沿着外磁场的反方向排列。Mn 和 Cr 在室温下具有反铁磁性。

(5) 铁氧体磁性（ferrimagnetism） 一些无机陶瓷中，不同离子具有不同磁矩行为，当不同的磁矩反平行排列时，在一个方向呈现出净磁矩，这就是铁氧体磁性，也称亚铁磁性。而这些具有铁氧体磁性的材料统称为铁氧体（ferrite）。图 4-10 归纳了铁磁性、反铁磁性和铁氧体磁性的磁偶极矩取向。铁氧体属于氧化物系统的磁性材料，是以氧化铁和其他铁族元素或稀土元素氧化物为主要成分的复合氧化物，典型的例子是磁铁矿 Fe_3O_4。

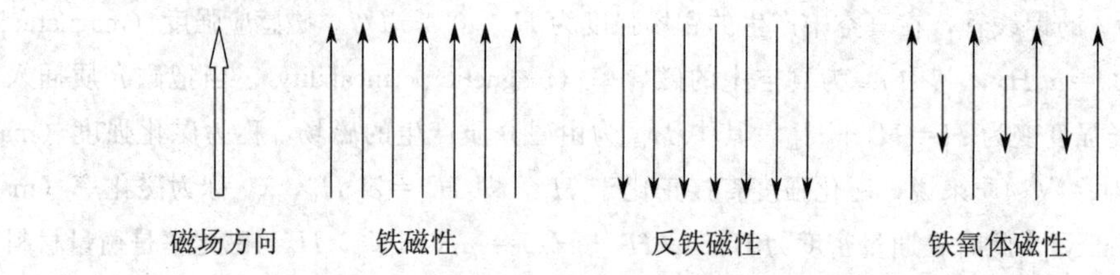

图 4-10 不同类型磁性的磁偶极矩排列取向示意图

4.5.3 磁畴和磁化曲线

在居里温度以下，铁磁质中相邻电子之间存在着一种很强的“交换耦合”（exchange interaction），在无外磁场的情况下，它们的自旋磁矩能在一个个微小区域内“自发地”整齐排列起来而形成自发磁化小区域，而相邻的不同区域之间磁矩排列的方向不同，这些小区域称为磁畴（magnetic domain），各个磁畴之间的交界面称为磁畴壁（magnetic domain wall），如图 4-11 所示。在未经磁化的铁磁质中，虽然每一磁畴内部都有确定的自发磁化方向，有很大的磁性，但大量磁畴的磁化方向各不相同，因而整个铁磁质不显磁性。

当有外磁场作用时，那些自发磁化方向和外磁场方向成小角度的磁畴其体积随着外加磁场的增大而扩大并使磁畴的磁化方向进一步转向外磁场方向。另一些自发磁化方向和外磁场方向成大角度的磁畴其体积则逐渐缩小，结果是磁化强度增高。随着外磁场强度的进一步增高，磁化强度增大，但即使磁畴内的磁矩取向一致，成了单一磁畴区，其磁化方向与外磁场方向也不完全一致。只有当外磁场强度增加到一定程度时，所有磁畴中磁矩的磁化方向才能全部与外磁场方向取向完全一致。此时，铁磁体就达到磁饱和状态，即成饱和磁化，饱和磁化值称为饱和磁感应强度（B_s）。这一过程可用磁化曲线（磁感应强度 B 与磁场强度 H 的关系曲线）表示，如图 4-11 曲线 a 所示。

一旦达到饱和磁化后，即使磁场减小到零，磁矩也不会回到零，残留下一些磁化效应（曲线 b）。这种残留磁化值称为残余磁感应强度（以符号 B_r 表示）。若加上反向磁场，使剩余磁感应强度回到零，则此时的磁场强度称为矫顽磁场强度或矫顽力（H_c）。反向磁场继续加强直至在反方向上达到磁饱和，然后反向重复上述磁场变化过程（曲线 c），得到一闭合的磁化曲线，称磁滞回线。

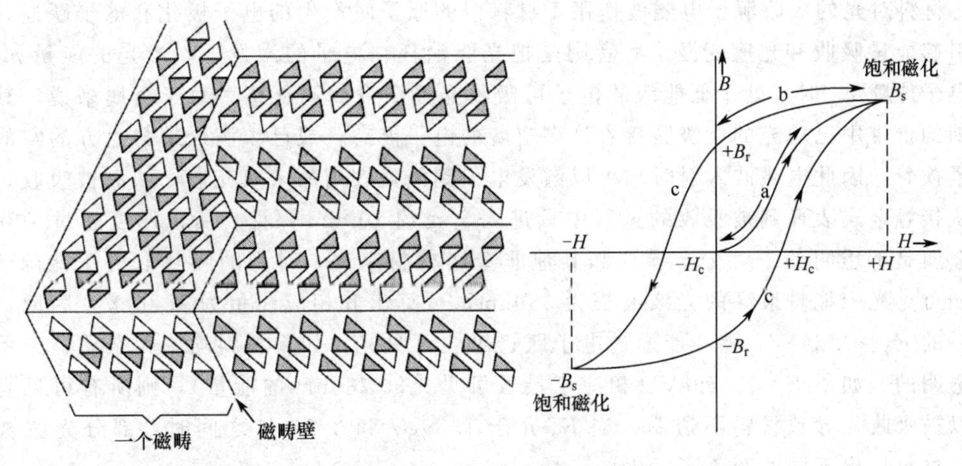

图 4-11　磁畴（左图）和磁化曲线（右图）示意图

根据磁滞回线的形状，铁磁材料可分为软磁材料、硬磁材料和矩磁材料等。软磁材料在较弱的磁场下，易磁化也易退磁，在磁滞回线上表现为有较小的矫顽力，磁滞回线呈狭长形，所包面积很小，磁滞损耗低。例如锰锌铁氧体、镍锌铁氧体均属于软磁材料。软磁材料晶体结构一般都是立方晶系尖晶石型，主要用作各种电感元件，如滤波器、变压器及天线的磁性和磁带录音、录像的磁头。适用于作各种交流线圈的铁芯。

硬磁材料的剩余磁化强度和矫顽力均很大，在磁化后不易退磁而能长期保留磁性，所以也称为永磁材料，适用于作永久磁铁。硬磁铁氧体的晶体结构大致是六角晶系磁铅石型，其典型代表是钡铁氧体 $BaFe_{12}O_{19}$。这种材料性能较好，成本较低，不仅可用作电讯器件如录音器、电话机及各种仪表的磁铁，而且在医学、生物和印刷显示等方面也得到了应用。

矩磁材料的磁滞回线为矩形，基本上只有两种磁化状态，可用作磁性记忆元件。

4.6 光学性能

4.6.1 光的吸收和透过

光波是电磁波的一种，人眼所能感受的电磁波的波长范围在 380～780nm，称为可见光。波长小于 380nm 的相邻波段称为紫外线，大于 780nm 的相邻波段称为红外线。此外还有波长更短的 X 射线和 γ 射线和波长更长的微波、无线电波等波段的电磁波。而与材料的光学性能相关的光波通常是指紫外线、可见光和红外线这 3 个波段的电磁波。

一束光强为 I_0 的平行单色光照射均匀材料时，一部分被材料表面所反射，剩余部分进入材料内部，其中一部分光被材料吸收，另一部分光透过材料。入射光的原始光强为：

$$I_0 = I_R + I_A + I_T \tag{4-20}$$

式中，I_R、I_A、I_T 分别是反射、吸收和透过的光强。等式两边同时除以 I_0，可以改写为：$1=R+A+T$，其中 R 为反射率（reflectivit，I_R/I_0），A 为吸光率（absorptivity，I_A/I_0），T 为透光率（transmissivity，I_T/I_0）。各种材料在光学性能上的差异主要是其对光的反射、

吸收和透过程度上的不同。

材料对光的吸收源于电磁波作用于材料中的原子时产生的电子极化和电子跃迁，前者引起能量吸收和光速变慢，后者则是把光能消耗在电子的激发上。当光的能量 $h\nu$ 大于电子能隙 E_g 时，处于低能级的电子可吸收光能激发到高能级。对于金属来说，其未填满的价带中已填充的能级紧接着许多空着的电子能态，或已填满价带与上方的空的导带紧挨着，因此电磁波入射时均可以激发电子到能量较高的未填充态，从而被吸收。光波从接触金属表面到被吸收的过程中只进入金属约 100nm 深处，所以厚度超过 100nm 的金属是不透明的。对于半导体和其他非金属材料来说，对光的吸收取决于能隙 E_g。例如可见光中能量最高的光波波长为 380nm，可算出其相应能量为 3.26eV，因此，当材料的 $E_g>3.26\text{eV}$，将不能通过电子跃迁吸收可见光，如果材料均匀无杂质，则是无色透明的。如果 $E_g<1.59\text{eV}$（相应于最长可见光波 780nm 的能量），则所有可见光都可以被吸收，导致材料不透明。当 E_g 介于 1.59eV 和 3.26eV 之间时，部分光波被吸收，材料呈现不同的颜色。

此外，晶格热振动对长波区的可见光和红外线产生吸收。晶格中原子量较大、键强较弱时，可透过的光波长较长。由于晶格振动，无机非金属晶体（陶瓷）材料都可以吸收红外波段的光波，一些原子量较小、键强较强的晶体在可见光的长波区也有吸收。

图 4-12 为一些无机材料的透光特性。一般的玻璃在紫外线区（320nm 以下）有较强吸收，而石英和蓝宝石则可以较好地透过紫外线，因此在涉及紫外线波段的应用中常使用石英或蓝宝石作为材料，例如紫外光谱测量必须使用石英比色皿。Si 在红外波段有大约 50% 的透过率，而且没什么杂峰，因此可用作红外光谱测量的样品基片。

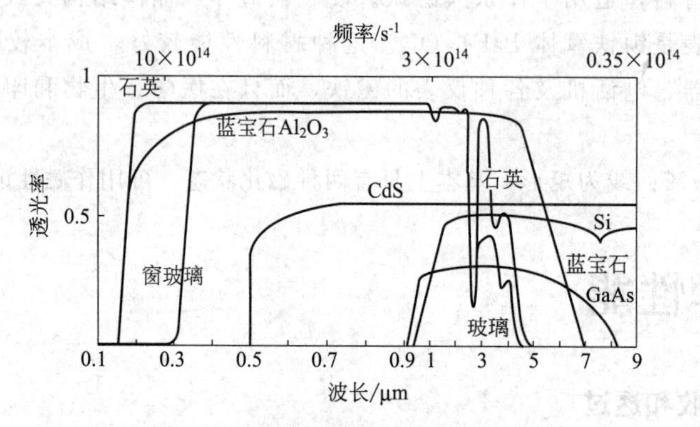

图 4-12 几种无机材料的光透过曲线

许多纯净的无机非金属材料，其本质是透明的，但往往因加工过程留下孔洞而变得不透明。例如常规烧结的氧化铝是不透明的，而没有孔洞的多晶氧化铝是半透明的，不太厚时甚至是透明的。

对于高分子材料来说，无定形高分子通常都无色透明，光透过率高，可用作光学材料，例如聚甲基丙烯酸甲酯（PMMA，俗称有机玻璃）、聚碳酸酯（PC）、丙烯基二甘醇碳酸酯（CR-39）这些透光性好的高分子材料可作为树脂镜片使用。而高度结晶的高分子不透明或透明性较差，这是由于晶粒对光的散射作用。当晶粒尺寸小于光波长时对光的影响较小，也可以呈现透明。含有 π-共轭基团（生色基团）的高分子在可见光波段产生吸收。

4.6.2 光的反射和折射

金属材料中的电子吸收光能后激发到较高能态，随即又以光波的形式释放出能量回到低能态，从而形成光反射的效果。由于所有进入金属的光波都被吸收然后又释放，所以金属材料对光波有强烈的反射，呈现出金属光泽。但由于金属的反射率随光波的波长变化，因而呈现出各种反射颜色。如图 4-13 所示，Ag 在整个可见光区都有很高的反射率，因此几乎所有可见光被反射，呈现出来的是银白色。Au 和 Cu 在短波区有较好反射，在可见光的长波段则反射很弱，因而呈现出金的黄色和铜的橙红色。之所以在长波段反射变弱，是因为高于一定频率的光波会引起处于充满 d 轨道的电子激发到空的 s 轨道，这部分光线被吸收而不能反射。对于 Au 和 Cu 来说，这一频率落在可见光区，因此高频部分被吸收，而低频部分被强烈反射，呈现出特定的颜色。

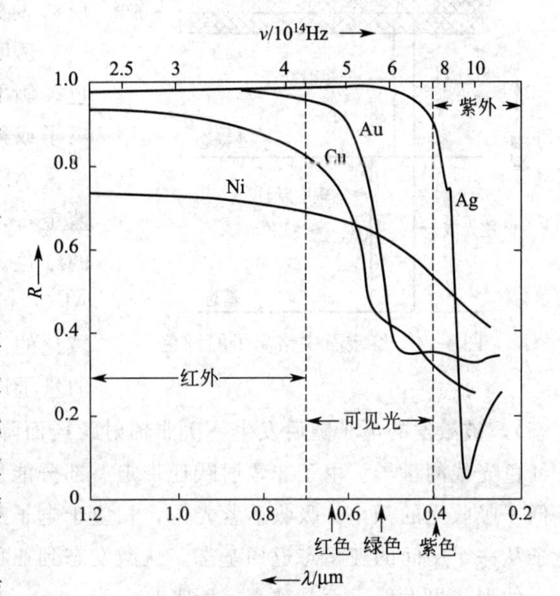

图 4-13 几种金属材料的反射率随光波波长变化曲线

对于无机材料，当光线投射到其表面时，一部分光线透过和吸收，另一部分则反射，反射率主要受介质的折射率差影响。简单来说，当光线从一种介质入射另一种介质时，介质的折射率差别越大，反射就越强。

光线进入透光材料时产生折射，即相对于原方向偏转一定的角度。材料对光的折射程度用折射率 n（refractive index）表征，定义为光在真空中的速度 c 与在介质中的速度 v 之比，数值上也等于光从真空进入介质时入射角正弦与折射角正弦之比。光线产生折射的原因是材料的极化和磁化作用，使电磁波的传播速度变慢。因此折射率跟材料的介电性和磁性有关，由折射率的定义和麦克斯韦电磁理论可以推导出：

$$n=\sqrt{\mu_r\varepsilon_r}\approx\sqrt{\varepsilon_r} \tag{4-21}$$

式中，μ_r 和 ε_r 分别为材料的相对磁导率和相对介电常数，即磁导率和介电常数相对于各自真空值的比值。对于大多数透光材料，μ_r 约等于 1，所以折射率与材料的相对介电常数直接关联。

材料的折射率受其结构影响。单位体积中原子的数目越多，或结构越紧密，则光波传播受影响越大，从而折射率越大。另外，原子半径越大，折射率就越大，这是因为半径较大的原子有较大的极化率。

折射率对于大多数光学材料来说都是一个重要指标。例如同样参数的光学透镜（如眼镜片），材料的折射率越大，透镜可以做得越薄。

4.6.3 材料的颜色

如前所述，金属材料的颜色取决于其反射光的波长。而无机非金属材料的颜色则通常与光吸收特性有关。引进在价带和导带之间产生能级的结构缺陷，可以影响离子材料和共价材料的颜色。结构缺陷造成吸收系数随频率变化，致使某些频率的辐射被强烈吸收，吸收以后往往不再发射出同样频率的辐射。因为电子跳回较低的能级时，可能发生非辐射的电子跃迁过程，而且由某一频率的光子所激发的电子可以发射另一频率的光子。

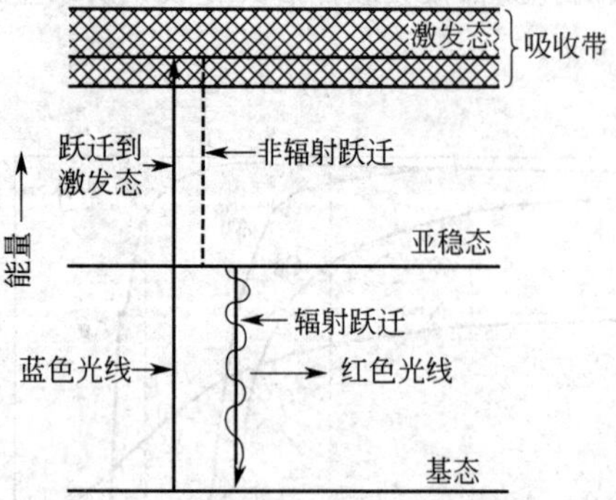

激发态
吸收带
跃迁到激发态
非辐射跃迁
能量
亚稳态
辐射跃迁
蓝色光线
红色光线
基态

图 4-14　红宝石中铬离子的颜色

透明无机材料可以通过改变成分而呈现不同颜色。例如，无机玻璃可在熔融状态下加入过渡元素离子或稀土元素离子来获得不同颜色。Al_2O_3 中的少量 Al^{3+} 被 Ti^{3+} 替换后呈现浅蓝色，也就是所谓蓝宝石，而 Al^{3+} 被少量 Cr^{3+} 替换，则呈现红宝石的红色。Cr^{3+} 在红宝石中是点缺陷，其能级位于 Al_2O_3 的价带与导带之间，这些能级是高度空间局域化的。如图 4-14 所示，Cr^{3+} 吸收一个蓝色波长的量子以后，使一个电子激发到较高的能级（激发态），被激发的电子随后发生一次非辐射跃迁而降到亚稳态，然后由此自发衰减而发射一个红色光线的量子。由于非辐射跃迁带走一部分能量，根据能量守恒定律，发射光的频率总是低于吸收光的频率。吸收蓝紫光子，相应于电子从基态到激发态的激发：发射时，相应于电子从一个中间的亚稳态返回基态。从激发态到亚稳态的这一步为非辐射的，其能量不是以光子的形式再发射，而是被声子所吸收。

参考文献

[1] 刘光华．现代材料化学．上海：上海科学技术出版社，2000.

[2] Czichos H, Saito T, Smith L. Springer Handbook of Materials Measurement Methods. Berlin: Springer, 2006.

[3] Mitchell B S. An Introduction to Materials Engineering and Science. New York: Wiley-Interscience, 2004.

[4] Barsoum M W. Fundamentals of Ceramics. London: IOP Publishing, 2003.

[5] Callister Jr W D. Materials Science and Engineering: An Introduction. 5th Ed. New York: John Wiley & Sons Inc, 1999.

[6] Smith W F. Foundations of Materials Science and Engineering. New York: McGraw-Hill Book Co., 1992.

[7] Fahlman B D. Materials Chemistry. Berlin: Springer, 2007.

[8] West A R. Basic Solid State Chemistry. New York: John Wiley & Sons Inc, 2003.

[9] Smart L E, Moore E A. Solid State Chemistry-An Introduction. London: Taylor & Francis, 2005.

思考题

1. 用固体能带理论说明什么是导体、半导体、绝缘体？

2. 有一根长为 5m、直径为 3mm 的铝线，已知铝的弹性模量为 70GPa，求在 200N 的拉力作用下，此线的总长度。

3. 试解释为何铝材不易生锈，而铁则较易生锈。

4. 为什么碱式滴定管不采用玻璃活塞？

5. 何种结构的材料具有高硬度？如何提高金属材料的硬度？

6. 什么是材料的疲劳？有哪些指标反映材料的疲劳性能？

7. 热膨胀受什么因素影响？试用势能图进行解释。

8. 压电体有什么用途？

9. 简述软磁材料和硬磁材料的磁化曲线特征及这两种材料的用途。

10. 试述高分子材料的形态结构对其透明性的影响。

第5章

材料的制备

一些天然无机材料如云母、石英、页岩、蓝宝石、红宝石、金刚石和一些天然有机材料如木材、天然橡胶、天然纤维等可以直接作为材料使用。这些天然可用的材料毕竟是少数，今天我们使用的品种繁多的材料，绝大多数都要通过一定的制备加工方法获得。材料科学的发展，很大程度上得益于材料的制备技术的进步。因此，材料的制备是材料化学的主要内容之一。

材料的制备就是通过一定的方法使原料变为可以应用的材料，通常包含两个方面：一方面是通过化学反应获得一定化学组成的材料，即所谓合成；另一方面是以一定的工艺控制材料的物理形态。从原理上来说，材料的化学合成方法与一般的固体物质的合成没有什么不同，其化学反应方面的内容已经包含在无机化学（对于金属材料和无机非金属材料）和高分子化学（对于高分子材料）的有关教材中。但由于材料的物理形态往往对材料的性质和用途起着相当大的有时甚至是决定性的作用，因此，材料的制备还具有其特定的工艺手段。很多新材料的出现并不是由于发现新的化学反应，而是源于新的合成工艺。

本章首先简单介绍几大类材料的基本合成方法及工艺，然后介绍材料研究及生产中的一些常用的制备技术。

5.1 金属材料的制备

5.1.1 冶金工艺

绝大多数金属元素（除Au、Ag、Pt外）都以氧化物、碳化物等化合物的形式存在于地壳矿物之中。因此，要获得各种金属及其合金材料。必须首先通过各种方法将金属元素从矿物中提取出来，接着对粗炼金属产品进行精炼提纯和合金化处理，然后浇铸成锭，加工成形，才能得到所需成分、组织和规格的金属材料。所谓冶金（metallurgy），就是从矿石中提取金属或金属化合物，用各种加工方法将金属制成具有一定性能的金属材料的过程和工艺。

金属的冶金工艺可以分为火法冶金、湿法冶金、电冶金三大类。

5.1.1.1 火法冶金

火法冶金（pyrometallurgy）是在高温条件下进行的冶金过程。矿石或精矿中的部分或全部矿物在高温下经过一系列物理化学变化，生成另一种形态的化合物或单质，分别富集在气体、液体或固体产物中，达到所要提取的金属与脉石及其他杂质分离的目的。此法因没有水溶液参加，故又称干法冶金。火法冶金的主要化学反应是还原-氧化反应。

实现火法冶金过程所需热能，通常是依靠燃料燃烧来供给，也有依靠过程中的化学反应来供给的，例如硫化矿的氧化焙烧和熔炼就无需由燃料供热，金属热还原过程也是自热进行的。火法冶金的工艺流程一般分为矿石准备、冶炼、精炼3个步骤。

(1) 矿石准备　选矿得到的细粒精矿不宜直接加入鼓风炉（或炼铁高炉），须先加入冶金熔剂（能与矿石中所含的脉石氧化物、有害杂质氧化物作用的物质），加热至低于炉料的熔点烧结成块；或添加胶黏剂压制成形；或滚成小球再烧结成球团；或加水混捏；然后装入鼓风炉内冶炼。硫化物精矿在空气中焙烧的主要目的：除去硫和易挥发的杂质，并使之转变成金属氧化物，以便进行还原冶炼；使硫化物成为硫酸盐，随后用湿法浸取；局部除硫，使其在造锍熔炼中成为由几种硫化物组成的熔锍。

(2) 冶炼　此过程形成由脉石、熔剂及燃料灰分融合而成的炉渣和熔锍（有色重金属硫化物与铁的硫化物的共熔体）或含有少量杂质的金属液。有还原冶炼、氧化吹炼和造锍熔炼3种冶炼方式。还原冶炼是在还原气氛下的鼓风炉内进行。加入的炉料，除富矿、烧结块或球团外，还加入熔剂（石灰石、石英石等），以便造渣，加入焦炭作为发热剂产生高温和作为还原剂。可还原铁矿为生铁，还原氧化铜矿为粗铜，还原硫化铅精矿的烧结块为粗铅。氧化吹炼：在氧化气氛下进行，如对生铁采用转炉，吹入氧气，以氧化除去铁水中的硅、锰、碳和磷，炼成合格的钢水，铸成钢锭。造锍熔炼：主要用于处理硫化铜矿或硫化镍矿，一般在反射炉、矿热电炉或鼓风炉内进行。加入的酸性石英石熔剂与氧化生成的氧化亚铁和脉石造渣，熔渣之下形成一层熔锍。在造锍熔炼中，有一部分铁和硫被氧化，更重要的是通过熔炼使杂质造渣，提高熔锍中主要金属的含量，起到化学富集的作用。

(3) 精炼　进一步处理由冶炼得到的含有少量杂质的金属，以提高其纯度。如炼钢是对生铁的精炼，在炼钢过程中去气、脱氧，并除去非金属夹杂物，或进一步脱硫等；对粗铜则在精炼反射炉内进行氧化精炼，然后铸成阳极进行电解精炼；对粗铅用氧化精炼除去所含的砷、锑、锡、铁等，并可用特殊方法如派克司法以回收粗铅中所含的金及银；对高纯金属则可用区域熔炼等方法进一步提炼。

5.1.1.2 湿法冶金

湿法冶金（hydrometallurgy）是指利用一些化学溶剂的化学作用，在水溶液或非水溶液中进行包括氧化、还原、中和、水解和配位等反应，对原料、中间产物或二次再生资源中的金属进行提取和分离的冶金过程。现代的湿法冶金几乎涵盖了除钢铁以外的所有金属提炼，有的金属其全部冶炼工艺属于湿法冶金，但大多数是矿物分解、提取和除杂等采用湿法工艺，最后还原成金属采用火法冶炼或粉末冶金完成。

湿法冶金的步骤包括以下几点。

① 用适当的溶剂处理矿石或精矿，使要提取的金属成某种离子（阳离子或配合阴离子）形态进入溶液，而脉石及其他杂质则不溶解，这样的过程叫浸出。

② 浸取溶液与残渣分离，同时将夹带于残渣中的冶金溶剂和金属离子洗涤回收。

③ 浸取溶液的净化和富集，常采用离子交换和溶剂萃取技术或其他化学沉淀方法。

④ 从净化液提取金属或化合物。在生产中，常用电解提取法从净化液制取金、银、铜、锌、镍、钴等纯金属。铝、钨、钼、钒等多数以含氧酸的形式存在于水溶液中，一般先以氧化物析出，然后还原得到金属。20世纪50年代发展起来的加压湿法冶金技术可自铜、镍、钴的氨性溶液中，直接用氢还原（例如在180℃，25atm下）得到金属铜、镍、钴粉，并能生产出多种性能优异的复合金属粉末，如镍包石墨、镍包硅藻土等。这些都是很好的可磨密封喷涂材料。

许多金属或化合物都可以用湿法生产。湿法冶金在锌、铝、铜、铀等工业中占有重要地位。湿法冶金的优点是原料中有价金属综合回收程度高，有利于环境保护，并且生产过程较易实现连续化和自动化。

5.1.1.3　电冶金

电冶金（electrometallurgy）是利用电能提取金属的方法。根据利用电能效应的不同，电冶金又分为电热冶金和电化冶金。

电热冶金是利用电能获得冶金所要求的高温而进行的冶金生产。如电弧炉炼钢是通过石墨电极向电弧炼钢炉内输入电能，以电极端部和炉料之间发生的电弧为热源进行炼钢，可获得比用燃料供热更高的温度，且炉内气氛较易控制，对熔炼含有易氧化元素较多的钢种极为有利。按物理化学变化的实质来说，其与火法冶金过程差别不大，两者的主要区别只是冶炼时热能来源不同。

电化冶金（电解和电积）是利用电化学反应，使金属从含金属盐类的溶液或熔体中析出。前者称为溶液电解，如铜的电解精炼和锌的电积，可列入湿法冶金一类；后者称为熔盐电解，不仅利用电能的化学效应，而且也利用电能转变为热能，借以加热金属盐类使之成为熔体，故也可列入火法冶金一类。从矿石或精矿中提取金属的生产工艺流程，常常是既有火法过程，又有湿法过程，即使是以火法为主的工艺流程，比如，硫化锌精矿的火法冶炼，最后还须要有湿法的电解精炼过程；而在湿法炼锌中，硫化锌精矿还需要用高温氧化焙烧对原料进行炼前处理。

5.1.2　金属材料热处理

合金的性质主要取决于其化学组成，更重要的是取决于合金材料的晶态与金相组织结构，热历史对材料的内在结构有着非常重要的影响。通常，如将合金熔体缓慢冷却，可以得到较大晶粒的合金组织结构，而急速冷却（淬火），则得到较细晶粒的合金组织结构，后者一般比前者具有较高的强度，但性质较脆。硬而性脆的合金材料在进一步加工前若进行回火处理（先加热，再慢速冷却），合金的脆性降低，韧性与切削性能增强，可加工性提高。不同的热处理工艺，导致合金材料不同的微观与介观结构，从而得到不同的材料性能。热处理过程对合金材料的影响比较复杂，这方面已形成一门相对独立的工艺学科。

根据加热、保温和冷却工艺方法的不同，热处理工艺大致分为整体热处理、表面热处理、化学热处理（表 5-1）。

表 5-1　金属材料热处理方法

分类	特点	常用方法
整体热处理	是对工件整体进行穿透加热	退火、正火、淬火＋回火、调质等
表面热处理	是仅对工件的表面进行的热处理工艺	表面淬火和回火（如感应加热淬火）、气相沉积等
化学热处理	是改变工件表层的化学成分、组织和性能	渗碳、渗氮、碳氮共渗、氮碳共渗、渗金属、多元共渗等

金属材料（钢材）加热到其相转变临界温度以上时，将获得奥氏体组织，该过程称作奥氏体化。奥氏体的形成过程可简单地分为四个步骤：奥氏体晶核形成、奥氏体晶核长大、残余渗碳体溶解、奥氏体成分均匀化，如图 5-1 所示。

奥氏体化刚结束时晶粒细小均匀，随加热温度升高或保温时间延长，会出现晶粒长大的

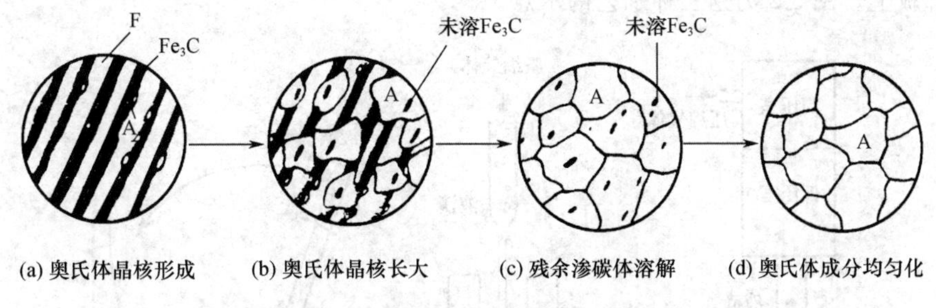

图 5-1　共析钢的奥氏体形成过程示意

现象。在给定温度下奥氏体的晶粒度称为实际晶粒度，它直接影响钢的性能。钢在一定条件下奥氏体晶粒长大的倾向性称为本质晶粒度（inherent grain size）。通常将钢加热到（940±10)℃奥氏体化后，设法把奥氏体晶粒保留到室温来判断钢的本质晶粒度。加热温度高、保温时间长，奥氏体晶粒粗大。加热速度越快，过热度越大，成核率越高，晶粒越细。随奥氏体中碳含量的增加，奥氏体晶粒长大倾向变大，但如果碳以残余渗碳体的形式存在，则由于其阻碍晶界移动，反而使长大倾向减小。同样，在钢中加入碳化物形成元素（如钛、钒、铌、钽、锆、钨、钼、铬等）和氮化物、氧化物形成元素（如铝等），都能阻碍奥氏体晶粒长大。而锰、磷溶于奥氏体后，使铁原子扩散加快，所以会促进奥氏体晶粒长大。奥氏体晶粒粗大，冷却后的组织也粗大，降低钢的常温力学性能，尤其是塑性。因此加热得到细而均匀的奥氏体晶粒是热处理的关键。

淬火是指将钢加热到临界点以上，保温后以较快速度冷却，使奥氏体转变为马氏体的热处理工艺。因此，淬火的目的就是获得马氏体，提高钢的力学性能。淬火是钢的最重要的强化方法，也是应用最广的热处理工艺之一。常用的淬火介质是水和油。

5.1.3　非晶金属材料的制备

非晶态固体与晶态固体相比，从微观结构讲，有序性低；从热力学讲，自由能高，因而是一种亚稳态。基于这样的特点，制备非晶态固体必须解决下述 2 个问题。

① 必须形成原子或分子混乱排列的状态。

② 必须将这种热力学上的亚稳态在一定的温度范围内保存下来，使之不向晶态转变。

对于结晶倾向较弱的材料如玻璃、某些高分子材料等，很容易满足上述条件，在熔体自然冷却下就能得到非晶态。而对于结晶倾向很强的金属，则需要采用特别的工艺方法才能得到非晶态，最常见的非晶态制备方法有液相骤冷和从稀释态凝聚，包括蒸发、离子溅射、辉光放电和电解沉积等，近年来还发展了离子轰击、强激光辐照和高温压缩等新技术。

液相骤冷是目前制备各种非晶态金属和合金的主要方法之一，并已经进入工业化生产阶段。它的基本特点是先将金属或合金加热熔融成液态，然后通过不同途径使熔体急速地降温，降温速度高达 $10^5 \sim 10^8$ ℃/s，以至晶体生长甚至成核都来不及发生就降温到原子热运动足够低的温度，从而把熔体中的无序结构“冻结”保留下来，得到结构无序的固体材料，即非晶，或玻璃态材料。样品可以制成几微米到几十微米的薄片、薄带或细丝状。

液相骤冷制备非晶金属薄片的方法主要有：①喷枪法，将熔融的金属液滴用喷枪以极高的速度喷射到导热性好的大块金属冷却板上；②活塞法，让金属液滴被快速移动活塞压到金属冷却板上，形成厚薄均匀的非晶态金属箔片；③抛射法，将熔融的金属液滴抛射到导热性好的冷却板上。图 5-2 为这三种工艺的示意。

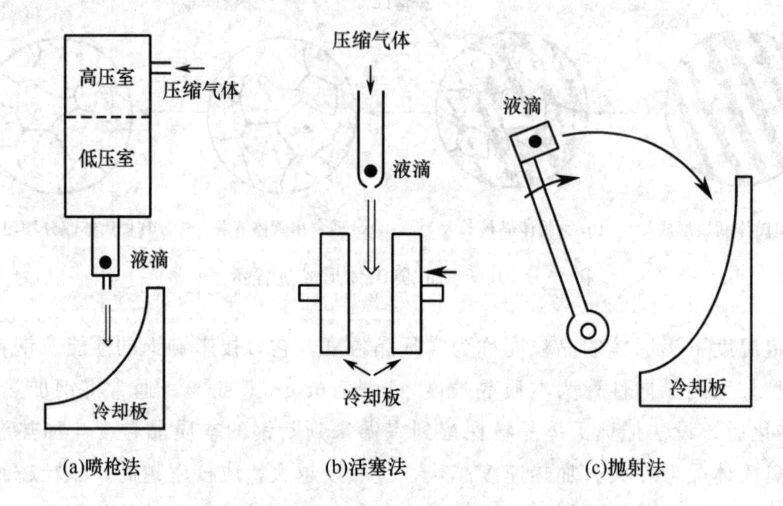

图 5-2　液相骤冷法制备非晶金属薄片

液相骤冷制备非晶金属薄带的方法是用加压惰性气体把液态金属从直径为几微米的石英喷嘴中喷出，形成均匀的熔融金属细流，连续喷到高速旋转（约 2000～10000r/min）的一对轧辊之间或者喷射到高速旋转的冷却圆筒表面而形成非晶态，这两种工艺分别称为双辊法和单辊法（图 5-3）。另外还有立式或卧式离心法、行星法等。

非晶金属条带的制备可通过将熔体喷射到一块运动着的金属基板上进行快速冷却而制得，即急冷喷铸技术，如图 5-3(c) 所示。

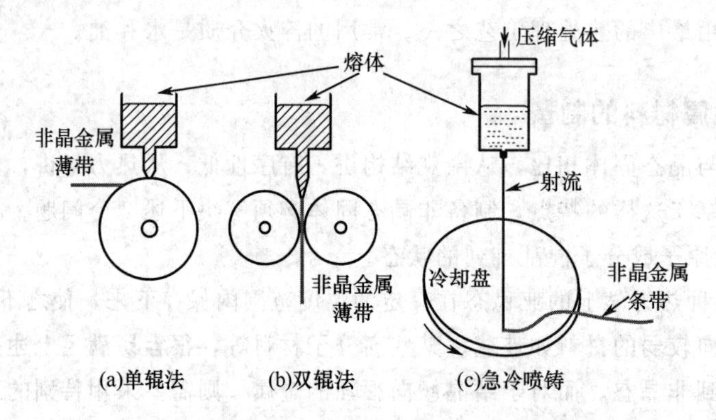

图 5-3　液相骤冷法制备非晶金属薄带或条带

此外，前面提到的气相沉积法、溶胶-凝胶法也可得到非晶态的无机陶瓷薄膜或粉状材料。

5.2 陶瓷工艺

陶瓷材料是用天然或合成化合物经过成型和高温烧结制成的一类无机非金属材料。陶瓷具有高熔点、高硬度、高耐磨性、耐氧化等优点，可用作结构材料、刀具材料。对于具有某些特殊功能的陶瓷，又可作为功能材料。一般来说，传统陶瓷合成经历如下步骤：材料精选（矿物精选）→化学处理→原料粉化→制备陶瓷粉→生坯（成形）→烧结→机械加工→陶瓷成品。就陶瓷工艺来说，陶瓷粉制备与生坯烧结是较为重要的关键环节。特种陶瓷的主要制备工艺是陶瓷粉制备、成形和烧结，其工艺流程如图 5-4 所示。

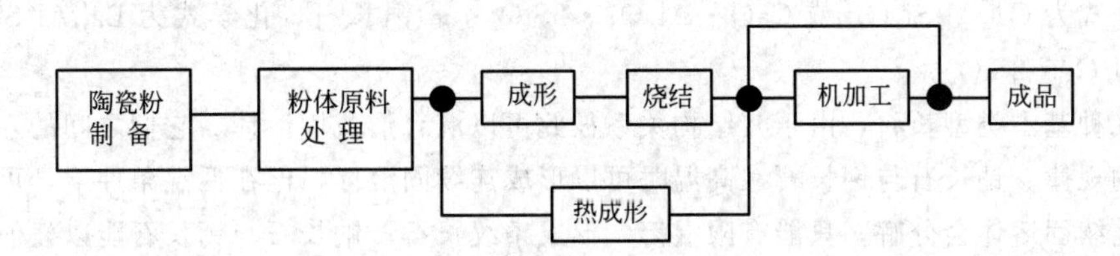

图 5-4 特种陶瓷制造工艺流程示意

多数碳系、氮系等特殊陶瓷采用化学合成法直接制备。

5.2.1 原材料

传统陶瓷大多属于硅酸盐类，其制造多以天然矿物为原料，黏土、长石、石英矿是制造传统陶瓷的三大主要原材料。其他作为辅料的矿物还有很多，如磁石、铝土矿、滑石、硅灰石、锂云母、方解石、菱镁矿、白云石等。

（1）黏土类原料　黏土（clay）是一类细分散、由多种含水铝硅酸盐组成的层状矿物结构，层片由硅氧四面体和铝氧八面体组成，主要化学成分为 SiO_2、Al_2O_3 和结晶水（H_2O）等。随地质条件不同，黏土还含有少量的碱金属氧化物 K_2O、Na_2O，碱土金属氧化物 CaO、MgO，以及着色氧化物 Fe_2O_3、TiO_2 等。其矿物粒径一般小于 2 μm，主要由黏土矿物以及其他一些杂质矿物组成。

黏土很少由单一矿物组成，而是多种微细矿物的混合体。根据所含主要黏土矿物的种类，可将黏土分为高岭土、蒙脱土（膨润土）、伊利石（水云母）黏土等类型，但以高岭土最为重要。黏土包括的矿物种类及其理想化学组成见表 5-2。

表 5-2 黏土类矿物种类及其理想化学式

黏土矿	理想化学式
高岭土	$Al_2(Si_2O_5)(OH)_4$
蒙脱土	$(Na,Ca)_{0.33}(Al,Mg)_2(Si_4O_{10})(OH)_2 \cdot nH_2O$
伊利石	$KAl_2[(Al,Si)Si_3O_{10}](OH)_2 \cdot nH_2O$

（2）石英原料　石英类矿物包括水晶、脉石英、砂岩、石英岩、石英砂等。石英（quartz）的主要化学成分为 SiO_2，但是常含有少量的 Al_2O_3、Fe_2O_3、CaO、MgO、TiO_2 等杂质成分。此外，石英中可能含有一些微量的液态和气态包裹物。二氧化硅在常压下有 7 种结晶态和 1 个玻璃态，即 α-石英、β-石英；α-鳞石英、β-鳞石英、γ-鳞石英；α-方石英、β-方石英。自然界中的石英大部分以 β-石英的形态稳定存在，只有很少部分以鳞石英或方石英的介稳状态存在。石英的宏观特征随种类不同而异，一般呈乳白色或灰白色半透明状，具有玻璃光泽或脂肪光泽，莫氏硬度 7。石英的密度因晶型而异，变动于 2.22 ～ 2.65 g/cm^3。石英具有很强的耐酸侵蚀能力（氢氟酸除外），但与碱性物质接触时能起反应而生成可溶性的硅酸盐。高温下，石英易与碱金属氧化物作用生成硅酸盐与玻璃态物质。

（3）长石类原料　长石（labradorite）是陶瓷生产中的主要熔剂性原料，一般用作坯料、釉料、色料熔剂等的基本成分，是日用陶瓷的三大原料之一。长石是地壳上一种最常见最重要的造岩矿物。长石类矿物是架状结构的碱金属或碱土金属的铝硅酸盐。自然界中长石的种类很多，归纳起来都是由以下4种长石组合而成：①钠长石，化学式为 $Na[AlSi_3O_8]$ 或 $Na_2O \cdot Al_2O_3 \cdot 6SiO_2$；②钾长石，化学式为 $K[AlSi_3O_8]$ 或 $K_2O \cdot Al_2O_3 \cdot 6SiO_2$；③钙长石，化学式为 $Ca[Al_2Si_2O_8]$ 或 $CaO \cdot Al_2O_3 \cdot 2SiO_2$；④钡长石，化学式为 $Ba[Al_2Si_2O_8]$ 或 $BaO \cdot Al_2O_3 \cdot 2SiO_2$。

这几种基本类型长石，由于其结构关系彼此可以混合形成固溶体，它们之间的互相混溶有一定的规律。钠长石与钾长石在高温时可以形成连续固溶体，但在低温条件下，可混溶性降低，连续固溶体会分解，只能有限混溶，形成条纹长石；钠长石与钙长石能以任何比例混溶，形成连续的类质同象系列，低温下也不分离，就是常见的斜长石；钾长石与钙长石在任何温度下几乎都不混溶。

在陶瓷工业中，长石主要是作为熔剂使用的，它也是釉料的主要原料，因此，其熔融特性对于陶瓷生产具有重要的意义。一般要求长石具有较低的始熔温度、较宽的熔融范围、较高的熔融液相黏度和良好的熔解其他物质的能力，这样可使坯体在高温下不易变形，便于提高烧成的合格率。

(4) 其他陶瓷原料　其他用于制备陶瓷的原料有瓷石（chinastone）、叶蜡石（pyrophyllite）、硅灰石（wollastonite）、透辉石（diopside）、锂云母（lepidolite）、菱镁矿（magnesite）等。

瓷石是一种由石英、绢云母组成，并含有若干高岭石、长石等的岩石状矿物集合体，其矿物组成大致为：石英40%～70%、绢云母15%～30%、长石5%～30%、高岭石0～10%。瓷石的可塑性不高，结合强度不大，但干燥速度快。玻璃化温度受绢云母及长石量的影响，一般玻璃化温度在1150～1350℃之间，玻璃化温度范围较宽。烧成时绢云母兼有黏土及长石的作用，能生成莫来石及玻璃相，起促进成瓷及烧结作用。

叶蜡石属单斜晶系，化学通式为 $Al_2O_3 \cdot 4SiO_2 \cdot nH_2O$，晶体结构式为：$Al_2(Si_4O_{10})(OH)_2$。叶蜡石通常呈白色、浅黄或浅灰色，质软而富于脂肪感，相对密度为2.66～2.90，莫氏硬度1～2。叶蜡石含较少的结晶水，加热至500～800℃脱水缓慢，总收缩不大，且膨胀系数较小，基本上是呈直线性的，具有良好的热稳定性和很小的湿膨胀，宜用于配制快速烧成的陶瓷坯料，是制造要求尺寸准确或热稳定性好的制品的优良原料。

高铝矾土（铝土矿）从成因来划分，有沉积和风化两种类型。沉积型矾土的主要矿物为一水型，如一水硬铝石（水铝石）、α-$Al_2O_3 \cdot H_2O$、一水软铝石（波美石）、γ-$Al_2O_3 \cdot H_2O$，均属斜方晶系。风化型矾土主要矿物为三水型，如三水铝石（又称水铝氧石，三水铝矿）$Al_2O_3 \cdot 3H_2O$，属单斜晶系。高铝矾土经常与赤铁矿、针铁矿伴生，还有锐钛矿、高岭石、多水高岭石、绿泥石等黏土矿物。

硅灰石是典型的高温变质矿物，由 CaO 与 SiO_2 反应而成。其化学通式为 $CaO \cdot SiO_2$，晶体结构式为 $Ca[SiO_3]$，理论化学组成为 CaO 48.25%、SiO_2 51.75%。硅灰石矿物包括 $CaSiO_3$ 的两种同质多相变体，通常所说的硅灰石指的是 α-$CaSiO_3$（三斜晶系）。硅灰石在陶瓷工业中的用途广泛，可用于制造釉面砖、日用陶瓷、低损耗无线电陶瓷等，也可用于生产卫生陶瓷、磨具、火花塞等。硅灰石作为碱土金属硅酸盐，在普通陶瓷坯体中可起助熔作用，降低坯体的烧结温度。由于硅灰石本身不含有机物和结构水，而且干燥收缩和烧成收缩都很小，仅为 6.7×10^{-6}/℃（室温至800℃），因此，利用硅灰石与黏土配成的硅灰石质坯料，很适宜快速烧成，特别适用于制备薄陶瓷制品。另外，在烧成后生成的硅灰石针状晶体，在坯体中交叉排列成网状，使产品的力学强度提高，同时所形成的含碱土金属氧化物较多的玻璃相，其吸湿膨胀也小。用硅灰石代替方解石和石英配釉时，釉面不会因析出气体而产生釉泡和针孔，但若用量过多，会影响釉面的光泽。

透辉石的化学式为 $CaO \cdot MgO \cdot 2SiO_2$，晶体结构式为 $CaMg[SiO_3]_2$，理论化学组成为：CaO 25.9%，MgO 18.5%，SiO_2 55.6%。透辉石属于链状结构硅酸盐矿物，单斜晶系。透辉石也用作陶瓷低温快速烧成的原料，尤其在釉面砖生产中得到了广泛应用。原因之一是它本身不具备多晶转变，没有多晶转变时所带来的体积效应；其二是透辉石本身不含有机物和结构水等挥发性组分，故可快速升温；其三是透灰石是瘠性料，干燥收缩和烧成收缩都较小；其四是透灰石的膨胀系数不大（250～800℃时为 7.5×10^{-6}/℃），且随温度的升高而呈直线性变化，也有利于快速烧成；其五是从透灰石中引入钙、镁组分，构成了硅-铝-钙-镁为主要成分的低共熔体系，可大为降低烧成温度。另外，透灰石也用于配制釉料，由于钙镁玻璃的高温黏度低，对釉面光泽和平整度都有改善。

锂云母又称鳞云母，是一种富含挥发成分的三层型结构状硅酸盐，其化学式为 $LiF \cdot KF \cdot Al_2O_3 \cdot 3SiO_2$，晶体结构式为 $K(Li, Al)_3[(Al, Si)Si_3O_{10}](F, OH)_2$，为单斜晶系，晶体呈厚板状或短柱状。金属元素中，锂的原子量最小，化学活性比钾、钠强，且 Li^+ 具有很高的静电场，因此有非常强的熔剂化作用，能显著降低材料的烧结和熔融温度。其熔体的表面张力小，故可降低釉的成熟温度、增强釉的高温流动性。而且，金属离子中，Li^+ 的半径最小，一般含锂矿物都具有很低的甚至负的热膨胀特性。在陶瓷坯釉中引用含锂矿物，能改善釉面性能，如降低热膨胀系数，提高耐热急变性，消除针孔，提高釉的显微硬度、平整度、光泽度及釉的化学稳定性。含锂矿物广泛用于抗热振性能好、尺寸公差小的工业陶瓷领域，如窑炉的加热部件、汽轮机叶片、火花塞、喷气飞机的喷嘴、微波炉托盘、耐热炊具等。

菱镁矿的化学通式是 $MgCO_3$，呈白色或灰白色，含铁者为褐色，玻璃光泽，密度 2.9～3.1 g/cm^3，莫氏硬度 3.4～5.0。菱镁矿可与菱铁矿形成连续固熔体，随着铁含量的增加，相对密度和折射率也提高。菱镁矿在加热过程中，从 350℃开始分解生成 CO_2 及 MgO，伴有很大的体积收缩，至 1000℃时分解完全。生成的轻烧 MgO，质地疏松，化学活性大。继续升温，MgO 体积收缩，化学活性减小，密度增加。同时菱镁矿中 CaO、SiO_2、Fe_2O_3 等杂质与 MgO 逐步生成低熔点化合物。至 1550～1650℃时，MgO 晶格缺陷得到校正，晶粒逐渐发育长大，组织结构致密，生成以方镁石为主要矿物的烧结镁石。菱镁矿是制造耐火材料的重要原料，也是新型陶瓷工业中用于合成尖晶石（$MgO \cdot Al_2O_3$）、铁酸镁（$MgO \cdot TiO_2$）和镁橄榄石瓷（$2MgO \cdot SiO_2$）等的主要原料，同时作为辅助原料和添加剂被广泛应用。在釉料中加入菱镁矿可引入 MgO，提高釉的白度、抗热振性，改善釉的弹性，降低釉的成熟温度。

能够作为陶瓷合成的原材料非常之多，其余不作一一介绍。

5.2.2 陶瓷粉体的制备

陶瓷粉体的制备是陶瓷制造的关键步骤之一，一般需达到粒径 0.5～5.0μm，甚至更小，以尽可能提高粉体粒子堆积密度，保证下一步生坯压制与烧结质量。传统陶瓷多以黏土等天然矿物为原材料，其结构本身为该尺寸粒子的堆叠，传统陶瓷通过黏土等精选矿物水化、机械混合，可直接形成生坯。现代工程陶瓷大多采用化学合成法制备陶瓷粉体，即需要人工合成陶瓷原材料。特种陶瓷所要求的原料纯度高、粒度小（原则上越小越好），通常可加入少量助剂以提高粉体的流散性、聚结性、可塑性、熔融性。制备方法总体包括固相法、液相法及气相法三大类。本章后面的内容中提及的粉体制备方法中很多都是合适于陶瓷粉体的制备，例如液相法中的各种沉淀方法、溶胶-凝胶法，气相法中的物理气相沉积法（PVD）和化学气相沉积法（CVD）。

多数情况下，粉体原料在进行成形、烧结之前需要进行一定的处理，如煅烧、粉碎、分级、净化等。其目的是调整改善粉体物化性质，以适应后续工艺处理。粉体处理包括改变粒度、粒子形态结构、流散性和成形性，改变晶型，去除固体杂质、包夹吸附的气体和挥发性物质等，消除游离碳等。粉体原料经煅烧可去除绝大多数挥发性杂质（有机物、溶剂、水分等），提高纯度；煅烧还可使原料颗粒致密化、晶粒长大，减轻后期成形烧结时的体积收缩效应。

陶瓷一般需要经过成形才可烧结成有用陶瓷制品，由粉体加工成一定形状坯体，要求粉体具有较好的成形加工性能与成形稳定性，即粉体应当具有一定的集合塑性和黏结性。传统陶瓷所用黏土原料本身具有较好的塑性与黏结性能，不需添加增塑剂与黏结剂。很多特种陶瓷原料粉体缺乏这方面性能，往往需要加入化学增塑剂、黏结剂。常用黏结剂包括聚乙烯醇PVA、聚乙烯醇缩丁醛 PVB、聚乙烯基乙二醇 PVG、甲基纤维素、羧甲基纤维素 CMC、乙基纤维素、羧丙基纤维素、石蜡等，起到黏结粉体、稳定坯体的作用。常用粉体增塑剂包括甘油、钛酸二丁酯、草酸、水玻璃、黏土、磷酸铝等。高性能的增塑剂与黏结剂及合适的应用工艺对提高最终陶瓷产品质量非常重要。

5.2.3 陶瓷的烧结

陶瓷粉体经多种方法压制成形，粉体粒子间形成一定堆积，但往往含有较多水分（或溶剂）、空气于粒子间隙中，经过高温烧结，排出气体杂质，促进粒子间融合或晶体转化、晶体生长、高致密化，最终获得陶瓷产品。通常，烧结过程可以分为固相烧结（solid state sintering）和液相烧结（liquid phase sintering）两种类型。在烧结温度下，粉末坯体在固态情况下达到致密化过程称为固相烧结；同样，粉末坯体在烧结过程中有液相存在的烧结过程称为液相烧结。高温烧结时，粒子间的融合动力来源于粒子尽可能降低自身表面张力的趋势，颗粒间距离的缩进主要靠晶界处物质的扩散和原子运动及物质的黏性流动等作用来实现。

固相烧结一般可分为 3 个阶段：初始阶段，主要表现为颗粒形状改变；中间阶段，主要表现为气孔形状改变；最终阶段，主要表现为气孔尺寸减小。烧结过程中晶粒的排列过程如图 5-5 所示。在初始阶段，颗粒形状改变，相互之间形成了颈部连接，气孔由原来的柱状贯通状态逐渐过渡为连续贯通状态，其作用是能够将坯体的致密度提高 1%～3%。在中间阶段，所有晶粒都与最近邻晶粒接触，因此晶粒整体的移动已停止。通过晶格或晶界扩散，把晶粒间的物质迁移至表面，产生样品收缩，气孔由连续通道变为孤立状态，当气孔通道变窄无法稳定而分解为封闭气孔时，这一阶段将结束，烧结样品一般可以达到 93%左右的相对理论致密度。样品从气孔孤立到致密化完成的阶段为最终阶段，在此阶段，气孔封闭，主要处于晶粒交界处。在晶粒生长的过程中，气孔不断缩小，如果气孔中含有不溶于固相的气体，那么收缩时，内部气体压力将升高并最终使收缩停止，形成闭气孔。烧结的每个阶段所发生的物理化学变化过程都有所区别，一般利用简单的双球模型（two-particle model）来解释初始阶段机理，用通路气孔模型（channel pore model）来解释中间阶段机理，而最终阶段机理通常采用孤立气孔模型（isolated pore model）分析。

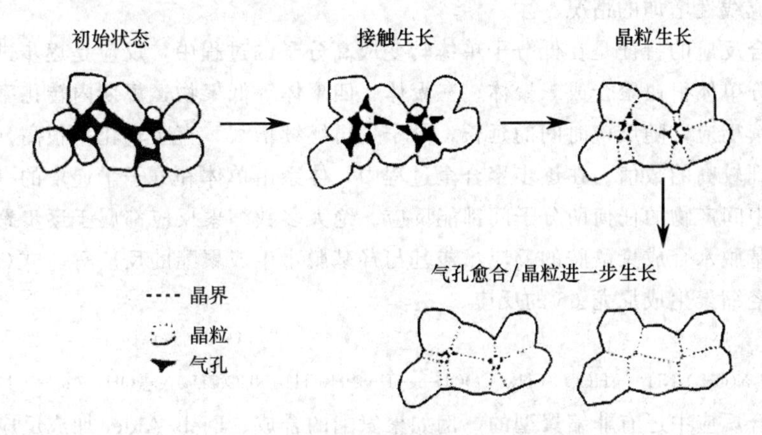

图 5-5 不同烧结阶段晶粒排列过程

几种代表性陶瓷坯体烧结温度如表 5-3 所示。

表 5-3 代表性陶瓷烧结温度

陶瓷	烧结温度/℃	陶瓷	烧结温度/℃
铝氧瓷	约 1250	氧化铝陶瓷	1600～1800
石英瓷	约 1300	重结晶 SiC	约 2300～2500
滑石	约 1300	烧结过的 SiC	1900
堇青石	1250～1350	Si_3N_4	约 1700

5.3 高分子材料制备

非天然高分子化合物（也称高聚物、聚合物）都是通过聚合反应制备得到。所谓聚合（polymerization），是指由低分子量单体通过化学反应生成高分子化合物的过程。

按单体和聚合物在组成和结构上的差异，可将聚合反应分为加成聚合（addition polymerization，简称加聚）与缩合聚合（condensation polymerization，polycondensation，简称缩聚）两大类。单体加成而聚合起来的反应称作加聚反应，加聚产物的元素组成与其单体相同，分子量是单体分子量的整数倍，如氯乙烯经加成聚合得聚氯乙烯。缩聚反应的主产物称作缩聚物，缩聚反应往往是官能团间的反应，除形成缩聚物以外，根据官能团种类的不同，还有水、醇、氨或氯化氢等低分子副产物产生。缩聚物的元素组成与相应的单体元素组成不同，其分子量也不再是单体分子量的整数倍。

根据聚合反应机理和动力学，可以将聚合反应分为连锁聚合（chain polymerization）和逐步聚合（step polymerization）两大类。烯类单体的加聚反应大部分属于连锁聚合。连锁聚合反应需要活性中心，活性中心可以是自由基、阳离子或阴离子，因此可以根据活性中心的不同将连锁聚合反应分为自由基聚合、阳离子聚合和阴离子聚合。连锁聚合的特征是整个聚合过程由链引发、链增长、链终止等几步基元反应组成。各步的反应速率和活化能差别很大。链引发是活性中心的形成，单体只能与活性中心反应而使链增长，但彼此间不能反应，活性中心被破坏就使链终止。所变化的是聚合物量（转化率）随时间而增加，而单体则随时间而减少。对于有些阴离子聚合，则是快引发、慢增长、无终止，即所谓活性聚合，有分子量随转化率成线性增加的情况。

逐步聚合反应的特征是在低分子单体转变成高分子的过程中，反应是逐步进行的。反应早期，大部分单体很快聚合成二聚体、三聚体、四聚体等低聚物，短期内转化率很高。随后低聚物间继续反应，随反应时间的延长，分子量再继续增大，直至转化率很高（>98%）时分子量才达到较高的数值。在逐步聚合全过程中，体系由单体和分子量递增的一系列中间产物所组成，中间产物的任何两分子间都能反应。绝大多数缩聚反应都属于逐步聚合反应，例如羧基与氨基脱水合成聚酰胺的反应、羧基与羟基脱水生成聚酯的反应等。式(5-1）为己二胺与己二酸经缩聚生成尼龙-66 的反应。

$$nH_2N(CH_2)_6NH_2 + nHOCO(CH_2)_4COOH \longrightarrow H\!\left[NH(CH_2)_6NH\overset{O}{\overset{\|}{C}}(CH_2)_4\overset{O}{\overset{\|}{C}}\right]_n OH + (2n-1)H_2O \quad (5\text{-}1)$$

逐步聚合反应中还有非缩聚型的，例如聚氨酯的合成、Diels-Alder 加成反应合成梯形聚合物等。这类反应按反应机理分类均属逐步聚合反应，是逐步加成反应。

5.3.1 自由基型聚合反应

自由基型聚合反应（free radical polymerization）是指在光、热、辐射或引发剂的作用下，单体分子被活化，变为活性自由基，进而引发连锁聚合。自由基型聚合反应是合成高聚物的一种重要反应，许多主要塑料、合成橡胶和合成纤维都是通过这种反应合成的，如塑料中的聚乙烯、聚氯乙烯、聚苯乙烯、聚甲基丙烯酸甲酯、聚醋酸乙烯酯，合成橡胶中的丁苯橡胶、丁腈橡胶、氯丁橡胶，合成纤维中的聚丙烯腈等。以苯乙烯自由基聚合为例，其反应式为：

$$nH_2C{=}\underset{\underset{C_6H_5}{|}}{CH} \xrightarrow[\triangle\text{或}h\nu]{\text{自由基引发剂}} \left[HC{=}\underset{\underset{C_6H_5}{|}}{C}\right]_n \quad (5\text{-}2)$$

苯乙烯 聚苯乙烯

自由基型聚合反应主要包括链引发、链增长、链转移和链终止等基元反应。

(1) 链引发　链引发反应是形成自由基活性中心的反应。可以用引发剂、热、光、电、高能辐射引发聚合。以引发剂引发时，首先发生引发剂的分解，产生初级自由基，而后进攻单体双键，形成单体自由基。可以用下式表示：

① 引发剂 I 分解：

$$I \longrightarrow 2R\cdot$$

② 自由基 R· 进攻：

$$R\cdot + CH_2{=}\underset{\underset{X}{|}}{CH} \longrightarrow R{-}CH_2\underset{\underset{X}{|}}{\overset{\overset{H}{|}}{C}}\cdot$$

引发剂是容易分解成自由基的化合物，分子结构上具有弱键。常用的热引发剂有偶氮二异丁腈（AIBN)、过氧化二苯甲酰（BPO)、过硫酸钾（$K_2S_2O_8$）等。

(2) 链增长　在链引发阶段形成的单体自由基，仍具有活性，能打开第二个烯类分子的 π 键，形成新的自由基，并继续加成于下一单体，形成链自由基。这个过程称作链增长反应。

$$RCH_2\overset{H}{\underset{X}{C}}\cdot + CH_2{=}\underset{X}{CH} \longrightarrow RCH_2\underset{X}{C}HCH_2\overset{H}{\underset{X}{C}}\cdot \longrightarrow RCH_2\underset{X}{C}H{\leftarrow}CH_2\underset{X}{C}H{\rightarrow}_n CH_2\overset{H}{\underset{X}{C}}\cdot \tag{5-3}$$

链增长反应活化能较低，约 20～34kJ/mol，增长速率极高，较引发速度高 10^6 倍，在 0.01s 至几秒钟内，就可以使聚合度达到数千甚至上万。因此，聚合体系内往往由单体和聚合物两部分组成，不存在聚合度递增的一系列中间产物。

(3) 链终止　自由基活性高，有相互作用而终止的倾向。链终止反应有偶合终止和歧化终止两种方式。两链自由基的独电子相互结合成共价键的终止反应称作偶合终止。偶合终止结果：大分子的聚合度为链自由基中重复单元数的 2 倍，用引发剂引发并尢链转移时，大分子两端一般均为引发剂的残基。例如：

$$\sim\sim CH_2\overset{H}{\underset{X}{C}}\cdot \quad + \quad \cdot\overset{H}{\underset{X}{C}}CH_2\sim\sim \longrightarrow \sim\sim CH_2\overset{H}{\underset{X}{C}}-\overset{H}{\underset{X}{C}}CH_2\sim\sim \tag{5-4}$$

(4) 链转移　在自由基聚合过程中，链自由基有可能从单体、溶剂、引发剂等低分子或大分子上夺取一个原子而终止，并使这些失去原子的分子成为自由基，继续新链的增长，使聚合反应继续进行下去。这一反应称作链转移反应。链转移反应通常会降低聚合物的分子量，多数情况下也同时减缓聚合反应速率，少数出色的链转移剂，如十二烷基硫醇等，可基本保持原有聚合速率。

5.3.2 离子型聚合反应

在催化剂的作用下，单体活化为带正电荷或负电荷的活性离子，然后按离子型反应机理进行聚合反应，称为离子型聚合反应。离子型聚合反应为连锁反应，根据活性中心离子的电荷性质，可分为阳离子聚合、阴离子聚合和配位聚合。

5.3.2.1 阳离子型聚合反应

以碳阳离子为反应活性中心进行的离子型聚合为阳离子型聚合。以异丁烯的阳离子聚合反应为例，其反应过程为：

$$\underset{\text{引发剂}}{A^{\oplus}B^{\ominus}} + CH_2{=}\overset{CH_3}{\underset{CH_3}{C}} \longrightarrow \underset{\text{增长活性中心}}{A-CH_2-\overset{CH_3}{\underset{CH_3}{C^{\oplus}}}B^{\ominus}} \xrightarrow{nCH_2=\overset{CH_3}{C}-CH_3} A{+}CH_2-\overset{CH_3}{\underset{CH_3}{C}}{+}_n CH_2-\overset{CH_3}{\underset{CH_3}{C^{\oplus}}}B^{\ominus} \tag{5-5}$$

能参与阳离子型聚合反应的单体都能在催化剂作用下生成碳阳离子，这类单体有富电子的烯烃类化合物和含氧杂环等。具有推电子基的烯类单体原则上可以进行阳离子聚合。推电子基一方面使碳-碳电子云密度增加，有利于阳离子活性种的进攻；另一方面能稳定所生成的碳阳离子。α-烯烃有推电子烷基，按理能进行阳离子聚合，但能否聚合成高聚物，还要求阳离子（例如质子）对碳-碳双键有较强的亲和力，而且增长反应比其他副反应快，即生成的碳阳离子有适当的稳定性。异丁烯实际上是 α-烯烃中唯一能高效率进行阳离子聚合的单体。

阳离子聚合的引发方式有两种：一是由引发剂生成阳离子，阳离子再引发单体，生成碳阳离子；二是单体参与电荷转移，引发阳离子聚合。阳离子聚合的引发剂都是亲电试剂，常用的引发剂包括质子酸（如高氯酸、硫酸、磷酸、三氯乙酸）、路易斯酸（如三氟化硼、三氯化铝、三氯化铁、四氯化锡、四氯化钛）以及有机金属化合物（如三乙基铝、二乙基氯化铝、乙基二氯化铝）等。

阳离子聚合不能像自由基聚合那样可以双基终止，但可以发生转移反应而单分子终止。例如，阳离子活性增长链可以向反离子提供一个 $H^{\oplus}$，其与反离子结合形成配合物，后者与单体加成形成活性单体，而阳离子活性增长链终止为一个含不饱和端基的大分子。或者，阳离子活性增长链向单体夺取一个 $H^{\ominus}$，结果阳离子活性增长链终止为一个饱和大分子，单体则变为一个含阳离子的单体，其与反离子结合为活性单体。这两种过程都是在链转移发生的同时生成新的活性中心，因此并没有终止反应。

阳离子聚合的特点可总结为快引发、快增长、易转移、难终止。

5.3.2.2　阴离子型聚合反应

以阴离子为反应活性中心进行的离子型聚合为阴离子型聚合反应。以碱金属引发烯类的阴离子聚合反应为例，其反应过程为：

$$M\cdot + CH_2{=}\underset{\displaystyle X}{\underset{|}{CH}} \longrightarrow M^{\oplus\ominus}CH_2{-}\underset{\displaystyle X}{\underset{|}{CH}}\cdot \rightleftharpoons M^{\oplus\ominus}\underset{\displaystyle X}{\underset{|}{CH}}{-}CH_2\cdot$$

$$2M^{\oplus\ominus}\underset{\displaystyle X}{\underset{|}{CH}}{-}\dot{C}H_2 \longrightarrow M^{\oplus\ominus}\underset{\displaystyle X}{\underset{|}{CH}}{-}CH_2{-}CH_2{-}\underset{\displaystyle X}{\underset{|}{CH^{\ominus}}}\ M^{\oplus} \tag{5-6}$$

具有吸电子基的烯类单体原则上都可以进行阴离子聚合。吸电子基能使双键上电子云密度减少，有利于阴离子的进攻，并使形成的碳阴离子的电子云密度分散而稳定。具有π-π共轭体系的烯类单体才能进行阴离子聚合，如丙烯腈、（甲基）丙烯酸酯类、苯乙烯、丁二烯、异戊二烯等。这类单体的共振结构使阴离子活性中心稳定。虽有吸电子基而非π-π共轭体系的烯类单体则不能进行阴离子聚合，如氯乙烯、醋酸乙烯酯。这类单体的p-π共轭效应与诱导效应相反，削弱了双键电子云密度下降的程度，因而不利于阴离子聚合。

除了烯类外，羰基化合物、含氧三元杂环以及含氮杂环都有可能成为阴离子聚合的单体。

阴离子聚合引发剂是给电子体，即“亲核试剂”，属于碱类。按引发机理又可以分为电子转移引发和阴离子引发。较为常见的有活泼碱金属与金属有机化合物。碱金属（如金属钠）可以直接作用于单体，产生阴离子自由基，自由基偶合形成双端阴离子活性种，引发单体进行阴离子聚合，如式(5-6) 所示。

5.3.2.3　配位聚合

配位聚合（coordination polymerization）是由两种或两种以上的组分所构成的配位催化剂引发的链式加聚反应。在配位聚合中，单体首先与嗜电性金属配位形成 π 配合物。反应经过四中心的插入过程，包括两个同时进行的化学过程，一是增长链端阴离子对 C═C 双键 β 碳的亲核进攻，二是金属阳离子对烯烃 π 键的亲电进攻。反应属阴离子性质。配位聚合的反应过程如式(5-7) 所示。

$$\sim CH_2{-}\overset{\delta^-}{CH_2}\cdots\overset{\delta^+}{[Mt]} \longrightarrow \sim CH_2{-}\overset{\delta^-}{CH_2}\cdots\overset{\delta^+}{[Mt]} \longrightarrow \sim \underset{R}{CH}{-}CH_2{-}\underset{R}{CH}{-}\overset{\delta^-}{CH_2}\cdots\overset{\delta^+}{[Mt]} \tag{5-7}$$

（第一步中 [Mt] 下方虚框内为 $\underset{R}{CH}{=}CH_2$，箭头标注“空位”；第二步中为 $\underset{R}{CH}{=\!=}CH_2$，箭头标注“环状过渡状态”；第三步 [Mt] 下方为空虚框。）

Mt: 过渡金属

配位聚合的链增长过程，本质上是单体对增长链端配合物的插入反应。单体的插入反应有两种可能的途径：一种是不带取代基的一端带负电荷，与过渡金属相连接，称为一级插入。

$$\sim\sim\underset{\underset{R}{|}}{\overset{\delta^-}{CH}}-CH_2\cdots\overset{\delta^+}{[Mt]}+\underset{\underset{R}{|}}{CH}=CH_2\longrightarrow\sim\sim\underset{\underset{R}{|}}{CH}-CH_2-\underset{\underset{R}{|}}{\overset{\delta^-}{CH}}-CH_2\cdots\overset{\delta^+}{[Mt]}\tag{5-8}$$

另一种是带有取代基的一端带负电荷并与反离子相连，称为二级插入：

$$\sim\sim\overset{\delta^-}{CH_2}-\underset{\underset{R}{|}}{CH}\cdots\overset{\delta^+}{[Mt]}+CH_2=\underset{\underset{R}{|}}{CH}\longrightarrow\sim\sim CH_2-\underset{\underset{R}{|}}{CH}-\overset{\delta^-}{CH_2}-\underset{\underset{R}{|}}{CH}\cdots\overset{\delta^+}{[Mt]}\tag{5-9}$$

对于丙烯的配位聚合来说，一级插入得到全同聚丙烯，二级插入得到间同聚丙烯（关于聚合物的立构规整性概念，参看本书第 3 章 3.3.4 的内容）。全同立构和间同立构聚合物的侧基空间排列十分有规律，这种聚合物称为定向聚合物，能够制备定向聚合物的聚合反应称为定向聚合反应。因为高度立构规整性的聚合物与无规立构聚合物的物理力学性能有显著的差别（例如无规聚丙烯无实用价值，而有规聚丙烯则是性能优良的塑料），所以定向聚合反应具有重大的意义。配位聚合是定向聚合的主要方法。

配位聚合的引发剂（又称齐格勒-纳塔催化剂）是一种具有特殊定向效能的引发剂，一般由主引发剂与共引发剂两部分组成有效体系。主引发剂一般是指周期表中第ⅣB至Ⅷ族的过渡金属卤化物或金属有机配合物，如 $TiCl_4$、$TiCl_3$、$TiBr_4$、VCl_3 和 $ZrCl_4$ 等均可用作配位聚合引发剂的主引发剂，其中最常用的是 $TiCl_3$。共引发剂主要包括周期表中第ⅠA 到第ⅢA 族的金属烷基化合物（或氢化合物），最常用的烷基铝化合物有三乙基铝 $(C_2H_5)_3Al$、一氯二乙基铝 $(C_2H_5)_2AlCl$、倍半乙基铝 $(C_2H_5)_2AlCl \cdot (C_2H_5)AlCl_2$。

除了齐格勒-纳塔催化剂外，配位聚合的引发剂还有 π 烯丙基过渡金属型催化剂、烷基锂引发剂和茂金属引发剂。其中茂金属引发剂为新近发展的，可用于多种烯类单体的聚合，包括氯乙烯。

5.3.3 缩合聚合

很多重要的聚合物例如聚酰胺、聚酯、聚碳酸酯、酚醛树脂、脲醛树脂、醇酸树脂等都是通过缩聚反应合成的。许多带有芳杂环的耐高温聚合物，如聚酰亚胺、聚噁唑、聚噻吩等也是由缩聚反应制得。

缩聚反应的基本特点是反应发生在参与反应的单体所携带的官能团上，这类能发生逐步聚合反应的官能团有—OH、$—NH_2$、—COOH、酸酐、—COOR、—COCl、—H、—Cl、$—SO_3$、$—SO_2Cl$ 等。可供逐步聚合的单体类型很多（表 5-4），但必须都要具备同一基本特点：同一单体上必须带有至少两个可进行逐步聚合反应的官能团，当且仅当反应单体的官能团数等于或大于 2 时才能生成大分子。当参加缩聚反应的单体都含有两个官能团时，反应中形成的大分子向两个方向增长，得到线型分子的聚合物，此种缩聚反应称为线型缩聚反应，例如式(5-1) 的缩聚反应。如果参加缩聚反应的单体至少有一种含两个以上的官能团，反应中形成的大分子向 3 个方向增长，得到体型结构的高聚物，此种反应称为体型缩聚反应。酚醛树脂、脲醛树脂等就是按此类反应合成的。例如邻苯二甲酸酐和甘油（丙三醇）的反应：

$$x\ \text{C}_6\text{H}_4(\text{CO})_2\text{O} + y\text{HOCH}_2-\underset{\text{OH}}{\underset{|}{\text{CH}}}-\text{CH}_2\text{OH} \longrightarrow \cdots\text{O}-\text{CH}_2-\overset{\cdots\text{O}}{\overset{|}{\text{CH}}}-\text{CH}_2-\text{O}-\overset{\text{O}}{\overset{\|}{\text{C}}}-\text{C}_6\text{H}_4-\overset{\text{O}}{\overset{\|}{\text{C}}}-\text{O}-\cdots \tag{5-10}$$

影响缩聚产物分子量的主要因素来自 3 个方面：反应程度、单体配比以及缩合平衡反应状态。

（1）反应程度　反应程度表示在给定的时间内已参加反应的官能团数与原料官能团总数的比值。反应程度的最大值为 1。由于参加缩聚反应的单体是以官能团而不是以分子参加反应，而且反应又是逐步进行的，因此可以用化学或物理化学方法测定反应过程中未反应的官能团数目，从而计算反应程度，用统计方法得出缩聚产物的数均聚合度 $\overline{X}_n$，其与反应程度 P 的依赖关系为：

$$\overline{X}_n=\frac{1}{1-P} \tag{5-11}$$

即反应程度愈大，分子量愈大。为了达到较高的分子量，必须使反应程度达 0.99 以上，也就是说要得到较大分子量的缩聚物，必须要有足够长的反应时间。

表 5-4　逐步聚合常用的反应官能团及对应的单体

官能团	双官能团单体
醇—OH	乙二醇、丁二醇等
酚—OH	双酚 A
羧酸—COOH	己二酸、癸二酸、对苯二甲酸
酸酐—$(CO)_2O$	邻苯二甲酸酐、马来酸酐
酯—COOR	对苯二甲酸二甲酯
酰氯—COCl	光气 $COCl_2$、己二酰氯 $ClOC(CH_2)_4COCl$
胺—NH_2	己二胺、癸二胺、间苯二胺
异氰酸酯—N═C═O	苯二异氰酸酯、甲苯二异氰酸酯
醛—CHO	甲醛 HCHO、糠醛
活泼氢—H	甲酚

（2）单体配比　在二元酸和二元醇或二元胺缩聚反应时，一种组分过量会引起分子量降低，例如 1mol 的二元酸与 2mol 的二元胺或二元醇（即醇过量 100%）反应，则得到一个聚合度为 1.5 的酯。在缩聚反应中精确的官能团等当量比是十分重要的。羟基酸和氨基酸自身就存在着官能团等当量比，而用二胺和二酸制备聚酰胺时，则利用酸和胺中和成盐反应来保证两组分精确的等当量比。而涤纶树脂的生产却可以用酯交换反应来实现。

（3）平衡反应的影响　聚酯化反应、聚酰胺化反应都属于平衡缩聚反应，所以分子量不可能达到完全增长的程度。可见缩聚物的分子量与反应平衡有关。在平衡缩聚反应中要使反应朝向增大分子量的方向进行，必须将反应体系中的低分子产物尽量排除，如在缩聚反应中，要想制备平均聚合度为 100 的聚酯，在反应达到平衡状态时，体系中残存的水量应在 4.9×10^{-4} 左右；而酰胺化反应在 260℃下进行时，要得到平均聚合度为 100 的聚酰胺，体系中水的含量要低于 3×10^{-2}。提高反应温度有利于低分子产物的排除，使平衡向生成更高分子量产物的方向移动。

5.3.4 聚合实施方法

在聚合物的生产中，自由基聚合占有较大比重，其聚合实施方法可分为本体聚合、溶液聚合、悬浮聚合、乳液聚合 4 种。离子聚合亦可参照此 4 种方法划分。虽然不少单体可以采用上述 4 种方法进行聚合，但在实际生产中，则根据产品的性能要求和经济效果，只选用其中某种或几种方法来进行聚合。烯类单体进行自由基聚合采用上述 4 种方法时，其配方、聚合场所、聚合特征、生产特征、产物特征的比较见表 5-5。

表 5-5　四种聚合实施方法比较

项目	本体聚合	溶液聚合	悬浮聚合	乳液聚合
配方	单体 引发剂	单体 引发剂 溶剂	单体 引发剂 水、分散剂	单体 水溶性引发剂 水、乳化剂
聚合场所	本体内	溶液内	液滴内	胶束和乳胶粒内
聚合特征	遵循自由基聚合一般机理，提高速率往往使分子量降低	伴有向溶剂的链转移反应，一般分子量较低，速率也较低	遵循自由基聚合一般机理，提高速率往往使分子量降低	能同时提高聚合速率和分子量
生产特征	热不易散出，主要是间歇生产，设备简单，宜制板材和型材，分子量调节难	散热容易，可连续生产，不宜制成干燥粉状或粒状树脂，分子量调节容易	散热容易，间歇生产，须经分离、洗涤、干燥等工序，分子量调节难	散热容易，可连续生产，制成固体树脂时须经凝聚、洗涤、干燥等工序，分子量易调节
产物特征	聚合物纯净，易于生产透明、浅色制品，分子量分布宽	一般聚合液直接使用，分子量分布窄，分子量较低	比较纯净，可能留有少量分散剂，直接得到粒状产物，利于成型，分子量分布宽	聚合物留有少量乳化剂及其他助剂，用于对电性能要求不高的场合，乳液也可直接使用，分子量分布窄

5.3.4.1 本体聚合

不加其他介质，只有单体本身在引发剂或催化剂、热、光、辐射的作用下进行的聚合方法称作本体聚合。自由基聚合、离子聚合、缩聚都可选用本体聚合。聚酯、聚酰胺是熔融本体聚合的例子，丁钠橡胶的合成是阴离子本体聚合的典型例子。气态、液态、固态单体均可进行本体聚合，其中以液态单体的本体聚合最为重要。

工业中进行本体聚合的方法分为间歇法和连续法。生产中的关键问题是反应热的排除。烯类单体聚合热约为 15～20kcal/mol。聚合初期，转化率不高、体系黏度不大时，散热容易，但转化率增高（如 20%～30%）、体系黏度增大后，散热困难，加上凝胶效应，放热速率提高，若散热不良，轻则局部过热，使分子量分布变宽，最后影响到聚合物的物理力学性能；重则温度失调，引起爆聚。由于这一缺点，本体聚合在工业上应用受到一定限制，不如悬浮聚合和溶液聚合应用广泛。

本体聚合也有许多优点，主要在于其产品纯净，尤其是可制得透明制品，适于制板材、型材，工艺简单，如有机玻璃、聚苯乙烯型材制造。改进法采用两段聚合：第一阶段保持较低的转化率（10%～40%不等），这阶段体系黏度较低，散热容易，聚合可在较大的搅拌釜中进行；第二阶段进行薄层（如板状）聚合，或以较慢的速度进行。

5.3.4.2 溶液聚合

单体和催化剂溶于适当溶剂中进行聚合称为溶液聚合。自由基聚合、离子聚合、缩聚均可选用溶液聚合。酚醛树脂、脲醛树脂、环氧树脂等都是用溶液聚合制得的。

工业上广泛使用有机溶剂，如芳香烃、脂肪烃、酯类等。溶剂的性质及用量均能影响聚合反应的速率和高聚物的分子量与结构。因此，溶剂的选择是十分重要的。一般情况下，溶剂用量愈多，高聚物收率及分子量愈小。溶液聚合的优点是：溶液聚合体系黏度低，混合和传热容易，温度容易控制，此外，引发剂分散均匀，引发效率高。缺点是：由于单体浓度较低，溶液聚合进行较慢，设备利用率和生产能力低；单体的浓度低且活性大，分子链向溶剂链转移而导致聚合物分子量较低；溶剂回收费用高，除净聚合物中的微量溶剂较难。溶液聚合在定向聚合物、涂料、油墨、胶黏剂树脂合成领域应用较多。

5.3.4.3 悬浮聚合

悬浮聚合是指单体以小液滴状态悬浮在水中进行的聚合，故又称为珠状聚合。单体中溶有引发剂，一个小液滴就相当于本体聚合中的一个单元。从单体液滴转变为聚合物固体粒子，中间经过聚合物单体黏性粒子阶段。为了防止粒子相互黏结在一起，体系中必须加有分散剂（或称稳定剂）。因此悬浮聚合体系一般由单体、引发剂、水、分散剂4个基本组分组成。

因为悬浮聚合用的介质通常是水，要求单体与聚合产物几乎不溶于水，须采用难溶于水而易溶于单体的引发剂。悬浮聚合反应的机理与本体聚合相同。所要解决的关键问题就是单体的有效分散及暂时的稳定化，为阻止分散的微小液滴再度迅速聚结，形成有效分散，必须加入适当的分散稳定剂。用于悬浮聚合的分散剂大致有水溶性聚合物与难溶性无机粉末两类。

悬浮聚合有许多优点，主要是体系黏度低，聚合热容易通过介质由釜壁的冷却水带走，温度控制容易，产品分子量及其分布较稳定；产品的分子量比溶液聚合高，杂质含量比乳液聚合的产品少；因用水作介质，后处理工序比溶液聚合和乳液聚合简单，生产成本低，粒状树脂可直接成型加工。悬浮聚合的缺点主要是产品附有少量分散剂残留物，要生产透明和绝缘性能高的产品，需进行进一步纯化。

悬浮聚合在工业上被广泛应用。80%～85%的聚氯乙烯，全部苯乙烯型离子交换树脂母体，很大部分的聚苯乙烯、聚甲基丙烯酸甲酯等，都是采用悬浮聚合法生产的。悬浮聚合一般采用间歇操作。

5.3.4.4 乳液聚合

乳液聚合是指在乳化剂的作用下并借助于机械搅拌，使单体在水中分散成乳状液，由水溶性引发剂引发而进行的聚合反应。它的最简单配方由单体、水、水溶性引发剂、乳化剂四组分组成。在本体聚合、溶液聚合或悬浮聚合中，聚合加速，同时分子量往往降低。但在乳液聚合中，速率和分子量却可以同时提高。这是由于乳液聚合的机理不同于前三种聚合，控制产品质量的因素也不同。

在乳液聚合体系中，随乳化剂浓度增高，乳化剂从分子分散的溶液状态到开始形成胶束的转变浓度称为临界胶束浓度（CMC）。在乳液聚合中，乳化剂浓度约为CMC的100倍，因此大部分乳化剂分子处于胶束状态。在达到CMC时，单体在水中溶解度很低，形成液滴。表面吸附许多乳化剂分子，因此可在水中稳定存在。部分单体进入胶束内部，宏观上溶解度增加，这一过程称为增溶。增溶后，球形胶束的直径由4～5nm增大到6～10nm。乳液聚合体系中，存在胶束 $10^{17}\sim10^{18}$ 个/cm^3，单体液滴 $10^{10}\sim10^{12}$ 个/cm^3。另外还有少量溶于水中的单体。如图 5-6 所示。

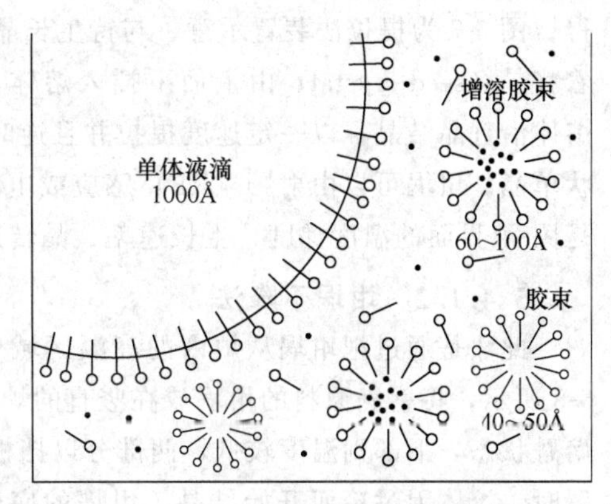

图 5-6 单体和乳化剂在水中分散示意
—o 乳化剂分子；• 单体分子

聚合中采用水溶性引发剂，不可能进入单体液滴。因此单体液滴不是聚合的场所。水相中单体浓度小，反应成聚合物则沉淀，停止增长，因此也不是聚合的主要场所。研究指出，乳液聚合中主要的聚合应发生在胶束中。胶束的直径很小，一个胶束内通常只能允许容纳一个自由基。但第二个自由基进入时，就将发生终止。前后两个自由基进入的时间间隔约为几十秒，链自由基有足够的时间进行链增长，因此分子量可较大。当胶束内进行链增长时，单体不断消耗，溶于水中的单体不断补充进来，单体液滴又不断溶解补充水相中的单体。因此，单体液滴越来越小、越来越少，而胶束粒子越来越大。

乳液聚合以水为介质，价廉安全，反应可在较低温下进行，传热和控制温度也容易；能在较高反应速率下，获得较高分子量的聚合物；由于反应后期高聚物乳液的黏度很低，因此可直接用来浸渍制品或作涂料、胶黏剂等。乳液聚合的缺点是：若需要固体产物时，则聚合后还需经过凝聚、洗涤、干燥等后处理工序，生产成本较悬浮法高；产品中留有乳化剂，难以完全除净，影响产品的电性能。

丁苯橡胶、丁腈橡胶等聚合物要求分子量高，产量大，工业生产力求连续化，这类高聚物几乎全部采用乳液聚合法生产。生产人造革用的糊状聚氯乙烯树脂也常用乳液法生产，其产量约占聚氯乙烯总产量的 15%～20%。此外，聚甲基丙烯酸甲酯、聚乙酸乙烯酯、聚四氟乙烯等均可采用乳液聚合法制备。

5.4 晶体生长技术

半导体工业和光学技术等领域常常用到单晶材料，这些单晶材料原则上可以由固态、液态（熔体或溶液）或气态生长而得。而液态方法是最常用的方法，它可分为熔体生长或溶液生长两大类，前者是通过让熔体达到一定的过冷而形成晶体，后者则是让溶液达到一定的过饱和而析出晶体。

5.4.1 熔体生长法

熔体生长法主要有提拉法、坩埚下降法、区熔法、焰熔法（又称维尔纳叶法）、液相外延法等。

5.4.1.1 提拉法

提拉法又称丘克拉斯基法（Czochralski method）或 CZ 法，至今已有近百年历史。此法是由熔体生长单晶的一个最主要的方法，适合于大尺寸完美晶体的批量生产。半导体锗、硅、砷化镓、氧化物单晶如钇铝石榴石、钆镓石榴石、铌酸锂等均用此方法生长而得。图 5-7 为提拉法装置示意。与待生长晶体相同成分的原料熔体盛放在坩埚中，籽晶杆带着籽晶（seed crystal）由上而下插入熔体，由于固-液界面附近的熔体维持一定的过冷度，熔体沿籽晶结晶，以一定速度提拉并且逆时针旋转籽晶杆，随着籽晶的逐渐上升，生长成棒状单晶。坩埚可以由射频（RF）感应或电阻加热。应用此方法时控制晶体品质的主要因素是固-液界面的温度梯度、生长速率、晶转速率以及熔体的流体效应等。

5.4.1.2 坩埚下降法

此法是通过把坩埚从炉内的高温区域下移到较低温度区域从而使熔体过冷结晶。如图 5-8 所示，将盛满原料的坩埚放在竖直的炉内，炉的上部温度较高，能使坩埚内的材料维持熔融状态，下部则温度较低，两部分以挡板隔开。当坩埚在炉内由上缓缓下降到炉内下部位置时，熔体因过冷而开始结晶。坩埚的底部形状多半是尖锥形，或带有细颈，便于优选籽晶，也有半球形状的以便于籽晶生长。最后所得晶体的形状与坩埚的形状一致。大的碱卤化合物及氟化物等光学晶体是用这种方法生长的。

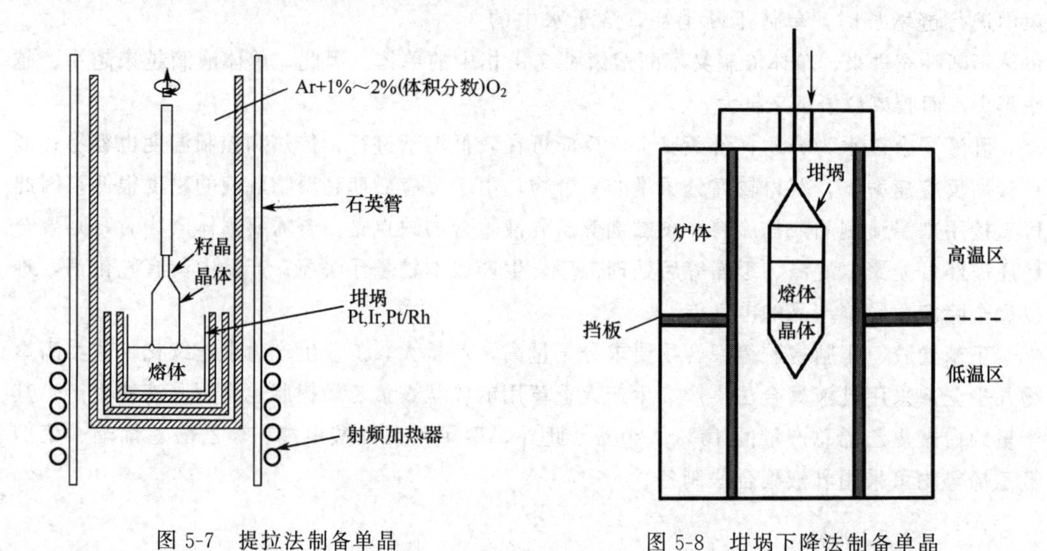

图 5-7 提拉法制备单晶

图 5-8 坩埚下降法制备单晶

5.4.1.3 区熔法

区熔法（zone melting method）的原理如图 5-9 所示，狭窄的加热体在多晶原料棒上移动，在加热体所处区域，原料变成熔体，该熔体在加热器移开后因温度下降而形成单晶。这样，随着加热体的移动，整个原料棒经历受热熔融到冷却结晶的过程，最后形成单晶棒。有时也会固定加热器而移动原料棒。这方法可以使单晶材料在结晶过程纯度很高，并且也能获得很均匀的掺杂。

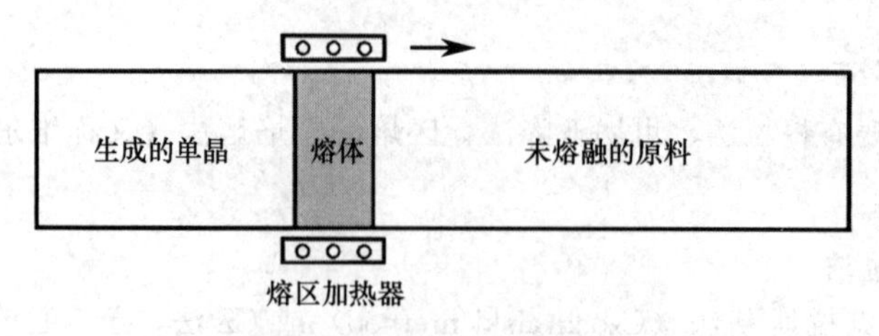

图 5-9 区熔法制备单晶

在一些化合物晶体如 CdTe 和 InP 的合成中，原料并非采用相应的多晶，而是通过单质在熔区发生反应形成化合物熔体。图 5-10 为 CdTe 单晶合成的示意。原料棒是以碲块包裹镉棒构成，在加热器所处区域，两种单质受热熔融并结合成 CdTe 熔体，原料棒下移，熔体离开加热器而过冷结晶，直到整根原料棒形成 CdTe 单晶棒。

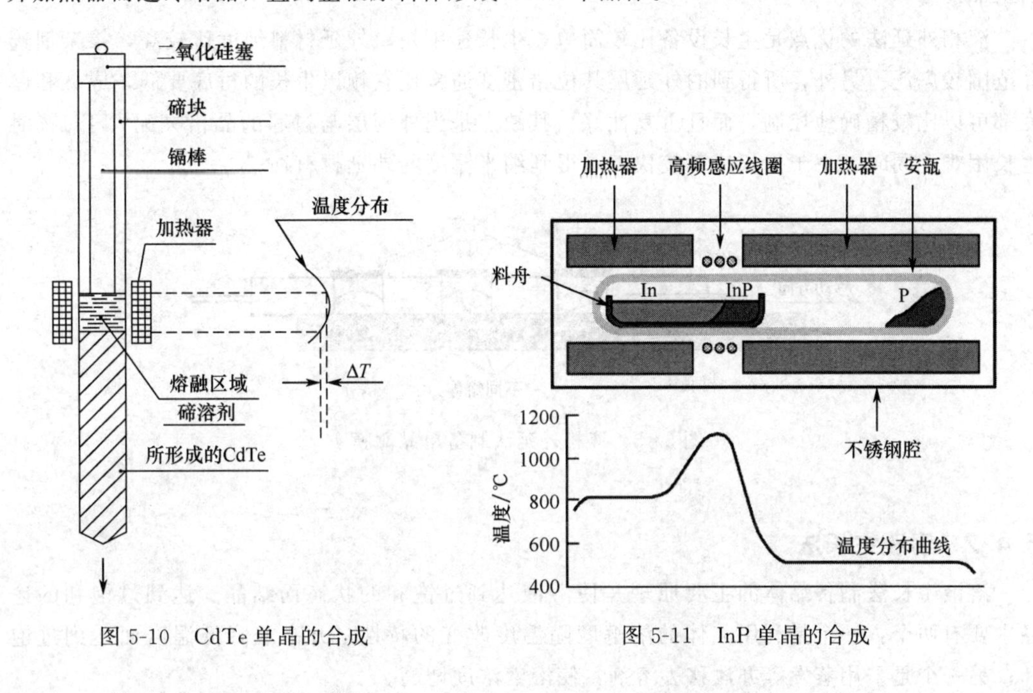

图 5-10 CdTe 单晶的合成

图 5-11 InP 单晶的合成

InP 单晶合成如图 5-11 所示。盛有铟的料舟置于密封的安瓿中，另一种原料磷粉则置于料舟之外、安瓿的末端。整个安瓿处于不锈钢高压腔中，其温度分布如图下方的曲线所示，料舟起始位置温度较高，但不足以使铟熔融。而处于高频感应线圈的部位温度最高，此处铟与磷蒸气结合形成 InP 熔体，该熔体离开高频线圈后因温度下降而结晶。

5.4.1.4 焰熔法

焰熔法是利用 H_2 和 O_2 燃烧的火焰产生高温，使粉体原料通过火焰撒下熔融，并落在一个结晶杆或籽晶的头部。由于火焰在炉内形成一定的温度梯度，粉料熔体落在一个结晶杆上就能结晶。如图 5-12 所示，料锤周期性地敲打装在料斗里的粉末原料，粉料经筛网及料斗中逐渐地往下掉。H_2 和 O_2 各自经入口在喷口处混合燃烧，将粉料熔融，并掉到结晶杆顶端的籽晶上。通过结晶杆下降，使落下的粉料熔体能保持同一高温水平而结晶。

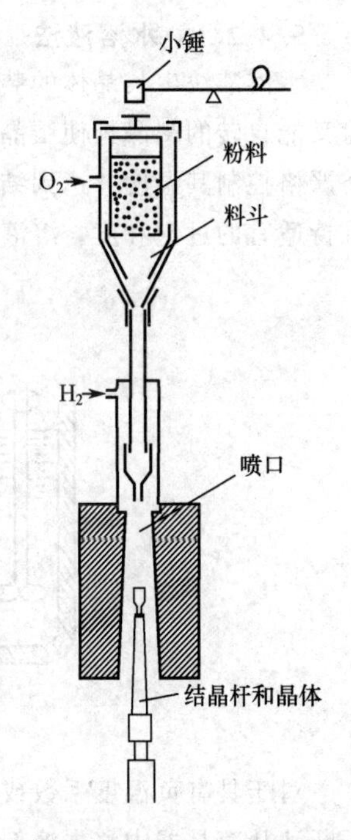

图 5-12 焰熔法制备单晶

焰熔法可以生长长达 1m 的晶体。此外，这个方法可用来制备熔点高达 2500℃的氧化物晶体。采用此法生长蓝宝石及红宝石，已有 80 多年的历史。另一个优点是不用坩埚，因此材料不受容器污染，并且可以生长。其缺点是生长的晶体内应力很大。

5.4.1.5　液相外延法

如图 5-13 所示，料舟中装有待沉积的熔体，移动料舟经过单晶衬底时，缓慢冷却在衬底表面成核，外延生长为单晶薄膜。在料舟中装入不同成分的熔体，可以逐层外延不同成分的单晶薄膜。

液相外延法的优点是生长设备比较简单，生长速率快，外延材料纯度比较高，掺杂剂选择范围较广泛。另外，所得到的外延层其位错密度通常比它赖以生长的衬底要低，成分和厚度都可以比较精确地控制，而且重复性好。其缺点是当外延层与衬底的晶格失配大于 1% 时生长困难。同时，由于生长速率较快，难得到纳米厚度的外延材料。

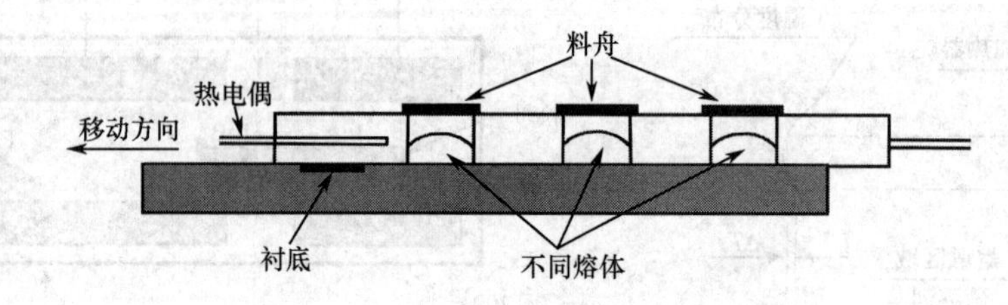

图 5-13　液相外延法制备单晶薄膜

5.4.2　溶液生长法

溶液生长法制备晶体的主要原理是使溶液达到过饱和的状态而结晶。达到过饱和的途径主要有两个：一个是利用晶体的溶解度随温度改变的特性，升高或降低温度而达到过饱和；另一个是采用蒸发等办法移去溶剂，使溶液浓度增高。

广泛的溶液生长包括水溶液、有机和其他无机溶液、熔盐和在水热条件下的溶液等。无机晶体通常用水作溶剂，而有机晶体则可采用丙酮、乙醇等有机溶剂。

5.4.2.1　水溶液法

水溶液法生长晶体的装置如图 5-14 所示，即所谓水浴育晶装置，它包括一个既保证密封又能自转的掣晶杆使结晶界面周围的溶液成分能保持均匀，在育晶器内装有溶液，通过水浴严格控制其温度并达到结晶。这个过程中必须掌握合适的降温速度，使溶液处于亚稳态并维持适宜的过饱和度。溶液生长单晶的关键是消除溶液中的微晶，并精确控制温度。

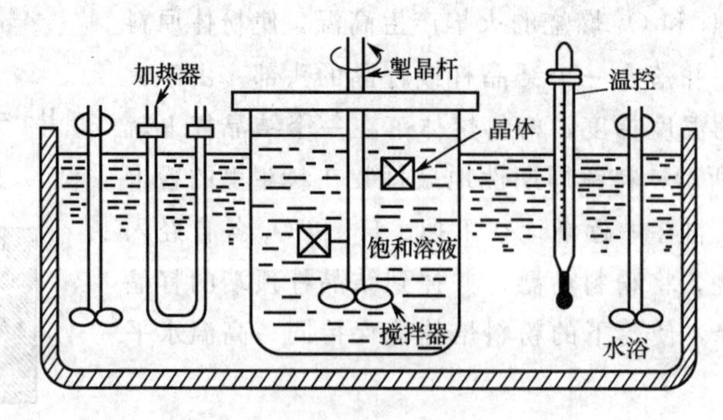

图 5-14　水溶液法生长晶体装置

对于具有负温度系数或其溶解度对温度不敏感的晶体材料，可以使溶液保持恒温，并且不断地从育晶器中移去溶剂而使晶体生长，这种结晶办法叫蒸发法。

5.4.2.2 水热法

水热法（hydrothermal method）是指在高压釜中，通过对反应体系加热加压（或自生蒸气压），创造一个相对高温、高压的反应环境，使通常难溶或不溶的物质溶解而达到过饱和进而析出晶体的方法。这个方法主要用来合成水晶，其他晶体如刚玉、方解石、蓝石棉以及很多氧化物单晶都可以用这个方法生成。水热法的装置如图 5-15 所示，关键设备是高压釜，它是由耐高温、高压的钢材制成，通过自紧式或非自紧式的密封结构使水热生长保持在 200～1000℃的高温及 1000～10000atm 的高压下进行。培养晶体所需的原材料放在高压釜内温度稍高的底部，而籽晶则悬挂在温度稍低的上部。由于高压釜内盛装一定充满度的溶液，更由于溶液上下部分的温差，下部的饱和溶液通过对流而被带到上部，进而由于温度低而形成过饱和析晶于籽晶上。被析出溶质的溶液又流向下部高温区而溶解培养料。水热合成就是通过这样的循环往复而生长晶体。

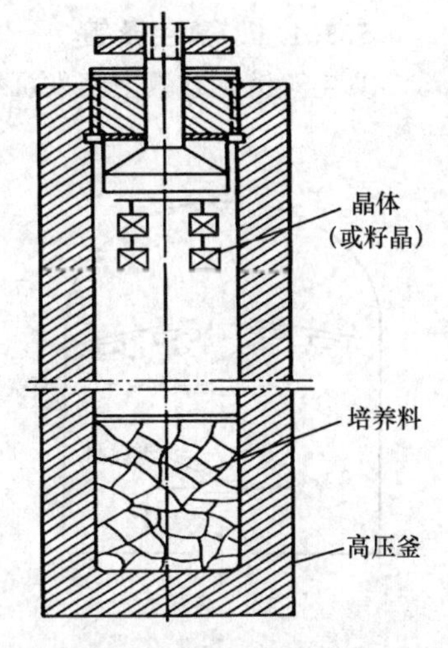

图 5-15 水热法生长晶体装置

利用水热法在较低的温度下实现单晶的生长，从而避免了晶体相变引起的物理缺陷。此外，水热法还广泛用于结晶粉体的制备，所得粉体晶粒发育完整、粒径很小且分布均匀、较低的团聚，同时，还容易得到合适的化学计量物和晶粒形态，可以使用较便宜的原料。由于水热法直接得到粉体，省去了高温煅烧和球磨，从而避免了杂质和结构缺陷等。

利用水热法，还可以在很低的温度下制取结晶完好的钙钛矿型化合物薄膜或厚膜，如 $BaTiO_3$、$SrTiO_3$、$BaFeO_3$ 等。

5.4.2.3 高温溶液生长法

高温溶液生长法是使用液态金属或熔融无机化合物作为溶剂，在高温下把晶体原材料溶解，形成均匀的饱和溶液，故又称熔盐法。通过缓慢降温或其他办法，形成过饱和溶液而析出晶体。原理上与一般的溶液生长晶体类似。很多高熔点的氧化物或具有高蒸气压的材料都可以用此方法来生长晶体。该方法的优点是相对于熔融法，其生长时所需的温度较低。此外对一些具有非同成分熔化（包晶反应）或由高温冷却时出现相变的材料，都可以用此方法长好晶体。早年的 $BaTiO_3$ 晶体及 $Y_3Fe_5O_{12}$ 晶体的成功生长，都是此方法的代表性实例。

高温溶液生长的典型温度在 1000℃左右，溶剂可以用液态的金属或熔融无机化合物，如 $BaTiO_3$ 可以用 KF 作溶剂、Fe_2O_3 可以用 $Na_2B_4O_7$ 作溶剂等。

5.5 气相沉积法

气相沉积法分为物理气相沉积法（physical vapor deposition，PVD）和化学气相沉积法（chemical vapor deposition，CVD），前者不发生化学反应，后者发生气相的化学反应。

5.5.1 物理气相沉积法

物理气相沉积法是利用高温热源将原料加热至高温，使之汽化或形成等离子体，然后在基体上冷却凝聚成各种形态的材料（如晶须、薄膜、晶粒等）。所用的高温热源包括电阻、电弧、高频电场或等离子体等，由此衍生出各种 PVD 技术，其中以阴极溅射法和真空蒸镀较为常用。

5.5.1.1 真空蒸镀

真空蒸镀，或真空蒸发沉积法（vacuum evaporation depostion），是在真空条件下通过加热蒸发某种物质使其沉积在固体表面。此技术最早由 M. 法拉第于 1857 年提出，现代已成为常用镀膜技术之一，用于电容器、光学薄膜、塑料等的真空蒸镀沉积膜等领域。例如光学镜头表面的减反增透膜一般用真空蒸镀制造。

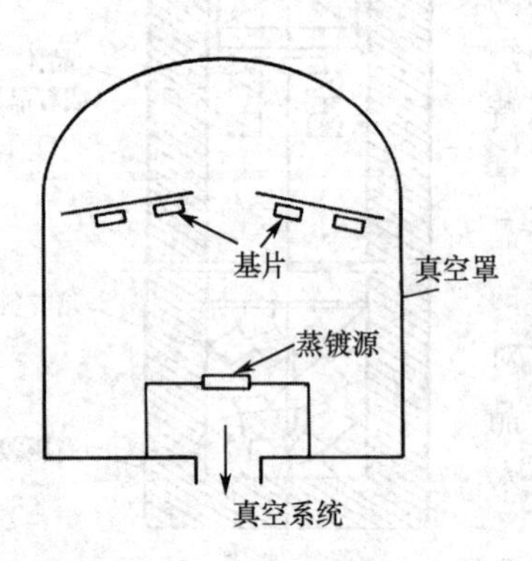

图 5-16 真空蒸镀的设备结构示意

真空蒸镀的设备结构如图 5-16 所示。蒸发物质如金属、化合物等置于坩埚内或挂在热丝上作为蒸发源，待镀工件如金属、陶瓷、塑料等基片置于坩埚前方。待系统抽至高真空后，加热坩埚使其中的物质蒸发。蒸发物质的原子或分子以冷凝方式沉积在基片表面。薄膜厚度可由数百埃至数微米。膜厚决定于蒸发源的蒸发速率和时间（或决定于装料量），并与源和基片的距离有关。对于大面积镀膜，常采用旋转基片或多蒸发源的方式以保证膜层厚度的均匀性。从蒸发源到基片的距离应小于蒸气分子在残余气体中的平均自由程，以免蒸气分子与残余气体分子碰撞引起化学作用。蒸气分子平均动能约为 0.1～0.2eV。

蒸发手段有 3 种类型。一是电阻加热，用难熔金属如钨、钽制成舟箔或丝状，通以电流，加热在它上方的或置于坩埚中的蒸发物质。电阻加热源主要用于蒸发 Cd、Pb、Ag、Al、Cu、Cr、Au、Ni 等材料。二是用高频感应电流加热坩埚和蒸发物质。三是用电子束轰击材料使其蒸发，适用于蒸发温度较高（不低于 2000℃）的材料。

蒸发镀膜与其他真空镀膜方法相比，具有较高的沉积速率，可镀制单质和不易热分解的化合物膜。使用多种金属作为蒸镀源可以得到合金膜，也可以直接利用合金作为单一蒸镀源，得到相应的合金膜。

5.5.1.2 阴极溅射法

阴极溅射法（cathode sputtering）又称溅镀，它是利用高能粒子轰击固体表面（靶材），使得靶材表面的原子或原子团获得能量并逸出表面，然后在基片（工件）的表面沉积形成与靶材成分相同的薄膜。常用的二极溅射设备如图 5-17 所示。通常将欲沉积的材料制成板材作为靶，固定在阴极上，待镀膜的工件置于正对靶面的阳极上，距靶几厘米。系统抽至高真空后充入 1～10Pa 的惰性气体（通常为氩气），在阴极和阳极间加几千伏电压，两极间即产生辉光放电。放电产生的正离子在电场作用下飞向阴极，与靶表面原子碰撞，受碰撞从靶面逸出的靶原子称为溅射原子，其能量在 1eV 至几十电子伏特范围。溅射原子在工件表面沉积成膜。

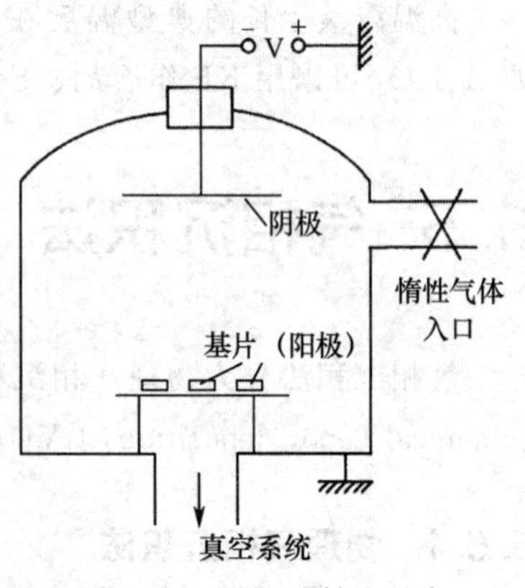

图 5-17 阴极溅射法示意

阴极溅射法中，溅射的原子有大的能量，初始原子撞击基质表面即进入几个原子层深度，这有助于薄膜层与基质间的良好附着力。溅射法的另一个优点是可以改变靶材料产生多种溅射原子，并不破坏原有系统，因此可以形成多层薄膜。

溅射法广泛应用在诸如由元素硅、钛、铌、钨、铝、金和银等形成的薄膜，也可以用于形成包括耐火材料，如碳化物、硼化物和氮化物在金属工具表面形成薄膜，以及形成软的润滑膜如硫化钼，还用于光学设备上防太阳光氧化物薄膜等。相似的设备也可以用于非导电的有机高分子薄膜的制备。

溅镀的缺点是靶材的制造受限制、析镀速率低等。

阴极溅射法中又有高频溅镀和磁控溅镀两种技术。

(1) 高频溅镀（RF sputtering） 如果镀膜为绝缘体，则由于目标表面带正电位，因而造成靶材表面与阳极的电位差消失，不会持续放电，无法产生辉光放电效应，这时可采用高频溅射法。基片装在接地的电极上，绝缘靶装在对面的电极上。高频电源一端接地，一端通过匹配网络和隔直电容器接到装有绝缘靶的电极上。接通高频电源后，高频电压不断改变极性。等离子体中的电子和正离子在电压的正半周和负半周分别打到绝缘靶上。由于电子迁移率高于正离子，绝缘靶表面带负电，在达到动态平衡时，靶处于负的偏置电位，从而使正离子对靶的溅射持续进行。图 5-18 为高频溅镀系统示意。

(2) 磁控溅镀（magnetron sputtering） 对于磁性膜的溅镀，可在溅射装置中附加与电场垂直的磁场，以提高溅射速度，这就是磁控溅镀。例如 CoPt 磁性薄膜的制备通常就是采用磁控溅镀的。在高真空充入适量的氩气，在阴极（柱状靶或平面靶）和阳极（镀膜基片）之间施加几百千伏直流电压，在镀膜室内产生磁控型异常辉光放电，使氩气发生电离。氩离子被阴极加速并轰击阴极靶表面，将靶材表面原子溅射出来沉积在基底表面上形成薄膜。通过更换不同材质的靶和控制不同的溅射时间，便可以获得不同材质和不同厚度的薄膜。磁控溅镀可使沉积速率比非磁控溅射提高近一个数量级，并具有镀膜层与基材的结合力强，镀膜层致密、均匀等优点。

图 5-19 为磁控溅镀的一个实例，其中用来提供磁场的磁铁放置在靶材背面。

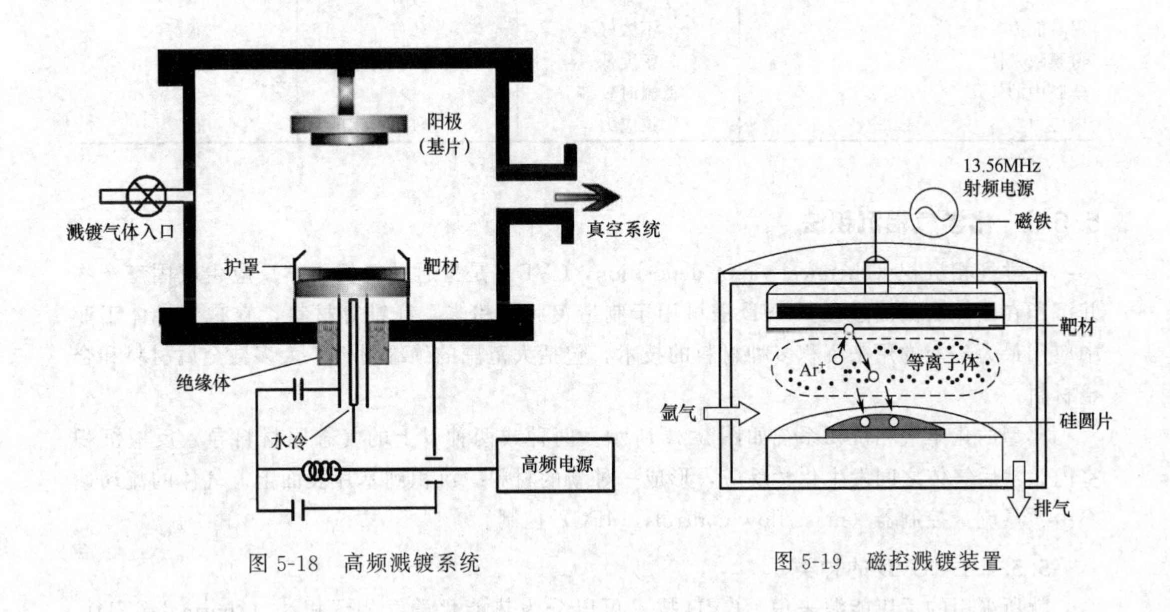

图 5-18 高频溅镀系统

图 5-19 磁控溅镀装置

5.5.1.3 离子镀

离子镀（ion plating）就是蒸发物质的分子被电子碰撞电离后以离子沉积在固体表面。它是真空蒸镀与阴极溅射技术的结合。离子镀系统如图5-20所示，将基片台作为阴极，外壳作阳极，充入工作气体（氩气等惰性气体）以产生辉光放电。从蒸发源蒸发的分子通过等离子区时发生电离。正离子被基片台负电压加速打到基片表面。未电离的中性原子（约占蒸发料的95%）也沉积在基片或真空室壁表面。电场对离子化的蒸气分子的加速作用（离子能量约几百至几千电子伏特）和氩离子对基片的溅射清洗作用，使膜层附着强度大大提高。离子镀工艺综合了蒸发（高沉积速率）与溅射（良好的膜层附着力）工艺的特点，并有很好的绕射性，可为形状复杂的工件镀膜。另外，离子镀改善了其他方法所得到的薄膜在耐磨性、耐摩擦性、耐腐蚀性等方面的不足。

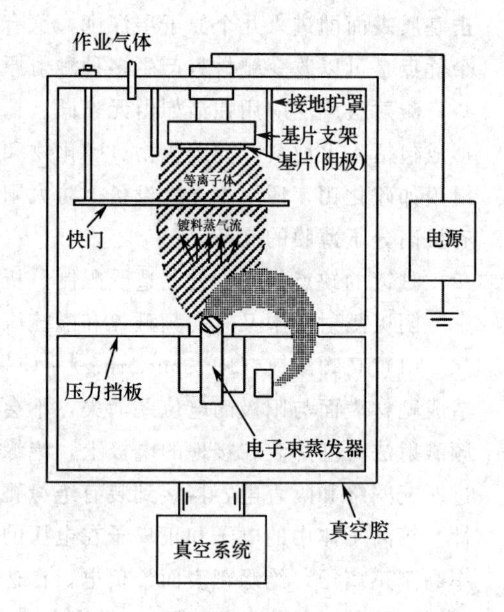

图5-20 离子镀系统示意

真空蒸镀、溅镀、离子镀是PVD法的3种主要镀膜方式，表5-6对这3种方式进行了比较。

表5-6 真空蒸镀、溅镀、离子镀的比较

比较项目	真空蒸镀	溅镀	离子镀
压强/×133Pa	10^{-6}～10^{-5}	0.02～0.15	0.005～0.02
粒子能量/eV			
（中性）	0.1～1	1～10	0.1～1
（离子）	—	—	数百到数千
沉淀速率/（μm/min）	0.1～70	0.01～0.5	0.1～50
绕射性	差	较好	好
附着能力	不太好	较好	很好
薄膜致密性	密度低	密度高	密度高
薄膜中的气孔	低温时较多	少	少
内应力	拉应力	压应力	压应力

5.5.2 化学气相沉积法

化学气相沉积（chemical vapor deposition，CVD）是指通过气相化学反应生成固态产物并沉积在固体表面的过程。CVD法可用于制造覆膜、粉末、纤维等材料，它是半导体工业中应用最为广泛的用来沉积多种材料的技术，包括大范围的绝缘材料、大多数金属材料和合金材料。

典型的化学气相沉积系统如图5-21所示。两种或两种以上的气态原材料导入反应沉积室内，然后气体之间发生化学反应，形成一种新的材料，沉积到基片表面上。气体的流动速率由质量流量控制器（mass flow control，MFC）控制。

5.5.2.1 CVD的种类

就所采用的反应能源来说，CVD技术可以分为热能化学气相沉积法（thermal CVD）、

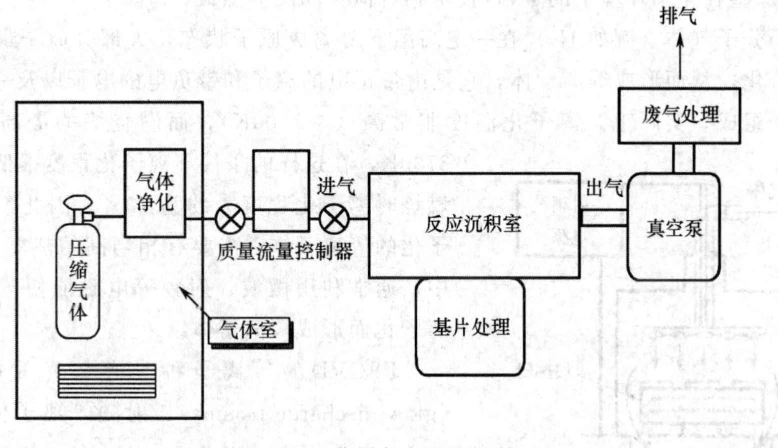

图 5-21　化学气相沉积系统

等离子体增强化学气相沉积法（plasma-enhanced CVD，PECVD）和光化学气相沉积法（photo CVD，PHCVD）。如按照气体压力大小，则可以分为常压化学气相沉积法（APCVD）、低压化学气相沉积法（LPCVD）、亚常压化学气相沉积法（SACVD）、超高真空化学气相沉积法（UHCVD）等。

（1）热能化学气相沉积法（热 CVD）　热 CVD 是利用热能引发化学反应，反应温度通常高达 800～2000℃。热 CVD 的加热方式包括电阻加热器、高频感应、热辐射、热板加热器等，也有几种加热方式相结合的。用于热 CVD 的反应器有两种基本类型，即热壁反应器（hot-wall reactor）和冷壁反应器（cold-wall reactor）。

热壁反应器如图 5-22(a) 所示，它实际上是一个等温炉，通常用电阻丝加热。把待涂覆的工件置于反应器内，温度升至设定值，然后通入反应气体，反应产物沉积在工件上。这种反应器通常较大，可以一次涂覆数百个部件。除了图中的水平式，热壁式反应器也可以造成垂直式。

冷壁反应器如图 5-22(b) 所示，使用高频感应或热辐射对工件直接加热，而反应器的其他部位保持较低温度。很多 CVD 反应是吸热的，反应产物优先在温度最高的地方（也就是工件）上沉积，而保持较低温度的反应器壁则不被涂覆。

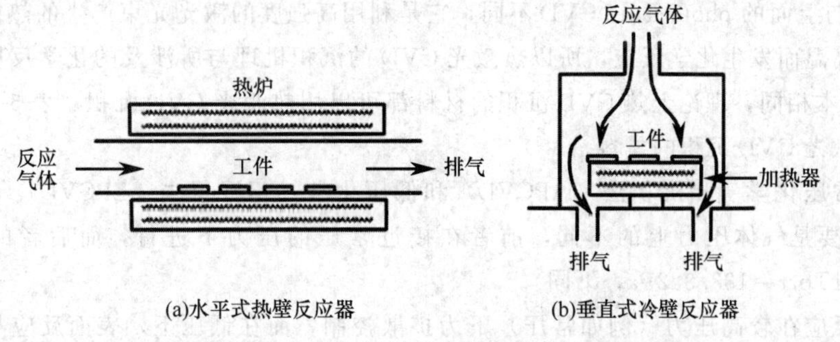

图 5-22　CVD 热壁反应器和冷壁反应器

（2）等离子体增强化学气相沉积法（PECVD）　热 CVD 使用热能激发化学反应，沉积温度通常较高。而 PECVD 则是利用等离子体激发化学反应，可以在较低温度下沉积。PECVD 包含了化学和物理过程，可以认为是连接 CVD 和 PVD 的桥梁。就这点来说，

PECVD 与那些在化学环境下的 PVD 技术相类似，如反应溅镀。

双原子分子气体（例如 H_2）在一定高温下解离成原子状态，大部分原子最后都失去电子而被离子化，从而形成等离子体，它是由带正电的离子和带负电的电子以及一些未离子化的中性原子组成。实际上，离子化温度非常高（＞5000K），而燃烧焰的最高温度大约为3700K，在这样的条件下离子化程度很低，例如氢气燃烧时离子化程度大约为10%。因此，要形成高离子化的等离子体，需要有相当高的热能。在 PECVD 中，通常利用微波、射频等电磁能使气体分子完全离子化而形成等离子体。

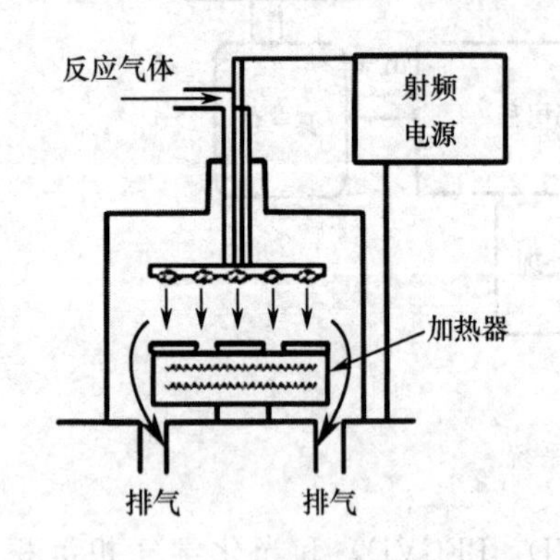

图 5-23　平行板式 CVD 等离子体反应器

PECVD 的等离子种类有辉光放电等离子体（glow-discharge plasma）、射频等离子体（RF plasma）、电弧等离子体（arc plasma）。辉光放电等离子体是在较低压力下利用高频电磁场（例如频率为2.45GHz 的微波）下形成，电功率为 1～100kW。RF 等离子体则是在 13.56MHz 的射频场作用下产生。图 5-23 的 CVD 等离子体反应器就是采用 RF 等离子体，其中含有一组平行放置的电极板，属于冷壁反应器。电弧等离子体采用的频率较低（约 1MHz），但需要的电功率很大（1～20MW）。

PECVD 的优点是工件的温度较低，因此其蒸镀反应为平衡性，可消除应力，同时其反应速率较高。其缺点是无法沉积高纯度的材料。而由于温度较低，反应产生的气体不易脱附。另外，等离子体和生长的镀膜相互作用可能会影响生长速率。

（3）光化学气相沉积法（PHCVD）　PHCVD 是利用紫外线照射反应物，利用光能使分子中的化学键断裂而发生化学反应，沉积出特定薄膜。该方法的缺点是沉积速率慢，因而其应用受到限制。

除了普通光源外，PHCVD 也有采用激光作为光源的，从原理上来说，仍然是利用分子吸收光能后变成激发态而发生反应，这种技术有人称为光激光化学气相沉积法（photo-laser CVD）。

（4）热激光化学气相沉积法（thermal-laser CVD）　热激光化学气相沉积法（下称热激光 CVD）与上面的 photo-laser CVD 不同，它是利用高强度的激光光束产生的热能，使受照部位产生高温而发生化学反应，所以热激光 CVD 的沉积机理与所涉及的化学反应与传统的热 CVD 基本相同，理论上热 CVD 沉积的材料都可以用热激光 CVD 沉积。表 5-7 列出了几种利用热激光 CVD 沉积的材料。

（5）常压化学气相沉积法（APCVD）和低压化学气相沉积法（LPCVD）　APCVD 与 LPCVD 主要是气体压力上的不同，前者在接近常压的压力下进行，而后者的压力低于100Torr（1Torr＝133.322Pa，下同）。

气相反应在较高压力（例如常压）下为扩散控制，而在低压下，表面反应是决定性因素，因此 LPCVD 可以沉积出均匀的、覆盖能力较佳的、质量较好的薄膜。但沉积速度较 APCVD 慢。APCVD 在气压接近常压下进行，分子间的碰撞频率很高，因而沉积速度极快，但容易产生微粒。由于是在接近常压下进行，APCVD 的设备较简单、经济。为了减少微粒的生成，可充入惰性气体以减小反应气体的分压。

除了 APCVD 和 LPCVD 外，还有超高真空化学气相沉积法（UHCVD），压力低至 10^{-5} Torr，用来沉积硅锗之类的半导体材料和一些光电材料。优点是可以更好地控制沉积结构和减少杂质。

表 5-7　利用热激光 CVD 沉积的一些材料及反应条件

沉积材料	反应物	压力	激光/nm
Al	$Al_2(CH_3)_6$	10 Torr	Kr (476～647)
C	C_2H_2，C_2H_6，CH_4		Ar-Kr (488～647)
Cd	$Cd(CH_3)_2$	10 Torr	Kr (476～647)
GaAs	$Ga(CH_3)_3$，AsH_3		Nd：YAG
Au	$AuC_5H_7O_2$	1 Torr	Ar
InO	$(CH_3)_3In$，O_2		ArF
Ni	$Ni(CO)_4$	350 Torr	Kr (476～647)
Pt	$Pt[CF(CF_3COCHCOCF_3)]_2$		Ar
Si	SiH_4，Si_2H_6	1 atm	Ar-Kr (488～647)
SiO_2	SiH_4，N_2O	1 atm	Kr (531)
Sn	$Sn(CH_3)_4$		Ar
SnO_2	$(CH_3)_2SnCl_2$，O_2	1 atm	CO_2
W	WF_6，H_2	1 atm	Kr (476～531)
$YBa_2Cu_3O_x$	卤化物		受激准分子激光器

5.5.2.2　CVD 的化学反应类型

CVD 所涉及的化学反应主要有热分解、氢还原、金属还原、氧化、水解、碳化和氮化等反应。

(1) 热分解反应（thermal-decomposition）　在热分解反应中，化合物分子吸收热能而分解成单质或较小的化合物分子。这类反应通常只需要一种气体反应物，所以在 CVD 中是最简单的反应类型。根据反应物的不同，热分解反应可以分成以下几种。

① 氢化物热分解　例如石墨、金刚石和其他碳的同素异形体可以通过烃类热解得到：

$$CH_4(g) \longrightarrow C(s) + 2H_2(g) \tag{5-12}$$

反应温度为 800～1000℃。单质硅、硼和磷也可通过相应的氢化物热分解得到：

$$SiH_4(g) \longrightarrow Si(s) + 2H_2(g) \tag{5-13}$$

$$B_2H_6(g) \longrightarrow 2B(s) + 3H_2(g) \tag{5-14}$$

$$2PH_3(g) \longrightarrow 2P(s) + 3H_2(g) \tag{5-15}$$

二元化合物可通过两种氢化物共同热分解得到，例如：

$$B_2H_6 + 2PH_3 \longrightarrow 2BP + 6H_2 \tag{5-16}$$

② 卤化物热分解　一些金属沉积物可以通过其卤化物热分解获得，例如钨和钛的沉积：

$$WF_6(g) \longrightarrow W(s) + 3F_2(g) \tag{5-17}$$

$$TiI_4(g) \longrightarrow Ti(s) + 2I_2(g) \tag{5-18}$$

③ 羰基化合物热分解　金属羰基化合物受热释放出一氧化碳并得到金属单质，例如：

$$Ni(CO)_4(g) \longrightarrow Ni(s) + 4CO(g) \tag{5-19}$$

④ 烷氧化物热分解

$$Si(OC_2H_5)_4 \xrightarrow{740℃} SiO_2 + 4C_2H_4 + 2H_2O \tag{5-20}$$

$$2Al(OC_3H_7)_3 \xrightarrow{420℃} Al_2O_3 + 6C_3H_6 + 3H_2O \tag{5-21}$$

⑤ 金属有机化合物与氢化物体系的热分解

$$Ga(CH_3)_3 + AsH_3 \xrightarrow{630\sim675℃} GaAs + 3CH_4 \tag{5-22}$$

$$Zn(C_2H_5)_2 + H_2Se \xrightarrow{725\sim750℃} ZnSe + 2C_2H_6 \tag{5-23}$$

（2）氢还原反应（hydrogen reduction） 主要是利用氢气将一些元素从其卤化物中还原出来，例如：

$$WF_6(g) + 3H_2(g) \longrightarrow W(s) + 6HF(s) \tag{5-24}$$

$$SiCl_4(g) + 2H_2(g) \longrightarrow Si(s) + 4HCl(g) \tag{5-25}$$

$$2BCl_3(g) + 3H_2(g) \longrightarrow 2B(s) + 6HCl(g) \tag{5-26}$$

$$CrCl_2(g) + H_2(g) \longrightarrow Cr(s) + 2HCl(g) \tag{5-27}$$

相对于沉积相同产物的其他反应来说，氢还原所需的温度通常较低，这是它的一个主要优势。氢还原广泛应用于过渡金属从其卤化物中沉积出来，特别是第ⅤB族的钒、铌、钽和第ⅥB族的铬、钼、钨。而第ⅣB族的钛、锆、铪其卤化物较稳定，因此较难进行氢还原。

非金属元素（如硅和硼）卤化物的氢还原则是半导体和高强度纤维制造中的主要手段。

除了单质材料外，氢还原还可用于二元化合物的沉积，如碳化物、氮化物、硼化物、硅化物等，反应物采用相应的两种卤化物，同时被氢还原然后生成化合物。例如二硼化钛的沉积：

$$TiCl_4(g) + 2BCl_3(g) + 5H_2(g) \longrightarrow TiB_2(s) + 10HCl(g) \tag{5-28}$$

（3）金属还原反应（metal reduction） 如前所述，第ⅣB族的钛、锆、铪较难通过氢还原得到。而采用锌、镉、镁等金属单质作为还原剂则较容易实现。表5-8列出了一些金属氯化物的标准生成自由能（$\Delta G_f^\ominus$），可见这些金属氯化物的 $\Delta G_f^\ominus$ 均比氯化氢更负，因此，用这些金属作为还原剂比氢更有效，可以还原钛、锆、铪等。例如用金属镁从四氯化钛中还原出金属钛：

$$TiCl_4(g) + 2Mg(s) \longrightarrow Ti(s) + 2MgCl_2(g) \tag{5-29}$$

作为气相反应，反应温度应该在金属还原剂的沸点以上，表中所列金属沸点最高的是镁，为1107℃，一般的热CVD都可达到该温度。

以金属作还原剂时，生成副产物氯化物的排放也要考虑。氯化钾和氯化钠的沸点在1400℃以上，挥发性较差，因此钾和钠作还原剂时需要较高的反应温度。另外这两种碱金属的还原性太高，反应不好控制。就这两点来说，钾和钠不太适合作为还原剂使用。而锌是最常用的还原剂金属，因为卤化锌有较好的挥发性，卤化物共沉积的机会较小。碘化锌的挥发性在卤化锌中最好，因此采用碘化物作为前驱体效果更佳。例如锌还原钛的反应如下：

$$TiI_4(g) + 2Zn(s) \longrightarrow Ti(s) + 2ZnI_2(g) \tag{5-30}$$

表5-8 一些金属的熔点、沸点及其氯化物在各种温度下的标准生成自由能

还原剂	熔点/℃	沸点/℃	氯化物	氯化物的标准生成自由能/（kJ/mol）			
				425℃	725℃	1025℃	1325℃
H_2			HCl	−98	−100	−102	−104
Cd	320	765	$CdCl_2$	−264	−241	−192	−164
Zn	419	906	$ZnCl_2$	−307	−264	−262	−254
Mg	650	1107	$MgCl_2$	−528	−482	−435	−368
Na	97	892	NaCl	−223	−238	−241	229
K	631	760	KCl	−369	−341	−295	

（4）氧化反应（oxidation） 氧化反应是CVD沉积氧化物的重要反应。氧化剂可采用氧气或二氧化碳，例如沉积二氧化硅可采用下面几个反应：

$$SiCl_4(g) + O_2(g) \longrightarrow SiO_2(s) + 2Cl_2(g) \tag{5-31}$$

$$SiH_4(g) + O_2(g) \longrightarrow SiO_2(s) + 2H_2(g) \tag{5-32}$$

$$SiCl_4(g) + 2CO_2(g) + 2H_2(g) \longrightarrow SiO_2(s) + 4HCl(g) + 2CO(g) \tag{5-33}$$

最近，臭氧 O_3 也被用作沉积二氧化硅，作为氧化剂效果很好。一般所用的臭氧都是通过在氧气中进行光晕放电原位生成。

(5) 水解反应 (hydrolysis) 水解反应是另一个生成氧化物的重要反应。例如卤化物水解形成氧化物和卤化氢：

$$SiCl_4(g) + 2H_2O(g) \longrightarrow SiO_2(s) + 4HCl(g) \tag{5-34}$$

$$TiCl_4(g) + 2H_2O(g) \longrightarrow TiO_2(s) + 4HCl(g) \tag{5-35}$$

$$2AlCl_3(g) + 3H_2O(g) \longrightarrow Al_2O_3(s) + 6HCl(g) \tag{5-36}$$

(6) 碳化 (carbidization) 和氮化 (nitridation) 所谓碳化是指碳化物的沉积，一般是用卤化物与烃类（如甲烷）反应，例如碳化钛的沉积：

$$TiCl_4(g) + CH_4(g) \longrightarrow TiC(s) + 4HCl(g) \tag{5-37}$$

氮化则是指氮化物的沉积，前驱体可采用卤化物，例如氮化钛的沉积反应：

$$4Fe(s) + 2TiCl_4(g) + N_2(g) \longrightarrow 2TiN(s) + 4FeCl_2(g) \tag{5-38}$$

通过氨解反应 (ammonolysis) 也可以沉积氮化物。氨的生成自由能为正值，因此在CVD反应中，其平衡反应基本偏向生成氮气和氢气，后两者作为反应剂与卤化物反应生成氮化物。例如半导体工业中普遍采用的CVD沉积氮化硅，总的反应如下：

$$3SiCl_4(g) + 4NH_3(g) \longrightarrow Si_3N_4(s) + 12HCl(g) \tag{5-39}$$

5.5.2.3 化学气相输运

气相输运 (vapour phase transport) 技术就是在一定条件下把材料转变成挥发性的中间体，然后改变条件使原来的材料重新形成。该技术可以用于材料的提纯、单晶的气相生长和薄膜的气相沉积等，也可用于新化合物的合成。气相输运过程如图 5-24 所示，源区的固态物质 A 在温度 T_2 下与气体 B 反应，生成气体 AB，后者在温度为 T_1 的沉积区沉积出来，从而达到提纯、改变形态（单晶或薄膜）等目的。其反应过程如式 (5-40) 所示。

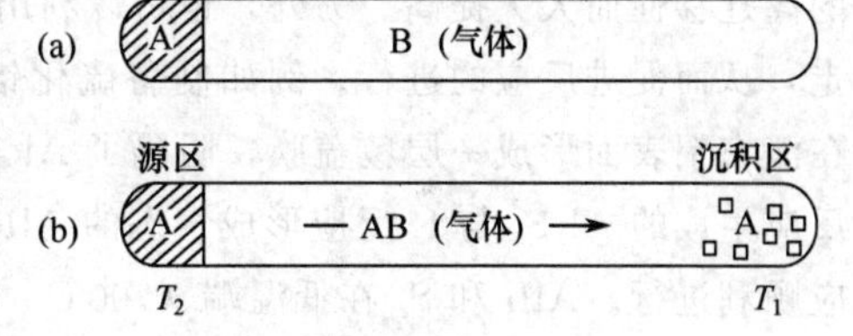

图 5-24 化学气相输运示意

(a) 装有固态物质 A 和气体 B 的玻璃管；
(b) 把源区和沉积区温度分别调节为 T_2 和 T_1，输运过程开始

$$A(s) + B(g) \underset{T_1}{\overset{T_2}{\rightleftharpoons}} AB(g) \tag{5-40}$$

例如采用氧气作为输运气体，对金属铂进行输运沉积：

$$Pt(s) + O_2 \underset{<1200℃}{\overset{>1200℃}{\rightleftharpoons}} PtO_2(g) \tag{5-41}$$

在高于 1200℃ 时 Pt 与 O_2 反应生成 PtO_2 蒸气，后者扩散到较低温度区域时沉积出来。

一些化合物的输运有两种挥发性中间体，例如 ZnSe 的输运沉积：

$$ZnSe(s) + I_2(g) \underset{T_1=830℃}{\overset{T_2=850℃}{\rightleftharpoons}} ZnI_2(g) + \frac{1}{2}Se_2(g) \tag{5-42}$$

利用 HCl 作输运气体可以对 Cu 和 Cu_2O 进行分离：

$$Cu(s) + HCl(g) \underset{500℃}{\overset{600℃}{\rightleftharpoons}} CuCl(g) + \frac{1}{2}H_2(g) \tag{5-43}$$

$$Cu_2O(s) + 2HCl(g) \underset{900℃}{\overset{500℃}{\rightleftharpoons}} 2CuCl(g) + H_2(g) \tag{5-44}$$

由于从 Cu_2O 生成 CuCl 为放热反应，而从 Cu 生成 CuCl 为吸热反应，因此 Cu_2O 在较高温度处沉积，而 Cu 则在较低温度处沉积。

气相输运技术也可以用于新化合物的合成，即利用输运气体 B 在 T_2 温度下把固态反应物变为气态中间体 AB，然后在温度 T_1 再与另一反应物 C 反应，生成新化合物，其反应过程可描述为：

$$\begin{aligned} &T_2\text{ 温度下：}\quad A(s) + B(g) \rightleftharpoons AB(g) \\ &T_1\text{ 温度下：}\quad AB(g) + C(s) \rightleftharpoons AC(s) + B(g) \\ &\text{总反应：}\quad A(s) + C(s) \rightleftharpoons AC(s) \end{aligned} \tag{5-45}$$

例如，亚铬酸镍 $NiCr_2O_4$ 的制备，如果用 NiO 与 Cr_2O_3 两种固体直接反应，则反应很慢，加入氧气则能有效加速反应，原因是 Cr_2O_3 与 O_2 反应生成气态的 CrO_3，后者扩散到 NiO 处反应生成 $NiCr_2O_4$，反应过程如下：

$$Cr_2O_3(s) + \frac{3}{2}O_2 \rightleftharpoons 2CrO_3(g) \tag{5-46}$$

$$2CrO_3(g) + NiO(s) \longrightarrow NiCr_2O_4(s) + \frac{3}{2}O_2 \tag{5-47}$$

上述过程中，把原来固态与固态之间的反应转变成气态与固态的反应，反应速度因气态的高迁移性而大大提高。另外，也可以利用气相输运把一个反应的固态产物变成气态以便移走，从而促进反应的进行。例如制备硫化铝 Al_2S_3，Al 与 S 在 800℃下反应，生成的 Al_2S_3 在液态铝表面形成一层覆盖膜，阻隔了 Al 与 S 的接触，因而反应很慢。当加入碘蒸气，使反应生成的 Al_2S_3 与 I_2 反应形成气态的 AlI_3 和 S_2 移走，则可避免覆盖膜的生成，从而使反应顺利进行。AlI_3 和 S_2 在低温端（700℃）重新生成 Al_2S_3 和 I_2。反应过程如下：

$$2Al + 3S \longrightarrow Al_2S_3 \tag{5-48}$$

$$Al_2S_3(s) + 3I_2 \underset{700℃}{\overset{800℃}{\rightleftharpoons}} 2AlI_3 + \frac{3}{2}S_2(g) \tag{5-49}$$

5.5.2.4 CVD 的优缺点

真空蒸镀与溅镀等 PVD 技术常常受限于绕射能力，往往较难沉积在工件上的阴影部位。而 CVD 由于反应气体可以充满各个角落，则不存在这一问题，可以对复杂的三维工件进行沉积镀膜。例如，利用 CVD 可以在集成电路上的长径比为 10∶1 的通孔上镀上钨。此外，CVD 还具有如下优点：

① 具有高的沉积速度，并可获得厚的涂层（有时厚度可达厘米级）；

② 大于 99.9%之高密度镀层，有良好的真空密封性；

③ 沉积的涂层对底材具有良好的附着性；

④ 可在相当低的温度下镀上高熔点材料镀层；

⑤ 可控制晶粒大小与微结构；

⑥ CVD 设备通常比 PVD 简单、经济。

CVD 的底材（工件）常常要承受高达 600℃以上的高温，因此不适合于低耐热性的工件镀膜。等离子体增强 CVD 的出现可以一定程度上弥补这一缺陷。PHCVD 也可以在较低温度下进行，但由于涉及光化学反应，应用范围有限。CVD的其他缺点有：

① 反应需要挥发性化合物，不适用于一般可电镀的金属，因其缺少适合的反应物，如锡、锌、金；

② 需可形成稳定固体化合物的化学反应，如硼化物、氮化物及硅化物等；

③ 因有剧毒物质的释放，腐蚀性的废气及沉积反应需适当控制，需要封闭系统；

④ 某些反应物价格昂贵；

⑤ 反应物的使用率低，反应常受到沉积反应平衡常数的限制。

5.6 溶胶-凝胶法

溶胶-凝胶法（sol-gel process）是通过凝胶前驱体的水解缩聚制备金属氧化物材料的湿化学方法。它提供了一种常温、常压下合成无机陶瓷、玻璃等材料的方法。

溶胶-凝胶法的出现可以追溯到1864年，法国化学家J. Ebelman等发现四乙氧基硅烷（TEOS）在酸性条件下水解成二氧化硅，从而得到了“玻璃状”材料。所形成的凝胶（gel）可以进行抽丝、形成块状透明光学棱镜或形成复合材料。当时为了避免凝胶干裂成粉末要采取长达1年之久的陈化、干燥过程，所以这种方法难以得到广泛应用。直到1950年，Roy等改变传统的方法将溶胶-凝胶过程应用到合成新型陶瓷氧化物，这样溶胶-凝胶过程合成的硅氧化物粉末得到了在商业上的广泛应用。经过长期研究，可以控制TEOS水解后得到的粉末形态和颗粒大小，甚至可以通过溶胶-凝胶过程制备纳米级的均匀颗粒，这些新型材料可以应用在光电子学上。溶胶-凝胶法有很广泛的实际应用，如化工、医药、生物、陶瓷、电子、光学、涂料、颜料、超细和纳米粉体、磁性材料和信息材料等。

5.6.1 溶胶-凝胶法的基本原理

溶胶-凝胶法一般以含高化学活性结构的化合物（无机盐或金属醇盐）作前驱体（起始原料），其主要反应步骤是先将前驱体溶于溶剂（水或有机溶剂）中，形成均匀的溶液，并进行水解、缩合，在溶液中形成稳定的透明溶胶体系，溶胶经陈化胶粒间缓慢聚合，形成三维空间网络结构的凝胶，凝胶网络间充满了失去流动性的溶剂，形成凝胶。凝胶经过后处理（如干燥、烧结固化）制备出所需的材料。

溶胶-凝胶法的基本的反应如下。

① 水解（hydrolysis） 金属醇盐作前驱体时，首先是在水中发生水解：

$$M(OR)_n + x(H_2O) \longrightarrow M(OH)(OR)_{n-x} + xROH \tag{5-50}$$

$M(OH)(OR)_{n-x}$ 可继续水解，直至生成 $M(OH)_n$。

当采用无机盐作为前驱体时，则是无机盐的金属阳离子 M^{z+} 吸引水分子形成 $M(H_2O)_n^{z+}$（z 为M离子的价数），为保持它的配位数而具有强烈的释放 H^+ 的趋势：

$$M(H_2O)_n^{z+} \rightleftharpoons M(H_2O)_{n-1}(OH)^{(z-1)+} + H^+ \tag{5-51}$$

② 缩合（condensation） 水解产物通过失水或失醇缩合成—M—O—M—网络结构：

$$\begin{aligned} &—M—OH + HO—M— \longrightarrow —M—O—M— + H_2O \\ &—M—OR + HO—M— \longrightarrow —M—O—M— + ROH \end{aligned} \tag{5-52}$$

缩合反应最终形成金属氧化物（$MO_{n/2}$）无定形网络结构。可以把上述失水和失醇过程合写为如下反应式：

$$M(OH)_x(OR)_{(n-x)} \xrightarrow{\text{缩合}} MO_{n/2} + (x - \frac{n}{2})H_2O + (n-x)ROH \tag{5-53}$$

以二氧化钛的合成为例，前驱体采用 $Ti(OC_4H_9)_4$，其水解、缩合的过程为：

$$Ti(OC_4H_9)_4 + xH_2O \xrightarrow{\text{水解}} Ti(OH)_x(OC_4H_9)_{4-x} + xC_4H_9OH \tag{5-54}$$

$$Ti(OH)_x(OC_4H_9)_{(4-x)} \xrightarrow{\text{缩合}} TiO_2 + \frac{1}{2}H_2O + \frac{4-x}{2}C_4H_9OC_4H_9 \tag{5-55}$$

得到的 TiO_2 为无定形，在一定温度下烘烤可以转变成锐钛矿（anatase）型或金红石（rutile）型结晶。

采用硅氧烷如四乙氧基硅 $Si(OC_2H_5)_4$ 作前驱体，可合成二氧化硅微球，其反应过程与二氧化钛类似。

溶胶化过程可采用酸或碱作为催化剂。以硅氧烷 $Si(OR)_4$ 为例，酸催化水解缩合过程如图 5-25 所示。质子化的烷氧基从 Si 上吸取电子，使其带上正电，然后发生 H_2O 的亲核进攻而水解；水解得到的 $(RO)_3Si—OH$ 进攻质子化的硅氧烷而发生缩合反应形成—Si—O—Si—键。酸催化条件下通常得到线型或带无规支链的缩聚产物。

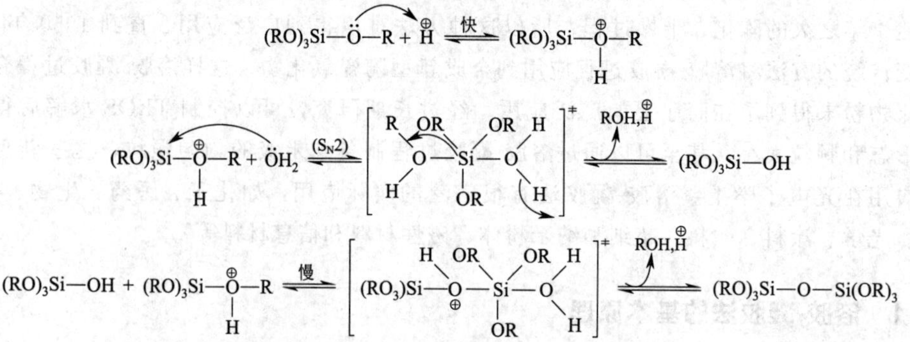

$$(RO)_3Si—\ddot{O}—R + \overset{\oplus}{H} \underset{}{\overset{\text{快}}{\rightleftharpoons}} (RO)_3Si—\overset{\oplus}{O}(H)—R$$

$$(RO)_3Si—\overset{\oplus}{O}(H)—R + \ddot{O}H_2 \overset{(S_N2)}{\rightleftharpoons} \left[\begin{array}{c} R\ \ OR \qquad OR\ \ H \\ O—Si—O \\ H \qquad OR \qquad H \end{array} \right]^{\ne} \xrightleftharpoons{-ROH,\overset{\oplus}{H}} (RO)_3Si—OH$$

$$(RO)_3Si—OH + (RO)_3Si—\overset{\oplus}{O}(H)—R \overset{\text{慢}}{\rightleftharpoons} \left[\begin{array}{c} H\ \ OR \qquad OR\ \ H \\ (RO_3)Si—\overset{\oplus}{O}—Si—O \\ OR \qquad H \end{array} \right]^{\ne} \xrightleftharpoons{-ROH,\overset{\oplus}{H}} (RO)_3Si—O—Si(OR)_3$$

图 5-25　硅氧烷在酸性条件下的溶胶化过程

碱催化过程（图 5-26）则是氢氧根直接亲核进攻硅氧烷上的 Si，使—OR 离去而水解；水解产物在碱性条件下去质子化，然后进攻另一分子的 Si，发生缩合反应形成—Si—O—Si—。由于 OH 的吸电子性，同一个 Si 上的烷氧基水解越多，Si 的正电性越强，从而越易受 OH^- 的亲核进攻，因此大部分的—OR 都水解成—OH，这样，在缩合时较容易形成交联网络状的产物。

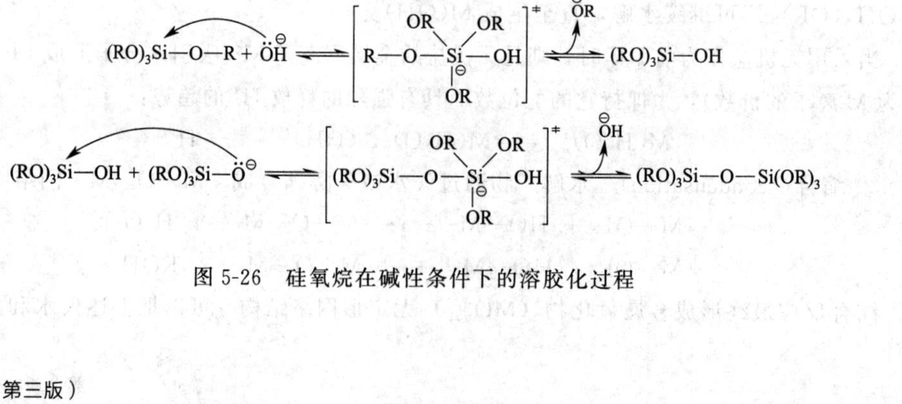

$$(RO)_3Si—O—R + \ddot{O}H^{\ominus} \rightleftharpoons \left[\begin{array}{c} OR \quad OR \\ R—O—\overset{\ominus}{Si}—OH \\ OR \end{array} \right]^{\ne} \xrightleftharpoons{-\overset{\ominus}{O}R} (RO)_3Si—OH$$

$$(RO)_3Si—OH + (RO)_3Si—\ddot{O}^{\ominus} \rightleftharpoons \left[\begin{array}{c} OR \quad OR \\ (RO)_3Si—O—\overset{\ominus}{Si}—OH \\ OR \end{array} \right]^{\ne} \xrightleftharpoons{-\overset{\ominus}{O}H} (RO)_3Si—O—Si(OR)_3$$

图 5-26　硅氧烷在碱性条件下的溶胶化过程

5.6.2 溶胶-凝胶法的应用

通过一定的工艺，利用溶胶-凝胶法可以制备颗粒、陶瓷纤维、陶瓷薄膜和块状陶瓷，如图 5-27 所示。此外，还可以通过该法制备复合材料。

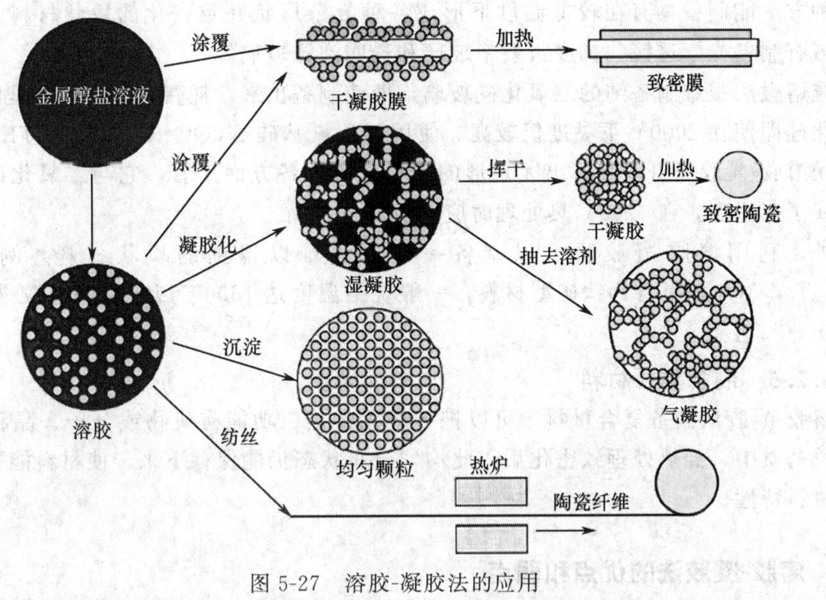

图 5-27 溶胶-凝胶法的应用

5.6.2.1 制备颗粒材料

利用沉淀、喷雾热分解或乳液技术等可以从溶胶制备均匀的无机颗粒。另外，对凝胶进行热处理，凝胶中含有大量液相或气孔，使得在热处理过程中不易使粉末颗粒产生严重团聚，从而得到超细粉末，此法易在制备过程中控制粉末颗粒度。

以 $Mg(OCH_3)_2$ 和 $Al(OCH_2CH_2CH_2CH_3)_3$ 为前驱体，经混合、水解、缩合、干燥后得到无定形凝胶，最后在250℃下热处理，得到极细的尖晶石颗粒。相对于固相合成的1500℃加热数日，溶胶-凝胶法可以大大节省能源，但其所需原料试剂价格较高。

利用超临界干燥技术把溶剂移去，可以得到超多孔性的、极低密度的材料，即气凝胶(aerogel)。所谓超临界干燥是在干燥介质（如 CO_2）临界温度和临界压力的条件下进行干燥，它可以避免物料在干燥过程中的收缩和碎裂，从而保持物料原有的结构与状态，防止初级粒子的团聚和凝结。

5.6.2.2 制备纤维材料

通常我们看到的氧化铝都是粉末或陶瓷，而通过溶胶-凝胶法，可以制得纤维状的氧化铝。例如ICI公司利用此法生产的氧化铝纤维，商品名为“Saffil”，可代替石棉作为绝热材料。前驱体使用 $Al(OCH_2CH_2CH_2CH_3)_3$，制备纤维的关键是在拉纤的阶段控制溶胶黏度(10～100 Pa·s)。另外，缩聚中间体应该是线型分子链，为此，应使用酸催化，因为碱催化条件下会形成三维网络结构。适当加入硅酸酯前驱体，也可得到 Al_2O_3-SiO_2 陶瓷纤维(SiO_2 的质量分数为0～15%)，其杨氏模量达150GPa以上，并且可以得到长纤维，而采用离心喷出法只能制备短纤维。

5.6.2.3 制备表面涂膜

将溶液或溶胶通过浸渍法或转盘法在基板上形成液膜，经凝胶化后通过热处理可转变成无定形态（或多晶态）膜或涂层。主要是制备减反射膜、波导膜、着色膜、电光效应膜、分离膜、保护膜、导电膜、敏感膜、热致变色膜、电致变色膜等。

5.6.2.4 制备块状材料

溶胶-凝胶法制备的块状材料是指每一维尺度大于 1mm 的各种形状并且无裂纹的产物。通过这种方法能制备具有在较低温度下形成各种复杂形状并致密化的块状材料。现主要的应用领域有制备光学透镜、梯度折射率玻璃和透明泡沫玻璃等。

传统熔融法很难制备纯的二氧化硅玻璃，即使制备出来，耗费也较高，这是因为熔融态的二氧化硅即使在 2000℃下黏度仍较高。使用四乙氧基硅 $Si(OC_2H_5)_4$（简称 TEOS）作为前驱体，用溶胶-凝胶法可以制备出无定形的二氧化硅，各方面来看，它与二氧化硅玻璃都很类似，属于亚稳态，在 1200℃热处理时应避免产生结晶。

此外，利用溶胶-凝胶法可以制备一般方法难以得到的块状材料。例如成分为 $Ba(Mg_{1/3}Ta_{2/3})O_3$ 的复合钙钛矿型材料，一般烧结温度达 1600℃以上，而溶胶-凝胶法烧结温度为 1000℃左右。

5.6.2.5 制备复合材料

用溶胶-凝胶法制备复合材料，可以把各种添加剂、功能有机物或分子、晶种均匀地分散在凝胶基质中，经热处理致密化后，此均匀分布状态仍能保存下来，使材料能更好地显示出复合材料特性。

5.6.3 溶胶-凝胶法的优点和弱点

溶胶-凝胶法与其他方法相比具有许多独特的优点。

① 由于溶胶-凝胶法中所用的原料首先被分散到溶剂中而形成低黏度的溶液，因此，就可以在很短的时间内获得分子水平的均匀性，在形成凝胶时，反应物之间很可能是在分子水平上被均匀地混合。

② 由于经过溶液反应步骤，那么就很容易均匀定量地掺入一些微量元素，实现分子水平上的均匀掺杂。

③ 与固相反应相比，化学反应将容易进行，而且仅需要较低的合成温度，一般认为溶胶-凝胶体系中组分的扩散在纳米范围内，而固相反应时组分扩散是在微米范围内，因此反应容易进行，温度较低。

④ 选择合适的条件可以制备各种新型材料。

溶胶-凝胶法也存在某些问题，包括：所使用的原料价格比较昂贵，有些原料为有机物，对健康有害；通常整个溶胶-凝胶过程所需时间较长，常需要几天或几周；凝胶中存在大量微孔，在干燥过程中又将会逸出许多气体及有机物，并产生收缩。

5.7 液相沉淀法

液相沉淀法就是在原料溶液中添加适当的沉淀剂，从而形成沉淀物。该法又可分为直接沉淀法、共沉淀法、均匀沉淀法和水解法。

5.7.1 直接沉淀法

直接沉淀法是在金属盐溶液中直接加入沉淀剂，在一定条件下生成沉淀析出，沉淀经洗涤、热分解等处理工艺后得到超细产物。利用不同的沉淀剂可以得到不同的沉淀产物，常见的沉淀剂为$NH_3 \cdot H_2O$、$NaOH$、$(NH_4)_2CO_3$、Na_2CO_3、$(NH_4)_2C_2O_4$等。

直接沉淀法操作简单易行，对设备技术要求不高，不易引入杂质，产品纯度很高，有良好的化学计量性，成本较低。缺点是洗涤原溶液中的阴离子较难，得到的粒子粒径分布较宽、分散性较差。

5.7.2 共沉淀法

共沉淀法是在含有多种阳离子的溶液中加入沉淀剂，在各成分均一混合后，使金属离子完全沉淀，得到沉淀物再经热分解而制得微小粉体的方法。使用该法可获得含两种以上金属元素的复合氧化物，例如$BaTiO_3$、$PbTiO_3$等PZT系电子陶瓷。以CrO_2为晶种的草酸沉淀法，可制备La、Ca、Co、Cr掺杂氧化物及掺杂$BaTiO_3$等。另外，将$BaCl_2$与$TiCl_4$混合的水溶液中滴下草酸溶液，则得到高纯度的$BaTiO(C_2O_4)_2 \cdot 4H_2O$草酸盐沉淀，再经550℃以上热解可为$BaTiO_3$粉体。

与传统的固相反应法相比，共沉淀法可避免引入对材料性能不利的有害杂质，生成的粉末具有较高的化学均匀性，粒度较细，颗粒尺寸分布较窄且具有一定形貌。共沉淀法的设备简单，便于工业化生产。

5.7.3 均匀沉淀法

均匀沉淀法是利用某一化学反应使溶液中的构晶离子由溶液中缓慢均匀地释放出来，通过控制溶液中沉淀剂浓度，保证溶液中的沉淀处于一种平衡状态，从而均匀地析出。通常加入的沉淀剂，不立刻与被沉淀组分发生反应，而是通过化学反应使沉淀剂在整个溶液中缓慢生成，克服了由外部向溶液中直接加入沉淀剂而造成沉淀剂的局部不均匀性。

对于氧化物纳米粉体的制备，常用的沉淀剂尿素，其水溶液在70℃左右可发生分解反应而生成水合NH_3，起到沉淀剂的作用，得到金属氢氧化物或碱式盐沉淀，分离后干燥、煅烧可以得到金属氧化物。例如氧化锌的合成：

$$CO(NH_2)_2 + 3H_2O \xrightarrow{\triangle} 2NH_3 \cdot H_2O + CO_2 \uparrow \tag{5-56}$$

$$Zn^{2+} + 2NH_3 \cdot H_2O \longrightarrow Zn(OH)_2 \downarrow + 2NH_4^+ \tag{5-57}$$

$$Zn(OH)_2 \xrightarrow{\triangle} ZnO + H_2O \uparrow \tag{5-58}$$

硫化物的制备可采用硫代乙酰胺作为硫源，例如硫化铅的合成：

$$CH_3CSNH_2 \xrightarrow{\triangle} CH_3CN + H_2S \tag{5-59}$$

$$(CH_3COO)_2Pb + H_2S \longrightarrow PbS \downarrow + 2CH_3COOH \tag{5-60}$$

硫代硫酸盐溶液加热也会释放出硫化氢，因此也常常作为硫源用于均匀沉淀法，其热分解反应如下：

$$S_2O_3^{2-} + H_2O \xrightarrow{\triangle} SO_4^{2-} + H_2S \tag{5-61}$$

5.8 固相反应

固相反应一般是指固体与固体间发生化学反应生成新的固相产物的过程。而在广义上，凡是有固相参与的化学反应都可称为固相反应，例如固体的热分解、氧化以及固体与固体、固体与液体之间的化学反应等都属于固相反应范畴之内。

5.8.1 固相反应分类

固相反应按反应物质状态分，可分为纯固相反应、有气体参与的反应（气-固相反应）、有液相参与的反应（液-固相反应）以及有气体和液体参与的三相反应（气-液-固相反应）。而按反应机理划分，则分为扩散控制过程、化学反应速率控制过程、晶核成核速率控制过程和升华控制过程等。依反应性质分类，又可分为氧化反应、还原反应、加成反应、置换反应和分解反应。

5.8.2 固相反应的特点

首先，固相反应是固态直接参与化学反应。泰曼认为，固体间可以直接反应，气体或液态对反应所起作用不大。但金斯特林格等提出，固态反应中，反应物可能转为气相或液相，然后通过颗粒外部扩散到另一固相的非接触表面上进行反应。认为气相或液相也可能对固态反应过程起重要作用。

其次，固态反应一般包括相界面上的反应和物质迁移两个过程。由于固体质点间作用力很大，扩散受到限制，而且反应组分局限在固体中，使反应只能在界面上进行，此时反应物浓度对反应的影响很小，均相反应动力学不适用。

固相反应的第三个特点是其反应开始温度常远低于反应物的熔点或系统低共熔温度。这一温度与反应物内部开始呈现明显扩散作用的温度相一致，常称为泰曼温度或烧结开始温度。不同物质的泰曼温度与其熔点（T_M）间存在一定的关系。例如，对于金属为0.3～0.4 T_M；盐类和硅酸盐则分别为0.57T_M和0.8～0.9T_M。当反应物之一存在有多晶转变时，此转变温度也往往是反应开始变得显著的温度，这一规律常称为海德华定律。

5.8.3 固相反应的过程和机理

对于纯固相反应，其反应的熵变小到可认为忽略不计，即 $T\Delta S \rightarrow 0$，因此 $\Delta G \approx \Delta H$。由于只有 $\Delta G<0$ 反应才能进行，所以对纯固相反应来说，只有 $\Delta H<0$，反应才能进行，换言之，能进行的纯固相反应总是放热反应。因此，从热力学观点看，没有气相或液相参与的固相反应，会随着放热反应而进行到底。但实际上，由于固体之间反应主要是通过扩散进行，当反应物固体不能充分接触，扩散受限，反应就不能进行到底，即反应会受到动力学因素的限制。固体混合物在室温下放置一段时间并没有可觉察的反应发生，为使反应以显著速度发生，通常必须将它们加热至高温，通常为1000～1500℃。这表明热力学和动力学两种因素在固相反应中都极为重要：热力学判断反应能否发生，动力学因素则决定反应进行的速率。

固相反应的过程一般包括相界面上的反应和物质迁移。以铁氧体晶体尖晶石类三元化合物的生成反应为例，其反应式如下：

$$MgO(s)+Al_2O_3(s)\longrightarrow MgAl_2O_4(s) \qquad (5\text{-}62)$$

这种反应属于反应物通过固相产物层扩散中的加成反应。瓦格纳（Wagner）认为，尖晶石形成是由两种正离子逆向经过两种氧化物界面扩散所决定，氧离子则不参与扩散迁移过程，为使电荷平衡，每有3个Mg^{2+}扩散到右边界面，就有2个Al^{3+}扩散到左边界面（如图5-28所示）。在理想情况下，两个界面上进行的反应可以写成如下的形式：

$$MgO/MgAl_2O_4 \text{ 界面：} 2Al^{3+} - 3Mg^{2+} + 4MgO \longrightarrow MgAl_2O_4$$
$$MgAl_2O_4/Al_2O_3 \text{ 界面：} 3Mg^{2+} - 2Al^{3+} + 4Al_2O_3 \longrightarrow 3MgAl_2O_4 \qquad (5\text{-}63)$$

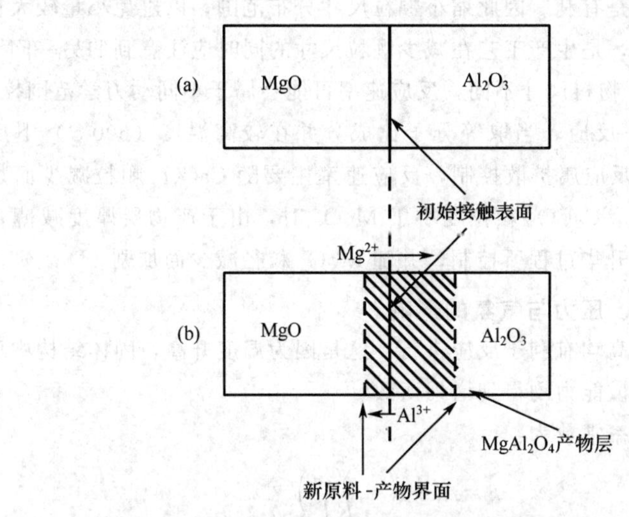

图 5-28 MgO 和 Al_2O_3 粉末固相反应合成 $MgAl_2O_4$ 示意

（a）反应前；（b）反应过程

5.8.4 影响固相反应的因素

固相反应过程涉及相界面的化学反应和相内部或外部的物质扩散等若干环节，因此，除反应物的化学组成、特性和结构状态以及温度、压力等因素外，其他可能影响晶格活化、促进物质内外传输作用的因素均会对反应起影响作用。

5.8.4.1 反应物化学组成与结构的影响

化学组成是影响固相反应的内因，是决定反应方向和速度的重要条件。从热力学角度看，在一定温度、压力条件下，反应可能进行的方向是自由能减少（$\Delta G<0$）的过程，而且 ΔG 的负值愈大，该过程的推动力也愈大，沿该方向反应的概率也愈大。

另外，在同一反应系统中，固相反应速率还与各反应物间的比例有关。如果颗粒相同的 A 和 B 反应生成物 AB，若改变 A 与 B 比例会改变产物层温度、反应物表面积和扩散截面积的大小，从而影响反应速率。例如增加反应混合物中“遮盖”物的含量，则产物层厚度变薄，相应的反应速率也增加。

从结构的观点看，反应物的结构状态、质点间的化学键性质以及各种缺陷的多少都将对反应速率产生影响。如在实际应用中，可利用多晶转变、热分解、脱水反应等过程引起晶格效应来提高生产效率。例如 Al_2O_3 和 CoO 固相反应合成 $CoAl_2O_4$，反应如下：

$$Al_2O_3(s)+CoO(s) \longrightarrow CoAl_2O_4(s) \qquad (5\text{-}64)$$

实际操作中常用轻烧 Al_2O_3 而不用较高温度死烧 Al_2O_3 作原料，原因为轻烧 Al_2O_3 中有 γ-Al_2O_3 向 α-Al_2O_3 转变，后者有较高的反应活性。

5.8.4.2 反应物颗粒尺寸及分布的影响

在其他条件不变的情况下反应速率受到颗粒尺寸大小的强烈影响。颗粒尺寸大小主要是通过以下途径对固相反应起影响的。

① 物料颗粒尺寸愈小，比表面积愈大，反应界面和扩散截面增加，反应产物层厚度减

少，使反应速率增大。理论分析表明，反应速率常数值反比于颗粒半径平方。

反应物料粒径的分布对反应速率的影响同样是重要的，由于平方反比关系，颗粒尺寸分布越是均一对反应速率越是有利。因此缩小颗粒尺寸分布范围，以避免小量较大尺寸的颗粒存在而显著延缓反应进程，是生产工艺在减少颗粒尺寸的同时应注意到的另一问题。

② 同一反应物系由于物料尺寸不同，反应速率可能会属于不同动力学范围控制。

例如 $CaCO_3$ 与 MoO_3 反应，当取等分子比成分并在较高温度（600℃）下反应时，若 $CaCO_3$ 颗粒大于 MoO_3，反应属扩散控制，反应速率主要随 $CaCO_3$ 颗粒减少而加速。倘若 $CaCO_3$ 与 MoO_3 比值较大，$CaCO_3$ 颗粒度小于 MoO_3 时，由于产物层厚度减薄，扩散阻力很小，则反应将由 MoO_3 升华过程所控制，并随 MoO_3 粒径减少而加剧。

5.8.4.3 反应温度、压力与气氛的影响

一般可以认为温度升高均有利于反应进行。这是因为温度升高，固体结构中质点热振动动能增大、反应能力和扩散能力均得到增强所致。

对于化学反应，其速率常数为：

$$k=A\exp\left(-\frac{\Delta G_R}{RT}\right) \tag{5-65}$$

对于扩散，其扩散系数为：

$$D=D_0\exp\left(-\frac{Q}{RT}\right) \tag{5-66}$$

式中，Q 为扩散活化能（activation energy）。从上两式可见，温度上升时，无论反应速率常数还是扩散系数都是增加的。但由于扩散活化能通常比反应活化能小，而使温度的变化对化学反应的影响远大于对扩散的影响。

压力是影响固相反应的另一外部因素。对于纯固相反应，压力的提高可显著地改善粉料颗粒之间的接触状态，如缩短颗粒之间距离、增加接触面积等并提高固相反应速率。但对于有液相、气相参与的固相反应中，扩散过程主要不是通过固相粒子直接接触进行的。因此提高压力有时并不表现出积极作用，甚至会适得其反。

此外气氛对固相反应也有重要影响。它可以通过改变固体吸附特性而影响表面反应活性。对于一系列能形成非化学计量的化合物 ZnO、CuO 等，气氛可直接影响晶体表面缺陷的浓度、扩散机理和扩散速率。

5.8.4.4 矿化剂及其他影响因素

在固相反应体系中加入少量非反应物质，或由于某些可能存在于原料中的杂质常会对反应产生特殊的作用，这些物质在反应过程中不与反应物或反应产物起化学反应，但它们以不同的方式和程度影响着反应的某些环节。矿化剂的作用主要有如下几方面：改变反应机理降低反应活化能；影响晶核的生成速率；影响结晶速率及晶格结构；降低体系共熔点，改善液相性质等。

例如在 Na_2CO_3 和 Fe_2O_3 反应体系加入 NaCl，可使反应转化率提高 1.5～1.6 倍之多。在硅砖中加入 1%～3% [$Fe_2O_3+Ca(OH)_2$] 作为矿化剂，能使其大部分 α-石英不断熔解析出 α-鳞石英，从而促使 α-石英向鳞石英的转化。

5.8.5 固相反应实例

① Li_4SiO_4 的合成　Li_4SiO_4 是各种锂离子导体的母相，它可以通过 Li_2CO_3 与 SiO_2 的

固相反应得到：

$$2Li_2CO_3 + SiO_2 \xrightarrow[24h]{约\ 800℃} Li_4SiO_4 + 2CO_2 \tag{5-67}$$

该反应的主要问题是 Li_2CO_3 在高于大约 720℃的温度下将会熔融和分解，并容易与容器材料发生反应，包括 Pt 和二氧化硅玻璃坩埚。解决的办法是用 Au 容器，让 Li_2CO_3 在 650℃下预反应及分解数小时，然后在 800～900℃下烘烤过夜。

② $YBa_2Cu_3O_7$ 的合成　$YBa_2Cu_3O_7$ 简称 YBCO，是一种著名的 90K 超导体，它是 Y_2O_3、BaO 与 CuO 在 O_2 存在下反应制得的：

$$Y_2O_3 + 4BaO + 6CuO + \frac{1}{2}O_2 \xrightarrow{950℃} 2YBa_2Cu_3O_7 \tag{5-68}$$

合成中要解决的问题包括：BaO 很容易与空气中的 CO_2 反应变成 $BaCO_3$，后者一旦形成，就很难分解；另外，CuO 在高温下与很多容器都有较高的反应活性；YBCO 中的氧含量会有变化，而为了获得较好的 T_c，必须控制产物中的氧含量。针对上述问题，在合成中采取如下措施：使用 $Ba(NO_3)_2$ 作为 BaO 的起始原料，在不含 CO_2 的环境下反应；$Ba(NO_3)_2$ 分解后，反应原料制成小球状，在流化床中反应合成 YBCO；在大约 950℃反应后，再在大约 350℃下反应一段时间，使产物继续吸氧直至达到 $YBa_2Cu_3O_7$ 所需的化学计量值。

5.9 插层法和反插层法

合成新材料的一个巧妙方法是以现有的晶体材料为基础，把一些新原子导入其空位或有选择性地移去某些原子，前者称为插层法（intercalation)，后者称为反插层法（deintercalation)。引入或抽取原子后其结构一般保持不变。这是拓扑反应（topotactic reactions）的例子，在拓扑反应中，起始相与产物的三维结构具有高度相似性。

多数插层反应和反插层反应涉及离子（Li^+、Na^+、H^+、O^{2-}等）的引入或移去，例如 Li^+ 插入或逸出 $LiMn_2O_4$ 或 Li_xCoO_2（均为固态锂离子电池的阴极材料)；O^{2-} 插入 $YBa_2Cu_3O_x$ 和其他钙钛矿类铜酸盐以优化超导体的 T_c 值。当发生离子的插入或逸出时，为保持电中性，就必须同时加入或移去电子。这属于固态氧化还原过程，相应地，主体材料必须对离子和电子都有较好的传导性。

插层法的一个例子是在绝缘性的锐钛矿型 TiO_2 中引入 Li^+，得到具有超导性的钛酸锂，性质上发生了巨大的变化。具体做法是：首先把正丁基锂 $n\text{-}C_4H_9Li$ 溶于己烷中，Li^+ 和电子进入锐钛矿结构（不同于金红石结构，锐钛矿结构具有开放的一维通道，利于离子进入)，这时锐钛矿的结构并没有因离子的植入而发生显著变化。第二步是把植入 Li^+ 的锐钛矿加热到 500℃，这将引起结构重排，形成尖晶石结构，组成不变，所得材料为超导体（T_c＝13K)。所涉及的反应如下：

$$\underset{锐钛矿}{TiO_2} + xn\text{-}C_4H_9Li \longrightarrow Li_xTiO_2 + \frac{x}{2}n\text{-}C_8H_{18} \tag{5-69}$$

$$\underset{\text{锂化锐钛矿}}{Li_x TiO_2} \xrightarrow{500℃} \underset{\text{尖晶石结构}}{Li_x TiO_2} \tag{5-70}$$

反插层法移去 Li^+ 时，溶解在乙腈 CH_3CN 中的 I_2 是一种有效的除锂剂，例如从 $LiCoO_2$ 中移去部分 Li^+ 时，其除锂反应为：

$$LiCoO_2 + I_2/CH_3CN \longrightarrow Li_xCoO_2 + LiI/CH_3CN \tag{5-71}$$

通过调节 I_2 用量可以控制 Li^+ 的移去量，即 x 值。

石墨基质晶体呈层状的平面环状结构，在其各碳层间可以插入各种碱金属离子、卤素负离子、氮和胺等，使局部结构发生变化，从而显著改变材料的性质，以适应不同的应用需要。当外来原子或离子渗透进入层与层之间的空间时，层可以被推移开；而发生逆反应（反插层）时，原子从晶体逸出时，结构层则互相靠近，恢复原状。下面是生成石墨插层化合物的一些典型反应：

$$\text{石墨} \xrightarrow[25°C]{HF/F_2} \underset{\text{(黑色)}}{\text{氟化石墨 } C_xF}(x=3.6\sim4.0) \tag{5-72}$$

$$\text{石墨} \xrightarrow[450°C]{HF/F_2} \underset{\text{(白色)}}{\text{氟化石墨 } CF_x}(x=0.68\sim1) \tag{5-73}$$

$$\text{石墨} + K(\text{熔融或蒸气}) \longrightarrow \underset{\text{青铜色}}{C_8K} \tag{5-74}$$

$$C_8K \xrightarrow{\text{部分真空}} \underset{\text{钢青色}}{C_{24}K} \longrightarrow C_{36}K \longrightarrow C_{48}K \longrightarrow C_{60}K \tag{5-75}$$

$$\text{石墨} + H_2SO_4(\text{浓}) \longrightarrow C_{24}^+(HSO_4)^- \cdot 2H_2SO_4 + H_2 \tag{5-76}$$

$$\text{石墨} + FeCl_3 \longrightarrow \text{石墨}/FeCl_3 \text{ 插层} \tag{5-77}$$

$$\text{石墨} + Br_2 \longrightarrow C_8Br \tag{5-78}$$

石墨中的碳平面层在插层反应中变化不大，因此这些反应通常是可逆的，例如石墨与熔融金属钾接触形成 C_8K，而 K 又可在真空条件下移去。插入离子后层间距离将会加大，例如石墨的碳平面层的原始层间距为 0.335nm，而 C_4F、CF 和 C_8K 中的层间距分别为 0.55nm、0.66nm 和 0.541nm。

5.10 自蔓延高温合成法

自蔓延高温合成法（self-propagating high-temperature synthesis，SHS）是利用反应物之间的化学反应热的自加热和自传导作用来合成材料的一种技术。它是 1967 年苏联科学院物理化学研究所的马尔察诺夫（Merzhanov）等在研究火箭固体燃料过程中发现的“固体火焰”的基础上提出并命名的。由于该方法基于化学燃烧过程，所以也称为燃烧合成（combustion synthesis，CS）。

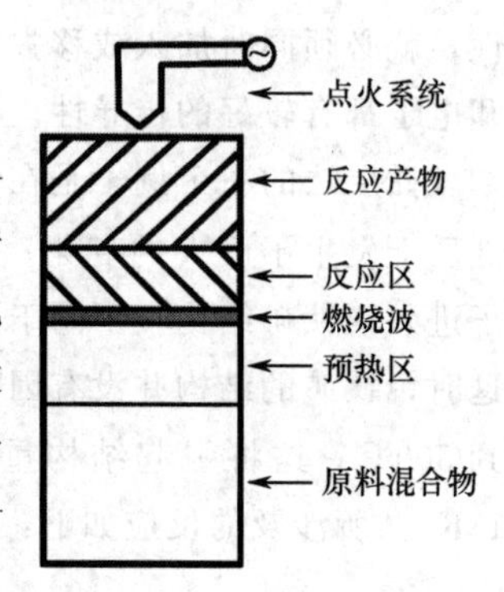

图 5-29 自蔓延高温合成技术原理示意

自蔓延高温合成技术的原理如图 5-29 所示。外部热源将原料粉或预先压制成一定密度的坯件进行局部或整体加热，当温度达到点燃温度时，撤掉外部热源，利用原料颗粒发生的固体与固体反应或者固体与气体反应放出的大量反应热，使反应得以继续进行，最后所有原料反应完毕原位生成所需材料。

5.10.1 自蔓延高温合成法机理

SHS过程如图5-30所示。反应从图的右侧开始，向左蔓延。图中记载了某一反应时刻，在不同位置上的温度、转变率、产物浓度和放热速率。从位置上来说，反应的某一瞬时可以将反应体系沿燃烧波反方向划分为起始原料、预热区（zone of heating)、放热区（zone of heat release)、完全反应区（zone of complete reaction)、结构化区（zone of structurization）和最终产物；而从时间上来说，任一位置都将经历上述各个区的变化。因此，以反应进程（时间）来描述某一反应位置上的变化，就是原料受热（点火或反应热的蔓延）后温度逐渐上升，但仍未足以引起反应，此时该位置属于预热区；温度继续升高，反应开始，并放出热量，此时属于放热区，在该区随着反应进行，放热速率达到最大，温度不断上升；当原料大部分发生转变后，燃烧波继续蔓延，该处剩下的少量未转变原料继续反应，温度达到最高，直到反应完全，此时该段属于完全反应区，在该区虽然原料在化学组成上全部转变了，但仍需要经历结构化过程才能形成最终产物；随后进入结构化区，燃烧反应的生成物在高温下进行结构转变(晶型变化、烧结等)，最终产物开始形成，产物浓度上升，直至全部变为最终产物。

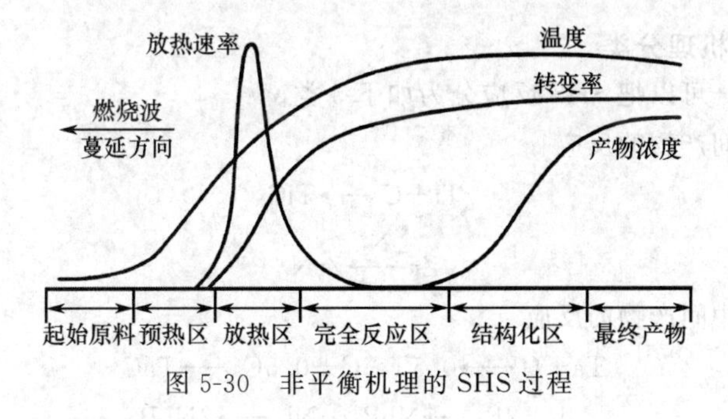

图5-30 非平衡机理的SHS过程

典型的SHS参数如下。

最高温度：1500～4000℃；反应推进速度：0.1～15 cm/s；合成区域厚度：0.1～5.0 mm；加热速率：1000～1000000℃/s；点火能量密度：42～418 h·W/（m·K)；点火时长：0.05～4.0 s。

上述的SHS过程是先发生燃烧反应，然后反应产物经历结构化过程变成具有一定结构的最终产物，即化学反应和结构化不同步，因此称为非平衡机理（nonequilibrium mechanism)。如果燃烧波推进速度较慢，或结构化过程在较低温度下发生，则燃烧反应与结构化同步进行，称为平衡机理（equilibrium mechanism)，如图5-31所示。此时放热区和结构化区合为一个区，也就是合成区（zone of synthesis)，转变率和产物浓度变化趋势相同，因此只标出转变率曲线。

在非平衡机理中，还有另一种情形，即燃烧波所在区域（放热区）发生反应，当燃烧波过后，继续进行另一步反应，从而形成最终产物。例如Ta在N_2中的燃烧反应：

$$Ta \xrightarrow{N_2} Ta_2N \text{（燃烧区）} \tag{5-79}$$

$$Ta_2N \xrightarrow{N_2} TaN \text{（后燃烧区）} \tag{5-80}$$

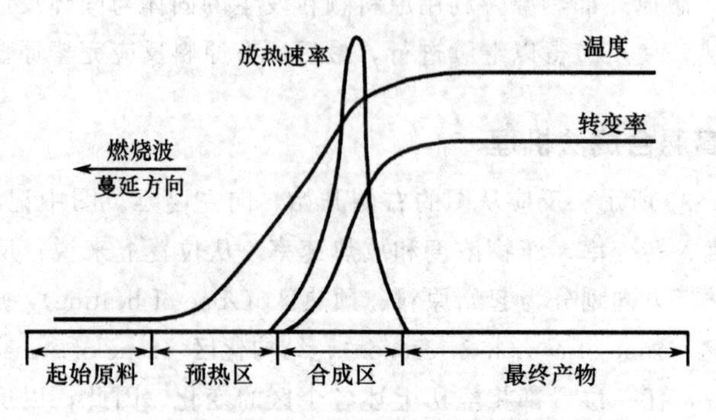

图 5-31　平衡机理的 SHS 过程

首先是燃烧放热生成 Ta_2N，在燃烧波过后继续在高温下反应生成 TaN，后一阶段为燃烧波过后的阶段，处于这一阶段的区域可称为后燃烧区（subzone of afterburning），相当于图 5-30 的结构化区。实际上，除了第二步反应，产物的结构化过程同样是在后燃烧区进行的，最终形成具有一定晶体结构的产物。

5.10.2　自蔓延高温合成法的化学反应类型

5.10.2.1　按机理分类

从反应机理上，可以把 SHS 反应分为如下 5 类。

（1）不涉及中间产物的反应

$$Ti + C \longrightarrow TiC \tag{5-81}$$

$$Zr \xrightarrow{N_2} ZrN \tag{5-82}$$

（2）涉及一个中间产物的反应

$$Ta + C \longrightarrow 0.5Ta_2C + 0.5C \longrightarrow TaC \tag{5-83}$$

$$Nb + 2B \longrightarrow NbB_2 + Nb \longrightarrow 2NbB \tag{5-84}$$

（3）涉及多个中间产物的反应　著名的高温超导体铜酸钇钡 $YBa_2Cu_3O_{7-x}$ 的合成反应就是典型的多中间体反应，从起始原料到产物，经历如下反应步骤：

$$2Cu \xrightarrow{O_2} Cu_2O + \frac{1}{2}O_2 \longrightarrow 2CuO \tag{5-85}$$

$$BaO_2 \rightleftharpoons BaO + \frac{1}{2}O_2 \tag{5-86}$$

$$\{BaO_2 + BaO\}_{melt} + 2Cu_2O \longrightarrow 2BaCu_2O_2 \tag{5-87}$$

$$\{BaO_2 + BaO\}_{melt} + 2CuO \longrightarrow 2BaCuO_2 \tag{5-88}$$

$$BaCuO_2 + CuO \longrightarrow 2BaCu_2O_2 + \frac{1}{2}O_2 \tag{5-89}$$

$$2BaCu_2O_2 + CuO + \frac{1}{2}Y_2O_3 \longrightarrow YBa_2Cu_3O_{6+\sigma} + Cu_2O \tag{5-90}$$

$$2BaCuO_2 + CuO + \frac{1}{2}Y_2O_3 \longrightarrow YBa_2Cu_3O_{6+\sigma} \tag{5-91}$$

$$YBa_2Cu_3O_{6+\sigma} \xrightarrow{O_2} YBa_2Cu_3O_{7-x} \tag{5-92}$$

总反应式为：

$$3Cu+2BaO_2+\frac{1}{2}Y_2O_3 \xrightarrow{O_2} YBa_2Cu_3O_{7-x} \tag{5-93}$$

此外，Ti_2CN 的合成也是涉及多个中间体：

$$2Ti+C \xrightarrow{N_2} TiC+TiN \longrightarrow Ti_2CN \tag{5-94}$$

（4）含分支反应：

$$Ti+C \xrightarrow{H_2} \begin{cases} TiC+H_2 \\ TiH_2+C \rightarrow TiC+H_2 \end{cases} \tag{5-95}$$

（5）单一的热耦合反应：

$$Ti+C \longrightarrow TiC \tag{5-96}$$

$$W+C \longrightarrow WC \tag{5-97}$$

5.10.2.2 按原料组成分类

（1）元素粉末型　利用粉末间的生成热：

$$Ti+2B \longrightarrow TiB_2+280kJ/mol \tag{5-98}$$

（2）铝热剂型　利用氧化-还原反应：

$$Fe_2O_3+2Al \longrightarrow Al_2O_3+2Fe+850kJ/mol \tag{5-99}$$

（3）混合型　以上两种类型的组合：

$$3TiO_2+3B_2O_3+10Al \longrightarrow 3TiB_2+5Al_2O_3 \tag{5-100}$$

5.10.2.3 按反应形态分类

SHS 的反应物至少有一种为固态，另外还可能涉及液态、气态的反应物。

（1）固体-气体反应

$$3Si+2N_2(g) \longrightarrow Si_3N_4 \tag{5-101}$$

（2）固体-液体反应

$$3Si+4N(l) \longrightarrow Si_3N_4 \tag{5-102}$$

（3）固体-固体反应

$$3Si+\frac{4}{3}NaN_3(s) \longrightarrow Si_3N_4+\frac{4}{3}Na(\uparrow) \tag{5-103}$$

5.10.3 自蔓延高温合成技术类型

根据燃烧合成所采用的设备以及最终产物结构等，可以将 SHS 分为 6 种主要技术形式。

（1）SHS 制粉技术　这是 SHS 中最简单的技术，让反应物料在一定的气氛中燃烧，然后粉碎、研磨燃烧产物，能得到不同规格的粉末。利用此技术，可以得到高质量的粉末。例如 Ti 粉和 C 粉合成 TiC，Ti 粉和 N_2 气体反应合成 TiN 等。

利用 SHS 方法制得的粉末往往具有较好的研磨性能，这是因为燃烧合成温度很高（2000～4000℃），反应物所吸附的气体和挥发的杂质剧烈膨胀逸出使产物孔隙率很高，利于粉碎、研磨。所得粉末可用于陶瓷和金属陶瓷制品的烧结、保护涂层、研磨膏及刀具制造中的原材料。

(2) SHS烧结技术　SHS烧结就是通过固相反应烧结，从而制得一定形状和尺寸的产品，它可以在空气、真空或特殊气氛中烧结。

利用SHS烧结技术可制得高质量的高熔点难熔化合物的产品。例如由SHS技术得到的55%孔隙率的TiC产品，其压缩强度为100～120MPa，远高于通过粉末冶金方法制得的TiC产品。

由于SHS烧结体往往具有多孔结构（孔隙率5%～70%），因而可用于过滤器、催化剂载体和耐火材料等。

(3) SHS致密化技术　SHS烧结体有一定的孔隙率，而把SHS技术同致密化技术相结合便能得到致密产品，常用的SHS致密化技术有如下几种。

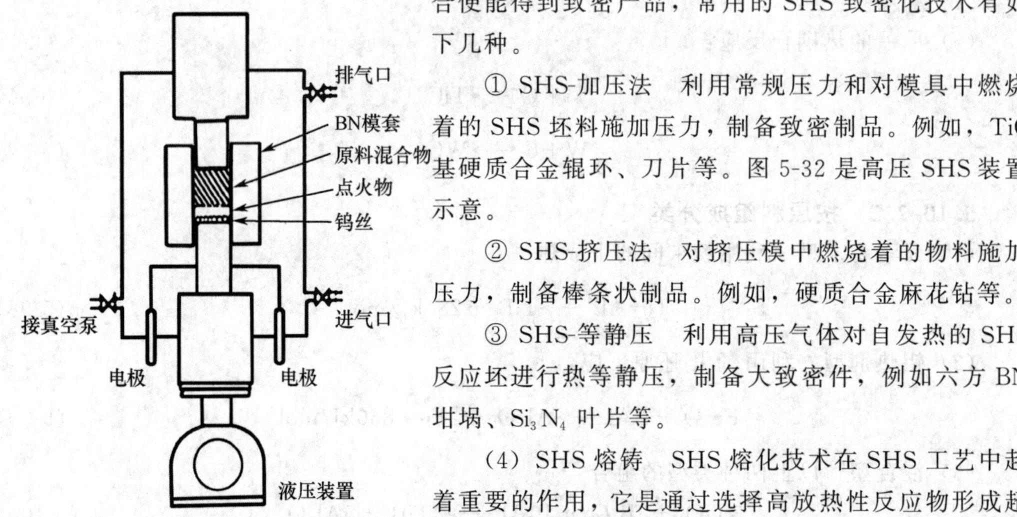

图5-32　高压SHS装置示意

① SHS-加压法　利用常规压力和对模具中燃烧着的SHS坯料施加压力，制备致密制品。例如，TiC基硬质合金辊环、刀片等。图5-32是高压SHS装置示意。

② SHS-挤压法　对挤压模中燃烧着的物料施加压力，制备棒条状制品。例如，硬质合金麻花钻等。

③ SHS-等静压　利用高压气体对自发热的SHS反应坯进行热等静压，制备大致密件，例如六方BN坩埚、Si_3N_4叶片等。

(4) SHS熔铸　SHS熔化技术在SHS工艺中起着重要的作用，它是通过选择高放热性反应物形成超过产物熔点的燃烧温度，从而获得难熔物质的液相产品。高温液相可以进行传统的铸造处理，以获得铸锭或铸件。因此，该技术称为SHS熔铸。它包括两个阶段：①由SHS制取高温液相；②用铸造方法对液相进行处理。此项技术可用于陶瓷内衬钢管的离心铸造、钻头或刀具的耐磨涂层等。

(5) SHS焊接　在待焊接的两块材料之间填进合适的燃烧反应原料，以一定的压力夹紧待焊材料，待中间原料的燃烧反应过程完成以后，即可实现两块材料之间的焊接，这种方法已被用来焊接SiC-SiC、耐火材料-耐火材料、金属-陶瓷、金属-金属等系统。利用该技术可获得在高温环境下使用的焊接件。

(6) SHS涂层　SHS制备涂层的工艺包括以下几种。

① SHS熔铸涂层　在一定气体压力下利用预涂于基体表面高放热体系物料间强烈的化学反应放热，使反应物处于熔融状态，冷却后形成有冶金结合过渡区的金属陶瓷涂层。过渡区的厚度为0.5～1.0 mm，涂层厚度可达1～4 mm。根据对熔融产物所施加的致密化工艺的不同，可分为重力分离熔铸涂层、离心熔铸涂层和压力熔铸涂层等。SHS硬化涂层技术已开始在耐磨件中得到应用。

② SHS铸渗涂层　利用SHS铸造过程中高温钢水或铁水的热量，使粘贴在铸型壁上的反应物料压坯熔融或烧结致密，同时引发原位高温化学反应，从而在铸件表面获得涂层。

③ SHS烧结涂层　通过料浆喷射、人工刷涂或与基体一起冷压成坯等形式，在基体表面预置一层均匀的反应物料，然后放入热压炉、化学炉等烧结炉中引燃SHS反应并进行一定时间的烧结，从而形成与基体结合良好的涂层。

④ 气相传输SHS涂层　用适当的气体作为载体来输送反应原料，并在工件表面发生化学反应，反应物沉积于工件表面，可在不同工件表面沉积10～250μm厚的涂层。

气相传输SHS反应的原理与前面提及的CVD化学气相输运类似。对于不同的反应物料，可以采用不同的气体载体。例如，氢可以传输碳，卤素气体可以传输金属。原料粉末中氧化物杂质的高温蒸气也起气相传输作用。

⑤ SHS喷射沉积涂层　利用传统热源熔化并引燃高放热体系喷涂原料的SHS反应，将合成放出的熔滴经雾化喷射到基材表面而形成涂层。

⑥ 自反应涂层　指被涂覆工件所含全部或部分化学成分作为原始反应物之一，与预涂于工件表面的另一反应物发生SHS反应而在工件表面形成涂层。

5.11 自组装技术

自组装（self-assembly）是指基本结构单元（分子、纳米材料、微米或更大尺度的物质）自发形成有序结构的一种技术。在自组装过程中，基本结构单元在基于非共价键的相互作用（氢键、范德华力、静电力、π-π堆积作用、亲疏水性、毛细管作用力、液体表面张力等）下自发地组织或聚集为一个稳定、具有一定规则几何外观的结构。自组装过程并不是大量分子之间弱作用力的简单叠加，而是个体之间同时自发产生关联并集合在一起，形成紧密而又有序的整体。非共价键的弱相互作用力协同作用是自组装的驱动力，它为自组装提供能量，维持自组装体系的结构稳定性和完整性，这是发生自组装的关键条件。但并不是所有具备弱相互作用的结构单元都能够发生自组装过程。自组装的另一个条件是导向作用，即结构单元在空间的互补性，也就是说要使自组装发生，就必须在空间的尺寸和方向上达到结构单元重排的要求。

5.11.1 自组装的种类

按照自组装组分不同，可分为表面活性剂自组装、纳微米颗粒自组装以及大分子自组装。

（1）表面活性剂自组装　表面活性剂能显著降低界面张力，且使得两亲分子在基体表面、胶束中心粒区域以及在分子膜中的排列呈现高度有序。通过设计控制分子的排列方式，可得到各种高性能的自组装材料。很多重要的生物化学反应和高技术含量的处理过程都是发生在通过自组装而产生的隔膜、囊泡、一单层膜或胶束上。

（2）纳微米颗粒自组装　功能性纳米粒子的有序自组装是纳米科技发展的重要方向。将纳米粒子自组装为一维、二维或三维有序结构后，可以获得新颖的整体协同特性，并且可以通过控制纳米粒子间的相互作用来调节其性质。

纳米粒子的自组装通常是利用化学修饰手段，在粒子外面包覆一层有机分子。有机分子层既能稳定纳米粒子，又能提供纳米粒子间相互作用。通过这些有机分子之间的相互作用，纳米粒子很容易被化学组装成为具有新结构的聚集体。一个典型例子是金或银纳米粒子的表面用硫醇进行单分子层的修饰，通过硫醇分子间氢键来诱导自组装。

（3）大分子自组装　大分子自组装是指聚合物分子在氢键、静电相互作用、疏水亲脂作用、范德华力等弱相互作用力推动下，自发地构筑成具有特殊结构和形状的集合体的过程。获得大分子自组装体的常规途径是嵌段共聚物在选择性溶剂中胶束化，该过程的驱动力一般来自于某一链段的疏水性。此外，均聚物、低聚物（oligomer）、离聚物（ionomer）、无规共聚物及接枝共聚物等都陆续被发现可作为“组装单元”。聚合物分子自组装后，可通过化学修饰的方法，例如光交联，使其组装后的形态得以长期保持。目前大分子自组装领域研究主要针对液晶高分子、嵌段共聚物、树枝状大分子、能形成氢键的聚合物及带相反电荷体系的组合。

5.11.2 自组装膜

通过分子自组装技术可以构筑分子单层膜或多层膜。自组装膜的制备通过化学方法和物理方法得以实现。

化学组装方法的原理是将附有某表面物质的基片浸入到待组装分子的溶液或气氛中，待组装分子一端的反应基与基片表面发生自动连续化学反应。在基片表面形成化学键连接的二维有序单层膜，同层内分子间作用力仍为范德华力（图5-33）。若单层膜表面具有某种反应活性的活性基，再与其他物质反应，如此重复构成同质或异质的多层膜。

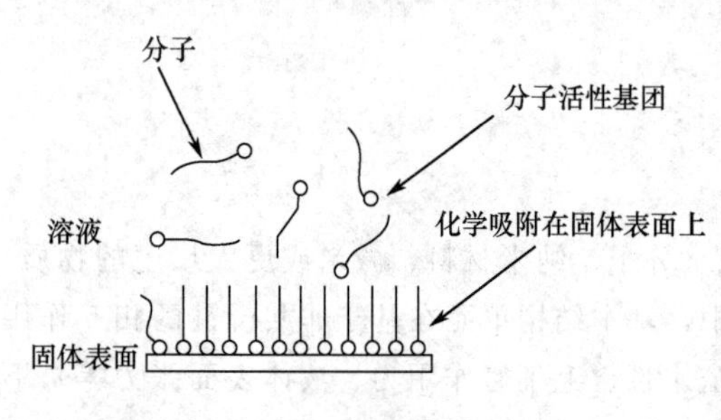

图5-33　分子在固体表面的自组装

如果基片上附有图案化的功能表面，通过该表面的功能基团与自组装分子端基反应，则自组装层将呈现同样的图案。该方法主要用于以图形化自组装为模板的纳米结构制备技术，结合光辐射、微接触印刷、等离子体刻蚀等方法获得了广泛应用。

物理方法一般是物理吸附，也称为分子沉积法。其原理是将表面带正电荷的基片浸入阴离子聚电解质溶液中，因静电吸引，阴离子聚电解质吸附到基片表面使基片表面带负电，然后将表面带负电荷的基片再浸入阳离子聚电解质溶液中，如此重复得多层聚电解质自组装膜。这样可制取有机分子与其他组分的多层复合超薄膜（图5-34）。该技术有较好的识别能力、生物相容性、导电性、耐磨性，相比化学吸附膜，层与层之间较强的作用力使稳定性大为提高。

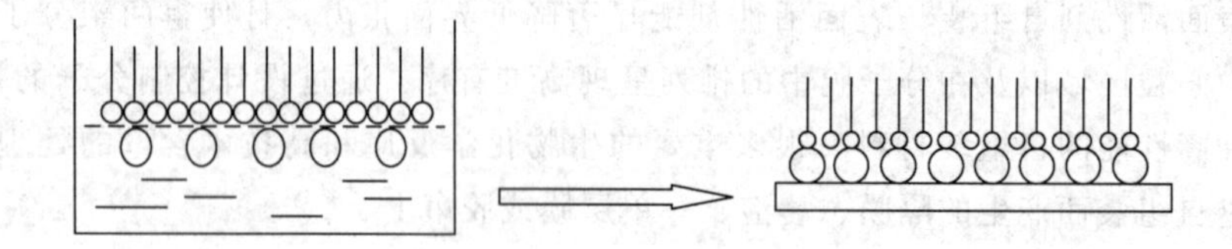
图5-34　分子吸附自组装

5.11.3 自组装胶体晶体

胶体晶体自组装是构建光电子学器件及许多其他纳米器件十分关键的一步，它不仅可以排列三维的胶体晶体，也可以形成许多奇特的周期有序结构。胶体晶体的组装方法多种多样，主要包括自然沉降法、离心法、旋涂法、蒸发诱导法、电泳沉积法、垂直沉积法、气-液界面组装法、对流自组装法。

（1）沉降法（sedimentation） 也叫做重力沉降法，是利用重力场的作用，在无外界影响的情况下自然形成的有序结构。地壳中的蛋白石就是一种天然的硬化的二氧化硅胶凝体。一般情况下，由于胶粒的尺寸和密度够大，它们就能沉积在容器底部，然后经历无序到有序的自组装过程。其中胶粒的大小影响着沉积的效果。对于小胶粒（300nm 以下），所受重力较轻，重力被粒子的布朗运动抵消了，难以沉积。如果粒子粒径较大（550nm 以上），所受重力又较大，沉积速度快，难以形成有序结构。

沉降的优点是过程较为简单，一般实验室都可做，是三维胶体晶体制备方法中最简单的一种。但是该方法机理颇为复杂，涉及重力沉淀、扩散传输以及布朗运动等。控制胶粒形核和生长的相关因素有温度、胶粒粒径、浓度、沉降速率等。其中沉降速率对胶体晶体的形成影响重大，只有当沉降速率在合适的范围内，胶粒才能够在基片上聚集并自组装成胶体晶体。另外，该法所制备出来的胶体晶体存在着比较多的位错和缺陷，且厚度很难控制，这些劣势限制了重力沉降法的应用。

（2）离心法（centrifugation） 该方法是利用旋转产生的离心力驱动胶体粒子有序排列。对于粒径较小的粒子，特别是对亚微米的胶粒（300～550nm），无法通过重力沉积，但能在离心力下排列成有序结构。这种方法简单快捷，能形成单分散结构。旋转速度，也就是离心力的大小是决定胶体晶体质量的关键。如果速度过大，就会出现很多缺陷裂缝；如果速度过小，会导致粒子沉不下来或沉降过慢，形成多层结构。

（3）旋涂法（spin-coating） 将胶体颗粒悬浮液滴在水平放置的基片上，然后以一定的角速度旋转，液体在离心力和流体剪切力的作用下会铺展开，随着溶剂的蒸发，胶体颗粒在基片上会自组装形成单层或双层颗粒膜。旋涂自组装形成的胶体颗粒膜，其质量受多种因素的影响，如旋涂速度、旋涂时间、胶体颗粒材料、粒径及单分散性、悬浮介质性质及基片性质等。

（4）蒸发诱导法（evaporation induced method） 该法也称滴涂法（drop-coating），把胶体颗粒分散液滴到平面固体基底表面并铺展形成薄层液膜，其中的胶体颗粒通过液体蒸发诱导产生的毛细吸引作用，自发组装形成二维有序阵列。通常控制条件使溶剂缓慢蒸发，胶体颗粒在毛细吸引作用下自组装成一层六方密堆积的二维有序阵列。

（5）电泳沉积法（electrophoretic deposition） 一般胶体微粒都带一定的负电荷，当在悬浮液中施加一定电压时，微粒就会在电场的作用下做定向运动，从而在正电极一边形成有序的晶体结构。利用胶体微粒的电泳现象可以很好地解决粒子粒径不同导致的沉降速度不同的影响。此种方法的关键点在于电泳强度和时间的控制。

（6）垂直沉积法（vertical deposition） 该方法是将基片垂直浸入单分散微球的悬浮液中，当溶剂蒸发时，毛细管力驱动弯月面中的微球在基片表面自组装为周期排列结构，形成胶体晶体。晶体的厚度可以通过调节微球的直径和溶液的浓度来精确控制。溶剂的蒸发温度不影响厚度，但影响微球排列质量。垂直沉积法的关键工艺控制参数是基片和溶液的相对运动速率。

（7）气-液界面组装法（self-assembly at the gas/liquid interface） 该方法是利用胶体颗粒在气-液界面处形成二维的有序阵列，随后该阵列可以被转移到固体基底上。胶体球粒首先需要进行适当的表面修饰，以使得在利用铺展剂（如乙醇）将其铺展到气-液界面上时仅有部分浸入到液面以下。由于胶体粒子之间较强的相互吸引作用，例如界面不对称诱导产生的偶极相互作用，胶体颗粒可自发组装为二维有序阵列。

（8）对流自组装法（convective self-assembly） 当把一滴胶体悬浮液滴在基底上，胶体粒子就会向液滴边沿移动。这是因为边沿处的溶液蒸发速率很高，导致溶液带着微球向边沿移动，靠着横向毛细作用力组装成有序结构。

图 5-35 为几种胶体晶体自组装方法的示意。

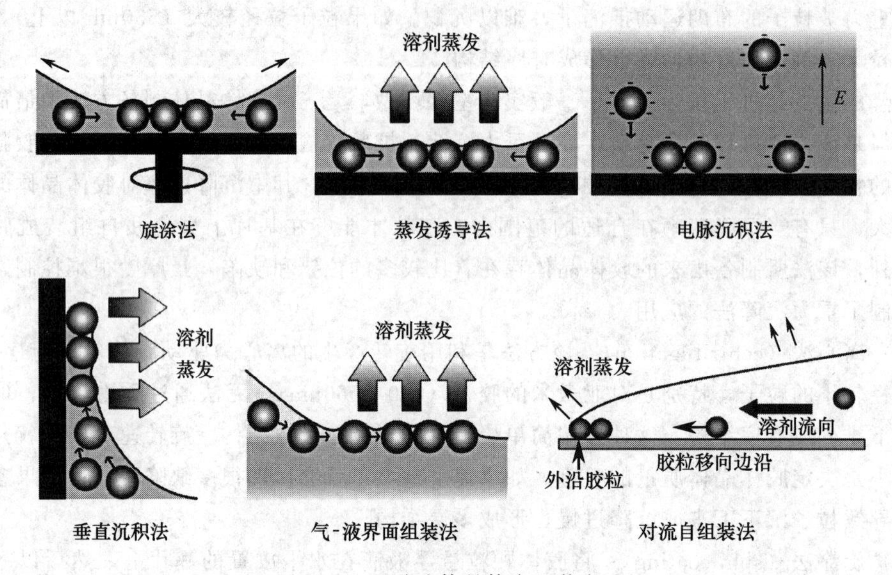

图 5-35　几种胶体晶体自组装方法

参考文献

[1] 周达飞．材料概论．北京：化学工业出版社，2001.

[2] 杨兴钰．材料化学导论．武汉：湖北科学技术出版社，2003.

[3] 曹茂盛，等．材料合成与制备方法．哈尔滨：哈尔滨工业大学出版社，2001.

[4] 刘光华．现代材料化学．上海：上海科学技术出版社，2000.

[5] Fahlman B D. Materials Chemistry. Berlin：Springer，2007.

[6] West A R. Basic Solid State Chemistry. New York：John Wiley & Sons Inc，2003.

[7] Scheel H J，Fukuda T. Crystal Growth Technology. New York：John Wiley & Sons Inc，2003.

[8] Pierson H O. Handbook of Chemical Vapor Deposition（CVD）. New York：Noyes Publications，1999.

[9] Smart L E，Moore E A. Solid State Chemistry-An Introduction. London：Taylor & Francis，2005.

思考题

1. 什么是湿法冶金？湿法冶金有什么优点？
2. 从金属的结构特点说明制备非晶态金属的关键是什么？
3. 陶瓷的固相烧结一般可分为哪些阶段？
4. 聚合实施方法有哪几种？哪些方法适合于制备颗粒状聚合物？
5. 提拉法中，控制晶体品质的主要因素有哪些？

6. 单晶硅棒和厚度约 1μm 的薄膜分别可用什么方法制备？

7. 液相外延法和气相沉积法都可制备薄膜，如果要制备纳米厚度的薄膜，应采用哪种方法？

8. CVD 法沉积 SiO_2 可通过哪些反应实现？写出相关化学方程式。

9. 用什么方法可以对 Cu 和 Cu_2O 进行分离？写出相关化学方程式。

10. 溶胶-凝胶法制备纤维材料，应采用怎样的条件较合适？请解释。

11. 怎样用均匀沉淀法合成硫化锌颗粒？写出相关化学方程式。

12. 有两种活化能分别为 $Q_1=83.7$kJ/mol 和 $Q_2=251$kJ/mol 的扩散反应。观察在温度从 25℃升高到 600℃时对这两种扩散的影响，并对结果作出评述。

13. 简述固相反应的影响因素。

14. 简述自蔓延高温合成法的原理。

15. 自组装发生的条件是什么？

第6章 电子与微电子材料

电子材料是指与电子工业有关的、在电子学与微电子学中使用的功能性材料，它是电子工业和电子科学技术发展的物质基础，也是当前材料科学的一个重要方面，具有品种多、用途广、涉及面宽的基本特点，是制作电子元器件和集成电路的基础，是获得高性能高可靠先进电子元器件和系统的保证。同时还广泛应用于印制电路板和微线板、封装用材料、元器件和整机、电信电缆和光纤、各种显示器及显示板，以及各种控制和显示仪表等等。电子材料的优劣直接影响电子产品的质量，与电子工业的经济效益有密切关系。一个国家的电子材料的品种数量和质量，成了一个衡量该国科学技术、国民经济水平和军事国防力量的主要标志。

电子材料涉及电子技术、物理化学、固体物理学和工艺基础等多学科知识。就电子材料具体功能性质，传统电子材料包括导电材料、介电材料、电绝缘材料、电磁材料、半导体材料、压电与铁电材料等几大基础材料类别。而从化学属性进行分类，电子材料又包括金属电子材料、电子陶瓷、有机高分子材料、无机非金属材料等，它们在电子材料和电子器件领域表现为不同的电性能及综合性能特征。

6.1 导电材料

传统导电材料的定义是电子可在其中以较小的阻碍进行定向运动的材料，现代关于导电材料的理解已超出电子运动范畴，定义为外电场作用下，载流子可在其中以较小阻碍（电阻率较小）发生定向运动的材料。

载流子是一种电流载体，是指可以自由移动的带有电荷的物质微粒，如电子、离子和空穴。在半导体物理学中，电子流失导致共价键上留下的空位（空穴）被视为载流子。在电解质溶液中，载流子是已溶解的阳离子和阴离子。类似地，游离液体中的阳离子和阴离子在液体和熔融态固体电解质中也是载流子。在等离子体，如电弧中，电离气体和汽化的电极材料中的电子、阳离子是载流子（电极汽化在真空中也可以发生，但技术上电弧在真空中不能发生，而是发生在低压电器中）。在真空中，如真空电弧或真空管中，自由电子是载流子。在金属中，金属晶格中形成费米气体的电子是载流子。依据载流子的形式不同，可将导体分成电子导体、离子导体和包含空穴导电机理的半导体等类别。从化学属性区分，又可将导体分为金属导电材料、无机非金属导电材料、聚合物导电材料等。导体材料在电子电器领域主要用作导线、接头、电子元器件、热电偶、熔断、焊接、电池等零部件或连接器件。

6.1.1 金属导电材料

金属材料是导电材料中应用最广泛的一类，主要包括纯金属导体、合金导体等。金属的电阻率普遍较小，相对地，合金的电阻率较大，导电性略差。另外，非金属和一些金属氧化物的电阻率通常较大，而绝缘体的电阻率极大。锗、硅、硒、氧化铜、硼等的电阻率比绝缘体小而比金属大。在常见金属中，单纯考虑电阻率的话，纯金属的电阻率大致排序为：银(Ag)、铜（Cu)、金（Au)、铝（Al)、钠（Na)、钼（Mo)、钨（W)、锌（Zn)、镍（Ni)、铁（Fe)、铂（Pt)、锡（Sn)、铅（Pb）等。可见，银、铜、金的电阻率最小，但它们却不一定是最佳的金属导体。作为材料使用的金属导体一般还需要具备导电性之外的其他性能，包括：①足够的机械强度与抗疲劳性；②抗氧化与抗化学腐蚀能力；③易加工和易焊接等性能；④廉价与低毒性特征等。

金、银等导电纯金属材料的性能虽然也符合导电材料的要求，但其价格较高，只用于特殊场合。铜、铝金属材料符合上述条件，因而得到广泛的应用，更多纯金属材料尽管导电性较好，但在成形性、机械性、抗氧化、耐腐蚀等方面较差而很少用作导电材料。

合金尽管在导电性方面较纯金属有所降低，但很多合金在机械性、抗疲劳、耐腐蚀、抗氧等方面表现优异，因而也有不少合金材料在工业上广泛用作导电材料。如铜合金，银铜、镉铜、铬铜、铍铜、锆铜等；铝合金，铝镁硅、铝镁、铝镁铁、铝锆等。此外，某些合金材料由于特有的电性能相关其他功能性质而被用作特种导电材料，即既有传导电流的作用，又具有其他特殊功能（熔断、加热等）的导电材料。如熔体材料、电刷、电阻、电阻合金、电热合金、电触头材料、双金属片材料、热电偶材料、弹性合金、测温控温热电材料。重要的有银、镉、钨、铂、钯等元素的合金，铁铬铝合金，碳化硅，石墨等材料。广泛应用在电工仪表、热工仪表、电器、电子及自动化装置的技术领域。

关于金属材料的导电性能，可参看本书第 4 章 4.4 节。

6.1.2 快离子导体

固态离子晶体由于存在缺陷，离子（尤其是半径较小的正离子）可通过空位机理进行迁移形成导电，这种离子晶体称作肖特基（Schottky）导体；离子晶体中也可以通过间隙离子存在的亚间隙迁移方式进行离子运动而导电，这种离子晶体称作夫伦克耳（Frenkel）导体。但这两种导体的电导率都很低，一般电导值在 $10^{-18}\sim10^{-4}$ S/cm 的范围内。它们的电导率和温度的关系服从阿累尼乌斯公式，活化能一般在 1～2eV。

有一类离子晶体，在室温下电导率可以达到 10^{-2} S/cm，几乎可与高温熔盐的电导率媲美。这类电导率高达 $10^{-1}\sim10^{-2}$ S/cm、活化能低至 0.1～0.2eV 的材料称为快离子导体。由于这类材料多数为离子晶体的陶瓷，因而也称为快离子导体陶瓷。快离子导体和普通 Schottky 导体和 Frenkel 离子导体一样，电导率随温度的关系服从 Arrhenius 公式：

$$\sigma = A e^{-\frac{\Delta H}{RT}} \tag{6-1}$$

快离子导体的活化能 ΔH 在 0.5eV 以下（普通晶体为 1～2eV)，经典值为 0.1～0.2eV。

快离子导体中载流子主要是离子，其可移动离子数目高达约 $10^{22}/\text{cm}^3$，比普通离子晶体高 1 万倍。快离子导体不同寻常的导电性与其特有的结构密切相关。快离子导体的晶体结构一般由两套晶格组成，一套是由骨架离子构成的固体晶体，另一套是由迁移离子构成的亚晶格。在迁移离子亚晶格中，缺陷浓度较高，以至于迁移离子位置的数目远超过迁移离子本身数目，这些空位置往往连接成网状的敞开隧道，以供离子的迁移流动，使所有离子都能迁移，增加载流子浓度。同时还可以发生离子的协同运动，降低电导活化能，使电导率增加。另外，快离子导体中也不可避免地存在一些杂质离子，其中部分具有较快迁移性而充当导电离子。

快离子导体中可作为导电迁移载流子的离子，其半径一般较小，电价价态较低，在晶格内的键型主要是离子键。由于这种离子在离子晶格中所受到的库仑引力较小，运动阻碍也较少，故而迁移速率较大，在化学势梯度或电势梯度的作用下，离子通过间隙或空位发生迁移，利于增加电导率。影响导电离子迁移的因素很多，具体包括：

① 离子迁移通道的尺寸。一般相互连通的通道其瓶颈的尺寸应大于传导离子和骨架离子半径和的两倍。

② 迁移离子浓度需高，活化能需低。

③ 一般来说，迁移离子在结晶学上不相等的位置在能量上应相近，这样离子从一个位置到另一个位置时越过的势垒低，从而降低了活化能。

④ 离子从一个位置迁移到另一个位置时，必须通过一个或多个中间状态，即一系列的配位多面体。配位数的大小直接影响离子迁移的难易。一般配位数愈小，离子愈易迁移。

⑤ 不论是骨架离子或迁移离子，都希望能有较大的极化率，因为极化率表征离子的可变形性，极化率高有助于离子迁移。

⑥ 从化合物的稳定性角度出发，希望刚性骨架内具有较强的共价键，而骨架离子与传导离子之间则希望是较弱的离子键，使传导离子易于迁移。

上述各种影响离子迁移的因素并不是绝对的。实际往往决定于综合效果。因此还须实验的验证。

根据载流子的类型，可将快离子导体分为阳离子导体和阴离子导体，其中的导电可移动阳离子包括 H^+、NH_4^+、Li^+、Na^+、K^+、Rb^+、Cu^+、Ag^+、Ga^+、Tl^+ 等，可移动的阴离子包括 O^{2-}、F^-、Cl^- 等。Li^+、Ag^+ 等阳离子因粒子半径小，电荷数低，库仑作用力小，所受束缚较小，这类离子晶体在室温下就呈现出高的离子导电性；而像 F^-、O^{2-} 等阴离子，由于半径大，仅在高温下才能显示出离子导电性。一些常见的阳离子导体和阴离子导体如表 6-1 所示。

表 6-1 常见阳离子导体和阴离子导体

导电性离子		固体电解质	电导率/(S/cm)
阳离子导体	Li^+	Li_3N	3×10^{-3}(25℃)
	Na^+	$Li_{14}Zn(GeO_4)_4$(锂盐)	1.3×10^{-1}(300℃)
		$Na_2O\cdot11Al_2O_3$(β-Al_2O_3)	2×10^{-1}(300℃)
		$Na_3Zr_2Si_2PO_{12}$(钠盐)	3×10^{-1}(300℃)
		$Na_5MSi_4O_{12}$(M=Y,Cd,Er,Sc)	3×10^{-1}(300℃)
	K^+	$K_xMg_{x/2}Ti_{8-x/2}O_{16}$($x$=1,6)	1.7×10^{-2}(25℃)
	Cu^+	$RbCu_3Cl_4$	2.25×10^{-3}(25℃)
	Ag^+	α-AgI	3×10^{0}(25℃)
		Ag_3SI	1×10^{-2}(25℃)
		$RbAg_4I_5$	2.7×10^{-1}(25℃)
	H^+	$H_3(PW_{12}O_{40})\cdot29H_2O$	2×10^{-1}(25℃)

续表

导电性离子		固体电解质	电导率/(S/cm)
阴离子导体	F^-	β-PbF_2(+25%BiF_3)	5×10^{-1}(350℃)
		$(CeF_3)_{0.95}(CaF_2)_{0.05}$	1×10^{-2}(200℃)
	Cl^-	$SnCl_2$	2×10^{-2}(200℃)
	O^{2-}	$(ZrO_2)_{0.85}(CaO)_{0.15}$(稳定二氧化锆)	2.5×10^{-2}(1000℃)
		$(Bi_2O_3)_{0.75}(Y_2O_3)_{0.25}$	8×10^{-2}(600℃)

按照迁移离子不同，快离子导体常见品种包括：氧离子导体（陶瓷）、钠离子导体（陶瓷）、锂离子导体（陶瓷）、氢离子导体（陶瓷）等。

O^{2-}快离子导体是以O^{2-}为主要载流子的快离子导体，目前研究得最彻底和应用最广的是氧化锆基固溶体。以二价碱土氧化物和三价稀土氧化物稳定的氧化锆固溶体，掺杂处理后的氧化锆不仅机械性能改善，固溶体晶格中氧负离子空穴位也增加，导电性显著增强。此外，掺杂的Bi_2O_3固溶体在低温下的离子传导性超过了ZrO_2固溶体，引起了人们的注意。典型的氧离子导体如表6-2所示。

表6-2　氧离子导体

传导离子	结构类型	示例
O^{2-}	萤石型	ZrO_2基固溶体，ThO_2基固溶体，HfO_2基固溶体，GeO_2基固溶体，Bi_2O_3基固溶体
	钙钛矿型	$LaAlO_3$基，$CaTiO_3$基，$SrTiO_3$基

所谓萤石构型的氧离子导体，其阳离子（例如氧化锆中的Zr^{4+}）位于阴离子（O^{2-}）构成的简单立方点阵的体心，配位数为8。CaO的加入产生了大量的氧离子空位，在空位附近的氧离子向空位移动时，空位便向其相反方向移动而导电。在高温下氧离子容易移动，电导率大，CaO和Y_2O_3稳定的ZrO_2材料在1000℃时氧离子电导率可分别达到10^{-2}S/cm和10^{-1}S/cm。钙钛矿型结构不像萤石结构在晶胞中心有很大空隙，因而对O^{2-}迁移不利，所以钙钛矿型结构固溶体的O^{2-}传导性不如萤石结构固溶体。ABO_3型氧离子导体主要有以$CaTiO_3$、$SrTiO_3$和$LaAlO_3$为基的三个系统。与ZrO_2基快离子导体相比，钙钛矿型氧离子导体的烧结温度较低（约为1400℃），易于制造，价格低廉，缺点是离子迁移数不够高，从而影响输出功率。氧离子导体具有特殊的功能，已在工业上得到应用，如作为高温燃料电池、氧泵的隔膜材料和氧气探测传感器等。

Na^+快离子导体在快离子导体中占有重要地位，其中以β-Al_2O_3为主，可表示为Na^+-β-Al_2O_3。自从1966年美国福特汽车公司发现以钠离子为载流子的β-Al_2O_3在200～300℃有特别高的离子电导率后，钠离子导体发展成为一类重要的快离子导体。Na^+-β-Al_2O_3化合物实际上是一个家族，都属于非化学计量的偏铝酸钠盐。β-Al_2O_3理论组成式为$Na_2O\cdot 11Al_2O_3$。由于发现时忽略了Na_2O的存在，将它当作是Al_2O_3的一种多晶变体，所以采用β-Al_2O_3的表示一直至今，实际组成往往有过量的Na_2O。钠离子导体研究最多的两种结构是铝酸钠的两种变体：β-Al_2O_3（$Na_2O\cdot 11Al_2O_3$）和β''-Al_2O_3（$Na_2O\cdot 5.33Al_2O_3$）。由于M^+在结构的堆积面中扩散，产生很高的离子电导，使β-氧化铝簇化合物成为快离子导体中一组重要的材料。

钠快离子导体具有很多高价值应用，新型高能固体电解质蓄电池——钠硫电池，它的理论能量可达760W·h/kg，是铅酸电池的十倍；电池没有自放电现象，充电效率几乎可达100%，充电时间较短，电池在工作中没有气体反应产生，预期有较长的使用寿命，并且电池材料来源丰富，价格低廉，结构简单，便于制造。目前用于电动汽车动力源，火车辅助电源以及电站储能装置。基于浓差电池工作原理，可以将钠快离子导体设计成氧气探测仪器。还可作为燃料电池的固体电解质使用。此外，用钠-β-Al_2O_3隔膜，可将粗钠电解为高纯钠。这种提纯方法设备简单、操作方便、能量消耗小、产品质量好。适宜于冶炼铌、钽，可满足制造高质量电容器的要求。高纯钠可在原子能发电站上用作导热剂。应用镓-β-Al_2O_3隔膜，可提纯金属镓，高纯镓在电子工业上广泛用于制造砷化镓和磷化镓光电二极管及太阳能电池。

Li^+快离子导体的迅速发展得益于二次电池的巨大市场需求，以锂离子导体作为隔膜材料的室温全固态锂电池，由于寿命长、装配方便、可以小型化等优点引起人们的重视。这种锂离子电池有别于目前电子产品中广泛在用的液态锂离子，由于不存在液体溶剂的潜在危险，电池的安全性、耐用性等性能大大提高。锂离子导体种类很多，按离子传输的通道分为一维、二维、三维传导三大类。一维传导有β-锂霞石（β-$LiAlSiO_4$）和钨青铜（$Li_xNb_xW_{1-x}O_3$）结构固溶体。二维传导有Li-β-Al_2O_3和Li_3N及其他锂的含氧酸盐，锂离子迁移一般发生在层状结构中。和一维导体相比，二维传导的锂离子导体的迁移途径较多，电导率较高。三维传导的锂离子导体是骨架结构，迁移通道更多，由于传导性更好，又是各向异性，因而引起更多兴趣和更多的研究。$Li_{14}Zn(GeO_4)_4$是具有三维传导性能最好的快离子导体。在300℃时电导率为0.125S/cm，并兼有烧成温度低、制备方便等优点。但它对熔融锂不稳定，对CO_2和H_2O很敏感，应用受限制。

以锂离子固体电解质制作的电池可靠性强，其中锂碘电池由于具有高可靠性和长寿命特性可用作心脏起搏器。目前发达国家每年植入人体的心脏起搏器有（20～30）万台，其中90%以上是锂碘电池。Li^+在Ta_2O_5（氧化钽）离子导体膜上改性的电致变色材料，现在已经用快离子导体材料涂在普通玻璃上制成电致变色智能玻璃，其反射率和透射率能根据温度、光强或热点等自动调节。

氢离子导体又名质子导体，由于它在能源及电化学器件等方面有良好的应用前景，引起人们的重视。化学储能是一种无污染的储能方式。例如将水电解得到氢，再将氢作为燃料通过氢氧燃料电池发电，在此过程中氢和氧又化合成水。在这个循环中，无论是水电解，还是氢氧燃料电池发电，都要氢离子导体或氧离子导体作为隔膜材料。质子在固体中的传导可以分为两类：第一类是在具有氢键的化合物（如杂多酸、有机氢离子导体）中通过质子的跃迁并伴随着分子的转动而传导；第二类是在没有氢键的化合物（如黏土系统、H^+-β-$A1_2O_3$）中通过质子的间隙运动而传导。

6.1.3 聚合物导电材料

一般有机聚合物属于电绝缘材料，导电性极差。但某些具有特殊结构和组成的聚合物材料具有显著导电性，导电高分子材料通常是指一类具有导电功能（包括半导电性、金属导电性和超导电性）、电导率在10^{-6}S/cm以上的聚合物材料。这类高分子材料密度小、易加工、耐腐蚀、可大面积成膜，电导率可在绝缘体-半导体-金属态（电导率10^{-9}～10^5S/cm）的范围里变化。导电高分子可以分为本征导电聚合物材料与导电复合聚合物材料。前者导电性来源于聚合物本身的结构特性，结构上具有大范围可离域电子，也称结构型导电高分子，通常仍需要适当掺杂改性，才具备显著导电性；后者导电性主要来源于普通聚合物基体中添加的高导电性材料，包括金属微粉等。

结构型导电高分子材料是指高分子本身或少量掺杂后具有导电性质的高分子材料，一般是由电子高度离域的共轭聚合物经过适当电子受体或供体进行掺杂后制得的。结构型导电高分子材料具有易成型、质量轻、结构易变和半导体特性。1977 年，日本白川英树等人发现用五氟化砷或碘掺杂的聚乙炔薄膜具有金属导电的性质，电导率达到 10^5 S/cm，这是第一个导电的高分子材料。继导电聚乙炔之后，相继开发出了聚对苯硫醚、聚苯、聚苯胺、聚吡咯、聚噻吩以及 TCNQ 传荷配合聚合物等。其中以掺杂型聚乙炔具有较高的导电性，电导率达 $5\times10^3\sim10^4$ S/cm（铜的电导率为 10^5 S/cm），这些材料掺杂后电导率可达到半导体甚至金属导体的导电水平。可用作太阳能电池、电磁开关、抗静电油漆、轻质电线、纽扣电池和高级电子器件等。

聚乙炔虽有较典型的共轭结构，但电导率并不高。未掺杂的经典共轭聚合物——聚乙炔的导电性极差，顺式聚乙炔电导率仅 10^{-7} S/cm，反式聚乙炔也不过 10^{-3} S/cm。具有大共轭结构的聚乙炔极易被掺杂。经掺杂的聚乙炔，电导率可大大提高。纯净聚乙炔所需的掺杂杂质可以是电子施主杂质，如碱金属（Li、Na、K）等；也可以是电子受主杂质，如卤素、AsF_5、PF_5等。例如，顺式聚乙炔在碘蒸气中进行 p 型掺杂（部分氧化），可生成 $(CHI_y)_x$ （$y=0.2\sim0.3$）单元结构，电导率可提高到 $10^2\sim10^4$ S/cm，增加 9～11 个数量级。可见掺杂效果之显著。顺式聚乙炔掺杂效果列于表 6-3。

其他共轭结构的导电高分子结构如图 6-1 所示。

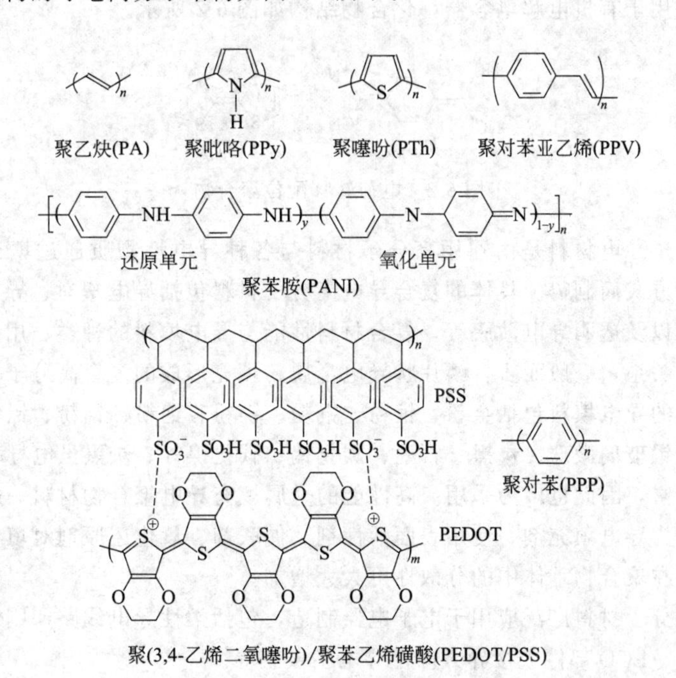

图 6-1　导电聚合物基本结构

表 6-3　掺杂的顺式聚乙炔在室温下的电导率

掺杂剂	掺杂剂/—CH═(摩尔比)	σ/(S/cm)
I_2	0.25	3.60×10^4
AsF_5	0.28	5.60×10^4
$AgClO_4$	0.072	3.0×10^2
萘钠	0.56	8.0×10^3
$(n\text{-Bu})_4NClO_4$	0.12	9.70×10^4

以掺杂聚乙炔为主的大多数导电高分子材料具有显著的导电性，也显示出巨大的应用前景。然而，这类材料由于还存在稳定性差（特别是掺杂后的材料在空气中的氧化稳定性差）以及加工成型性、机械性能方面的问题，大多尚未进入实用阶段。PEDOT/PSS 是一个例外，该导电聚合物材料是一种高分子聚合物的水溶液，电导率很高，根据不同的配方，可以得到电导率不同的水溶液。从该化合物的名称上可以看出，该产品是由 PEDOT 和 PSS 两种物质构成，PEDOT 是 EDOT（3,4-乙烯二氧噻吩单体）的聚合物，PSS 是聚苯乙烯磺酸盐，这两种物质在一起极大地提高了 PEDOT 的溶解性，水溶液本身颜色较深，干燥成膜后具有较好的透明性，是一种有机透明导电材料，有望大规模替代透明导电金属氧化合物 ITO。其水溶液导电物主要应用于有机发光二极管 OLED、有机太阳能电池、有机薄膜晶体管、超级电容器等的空穴传输层。德国拜耳公司掌握着 PEDOT/PSS 单体 EDOT 的专利，并开发出了不同电导率的聚合物水溶液。

此外，还有基于电荷转移复合物机理的有机配位聚合物盐也具有显著的导电性，例如强吸电子的 TCNQ 与给电子的 TTF 之间可形成导电性配位聚合物，可作为导电性较强的有机半导体材料，应用于有机电解电容器，化合物结构如图 6-2 所示。

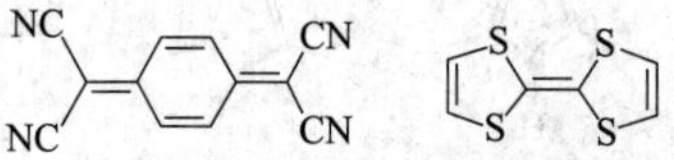

TCNQ　　TTF

图 6-2　电荷转移配位聚合物

复合型高分子导电材料是由通用高分子材料与各种导电性物质通过填充复合、表面复合或层积复合等方式而制得。具体的复合导电高分子材料包括导电塑料、导电橡胶、导电涂料、导电胶黏剂以及透明导电薄膜等。复合材料性能与导电填料的种类、用量、粒度和分散状态等有很大的关系，一般而言，鳞片状导电金属粉填充形成的复合高分子材料具有更高效的导电性。常用的导电填料包括金粉、银粉、铜粉、镍粉、钯粉、钼粉、铝粉、钴粉、镀银二氧化硅粉、镀银玻璃微珠、炭黑、石墨、碳化钨、碳化镍等。炭黑虽电导率不高，但其价格便宜，来源丰富，因此也广为采用。高性能的金属填充导电聚合物材料一般采用价格较高的鳞片状银粉作为导电填充剂。使用表面活性剂、偶联剂、氧化还原剂对填料颗粒进行处理后，导电填充料在聚合物基体中的分散性可大大增加。

复合导电高分子材料广泛应用于电子电器制造，包括柔性导电线路印刷油墨、导电粘接剂、抗静电涂料、LCD 部件驳接异方向性导电粘接膜等。

6.1.4　电阻材料

电阻材料是指常用的电阻器、片式电阻器、混合集成电路中的薄膜和厚膜电阻器、可变电阻器和电位器等所用的电阻体材料。电阻器在电子设备中的主要功能是调节和分配电能。在电路中常作分压、调压、分流、消耗电能的负载以及滤波元件等。从广义角度来说，电阻材料属于导电性相对较差的导体。按使用形式，电阻材料主要包括线绕电阻材料、薄膜电阻材料和厚膜电阻材料。按化学属性分类，可作为电阻器的材料包括少部分纯金属、合金、复合电阻材料、碳基材料、金属氧化物材料、金属-非金属化合物等。

合金材料由于在纯金属中加入了其他金属杂质原子之后，破坏了原来晶格的周期性排列，使自由电子的散射概率增加。其结果是合金的电阻率比纯金属的电阻率高。

金属和合金薄膜电阻材料简称金属膜，一般用真空蒸发、溅射、化学沉积等方法制得。厚度大于 100 nm 的金属薄膜显微结构呈连续状，其电性能与块状金属接近。厚度为 10～100 nm 时，金属薄膜基本上是连续的，但呈无取向多晶结构，有时会出现一些孔隙、沟道，形成一种网状结构，其电阻率随厚度的减小逐渐增大。而厚度小于 10nm 时，金属原子呈非晶型堆积，薄膜呈不连续的岛状结构，其电阻率随厚度减小急剧增大。

金属薄膜的电阻除了晶格热振动和杂质散射引起的电阻之外，还有其他缺陷如填隙原子、空格点、位错和晶界等，也对电子有散射作用，从而对电阻也有贡献，晶界影响较为突出。

金属膜电阻材料成分包括铁、镍、铬为基础的多种合金，以及金属碳化物和金属硅化物等。是用适当方法将合金材料蒸镀于陶瓷棒骨架表面。金属膜电阻比碳膜电阻的精度高，稳定性好，噪声、温度系数小，在仪器仪表及通信设备中大量采用。

线绕电阻材料主要是指电阻合金线。用不同规格的电阻合金线绕在绝缘的骨架上可以制成线绕电阻器和电位器。所用合金材料可分为贱金属合金与贵金属合金两类。贱金属合金线中，常用的有锰铜线、康铜线、镍铬线、镍铬基多元合金线等。锰铜线是基于铜和锰的合金，主要特点是电阻稳定性好，电阻温度系数小，使用温度范围窄，只宜作室温范围内的中、低阻值的精密线绕电阻器。康铜线是以铜和镍为主要成分（含 40%镍、约 1.5%锰）的电阻合金，其优点是耐热性好，使用温度范围宽大，但电阻温度系数大，适宜作大功率的中、低阻值的线绕电阻器和电位器。镍铬合金线具有较高的电阻率、良好的电性能和很宽的使用温度范围，但电阻温度系数较大，一般用于制造中、高阻值的普通线绕电阻器和电位器。镍铬系多元合金线如镍铬铝铁、镍铬铝铜、镍铬铝锰硅、镍铬铝钒、镍钼铝锰硅、镍锰铬铝等，它们的电阻率高、电阻温度系数小、耐磨性好、对铜的热电势小，因此适宜作高阻值的精密线绕电阻器和电位器。贵金属电阻合金线主要有铂基合金、钯基合金、金基合金和银基合金等。这类贵金属电阻合金线具有很好的化学稳定性、热稳定性和良好的电性能，因此是精密线绕电阻器和电位器的重要材料。

复合型电阻材料亦是采用颗粒性导电材料与绝缘性填充料以及黏结剂为原料，经适当工艺加工而成。其中的绝缘性填充料可以是环氧树脂、聚酰亚胺等稳定性、介电性较好的聚合物材料，也可以是绝缘性的其他无机材料。这类电阻材料常用改变导电颗粒种类、数量、颗粒的粗细、分散性来改善合成电阻的性能。该材料结构形态和工作原理与前述复合导电高分子情况非常相似。

半导体电阻材料的导电性介于良导体与绝缘体之间，它与传统半导体概念相同，包括元素掺杂半导体、金属氧化物半导体、化合物和盐等。在配料、成形和烧结时加入杂质，或让它们的化学比失配，或出现缺氧和剩氧，或出现空格点，用这些方法制得的电阻材料常显示半导体特性。

碳膜电阻材料是以气态碳氢化合物在高温和真空中分解，碳沉积在瓷棒或者瓷管上，形成一层结晶碳膜。改变碳膜厚度和用刻槽的方法变更碳膜的长度，可以得到不同的阻值。碳膜电阻成本较低，性能稳定，阻值范围宽，温度系数和电压系数低，总体性能一般，是目前应用最广泛的电阻器。

硅碳膜是用含硅的有机化合物（正硅酸乙酯、六甲基二硅醚）和碳氢化合物（庚烷、苯等），在850～1100℃同时热分解而制成的富硅薄膜电阻。硅碳膜具有耐潮和耐腐蚀的特性，工作温度和过负荷能力都有明显的提高。

金属氧化膜电阻是利用金属氯化物（氯化锑、氯化锌、氯化锡）高温下在绝缘体水解形成金属氧化物电阻膜。性能特点是高温稳定性好，耐热冲击，负载能力强。但其在直流下容易发生电解使氧化物还原，性能不太稳定。金属氧化膜种类很多，锡锑氧化膜是将锡锑卤化物溶液喷涂到灼热（700℃左右）的基体上，经水解反应而淀积出锡锑金属氧化物薄膜。也可用蒸发法、溅射法、浸渍法、烟化法、涂敷法等成膜。锑的掺入使氧化锡增加了导电性，而且锑的含量增加，电导率增大。由于锑是5价，锡是4价，锑取代锡后增加了导电电子数，当锑的摩尔分数高达1.5%时，电导率出现最大值，其后继续增加锑含量，电导率反而减小。因为锑含量很小时，膜层中的载流子（电子）数随着锑含量增加很快，此时迁移率也略有增加，所以电导率增加很快；当锑的摩尔分数大于1.5%以后，锑的一部分处于填隙位置，会引起迁移率下降很快，所以这时电导率会随锑含量的增加而下降。锑含量还影响膜层的电阻温度系数。锡锑氧化膜适于制造低、中电阻器。如果在氧化锡中掺入铟，组成Sn-In系氧化膜，其阻值比Sn-Sb系氧化膜高15～30倍。如果在氧化锡薄膜中掺入少量的铁，可以提高电阻值10倍。如在Sn-Sb氧化膜中加入B_2O_3，不仅可以提高电阻值，而且可以降低电阻温度系数。如果在Sn-Sb氧化膜中加入TiO_2。可使电阻值增大20～200倍，而电阻温度系数却变化不大。如果在Sn-Sb氧化膜中加入Bi，可使性能稳定，老化系数减小。

金属陶瓷薄膜是指金属和硅等氧化物绝缘体所组成的薄膜，其主要特点是电阻率高、耐温高。常用的是Cr-SiO_2、Ti-SiO_2、Au-SiO（SiO_2）、NiCr-SiO_2、Ta-SiO_2等，常用真空蒸发法或反应溅射的方法制得，可以通过改变膜厚、热处理温度来调整金属陶瓷电阻薄膜的方阻和性能。

除上述材料之外，电阻材料还有钽基电阻薄膜、水泥电阻等。

6.2 介电材料

6.2.1 材料的介电性及介电材料

介电材料又称电介质，是指在外电场作用下能发生极化、电导、损耗和击穿等现象的材料。关于材料的介电性能在本书第4章4.4节已有简单介绍。

就应用目的而言，介电材料主要包括电容器介质材料和微波介质材料两大体系。其中用作电容器介质的介电材料在整个介电材料中占有很大比重，它可分为有机和无机两大类。有机介电材料主要包括一些常见聚合物膜。无机介电材料则分为气体和固体两个类别。气体介电材料包含空气、压缩氮气、六氟化硫及混合气体等，固体介电材料则包含云母、玻璃和陶瓷等。各种介电材料中，纸、陶瓷、云母属传统的材料，而陶瓷介电材料在近些年获得快速发展，其中独石电容器材料是典型的代表。随着微波器件的小型化、轻量化、高可靠性化，微波介质材料有了很大发展，并成为新兴的重要介电材料。

有机介电材料品种很多，一般来说，都是含碳的共价键化合物，其中大部分又是由高分子聚合物制成的薄膜，具有良好的柔韧性和抗拉强度，能制出厚度很薄的高强度薄膜，其厚度平均误差小，纵横两个方向均匀一致，最薄产品可达1.5μm左右，介质形状都是带状并绕制成卷，这是无机介质难以达到的。同时，因为电容器的比电容与介质厚度的平方成反比，所以当介电常数相同时，有机介质电容器的比电容较无机介质电容器大得多，有助于缩小产品的尺寸。有机介电材料柔韧性好，但在耐高温、抗辐射、抗霉菌、抗电弧和化学稳定性方面，一般不如无机介电材料。

有机介电材料分为非极性介电材料和极性介电材料两类。其中，非极性有机介电材料包括聚苯乙烯膜、聚四氟乙烯膜、聚丙烯膜等；极性有机介电材料则包括聚酯膜、聚碳酸酯膜、电容器纸膜、聚偏氟乙烯膜等。非极性有机介电材料多用来制造介电损耗角小、时间常数很大及容量稳定的产品；极性有机介电材料多用来扩大产品的工作温度范围和缩小产品体积。

云母是固体无机介电材料最经典的一种，云母是一种天然矿产物，具体地说是一种碱金属的含水铝硅酸盐，主要成分为 Al_2O_3 和 SiO_2，此外还有一定量的结晶水和某些杂质金属氧化物，如 Fe_2O_3、TiO_2 等。云母的介电常数一般为6～7.3，优质纯净的白云母的介电常数为7.3；白云母的介电损耗角正切很小，一般小于 4×10^{-4}。云母具有良好的解理性能（能沿解理面劈成或剥成很薄、很柔软而富有弹性的薄片），同时还具有良好的介电性能、机械性能、耐热和化学稳定性，且不燃、防潮，因而是一种重要的传统电容器用介电材料。

介电陶瓷有铁电介质瓷、反铁电介质瓷、半导体介质瓷、高频介质瓷和独石介质瓷等诸多类别。铁电介质瓷在制造小型储能电容器上有一定的发展前景，铁电高压电容器在彩电中有重要作用。近年来，半导体介质瓷和独石介质瓷获得快速发展。与其他电容器用介电材料相比，其介电常数和介电常数的温度系数以及机械性能和热物理性能可调控，并且介电常数也较大；有些介电陶瓷（强介瓷，主要为铁电瓷）的介电常数能随电场强度发生变化。除表面层型和晶界层型瓷外，介电陶瓷最大的缺点是难以做得很薄，故使电容器的容量受到很大限制。此外，陶瓷介电材料常含有气隙，致使其抗电强度不高，一般不超过35kV/mm。

用于制造电容器的介电材料，一般要求其介电常数尽可能高，而介电损耗要小，比体积电阻率大于 $10^{10}\Omega\cdot m$，在高频、高温、高压及其他恶劣环境下，电容器性能稳定可靠。

极性电介质是一类结构和性能特殊的介电材料，若电介质材料在没有外电场时，仍然能在其内部建立极化（自发极化），则称此类电介质为极性电介质。此类材料具有介电、压电、热释电等性质，还可能具有电致伸缩、非线性光学、电光、声光（弹）、光折变等性质。

6.2.2 压电材料

压电材料是一类特殊的介电材料，该类材料在机械力作用下发生电极化或电极化加剧，表现为材料的相对应两端表面上产生符号相反的电荷，即形成较弱电压，当外力去掉后，又重新恢复到不带电状态，这样的性质称为压电效应。这种因材料受力而产生电压的现象也称为正压电效应；对材料两端施加电压而导致材料体积膨胀或收缩的现象，则称为逆压电效应。压电性的本质就是材料内在微结构的电极化的结果。

压电材料作为一类重要的功能材料，具有高效率的换能作用，在机械能与电能之间实现高效互换。表征压电材料的主要性能指标包括压电常数（越大，则压电效应越显著）、弹性常数（决定着压电器件的固有频率和动态特性）、绝缘性（绝缘电阻将减少电荷泄漏，从而改善压电传感器的低频特性）、居里点等。另外，介电性还具有作用力方向选择性，并非任意方向上的外加力都能产生压电效应，而只有沿着晶体或极化晶畴特定方向用力才可产生压电效果。石英可视为晶体缺陷较少的完整晶体材料，作为压电材料，其优点是介电和压电常数的温度稳定性好，适合做工作温度范围很宽的传感器。压电陶瓷虽然也是晶体结构，但存在大量的晶界缺陷，可以看作是无数微小晶粒通过弱结构连接在一起的晶粒堆砌，极化后的压电陶瓷，当受外力变形后，由于电极矩的重新定位而产生电荷，压电陶瓷的压电常数是石英的几十倍甚至几百倍，但稳定性不如石英好，居里点也低。

石英作为一种传统而经典的压电材料，已大规模应用于石英手表制造，在电池电压驱动下，石英片发生非常精准的节拍振动，达到准确计时目的。通常属于钙钛矿结构的 ABO_3 型陶瓷材料都具有显著的压电特性，例如：$PbTiO_3$、$BaTiO_3$、$LaTiO_3$、$KNbO_3$、$NaNbO_3$、$KTaO_3$、$Pb(ZrTi)O_3$ 等材料。其中又以 $Pb(ZrTi)O_3$（PZT）系列为压电材料的主流。广泛应用于各种组件上，例如：传感器（sensor）、驱动器（actuator）、换能器（transducers）、表面声波滤波器（SAW filter）等。P(VDF-TrFE）共聚物是偏二氟乙烯（VDF）和三氟乙烯（TrFE）的共聚物，可以看作是 PVDF 中的 VDF 单体部分被 TrFE 单体取代所形成。其铁电性也是源于 β 相的 PVDF，这种材料更适用于医用超声换能器或压力传感器。压电材料已成为社会生活中不可或缺的光能材料，具体应用列于表 6-4。

表 6-4　压电材料的应用

应用类型		代表性器件
信号发生	电信号	压电振荡器
	声信号	拾音器、蜂鸣器、送话器、受话器、压电喇叭、扬声器、水声换能器、超声换能器
信号发射与接收		声呐、超声测速器、超声探测器、超声厚度仪、拾音器、传声器、扬声器
信号处理		滤波器、监视器、放大器、衰减器、谐振器、检波器、表面声波延迟线、混频器、卷尺器
信号存储与显示		铁电存储器、光铁电存储显示器、光折变全息存储器
信号检测与控制	传感器	微音器、应变仪、声呐、压电陀螺、压电速度、加速度计、角速度计、微位移器、压电机械手、助听器、振动器
	探测器	红外探测仪、高温计、计数器、防盗报警器、温敏探测器、气敏探测器
	计测与控制	压电加速度表、压电陀螺、微位移器、压力计、流速计、风速计、声速计
高压弱电流源		压电打火机、压电引信、压电变压器、压电电源

6.2.3 热释电材料

顾名思义，热释电就是因热而产生电。热释电材料属于一类特殊的压电材料，除了具有压力敏感产生电压的特性外，还对环境温度敏感。结构上来说，热释电材料是具有自发极化特性的晶体材料。自发极化是指由于物质本身的结构在某个方向上正负电荷中心不重合而固有的极化。一般情况下，晶体自发极化所产生的表面束缚电荷被吸附在晶体表面上的自由电荷所屏蔽，当温度变化时，自发极化发生改变，从而释放出表面吸附的部分电荷。晶体冷却时，电荷极性与加热时相反。热释电材料要求不具有中心对称性的晶体，在结构上应具有极轴。所谓极轴是晶体唯一的轴，在该轴两端往往具有不同的性质，且采用对称操作不能与其他晶向重合的方向。与逆压电效应相似的是，当外加电场施加于热释电晶体时，电场的改变会引起晶体温度变化，这种现象称为电卡效应。

热释电效应的原理是：经过预处理的晶体是由众多细小但具有一定极化方向的晶畴堆砌而成，整体具有一定净极化。环境温度改变时，由于晶体材料吸收热量而发生体积膨胀，导致晶畴极化方向的重新分配，晶体总体极化状况改变，在晶体材料两端产生互为正负电荷的重新分配，形成很弱的电压。除了直接的环境温度刺激外，热红外信号被热释电材料捕捉后，晶体温度升高，同样导致微弱电压形成。晶体受热膨胀是在各个方向同时发生的，所以只有那些有着与其他方向不同的唯一的极轴时，才有热释电性。因此，晶体热释电效应具有各向异性。

热释电材料分类如下：

单晶材料：TGS（硫酸三甘肽）、DGTS（氘化 TGS）、CdS、$LiTaO_3$、SBN（铌酸锶钡）、PGO（锗酸铅）、KTN（钽铌酸钾）等。

有机高分子及复合材料：PVF（聚氟乙烯）、PVDF（聚偏二氟乙烯）、P（VDF-TrFE）（偏二氟乙烯-三氟乙烯共聚物）、四氟乙烯-六氟丙烯共聚物。

金属氧化物陶瓷及薄膜材料：ZnO、$BaTiO_3$、PMN（镁铌酸铅）、PST（钽钪酸铅）、BST（钛酸锶钡）、$PbTiO_3$、PLT（钛酸铅镧）、PZT（钛锆酸铅）。

目前应用广泛的热释电材料主要有硫酸三甘肽单晶、锆钛酸铅镧［PLZT，(Pb，La)-(Zr，Ti) O_3］、透明陶瓷和含氟聚合物薄膜，工业上可用作红外探测器件、热摄像管以及国防上某些特殊用途。优点是不用低温冷却，但灵敏度比相应的半导体器件低。TGS 晶体具有热释电系数大、介电常数小、光谱响应范围宽、响应灵敏度高和容易从水溶液中培育出高质量的单晶等优点。但它的居里温度较低，易退极化，且能溶于水，易潮解，制成的器件必须适当密封。PVDF 膜作为热释电材料，其热释电系数低、介电常数小、损耗大、探测度阈值低、制作工艺简单、成本低。

6.2.4 铁电材料

铁电（ferroelectric）材料是热释电材料的一个分支，其特点是不仅具有自发极化，而且在一定温度范围内，其自发极化强度（P_s，spontaneous polarization）随外施电场的方向而改变，且滞后于外加电场的变化，这就是材料的铁电性。关于材料的铁电性，可参看本书 4.4 节，具有铁电性的介电材料称为铁电材料。

铁电材料是介电材料中非常特殊的一个小分支，至今已经发现的铁电晶体有一千多种，它们广泛地分布于从立方晶系到单斜晶系的 10 个点群中。它们的自发极化强度从 $10^{-4}C/m^2$ 到 $1C/m^2$，居里点有的低到 $-261.5℃$（酒石酸铊锂）。按照结晶化学分类，铁电晶体主要包括含氢键的晶体和双氧化物晶体等。

含氢键的晶体包括磷酸二氢钾（KDP）、三甘氨酸硫酸盐（TGS）、罗息盐（RS）等。这类晶体通常是从水溶液中生长出来的，故常被称为水溶性铁电体，又叫软铁电体。双氧化物晶体包括 $BaTiO_3$（$BaO-TiO_2$）、$KNbO_3$（$K_2O-Nb_2O_5$）、$LiNbO_3$（$Li_2O-Nb_2O_5$）等，这类晶体是从高温熔体或熔盐中生长出来的，又称为硬铁电体，它们可以归结为 ABO_3 型，Ba^{2+}、K^+、Na^+ 处于 A 位置，而 Ti^{4+}、Nb^{6+}、Ta^{6+} 则处于 B 位置。

过去对铁电材料的应用主要是利用它们的压电性、热释电性、电光性能以及高介电常数。近年来，由于新铁电材料薄膜工艺的发展，已经研制出一些透明铁电陶瓷器件，如铁电存储和显示器件、光阀，全息照相器件等。

6.3 半导体材料

6.3.1 半导体材料概述

材料按其导电性能的大小可分为导体、半导体和绝缘体三大类。

半导体的电导率介于绝缘体及导体之间。它易受温度、光照、磁场及微量杂质原子（一般而言，大约1kg的半导体材料中，约有1μg～1g的杂质原子）的影响。正是半导体的这种对电导率的高灵敏度特性使半导体成为各种电子应用中最重要的材料之一。

从能带理论来看，纯半导体的价带应当填充满了电子，成为满价带或满带，高能级的导带为全空状态，因而为空带。满带与空带之间的能级间隙 E_g 较小，一般在1eV左右或更小，小于绝缘体通常的 E_g（>3eV）。半导体的作用机理也是基于能带理论。在外界热、光、电、磁、力等因素作用下，价带中小量电子跃迁至导带中去而留下相应数量的正空穴，电子和空穴对导电都有贡献，由于穿过晶格间隙运动，空穴则从一个键位跳至另一个键位。在外加电场中，负的电子和正的空穴的逆向运动而形成电流。这就是半导体导电的机理，电子或空穴都被称为载流子。

1948年发明晶体管之后逐渐形成。半导体化学的研究对象主要是高纯物质以及它们的晶格掺杂效应。半导体化学的内容可以概括为：①硅、锗、砷化镓等半导体材料的物理化学性质及其提纯精制的化学原理，完整单晶体的制取、完整单晶层的生长以及微量杂质有控制地掺入方法。②半导体器件和集成电路制造技术如清洗、氧化、外延、制版、光刻、腐蚀、扩散等主要工艺过程及化学反应原理。③半导体器件及集成电路制造工艺中所用掺杂材料、化学试剂、高纯气体、高纯水的化学性质、制备原理及纯度标准。④超纯物质分析及结构鉴定方法，如质谱分析、放射性分析、红外光谱分析等。

6.3.2 半导体分类及特点

按成分分类，半导体可分为单质半导体、化合物半导体与固溶半导体（表6-5所示）。单质半导体又可分为本征半导体和杂质半导体。化合物半导体又分为合金、化合物、陶瓷和有机高分子四种半导体。按掺杂原子的价电子数分类，可分为n-型和p-型。前者掺杂原子的价电子多于背景纯元素的价电子，后者正好相反。按晶态分类，又可分为结晶、微晶和非晶半导体。

表6-5 半导体材料分类及其开发情况

类　别	化学通式	材料举例	开发程度
单质半导体		硅、锗	硅、锗、硒已大量应用
二元化合物①			
Ⅲ-Ⅴ族	$A^{Ⅲ}B^{Ⅴ}$	砷化镓	砷化镓、磷化镓已批量生产
Ⅱ-Ⅵ族	$A^{Ⅱ}B^{Ⅵ}$	硫化镉	硫化镉、硒化镉、碲化镉已在少量应用
Ⅳ-Ⅳ族	$A^{Ⅳ}B^{Ⅳ}$	碳化硅	仅此一种，少量应用
Ⅳ-Ⅵ族	$A^{Ⅳ}B^{Ⅵ}$	碲化铅	少量应用
Ⅴ-Ⅵ族	$A_2^{Ⅴ}B_3^{Ⅵ}$	碲化铋	批量生产
Ⅲ-Ⅵ族	$A^{Ⅲ}B^{Ⅵ}$	碲化镓	尚未应用
Ⅰ-Ⅵ族	$A_2^{Ⅰ}B^{Ⅵ}$	氧化亚铜	应用很少

续表

类　别	化学通式	材料举例	开发程度
三元化合物①			
Ⅰ-Ⅲ-Ⅵ族	$A^{I}B^{III}C_2^{VI}$	$CuInSe_2$	$CuInSe_2$ 用于太阳能电池
四元化合物①		$Cu_2FeSnSe_4$	研究不多
固溶半导体①			
二元固溶体	$A_{1-x}B_x$	$Si_{1-y}Ge_x$	已获应用
三元固溶体	$A_{1-x}A'_xB$	$Ga_{1-y}Al_xAs$	多种已获应用
四元固溶体	$A_{1-x}A'_xB_{1-y}B'_y$	$In_{1-x}Ga_xAs_{1-y}P_y$	几种已获应用
非同族固溶体		$InAs\text{-}CdSnAs_2$	研究不多

① 此处所列子项只举其中重要者，并未完全列出。

（1）单质半导体　主要为处于ⅢA～ⅦA族的金属与非金属的交界处的Ge、Si、C（金刚石）、α-Sn（灰锡）、P（磷）、Se（硒）、Te（碲）、B（硼）等固体元素。高纯半导体的导电性能很差，常用元素掺杂来改善其导电性，如在锗中掺入1%的杂质，其导电能力可提高百万倍。

掺入的杂质有施主杂质与受主杂质两种类型，施主杂质包括ⅣA族元素（C、Si、Ge、Sn）中掺入ⅤA族元素（P、Sb、Bi）后，造成掺杂元素的价电子多于纯元素的价电子，进入半导体中给出电子，故称施主，其导电机理是电子导电占主导，如在硅中掺入ⅤA族的磷，P原子有5个价电子，当它和周围的Si原子以共价键结合时，还多余出1个电子，这个电子在硅半导体内是相当自由的，产生电子导电性能，这类半导体称为n-型半导体（电子型，施主型）。

受主杂质包括ⅣA族元素（C、Si、Ge、Sn）中掺入ⅢA族元素（如B）时，掺杂元素的价电子少于纯元素的价电子，它们的原子间生成共价键以后，还缺一个电子，而在价带中产生空穴。以空穴导电为主，掺杂元素是电子受主，俘获半导体中的自由电子，因其接受电子，故称受主。如在硅中掺入ⅢA族的硼，由于B原子只有3个价电子，比Si原子少一个价电子。因此，在和周围的Si结成共价键时，其中一个键将缺少1个电子，价带中的电子容易跃迁进入而出现一个空穴。这类以空穴为载流子的半导体则为p-型半导体（空穴型，受主型）。

所谓本征半导体是指半导体中价带上的电子借助于热、电、磁等方式激发到导带，即通过本征激发产生导电性。本征半导体是高纯度、无缺陷的元素半导体，其杂质小于10^{-9}。主要元素是Si、Ge和金刚石。本征半导体应用不多，因为单位体积内载流子数目比较小，需要在高温下工作。

（2）化合物半导体　化合物半导体是由两种或两种以上元素以确定原子配比形成的化合物，并具有确定的禁带宽和能带结构等半导体性质，亦包括n-型和p-型。通常所说的化合物半导体多指晶态无机化合物半导体。主要是二元化合物，其次是三元和多元化合物及某些稀土化合物。

目前已经得到实用的二元化合物半导体材料只有部分Ⅲ-Ⅴ族、Ⅱ-Ⅵ族、Ⅳ-Ⅵ族及Ⅳ-Ⅳ族化合物等。三元无机化合物半导体材料迄今在工业上得到应用的则更少。Ⅲ-Ⅴ族化合物半导体是元素周期表中ⅢA族元素B、Al、Ga、In和ⅤA族元素N、P、As、Sb所形成的化合物半导体材料如GaAs、InP、GaN、GaP、InSb、GaSb、InAs及它们所形成的若干种固溶体。Ⅱ-Ⅵ族化合物半导体材料指元素周期表中ⅡB族元素Zn、Cd、Hg与ⅥA族元素O、S、Se、Te所形成的二元化合物半导体材料。Ⅳ-Ⅵ族化合物半导体材料指元素周期表中ⅣA族元素Ge、Sn、Pb与ⅥA族元素S、Se、O、Te所形成的部分二元化合物。

多元化合物半导体有（$Ga_{1-x}Al_x$）As、（$In_{1-x}Al_x$）P等三元化合物半导体和$Ga_xIn_{1-x}As_yP_{1-y}$等四元化合物半导体。化合物半导体最突出的特点是禁带和迁移率范围宽，禁带在（0.21～0.48）$\times10^{-19}$J（相当于0.13～0.30eV）。

（3）固溶半导体　由两个或两个以上的元素构成的具有足够含量的固溶体，如果具有半导体性质，就称为固溶半导体。因为不可能作出绝对纯的物质，材料经提纯后总要残留一定数量的杂质，而且半导体材料还要有意地掺入一定的杂质，在这些情况下，杂质与本体材料也形成固溶体，但因这些杂质的含量较低，在半导体材料的分类中不属于固溶半导体。另外，固溶半导体又区别于化合物半导体，因后者是靠价键按一定化学配比所构成的。固溶体则在固溶度范围内，组成元素的含量可连续变化，其半导体及有关性质也随之变化。固溶体增加了材料的多样性，为应用提供了更多的选择性。

为了使固溶体具有半导体性质，常常使两种半导体互溶，如$Si_{1-x}Ge_x$（其中$x<1$）；也可将化合物半导体中的一个元素或两个元素用其同族元素局部取代，如用Al来局部取代GaAs中的Ga，即$Ga_{1-x}Al_xAs$，或用Ga局部取代In，用P局部取代As形成$In_{1-x}Ga_xAs_{1-y}$-P_y等等。固溶半导体可分为二元、三元、四元、多元固溶体；也可分为同族或非同族固溶体等。

（4）非晶半导体　非晶半导体主要分为三类：四面体结构半导体（如非晶态的Si、Ga、GaAs、GaP、InP、GaSb）、硫系半导体（如S、Se、Te、As_2S_3、As_2Te_3、Sb_2S_3）和氧化物半导体（如GeO_2、B_2O_3、SiO_2、TiO_2）。四面体结构半导体非晶硅主要用于制备太阳能电池，目前主要是提高光电转换效率以及降低价格。另一种应用是制备液晶显示的薄膜晶体管器件，液晶显示逐步取代阳极射线管显示用作计算机终端显示及电视系统。这类非晶半导体的特点是它们的最近邻原子配位数为4，即每个原子周围有4个最近邻原子。硫系半导体中含有很大比例的硫系元素，它们往往是以玻璃态形式出现，主要用于制造高速开关器件。

（5）超晶格半导体材料　就Ⅲ-Ⅴ族化合物半导体材料与器件的制取来说，一种特别有希望的方法是异质外延法，即在晶体衬底上一层叠一层地生长出不同材料的薄膜来，这样生长出来的材料叫超晶格（strained superlattice）材料。所谓超晶格，就是指由两种不同的半导体薄层交替排列所组成的周期列阵。超晶格半导体可分为：组分超晶格、掺杂超晶格、多维超晶格和应变超晶格四种类型。SiGe/Si是典型的半导体应变超晶格材料，随着能带结构的变化，载流子的有效质量可能变小，可提高载流子的迁移率，可做出比一般Si器件更高速工作的电子器件。

6.3.3　单质硅半导体材料

（1）单晶硅　单晶硅（monocrystalline silicon）主要用于制作半导体元件如晶体管等，目前它是制造大规模集成电路的关键材料。就目前来说，单晶硅是人工能获得的最纯、最完整的晶体材料。它的纯度、完整性以及直径尺寸是衡量单晶硅质量及可达到功能的指标。单晶硅的制备通常是先用碳在电炉中还原SiO_2制得高纯度硅（多晶硅或无定形硅），然后用提拉法或悬浮区熔法从熔体中生长出一定直径的棒状单晶硅（见本书5.4.1节）。提拉法可以生长出比较均匀、无缺陷的硅单晶体。

（2）多晶硅　多晶硅（polycrystalline silicon）也是单质硅的一种形态。熔融的单质硅在过冷条件下凝固时，硅原子以金刚石晶格排列成晶核，如果这些晶核长成晶面取向不同的晶粒，则这些晶粒结合起来，结晶成多晶硅。多晶硅可作拉制单晶硅的原料。

（3）非晶硅　非晶硅是目前研究最多、实用价值最大的两大非晶半导体材料之一（另一个为硫属非晶态半导体）。晶态硅自20世纪50年代以来，已研制成功名目繁多、功能各异的各种固态电子器件和灵巧的集成电路。非晶硅是一种新兴的半导体薄膜材料，它作为一种新能源材料和电子信息新材料，取得了迅猛发展。非晶硅太阳能电池是目前非晶硅材料应用最广泛的领域，非晶硅是太阳能电池的较理想材料，光电转换效率已达到13%。与晶态硅太阳能电池相比，它具有制备工艺相对简单、原材料消耗少、价格比较便宜等优点。

关于非晶硅的制备，由非晶态合金的制备知道，要获得非晶态，需要有高的冷却速率，而对冷却速率的具体要求随材料而定。硅要求有极高的冷却速率，用液态快速淬火的方法目前还无法得到非晶态。近年来，发展了许多种气相沉积非晶态硅膜的技术，其中包括真空蒸发、辉光放电、溅射及化学气相沉积等方法。一般所用的主要原料是单硅烷（SiH_4）、二硅烷（Si_2H_6）、四氟化硅（SiF_4）等，纯度要求很高。非晶硅膜的结构和性质与制备工艺的关系非常密切，目前认为以辉光放电法制备的非晶硅膜质量最好，设备也并不复杂。辉光放电法是利用反应气体在等离子体中发生分解而在衬底上沉积成薄膜，实际上是在等离子体帮助下进行的化学气相沉积。等离子体是由高频电源在真空系统中产生的。在辉光放电装置中，非晶硅膜的生长过程就是硅烷在等离子体中分解并在衬底上沉积的过程。对这一过程的细节目前了解得还很不充分，但这一过程对于膜的结构和性质有很大影响。

非晶硅的用途很多，可以制成非晶硅场效应晶体管；用于液晶显示器件、集成式α-Si倒相器、集成式图像传感器以及双稳态多谐振荡器等器件中作为非线性器件；利用非晶硅膜可以制成各种光敏、位敏、力敏、热敏等传感器；利用非晶硅膜制作静电复印感光膜，不仅复印速率会大大提高，而且图像清晰，使用寿命长；等等。目前非晶硅的应用正在日新月异地发展着，可以相信，在不久的将来，还会有更多的新器件产生。

就化学性质来说，非晶硅最活泼，多晶硅又高于单晶硅。在常温下，硅与空气、水、酸等都不起作用，但可与强碱和氟等强氧化剂作用，也可与氢氟酸缓慢作用，因此，工业上常用强碱溶液和HF-HNO_3混合溶液作为硅器件的腐蚀液。高温下，硅反应活性增强，与氧、水汽和和非金属均可作用，生成二元化合物，其中的SiO_2和Si_3N_4结构致密，在硅表面附着牢固，是性能很好的钝化膜。

单质锗半导体的应用远远没有单质硅半导体那样广泛，它是半导体研究“早期”的样板材料，锗半导体的重要性更多体现在对半导体基础研究的贡献上，通过对单质锗的研究，半导体的许多概念、理论、特性规律等得到较为全面的了解。20世纪50～60年代，单质锗曾经是最为主要的半导体材料，到70年代后，由于单质硅材料廉价易得，生产技术水平提高，单质锗在半导体领域的绝对优势地位渐被硅半导体取代。

锗单质呈银灰色的金属光泽，质硬而脆，性质与硅相似。锗不与强碱溶液作用，可溶于热浓硫酸、浓硝酸、王水和HF-HNO_3、$NaOH$-H_2O_2混合溶液中。因此，它们都可做锗器件的腐蚀液。其中最常用的是$NaOH$-H_2O_2混合液，它与锗可在加热时发生下列反应：

$$Ge+2H_2O_2+2NaOH \xlongequal{} Na_2GeO_3+3H_2O \tag{6-2}$$

高温下，锗相当活泼，可与氧直接化合生成粉末状的GeO_2。

6.3.4 重要的化合物半导体

半导体材料的发展可以划分为三个时代，分别对应第一代的Si、Ge元素半导体，第二代的GaAs、InP、GaP等，以及第三代的GaN、SiC、立方氮化硼（c-BN）、AlN、ZnSe等，其中第二代与第三代半导体材料由于丰富的结构特征和灵活的掺杂调节工艺，可以获得更多可用的半导体及综合性能。GaAs与GaN就是其中较为热点的半导体材料，已在通信、显示等很多领域得到实际应用。

化合物半导体的最大特点在于可以按任意比例混合两种以上的化合物，从而得到混合晶体化合物半导体，其性质将介于原来两种化合物半导体之间。化合物半导体结构基于不同元素间的成键作用，元素间的化学键以共价键为主，但由于组成元素间的电负性有差异，故增加了离子键成分。作为经验规律，键的离子性增强，其禁带间隙将增大，可工作温度相应提高。例如，硅的禁带间隙约为115.7kJ/mol，工作温度约为150℃。GaAs的禁带间隙为138.1kJ/mol，可在250℃以上工作。目前得到实用的Ⅲ-Ⅴ族化合物半导体材料为GaAs、InP、GaP、GaN、InSb、GaSb、InAs及它们所形成的若干种固溶体。与当前大量使用的半导体Si材料相比，这些二元化合物材料具有以下独特性质：①带隙较大，大部分实用的化合物材料室温时带隙都在1.1eV以上，因而所制器件可耐受较大功率，工作温度更高；②大都为直接跃迁型能带，因而其光电转换效率较高，适于制作光电器件，如LED（发光二极管）、LD（激光二极管）、太阳电池等。GaP虽为间接跃迁能带，但由于其E_g较大，掺入等电子杂质（如N）所形成的束缚激子仍可得到较高的发光效率，是大量生产红、黄、绿光LED的主要半导体材料之一。③电子迁移效率高，很适合制备高频、高速器件。

（1）GaAs半导体　GaAs是继Si半导体之后发展最快的半导体，外观呈亮灰色，有金属光泽，性硬而脆，熔点1238℃，在600℃以下能在空气中稳定存在，并且不为非氧化性的酸侵蚀。结晶为闪锌矿结构（图6-3）。禁带宽度1.4eV。一般掺入杂质碲Te后，可制备n-型GaAs；掺入杂质Zn或Cd时，得到p-型GaAs半导体。以GaAs为代表的化合物半导体晶体应用于硅单晶所不及的各种高速器件、光电器件（长波长以及超长波长），GaAs是集成电路与集成光电子学的基础材料。砷化镓单晶半导体可以在较高的工作温度和工作频率下工作，所以在高频器件、光电器件、高速集成电路等方面有着重要作用，是继单晶硅之后第二种最重要的半导体电子材料，广泛应用于光电子和微电子领域。

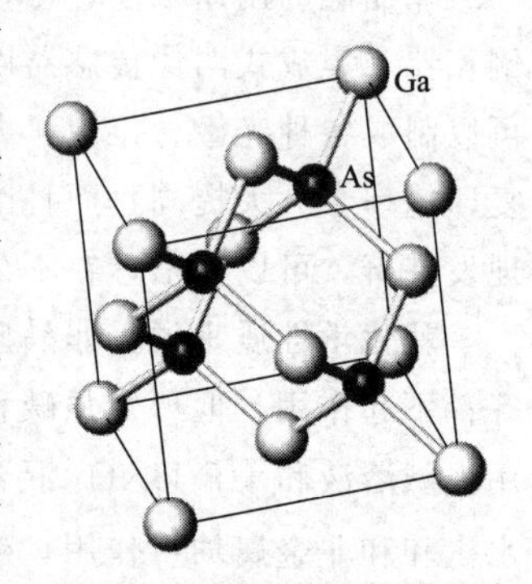

图6-3　GaAs半导体晶格

目前，GaAs基于IC（integrated circuit，集成电路）只占整个IC市场的5%左右，但在1.2GHz以上的高频、高速IC中，GaAs基IC占商业市场的70%以上。自1974年GaAs高速IC问世以来，其性能不断提高，应用领域不断扩大，已由军工应用为主发展到以民间为主。

（2）InP半导体　InP是一种重要的光电子和微电子基础材料，用于制造光纤通信用的激光器、探测器、网络光通信用的集成电路以及高频微波、毫米波器件等。InP是最早制备获得的Ⅲ-Ⅴ族化合物，InP单晶呈暗灰色，有金属光泽，常温下在空气中稳定，360℃温度下开始离解；溶于王水、溴甲醇。室温下可与盐酸发生反应，与碱溶液的反应非常缓慢。常温下，InP单晶为闪锌矿结构，压力大于13.3GPa时，转变为NaCl型面心立方结构。InP

中常见剩余杂质为Si、S、C、Zn等。Ⅳ族元素在InP中不表现为两性杂质，例如Si、Sn都是施主杂质，而Ge、C则为受主。Fe、Cr是有效的电子陷阱而用于制备半绝缘材料。

InP是继Si、GaAs之后最重要的半导体材料，直接跃迁带隙为1.35eV，与其晶格匹配的InGaAsP/InP，In-GaAs/InP发光器件、激光及光探测器件，响应波长为1.3～1.6μm，是现代石英光纤通信中传输损耗最小的波段；这两种材料系统所制光源和探测器早已商品化，促进了光纤通信的发展。作为太阳电池材料，InP基电池不仅有较高的转换效率，而且其抗辐射性能还优于GaAs电池，加之InP材料表面复合速度小，所制电池寿命更长，是宇航飞行器上优良的候选电源材料。InP的热导率比GaAs高，所制同类器件可有较好的热性能。高纯InP单晶材料在适当条件下退火，可获得半绝缘性能，因而InP也是制备高速器件和电路、光电集成电路的重要衬底材料。

(3) GaP半导体　GaP单晶是化合物半导体单晶材料中产量仅次于GaAs单晶的重要光电子材料。主要采用高压液体覆盖拉直法（LEC法）制备。常温下，非掺杂GaP单晶为橙红色透明晶体，空气中稳定，750℃以下不氧化，真空中1100℃开始离解。高纯GaP样品在500℃以上才发生本征电导，故一般情况下其输运性质取决于杂质和缺陷的性质，通过掺杂补偿可以得到半绝缘GaP材料，其电阻率可达$10^{8}\sim10^{11}\Omega\cdot cm$。

GaP是重要的可见光LED材料，属间接跃迁半导体材料，间接跃迁半导体的发光几乎都与杂质有关。作为注入式可见光LED材料，其带隙应大于1.72eV；GaP的带隙为2.26eV（300K）；虽然其带间复合概率很小，但利用等电子陷阱所形成的束缚激子复合可获得相当高的发光效率。例如，往GaP中掺入氮（N），N在晶格中占P位；N、P同属Ⅴ族元素，是等电性的（这种掺杂又叫等电子掺杂），只是N原子外层比P原子少8个电子；这样，GaP晶格中P格点上的N原子对电子的亲和力比P原子亲和力大而易于俘获电子，再经库仑力作用俘获空穴形成束缚激子；这就是等价电子所形成的等电子陷阱。它复合时，可产生有效的近带隙复合辐射。由于激子只包含电子、空穴，不易发生导致能量损失的俄歇过程，使等电子陷阱发光得到较高的发光效率。甚至在直接带隙材料中掺入等电子杂质也可提高其发光效率，如在ZnTe中掺O，CdS中掺Te等。GaP中掺N浓度约$10^{19}\ cm^{-3}$时，N是绿色发光中心，掺N浓度再高，会在晶格中形成N-N对，N-N对所形成的激子复合时发黄光。如在GaP中掺入Zn-O对，Zn-O复合体可视为等价分子，亦可成为等电子陷阱，它所形成的束缚激子复合发红光。对于绿色发光还提出了另外的机理：伴有声子发射的自由激子复合发光和自由空穴与被施主俘获的电子复合发光。已在高纯度外延层中观察到纯绿色发光，并制出了纯绿色LED。目前大量生产的绿色（实际为黄绿色）LED仍采用掺N技术。

(4) GaN半导体　GaN具有纤锌矿结构，是一种坚硬稳定的高熔点材料，由于硬度较高，GaN还是一种良好的保护性涂层材料。然而许多GaN研究人员注重的是GaN的半导体器件应用情况。氮化镓的热稳定性是高温大功率应用的一个重要参数，它允许进行高温加工，但GaN的化学稳定性对于利用现有的材料制作器件来说却是一种挑战。GaN在室温下不溶于水、酸和碱，但能以极缓慢的速度溶于热的碱性溶液。质量较差的GaN能以较快的速度在NaOH、H_2SO_4和H_3PO_4中腐蚀。这些腐蚀对低质量GaN有效，适用于确定GaN薄膜中的缺陷和评估其缺陷密度。GaN在HCl或H_2气氛下呈现不稳定特性，在N_2气氛中最为稳定。

GaN作为第三代宽带半导体的典型代表，具有禁带宽度大（$E_g>2.3eV$）、击穿电场高、电子饱和漂移速度高、抗辐射能力强和良好的化学稳定性等优异特性。由于显著的物理特性，这些材料制作的器件在大功率、高温、高频和短波长应用方面的工作特性远远优越于Si、GaAs或InP材料制作的器件。目前已有大量基于GaN掺杂的实用半导体材料，在蓝光、紫外光、白光LED制造中占据越来越重要的地位。

GaN晶体的制备通常采用MOCVD法，它是一种依靠气相输运和Ⅲ族烷基与Ⅴ族氢化物反应形成加热区的非平衡生长技术。GaN沉积的基本反应式如下：

$$Ga(CH_3)_3(v)+NH_3(v)\longrightarrow GaN(s)+3CH_4(v) \quad (6\text{-}3)$$

除上述几类化合物半导体外，还有基于ⅡB族（Zn、Cd、Hg）与ⅥA族（O、S、Se、Te）的化合物半导体，如ZnS、CdS、CdSe、CdTe、SeTe等等，它们大多具有特定光电性质，在光电材料与显示器件领域有着巨大的应用前景，也是目前光致半导体材料研究的热点。表6-6列出了几种Ⅱ-Ⅵ族化合物半导体的特性与应用。

表6-6 化合物半导体材料的特性与应用

名　称	主要特点和性能	用　途
硒碲合金SeTe	半导体光敏材料;初始电位高、感度高、暗衰和残余电位低、耐磨、寿命长	是重要的静电复印感光材料,主要用于复印机硒鼓镀膜
高纯硫化镉CdS	半导体光敏材料;纯度高,颗粒微细,化学计量比偏离小,用以制造的光敏电阻光电性能优良,成品率高	是制造光敏电阻、高灵敏光-电转换器的主体材料
高纯硒化镉CdSe	纯度高,颗粒细小,化学计量比偏离小,按一定比例和CdS配制成的固体多晶体用作光敏电阻,灵敏度高,响应快,温度系数小	是生产优质CdS光敏电阻器的主体材料

6.3.5 半导体材料的应用

半导体材料由于其特有的性能，在众多领域得到广泛应用，并不断发展。这里仅介绍其部分重要应用。

（1）热阻器　与金属不同，半导体的电阻率随温度升高是减少的，利用这种特性做成热阻器除可以用来测温外，还可以用于火灾报警，热阻器受热升温，电阻下降，大电流得以通过电路，启动警铃。

（2）压力传感器　半导体的能带结构与能隙宽度与半导体的原子间距有关，当压力作用在这种半导体上时，原子间距减小，同时能隙变窄，导电性增加。因此，可以根据电导来推算压力的大小。

（3）光敏电阻器　半导体的电导率随入射光量的增加而增加。这种效应可用来制作光敏电阻，此处所说的光可以是可见光，也可以是紫外线或红外线，只要所提供的光子能量与禁带宽度相当或大于禁带宽度即可。

（4）磁敏电阻　在通电的半导体上加磁场时，半导体的电阻将增加，这种现象称为磁阻效应。产生磁阻现象的原因在于加磁场后，半导体内运动的载流子会受到洛伦兹力的作用而改变路程的方向，因而延长了电流经过的路程，从而导致电阻增加。根据这种特性可做成磁敏电阻。

（5）晶体管　晶体管泛指一切以半导体材料为基础的单一元件，包括各种半导体材料制成的二极管（二端子）、三极管、场效应管、晶闸管（后三者均为三端子）等。晶体管有时多指晶体三极管。晶体管的工作原理可参看相关书籍。

（6）光电倍增管　光电倍增管是利用电子的受激发射，激发源起初是光子，而后是被电场加速的电子。假定一个非常弱的光源将价带中的一个电子激发到了导带中，而后，在电场作用下，这个电子被加速到很高的速度并具有了很高的能量，它将激发一个或更多的其他电子，这些电子也将受这个电场的作用而加速再激发其他的电子，如此下去，一个非常弱的光信号就被放大了。

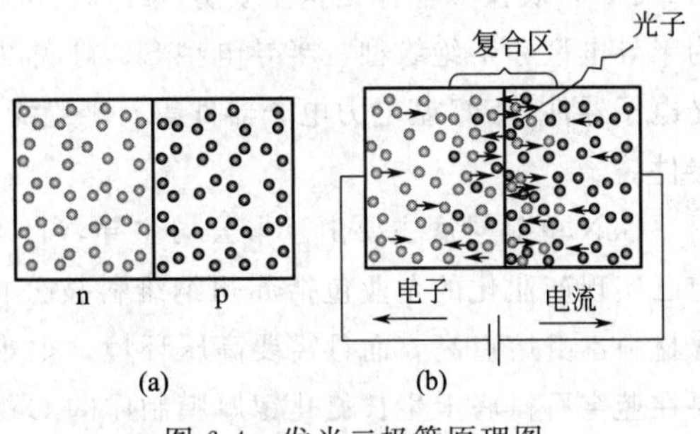

图 6-4 发光二极管原理图

(7) 发光二极管 发光二极管被用在许多仪器上做数字显示，它实际上是由 p-型半导体和 n-型半导体组成的 p-n 结［图 6-4(a)］，结的 n 侧和 p 侧的电荷载流子分别为电子和空穴。如果加一正偏压，使电流沿图示方向通过器件［图 6-4(b)］，价带中的空穴就穿过结进入 n-型区，导带中的电子也会越过结进入 p-型区，在结的附近，多余的载流子会发生复合，在复合过程中会发光，即 n＋p ⟶ 光子。不同的半导体材料，发出的光的颜色是不一样的，用 GaAs 时，复合区发出的光是红色的；用 GaP 时，则发出绿色的光。

6.4 微电子材料

微电子技术是随着集成电路尤其是超大型规模集成电路而发展起来的一门新的技术，包括系统电路设计、器件物理、工艺技术、材料制备、自动测试以及封装、组装等一系列专门的技术。该技术中涉及多种材料，主要包括多晶硅、集成电路常用的硅抛光片、外延片、SOI 片（silicon on insulator，绝缘衬底上的硅），以及 IC 制造过程中的氧化、涂光刻胶、掩模对准、曝光、显影、腐蚀、清洗、扩散、封装等工艺所需的引线框架、塑封料、键合金丝、超净高纯化学试剂、超高纯气体等均属于微电子材料。本节将介绍其中较为重要的几种微电子材料，包括 IC 衬底材料、栅结构材料、存储电容材料、局域互联材料、光刻胶以及电子封装材料。

6.4.1 IC 衬底材料

所谓衬底材料就是可作为半导体基体，并具有一定机械强度的高纯晶体材料，适当掺杂处理后具有半导体性质。目前最主要的衬底材料是单晶硅。单晶硅具有准金属的物理性质，有较弱的导电性，其电导率随温度的升高而增加，有显著的半导电性，超纯的单晶硅是本征半导体，经掺杂处理即获得典型半导体。单晶硅的材料来源十分广泛，一般由二氧化硅矿石经盐酸氯化，并经蒸馏、气相还原（$SiCl_4+2H_2 \xlongequal{} Si+4HCl$）、硅原子沉积结晶，制成高纯度的多晶硅，该还原沉积过程即 CVD 工艺过程。其纯度可高达 99.999999999％（11N），一般纯度至少要求 6N。再把此多晶硅熔解，于熔液里种入籽晶，然后将其慢慢拉出，以形成圆柱状的单晶硅晶棒（详见本书第 5 章 5.4 节）。硅晶棒再经过切段、滚磨、切片、倒角、抛光、包装后，即成为集成电路芯片的基本原料——硅晶圆片（wafer）。

除了 Si 衬底外，半导体产业中其他重要的衬底材料包括蓝宝石衬底（Al_2O_3）、SiC 衬底、GaN 单晶衬底等。

蓝宝石衬底的生产技术成熟，器件质量、稳定性都较好，能够运用在高温生长过程中，机械强度高，易于处理和清洗，广泛应用于 LED 产业。

SiC衬底按照晶体结构主要分4H-SiC和6H-SiC，4H-SiC为主流产品，按照性能主要分为半导电型和半绝缘型。半导电型SiC衬底以n-型衬底为主，主要用于外延GaN基LED等光电子器件、SiC基电力电子器件等。半绝缘型SiC衬底主要用于外延制造GaN高功率射频器件。

GaN单晶衬底主要由日本公司主导，日本住友电工的市场份额达到90%以上。我国目前已实现产业化的企业包括苏州纳维科技公司和东莞市中镓半导体科技公司等。因为氮化镓材料本身熔点高，而且需要高压环境，很难采用熔融的结晶技术制作GaN衬底，目前主要在蓝宝石衬底上生长氮化镓厚膜制作的GaN基板，然后通过剥离技术实现衬底和氮化镓厚膜的分离，分离后的氮化镓厚膜可作为外延用的衬底。

6.4.2 栅结构材料

栅结构材料就是构成IC芯片晶体管单元的介电材料和导电材料。栅结构介电材料即为栅绝缘介质，传统栅绝缘材料以SiO_2为主，当前IC芯片中的栅结构SiO_2厚度可降到1.5nm左右，只有几十个原子的尺寸，由沉积或直接氧化形成SiO_2薄膜晶体体缺陷很少，即使很薄，仍能保持较好的介电特性。随着45nm和32nm技术节点的来临，传统的SiO_2作为栅介质薄膜材料的厚度需缩小到1nm之下，材料的绝缘性、可靠性等受到了极大的挑战，电路漏电到了非解决不可的地步。Intel决定采用高k值的氧化物材料来制造晶体管的栅极，即“高k门电介质”（high k gate dielectric）。高k值材料作为栅极电介质，能够在保持或增大栅极电容（即保持或缩小等效栅极氧化物厚度）的同时，还有足够的物理厚度来限制隧穿效应的影响，以降低栅漏电流。这种材料对电子泄漏的阻隔效果可以达到二氧化硅的10000倍，电子泄漏基本被阻断，绝缘层厚度降低到0.1nm时还拥有良好的电子隔绝效果。

高介电常数材料亦称高k值材料。一般具有较高k值的介电材料替代二氧化硅要面对许多技术问题，例如高k值介质器件的门限电压可能迅速上升，且变得摆动不定。为此，找到具有高稳定性的高k值材料至关重要。常用性能较好的高k值材料包括Ta_2O_5（$\varepsilon_r=25\sim35$）、TiO_2（$\varepsilon_r\approx100$）、$(Sr,Ba)TiO_3$（$\varepsilon_r=300\sim400$）、PZT[$Pb(Zr,Ti)O_3$]、Hf氧化物等。

栅结构中的导电材料即栅电极材料，传统使用与Si相容性高的金属，如金属铝等，但在新的高温CMOS（complementary metal oxide cemiconductor，互补金属氧化物半导体）制作工艺中，由于金属铝的耐温性不佳而成为短板。因此有必要寻找新的高性能栅电极材料替代金属铝，使用较多的这类非金属栅电极材料主要包括高熔点的金属硅化物，如$TaSi_2$、$TiSi_2$、$MoSi_2$、WSi_2、$NiSi_2$、Ge_xSi_{1-x}等，以及某些氮化物。多晶硅早期也被用作栅电极材料，但导电性较弱。备选的金属栅电极材料还包括氮化钛/钨、氮化钽和氮硅钽化合物等。

6.4.3 存储电容材料

存储电容是数字电路动态随机存储器（DRAM）和模拟电路中的重要部件，如我们熟知的电脑内存条、U盘等均属芯片存储，需要在IC芯片制作中使用特定的介电材料作为微型电容来存储电荷信号。传统存储电容材料就是用作栅结构绝缘层的SiO_2，由于其优异的介电特征，作为信号的电荷将按空间循序定域存储在SiO_2薄膜两侧，构成一个微型储电电容器，对应数字信号二进制编码中的1，而未储存电荷的微型电容器对应二进制编码中的0。需要读取信息时，通过ROM（read-only memory）装置将电容电压信号读出，而电容所存储的电荷基本保留。

随着芯片存储容量要求越来越大，芯片上单个栅格尺寸越来越小，所存储的电子数越来越少，SiO_2 介电层越来越薄，栅格上存储的信息电子数量也越来越少。如以 90nm 工艺制作的存储芯片单个浮栅仅存放 1000 个电子，而太薄的 SiO_2 介电层又导致电子容易泄漏，特别是应力引起的泄漏。这将导致所存储的信息丢失。因而，除了存储栅格物理结构的创新设计外，寻找高性能的存储电容材料以替代 SiO_2 也非常关键。目前采用高性能、防漏电介电材料包括部分高 k 值材料、新型氧化物铁电材料等，具体有 Al_2O_3、TaN、HfO_2、$HfSiO_4$、TiO_2、Pb（Ti，Zr）O_3 等，在 Al_2O_3 晶体上沉积 GeSi 纳米晶等，可作为高性能存储电容介质。

6.4.4 局域互联材料

集成电路中需要将很多加工单元部件链节起来，要求有一定导电性，与前述栅电极材料相似，但是主要指电极之外的其他导电性连接材料。过去常用多晶硅作互联材料，随集成度增加、线宽更细，多晶硅高电阻的缺陷暴露出来。用金属铝作互联材料，电阻较低，但铝与硅共熔物熔点较低，不适于高温加工阶段；难熔金属 Mo、W、Ta 作为互联材料，电阻低，但与现有 MOS 工艺的兼容性低，不易推广。金属硅化物作为局域互联材料是一个方向，包括常用的 $TaSi_2$、$TiSi_2$、$MoSi_2$、WSi_2、$CoSi_2$、$TiSi_2/CoSi_2$ 复合结构等，以及用它们掺杂的多晶硅材料。

6.4.5 光刻胶

光刻胶又称光致抗蚀剂，它是集成电路得以微型化制造的关键工艺材料。在芯片制造工艺中有 40%～50%的时间是在光刻过程中，其中所用到的光刻胶的质量影响着光刻精度。

光刻胶是一种通过紫外线、电子束、离子束、X 射线等光能辐照后溶解度发生变化的耐蚀刻薄膜材料。其中曝光后溶解度增加的是正性光刻胶，其显影所得影像与掩膜相同；反之则为负性光刻胶。光刻工艺过程如图 6-5 所示。

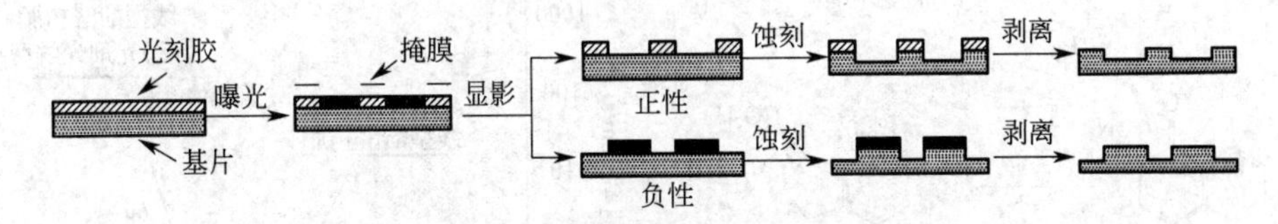

图 6-5 光刻工艺过程示意图

光刻胶通常有三种成分：感光化合物、基体材料和溶剂。在感光化合物中有时还包括增感剂。负性光刻胶主要有聚肉桂酸系（聚酯胶）和环化橡胶系两大类，前者以柯达公司的 KPR 为代表，包含感光剂——聚乙烯醇肉桂酸酯、溶剂——环己酮、增感剂——5-硝基苊；后者以 OMR 系列为代表。正性电子束光刻胶主要为甲基丙烯甲酯、烯砜和重氮类这三种聚合物，最常用的是 PMMA 胶。典型特性包括灵敏度 40～80$\mu C/cm^2$（加速电压 20kV 时）、分辨率 0.1μm、对比度 2～3。PMMA 胶的主要优点是分辨率高。主要缺点是灵敏度低，此外在高温下易流动，耐干法刻蚀性差。

随着 IC 特征尺寸亚微米、深亚微米方向快速发展，现有的光刻机和光刻胶已无法适应新的光刻工艺要求。光刻机的曝光波长也在由紫外谱 g 线（436nm）→i 线（365nm）→248nm→

193nm→极紫外线（EUV）→X射线，曝光所用光源波长越短，则显影分辨率越高，IC芯片上栅结构单元越做越小，集成度越来越高。甚至采用非光学光刻（电子束曝光、离子束曝光），光刻胶产品的综合性能也必须随之提高，才能符合集成工艺制程的要求（更高的显影分辨率，保证加工晶体管的尺寸精度）。

第一个微电子光刻胶是聚乙烯醇肉桂酸酯（PVA-Ci），其是一种光致交联而难熔的负性胶，其感光反应见图6-6。

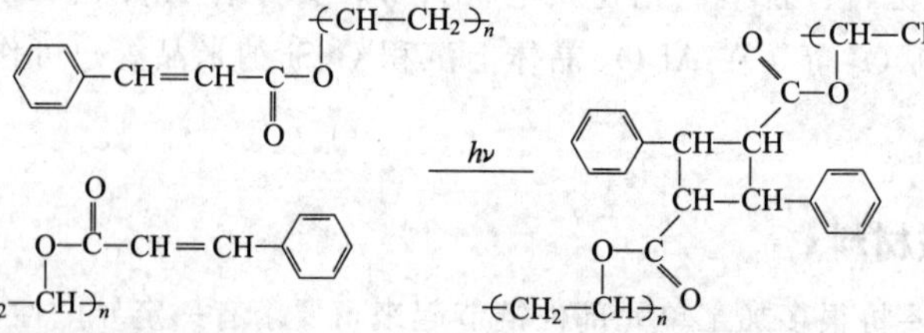

图6-6　负性光刻胶聚乙烯醇肉桂酸酯光交联反应

目前较常用的正性光刻胶为PMMA和DQN系列，DQ表示感光化合物，最典型的当属重氮萘醌（diazoquinone）；N表示基体材料，最典型的是低分子量酚醛树脂（novolac resin）。DQN即酚醛树脂-重氮萘醌型正性胶，化学结构和光反应过程如图6-7(a)所示。PMMA在接受短波紫外辐照或射线辐照时，聚合物主链发生断裂，可溶性提高。其缺点是感光反应速率较慢，感度较低。DQN体系适用于g线和i线工艺的IC芯片制造，DQN系列中的酚醛树脂作为基体树脂，对碱性显影液有一定抗溶性，其中的重氮萘醌光解前对碱性显影液基本不溶。曝光分解后产生羧酸产物，可大大增强整个配方成分在碱性显影液中的溶解性，形成光致易溶的正胶效果。重氮萘醌光解产气鼓泡和吸收水分都有助于感光胶层的碱溶性提高。曝光前后溶解显影性的相对关系如图6-7(b)所示。

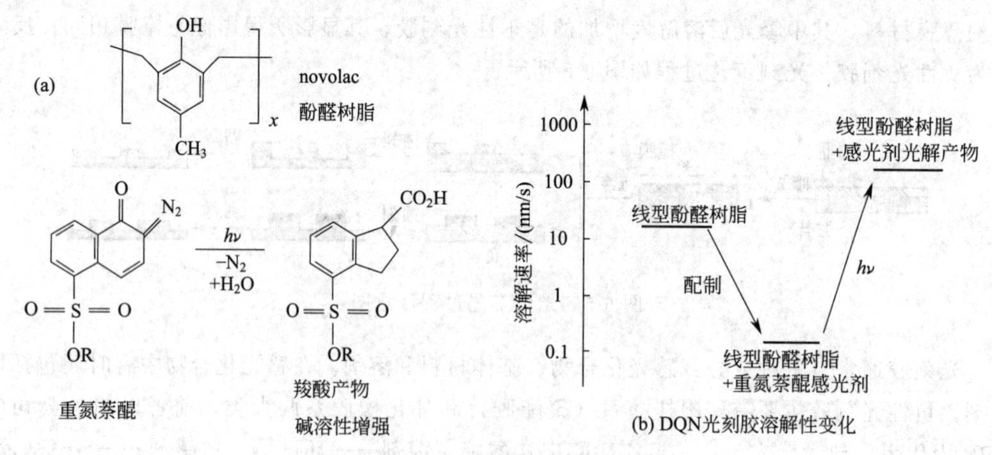

图6-7　DQN光刻胶组成与溶解特性

在大规模集成电路的发展过程中，由于g线（436nm）光致抗蚀剂（酚醛树脂-重氮萘醌型正性胶）也可以应用于i线（365nm）光刻中，因此由g线光刻发展为i线光刻比较顺利，而从i线光刻发展为深紫外248nmKrF激光光刻时，光致抗蚀剂的组成与光化学成像机理都有了重大变化，波长更短的248nm光源在原先g线胶和i线胶中穿透能力急剧下降，胶层的感光显影深度和感光灵敏度不能达到要求。新设计的248nm光刻中采用了化学增幅抗蚀剂，化学增幅抗蚀剂与原有光致抗蚀剂不同。原有光致抗蚀剂在曝光时吸收一个光子最多发生一次交联或分解反应，效率较低。而化学增幅抗蚀剂一般由光敏产酸物（PAG）和酸敏树脂组成，在曝光时光敏产酸物分解出超强酸，从而催化酸敏树脂的分解或交联。由于催化剂在反应中可以循环使用，且分解产物质子酸也是潜伏性产酸剂分解的催化剂，随着分解反应进行，催化剂越来越多，分解速率表现为自加速特征，感光灵敏度呈数量级增加，光刻胶的化学反应效率很高。248nm 光刻中的正性化学增幅抗蚀剂一般采用聚对羟基苯乙烯的衍生物等作为酸敏树脂［如图 6-8(a)］；芳基碘鎓盐或硫鎓盐等为光敏产酸物［如图 6-8(b)］，它们只能光解产酸，但不能酸增殖；某些结构的磺酸酯既是光产酸剂，也是按条件下可被酸催化分解继续产酸的所谓酸增殖剂［如图 6-8(c)］。

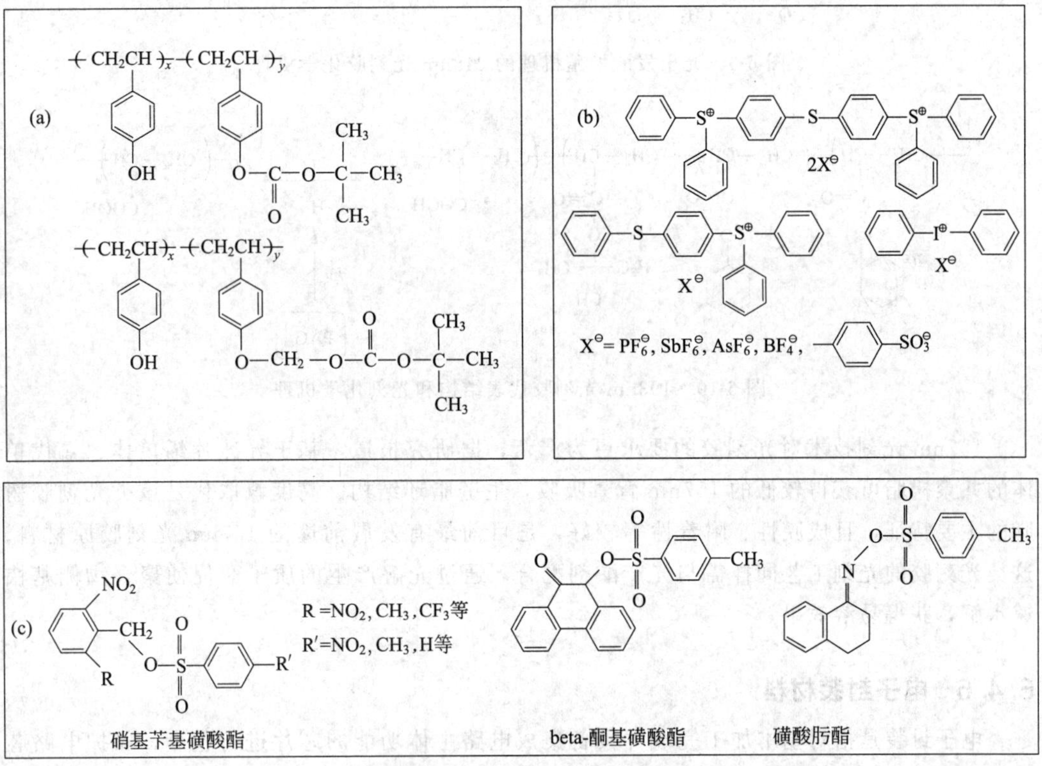

图 6-8　酸敏树脂、光产酸剂、酸增殖剂

上述酸增殖类型光刻胶是一种光致易溶效果，属于正性胶。其化学作用机理见图 6-9。

上述 248nm 光刻技术的酸增殖正性胶如果配合 *N*-甲氧基甲基结构的组分（如甲醚化的三聚氰胺甲醛树脂），则光刻胶转化为负性胶，酸催化产生的树脂酚氧负离子能够与 *N*-甲氧基甲基发生置换反应，释放甲醇，形成交联。

较早几代的光刻胶一般具有芳环结构，这对提高基材附着性、赋予树脂适度抗蚀性非常有益。然而，随着光刻技术的深入，曝光波长进入到 193nm、157nm，芳环结构对 193nm、157nm 光波吸收严重，已经不适用于光刻胶中。研究发现，一些侧链具有多脂环基团的丙烯酸酯类聚合物非常适合作为 193nm 光刻胶的基体聚合物，多脂环结构侧基包括金刚烷基团、氢化双环戊二烯基团、异冰片基等。这些聚合物同时还具有容易发生酸催化水解的叔丁酯侧基，在光产酸剂作用下，可水解产生侧链羧酸基团，有助于碱溶显影。该光刻胶亦属正性胶，其代表结构和化学机理如图 6-10 所示。

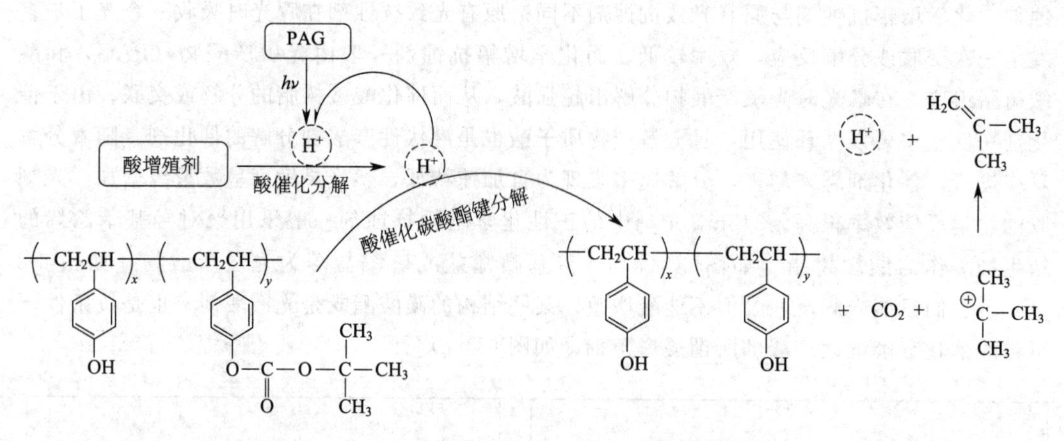

图 6-9　光引发酸增殖机理的 248nm 光刻胶化学机理

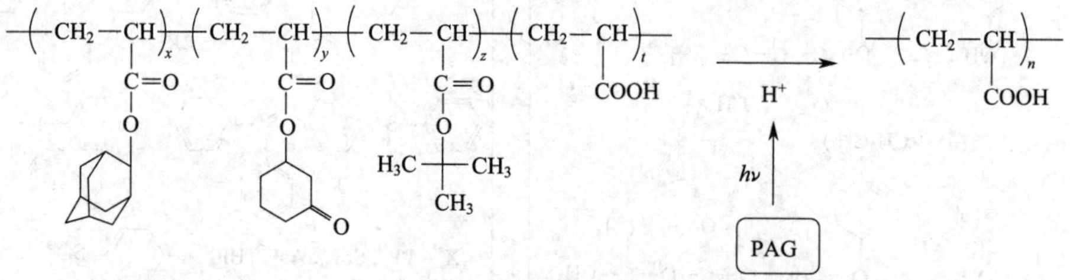

图 6-10　193nm 光刻胶代表结构和光刻化学机理

157nm 光刻技术对光刻胶的要求更为严苛，据研究报道，基于异冰片烯单体、氟代单体的共聚树脂可获得较低的 157nm 背景吸收，主链脂环结构、高度氟取代是该类光刻胶树脂的主要特征，且成膜性、附着性等较好，是目前最有发展前途的 157nm 光刻胶原材料。这类光刻胶的光刻工艺同样需与光产酸剂配合，通过光解产生的质子酸促使聚合物侧基快速水解，获得易溶效果。

6.4.6　电子封装材料

电子封装是指对基本加工完成并具备集成电路主体功能的芯片进行包裹，保护电路芯片，使其免受外界环境影响并有助于芯片稳定工作的密封处理措施。微电子芯片封装效果示意图见图 6-11。

集成电路封装是集成电路产业的三大支柱之一（集成电路设计、集成电路制造和集成电路封装），在集成电路封装中，封装材料能够起到半导体芯片支撑、保护、散热、绝缘以及芯片与外电路、光路互联等作用。理想的电子封装材料必须满足以下基本要求：

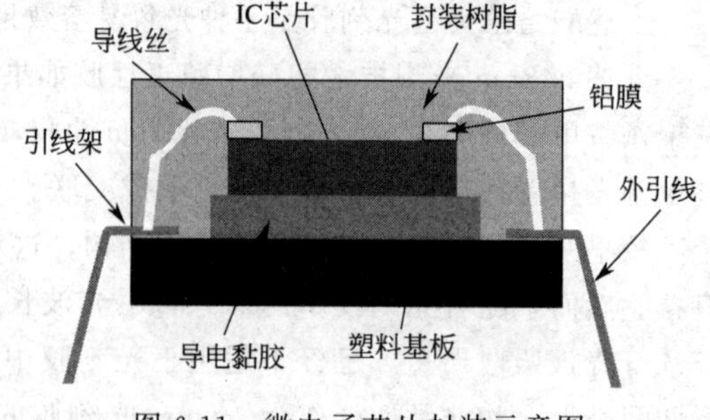

图 6-11　微电子芯片封装示意图

① 高热导率、低介电常数、低介电损耗，有较好的高频、高功率性能。

② 热膨胀系数（CTE）与 Si 或 GaAs（砷化镓）芯片匹配，避免芯片的热应力损坏。

③ 高强度与刚度，对芯片起到支撑和保护的作用。

④ 低成本、加工快速，满足大规模商业化应用的要求。

⑤ 低密度（主要指航空航天和移动通信设备），并具有电磁屏蔽和射频屏蔽的特性。

按封装结构分类，电子封装材料主要包括基板、布线、层间介质和密封材料。基板一般分为刚性板和柔性板。柔性板电路具有轻、薄、可挠曲等特点，适用于便携式电子产品和无线通信市场。基板金属化就是通过金属布线把芯片安装在基板上和使芯片与其他元器件相连接。布线要求具有较低的电阻率和良好的焊接性。层间介质分为有机（聚合物）和无机（SiO_2、Si_3N_4 和玻璃）两种，起着保护电路、隔离绝缘和防止信号失真等作用。环氧树脂系密封材料目前占整个电子密封材料的 90%左右。环氧树脂成本低、产量大、工艺简单。

按材料组成分类，电子封装材料包括陶瓷基、聚合物基和金属基封装材料。

（1）陶瓷基封装材料　陶瓷基封装材料的优势包括：低介电常数，高频性能好；绝缘性好，可靠性高；强度高，热稳定性好；低热膨胀系数，高热导率；气密性好，化学性能稳定；耐湿性好，不易产生微裂现象。不足之处主要是成本较高，适用于高级微电子器件的封装（航空航天及军事领域）。主流的陶瓷基封装材料包括 Al_2O_3、AlN、BeO、SiC、BN（六方）与 β-Si_3N_4 等。

Al_2O_3 陶瓷基片由于原料丰富，强度、硬度高，绝缘性、化学稳定性、与金属附着性良好，是目前应用最成熟的陶瓷基封装材料。但是 Al_2O_3 热膨胀系数和介电常数比 Si 高，热导率不够高，限制了其在高频、高功率、超大规模集成封装领域的应用。AlN 具有优良的电性能和热性能，适用于高功率、多引线和大尺寸封装。但是 AlN 存在烧结温度高、制备工艺复杂、成本高等缺点，限制了其大规模生产和使用。BeO 具有压电性质、光化学性能、高强度、低介电常数、低介电损耗、封装工艺适应性强等特点，但是 BeO 毒性大，限制了其生产和应用。SiC 陶瓷的热导率很高，热膨胀系数较低，电绝缘性能良好，强度高，但是 SiC 介电常数太高，限制了高频应用，仅适用于低频封装。BN（六方）与 β-Si_3N_4 是目前研究比较热门的陶瓷基封装材料，其封装性能优异，具有广泛的应用前景，但存在成本较高的问题。

（2）聚合物基封装材料　聚合物基封装材料成本低、工艺简单，在电子封装材料中用量最大、发展最快。它是实现电子产品小型化、轻量化和低成本的一类重要封装材料。但是聚合物基封装材料存在热膨胀系数（与 Si）不匹配、热导率低、介电损耗高、脆性大等不足。常用聚合物基封装材料有环氧模塑料、有机硅封装材料、聚酰亚胺、高密度多层封装基板、液体环氧封装料、聚合物光敏树脂、主性能导电/导热黏结剂等。

环氧模塑料（EMC）由酚醛环氧树脂、苯酚树脂和填料、脱模剂、固化剂、着色剂等组成，具有优良的黏结性、优异的电绝缘性、强度高、耐热性和耐化学腐蚀性好、吸水率低、成型工艺性好等特点。环氧模塑料目前存在热导率不够高，介电常数、介电损耗过高等问题急需解决。可通过添加无机填料来改善热导和介电性质。

有机硅封装材料：硅橡胶具有较好的耐热老化、耐紫外线老化、绝缘性能，主要应用在半导体芯片涂层和 LED 封装胶上。将复合硅树脂和有机硅油混合，在催化剂条件下发生加成反应，得到无色透明的有机硅封装材料。环氧树脂作为透镜材料时，耐老化性能明显不足，与内封装材料界面不相容，使 LED 的寿命急剧降低。硅橡胶则表现出与内封装材料良好的界面相容性和耐老化性能。

聚酰亚胺：聚酰亚胺具有可耐 350～450℃的高温、绝缘性好、介电性能优良、抗有机溶剂和潮气的浸湿等优点，主要用于芯片的钝化层、应力缓冲和保护涂层、层间介电材料、液晶取向膜等，特别用于柔性线路板的基材。另外还可以通过引入羟基或环氧基团提高分子黏附性，引入硅氧键降低固化应力。

高密度多层封装基板：主要在半导体芯片与常规 PCB（printed circuit board 印制电路板）之间起电气过渡作用，同时为芯片提供保护、支撑、散热作用。封装基板在以 BGA（ball grid array，球状矩阵排列）、CSP（chip scale package，芯片尺寸封装）为主的先进封装器件的制造成本中占有很高的比重。用于 BGA、CSP 和 MCM（multi chip module，多芯片组件）的高密度多层封装基板主要包括三种类型：硬质 BT 树脂（双马来酰亚胺三嗪树脂）基板、韧性 PI 薄膜基板和共烧陶瓷基板。硬质 BT 树脂基板是 BGA/CSP 的主要基板之一，具有优异的耐热稳定性、机械力学性能和介电性能，是一种理想的硬质 BGA/CSP 的基板。硬质 BT 树脂基板主要由 BT 树脂和玻纤布经反应性模压工艺而制成。柔性 PI 薄膜基板主要分为有胶板和无胶板两类。有胶板也叫三层板，在 PI 薄膜和铜箔之间采用丙烯酸酯或环氧黏结剂黏结而成；PI 薄膜的厚度通常为 12.5～－25.0μm；无胶板也叫两层板，将 PI 薄膜和铜箔直接黏结而成，而无需中间的黏结层。另外，还有配套的覆盖膜、黏结膜等。由于柔性电路在便携式电子产品，如手机、笔记本电脑等消费类产品中应用非常广阔，因此近年来韧性 PI 薄膜基板的发展迅猛。

液体环氧封装料：是微电子封装技术第三次革命性变革的代表性封装形式，是 BGA 封装和 CSP 封装所需关键性封装材料之一。主要包括 FC（flip-chip，反转芯片）-BGA/CSP 用液体环氧底灌料（underfill）和液体环氧芯片包封料（encapsulants）两大类。液体环氧底灌料主要用于填充 FC-BGA/CSP 中芯片与基板之间由塌陷焊球连接形成的间隙（25～50μm）。

液体环氧底灌料主要包括流动型液体环氧底灌料和非流动型液体环氧底灌料两种。流动型液体环氧底灌料是一类含有球形硅微粉的液体环氧树脂，其中球形硅微粉的添加量超过 65%～70%，而同时具有足够低的黏度和很好的流动性，可借助毛细管作用填充进芯片与基板形成的缝隙中。要求液体环氧底灌料树脂的填充速度快、均匀、无气泡、无缺陷；树脂固化物的热膨胀系数低、应力小、耐热性能好。非流动型液体环氧底灌料是具有适当黏度的低填充性液体环氧树脂，在芯片贴装前将其涂在基板的焊盘表面，然后将带焊料凸点的芯片与涂有树脂的基板焊盘对准，在一定压力下，经回流焊使焊料凸点与焊盘实现连接。

液体环氧芯片包封料主要用于 FC-BGA/CSP 等柔性封装和超薄型封装的芯片包覆。要求芯片包封料具有适当的流动性、固化温度低、固化速度快；树脂固化物无缺陷、无气泡、耐热性能好、热膨胀系数低、内应力小、翘曲度小。

聚合物光敏树脂：主要包括：①聚酰亚胺光敏树脂（PSPI）；②BCB（benzocyclobutene，C_8H_8）光敏树脂；③环氧光敏树脂三种类型，主要用于 BGA、CSP 芯片表面焊球阵列的制球工序和多层积层（BUM）封装基板的外延信号线层间绝缘，是 BGA/CSP 的关键封装材料。聚酰亚胺光敏树脂包括正性胶和负性胶两类。目前，负性胶应用范围广，技术比较成熟；而正性胶的技术正在成熟，由于工艺步骤少，是未来的发展方向。聚酰亚胺光敏树脂结构具有丙烯酸酯基团，便于快速光交联，它不但具有聚酰亚胺材料固有的耐高温、耐低温、高强度、高韧性、高电绝缘、低介电常数、低介电损耗、高频介电稳定、高耐化学腐蚀等优异的综合性能，同时具有光刻胶的光刻制图工艺性能，广泛应用于芯片表面的一级或二级钝化层膜、多层布线的层间介电层膜、塑封电路的应力缓冲-吸收层膜、α-粒子阻挡层膜、韧性 PI 薄膜基板的绝缘膜等，作为有机介电/绝缘薄膜材料在微电子封装、光电子封装、平板显示等方面具有重要的作用。

BCB 树脂是一种基于单体苯并环丁烯的聚合物，其结构中接入了丙烯酸酯基团，可进行快速光交联，是一种对 i 线（365nm）敏感的负性光刻树脂。20 世纪 80 年代由 Dow 化学推向市场。用作封装材料的 BCB 树脂是部分聚合（B-阶段）的具有适当黏度的液体。BCB 树脂典型应用于低 k 值介电层间层膜、BGA/CSP 多层有机基板的多层信号源的层间介电绝缘膜、MCM-D 多层基板的层间介电层膜、TFT（thin film transistor，薄膜晶体管）-LCD 的平坦化（planarization）和分割（isolation）、芯片表面的凸点、信号分配等。

环氧光敏树脂按化学结构可分为两类：其一为环氧基团转化为丙烯酸酯结构，适合自由基型的光交联固化；其二为树脂与光产酸剂配合，直接形成阳离子光交联固化体系。该树脂具有高纵横比和优良的光敏性，典型代表为化学增幅型环氧酚醛树脂类光刻胶，采用特殊的环氧酚醛树脂作为成膜树脂、溶剂显影剂和化学增幅剂。由于采用环氧酚醛树脂作成膜材料，故具有优良的黏附性能，对电子束、近紫外线及 350～400nm 紫外线敏感。环氧光敏树脂对紫外线具有低光学吸收的特性，即使膜厚高达 1000μm，所得图形边缘仍近乎垂直，纵横比可高达 20∶1。经热固化后，固化膜具有良好的抗蚀性，热稳定性大于 200℃，可在高温、腐蚀性工艺中使用。

高性能导电/导热黏结剂主要包括导电黏结剂、导热黏结剂等，主要用于将 IC 芯片粘贴于引线框架或基板上。目前市场上最常见的导电黏结剂和导热黏结剂主要以环氧树脂或聚氨酯、有机硅树脂等为基体树脂，并填充片状导电银粉（或氧化铝、氮化硅等），再加固化剂、促进剂、表面活性剂、偶合剂等，以达到所需的综合性能。同时，为了满足电子产品高耐热的要求，也可以采用聚酰亚胺为基体树脂。环氧导电胶可分为各向同性导电胶和各向异性导电胶两大类。环氧导电胶分为单组分和双组分两种形式，目前以单组分为主。

（3）金属基封装材料 金属基封装材料较早应用到电子封装中，因其热导率和强度较高、加工性能较好，至今仍在研究、开发和推广。但是传统金属基封装材料的热膨胀系数不匹配、密度大等缺点妨碍其广泛应用。

传统金属基封装材料包括：

Al：热导率高、密度低、成本低、易加工，应用最广泛。但 Al 的热膨胀系数与 Si 或 GaAs 差异较大，器件常因较大的热应力而失效，Cu 也是如此。

W、Mo：热膨胀系数与 Si 相近，热导率较高，常用于半导体 Si 片的支撑材料。但 W、Mo 与 Si 的浸润性差、焊接性差。另外 W、Mo、Cu 的密度较大，不宜航空航天使用；W、Mo 成本高，不宜大量使用。

新型金属基封装材料主要为 Al 合金，它是采用喷射成形技术制备出 Si 质量分数为 70% 的 Si_2Al 合金，可用于微波线路、光电转换器和集成线路的封装等。提高 Si 含量，可降低热膨胀系数和合金密度，但增加了气孔率，降低了热导率和抗弯强度。Si 含量相同时，Si 颗粒较大的合金的热导率和热膨胀系数较高，Si 颗粒较小的合金的抗弯强度较高。

将三种类型封装材料进行对比，聚合物基封装材料的密度较小，介电性能较好，热导率不高，热膨胀系数匹配度不高，但成本较低，加工定形方便，可满足一般的封装技术要求。金属基封装材料的热导率较高，但热膨胀系数不匹配，成本较高。陶瓷基封装材料的密度较小，热导率较高，热膨胀系数匹配，是一种综合性能较好的封装方式。

参考文献

[1] 朱建国，孙小松，李卫．电子光电材料．北京：国防工业出版社，2007.

[2] 李标荣，等．无机介电材料．上海：上海科学技术出版社，1986.

[3] 顾振军，王寿泰．聚合物的电性与磁性．上海：上海交通大学出版社，1990.

[4] 益小苏．复合导电高分子材料的功能原理．北京：国防工业出版社，2004.

[5] 郑金红，黄志齐，侯宏森．248nm 深紫外光刻胶．感光科学与光化学，2003，21（5）：346.

[6] 李福燊，等．非金属导电功能材料．北京：化学工业出版社，2006.

[7] 许小红，武海顺．压电薄膜的制备、结构与应用．北京：科学出版社，2002.

[8] 赵连城，国风云．信息功能材料学．哈尔滨：哈尔滨工业大学出版社，2005.

[9] 符春林．铁电薄膜材料及其应用．北京：科学出版社，2009.

[10] 陈力俊．微电子材料与制程．上海：复旦大学出版社，2005.

[11] 王相森．光学光刻技术的发展历程及趋势．微机处理，2002（4）：1.

[12] 马如璋，蒋明华，徐祖雄．功能材料学概论．北京：冶金工业出版社，1999.

[13] 张福学，王丽坤．现代压电学．北京：科学出版社，2002.

[14] 师昌绪，李恒德，周廉．材料科学与工程手册．北京：化学工业出版社，2004.

[15] 王秀峰，伍媛婷．微电子材料与器件制备技术．北京：化学工业出版社，2008.

思考题

1. 导电材料作为导体使用时，为何还要考虑导电性以外的其他性能？

2. 快离子导体在升温时导电性陡增，远超出一般无机非金属固体，但为何还能保持固体形状？

3. 试举一例说明快离子导体的工作原理。

4. 试举一例说明快离子导体的应用。

5. 导电聚合物的结构特点是什么？

6. 主要的导电聚合物有哪些？

7. 常用电阻材料有哪几类？

8. 什么是压电材料？举例说明其工作原理。

9. 重要的化合物半导体有哪些？

10. 微电子芯片制作最主要的材料是什么？

11. 衡量微电子芯片技术水平高低很简单的指标是什么？目前大概已进入到何种技术水平？

12. 说明光刻胶的作用原理和用途。

13. 电子封装材料主要包括哪几类？

第7章

光子材料

7.1 概述

光子学是研究作为信息和能量载体的光子及其应用的一门技术性科学，它涉及光子的吸收、产生、传输、探测、控制、转换、存储、显示等，并由此形成了诸多相关的器件，即光子器件，它是光子学与技术的重要基础。

光子材料就是与光子学相关的各种物质。光子材料涉及的学科和技术领域较多，但其核心主要包括以半导体技术为代表的光电材料，如发光二极管（LED）、光电转换材料与器件等。光子材料概念的外延已经十分广泛，凡能够与光子发生一定作用或在某种条件影响下发射光子的物质都属于光子材料范畴，光子材料应当包括如下几个方面的特征：

（1）外来光子作用下材料物理化学性质发生变化；

（2）材料对入射光子产生影响，改变光子的某些性质；

（3）外部能量环境作用下或内部结构变化，材料释放光子。

围绕这些特征，根据其功能性质不同，光子材料包括防反射材料、透明导电材料、液晶材料、偏光材料、滤光材料、光子晶体、光纤、光纤光子放大器、双折射材料、发光材料（对应器件有 LED、OLED、等离子发光材料、光致发光、上转换材料、化学发光等）、激光材料、非线性光学材料、光伏材料（太阳能发电、感光半导体检测器、感光半导体成像器件等）、感光化学成像材料、光固化材料、变色材料等。这些光子功能材料或器件的工作原理都是基于其某方面的基本光学或光化学性质，或者这些性质与其他性质的组合而形成。具体的光学性质包括折射率、偏光性、光学各向异性、光吸收、光激发能级转换、光化学转化等。

7.2 光纤材料

1966 年，英籍华裔学者高锟发表了关于传输介质新概念的论文，指出了利用光纤（optical fiber）进行信息传输的可能性和技术途径，奠定了现代光通信——光纤通信的基础。指明通过“原材料的提纯制造出适合于长距离通信使用的低损耗光纤”这一发展方向。随着后来光纤的迅速发展，高锟也被称为“光纤之父”。

能够传播光的纤维丝称作“光导纤维”，简称“光纤”，是一种利用光在石英玻璃或塑料制成的纤维中的全反射原理而达成的光传导工具，光纤可用来传输光信息的光波导，其导光原理是光信息在由高折射率的纤芯和低折射率的包层所构成的光波导中传输。微细的光纤封装在塑料护套中，使得它能够弯曲而不至于断裂。通常，光纤一端的发射装置使用发光二极管（LED）或一束激光将信号光脉冲传送至光纤，光纤的另一端的接收装置使用光敏元件检测脉冲。包含光纤的线缆称为光缆，一条光缆由成千上万根光纤组成。在日常生活中，由于光在光导纤维的传导损耗比电在电线传导的损耗低得多，光纤被用作长距离的信息传递。

光纤是现代信息高速传输的重要载体，光纤有石英玻璃光纤和塑料光纤两大类，前者透光性能优异，光信号在其中的衰减较小，适用于远距离光信息传输，一般可达100～200km，存在加工成本高、质量控制要求严格、脆性高、易折断、难修复的特点；以丙烯基树脂为原料的塑料系列光纤，其特性正好与石英系列相反，它柔软，易于加工，也易于连接，但由于透光性能不好，传送距离较短，只能用于仪器传感或其他短距离光信号传输。

7.2.1 光纤的基本构造

石英材料由于来源广泛、容易提纯、易掺杂改性、光学缺陷容易消除、透光性好等优点，因而广泛用作光纤的本底材料，通过工艺掺杂提高或者降低其折射率。石英光纤裸纤一般分为同轴三层结构：中心高折射率石英纤芯，一般是掺杂了 GeO_2、TiO_2、Al_2O_3、ZrO_2 等高折射率组分的石英玻璃，折射率为 n_1，根据光纤类型和加工工艺不同，纤芯直径可在3～100μm范围内均匀设置，多模光纤芯径一般为50μm或62.5μm，单模光纤芯径可低至8～10μm。纤芯外面紧密包裹一层低折射率硅玻璃包层（cladding，常见直径为125～140μm），可以掺杂硼（B_2O_3）、氟（SiF_4）、磷（P_2O_5）等元素以降低折射率，折射率为 n_2。纤芯折射率 n_1 一定大于包层折射率 n_2。最外是保护、加强用的树脂涂层。裸光纤立体示意图和纵向剖面结构示意图如图7-1。

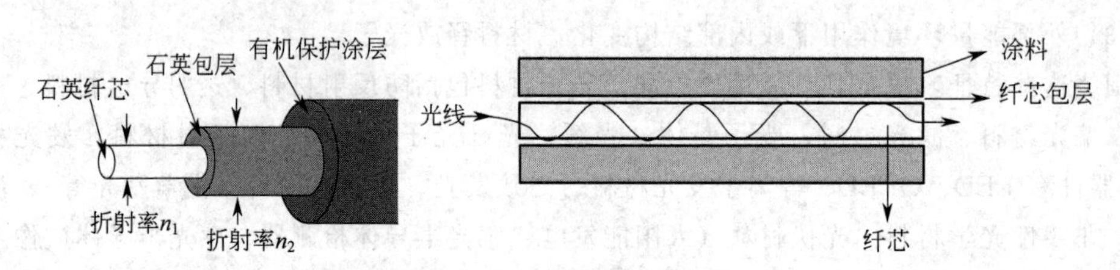

图7-1　裸光纤立体和纵向剖面结构示意图

当使用聚合物作为光纤材料时，由于聚合物本身机械性能和加工水平，纤芯可达100～600μm，而包层直径更可达300～600μm。

光纤能够长距离传播光信号的原理是全反射作用，纤芯与包层之间形成折射率梯度差，光信号从纤芯射入，光信号在纤芯中传播时，因光纤弯折，不可能直线传播，当遇到纤芯与包层的界面时，由于纤芯折射率高于包层折射率，信号光很容易发生全反射，在纤芯内继续传播，而不至于穿透界面进入包层损失信号。也就是说，每次全发射产生的光信号衰减极小，因而能够保持长距离传播。

7.2.2 光纤材料的分类

用于制作光纤的材料主要有石英（及其掺杂材料）和聚合物，其次为玻璃（可用于制作较为低端的光纤），而作为光信号放大器的光纤则使用铒掺杂石英等。此外，还有采取液体材料作为纤芯的液芯光纤。不同类别光纤，其尺寸形态差异较大，性能特点和应用场合也有所不同。

7.2.2.1 石英光纤

石英作为主流光纤原材料，首先要求其纯度非常高，纯度可达99.99999%（7N），这是保障光纤均质性和减少传输信号散射损失的前提。其次，在石英结构上，普通玻璃主要成分也是SiO_2，但其中含有较多Na^+、K^+，且结构上呈长程无定形态，结晶性差，结构缺陷很多，尤其是含有较多硅羟基Si—OH结构，这对红外波段的光信号传输极为不利，会发生严重光吸收，导致光信号迅速衰减。Na^+、K^+的存在也使得材料容易受到水分侵蚀，水合反应产生的硅羟基结构对近红外线信号的强烈吸收也将导致信号严重衰减。因此，信息传输应用目的的光纤要求其石英材料杂质成分极低，而且需要通过小心设计的热熔融-冷却控制工艺，使石英材料的结构趋于完美，结晶缺陷减少，应力消除。并及时将新鲜拉制的光纤迅速包覆，隔绝水分和氧等腐蚀性物质的侵入。

掺杂石英主要是为了提高或降低折射率，以分别满足纤芯和包层材料性能所需。掺杂元素最终大多以氧化物形式分散于石英中，如GeO_2、TiO_2、Al_2O_3、ZrO_2、B_2O_3、P_2O_5等，但掺杂氟元素是以SiF_4形式存在。这些掺杂元素的原料大多是可以汽化的卤化物，便于高温气相掺杂。

7.2.2.2 聚合物光纤

石英光纤具有带宽宽、衰减低等特点，是长距离通信干线的理想的传输介质，但在光纤入户时却遇到巨大困难。其芯径太细，在光纤耦合、互接中需要高精密度对准，几微米的连接偏差就会引起很大的耦合损耗，连接器件成本和安装费用太大增加了系统的造价。而直径大于100μm的石英光纤由于材料脆性以及弯曲性能不好，不利于多接点网。目前最有希望的解决方案之一是在入户网中应用聚合物光纤（plastic optical fiber，POF），它具有以下优点：其毫米量级的尺寸及大的数值孔径使它在连接和安装处理方面比较容易，价格低廉，可塑性强，重量轻，施工方便，无电磁兼容（EMC）问题，可以使用廉价的LED及LD作为信号源。因此，聚合物光纤是入户工程中首选材料，受到广泛的重视，其缺点是损耗大，耐热性低，使用寿命相对较短（约10年）。故人们设想通信主干线由石英光纤制成的光缆承担，入户工程由聚合物光纤实现。

光纤的光信号主要在芯材中传输，POF芯材首先必须是高度无定形非结晶材料，其次要求其自然光透过在90%以上为佳。POF芯材种类有聚苯乙烯PS、聚甲基丙烯酸甲酯PMMA、聚碳酸酯PC、氟化或氘化丙烯酸酯等聚合物材料。聚合物的氟化或氘化目的是减少聚合物中的C—H键的强红外吸收和较强本征瑞利散射，其是POF的主流发展材料，可实现较长距离的信号传输。

7.2.2.3 液芯光纤

液芯光纤是一种新型结构的光传输产品，它采用液体材料作为芯、聚合物材料作为光学包层和保护层，具有大芯径、大数值孔径、光谱传输范围广、光谱传输效率高、使用寿命长的特点。特别适合传导紫外线。填充于管内的液体可以是折射率略高于管壁、物化性质稳定、透光性优良的液体，选择比较广泛。早期采用简单的无机盐水溶液，后来采用有机液体，包括醇类、硝基苯、氯苯、四氯乙烯、亚麻油、四氯化碳、二硫化碳等。随着应用要求的不断提高，一些新型液体光学材料在液芯光纤中开始应用，包括离子液体、液晶、液状低聚物等。在稳定性、光传导抗衰减、均质性等方面得到不断改善。

该种光导的芯截面完全由同一种材料构成，可以避免玻璃或石英光纤传光束中因单丝集束时的空隙率引起的耦合损耗；能够传输数百瓦的光辐射而不被损坏；不存在玻璃或石英光纤传光束因使用中的反复弯曲导致日益严重的断丝和传光效率下降的问题。这种光纤有优异的紫外波段光传输能力，并且能传输高达数百瓦的大功率光能量，可以适用于大功率的光源。其结构简单，性能稳定。液芯光纤主要应用于光谱治疗、紫外固化、紫外光刻、荧光检测、刑侦取证等方面。

7.2.3 石英光纤制作

石英光纤制造方法主要有：管内 CVD（化学气相沉积）法、棒内 CVD 法、PCVD（等离子体化学气相沉积）法和 VAD（轴向气相沉积）法。石英光纤制作较传统的工艺是：用事先已掺杂的预制石英棒在高温石墨炉内熔融，拉丝成纤。预制石英棒是一种法向（垂直于轴向）非均质的石英材料，可以在掺杂均质石英母棒上进行气相蒸镀一层一定厚度的氧化层，在拉制成纤时形成光纤包层结构。另一类加工方法更为传统，就是直接熔融复合预制成棒。气相氧化预制成棒的工艺包括外部气相氧化法（outside vapor phase oxidation，OVPO）、内部气相氧化法（inside vapor phase oxidation，IVPO）及轴向气相沉积法（vapor phase axial deposition，VAD）。该类方法需要一种工艺上称作“烟灰”（soot）的特制白色石英粉末，由气相金属卤化物、掺杂材料及氧气经热加工而成。OVPO 法是将金属卤化物蒸气混合在氢氧焰中喷射到外覆“烟灰”且绕轴旋转加往复运动的石英母棒上，形成预制石英棒；IVPO 法是将混合了金属卤化物蒸气的氧气吹过石英管，石英管外用氢氧焰往复运动加热，石英管热熔收缩，纤芯包夹掺杂材料和金属卤化物的反应产物，形成法向非均质预制石英棒；VAD 法加工工艺要求较为严格，能够以更高的品质控制预制石英棒的折射率梯度，是制备高品质光纤常用的预制方法，VAD 工艺如图 7-2 所示。

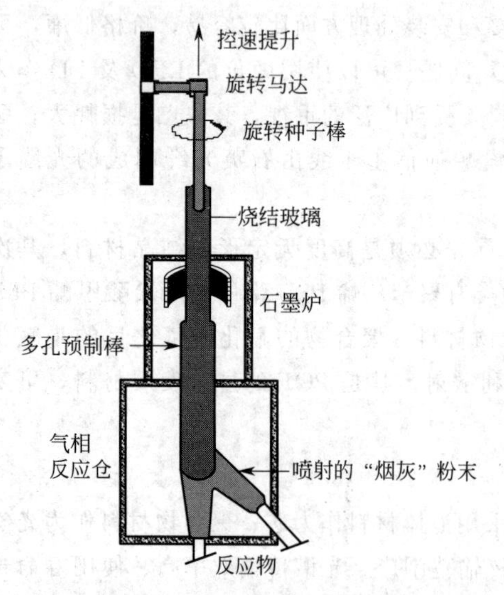

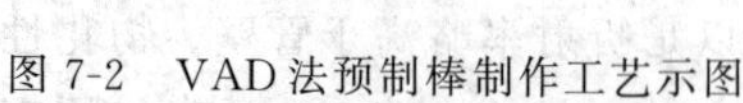
图 7-2 VAD 法预制棒制作工艺示图

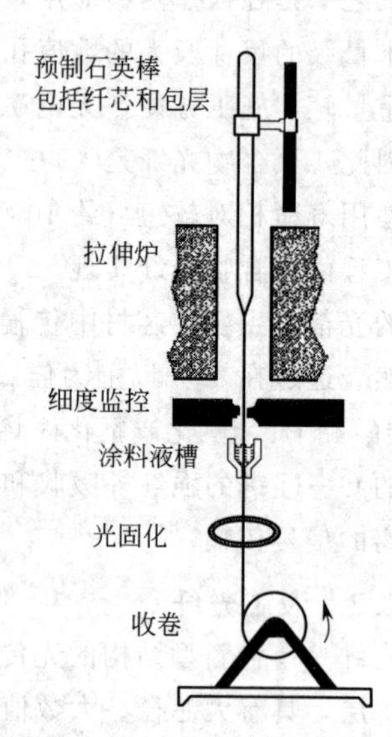

图 7-3 石英光纤拉制、涂装简图

由预制石英棒拉制成纤，并进行涂装和 UV 固化均为流水作业，该工艺过程简图如图 7-3 所示。高温炉中拉制出来的裸纤细而脆，易折断，在外界环境作用下，易发生微弯、变形、刮伤、灰尘附着、水分附着、氧化、碱性腐蚀等负面效应，直接影响光信号传输质量。因此，必须对裸纤进行涂装保护，并起到力学强化作用，增强抗弯折能力。

7.3 光子晶体

7.3.1 光子晶体概念与特性

光子晶体（photonic crystal）是一类在光学尺度上具有周期性介电结构的人工设计和制造的晶体，即材料体系介电常数具周期性变化的各种微结构，如图 7-4 所示。

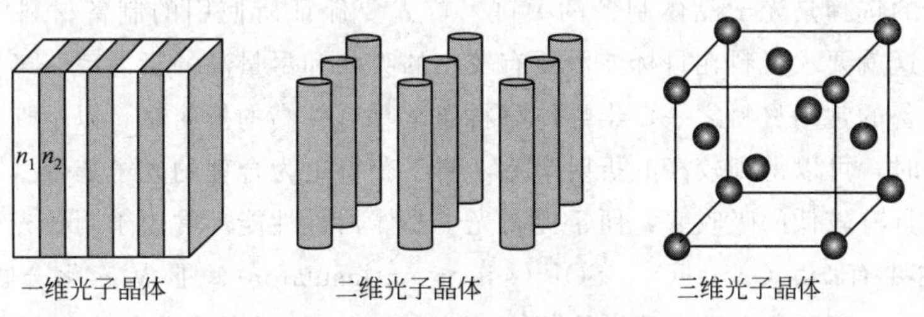

图 7-4 光子晶体空间结构示意图

通常光子晶体的周期尺寸为微米至毫米，远大于传统电子衍射晶格的周期尺寸。光子晶体这种周期性变化将会导致光子禁带（photonic band gap）的出现，影响光在材料中的传递，此现象类似半导体中周期性位势造成的电子能带结构会影响电子传输。当光的波长或对应的能量刚好落在光子晶体禁带内时，光便无法穿过，这类似于电子在晶体中传播的情形。在光子晶体中，介电常数不同的材料代替了原子，也形成了一种周期性的“势场”。如果介电常数的差异足够大的话，在电介质的交界面上也会发生布拉格散射，同样会有能量的禁带出现。在完整的三维光子晶体中，光就不能向任一方向传播。而当完整晶体上出现了一个缺陷的时候，光就可以从缺陷处射出，如果该缺陷是一个线缺陷的话，光就会沿着线缺陷的走向行进。这样就可以做到控制光波的方向。同时也可以让光波转过很尖锐的弯。由于有光子禁带，转弯时几乎没有能量损失，唯一损耗的光是从入射口逸出的一小部分。科学家根据此特性，通过在材料上设计适当的缺陷形成波导，来操控光的传递。

光子晶体的另一个主要特征是光子局域。John 于 1987 年提出：在一种经过精心设计的雅布罗诺维奇（Yablonovitch）三维光子晶体的无序介电材料组成的超晶格（相当于现在所称的光子晶体）中，光子呈现出很强的安德森（Anderson）局域。如果在光子晶体中引入某种程度的缺陷（图 7-5），和缺陷态频率吻合的光子有可能被局域在缺陷位置，一旦其偏离缺

图 7-5 光子晶体中的线状缺陷可以作为波导

陷处光就将迅速衰减。当光子晶体理想无缺陷时，根据其边界条件的周期性要求，不存在光的衰减模式。但是，一旦晶体原有的对称性被破坏，在光子晶体的禁带中央就可能出现频宽极窄的缺陷态。

光子晶体有点缺陷和线缺陷，在垂直于线缺陷的平面上，光被局域在线缺陷位置，只能沿线缺陷方向传播。点缺陷仿佛是被全反射墙完全包裹起来。利用点缺陷可以将光“俘获”在某一个特定的位置，光就无法从任何一个方向向外传播，这相当于微腔。

7.3.2 光子晶体材料与制作

制备材料的选择是光子晶体制备的关键。首先要保证所使用的制备材料能够形成合理的光子禁带，这就要求材料在目标波段要有较小的吸收和尽量高的折射率。半导体材料是光子晶体器件制备的常用材料之一，半导体材料通常具有较高的折射率，以空气等低折射率材料为背景介质时，可以得到较高的折射率差，便于获得更为合理的光子禁带。同时半导体材料在红外波段具有较低的吸收率，便于提高光子晶体器件性能。常用于制备光子晶体器件的半导体材料主要有 Si、Ge、SiO_2、SOI（silicon on insulator）、Ⅲ-Ⅴ族化合物（GaAs 等）等。其中 Si、SOI 满足产生光子禁带的条件（Si 在 1550nm 波长吸收较小，折射率在 3.4 左右）。另外，硅也是常用的半导体材料，不仅制作工艺方面可以成熟连接，而且可以集成原有的光电有源器件。另外一些金属材料以及有机材料如 PMMA 等也是制备光子晶体器件的常用材料。

制作光子晶体的难度在于制作足够小的格子结构。要控制光线，格子的大小必须与光的波长处于同一量级。也就是说，对红外波来说（波长 1.5μm 左右），它所对应的光子晶格的格子间隔大概要在 0.5μm 左右。随着微结构制作技术的不断创新，光子晶体的制作方法也越来越丰富。就材料而言，高介电性的众多无机材料和便于加工定形的聚合物材料被广泛用于各类光子晶体制作，但目前仍以无机材料为主流。

精密机械加工法是制备光子晶体最为稳定可靠的方法，微波波段的光子晶体由于其晶格常数在厘米至毫米数量级，用机械加工的方法可以比较容易地制作。精密机械加工法适于制备二维和三维光子晶体，并可用于制作某些光学元件，如滤波器、光波导、探测器等。Yablonovitch 等运用机械钻孔方法制作出第一个具有全方位光子带隙的结构，具有金刚石结构的对称性，光子带隙从 10GHz 到 13 GHz，位于微波区域。在微波区域这种结构可以用微机械钻孔的方法得到。但要获得适合波长更短的可见光与红外线的光子晶体，精密机械法无论在尺度和精度上都难以满足要求。于是，层叠法、自组装法、光刻蚀、电子束刻蚀、离子束刻蚀、介质棒堆积法、激光直写、激光全息等方法被人们提出并应用在三维光子晶体的制作上。然而，要制作通信波段甚至可见光波段具有完全禁带的三维光子晶体，以及在三维光子晶体中引入所需要的缺陷还比较困难。

制作光学波段的光子晶体另外常用的技术是胶体颗粒的自组织生长。颗粒的大小一般为微米或亚微米，悬浮在液体中。由于颗粒带电，而整个体系呈电中性，这些悬浮颗粒之间有短程的排斥相互作用以及长程的范德华吸引力。经过一段时间，悬浮的胶体颗粒会从无序的结构相变成有序的面心立方结构而形成胶体晶体，这种方法非常简便，而且很经济。一般采用的胶体颗粒是聚合物或氧化硅等，因为其他材料要得到大小均匀的颗粒很困难。

紫外光刻与电子束刻蚀技术已成为制作精密光子晶体的有效方法。掩模曝光配合干法刻蚀工艺制备过程主要有掩模的制作和刻蚀工艺两步。其中掩模的制作主要由深紫外光刻

(deep UV lithography, DUV)、纳米压印(nano-imprint lithography)以及电子束直写(electron beam lithography, EBL)等图形描绘工艺配合干法刻蚀制作。深紫外光刻主要采用 248 nm 和 193 nm 光刻技术。深紫外曝光工艺制作精度高，可用于大面积成批量的掩模制作，是大规模制备光子晶体器件的理想工艺。但其制作过程中需要相应的光刻掩模板，且工艺制备门槛高，制作成本昂贵。

纳米压印技术是华裔科学家周郁在 1995 年提出的，在纳米压印技术中，较为昂贵的电子束曝光和干法刻蚀只在模具的制作过程中使用一次，而制作好的压印模具可多次使用，用来复制大量的所需要的纳米微结构，大大降低了整个工艺过程的成本。目前，应用热压印已经可以制作最小尺寸 5nm、深宽比达到 6 的微结构；相对于紫外线，电子束的德布罗意波长小于 0.01nm，故电子束直写衍射效应极小，工艺精度高。另外，电子束直写工艺可以在光刻胶上直接制作出所需要的光子晶体图形，免去了昂贵的掩模板制作过程，是光子晶体制备的常用工艺。

纳米结构成形主要采用反应离子刻蚀(reactive ion etching, RIE)、电子回旋共振等离子体刻蚀(microwave electron cyclotron resonance, ECR)、感应耦合等离子体刻蚀(induction coupling plasma, ICP)等干法刻蚀工艺。这些工艺是较为成熟的半导体加工工艺，在精度及可控性上有较大的保障。以上干法刻蚀还可以通过加入化学气体代替反应室中的惰性气体进行化学辅助等离子刻蚀，提高刻蚀速度和优化刻蚀方向的选择性。总体来说，干法刻蚀是目前二维光子晶体波导器件的主要加工工艺，能够满足二维光子晶体波导器件的工艺要求。

聚焦离子束刻蚀(focused ion beam, FIB)是一种直写干法刻蚀工艺，其刻蚀过程是将高度汇聚的离子束轰击样品表面，从而留下所需图形，刻蚀精度较高。聚焦离子束刻蚀可在基底上直接写出所需要的光子晶体图形结构，免去了昂贵的掩模板制作及曝光工艺过程，大大节省成本。与电子束直写制作光刻胶掩模一样，聚焦离子束刻蚀工艺需要对图形逐点扫描，刻蚀速率较慢，生产率低，制备时间长。聚焦离子束工艺可在保证制作精度的前提下尽量降低成本，虽不便于大规模生产，却是一种非常适于科研试验的光子晶体器件制备工艺。

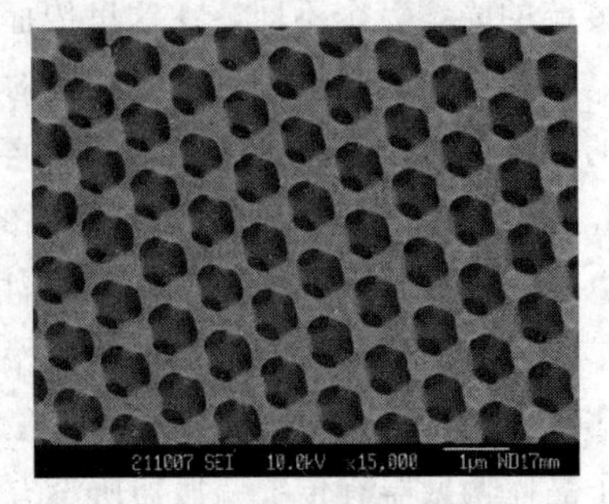

图 7-6 相干光三维固化获得环氧树脂光子晶体

光固化技术在二维和三维光子晶体制作也已显示出越来越重要的应用，运用双光子吸收或多束激光干涉成像原理，已成功获得各类光子晶体。图 7-6 是中山大学采用四束相干激光照射环氧树脂基光固化体系，而后显影获得的光子晶体照片，利用相干光形成的三维明暗光场，以阳离子光固化方式，形成三维光交联点阵分布。

7.3.3 光子晶体应用

光子晶体具有重要的应用背景。由于其特性，可以制作全新原理或以前所不能制作的高性能器件。

高性能反射镜：频率落在光子带隙中的光子或电磁波不能在光子晶体中传播，因此选择没有吸收的介电材料制成的光子晶体可以反射从任何方向的入射光，反射率几乎为 100%。这种光子晶体反射镜有许多实际用途，例如用光子晶体做衬底制作新型的平面天线，由于电磁波不能在衬底中传播，能量几乎全部发射向空间。这是一种性能非常高的天线，美国军方对此表现出极大的兴趣。以前人们一直认为一维光子晶体不能作为全方位反射镜，因为随着入射光偏离正入射，总有光会透射出来。但最近 MIT 研究人员的理论和实验表明，选择适当的介电材料，即使是一维光子晶体也可以作为全方位反射镜，引起了很大的轰动。

光子晶体波导：传统的介电波导可以支持直线传播的光，但在拐角处会损失能量。理论计算表明，光子晶体波导可以改变这种情况。光子晶体波导不仅对直线路径而且对转角都有很高的效率。

光子晶体微腔：在光子晶体中引入缺陷可能在光子带隙中出现缺陷态，这种缺陷态具有很大的态密度和品质因子。这种由光子晶体制成的微腔比传统微腔要优异得多。最近 MIT 研究人员制成了位于红外波段的微腔，具有很高的品质因子。

图 7-7　光子晶体光纤横截面照片

光子晶体光纤：在传统的光纤中，光在中心的氧化硅核传播。通常，为了提高其折射率，采取掺杂的办法以增加传输效率。但不同的掺杂物只能对一种频率的光有效。英国 Bath 大学的研究人员用二维光子晶体成功制成新型光纤：由几百个传统的氧化硅棒和氧化硅毛细管依次绑在一起组成六角阵列，然后在 2000℃下烧结而形成。直径约 40μm。蜂窝结构的亚微米空气孔就形成了。为了导光，在光纤中人为引入额外空气孔，这种额外的空气孔就是导光通道，如图 7-7 所示。与传统的光纤完全不同，在这里传播光是在空气孔中而非氧化硅中，可导波的范围很大。

光子晶体超棱镜：常规棱镜对波长相近的光几乎不能分开。但用光子晶体做成的超棱镜的分开能力比常规的要强 100 倍到 1000 倍，体积只有常规的百分之一大小。如对波长为 1.0μm 和 0.9μm 的两束光，常规的棱镜几乎不能将它们分开，但采用光子晶体超棱镜后可以将它们分开到 60°，这对光通信中的信息处理有重要的意义。

光子晶体偏振器：常规的偏振器只对很小的频率范围或某一入射角度范围有效，体积也比较大，不容易实现光学集成。最近，人们发现可以用二维光子晶体来制作偏振器。这种光子晶体偏振器有传统偏振器所没有的优点：可以在很大的频率范围工作，体积很小，很容易在 Si 片上集成或直接在 Si 基上制成。

光子晶体还有其他许多应用背景，如无阈值激光器、光开关、光放大、滤波器等新型器件。光子晶体带来许多新的物理现象。随着对这些新现象了解的深入和光子晶体制作技术的改进，光子晶体更多的用途将会发现。

7.4 液晶材料

普通物质有三态：固态、液态和气态。有些有机物质在固态与液态之间存在第四态——液晶态，液晶态物质既具有液体的流动性和连续性，又保留了晶体的有序排列性，物理上呈现各向异性。液晶这种中间态的物质外观是流动性的混浊液体，同时又有光、电学各向异性和双折射特性。液晶已被广泛使用于液晶显示屏，成为显示器工业不可或缺的重要材料。

7.4.1 液晶分类

从分子形态上看，液晶分子基本上都具有长形或饼形外观，即具有一定长径比。按形成条件不同，液晶可分为热致液晶（thermotropic liquid crystal）和溶致液晶（lyotropic liquid crystal）两大类。

溶致液晶是由于溶剂破坏固态晶格结构而形成的液晶，是纯物质或混合物的各向异性浓溶液，只在一定浓度范围内形成。溶致液晶是由双亲化合物与极性溶剂组成的二元或多元体系，双亲化合物包括简单的脂肪酸盐、离子型和非离子型表面活性剂，以及与生物体密切相关的复杂类脂等一大类化合物。多数溶致液晶具有层状结构，称为层状相。在这种结构内，各层中分子的长轴互相平行并且垂直于层的平面，双亲分子层彼此平行排列并被水层分隔，如图 7-8。

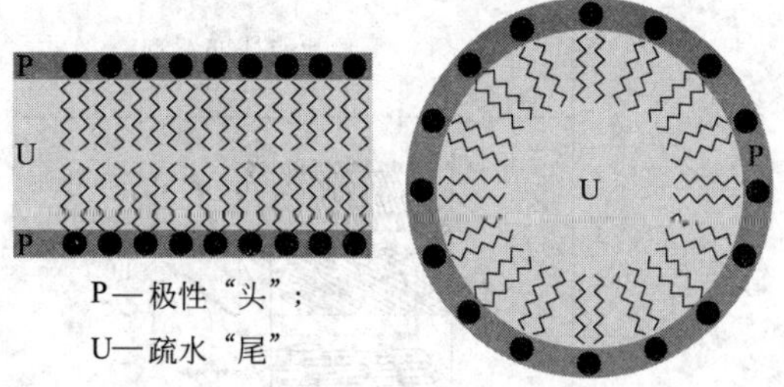

图 7-8 溶致液晶层状形态示意图

热致液晶是由于加热破坏晶格结构而形成的液晶，在一定温度范围内表现各向异性晶体的特性，热致液晶材料分子在各温度的状态如图 7-9 所示，图中的小棒状图形表示具有特征性长径比的液晶分子。热致液晶的长程有序源自分子之间的相互作用；溶致液晶的长程有序源自溶剂与溶质分子间的相互作用，而溶质分子间的作用占次要地位。

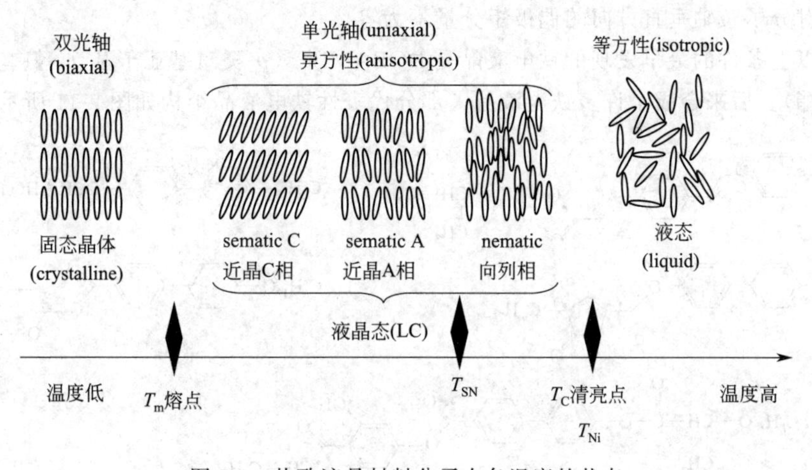

图 7-9 热致液晶材料分子在各温度的状态

按液晶形态分，可以分为典型的层状液晶（近晶型 smectic）、线状液晶（向列型 nematic）和胆甾型（cholesteric）三种，此外还有些不太典型的碟碗状液晶等。这些液晶的形态如图 7-10 所示。

除上述分类，其他一些特殊类别的液晶还包括高分子液晶、铁电液晶以及新型高性能的氟取代液晶等。

高分子液晶的结构特征是分子上存在刚柔匹配结构的聚合物，包括骨骼结构和刚直的液晶分子基或液晶元（mesogen），可分为主链型液晶、侧链型液晶和复合型液晶高分子。高分子液晶基础研究较多，但性能尚有较多不足，应用还不广泛。

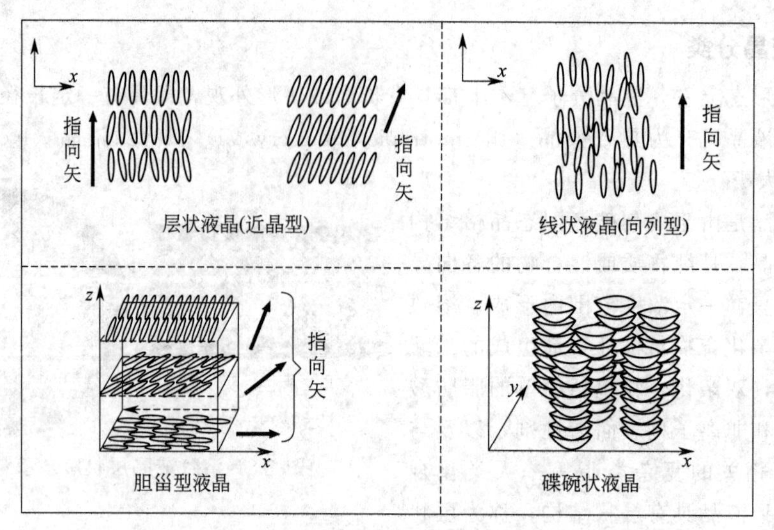

图 7-10　各种液晶形态

铁电液晶主要指具有自主极化特征的液晶分子，结构上普遍具有手性原子中心，且大多位于分子的柔性链上。铁电液晶分子排列都有一定倾斜角。满足下列条件的液晶具有铁电性能：

(1) 具有近晶相，分子长轴与近晶相法线之间有倾斜角，并且倾角不等于零。

(2) 含有不对称碳原子的分子，并且不是外消旋体。

(3) 对分子长轴垂直方向的偶极矩分量不为零。

满足以上条件的最早发现的铁电液晶是 DOBAMBC（*p*-癸氧基亚苄基-*p*′-氨基-2-甲基丁基肉桂酸酯）。后来合成了许多铁电液晶，部分代表性铁电液晶结构如图 7-11 所示。

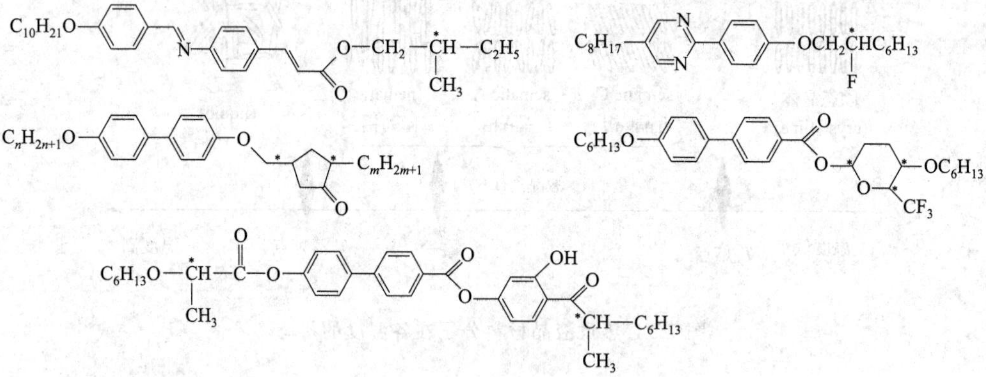

图 7-11　部分代表铁电液晶分子结构

7.4.2　液晶的分子结构特征

液晶是某些特殊结构的化合物在特定条件下展现的特有形态。根据对现有液晶分子结构形态的归纳，目前的液晶分子普遍具有如下形态之一：①长棒形分子；②盘形分子；③碗形分子；④聚合物。而且要求分子间力必须大小适当，以保持分子平行排列。较理想的液晶分子是具有永久性偶极分子和易极化键的细长分子。

一般认为，要呈现向列相和近晶相的液晶分子必须满足下列要求：

(1) 液晶分子的几何形状呈棒状，其长径比不能太小，一般要大于4。

(2) 液晶分子长轴应不易弯曲，要有一定的刚性，因而常在分子的中央部分引进双键或三键，形成共轭体系，以得到刚性的线型结构，或者分子保持反式构型，以得到线状结构。除刚性结构外，分子中一般还应具有适当长度较为规整的柔性基团，直链优于支链，利于分子液相特征。刚性部分与柔性部分尺度应匹配适度。

(3) 要使偶极-偶极和诱导偶极-偶极相互作用有效，分子末端必须含有极性基团，或具有很强的可极化度。通过分子间电性力、色散力的作用，使分子保持取向有序。

表7-1给出了一些传统典型液晶分子结构与基本性能。

表7-1 几种常见液晶结构、相变温度

类列	中央基团	实例	相变温度/℃
希夫碱	—CH═N—	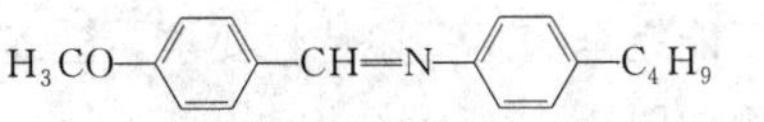 $H_3CO-C_6H_4-CH=N-C_6H_4-C_4H_9$ 对甲氧基亚苄基对′正丁基苯胺	N型 22～47
氧化偶氮苯	O —N═N—	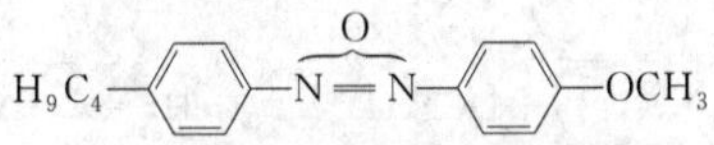 $H_9C_4-C_6H_4-N(O)=N-C_6H_4-OCH_3$ 对正丁基对′甲氧基氧化偶氮苯	N型 16～75
芳羧酸酯	O —C—O—	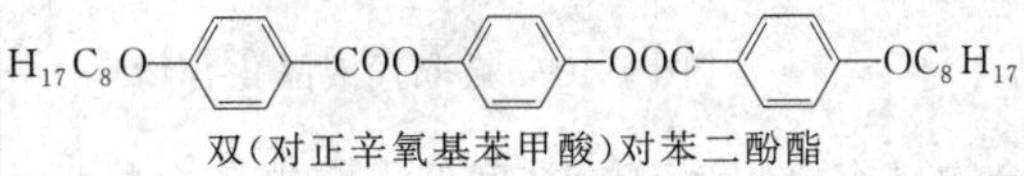 $H_{17}C_8O-C_6H_4-COO-C_6H_4-OOC-C_6H_4-OC_8H_{17}$ 双(对正辛氧基苯甲酸)对苯二酚酯	S型 122～126　N型 126～195
联苯	无桥	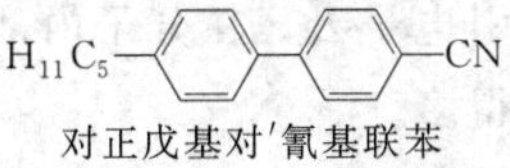 $H_{11}C_5-C_6H_4-C_6H_4-CN$ 对正戊基对′氰基联苯	N型 24～35.5
苯基/环己烷	无桥	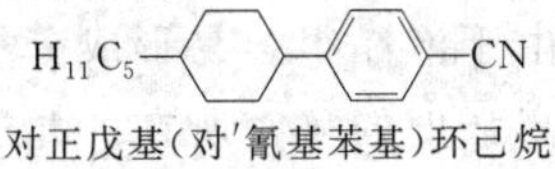 $H_{11}C_5-C_6H_{10}-C_6H_4-CN$ 对正戊基(对′氰基苯基)环己烷	N型 30～55

7.4.3 液晶材料应用

液晶材料目前最重要的应用就是作为各类液晶显示器关键的光学开关材料。1968年，在美国RCA公司的沙诺夫研发中心，工程师们发现液晶分子会受到电压的影响，改变其分子的排列状态，并且可以让射入的光线产生偏转的现象。利用此一原理，RCA公司发明了世界第一台使用液晶显示的屏幕。

早期计算器显示屏所使用的液晶分子就是具有氰基的液晶化合物的混合物（结构如图7-12）。当R为正戊基—C_5H_{11}时，即为英国Gray发明的代号为5CB的液晶。

在液晶材料所经历的各类显示器中，包括DSN——动态散射、TN——扭曲向列型、STN——超扭曲向列型、DSTN——双层超扭曲向列型、FSTN——薄膜超扭曲向列型、AM——有源矩阵、TFT——薄膜晶体管，各时期所使用的液晶均有不同。

作为显示器的液晶材料，其性能要求比较全面，适用条件范围要求较宽，由于单一液晶分子性能的局限性，目前显示用液晶材料通常由10种左右的液晶分子组成。通过混合多种单质材料，可以得到单质液晶中得不到的功能与性质，如加宽液晶的温度带、降低黏度使响

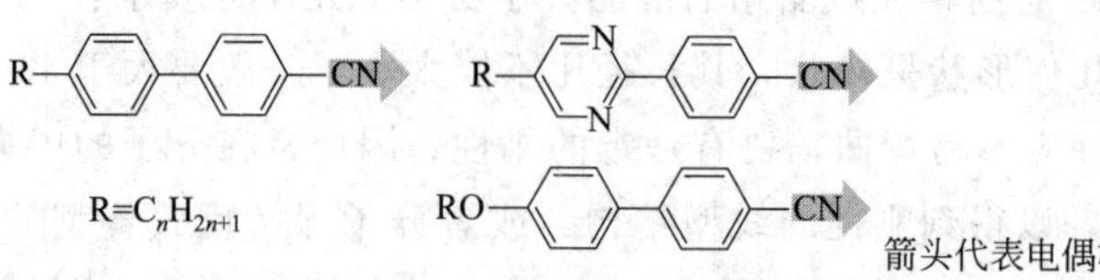

图 7-12　早期计算器液晶显示屏采用的液晶分子

应速度加快、获得合适的光学各向异性等。

TFT-LCD所使用的液晶材料在液晶电阻率和抗紫外线稳定性方面有特定要求。如果液晶电阻率不高，导致盒内电压降减小，电压保持率（液晶上实际电压的维持效果）劣化。材料在紫外线下的分解会产生离子，也会使实效电压下降。液晶双折射率差 Δn 必须适中，折射率差值过大，大视角处会出现色反转；折射率差值过小，对比度低下。一般0.08为宜。此外，液晶介电常数的各向异性要大，才可降低驱动电压。为满足上述条件，传统使用很久的氰基化合物液晶由于不能完全满足上述特性要求，已逐渐淘汰，取而代之在广泛使用的是含氟取代液晶化合物。例如图7-13所示结构。

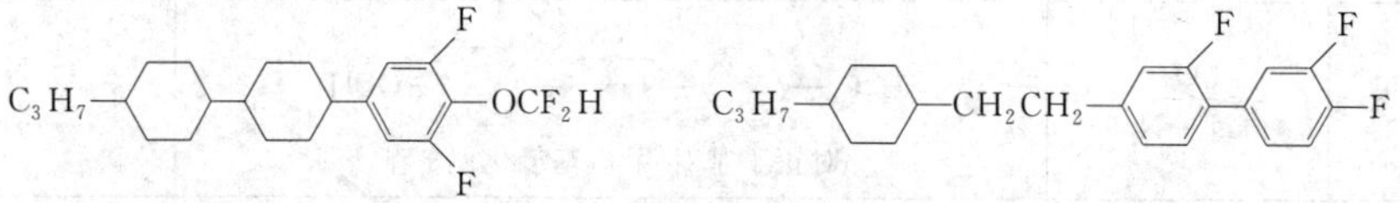

图 7-13　氟取代液晶化合物

氟取代液晶化合物具有电阻率高、黏度低、介电各向异性大、电场响应速度快的特点。另外，氟原子的电负性大，吸引电子云，在分子内部形成的电偶极子比氰基 ≡CN 化合物的大，而且抗紫外线稳定性高得多。

液晶不仅可用于显示，还可用于制作超高强度纤维。其方法是将液晶态的高分子纤维原料在细孔中高速拉出。由于液晶很容易形成分子平行排列，小孔中拉出的纤维具有长分子的顺排结构，这是其高强度的秘密所在。此过程称为液晶纺丝法（纤维本身并不是液晶态）。液晶纺丝制成的纤维可做防弹衣（美国），抗冲击、耐热、不燃烧、不导电、轻质。

利用液晶的温度效应可制作成液晶温敏探测膜，胆甾型液晶具有显著的温度效应。一些胆甾型材料在各向同性的液体内大体上是无色的，在经过相变温度冷却的过程中，在反射光中观察到有些材料出现一系列的彩色。依次为紫、蓝、绿、黄、红，而当最大反射峰进入红外区时又最终变为无色。再进一步冷却，这些材料进入另一个无色相——近晶型。有些胆甾型液晶材料在冷却时仅从红变绿；另一些从红变到绿到蓝或从红到绿而返回红；有些原先是蓝而变到绿然后回到红；以及还有其他对温度变化没有反应的材料。在实验室内，胆甾型液晶的奇异特性被用作测温工具。对材料进行典型的配比能在摄氏几度的间隔内将色彩从红变到绿、蓝。根据化学的组分，在−20℃到250℃之间的任何需要的温度内，上述变化都可以发生。在医学诊断上，相应于小的温度变化的彩色变化可用于观察体温的分布、动脉与静脉的位置以及内部组织损伤恢复的进度。对取暖与制冷装置的控制、室温的控制以及报警装置也有广阔的应用范围。

液晶材料还可设计成位移探测、电压感应等检测器。利用液晶分子的层间滑动性和电场响应特征，可以制作出精密电控润滑器件。

7.5 光学透明导电材料

透明导电膜是既有高的导电性，又对可见光有很好透过性的薄膜材料。某些透明导电膜同时对红外线有较高反射性。根据材料的不同可将其分为金属透明导电薄膜、氧化物透明导电薄膜（TCO）、非氧化物透明导电薄膜及高分子透明导电薄膜。

7.5.1 金属透明导电薄膜

当金属膜的厚度在约 20nm 以下时对光的反射和吸收较小，这类导电性良好的超薄金属膜常用作透明导电膜材料。常见的金属透明导电膜有 Au、Ag、Pt、Cu、Al、Cr、Pd、Rh 等。透光率 T 最高可达 80%左右，体积电阻率 ρ 约为 $1.0\times10^{-3}\Omega\cdot cm$，表面方电阻为 $10^0\sim10^5\Omega/m^2$。

金属膜透光性不高，除了对光子的吸收外，表面反射也是重要原因，多数金属膜对可见光反射较强，对红外线的反射率也较高。为了制备平滑连续的膜，需要先镀一层氧化物做衬底，再镀金属膜。金属膜由于太薄而强度较低，其上面常要再镀一层保护层如 SiO_2 或 Al_2O_3 等，以增加表面耐磨性和提高强度。但这层金属氧化物膜导电性较差，又会导致超薄金属膜的导电性降低。综合其透光性、机械强度等不足，超薄金属导电膜作为电机材料应用并不广泛，反倒是作为电磁屏蔽（EMI）材料而广泛使用，例如蒸镀于塑料薄膜面上的半透明铝膜或合金膜等。在一些专业领域中的光学器件表面镀透明金属膜也有光学性能需求和防静电保护的目的。

合金透明导电膜在光电子工业上已有应用，如 IT 膜，In 与 Sn 形成的非晶态合金薄膜，利用溅镀法及室温方法制成的半透明非晶膜，在电极图案加工和 LCD 配向膜处理等工艺中，因其呈黑色半透明状而在台湾材料界被称为“黑膜”。

7.5.2 金属氧化透明导电膜

透明导电氧化物泛指具有透明导电性的氧化物、氮化物、氟化物。一般要求达到可见光区透光率 80%以上，且电导率 σ 超过 $10^3 S/cm$。各种 TCO 按其组成特点可分类为：

(1) 纯的金属氧（氮）化物 In_2O_3、SnO_2、ZnO、CdO、TiN 等；

(2) 掺杂金属氧化物 In_2O_3：Sn（ITO，锡掺杂的氧化铟）、In_2O_3：Mo(IMO)、ZnO：In(IZO)、ZnO：Ga(GZO)、ZnO：Al(AZO)、SnO_2：F、TiO_2：Ta 等；

(3) 混合氧化物 In_2O_3-ZnO、$CdIn_2O_4$、$CdSnO_4$、Zn_2SnO_4 等。

单一金属氧化物虽可获得较高可见光透光率，但电阻率仍然偏高，难以满足应用要求。晶格掺杂是保持良好透光率，并降低电阻率的主流途径。尽管 TCO 衍生种类繁多，但到目前为止，在金属氧化物透明导电膜家族中，仍然是以 ITO 的性能最优，应用最为广泛。

7.5.2.1 ITO 膜

ITO 是 indium tin oxide 的缩写，所谓 ITO 膜一般是以玻璃或塑料薄膜为基材的复合膜。玻璃、塑料膜起到承载作用。In_2O_3 结晶具有体心立方结构，禁带宽度为 3.75～4.0eV，直接跃迁的波长范围为 330～473nm，而可见光的能量为 1.7～3.1eV，所以具有良好的可见光透光性。且结晶结构中存在氧空位，因此存在过剩的自由电子，表现出一定的电子导电性。

目前用于 In_2O_3 薄膜的掺杂元素有 Sn、W、Mo、Zr、Ti、Sb、F 等。其中，Sn 掺杂形成的薄膜自问世以来，一直在 TCO 薄膜中居主导地位。ITO 即锡掺杂氧化铟（质量比一般 In_2O_3：SnO_2 为 90：10），它是一种 n-型半导体材料。ITO 具有良好的导电性能（电阻率可低达 $10^{-4}\Omega \cdot cm$），带隙宽（3.5～4.6eV），载流子浓度（$10^{21}cm^{-3}$）和电子迁移率 [15～45$cm^2/(V \cdot s)$] 较高；可见光透过率高达 90 %以上；对紫外线具有吸收性，吸收率大于 85%；对红外线具有反射性，反射率大于 80%；对微波具有衰减性，衰减率大于 85%；加工性能良好；膜层硬度高且既耐磨又耐化学腐蚀（氢氟酸等除外）；膜层具有很好的酸刻、光刻性能，便于细微加工，可以被刻蚀成不同的电极图案等等。基于 ITO 的众多优异性质，近年来，用 ITO 作为透明导电薄膜，在工业上应用广泛，在高新技术领域也起着重要的作用。

用于 LCD 的 ITO 玻璃是选用低碱性玻璃，预先蒸镀一层 SiO_2 阻隔膜，然后镀 ITO 膜，这样可防止玻璃中的碱性离子迁移出来，污染 ITO 和液晶盒。

柔性 ITO 膜在有机太阳能电池、聚合物锂离子电池、柔性显示器等领域有着重要应用价值。大多选择 PET（聚对苯二甲酸乙二醇酯）薄膜作为基膜，预先制作一层缓冲层，降低基膜杂质迁移干扰和基膜介电影响，再蒸镀 ITO 膜。该缓冲层材料包括 Al_2O_3、SiO_2、ZnO 和 PI（聚酰亚胺）等。由于 ITO 膜自身具有一定硬度，用于柔性薄膜时，如过度弯折将导致裂纹出现，严重影响导电性。

ITO 膜的制备方法有很多，包括 PVD、CVD、喷涂法、溶胶-凝胶法等。

7.5.2.2 AZO

ITO 虽然性能优异，但 In 是稀有金属，资源稀缺，且有毒，另外 ITO 在氢等离子体中不稳定，这就限制了它的应用。掺杂 ZnO 薄膜以其优良的性能吸引了人们的研究兴趣。ZnO 是一种具有六方纤锌矿晶体结构的Ⅱ-Ⅵ族半导体材料，具有高质量的单晶块体材料和大的室温激子束缚能（60meV），在室温下的直接光学带隙为 3.37eV，大于可见光的光子能量 3.1eV。因此，ZnO 薄膜对可见光几乎是透明的。AZO 薄膜是在 ZnO 中掺杂 Al 形成 ZnO：Al 薄膜，可以有效降低薄膜的电阻率，提高薄膜的电学性能。与 ITO 薄膜相比，AZO 透光性更好，紫外吸收屏蔽强，红外反射高，对电磁波衰减强，无毒，廉价，稳定，具有良好的电学和光学特性，且能源丰富、价格便宜、沉积温度低、热稳定性和化学稳定性好。只是在导电性方面略逊于 ITO。AZO 可以用于制备半导体和压电薄膜，也能通过掺杂制备透明导电薄膜，因此被广泛用于太阳能电池及液晶显示器件电极的制备中。所以从制造成本及性价比等角度综合考虑，AZO 薄膜将是 ITO 薄膜的有力竞争者之一。

制备 AZO 薄膜的方法主要有：脉冲激光沉积法、真空蒸发法、化学喷雾沉积法、等离子体增强化学气相沉积法、溶胶-凝胶法以及射频磁控溅射法等。但在 AZO 薄膜制备中研究和应用最广泛的是溅射技术，因为其不但沉积速率高、操作易控制、成本低，能实现大面积均匀制膜，而且在低温下沉积便能获得优良的光电性能。

7.5.2.3 其他 TCO

TCO 品种十分丰富，除了上述应用广泛的 ITO 和 AZO 外，还有很多品种有望走向实用，包括各种掺杂金属氧化物膜、二元掺杂金属氧化物膜、金属-TCO 复合膜等，以及耐腐蚀、疲劳的 TiN 透明导电膜。TiN：在室温下，可以在 0.1mol/L 的盐酸溶液中浸泡 1h 而不改变其光电性能。高温透明导电膜 ZrO_2-ZnO：在室温下不导电，但在温度超过 925K 时，晶格结构发生可逆变化，材料开始导电，电阻率随温度升高而降低，并且在 400～900nm 波段有超过 90%的透射率。深紫外（deep-UV）透明导电膜 β-Ga_2O_3：传统的 TCO 由于带隙较小，对于深紫外线（<300nm）是不透明的。Ga_2O_3 禁带宽度约为 5eV，是 TCO 相空间内五种氧化物中唯一的宽带绝缘体，通过引入 Sn^{4+} 置换 Ga^{3+} 浅施主能级并引入氧空位来实现 β-Ga_2O_3 对深紫外的透明导电。

7.5.3 石墨烯

石墨烯（graphene）是由单层碳原子紧密堆积成二维蜂窝状晶格结构的一种碳质新材料（见本书第 10 章 10.1.3 节），是一种新型二维晶体材料，它独特的单原子层结构显示出许多优异的物理化学性质。石墨烯片厚度只有 2～3nm，平面尺寸大小可达 5～15μm。以石墨烯为原料制备的透明导电薄膜继承了石墨烯的优点，与氧化铟锡（ITO）薄膜相比，具有更好的力学强度、透光性以及化学稳定性，已逐渐成为全世界范围内的研究热点。石墨烯具有优异的电学、热学和力学性能，其杨氏模量约 1000 GPa，可望在高性能纳电子器件、复合材料、场发射材料、气体传感器及能量存储等领域获得广泛应用。由于其独特的二维结构和优异的晶体学质量，石墨烯蕴含了丰富而新奇的物理现象，为量子电动力学现象的研究提供了理想的平台，具有重要的理论研究价值。

石墨烯作为透明导电材料还需解决很多技术难点，有望成为新一代环保、高性能的透明导电材料，取代资源稀缺、有毒的 ITO。

7.5.4 透明导电膜应用

ITO 玻璃仅仅是在玻璃基材上形成一层厚度数十纳米至 200nm 的无机薄膜，尽管具有一定机械强度，但还是很容易发生划伤、裂纹、霉变等不利状况，因而使用、保存都要小心谨慎。

以 ITO 为主流的透明导电材料应用十分广泛，如平板显示、太阳能电池、特殊功能窗口涂层及其他光电器件领域。PDP（plasma display panel，等离子显示板）、LCD（liquid crystal display，液晶显示器）、EL（electroluminescence，电致发光）平板显示器，广泛应用于笔记本电脑、台式电脑、各类监视器、数字彩电和手机等电子产品。透明导电薄膜是简单液晶显示器的三大主要材料之一。在平板显示器领域，将 ITO 玻璃或柔性薄膜经光刻胶曝光、显影、刻蚀，就能获得所需的各种微电极图案。根据其性能不同，ITO 也有不同的适用领域。ITO 导电玻璃按其电阻高低分类，可分为高电阻玻璃（方块电阻 150～500Ω/m^2）、普通玻璃（方块电阻 60～150Ω/m^2）、低电阻玻璃（方块电阻小于 60Ω/m^2），相应的应用场合列于表 7-2。

表 7-2　ITO 玻璃性能与相应的应用场合

应用领域	方块电阻值需求/(Ω/m^2)	光穿透度需求/%	应用领域	方块电阻值需求/(Ω/m^2)	光穿透度需求/%
液晶显示器	≤100	≥85	太阳能电池	≤100	≥80
触控面板	100～1000	≥85	电致变色元件	≤20	≥80
抗静电涂层	100～10^9	≥85	有机发光二极管	≤100	≥85

7.6 非线性光学材料

非线性光学材料（nonlinear optical materials，NLO）是指一类受外部光场、电场或应变场的作用，光的频率、相位、振幅等参量发生变化，从而引起折射率、光吸收、光散射等性能变化的材料。在用激光做光源时，激光与介质间相互作用产生的这种非线性光学现象，会导致光的倍频、合频、差频、参量振荡、参量放大，引起谐波，包括二阶谐波产生效应（second-harmonic generation，SHG）和三阶谐波产生效应（THG）。图 7-14 是 NLO 材料导致激光频率翻倍示意图。

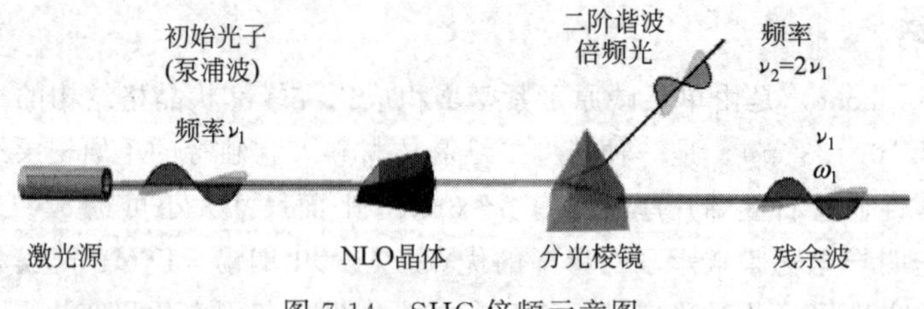

图 7-14　SHG 倍频示意图

简单来说，非线性光学效应就是强光作用下物质的微观结构物性响应（如极化强度 P）与场强 $\boldsymbol{E}$ 呈现非线性函数关系（图 7-15），二者偏离简单直线关系越远，则非线性系数越大，非线性光学性能越显著，该非线性系数通常也就是二阶非线性系数或三阶非线性系数等。因而，非线性系数是考察一种材料非线性光学倾向的主要指标。利用非线性光学材料的变频和光折变功能，尤其是倍频和三倍频能力，可将其广泛应用于有线电视和光纤通信用的信号转换器和光学开关、光调制器、倍频器、限幅器、放大器、整流透镜和换能器等领域。

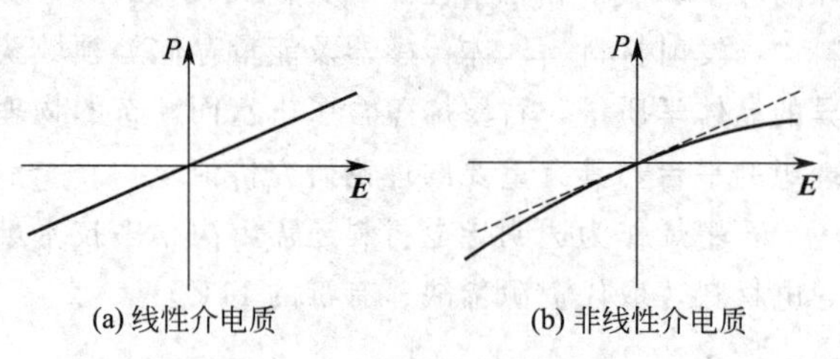

图 7-15　线性与非线性光学物质极化度 P 与辐照光电场矢量 $\boldsymbol{E}$ 关系

从材料结构分类，非线性光学材料可以是无机材料、有机材料、有机-无机杂化/复合材料、聚合物材料等。

7.6.1　无机非线性光学材料

1979 年陈创天在阴离子基团理论及研究无机非线性光学材料基础上，提出了用分子工程学方法探索无机非线性材料的可能性，并总结出无机非线性材料的一些结构规律：①氧八面体或其他类似的阴离子基团的畸变愈大，对产生大的非线性系数愈有利。②当基团含有孤对电子时，该基团具有较大的二阶极化率，如 IO_3^-、SbF_5^{2-} 基团比不含孤对电子的 PO_4^{3-}、BO_4^{5-} 等基团的二阶极化率要大得多。③具有共轭 π 轨道的无机平面基团将同样能产生较大的非线性系数。典型的无机非线性光学材料包括磷酸二氢钾 KH_2PO_4（KDP）系列、铌酸锂 $LiNbO_3$（LN）系列、磷酸氧钛钾 $KTiOPO_4(KTP)_4$ 系列、半导体系列、硼酸盐系列等。

7.6.2　有机非线性光学材料

有机非线性光学材料是指具有光学非线性特性的有机或高分子材料，其具有大的二阶非线性极化率，或在强激光作用下产生三阶非线性极化响应等非线性光学性质。与无机材料相比，有机非线性光学材料的优点包括：①有机材料的光极化来源于高度离域的 π 电子的极化，其极化比无机材料的离子极化容易，故其非线性光学系数比无机材料高 1～2 个数量级，可高达 10^{-5}esu（1esu＝3.33564096×10^{-10}C，下同）量级；②响应速度快，接近于飞秒，而无机材料只有皮秒；③光学损伤阈值高，可高达 GW/cm² 量级，而无机材料只能达 MW/cm² 量级；④可通过分子设计、合成等方法优化分子性能；⑤可通过聚集态设计控制材料性能，满足器件需要；⑥可进行形态设计，加工成体材、薄膜和纤维。

二阶有机非线性光学材料可分为如下几类：

① 有机晶体材料：尿素及其衍生物、间二取代苯及其衍生物、芳香族硝基化合物、有机盐（离子型有机晶体）等，其中许多材料已得到实际应用，如尿素、*N*,*N*-二甲基苯胺、间甲基对硝基氧化吡啶（POM）等。

② 金属有机化合物：其中具有最大 SHG 效应的物质是 *I*-取代二茂铁吡啶盐，其 SHG 值是尿素的 225 倍。

③ 高聚物：高分子与生色基小分子的主-客复合物；侧链键连型聚合物；主链键连型聚合物；交链型聚合物等。

对于三阶有机非线性光学材料，可分为：①有机低分子化合物，如偶氮化合物、菁染料类化合物等；②金属有机化合物，如金属烯烃类有机配合物、金属多炔聚合物等；③高聚物，主要是以聚双炔（PDA）为代表的共轭聚合物。

典型的有机晶体 NLO 材料包括尿素类、硝基苯衍生物、硝基吡啶氧类、二苯乙烯类、二苯烯酮类、苯甲醛类、有机盐类、有机硅等。

有机盐类主要包括季铵盐（吡啶鎓盐）、有机金属配合物盐、取代酚盐等。有机金属盐类非线性光学材料 SHG 系数较高，光学透明性大多不佳。图 7-16 所示的几种有机盐具有较高的非线性系数。

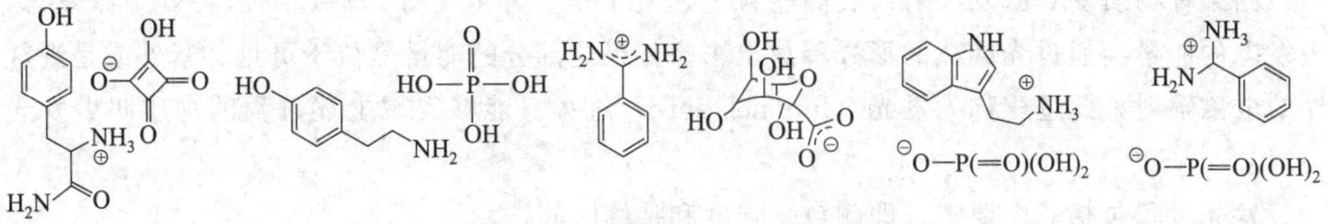

图 7-16 几种代表性的有机盐类非线性光学材料

有机非线性光学材料也有不足之处：有机材料的热稳定性较低，在温度较高的环境下容易分解或变质；力学性能差，容易破碎；有些有机材料晶体难长等。

有机晶体设计已有具体的晶体工程原则，但不易生长出大尺寸光学均匀的晶体，而且晶体熔点低、热稳定性差、硬度小、机械力学性能差、易吸潮等问题需要解决。通过形成有机共晶、分子间氢键自组装等手段有可能解决好这些问题。

把生色基小分子复合在聚合物里，或链接到聚合物侧链上或主链中，则构成聚合物 NLO 材料。将含生色基的聚合物薄膜加热到一定的温度，再加上很高的外电场，使本来无规则取向的生色基分子沿电场方向取向，经过一段时间的极化后把薄膜逐渐冷却下来，这样获得的聚合物中生色基分子因为具有一定程度的取向而使薄膜呈现出很强的二阶非线性光学性质，因为这种材料是通过电场极化所产生的，所以习惯上称为极化聚合物。极化聚合物是解决有机分子难以形成非中心对称的晶体结构的有效手段之一。极化聚合物具有非线性系数大、响应时间快、损伤阈值高、介电常数低、易于分子设计等优点。

7.6.3 其他非线性光学材料

(1) 有机-无机复合材料　溶胶-凝胶法制备的多孔无机玻璃、无机凝胶玻璃、有机-无机杂化凝胶玻璃均可用作有机非线性光学活性分子的载体，获得具有非线性光学活性的有机-无机复合材料，具体划分为4类：①有机生色物掺杂无机多孔玻璃；②有机生色物掺杂无机凝胶玻璃；③有机生色物掺杂有机-无机杂化材料；④键连生色基有机-无机杂化材料。有机-无机杂化材料中有机部分和无机部分通过化学键连接，也叫有机改性硅酸盐或有机改性陶瓷。硅烷偶联剂类也可通过溶胶-凝胶工艺低温聚合成聚硅氧烷，通常将此类聚硅氧烷也归纳在有机-无机杂化材料中。有机-无机复合材料中，无机部分赋予材料透明性、刚性、耐高温性能，有机部分赋予材料非线性光学性能、弹性，兼有有机、无机材料的性能，并能克服有机、无机材料的缺点。

(2) LB薄膜　LB膜技术可进行分子自组装，LB膜中有机分子有规整的排列和取向，在集成光学中的应用前景很大。小分子LB膜的热稳定性和机械强度均不高，通过形成包结配合物可提高成膜性。通过聚合物的LB膜和LB膜的聚合可改善膜的稳定性。

(3) 插层材料　插层材料是将原子、分子或离子插入到石墨、硫属化合物、氧化物、卤氧化合物、氢氧化物和硅酸盐等层状结构材料的层间，形成长程有序结构，类似于超晶格，已发现许多特异性能材料，目前已用于有机二阶非线性光学分子聚集态设计中。

7.7 发光材料

7.7.1 发光过程与发光材料

当某种物质受到激发（射线、高能粒子、电子束、外电场等）后，物质将处于激发态，激发态的能量会通过光或热的形式释放出来。如果这部分的能量是位于可见、紫外或是近红外的电磁辐射，此过程称为发光（luminescence）过程。能够实现上述过程的物质叫做发光材料。

发光过程包括三个要素，即颜色、强度和持续时间。

(1) 颜色要素　对单色光来说，颜色直接取决于光的波长大小和波长宽度分布。波长与颜色的关系众所周知，一般红色波长在620～660nm，纯绿520～530nm，蓝色470～480nm，黄色580～890nm，黄绿550～570nm，不同波长发出光的颜色不同，不同单色光的对应波长也没有明显界限。

(2) 强度要素　由于发光强度是随激发强度而变的，通常用发光效率来表征材料的发光本领，发光效率也同激发源强度有关。发光效率有三种表示方法：量子效率、能量效率及光度效率。量子效率指发光的量子数与激发源输入的量子数的比值；能量效率是指发光的能量与激发源输入的能量的比值；光度效率指发光的光度与激发源输入的能量的比值。

(3) 持续时间要素 历史上曾以发光持续时间的长短把发光分为两个过程：把物质在受激发时的发光称为荧光，而把激发停止后的发光称为磷光。一般常以持续时间10^{-8}s为分界，持续时间短于10^{-8}s的发光称为荧光，而把持续时间长于10^{-8}s的发光称为磷光。现在习惯上仍沿用这两个名词，但已不再用荧光和磷光来区分发光过程。因为任何形式的发光都以余辉的形式显现其衰减过程，只是时间长短不同而已。发光现象有持续时间的事实，说明物质在接受激发能量和产生发光的过程中，存在着一系列的动力学过程。

发光材料种类繁多，也存在多种分类方式，发光材料可以按照激发能量方式的不同进行分类，如表7-3所示。

表 7-3　发光材料分类

材料类型	激发源	应用
阴极射线发光(cathodoluminescence)材料	电子束	电视机,显示器
光致发光(photoluminescence)材料	光子	荧光灯,等离子体显示器
电致发光(electroluminescence)材料	电场	LED/OLED,电致发光显示器件
化学发光(chemiluminescence)材料	化学能	分析化学
X射线发光(X-ray luminescence)材料	X射线	X射线放大器

其中以光致发光和电致发光材料较为广泛而重要。此外还有声致发光、摩擦发光、生物发光、放射性发光、热释发光等。

7.7.2　光致发光

用光激发材料而产生的发光现象称为光致发光。光致发光材料一个主要的应用领域是照明光源，包括低压汞灯、高压汞灯、彩色荧光灯、三基色灯和紫外灯等。其另一个重要的应用领域是等离子体显示。还包括红外线激发产生可见光的上转换材料，紫外线激发产生可见光的有机荧光显色材料等，可用于检测和防伪等。

7.7.2.1　光致发光原理

物质受到光照后，吸收外界能量使其电子处于激发态，当外界激发停止后，处于激发态的电子就会跃迁回到基态。在跃迁的过程中一部分能量会以光子的形式发射出来。光致发光的过程可用电子能级转换图表示（图 7-17）。能级图中，S_0 为电子基态，即分子中的电子没有受到能量激发时的状态，其中的不同横线代表了不同的电子振动能级，振动能级越往上，电子能量越高。S_1 和 T_1 属于电子被激发后的状态。电子激发态的多重度为 $M=2s+1$，s 为电子自旋量子数的代数和，其数值为 0 或 1。根据泡利不相容原理，分子中同一轨道所占据的两个电子必须具有相反的自旋方向，即自旋配对，则 $s=0$，$M=1$，该分子体系便处于单重态，用符号 S 表示。图左边的 S_0 为基态单重态，S_1 属于激发单重态。大多数有机分子的基态是处于单重态的 S_0。分子吸收能量后，若分子在跃迁过程中不发生自旋方向的改变，这时分子处于激发单重态 S_1。如果分子在跃迁过程中还伴随着自旋方向的改变，这时分子便具有两个自旋不配对的电子，即 $s=1$，分子的多重度 $M=3$，分子处于激发三重态 T_1。处于分立轨道上的非成对电子，平行自旋要比成对自旋更稳定些（洪特规则），因此三重态 T_1 能级总是比相应的单重态 S_1 能级略低。这种处于激发态分子的电子发生自旋反转而使分子的多重性发生变化的非辐射跃迁过程称为系间窜越（intersystem crossing，ISC）。

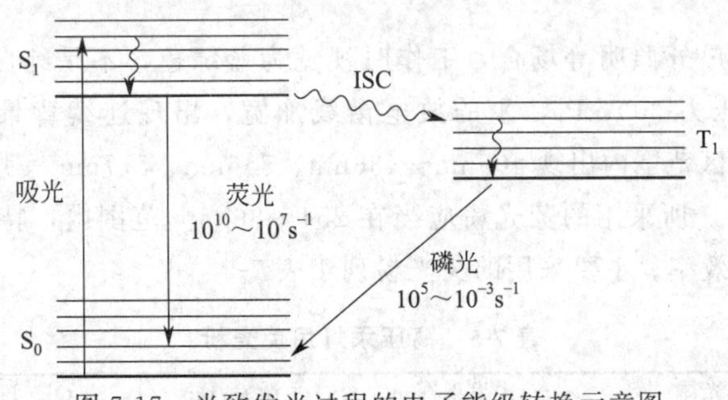

图 7-17　光致发光过程的电子能级转换示意图

7.7.2.2　荧光和磷光

分子吸收光子能量后激发到 S_1 的若干振动能级之一，然后通过振动弛豫（vr）先降低到激发态的最低振动能级，再通过发射光子返回基态 S_0，就会发生荧光。因为两种状态具有相同的自旋单重态，所以 S_1 态衰减到 S_0 是一种在量子力学理论范畴中被允许的跃迁，会导致在皮秒到纳秒时间尺度内瞬间发出荧光。一旦激发源被移除，荧光就会迅速衰减。

另外，S_1 电子也有可能发生系间窜越 ISC，其中处于激发态基态振动能级的电子进入具有不同自旋态的较低能量电子态的较高振动能级 T_1。T_1 电子通过振动弛豫先降低到最低振动能级，然后当分子释放出光子而降低能量到基态时，就会产生磷光。由于 T_1 和 S_0 具有不同的自旋多重度，所以这一跃迁过程是被跃迁选择规则禁戒的，导致从 T_1 到 S_0 转变产生的光致发光发生在一个更慢的时间尺度（微秒到数千秒）。磷光的平均寿命很长，而磷光的量子产率通常很小（量子产率 φ=发射的光量子数/吸收的光量子数）。通过降低温度、使用更黏稠的溶剂、将样品沉积在固体基质上等方法，可以提高荧光的量子产率。

还有一种情况就是，S_1 电子系间窜越到 T_1 能级后，又反向从 T_1 窜越回到 S_1（即反向系间窜越），这将延迟电子从 S_1 到 S_0 跃迁，此时的发光时间界于荧光和磷光之间，这种发光称为延迟荧光。

7.7.2.3 灯用发光材料

日光灯是磷光材料的最重要应用之一。激发源是汞放电产生的紫外线，磷光材料吸收这种紫外线，发出“白色光”。

在荧光灯中广泛应用的磷光体材料是双重掺杂了 Sb^{3+} 和 Eu^{2+} 的磷灰石。基质 $Ca_5(PO_4)_3F$ 中掺入 Sb^{3+} 发蓝荧光，掺入 Mn^{2+} 后发橘黄色光，两者都掺入发出近似白色光。用氯离子部分取代氟磷灰石中氟离子，可以改变发射光谱的波长分布，这是由于基质变化改变了激活剂离子的能级，也就改变了其发射光谱波长。以这种方式小心控制组成比例，可以获得较佳的荧光颜色。表 7-4 给出了某些灯用磷光体。近年来发展了稀土“三基色”灯用荧光材料。

表 7-4 某些灯用磷光体

磷光体	激活剂	颜色
Zn_2SiO_4	Mn	绿色
Y_2O_3	Eu	红色
$CaMg(SiO_3)_2$ 透辉石	Tl	蓝色
$CaSiO_3$ 硅灰石	Pb,Mn	黄橘色
$(Sr,Zn)_3(PO_4)_2$	Sn	橘色
$3Ca_3(PO_4)_2 \cdot Ca(ClF)_2$	Sn,Mn	“白色”

高压汞灯可用于户外照明等场合，工作时视觉为蓝绿色，不是纯白光，灯管温度可达 300℃，内充汞蒸气压力 300 kPa，汞的放电谱线加宽，出现连续背景，紫外区的谱线以 365nm 最强，在可见区范围内出现 405nm、436nm、546nm、577nm 等强的宽谱线，汞的可见区发光占 80%以上。所采用的荧光粉应当在 254～365nm 范围内，特别是 365nm 紫外线激发下，有高的发光效率。主要采用的荧光粉列于表 7-5。

表 7-5 高压汞灯用荧光粉

时间	荧光体	主发射/nm	主激发/nm	QE/%	LE/(lm/W)
1950 年	$Mg_4GeO_{5.5}F:Mn$	655	280,420	80	80
1956 年	$(Sr,Mg)_3(PO_4)_2:Sn$	630	240	80	260
	$Y_3Al_5O_{12}:Ce$	565	450	80	450
1966 年	$Y(V,B,P)O_4:Eu$	615	255	80	225

金属卤化物灯（俗称卤钨灯）的内发光管采用石英玻璃制成，管内除充入稀有气体和汞外，还填充金属卤化物。灯点燃后，形成弧光放电，金属卤化物被电离为卤素原子与金属离子，金属离子被激发后，发射出该金属的特征谱线。4～8min后，灯进入稳定的工作状态，发出明亮的光。金属卤化物灯目前所采用的金属卤化物有四类组合，分别是：①NaI-TlI-InI_3组合，发出Na的589nm橙色谱带，Tl的535nm绿色谱带和In的411nm、451nm蓝色谱带；②ScI_3-NaI组合，发出Sc、Na在可见区的谱带；③DyI_3-TlI-InI_3组合，发出Dy、Tl、In在可见光区的谱线；④SnI_2-$SnBr_2$组合，发出卤化锡分子的连续光谱。金属卤化物在可见区的光谱分布比较均匀，灯的显色性均优于高压汞荧光灯。

7.7.2.4 等离子显示器用发光材料

曾经一度流行的等离子显示器（plasma display panel，PDP）是光致发光显示器的典型代表。等离子显示器的主要特点是像素元主动发光，亮度高，可视角大，容易制成大面积平板显示屏，弥补了阴极射线管（cathode ray tube，CRT）显示器和LCD显示器的某些不足。

等离子体显示技术的基本原理是点阵分布的磷光体在短波紫外线刺激下的发光行为，显示屏上排列有上千个密封的微型低压气体室（一般都是氙气和氖气的混合物），每个小腔室内部分别涂有能够发射红、蓝、绿光的荧光粉（phosphor），一个腔室内只有一种荧光粉，不同发光腔室交错排列成RGB点阵，彼此之间有密封隔离屏障，每个腔室内充满惰性气体，并且在腔室内与荧光粉涂层对面位置上涂有一层很薄的MgO膜。腔室点阵两面排布有电极列阵，除光面的电极使用ITO玻璃刻蚀形成，另一面的电极由导电银油墨印刷而成。基本构造如图7-18所示。在电极之间加压，使介质膜和MgO层表面上的惰性气体放电产生等离子体，辐射出147nm的紫外线，激发在背板上的荧光粉体发光，由RGB三基色荧光粉显示全色彩。由此可见，等离子显示器其实是一种短波紫外线激发荧光粉的发光行为。

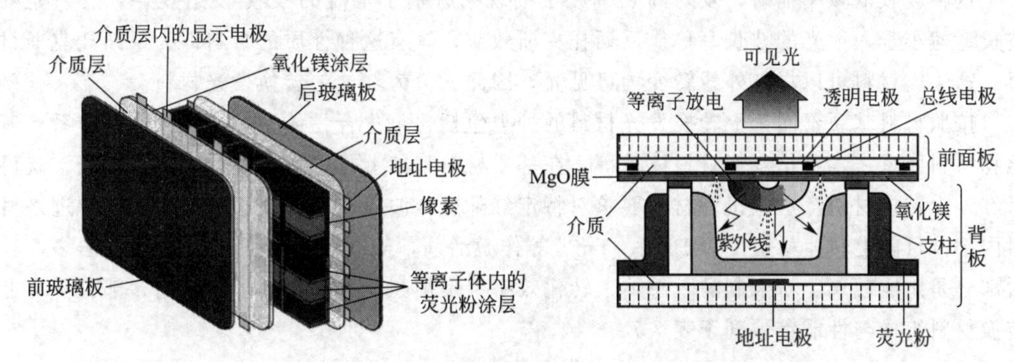

图7-18　等离子显示器构造与发光原理示意图

表7-6　典型PDP用发光材料与特性

发光材料	发光颜色	相对亮度/%
$BaMgAl_{14}O_{23}:Eu^{2+}$	蓝	23
$Y_2SiO_5:Ce^{3+}$	蓝	19
$Zn_2SiO_4:Mn^{2+}$	绿	100
$Y_2SiO_5:Tb^{3+}$	绿	81
$(Y,Gd)BO_3:Eu^{3+}$	红	35
$Y_2O_3:Eu^{3+}$	红	32

典型的PDP荧光粉有$(Y,Gd)BO_3:Eu^{3+}$（红粉）、$Zn_2SiO_4:Mn^{2+}$（绿粉）和Ba-$MgAl_{14}O_{23}:Eu^{2+}$（蓝粉）等，这些荧光粉的荧光量子效率均较高。表7-6列出了一些常用的

PDP 荧光粉。

PDP 用荧光粉的制备方法很多，主要包括高温固相反应法、溶胶-凝胶法、化学共沉淀法、微波法、燃烧法等。

7.7.2.5 反斯托克斯磷光体

新的一类引起广泛兴趣的发光材料是反斯托克斯（anti-Stokes）磷光体。这种材料的特点是能发射出高于激活辐照能量的光谱。利用这种磷光体就可能将红外线转变为高能量的可见光，这是具有重要意义的，可以用于红外摄像和监测仪等。反斯托克斯磷光体研究较为透彻的材料之一是以 $YF_3 \cdot NaLa(WO_4)_2$ 和 α-$NaYF_4$ 等为基质，以 Yb^{3+} 为敏化剂、以 Eu^{3+} 为激活剂的双重掺杂。这些材料可以把红外辐射转化为绿色光，那么这是否违反能量守恒定律呢？其实不然。从发光机理来看，激活过程采用了 2 种机理：图 7-19(a) 示意出多级激活机理，激活剂可以逐个接受敏化剂提供的光子，激发到较高的能级；图 7-19(b) 示意出合作激活机理，激活剂可以接受敏化剂提供的两个光子，激发到较高的能级。

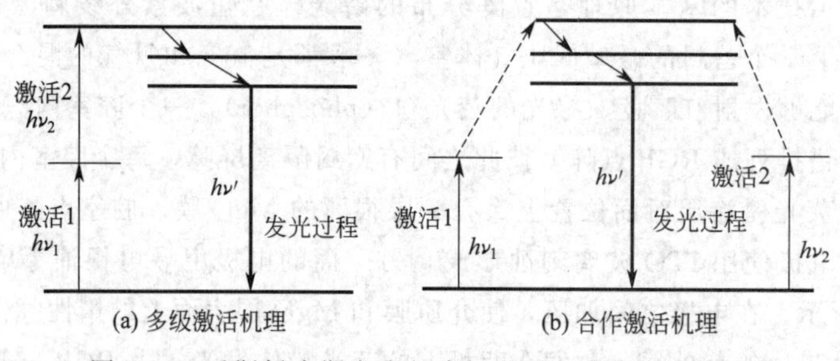

图 7-19 反斯托克斯发光的多级激活和合作激活机理

这种吸收低频率辐射，发射高频率光子的现象有别于常规的吸收-发射规律，发射光的波长竟然小于入射光的波长，称作反斯托克斯效应，具有这种性质的材料即为反斯托克斯材料。这一类材料可以将红外线转变为可见光，因此又称为红外上转换发光材料。

按照材料基质不同，上转换发光材料的种类包括含氟化合物体系、卤化物材料体系、氧化物材料体系、含硫化合物材料体系等。在基质材料基础上再进行各种稀土离子掺杂，获得了红外上转换材料。这些机理材料要求对特定红外感应波段透明，便于红外信号光源进入材料内部。目前上转换材料中以 Er^{3+}、Tm^{3+} 等作激活剂，Yb^{3+} 作敏化剂的文献报道居多，且大部分是制成玻璃、粉末制品，总体上转化效率不是很高，这都限制了其应用。部分传统上转换材料组成与性能参数列于表 7-7。

表 7-7 部分上转换材料组成与性能参数

发射光或颜色	磷光体类型	化学组成	激发能带 /μm	发射能带 /μm	IR① 到 VIS 转换效率/%
IR	FAM-810/1000-1	Y_2O_2S∶Er	1.50～1.60	0.80～1.02	—
蓝	FCD-475-2	Y_2O_2S∶Yb,Tm	0.90～0.98	0.46～0.48	0.02
	FCD-546-1	La_2O_2S∶Er,Yb	0.90～1.07	0.54～0.56	0.2
绿	FCD-546-2	Y_2O_2S∶Er,Yb	0.90～1.07	0.54～0.56	0.2
	FCD-546-3	YF_3∶Er,Yb	0.90～1.00	0.54～0.56	0.2
	FCD-660-2	Y_2O_3-YOF∶Er,Yb	0.90～0.98	0.64～0.68	2.0
红	FCD-660-3	YOCl∶Er,Yb	0.90～0.98	0.64～0.68	3.0
	FCD-660-4	YbOCl∶Er	0.90～0.98	0.64～0.68	3.0

① IR 激励源 $1.0W/cm^2$。

7.7.2.6 有机光致发光材料

这类材料一般是接受紫外或短波可见光刺激，发射出更长波长的可见光，也常常与有机荧光染料这一概念混用。基于前述有机材料发光原理，在稳态光源刺激下，有机材料的发光可能是荧光，也可能是磷光，甚至为二者混合。

有机化合物能否发光以及发光波长、发光效率主要取决于其化学结构。荧光通常发生在具有刚性平面和π电子共轭体系的分子中，所以发光有机物往往具有以下结构特征：

(1) 具有大的π键结构。共轭体系越大，离域电子越容易被激发，相应地，荧光越易产生。

(2) 刚性平面结构。具有较为刚性平面结构的化合物有着较好的荧光性能，这主要是由于振动耗散引起的内转换概率减小的结果。例如，偶氮苯是一个不发荧光的有机物，而杂氮菲分子发荧光，这是因为后者可以看作是偶氮苯分子被一个碳碳双键所固定的结果。8-羟基喹啉几乎不发荧光，但其与铝离子配位之后，形成8-羟基喹啉铝就具有很好的荧光性能。利用氢键也可以提高分子的刚性程度。

(3) 取代基中有较多的给电子基团。一般来说，共轭体系上如果具有强的给电子基团，如：$—NH_2$、—OH、—OR 等，可以在一定程度上加强化合物的荧光。吸电子取代基如羰基、硝基、重氮基团减弱本体的荧光发射。这是由于这些基团所引起的 n-π 跃迁是禁阻跃迁，结果是 S_1-T_1 系间窜越过程被加强，在实验中可以观察荧光减弱和磷光增强的现象。

有机共轭体系结构中多带有共轭杂环及各种生色团，众多荧光染料就属于这一类。主要有咔唑、香豆素、噁二唑、噻唑、吡嗪及1,3-丁二烯衍生物类等。噁二唑类衍生物随苯分别为邻、间、对位取代的苯环，化合物的共轭度有所不同，发光的颜色从紫蓝到浅蓝，波长递增。三苯基胺衍生物又称 TPD，这类化合物结构易于调整，通过引入烯键、苯环等不饱和基团及各种生色团，可以改变其共轭度，从而使化合物光电性质发生变化。

金属有机配合物可以是配体发光，也可以是配位的中心离子发光。有些配体分子在自由状态下不发光或发光很弱，形成配合物后转变成强发光物质，例如铝离子是不能单独发光的，但与本身发光极弱的8-羟基喹啉（q）配位后，形成的 Alq_3 可用作光致发光材料，8-羟基喹啉不仅能与铝、钙形成发光配合物，而且与 Be、Ga、In、Sc、Th、Zn、Zr 等金属离子都能形成发光配合物。此外，Schiff 碱分子本身不发荧光，与铝、锌等金属形成配合物之后，则具有不错的光致发光性能。还有一类配合物发光机理是源于金属离子隔断配体分子的光致电子转移而增强了荧光辐射跃迁。基于这一原理，分别在不同大小的氮杂冠醚分子上取代香豆素荧光发色团，则可以选择性地与碱金属离子发生配合作用。环大的与 K^+ 配合，而环小的与 Li^+ 配合。在形成配合物后，将可以检测到香豆素基团的强荧光发射。这种高选择性和荧光发射的高灵敏度相结合，使得这类分子成为很有价值的离子探针。

中心离子发光的配合物主要是稀土离子的有机配合物，能观察到发光现象的稀土离子有两类：

(1) 强发光稀土离子，这些离子的最低激发态与基态间的 f-f 跃迁能量落在可见光波段范围内，能观察到比较强的发光现象，例如 Sm^{3+} ($4f^5$)、Eu^{3+} ($4f^6$)、Tb^{3+} ($4f^8$)、Dy^{3+} ($4f^9$)。

(2) 存在 f-d 辐射跃迁的离子，这些离子主要是指 Eu^{2+}、Yb^{2+}、Sm^{2+}、Ce^{2+}，都属于正常价态小于正常值的低价离子，常见的有稀土 beta-二酮配合物，关于这种配合物的报道很多，一般认为：发光效率与配合物结构的关系相当密切，即配合物体系共轭平面、刚性结构程度越大，配合物中稀土发光效率就越高。配体取代基对中心稀土离子发光效率有明显的影响。

高分子的光致发光材料分为掺杂和化学键合两种。掺杂小分子的高分子光致发光材料被广泛应用于PLED（polymer light-emitting diode，高分子发光二极管）中。常见用于掺杂的小分子有：发蓝光的吡唑磷衍生物、发黄光的萘酰亚胺衍生物以及发红光的DCM等。把有机小分子稀土配合物通过溶剂溶解或熔融共混的方式掺杂到高分子体系中，一方面可以提高配合物稳定性，另一方面可以改善稀土的荧光性能。例如，掺杂稀土配合物的农用薄膜，可使农作物增产20%，掺杂稀土的聚合物光纤，可用于制作特殊的光纤传感器，甚至还可制作功率放大器。

有机荧光材料在工业、农业、医学、国防等领域都有广泛应用。可以用作荧光增白剂、荧光染料、荧光颜料、荧光试剂、激光染料，用于荧光分析、跟踪检测、交通标志、核技术中的闪烁体、太阳能转换技术中的荧光集光器等。

7.7.3 阴极射线发光材料

阴极射线发光是一种电子束轰击下的发光行为，由电子枪发射出的电子经加速电场作用，获得较高能量，打击传播前方的荧光粉点阵，电子能量被荧光粉晶格材料中的掺杂光活性中心吸收，能量转化为辐射发光，在特定波长带发射光子，形成电子束激发发光。传统阴极射线管电视机采用这种发光材料。按此技术原理形成的显示器或电视机也分为黑白与彩色两大类，所用荧光粉也不同，黑白显示屏使用电子束轰击发射白光的荧光粉，荧光粉点阵密布；彩色显示屏使用RBG三基色荧光粉，点阵交错排列。

显像管用荧光材料要求具有足够高的发光亮度，余辉时间要求足够短，在电流密度为$0.2\mu A/cm^2$情况下，激发停止后经过$40\mu s$，发光亮度对初始亮度的比值为0.6～0.8，可见发光效率足够高；最后从工艺上还要求严格的颗粒度。总体上，这类荧光粉的开发比较早，技术成熟度很高，很多荧光粉在电子束打击下能够长期稳定发光，性能较高，在品种上与灯用荧光粉、PDP荧光粉存在很多交叠。

（1）“白色”发光材料　适用于黑白CRT显示屏。最早研究的“白色”发光材料是一类单一组分的材料，主要有ZnS·CdS：Ag，Au和ZnS·CdS：P，As，但其效率低，没有得到实际的应用，后来又研制了硫氧化合物材料。目前广泛使用的是复合成分材料，例如国产y7材料（Zn,Cd)S：Ag，发黄色光，光谱峰值560nm；国产y8材料ZnS：Ag，发蓝色光，光谱峰值453nm；国产y26材料（y7＋y8)，发白色光，光谱峰值455nm，558nm。另外还有常用的硅酸盐和硫氧化物材料，如：发黄色光材料$(Zn,Be)_2SiO_4$：Mn和发蓝色光材料$(Ca,Mg)SiO_3$：Ti等。

（2）彩色发光材料　彩色电视机显像管用发光材料由红、绿、蓝三种成分组成，为保证三基色组合形成尽可能多的复色以及展现度，要求各三基色荧光粉色度要高。稀土掺杂的CRT荧光粉是后起之秀，既能承担激活剂的作用，也能作为发光材料的基质，而且具有极短余辉、颜色饱和度和性能稳定的特点，并且能够在高密度电子流激发下使用，不发生蜕变，因此在彩电显像管中得到广泛使用。通用的彩色发光粉包括ZnS：Ag（蓝）、ZnS：Cu，Al（黄绿）、Zn_2SiO_4：Mn^{2+}（绿）、γ-$Zn_3(PO_4)_2$：Mn^{2+}（绿）、Y_2O_3：Eu^{3+}（红）等。

7.7.4 电致发光材料

电致发光（EL）是在直流或交流电场的作用下，依靠电流和电场的激发直接使材料发光的现象，也称场致发光。电致发光的机理有本征式和注入式两种。本征式电致发光是用交变电场激励物质，使产生正空穴和电子。当电场反向时，那些因碰撞离化而被激发的电子，又与空穴复合而发光。注入式电致发光的主要代表就是发光二极管（LED），包括有机发光二极管 OLED，例如，n-型半导体和 p-型半导体接触时，在界面上形成 p-n 结。由于电子和空穴的扩散作用，在 p-n 结接触面的两侧形成空间电荷区，形成一个势垒，阻碍电子和空穴的扩散。n 区电子要到达 p 区，必须越过势垒；反之亦然。当对 p-n 施加电压时会使势垒降低，这样能量较大的电子和空穴分别进入 p 区和 n 区，分别同 p 区的空穴和 n 区的电子复合，同时以光的形式辐射出多余的能量。注入式电致发光是目前电致发光领域主要的作用机理。

7.7.4.1 LED

LED 主要芯片材料是指用于构建 p-n 结的基本材料，包括 GaN、GaAs、GaP、InGaN、AlGaAs、AlGaP、SiC 等，通过制造工艺控制可获得相应的 n 型半导体和 p 型半导体，如 GaN 直接制备得到的就是 n-型半导体，掺杂更低价态的元素或控制晶格中氮原子缺失，即可获得 p-型半导体，在材料合成原位上直接组合形成 p-n 结。就显示应用而言，以 GaP 和 $GaAs_{1-x}P_x$ 最为重要，目前工业用 LED 管几乎全部是以 GaAs 和 GaP 为衬底的 GaP 和 GaAsP 外延薄膜制造的。

红光 LED 发射波长 610～760 nm，是以 AlGaAs 晶体为半导体芯片材料；绿光 LED 发射波长 500～570 nm，是以 AlGaP 晶体为半导体芯片材料，蓝光 LED 发射波长 450～500nm，是以 InGaN 晶体为半导体芯片材料。LED 发光颜色取决于半导体的种类和添加物，半导体禁带设计可调控发射光波长，禁带可以是简单的直接禁带（direct bandgap），也可以是复杂的间接禁带（indirect bandgap），间接禁带可产生更丰富的发射波长，也是获得各色可见光 LED 的关键。

GaN 基蓝光芯片具有宽的直接带隙（3.503eV±0.0005eV）、强的原子键、高的热导率、好的化学稳定性等性质和强的抗辐照能力，是应用广泛的白光 LED 的关键，并且在光电子、高温大功率器件和高频微波器件应用方面有着广阔的前景。

GaN 薄膜主要通过异质外延技术制备，其具体技术方法主要还是各种气相沉积法（扩展 CVD），包括金属有机化学气相沉积（metal organic chemical vapor deposition，MOCVD）、分子束外延（molecular beam epitaxy，MBE）、卤化物气相外延（hydride vapor phase epitaxy，HVPE）、横向外延过生长（lateral epitaxially overgrown，LEO）、悬空外延（PE）等工艺。其中 MOCVD 和 MBE 是制备 GaN 及其相关多层结构薄膜的两大主流技术。GaN 合成过程可以用下列反应式表示。

$$NH_3 \longrightarrow N_2 + H_2 \tag{7-1}$$

$$Ga_2O_3 + H_2 \longrightarrow Ga_2O(g) + H_2O(g) \tag{7-2}$$

$$Ga_2O + NH_3 \longrightarrow GaN + H_2O(g) \tag{7-3}$$

LED 衬底材料是生长芯片半导体的基底材料，衬底材料的性能直接影响芯片质量。目前主要的衬底材料有三种：蓝宝石（Al_2O_3）、硅晶体（Si）和碳化硅（SiC）。用于 GaN 生长最普遍的衬底是蓝宝石，其优点是化学稳定性好，不吸收可见光，价格适中，制造技术相对成熟。硅是热的良导体，可以明显改善器件的导热性能，延长器件寿命。SiC 作为衬底材料应用的广泛程度仅次于蓝宝石，SiC 衬底有化学稳定性好、导电性能好、导热性能好、不吸收可见光等特点。另外，SiC 衬底吸收 380nm 以下的紫外线，不适合用来研发 380nm 以下的紫外 LED。除以上三种常用的衬底材料之外，还有 GaAs、AlN、ZnO 等材料也可作为衬底。用于 GaN 生长的最理想衬底是 GaN 单晶材料，可以大大提高外延膜的晶体质量，降低位错密度，提高器件工作寿命，提高发光效率，提高器件工作电流密度，但是制备 GaN 单晶技术难度大。

7.7.4.2 白光 LED

白光发光二极管由日本日亚化学公司第一个将其商品化，系二波长白光（蓝色光＋黄色光），是以 InGaN/GaN 蓝光 LED 芯片加上 YAG 黄色荧光粉（构造如图 7-20），利用蓝光激发黄色荧光粉产生黄色光，同时配合吸收剩余的蓝光，即形成蓝黄混合二波长白光。

YAG 荧光粉即钇铝石榴石，是一种 Ce 掺杂的荧光粉，化学式为 $Y_3Al_5O_{12}:Ce^{3+}$，此荧光粉的激发光谱为 450～470 nm 的蓝光，发射光谱为 550～560nm 的黄光，可制得高亮度白光 LED，具有成本低、效率高的特点，YAG：Ce 的主要缺点：由于缺少红光成分，制得的 LED 显色指数偏低，偏冷白光。简单硫氧化物 $Y_2O_2S:Eu^{3+}$ 是目前商用的白光 LED 红色荧光粉，在紫外线辐照下能得到有效激发，其发射主峰在 626 nm 附近。激发光谱最强峰位于 330 nm 附近，在 280～375nm 范围内激发强度较高，该荧光粉可匹配发光光谱主峰在 375 nm 以下的紫外线 LED 晶片。此外，也已开发出几种稀土掺杂的硅酸盐类荧光粉（如 $Sr_2SiO_4:Eu^{2+}$ 等），适合于白光 LED 制造。

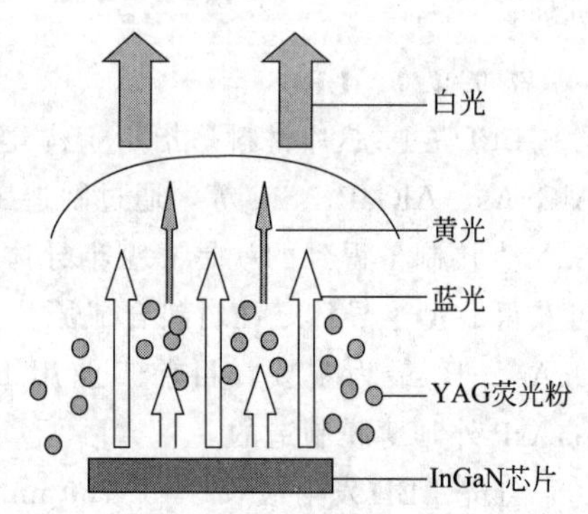

图 7-20 白光 LED 构造

另一种获得白光 LED 的途径是使用两个或两个以上的互补的二色 LED 发光二极管或把三原色 LED 发光二极管做混合光而形成白光，或者使用混合荧光粉（内含红、绿、蓝三色）产生三波长白光。

7.7.4.3 有机电致发光

OLED，即有机发光二极管（organic light-emitting diode），因为具备轻薄、省电等特性而广受关注，激发电压 10V 左右。其基本结构是利用一个薄而透明具导电性质的铟锡氧化物（ITO）为正极，与另一金属阴极以如同三明治般的架构，将有机材料层包夹其中，有机材料层包括：空穴传输层（HTL）、发光层（EML）与电子传输层（ETL），结构如图 7-21 所示。

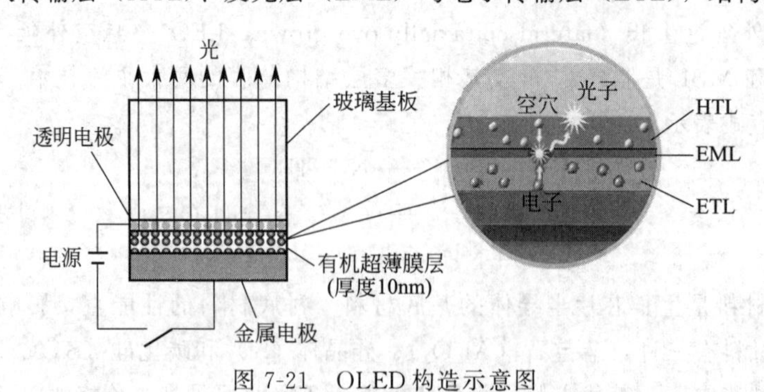

图 7-21 OLED 构造示意图

当通入适当的电流，依其配方不同产生红、绿和蓝 RGB 三原色，构成基本色彩。OLED 的特性是自己发光，不像 TFT-LCD 需要背光，因此可视度和亮度均高，其次是电压需求低且省电效率高，加上反应快、重量轻、厚度薄、构造简单、成本低等，被视为 21 世纪最具前途的产品之一。

有机发光二极管的发光原理和无机发光二极管相似。当元件受到直流电所衍生的顺向偏压时，外加电压能量将驱动电子（electron）与空穴（hole）分别由阴极与阳极注入元件，当两者在传导中相遇、结合，即形成所谓的电子-空穴复合（electron-hole capture）。而当化学分子受到外来能量激发后，若电子自旋（electron spin）和基态电子成对，则为单重态(singlet)，其所释放的光为所谓的荧光（fluorescence）；反之，若激发态电子和基态电子自旋不成对且平行，则称为三重态，其所释放的光为所谓的磷光（phosphorescence）。当电子的状态位置由激态高能阶回到稳态低能阶时，其能量将分别以光子或热能（heat dissipation）的方式放出，其中光子的部分可被利用当作显示功能；有机荧光材料在室温下无法观测到三重态的磷光。

OLED用材料主要有电极材料、载流子输送材料［空穴传输材料（HTM)、电子传输材料（ETM)］和发光材料。

对阴极材料，为提高电子的注入效率，要求选用功函数尽可能低的材料做阴极，功函数越低，电子越容易给出，发光亮度越高，使用寿命越长，包括单层金属阴极，如Ag、Al、Li、Mg、Ca、In等；以及合金阴极、层状阴极、掺杂复合阴极等。对阳极材料，为提高空穴的注入效率，要求阳极的功函数尽可能高。作为显示器件还要求阳极透明，一般采用的有Au膜、透明导电聚合物（如聚苯胺）和ITO导电玻璃，常用ITO玻璃。

空穴输送材料（HTM）除了要求具有很高的空穴迁移率外，要求热稳定性好，与阳极形成小的势垒，能真空蒸镀形成无针孔薄膜。HTM设计合成也是OLED领域研究的热点，最常用的HTM均为芳香多胺类化合物，主要是三芳胺衍生物，如*N*,*N*′-双(3-甲基苯基)-*N*,*N*′-二苯基-1,1′-二苯基-4,4′-二胺(TPD)，*N*,*N*′-双(1-萘基)-*N*,*N*′-二苯基-1,1′-二苯基-4,4′-二胺等(NPD)。

对于电子输运材料（ETM)，要求有较高的电子亲和能、适当的电子输运能力、较大的电离能、较高的激发能及好的成膜性和稳定性。ETM一般采用具有大的共轭平面的芳香族化合物 如8-羟基喹啉铝（Alq_3），1,2,4-三唑衍生物（1,2,4-triazoles，TAZ)，2-(4-联苯基)-5-(4-叔丁基苯基)-1,3,4-噁二唑（PBD)，8-羟基喹啉铍（Beq_2），4,4′-二(2,2-二苯乙烯基)-1,1′-联苯（DPVBi）等，它们同时又是好的发光材料。ETM材料相对来说成熟一些，这方面的研究远不如ETM火热。

按化合物的分子结构，OLED发光材料一般分为小分子有机化合物和高分子聚合物两大类。

小分子发光材料主要为有机染料，具有化学修饰性强，选择范围广，易于提纯，量子效率高，可产生红、绿、蓝、黄等各种颜色发射峰等优点，但大多数有机染料在固态时存在浓度淬灭等问题，导致发射峰变宽或红移，所以一般将它们以低浓度方式掺杂在具有某种载流子性质的主体中，主体材料通常与ETM和HTM层采用相同的材料。

有机发光材料在使用过程中还存在着比较多的缺点，如蓝光材料和红光材料的性能不够理想；各种颜色的色纯度还有待进一步提高；发光效率还不够理想；使用寿命比无机发光材料短；最佳的全色显示方案与驱动方式尚无定论。所以在未来一段时间内，有机发光材料将是人们所关注的热点。

配合物发光材料既有有机物的高荧光量子效率，又有无机物的高稳定性，被视为最有应用前景的一类发光材料。常用金属离子有Be^{2+}、Zn^{2+}、Al^{3+}、Ca^{2+}、In^{3+}、Tb^{3+}、Eu^{3+}、

Gd^{3+}等。主要配合物发光材料有8-羟基喹啉类、10-羟基苯并喹啉类、Schiff碱类、2-羟基苯并噻唑（噁唑）类和羟基黄酮类等。

OLED使用的发光聚合物包括：聚对苯亚乙烯（PPV）及其衍生物、聚(2-甲氧基-5-(2′-乙基己氧基)-1,4-亚苯基亚乙烯)(MEH-PPV)、聚芴［poly(fluorene)s］、聚对苯（PPP）、聚噻吩（polythiophenes）、聚喹啉（polyquinoxalines）。

7.8 激光材料

激光器简称镭射（laser），是英文“light amplification by stimulated emission of radiation”首写字母的缩写，意为受激发射光放大器。激光器发射的光就是激光，它有3大特点：

(1) 亮度极高，比太阳的亮度可高几十亿倍；

(2) 单色性好，谱线宽度与单色性最好的氪同位素^{16}Kr灯发出的光相比，也只是后者的十万分之一；

(3) 方向性好，光束的散射角可达到毫弧度。

激光束可用于加工高熔点材料，也可用于医疗、精密计量、测距、全息检测、农作物育种、同位素分离、催化、信息处理、引发核聚变、大气污染监测以及基本科学研究各方面，有力地促进了物理、化学、生物、信息等诸多学科的发展。激光器按其工作物质分为固体激光器、气体激光器和液体染料激光器。可见，激光工作物质对激光器的发展起着决定性的作用。而固体激光晶体的研究和发展是固体化学的一个重要领域。

7.8.1 激光晶体的发光原理

固体激光器本质上是满足一定特殊条件的发光固体。激光晶体包括一种晶体材料作基质，向其中引入某种杂质离子作活化发光中心。不同于荧光材料和磷光材料，激光晶体的激活过程是将活化中心注入到激发态，称作激励。这些活化中心受激后并不立即发射能量回到基态，而是待激励遍及“全域”，因而激发态比基态具有更多的活化中心。发光时，从一个活化中心发出的光刺激其他活化中心，以至辐射在整个相中进行，于是就构成了相干辐射的强烈光束或脉冲。最早的激光系统是红宝石激光器（ruby laser），由Maiman于1960年发现，并且至今仍然是一个重要的激光系统，其构造如图7-22所示。激光的工作需要提供泵浦光源激发晶体中某些掺杂离子，图中的闪光灯就是泵浦光源。

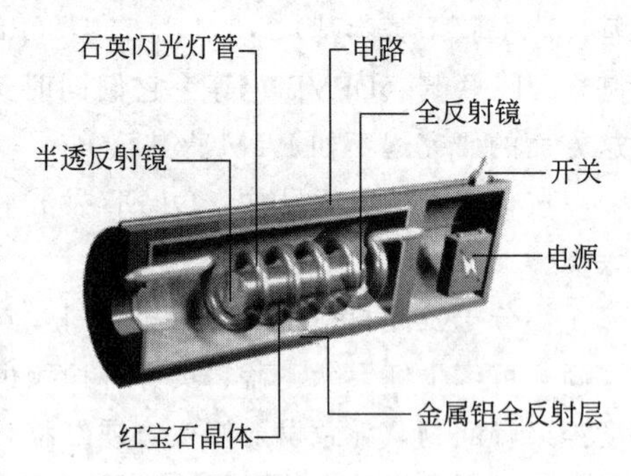

图7-22　红宝石激光器构造示意图（纵剖面）

红宝石激光器以刚玉为基质晶体，掺入0.05%（质量分数）的Cr^{3+}作活化中心。图7-23是红宝石激光晶体活化中心Cr^{3+}的能级结构以及激发和发射原理。氙光灯的强可见光照射到红宝石晶体上，掺杂Cr^{3+}吸光，其d电子从基态能级$^4A_2$激发到较高的激发态$^4F_1$、$^4F_2$能

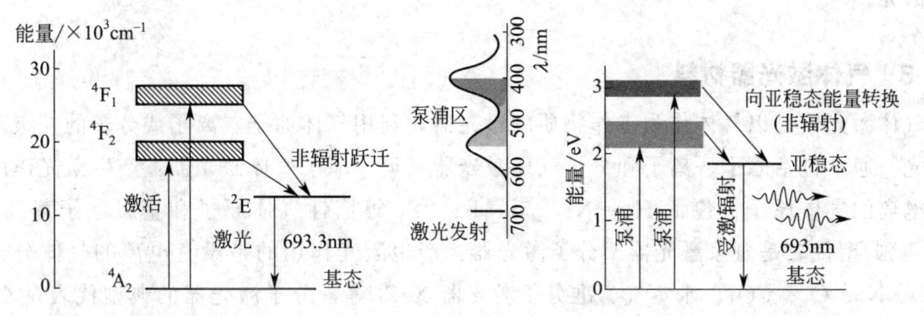

图 7-23 红宝石晶体中 Cr^{3+} 的能级和激光发射

级。这些能级上的电子通过非辐射过程很快回到稍低一些的能级 ^2E。^2E 激发态能级的寿命非常长，约为 $5\times10^{-3}s$。意味着有足够的时间可以将激发状况普遍化，使得红宝石晶体中这种亚稳激发态的浓度很高，即所谓“丰度倒置”，只要有一个处于激发态的离子开始衰减，回到基态 ^2E，并发射 693nm 的光子，该初始光子又将作用于相邻的另一个亚稳态离子，导致这第二个亚稳态离子被动开始衰减，也发射同波长光子，连同初始光子，这样就产生两个光子，这两个光子重复上述过程，不断放大，最终释放出极高密度的同波长光子，从红宝石端面射出，便产生了强的波长为 693nm 的相干红光脉冲。

可以看出，上述亚稳态衰减发光过程是被动受激过程，很多亚稳态离子瞬间集中衰减，因此才使激光具有能量集中的特点。激光工作原理的核心就是两点：吸收激发“丰度倒置”和受激辐射。此外还要求激光器装置上具有阈值反射镜，光子强度不够高时，受激发射的光子被反射回到基质材料中，继续去激发其他亚稳态离子，产生更多的受激发射光子，如此反复，该过程也称作谐振。当光子积累到一定强度后，达到介质端面与之反射镜透射阈值后，大量射出，形成激光束。

构成激光器的发光介质材料称为激光材料。按工作方式不同，可以分为连续激光和脉冲激光，前者输出光线不间断，但功率一般不高；后者是以极短暂的间隙周期闪烁式输出光线。以产生激光的介质材料特点分类，大体可分为固体激光器材料、液体激光器材料（主要是染料激光）、气体激光器材料和半导体激光器材料四个大类，每一大类又可细分。

7.8.2 固体激光器材料

固体激光器材料按其化学成分包括如下几种：

① 简单有序结构氟化物：基质常用 CaF_2、BaF_2、HgF_2 等，激活离子有 Nd^{3+}、Sm^{3+}、Dy^{3+}、U^{3+} 等。

② 氟化物固溶体：CaF_2-YF_3、$LiYF_4$ 等为基质，Gd^{3+}、Tb^{3+} 为激活离子。

③ 有序结构的氧化物体系：$Al_2O_3:Cr^{3+}$、$LiNbO_3:Nd^{3+}$、$MgO:Ni^{2+}$ 以及复合氧化物钇铝石榴石（YAG）等。

④ 高浓度自激活晶体：如 NdP_5O_{14} 中 Nd^{3+} 的浓度在 50℃可达到 $4\times10^{21}cm^{-3}$，比 YAG $:Nd^{3+}$ 最高掺杂（约 1.2%）高 60 倍。这类晶体的激活成分本身就是基质的组成，故称作自激活晶体，是发展微型激光器最有应用前景的材料。

⑤ 色心晶体：碱金属卤化物，如 $LiF:Nd^{3+}$、$LiF:Na^+$ 等。

⑥ 其他类型还有 $Ca_5(PO_4)_3F:Nd^{3+}$、$Sr_5(PO_4)_3F:Nd^{3+}$、$La_2O_2S:Nd^{3+}$ 等。

固体激光器的激发态具有相对较长寿命，出光功率一般高于气体激光器，也容易制成大功率激光。

7.8.3 气体激光器材料

气体激光器是以气体作为工作物质的激光器，利用气体原子、离子或分子的能级跃迁产生激光。通常包括原子、离子和分子气体激光器三类。原子气体激光器：产生激光作用的是没有电离的气体原子，包括 He、Ne、Ar、Kr、Xe 等惰性气体原子和金属原子蒸气（Cu、Sn），其典型代表是氦氖激光器。分子激光器：产生激光作用的是没有电离的气体分子，包括 CO、N_2、O_2、CO_2、水蒸气、准分子激光器 XeCl 等，分子激光器的典型代表是 CO_2 激光器、氮分子（N_2）激光器和准分子激光器。离子激光器：气体离子激光器的典型代表是氩离子激光器（Ar^+）和氦镉（He-Cd）离子激光器。

由于气态物质的光学均匀性一般都比较好，气体激光器在单色性和光束稳定性方面都比固体激光器、半导体激光器和液体（染料）激光器优越。气体激光器产生的激光谱线极为丰富，达数千种，分布在从真空紫外到远红外波段范围内。多数气体激光器都有瞬时功率不高的特点。在气体激光器中采用气体放电或电子束激励的方法以实现泵浦。

7.8.4 染料激光

染料激光（dye laser）是以某种有机染料溶解于一定溶剂（甲醇、乙醇或水等）中作为激活介质的激光器。突出优点是其输出激光波长可调谐，它不仅可直接获得从 0.3～1.3μm 光谱范围内连续可调谐的窄带高功率激光，而且还可以通过混频等技术得到从真空紫外到中红外的可调谐相干光，因此是目前在光谱学研究中用得最多的一种激光器。

很多荧光染料都可制成染料激光器，例如最常用的罗丹明 6G，其结构式如下：

罗丹明 6G

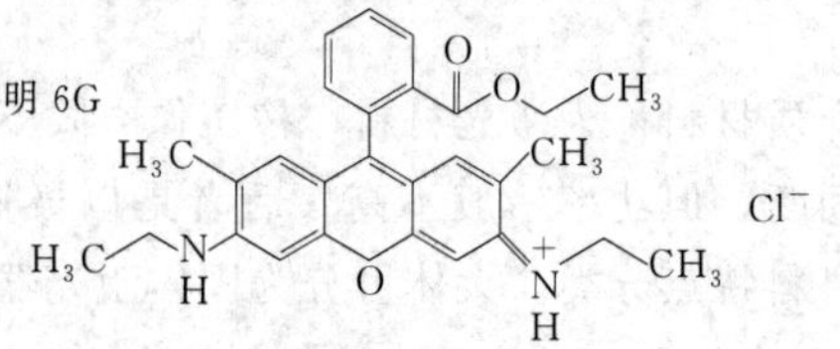

染料分子是一种含有共轭双键的复杂有机物。在激光器中，染料分子吸收泵浦光能量后由基态 S_0 跃迁到 S_1 的某一振转能级后，通过碰撞将能量传递给溶剂分子并跃迁至 S_1 的最低振转能级，然后由此能级跃迁至 S_0 的各振动能级而产生荧光。跃迁至 S_0 的较高振转能级的染料分子通过无辐射跃迁过程返回 S_0 的最低能级。因此，在 S_1 的最低振转能级和 S_0 的较高振转能级间极易形成集居数反转分布状态。由于 S_0 和 S_1 都是准连续带，吸收谱和荧光发射谱都是连续的，所以染料激光器有很宽的调谐范围。

处于 S_1 态的分子还可发生系间窜越通过跃迁至 T_1 态，但由于 T_1 态的寿命较长，分子较易积聚在 T_1 态。而 T_1-T_2 跃迁的吸收波长又恰好与 S_1-S_0 跃迁荧光波长重叠，这意味着 T_1 态积聚的染料分子可吸收受激辐射光子而向 T_2 态跃迁，因此染料分子在 T_1 态集聚不利于激光运转。为此可加入少量三重态猝灭剂以缩短 T_1 态的寿命；或提高泵浦光功率和泵浦速度，使分子在 T_1 态积聚之前就完成激光振荡。

染料激光的优点是能连续、脉冲和长脉冲工作；波长在大范围内可连续调谐（330～1850 nm）；可以产生极窄（fs 量级）的光脉冲。缺点是稳定性差。主要应用于激光光谱学、同位素分离、激光医学等领域。

7.8.5 半导体激光

半导体激光在 1962 年被成功激发，在 1970 年实现室温下连续输出。后来经过改良，开发出双异质结接合型激光及条纹型构造的激光二极管（laser diode，LD）等，广泛应用在激光打印机、光碟光驱、激光笔、光纤通信等。

半导体激光在基本构造上属于半导体的 p-n 结面，但激光二极管是以金属包层从两边夹住发光层（有源层），是“双异质结接合构造”。而且在激光二极管中，将界面作为发射镜（谐振腔）使用。在使用材料方面，有镓（Ga）、砷（As）、铟（In）、磷（P）等。

半导体激光器的核心是 p-n 结，它与一般的 LED p-n 结的主要差别是，半导体激光器是高掺杂的，即 p-型半导体中的空穴极多，n-型半导体中的电子极多。因此，半导体激光器 p-n 结中的自建场很强，结两边产生的电位差 V_D（势垒）很大。

几种半导体激光的特性和应用介绍如下。

InGaAlP 半导体激光发射波长为 0.63～0.69μm 的红色激光，可用于光盘（DVD）、条形码读取头、激光笔等。

GaAlAs 半导体激光器功率可达 50mW，发射谱线介于 0.75～0.88μm，波峰波长 760nm，处于近红外区边缘，可用于光盘/磁光盘（CD/MD）、激光打印机等。

InGaAsP 半导体激光发射谱线介于 1.3～1.5μm，波峰波长 1300nm，功率一般 20mW，属红外激光，主要用于光纤通信。

InGaN 半导体激光发射蓝光或近紫外激光，谱线波长介于 0.36～0.4μm，可用于高容量光盘（HD-DVD、蓝光光碟）等。

参考文献

[1] Dmitriev V G，Gurzadyan G G，Nikogosyan D N. Handbook of Nonlinear Optical Crystals. Second，Revised and Updated Edition. Berlin：Springer，Verlag，1997.

[2] Salch E A，Teich M C. Fundmentals of Photonics. New York：John Wiley and Sons Inc，1991.

[3] 江源．聚合物光纤用氟树脂．光纤与电缆及其应用技术，2002（4）：22.

[4]（日）城户淳二．有机电致发光：从材料到器件．肖立新，陈志坚，等译．北京：北京大学出版社，2012.

[5] 朱建国，孙小松，李卫．电子光电材料．北京：国防工业出版社，2007.

[6] 胡先志，胡佳妮．塑料光纤基础及应用．北京：人民邮电出版社，2010.

[7] 廖延彪．光纤光学：原理与应用．北京：清华大学出版社，2010.

[8] Hulkater A，Jarrendahl K，Lu J，et al. Electrical and optical properties of sputter deposited tin doped indium oxide thin films with silver additive. Thin Solid Films，2001，392（2）：305-310.

[9] 史月艳，潘文辉，殷志强．氧化铟锡（ITO）膜的光学及电学性能．真空科学与技术，1994，14（1）：35-40.

[10] Zhang K W，Zhu F R，Cha H，et al. Indium tin oxide films prepared by radio frequency magnetron sputtering method at a low processing temperature. Thin Solid Films，2000，376（1-2）：255-263.

[11] 曾明刚，陈松岩，陈谋智，等．ITO 薄膜微结构对其光电性质的影响．厦门大学学报（自然科学版），2004，43（4）：46-49.

[12] 方容川．固体光谱学．合肥：中国科技大学出版社，2003.

[13] John L V. Thin film processes. New York：Academic Press，1978.

[14] 金原粲，藤原英夫．薄膜．王力衡，郑海涛译．北京：电子工业出版社，1988：120-121.

[15] 万钧，张淳，王灵俊，资剑．光子晶体及其应用．物理，1999，28（7）：393.
[16] 钱士雄，王恭明．非线性光学原理与进展．上海：复旦大学出版社，2001.
[17] 张克从，王希敏．非线性光学晶体材料科学．2版．北京：科学出版社，2005.
[18] 唐晶晶，第凤，徐潇，等．石墨烯透明导电薄膜．化学进展，2012，24（4）：501.
[19] 赵连城，国风云．信息功能材料学．哈尔滨：哈尔滨工业大学出版社，2005.
[20] 张中太，张俊英，等．无机光致发光材料及应用．北京：化学工业出版社，2011.
[21] 余泉茂，等．无机发光材料研究及应用新进展．合肥：中国科学技术大学出版社，2010.
[22] 肖志国．半导体照明发光材料及应用．北京：化学工业出版社，2008.
[23] 陈金鑫，黄孝文．OLED有机电致发光材料与器件．北京：清华大学出版社，2007.
[24] 侯宏录．光电子材料与器件．北京：国防工业出版社，2012.

思考题

1. 简述光纤结构特点和信号传输原理。
2. 导致光纤信号传输衰减的因素有哪些？
3. 简述塑料光纤的性能特点和材料种类。
4. 什么是光子晶体？它与电子晶体的区别有哪些？
5. 光子晶体一般具有什么功能？结合应用说明。
6. 什么是液晶材料？如何分类？
7. 如何理解液晶分子的各向异性？
8. 举例说明液晶的应用。
9. 什么是非线性光学材料？其应用如何？
10. 解释反斯托克斯磷光体的工作原理。
11. LED发光原理是什么？
12. 等离子显示器所用显色发光材料为何属于光致发光材料？
13. 简述OLED的材料构成和功能。

第 8 章

生物医用材料

8.1 生物医用材料概述

8.1.1 生物医用材料的内涵

生物医用材料（biomedical materials），也称生物材料（biomaterials），从字面上看，显然是用于生物科学和医学、治疗方面的一类材料。作为较新型材料，生物医用材料至今未有统一的定义。一般认为，生物医用材料是指以医疗为目的，用于与组织接触以形成功能的无生命的材料。更具体的定义，生物医用材料是指用于与生命系统接触和发生相互作用，并能对其细胞、组织和器官进行诊断治疗、替换修复或诱导再生的一类天然或人工合成的特殊功能材料。

从材料的角度来说，生物医用材料大体上有如下几种用途：①用于替代损害的器官或组织，例如人造心脏瓣膜、假牙、人工血管等；②用于改善或恢复器官功能，例如隐形眼镜、心脏起搏器等；③用于治疗过程，如介入性治疗血管内支架，用于血液透析的薄膜以及作为药物载体与靶向、控释材料等。

从学科的角度来说，生物医用材料是生物医学科学中的新分支，是生物、医学、化学和材料科学交叉形成的边缘学科。对生物医用材料的研究，涉及高分子科学、无机化学、物理学、生物学、生理学、药物学、基础与临床医学等很多学科。作为一门学科，生物医用材料的具体研究主要针对如下几方面：①生物体生理环境、组织内容、器官生理功能及其替代方法；②具有特种生理功能的生物医用材料的合成、改性、加工成型以及材料的特种生理功能与其结构关系；③材料与生物体的细胞、组织、血液、体液、免疫、内分泌等生理系统的相互作用以及材料毒副作用的对策；④材料灭菌、消毒、医用安全性评价方法与标准以及医用材料与制品生产管理与国家管理法规。

8.1.2 生物医用材料的分类

目前生物医用材料应用广泛，种类繁多，而且不断有新品种出现。从材料属性的角度来说，生物医用材料可分为天然的和合成的。天然生物医用材料包括结构蛋白（如胶原、角蛋白、弹性蛋白等）、结构多糖（纤维素、壳多糖、角叉菜胶、琼脂等）、生物复合纤维、生物矿物（例如骨骼、珍珠、贝壳）等。人工合成的生物医用材料则种类较多，大体上可分成如下几类：

① 医用金属材料，如不锈钢、钛及钛合金、钛镍记忆合金等；

② 无机生物医学材料，如碳素材料、生物活性陶瓷、玻璃材料、羟基磷灰石等；

③ 医用合成高分子材料，如硅橡胶、聚氨酯、聚乳酸、聚乙醇酸、乳酸；

④ 复合生物材料，如用碳纤维增强的塑料，用碳纤维或玻璃纤维增强的生物陶瓷、玻璃等；

⑤ 纳米生物医学材料，例如利用纳米磁性粒子进行DNA自动提纯、蛋白质检测、分离和提纯、生物物料中逆转录病毒检测、内毒素清除和磁性细胞分离等；纳米粒子作为输送多肽与蛋白质类药物的载体。

按应用性质，可把生物医用材料分为以下几类。

(1) 血液相容性材料　对于与人体血液接触的材料，例如用于人工血管、人工心脏、血浆分离膜、血液灌流用的吸附剂、细胞培养基材等，要求不可以引起血栓、不可以与血液发生相互作用。达到这样性能要求的材料主要包括肝素化材料、尿酶固定化材料、骨胶原材料、聚氨酯/聚二甲基硅氧烷、聚苯乙烯/聚甲基丙烯酸羟乙酯、含聚氧乙烯醚的聚合物等。

(2) 软组织相容性材料　对于与组织非结合性的材料，必须对周围组织无刺激、无毒副作用，如软性隐形眼镜片；如果用作与组织结合性的材料，要求材料与周围组织有一定黏结性、不产生毒副反应，主要用于人工皮肤、人工气管、人工食道、人工输尿管、软组织修补材料。这样的材料有聚硅氧烷、聚酯、聚氨基酸、聚甲基丙烯酸羟乙酯、改性甲壳素。

(3) 硬组织相容性材料　例如生物陶瓷、生物玻璃、钛及合金、碳纤维、聚乙烯等，主要用于生物机体的关节、牙齿及其他骨组织。这些材料除了达到一定的力学强度外，还必须与所接触的硬组织具有良好的相容性。

(4) 生物降解材料　例如在体液环境中，不断降解，或者被机体吸收，或者排出体外，植入的材料被新生组织取代；可以用于可吸收缝合线、药物载体、愈合材料、胶黏剂、组织缺损用修复材料。这类材料主要有多肽、聚氨基酸、聚酯、聚乳酸、甲壳素、骨胶原/明胶等高分子材料以及β-磷酸三钙可降解生物陶瓷。

(5) 药用高分子材料及高分子药物　前者主要是指用作药物载体的高分子材料，本身没有药理活性，但具有对药物的控制释放或靶向定位释放等作用。后者是指一类本身具有药理活性的高分子化合物，可以从生物机体组织中提取，也可以通过人工合成、基因重组等技术，获得天然生物高分子的类似物，如多肽、多糖类免疫增强剂、胰岛素、人工合成疫苗等，用于治疗糖尿病、心血管病、癌症以及炎症等疾病。

此外，按材料在人体中的应用部位来分，则有硬组织材料、软组织材料、心血管材料、血液代用材料、分离透析材料等。还可以按照是否有生物活性分为生物惰性材料（bioinert）、生物活性材料（bioactive）。

8.1.3　生物医用材料的基本要求

作为与人体直接接触的材料，生物医用材料应具有如下要求。一是生物相容性，包括对人体无毒，无刺激，无致畸、致敏、致突变或致癌作用；在体内不被排斥，无炎症，无慢性感染，种植体不致引起周围组织产生局部或全身性反应，最好能与骨形成化学结合，具有生物活性；无溶血、凝血反应等。二是化学稳定性，包括耐体液侵蚀，不产生有害降解产物；不产生吸水膨润、软化变质；自身不变化。三是力学性能上，应有足够的静态强度，如抗弯、抗压、拉伸、剪切等；具有适当的弹性模量和硬度；耐疲劳、摩擦、磨损，有润滑性能。当然，对于不同用途的生物医用材料，性能要求也会有所侧重。例如，力学性能方面的要求主要针对用于骨骼等硬组织的材料；化学稳定性方面主要针对长期植入人体的材料；对于一些临时性的材料如骨钉、手术缝合线，则要求具有生物降解性能；用于药物载体和控制释放的材料，则可能需要在特定条件下能够降解、溶胀或溶解等；对于需要高温消毒的材料，则在耐热性方面也有要求。

生物相容性是材料与人体之间相互作用产生各种复杂的生物、物理、化学反应的一种概念。作为生物医用材料，其在生物体中使用时不能产生超出可接受程度的对生物体的伤害或副作用。因此，材料的生物相容性优劣是生物医用材料研究设计中首先考虑的重要问题。

生物相容性可分为两种类型：一是材料与心血管系统外的组织和器官接触，主要考察与组织的相互作用，称为组织相容性；二是材料用于心血管系统与血液直接接触，主要考察与血液的相互作用，称为血液相容性。医用材料和装置都将首先遇到组织相容性问题（即便是人工心血管系统），所以也叫做一般生物相容性。组织相容性涉及的各种反应在医学上都是比较经典的，已具备较成熟的反应机理和试验方法；而血液相容性涉及的各种反应比较复杂，很多反应的机理尚不明确。在血液相容性试验方法方面，除溶血试验外，多数尚不成熟，特别是涉及凝血机理中的细胞因子和补体系统方面的分子水平的试验方法还有待研究建立。

8.2 生物医用材料表面改性

一般来说，材料的生物相容性取决于材料表面与生物体环境的相互作用。生物材料表面的成分、结构、表面形貌、表面的能量状态、亲疏水性、表面电荷、表面的导电特征等表面化学、物理及力学特性均会影响材料与生物体之间的相互作用。所以，生物医用材料很多生物相容性的问题都可以通过对材料的表面改性而得以解决。

8.2.1 材料表面形貌控制

材料的表面形貌诸如平整或粗糙、致密或疏松多孔等，会对材料与生物体的相互接触产生影响，从而影响两者的相互作用。因此，材料的生物相容性与材料的表面形貌密切相关。粗糙的表面一般有利于组织相容性的改善。这是因为粗糙的材料表面能促使细胞和组织与材料表面附着和紧密结合。如果材料表面平整光洁，与组织接触后，周围形成一层较厚的与材料无结合的包裹组织。这种组织是由成纤维细胞平行排列而成，容易形成炎症和肿瘤。粗糙表面对于细胞、组织的作用不仅仅是增加了接触面积，更会在粗糙表面择优黏附成骨细胞、上皮细胞。

材料表面粗糙可促进骨与材料的接触，可显著促进矿化作用。从增加界面结合性的角度考虑，若植入物表面多孔，如多孔的金属人工关节、多孔的陶瓷人工骨，将显著促进组织长大。但是多孔结构降低了材料力学的强度，尤其是对疲劳性能有不利影响。

材料表面粗糙化可通过精密机械加工、微机械和微刻蚀技术、等离子体喷涂型及离子束轰击等方法进行控制。

对于人工血管、人工心脏等与血液接触的医用生物材料，一般要求材料的表面应尽可能光滑。这是因为光滑的表面产生的激肽释放酶少，从而使凝血因子转变较少。但也发现多孔表面有促进内皮细胞生长的作用。

8.2.2 生物医用材料的表面修饰

表面修饰是通过对材料表面进行改性，使其适合于作为生物医用材料使用，或获得更好的使用效果。下面介绍几种主要的表面修饰方法。

（1）种植内皮细胞　人造血管等与血液接触的生物医用材料，需要考虑血液相容性问题。正常血管的血管壁表面内皮细胞层（endothelial cells）能够抑制血栓形成，维持血管内表面光滑，保持血流通畅。因此，在人工合成血管材料表面铺被一层内皮细胞，将会明显改善其血液相容性，减少血栓形成及血小板激活。一般作为人造血管材料的高分子化合物，因其疏水性，细胞一般不会直接在其表面生长。而当表面预先涂覆蛋白、肽类，或经等离子处理或配体处理后等，细胞才有可能生长。材料的内皮细胞化可通过添加内皮细胞生长因子，用细胞外基质作为预吸附层，在表面键接有机高分子模拟自然细胞蛋白等方法实现。还有很多物理方法如等离子体或离子注入、静电处理、紫外线和γ辐射等可以采用。

内皮细胞来源最好是病人自体。也有报道从新生儿脐带获取内皮细胞，因其来源充足，是人种细胞，方法与技术较成熟、可行，排异反应较轻。

（2）白蛋白钝化　材料与血液接触时，其表面将从血液吸附血浆蛋白。如果以吸附纤维蛋白原或球蛋白为主，并且蛋白质的构象发生变化，则会激活凝血因子与血小板，导致血栓的形成。材料表面吸附白蛋白则可以阻止凝血的发生。关键是如何使材料表面能够选择性地吸收白蛋白，并且吸附后能牢固附着。物理吸附法获得的白蛋白涂层结合力较差，与血液接触时容易与其他蛋白质发生交换作用而导致抗凝血性能消退。化学接枝则可以使白蛋白层与基体材料之间牢固结合。这种在材料表面覆盖一层白蛋白来对材料进行修饰的方法称为白蛋白钝化。

（3）接枝聚合物链　接枝聚合物链可以改善材料表面的亲水性、引入特定的结构单元，从而改善材料的生物相容性。对于抗凝血材料，材料表面的亲水性越好，蛋白质吸附量越小，抗凝血性越好。材料表面接枝可通过等离子体、高能射线辐照、紫外光辐照等手段使单体在材料表面接枝聚合而得到。接枝的亲水性单体有甲基丙烯酸羟乙酯（HEMA）、*N*-乙烯基-2-吡咯烷酮（NVP）、甲基丙烯酸（MAA）、丙烯酰胺（AAm）等。亲水性材料所含的水与蛋白质和细胞中的水分子的有序排列极为相似，它们之间的相互作用力很小，与血液的界面能很小，具有良好的抗凝血性。

当材料表面需要生长细胞膜时，由于细胞和材料之间的黏附是以蛋白质为介导而发生的，细胞膜上的受体能特异性地识别材料上黏附的蛋白质。尽管亲水性的表面有利于细胞黏附生长（因为细胞膜具有一定的亲水性），但过强的亲水性表面却不利于蛋白质的吸附，因此要使吸附蛋白质层与材料之间有一定的黏附强度，保证材料表面达到一定的亲疏水平衡才最有利于细胞生长。

聚氧乙烯（PEO）常用于材料的表面接枝改性。当材料表面接枝PEO时，其亲水性的长链能影响血液与材料界面微观的动力学环境，使血浆蛋白与材料间的相互作用降低，阻碍血浆蛋白的吸附以及构象变化，从而具有良好的血液相容性。

PEO的悬挂长链结构还被有效地用于接枝肝素。肝素是人体血管内皮上的一种黏多糖，它的阴离子活性基团可以与血液中的抗凝血酶的阳离子基团结合，抗凝血酶与血液中的凝血酶形成无活性的复合体后随血液而去，然后肝素又可以捕捉和复合新的凝血酶，因而肝素能持续保持，使血液中的凝血酶失去活性而起到抗凝作用。当PEO链末端与肝素通过化学键结合时，PEO分子链的柔顺性为肝素提供良好的可移动性，使其充分发挥其作用。

类磷脂结构的高分子材料表面具有强烈吸附血液中磷脂分子的作用。因此，可以考虑利用具有类磷脂结构的单体（如2-甲基丙烯酰氧乙基磷酸胆碱MPc）接枝聚合到材料表面。当MPc接枝链与血液接触时，血液中的磷脂分子首先被吸附结合到材料表面，自组装成单层的完全覆盖的类似生物体表面的磷脂层，从而使蛋白质与材料表面的相互作用变弱，蛋白质与血细胞不被吸附和激活，阻碍了抗凝血过程的发生，使材料的血液相容性大幅度提高。

8.2.3 等离子体表面处理

等离子体是一种全部或部分电离的气态物质，含有亚稳态和激发态的原子、分子、离子，并且电子、正离子、负离子的含量大致相等。等离子体中的电子、离子、原子、分子等都具有一定能量，可与材料表面相互作用，产生表面反应，使表面发生物理化学变化而实现表面改性。

用Ar、N_2、H_2、O_2等气体产生的等离子体对高分子材料进行处理，在表面导入羧基、羟基等官能团，可以使材料表面的润湿性和表面张力显著变化，使蛋白质及细胞在材料表面的黏附行为发生变化，从而影响材料的血液相容性和组织相容性。

等离子体表面处理还会使聚合物材料表面产生刻蚀和粗糙化。利用聚合物材料的晶体和非晶体部分在荷能离子撞击下引起刻蚀的刻蚀率不同，可以在材料表面形成微细的凹凸形。此外，溅射出来的物质在等离子体场中受到激励，又会向表面逆向扩散，重新聚集在凸形顶端，结果形成大量突出物。

8.2.4 离子注入表面改性

离子注入（ion implantation）是将电离的原子经电场加速后，快速注入固体材料表面，从而引起材料表层成分和结构的改变，导致原子环境和电子组态等微观状态的扰动，改善材料表面性能。离子注入的特点是：准确地在材料表面预定深度注入预定剂量的高能量离子，使材料表层的化学成分、相结构和组织发生显著变化，以改变材料与生物体相互作用行为。离子注入技术不影响基体材料的力学性能，形成的注入层与基体无明显界面，在提高生物材料表面硬度及耐磨性方面得到了成功的应用，在改善生物材料的生物相容性方面成效甚好。

利用离子注入技术可在金属表面生成与基体结合强度极好的表面膜，提高表面的耐磨性和耐蚀性，还能使金属产生生物活性，使新骨直接沉积于金属表面且中间无纤维结缔的隔层。此外，离子注入对生物陶瓷材料和聚合物材料的生物相容性、力学性能等方面的改善也能获得较好效果。

8.2.5 自组装单分子层

自组装单分子层（self-assembled monolayer）是十分新颖的材料表面生物化技术。在硅、玻璃、金、硅橡胶等衬底材料上可以形成高度有序排列的硫醇、三氯硅烷等单分子层。这些分子一端吸附在衬底材料上，而处于单分子层的另一端为各种功能基团如磷酰氧基、羟基、羧基、酰胺基等。通过控制自组装单分子层表面基团种类，可以改变材料表面能量状态、荷电状态、蛋白质吸附行为及细胞生长行为。

计剑等通过聚多巴胺辅助的自组装单分子层修饰技术在PTFE表面固定具有内皮细胞选择性黏附的REDV活性多肽，构建具有内皮细胞选择性的功能界面，细胞黏附实验表明活性链段的修饰表面具备良好的内皮细胞选择性黏附能力。

8.3 生物医用金属材料

生物医用金属材料是指一类用作生物材料的金属或合金，又称作外科用金属材料或医用金属材料，是一类生物惰性材料，通常用于整形外科、牙科等领域，具有治疗、修复固定和置换人体硬组织系统的功能。金属材料具有高的强度、良好的韧性及抗弯曲疲劳强度、优异的加工性能等许多其他材料不可替代的优良性能。

8.3.1 生物医用金属材料的性能要求

生物医用金属材料在生物相容性方面主要是要求无毒性、无热源反应、不致畸、不致癌、不引起过敏反应或干扰机体的免疫机理、不破坏临近组织、不发生材料表面的钙化沉积等。力学性能方面，既要求材料具有良好的静态性能，又要求其具有抗周期性作用的动态性能。屈服强度、断裂强度、弹性模量、疲劳极限是主要的强度指标。此外在耐磨性、尺寸稳定性、可加工性等方面也有一定的要求。

金属材料在进入生物体内实现其功能的过程中，与各种器官相接触，会遇到各种各样的腐蚀。因此，耐腐性是医用金属材料常常要解决的主要问题。生物体内的金属材料会遇到的腐蚀包括均匀腐蚀（uniform corrosion）、点腐蚀（pitting corrosion）、电偶腐蚀（galvanic corrosion）、缝隙腐蚀（crevice corrosion）和磨损腐蚀（abrasive corrosion）等。均匀腐蚀是指接触生物介质的金属表面发生大面积腐蚀，其结果是导致大量金属离子进入人体组织，对生命体产生危害。点腐蚀是一种腐蚀集中在金属表面数十微米范围内且向纵深发展的腐蚀形式。电偶腐蚀是由于腐蚀电位不同，造成同一介质中异种金属接触处的局部腐蚀。缝隙腐蚀是指连接处出现狭窄的缝隙，电解质溶液进入，使缝内金属与缝外金属构成短路原电池，并且在缝内发生强烈局部腐蚀。磨损腐蚀是指由于植入器件之间反复地相对滑动所造成的表面磨损与腐蚀环境的综合作用结果。此外，生物医用金属材料还存在腐蚀疲劳（corrosion fatigue）的问题。金属材料的耐腐蚀问题可通过表面改性如钝化、涂覆功能涂层等方法解决。

8.3.2 常用生物医用金属材料

8.3.2.1 不锈钢

不锈钢价格便宜，易于通过常规技术成形。其力学性能在较大的范围内是可控的，能提供最佳的强度和韧性。常用于制作短期的骨折处理装置，如螺钉、骨板、髓内钉以及其他一些临时固定器械。但不锈钢的耐腐蚀性不够，不适宜在体内长时间使用。因此，虽然曾经普遍采用不锈钢制作人工髋关节，但现在这些长期植入物一般选用钴铬钼合金或钛合金。

不锈钢 18-8（标准牌号 302）是最早使用的植入金属材料，其强度优于钒钢，抗蚀能力也较强。后来，在 18-8 不锈钢的基础上发展出了 316 不锈钢，通过加入 Mo 改善其在生理盐水中的抗蚀性。当把 316 不锈钢中的最高碳含量由 0.08%（质量分数）降到 0.03%（质量分数），则发现其在氯化物溶液中的抗蚀性能得到明显提高，降低了材料的致敏性，这就是常见的 316L 不锈钢。316L 不锈钢是制作医用人工关节比较廉价的常用金属材料，主要用作关节柄和关节头材料。316L不锈钢的缺点是当植入人体后，会由于腐蚀等原因释放出Ni^{2+}、Cr^{3+}和Cr^{5+}，从而引起假体松动，最终导致植入体失效。因此，低镍化和无镍化是生物医用不锈钢的一个发展方向，并逐渐得到应用。

8.3.2.2 钴基合金

钴基合金主要包括Co-Cr-Mo合金和Co-Ni-Cr-Mo合金。因其良好的耐腐蚀性和优异的力学性能而成为重要的医用金属材料。钴基合金在人体内一般保持钝化状态，钝化膜稳定，耐蚀性更好。此外，钴基合金植入体内不会产生明显的组织反应，适合于制造体内承载苛刻的长期植入件。

锻造加工的Co-Ni-Cr-Mo合金用于制造关节替换假体连接件的主干，如膝关节和髋关节替换假体等。美国材料实验协会推荐了4种可在外科植入中使用的钴基合金，包括锻造Co-Cr-Mo合金（F76）、锻造Co-Cr-W-Ni合金（F90）、锻造Co-Ni-Cr-Mo合金（F562）和锻造Co-Ni-Cr-Mo-W-Fe合金（F563）。其中锻造Co-Cr-Mo合金和锻造Co-Ni-Cr-Mo合金已广泛用于植入体制造。但是由于钴基合金价格较高，并且合金中Co、Ni元素存在着严重致敏性等生物学问题，应用受到一定的限制。

钛具有良好的耐腐蚀性，这是由于其表面形成一层氧化膜，这层氧化膜若受到损坏，可以在体温和人体组织液的条件下再生。

钛可以作为组合式假体的其他部件，如在全髋置换术中，钛材股骨柄可与钴铬钼或陶瓷球头相配，然后与塑料内衬臼杯组成关节。但由于磨损问题，钛不宜作为人工关节滑动部件。通过离子注入和氮化等方法，可改进钛的耐磨性，扩大钛在骨科植入物领域的应用。

8.3.2.3 钛及其合金

纯钛不会生锈，且生物相容性好。还具有无毒、质轻、强度高、耐高温低温和耐腐蚀等特点，同时，钛可与骨组织直接连接形成物理性结合和化学结合，因此在骨科领域应用较广。

早在20世纪50年代，美国和英国就开始把纯钛用于生物体。后来为了进一步加强纯钛的强度，发展出钛合金并作为人体植入材料而广泛应用于临床。钛合金的生物相容性不如纯钛，但强度是不锈钢的3.5倍，为目前所有工业金属材料中最高。表8-1对比了纯钛、钛合金以及其他几种材料的力学性能。

表8-1 几种材料的力学性能 单位：GPa

材料	弹性模量	屈服强度	极限拉伸强度
纯钛	105	692	785
Ti-6Al-4V	110	850～900	960～970
Ti-13Nb-13Zr	79	900	1030
Co-Cr-Mo	200～230	275～1585	600～1795
不锈钢	200	170～750	465～950
骨	1～20	—	150～400

8.3.2.4 形状记忆合金

形状记忆材料是指具有一定初始形状的材料经形变并固定成另一种形状后，通过热、光、电等物理刺激或化学刺激的处理又可恢复成初始形状的材料，包括合金、复合材料及有机高分子材料。形状记忆合金（shape memory alloy，SMA）是形状记忆材料的一种，其恢复形状所需的刺激源通常为热源，因此是属于热致形状记忆。合金材料在某一温度下受外力而变形，当外力去除后，仍保持其变形后的形状，但当温度上升到某数值，材料会自动恢复到变形前原有的形状，似乎对以前的形状保持记忆。

SMA 的形状记忆效应源于某些特殊结构合金在特定温度下发生的不同金属结构相（例如马氏体相-奥氏体相）之间的相互转换（图 8-1）。热金属降温过程中，面心立方结构的奥氏体相逐渐转变成体心立方或体心四方结构的马氏体相，这种马氏体一旦形成，就会随着温度下降而继续生长，如果温度上升，它又会减少，以完全相反的过程消失。马氏体相变是一种无扩散相变或体位移型相变。严格地说，位移型相变只有在原子位移以切变方式进行，两相间以宏观弹性形变维持界面的连续和共格，其畸变能足以改变相变动力学和相变产物形貌的才是马氏体相变。

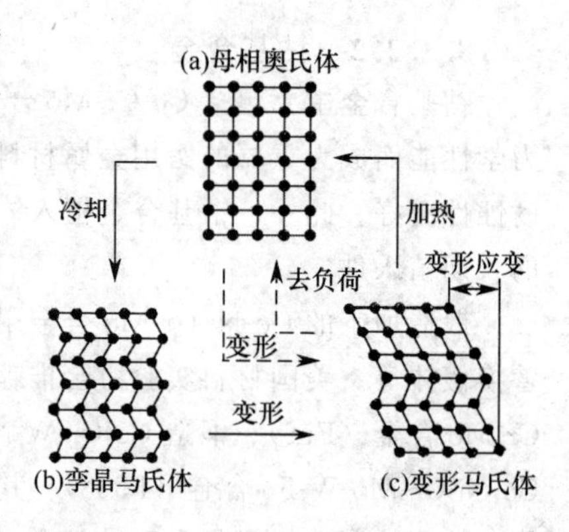

图 8-1　形状记忆合金工作机理

至今为止，已发现有十几种记忆合金体系，可以分为 Ti-Ni 系、铜系、铁系合金三大类。包括 Au-Cd、Ag-Cd、Cu-Zn、Cu-Zn-Al、Cu-Zn-Sn、Cu-Zn-Si、Cu-Sn、Cu-Zn-Ga、In-Ti、Au-Cu-Zn、Ni-Al、Fe-Pt、Ti-Ni、Ti-Ni-Pd、Ti-Nb、U-Nb 和 Fe-Mn-Si 等。它们有两个共同特点：一是弯曲量大，塑性高；二是在记忆温度以上恢复以前形状。

医学上使用的形状记忆合金主要是 Ti-Ni 合金。这类合金在不同的温度下表现为不同的金属结构相。如低温时为单斜结构相，柔软，可随意变形；高温时为立方体结构相，刚硬，可恢复原来的形状，并在形状恢复过程中产生较大的恢复力。Ti-Ni 形状记忆合金的特点是质轻、磁性微弱、强度较高、耐疲劳性能好和回弹性高等。

作为生物医用材料，Ti-Ni 合金对生物体有较好的相容性，可以埋入人体作为移植材料。例如作为腔内支架用于管腔狭窄的治疗。支架安入管腔狭窄的部位后，能将狭窄管腔撑开，并与管壁相贴紧固定好。良好的生物相容性使其长期安放对黏膜无明显损伤，而高回弹性能顺应管道的弯曲，对人体刺激小。Ti-Ni 合金腔内支架的应用原理基于这种合金的形状记忆特性。合金支架经过预压缩变形后体积变小，能经很小的腔隙安放到人体血管、消化道、呼吸道、胆道、前列腺腔道以及尿道等各种狭窄部位。支架在体温环境下扩展成较大尺寸的骨架，在人体腔内支撑起狭小的腔道，这样就能起到很好的治疗效果。与传统的治疗方法相比，形状记忆合金支架疗效可靠、使用方便，并且可大大缩短治疗时间和减少费用，为外伤、肿瘤以及其他疾病所致的血管、喉、气管、食道、胆道、前列腺腔道狭窄治疗开辟了新天地。图 8-2 为形状记忆合金腔内支架的几种临床应用实例。

在骨外科治疗领域，利用形状记忆合金的高强度和形状记忆特性，可在生物体内部作固定折断骨架的销、进行内固定接骨的接骨板。体温环境下 Ti-Ni 合金发生相变，恢复到原来设计的形状，从而将伤骨紧紧抱合，将两段骨固定住，并利用在相变过程中产生的压力，迫使断骨很快愈合。与传统的不锈钢器械相比，应用形状记忆合金制成的固定器械，可使骨科手术免于钻孔、楔入、捆扎等复杂工序，大大降低了手术的难度，并使手术时间大大缩短。其良好的“抱合力”可使手术愈合期也大大缩短。类似的应用还有假肢的连接、矫正脊柱弯曲的矫正板、口腔正畸器等。

在内科方面，可将细的 Ti-Ni 丝插入血管，由于体温使其恢复到母相的网状，阻止 95%

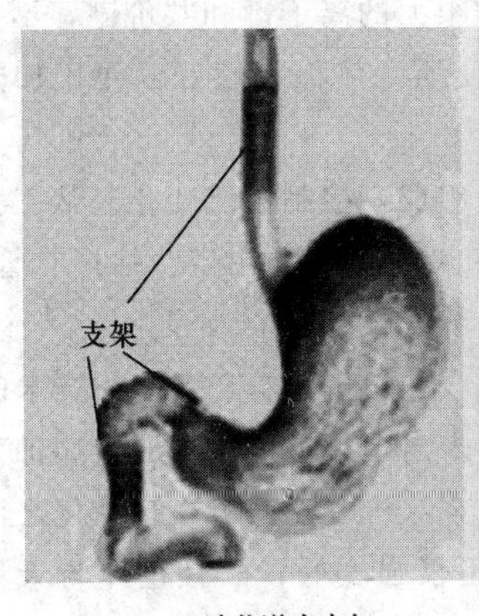

(a)消化道内支架

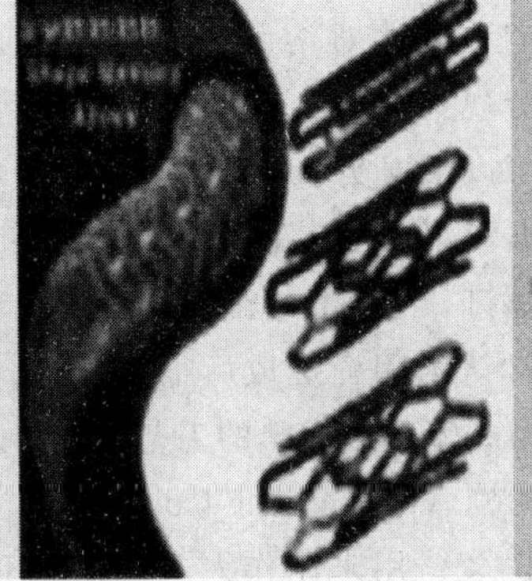

(b)血管内支架

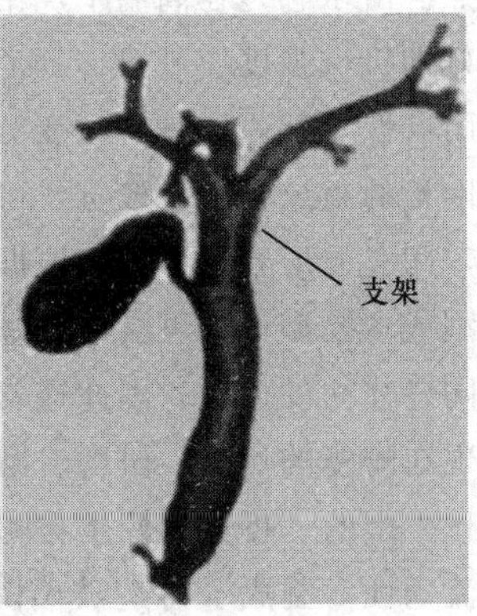

(c)胆道内支架

图 8-2　形状记忆合金腔内支架的临床应用实例

的凝血块不流向心脏。用记忆合金制成的肌纤维与弹性体薄膜心室相配合，可以模仿心室收缩运动，制造人工心脏。

8.3.2.5　其他生物医用金属材料

金、银、铂等贵重金属及其合金具有独特的抗腐蚀性、生理上的无毒性、良好的延展性以及生物相容性，在牙科、针灸、体内植入及医用生物传感器等方面有广泛应用。

金及其合金具有优良的耐久性、稳定性和抗蚀性，很适合作为牙科金属材料使用。若合金含有 75%（质量分数）或更多的金和其他贵金属，就能保留其良好的抗蚀性。铜的加入可显著提高其强度，而铂也能改善其强度，但添加量不能超过 4%，以免熔点过高。银的加入可抵消铜的颜色。加入少量的锌可降低其熔点，并排除在熔化过程中形成的氧。金含量超过 83%的合金较软，用于镶嵌，但其硬度太低而不能承受太高的压力。含金量少的较硬合金，用于牙冠和尖端处，可承受较大的压力。

铂及其合金、金、氧化铱和钽可用于制作可植入人体内部的微小器件。其中铂是使用最广泛的刺激电极材料，具有很好的安全性和激发作用。Pt-20Ir 合金的电极性能与铂相似，但强度比铂好。

铌、锆及钽都具有与钛极相似的组织结构和化学性能，在生物学上也得到一定应用。钽具有很好的化学稳定性和抗生理腐蚀性，其氧化物基本上不被吸收和不呈现毒性反应，可和其他金属结合使用而不破坏其表面的氧化膜。

8.4　生物陶瓷

生物陶瓷（bioceramic）是指具有特殊生理行为的一类陶瓷材料，主要用来构成人类骨骼和牙齿的某些部分，甚至可望部分或整体地修复或替换人体的某些组织、器官，或增进其功能。与早期使用的塑料、合金材料相比，陶瓷生物材料具有较多优势，采用生物陶瓷可以避免不锈钢等合金材料容易出现的溶析、腐蚀、疲劳等问题，而且陶瓷的稳定性和强度也远远强于生物塑料。

陶瓷是经高温处理工艺所合成的无机非金属材料，因此它具备许多其他材料无法比拟的优点。由于它是在高温下烧结制成，其结构中包含着键强很大的离子键和共价键，不仅具有良好的机械强度、硬度，而且在体内难溶解，不易腐蚀变质，热稳定性好，便于加热消毒，耐磨性能好，不易产生疲劳现象。

陶瓷的组成范围比较宽，可以根据实际应用的要求设计组成，控制性能变化。从工艺上来说，陶瓷成形容易，可以根据使用要求，制成各种形态和尺寸，如颗粒型、柱形、管形；致密型或多孔型，也可制成骨螺钉、骨夹板；制成牙根、关节、长骨、颅骨等。

陶瓷往往硬而脆，因此通常认为陶瓷烧成后很难加工。不过随着加工装备及技术的进步，现在陶瓷的切削、研磨、抛光等已是成熟的工艺。近年来出现了可以用普通金属加工机床进行生产的“可切削性生物陶瓷（machinable bioceramic）”，利用玻璃陶瓷结晶化之前的高温流动性，制成了铸造玻璃陶瓷。用来制作人工牙冠，不仅强度好，而且色泽与天然牙相似。

目前世界各国相继发展了生物陶瓷材料，它不仅具有不锈钢、塑料所具有的特性，而且具有亲水性，能与细胞等生物组织表现出良好的亲和性，因此生物陶瓷具有广阔的发展前景。除了作为生物体组织、器官替代增强材料外，还可用于生物医学诊断、测量等。生物陶瓷概念的内涵也在不断丰富，外延纵深拓展，涉及的领域越来越广泛。

8.4.1 生物陶瓷的种类和特点

从医学临床角度，生物陶瓷根据使用分为植入陶瓷和生物技术陶瓷。植入陶瓷用于植入生物体内，其作用是恢复和增强生物体机能。由于植入陶瓷直接与生物体接触，故要求其生物相容性好，不产生有毒的侵蚀、分解产物；不使生物细胞发生变异、坏死，以及引起炎症和生长肉芽等；在体内长期使用功能好，对生物体无致癌作用，本身不发生变质；易于灭菌。常用的植入陶瓷有氧化铝陶瓷和单晶氧化铝、磷酸钙系陶瓷、微晶玻璃、氧化锆烧结体等，在临床上用作人造牙、人造骨、人造心脏瓣膜、人造血管和其他医用人造气管穿皮接头等。

生物技术陶瓷（biotechnological ceramics）用于分离细菌和病毒，用作固定化酶载体，以及作为生物化学反应的催化剂，使用时不直接与生物体接触。常用的有多孔玻璃和多孔陶瓷。前者不易被细菌侵入，环境溶液中溶剂的种类、pH 值和温度不易引起孔径变化，材质坚硬、强度高，多用作固定化酶载体。后者耐碱性能好，价格低，主要用作固定化酶载体，使固定化酶能长时间发挥高效催化作用。此外，控制多孔陶瓷的孔径，可用于细菌、病毒、各种核酸、氨基酸等的分离和提纯。

生物陶瓷根据其与动物组织间的反应程度，可分为三大类。

（1）可吸收性生物陶瓷（completely absorbable bioceramics） 这类陶瓷置于人体后，会逐渐溶解而被其周围组织而取代。这一类陶瓷有磷酸三钙[$Ca_3(PO_4)_2$，TCP]、非晶质磷酸盐（ACP）、贫钙磷酸盐（CDA）。这三种陶瓷在体内的吸收速率为 ACP＞TCP＞CDA。

天然骨头的矿物质因为骨细胞的作用不断沉积、流失或再吸收（矿物质的溶解、再回到体液）。因此，以其相似性而言，可吸收性生物陶瓷是一种很好的骨科植入材，此类材质在植入后，破骨细胞的活动能使植入物不断改形，且最后被类骨质所取代，在此之后便没有生物兼容性的问题。然而此类材料的缺点是在改形过程中，植入物的机械强度减低，可能会造成破坏，故必须予以暂时固定，日后再拆除。另一大限制为材料的组成须是人体原有的生理成分，因为再吸收过程中会有大量的离子由材料中释放出来。

烧石膏是再吸收速率很高的陶瓷材料，在狗的动物实验中比天然的骨移植还快；而且植入后引起的组织反应温和，不会引来巨大细胞。其缺点是吸收速率变化大和机械强度欠佳，使用途大受限制，近年来有人研究其与羟基磷灰石混合后植入兔子胫骨中，发现吸收性良好。磷酸钙类（Ca-P）亦有优良的再吸收性，包括磷酸钙、磷酸三钙、磷酸四钙及羟基磷灰石等，这类材料的压缩强度约 30MPa，可应用于非负荷的用途。

(2) 近惰性生物陶瓷（nearly inert bioceramics） 近惰性生物陶瓷主要是指化学性能稳定、生物相容性好的陶瓷材料。这类陶瓷材料的结构都比较稳定，分子中的键力较强，几乎不会释放出离子或与组织产生反应，而且都具有较高的机械强度、耐磨性以及化学稳定性。这类陶瓷可通过加工在其表面形成孔洞，以增加与组织的接触面积，形成机械式的结合，以提高附着性。近惰性生物陶瓷主要有氧化铝陶瓷、单晶陶瓷、氧化锆陶瓷、玻璃陶瓷、碳素陶瓷等。

氧化铝陶瓷具有良好的组织亲和性，这是因为其表面具有亲水性，能吸附水分子形成亲水层，易被组织液浸润。单晶氧化铝的轴方向具有相当高的抗弯强度，其耐磨性和耐热性好，可以直接与骨固定。现已被用作人工骨、牙根、关节、螺栓。例如作为螺栓，其优势是不像金属螺栓那样会生锈和溶解出有害离子，因而无需取出体外。多晶氧化铝的化学性能十分稳定，几乎不与组织液发生任何化学反应，硬度高，机械强度高。氧化铝陶瓷的缺点主要是与骨不发生化学结合，长时间后与骨的固定会发生松弛。其机械强度不高，易磨耗。采用多孔氧化铝把氧化铝陶瓷制成多孔质形态，可使骨组织长入其孔隙而使植入体固定，保证植入物与骨头的良好结合。但相应地降低了陶瓷的机械强度，其强度随孔隙率的增加而急剧降低，因而只能用于不负重或负重轻的部位。一种解决办法是将金属与氧化铝复合，在金属表面形成多孔性氧化铝薄层。

氧化锆和氧化铝一样，生物相容性良好，在人体内稳定性高，且比氧化铝断裂韧性、耐磨性更高，有利减少植入物尺寸和实现低摩擦、磨损，可用来制造牙根、骨、股关节、复合陶瓷人工骨、瓣膜等。

碳素类陶瓷包括玻璃碳、碳纤维及热解石墨等，其成分是碳元素。玻璃碳密度低，耐磨性和化学稳定性好，但强度与韧性较低，只能用于力学性能要求不高的场合。热解石墨则有较高的力学性能，其弹性模量为 20GPa，抗弯强度高达 275～620MPa，韧性比氧化铝陶瓷高 25 倍。碳纤维强度大，质轻，挠性好，其弹性模量近似天然骨，对组织力学刺激小；具有良好的血液相容性，特别是抗凝血性佳；与人体组织亲和性好，耐侵蚀，耐疲劳，润滑，不溶解，能牢固地黏附在其他材料的表面。碳纤维现已用作人工心瓣膜、血管、尿管、支气管、胆管、韧带、腱、牙根、关节等。

(3) 表面活性生物陶瓷（surface-active bioceramics） 表面活性生物陶瓷置于体液中会和组织形成化学键结合。由于反应仅在表面，并不影响材料原先的强度。也可以把这类材料例如涂布在别的非生物活性材料表面，如不锈钢、Co-Cr 合金、氧化铝等，赋予其表面生物活性。这一类的陶瓷材料有羟基磷灰石、生物玻璃陶瓷等。

生物玻璃陶瓷的主要成分是 $CaO \cdot Na_2O \cdot SiO_2 \cdot P_2O_5$，比普通窗玻璃含有较多钙和磷，与骨自然牢固地发生化学结合。将这种材料植入人体，只有 1 个月表面就形成二氧化硅胶凝层，进而与骨骼形成化学键。不同于普通的玻璃，生物玻璃陶瓷包含有结晶相和玻璃相，无气孔。其结晶相含量一般占一半以上，有的高达 90%，而玻璃相含量一般为 5%～50%。结晶相细小，一般小于 1～2μm，且分布均匀。因此，玻璃陶瓷一般具有机械强度高、热性能好、耐酸碱性强等特点。对 SiO_2-Na_2O-CaO-P_2O_5 系玻璃陶瓷、Li_2O-Al_2O_3-SiO_2 系玻璃陶瓷以及 SiO_2-Al_2O_3-MgO-TiO_2-CaF_2 系玻璃陶瓷等进行生物临床应用，发现它们具有良好的生物相容性，没有异物反应。目前此种材料已用于修复耳听小骨，对恢复听力具有良好效果。但由于强度低，只能用于人体受力不大的部位。

羟基磷灰石陶瓷的组成和天然磷灰石矿物相近，是脊椎动物骨和齿的主要无机成分，结构亦非常接近，呈片状微晶状态。合成的羟基磷灰石结构与生物骨组织相似，因此具有与生物体硬组织相同的性能。如 Ca：P≈1.67，相对密度约为 3.14，机械强度大于 10MPa，对生物无毒，无刺激，生物相容性好，不被吸收，能诱发新骨的生长。目前国内外已将羟基磷灰石用于牙槽、骨缺损、脑外科手术的修补、填充，整形整容的材料和耳听小骨置换假体（图 8-3）的制造。此外，它还可以制成人工骨核治疗骨结核。

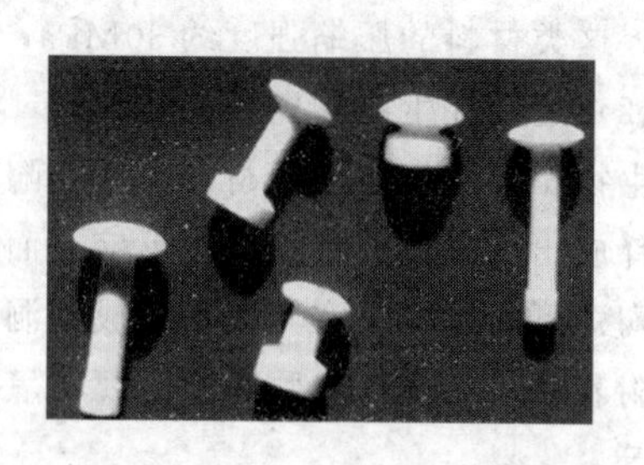

图 8-3　羟基磷灰石生物陶瓷耳听小骨置换假体

8.4.2　生物陶瓷的制备

8.4.2.1　生物医药玻璃陶瓷的制备

生物医药玻璃陶瓷也称微晶玻璃或微晶陶瓷，玻璃陶瓷的生产工艺过程为：

配料制备→配料熔融→成形→加工→晶化热处理→再加工

玻璃陶瓷生产过程的关键在晶化热处理工序，这一工序包含两个阶段，即成核（A 阶段）和晶核生长（B 阶段），这两个阶段有密切的联系。在 A 阶段必须充分成核，在 B 阶段控制晶核的成长。玻璃陶瓷的析晶过程由三个因素决定。第一个因素为晶核形成速度；第二个因素为晶体生长速度；第三个因素为玻璃的黏度（影响扩散性）。这三个因素都与温度有关。玻璃陶瓷的结晶速度不宜过小，也不宜过大，有利于对析晶过程进行控制。为了促进成核，一般要加入成核剂。一种成核剂为贵金属如金、银、铂等离子，但价格较贵；另一种是普通的成核剂，有 TiO_2、ZrO_2、P_2O_5、V_2O_5、Cr_2O_3、MoO_3、氟化物、硫化物等。

8.4.2.2　氧化铝单晶生物陶瓷的制备

氧化铝单晶也称宝石，添加剂不同，制得单晶材料的颜色不同，如红宝石、蓝宝石等。氧化铝单晶的生产工艺有提拉法、导模法、化学气相沉积法、焰熔法等。

（1）提拉法　即是把原料装入坩埚内，将坩埚置于单晶炉内，加热使原料完全熔化，把装在籽晶杆上的籽晶浸渍到熔体中与液面接触，精密地控制和调整温度，缓缓地向上提拉籽晶杆，并以一定的速度旋转，使结晶过程在固-液界面上连续地进行，直到晶体生长达到预定长度为止。提拉籽晶杆的速度为 1～4mm/min，坩埚的转速为 10r/min，籽晶杆的转速为 25r/min。

（2）导模法　简称 EFG 法。在拟定生长的单晶物质熔体中，放顶面下所拟生长的晶体截面形状相同的空心模子即导模，模子用材料应能使熔体充分润湿，而又不发生反应。由于毛细管的现象，熔体上升，到模子的顶端面形成一层薄的熔体面。将晶种浸渍到其中，便可提拉出截面与模子顶端截面形状相同的晶体。

（3）化学气相沉积法（CVD）　将金属的氢氧化物、卤化物或金属有机物蒸发成气相，或用适当的气体做载体，输送到使其凝聚的较低温度带内，通过化学反应，在一定的衬底上沉积形成薄膜晶体。

(4) 焰熔法　将原料装在料斗内，下降通过倒装的氢氧焰喷嘴，将其熔化后沉积在保温炉内的耐火材料托柱上，形成一层熔化层，边下降托柱边进行结晶。用这种方法很适合氧化铝这类高熔点的单晶制备，晶体生长速度快，工艺较简单，不需要昂贵的铱金坩埚和容器，因此较为经济。

8.4.2.3　羟基磷灰石生物陶瓷的制备

羟基磷灰石陶瓷的制造工艺包括传统的固相反应法、沉淀反应法及较为流行的水热合成法。

(1) 固相反应法　这种方法与普通陶瓷的制造方法基本相同，根据配方将原料磨细混合，在高温下进行合成，如磷酸氢钙与碳酸钙混合均匀，在 1000～1300℃加热反应，制得羟基磷灰石陶瓷。

$$6CaHPO_4 \cdot 2H_2O + 4CaCO_3 = Ca_{10}(PO_4)_6(OH)_2 + 4CO_2\uparrow + 4H_2O\uparrow$$

(2) 水热反应法　将 $CaHPO_4$ 与 $CaCO_3$ 按 6∶4（摩尔比）进行配料，然后进行 24h 湿法球磨。将球磨好的浆料倒入容器中，加入足够的蒸馏水，在 80～100℃恒温情况下进行搅拌，反应完毕后，放置沉淀得到白色的羟基磷灰石沉淀物，其反应式与固相反应法类似。

(3) 沉淀反应法　此法用 $Ca(NO_3)_2$ 与 $(NH_4)_2HPO_4$ 进行反应，得到白色的羟基磷灰石沉淀。其反应如下：

$$10Ca(NO_3)_2 + 6(NH_4)_2HPO_4 + 8NH_3 \cdot H_2O + H_2O = Ca_{10}(PO_4)_6(OH)_2 + 20NH_4NO_3 + 7H_2O$$

8.4.2.4　碳素陶瓷的制备

玻璃碳是通过加热预先成型的固态聚合物使易挥发组分挥发掉而制得。热解石墨的制备是将甲烷、丙烷等碳氢化合物通入流化床中，在 1000～2400℃热解、沉积而得。沉积层的厚度一般为 1mm。下面主要讲述碳纤维的制备过程。

碳纤维是一种以碳为主要成分的纤维状材料，它不同于有机纤维或无机纤维，不能用熔融法或溶液法直接纺丝，只能以有机物为原料，采用间接方法，将原料纤维在一定的张力、温度下，经过一定时间的预氧化、碳化和石墨化处理等过程制成。制造方法可分为两种类型，即气相法和有机纤维碳化法。气相法是在惰性气氛中小分子有机物（如烃或芳烃等）在高温下沉积成纤维。用这种方法只能制造晶须或短纤维，不能制造连续长丝。有机纤维碳化法是先将有机纤维经过稳定化处理变成耐焰纤维，然后再在惰性气氛中，于高温下进行焙烧碳化，使有机纤维失去部分碳和其他非碳原子，形成以碳为主要成分的纤维状物。此法可制造连续长纤维。天然纤维、再生纤维和合成纤维都可用来制备碳纤维。选择的条件是加热时不熔融，可牵伸，且碳纤维产率高。

到目前为止，制造碳纤维的原材料有 3 种，即人造丝（黏胶纤维）、聚丙烯腈纤维（不同于腈纶毛线）、沥青。用这些原料生产的碳纤维各有特点。制造高强度、高模量碳纤维多选聚丙烯腈为原料，其碳化得率较高（50%～60%），而且由于生产流程、溶剂回收、三废处理等方面都比黏胶纤维简单，成本低，原料来源丰富，加上聚丙烯腈基碳纤维的力学性能，尤其是抗拉强度、抗拉模量等为 3 种碳纤维之首，所以是目前应用领域最广、产量也最大的一种碳纤维。以聚丙烯腈制造的碳纤维约占总碳纤维产量的 95%。以黏胶纤维为原料制碳纤维碳化得率只有 20％～30％，这种碳纤维碱金属含量低，特别适宜作烧蚀材料。以沥青为原料时，碳化得率高达 80％～90％，成本最低，是正在发展的品种。

无论用何种原丝纤维来制造碳纤维，都要经过 5 个阶段。

① 拉丝　可用湿法、干法或者熔融状态 3 种任意一种方法进行。

② 牵伸　在室温以上，通常在 100～300℃范围内进行。

③ 稳定　通过 400℃加热氧化的方法。显著地降低所有的热失重，并因此保证高度石墨化和取得更好的性能。

④ 碳化　在 1000～2000℃范围内进行。

⑤ 石墨化　在 2000～3000℃范围内进行。

无论采用什么原材料制备碳纤维，都经过上述 5 个阶段。以聚丙烯腈纤维为原料的碳纤维，在预氧化过程中，聚丙烯腈原丝中含氧化合物是碳化初期分子间交联反应的主因，氧是环化反应的催化剂，加热形成热稳定性的梯形结构。碳化和石墨化都是在氮气中进行的，碳化反应是使非碳元素借分子间交联反应挥发出来。在热处理过程中，大量气体挥发后形成更多的石墨层状结构，强度增大，模量增加，导电性也提高。纤维先由白色变为黄色，继而呈棕黄色，最后变为黑色。所产生的最终纤维，其基本成分为碳，高模量碳纤维成分几乎是纯碳。根据使用要求和热处理温度的不同，碳纤维分为耐燃纤维、碳纤维和石墨纤维。例如 300～350℃热处理时得耐燃纤维；1000～1500℃热处理时得碳纤维，含碳量为 90％～95％；碳纤维经 2000℃以上高温处理可以制得石墨纤维，含碳量高达 99％以上。PAN 原丝在制造碳纤维过程中的结构变化如图 8-4 所示。

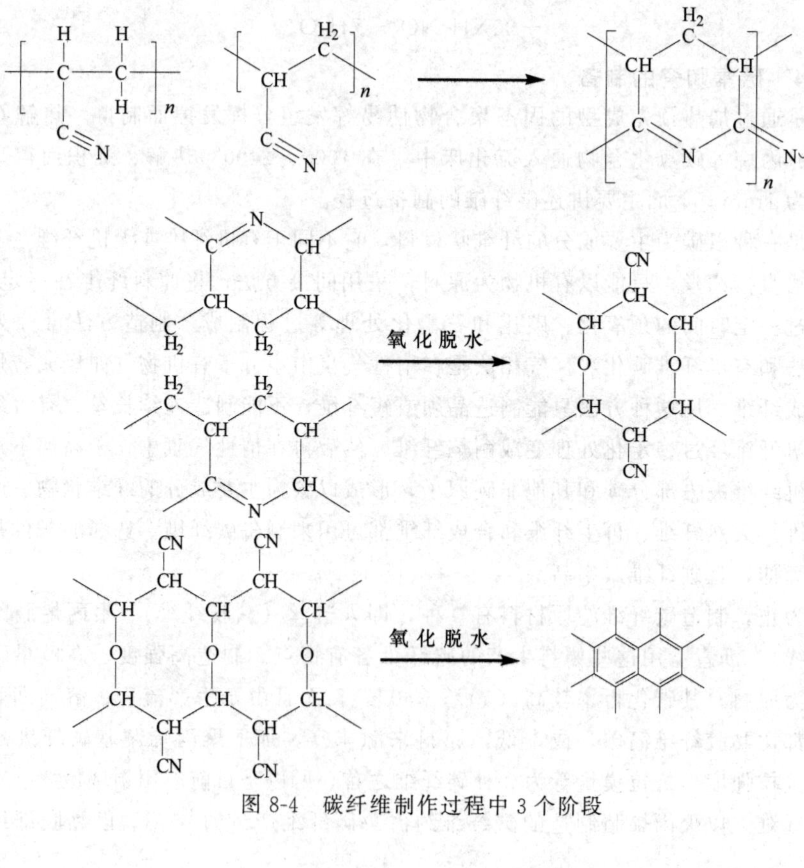

氧化脱水

氧化脱水

图 8-4　碳纤维制作过程中 3 个阶段

采用较新的电子束辐照技术，可大幅提高聚丙烯腈成纤过程中的六元环含量，从而提高碳纤维的性能。

8.5 生物医用高分子材料

生物医用高分子（biomedical polymer）材料是一类用于临床医学的高分子及其复合材料，是生物医学材料的重要组成部分，用于人工器官、外科修复、理疗康复、诊断检查、治疗疾患、药物制剂等医疗保健领域。对生物医用高分子的研究主要关注两个方面：一是设计、合成和加工符合不同医用目的的高分子材料与制品；二是最大限度地克服这些材料对人体的伤害和副作用。

高分子材料涉足医用领域已有较长历史。公元前4000年前，古埃及人就曾使用亚麻和由天然黏合剂黏合的亚麻来缝合伤口，以使伤口能及时愈合。在公元前3500年前，古埃及人又用棉花纤维、马鬃缝合伤口；印第安人则使用木片修补受伤的颅骨。至公元前600年，古印度人在类似的情况下采用马鬃、棉线和细皮革条等。随后，逐渐出现以肠衣线和蚕丝作为伤口缝合线。到了19世纪，手术缝合线已成为医用纤维的主要使用形式。1851年，随着天然橡胶硫化方法的出现，有人采用硬胶木制作了人工牙托的腭骨。进入21世纪，随着高分子科学迅速发展，新的合成高分子材料不断出现，从而带动了生物医用高分子材料的发展，其应用迅速进入生物医学的各个领域。

8.5.1 生物医用高分子材料的种类

目前可用于生物医学领域的高分子材料种类繁多，分类方法也不少，主要是从不同角度对生物医用高分子材料进行分门别类，例如来源、特性、用途等，以适应不同场合、不同领域的需要。

8.5.1.1 按来源分类

生物医用高分子按其来源可分为天然高分子生物医用材料和合成高分子生物医用材料。用于生物医学的天然高分子材料主要包括天然蛋白质材料（胶原蛋白和纤维蛋白）和天然多糖（纤维素、甲壳素和壳聚糖等）。

天然生物组织与器官也可以作为生物医用高分子材料的来源，包括取自患者自体的组织，例如采用自身隐静脉作为冠状动脉搭桥术的血管替代物；取自其他人的同种异体组织，例如利用他人角膜治疗患者的角膜疾病；来自其他动物的异种同类组织，例如采用猪的心脏瓣膜代替人的心脏瓣膜治疗心脏病等。

用于生物医学的合成高分子生物材料包括生物可降解的合成高分子如聚乙烯醇、聚乳酸、聚乙内酯、乳酸-乙醇酸共聚物、聚β-羟基丁酸酯等；以及生物不可降解的合成高分子如硅橡胶、聚氨酯、环氧树脂、聚氯乙烯、聚四氟乙烯、聚乙烯、聚丙烯、聚甲基丙烯酸甲酯、丙烯酸酯水凝胶、α-氰基丙烯酸酯类、饱和聚酯等。

8.5.1.2 按材料与活体组织的相互作用关系分类

材料与活体组织的相互作用包括是否有生物活性以及能否被生物体吸收（降解）。如果材料在体内不降解、不变性、不引起长期组织反应，适合长期植入体内，这类生物医学高分子材料属于生物惰性高分子材料，例如聚丙烯纤维等。而植入生物体内能与周围组织发生相互作用，促进肌体组织、细胞等生长的材料则属于生物活性高分子材料。此外还有生物吸收高分子材料，或称生物降解高分子材料。这类材料在体内逐渐降解，其降解产物能被肌体吸收代谢，或通过排泄系统排出体外，对人体健康没有影响。如聚乙交酯纤维、聚丙交酯纤维、聚β-羟基丁酸酯纤维等。

8.5.1.3 按材料的生物医学特性用途分类

不同特性的高分子材料在生物医学中有不同的应用范围，据此可把生物医用高分子材料分成四类。

(1) 硬组织相容性高分子材料　硬组织相容性高分子材料如各种人工骨、人工关节、牙根等是医学临床上应用量很大的一类产品，涉及医学临床的骨科、颌面外科、口腔科、颅脑外科和整形外科等多个专科，往往要求具有与替代组织类似的力学性能，同时能够与周围组织结合在一起。如牙科材料（蛀牙填补用树脂、假牙和人工牙根、人工齿冠材料和硅橡胶牙托软衬垫等）、人造骨、关节材料聚甲基丙烯酸甲酯等。

(2) 软组织相容性高分子材料　软组织相容性高分子材料主要用于软组织的替代与修复，如隆鼻丰胸材料、人工肌肉与韧带材料等。这类材料往往要求软组织相容性好，同时要具有适当的强度和弹性，在发挥其功能的同时，不对邻近软组织如肌肉、肌腱、皮肤、皮下等产生不良影响，不引起严重的组织病变。

(3) 血液相容性高分子材料　这是指在使用过程中需要与血液接触的材料，例如各种体外循环系统、介入治疗系统、人工血管和人工心瓣等人工脏器。血液相容性高分子材料必须不引起凝血、溶血等生理反应，与活性组织有良好的互相适应性。

(4) 药用高分子材料　药用高分子材料包括高分子药物和药物控释高分子材料。高分子药物指具有高分子链结构的药物（如小分子药物的大分子化或结合在高分子链上）和具有药效的高分子，如抗癌高分子药物、用于心血管疾病的高分子药物、抗菌和抗病毒高分子药物、抗辐射高分子药物和高分子止血剂等。药物控释高分子材料则是用于药物的控制释放，目的是使药物以最小的剂量在特定部位产生治疗药效，或者优化药物释放速率以提高疗效和降低毒副作用，而不要材料其本身具有药效。

8.5.2 生物医用高分子材料的要求

本章前面叙述了生物医用材料的基本要求，包括生物相容性、化学稳定性和力学性能。这些要求对于生物医用高分子材料同样适用，但在不同的使用场合会有所侧重。除了上述基本要求外，针对其实际应用还会有其他的具体要求，例如材料功能上的要求、材料可加工性和加工工艺要求、成本要求等。下面对生物相容性和功能性方面的要求进行简单叙述。

8.5.2.1 生物相容性方面的要求

对生物医用高分子材料的生物相容性要求包括硬组织相容性、软组织相容性和血液相容性。

对于长期植入的医用高分子材料，生物稳定性要好，但对于暂时植入的医用高分子材料，例如手术缝合线、牙周再生片等用的聚乙交酯-丙交酯纤维，则要求能够在确定时间内降解为无毒的单体或片段，通过吸收、代谢过程排出体外。此外，针对不同的用途，在使用期内医用高分子材料的强度、弹性、尺寸稳定性、耐曲挠疲劳性、耐磨性应达到使用要求。例如，当用涤纶作人工韧带时，应该用断裂强度高的工业丝作为原料。对于某些用途，还要求具有界面稳定性。此外，还有来源和价格、加工成型的难易等要求。

用于硬组织替代或修复的医用高分子材料必须具有良好的硬组织相容性，能与骨骼或牙齿相互适应。软组织替代或修复材料应具有适当的软组织相容性，材料在发挥其功能的同时，不对邻近软组织（如肌肉、肌腱、皮肤、皮下等）产生不良反应。与血液接触的材料必须具有良好的血液相容性，不引起凝血、溶血，不影响血相。

8.5.2.2 功能要求

对于作为人工器官、组织、药物载体、临床检查诊断和治疗用生物医学高分子材料，必须具有显示其医用效果的功能，即生物功能性。由于使用的目的、各种器官在生物体外所处的位置和功能不同，对材料的要求也各有侧重。用作生物传感器、医疗测定仪器零件和检查用生物医用纤维材料应具备检查、诊断疾病功能。如将由梅毒心磷脂、胆甾醇和卵磷脂组成的抗原材料固定在醋酸纤维膜上形成免疫传感器，可感知血清中梅毒抗体发生反应，产生膜电位，从而用来诊断梅毒。

作为人工肾透析器的材料，要有高度的选择透过功能；作为人工血管材料，要具有高度的力学性能和耐疲劳性能；作为人工皮肤材料，要具有细胞亲和性和透气性；作为人工血液，要具有吸、脱氧功能；用于人工韧带、人造肌腱、人造肌肉、人造修补的材料应具备诸如支持活体，保护软组织、脑和内脏等一些相应功能。

药用高分子材料应具备可改变药物吸收途径，控制药物释放速度、部位，并满足疾病治疗要求的功能。例如，多孔中空纤维作为药物控释体系的载体，可以控制药物的释放速度，增加药物对器官组织的靶向性，提高疗效，降低毒副作用。

8.5.3 生物可降解高分子材料及其应用

生物可降解高分子材料（biodegradable polymeric materials）是指在一定的条件下和一定的时间内，能被微生物（细菌、真菌、霉菌、藻类等）或其分泌物在酶或化学分解作用下发生降解的高分子材料。这类高分子材料的链结构含有可生物降解性（包括水解）的结构单元，例如脂肪族酯键、肽键、脂肪族醚键、亚甲基、氨基、酰胺基、烯胺基、芳香族偶氮基、脲基、氨基甲酸乙酯等。

生物可降解高分子材料按其来源可分为天然高分子和人工合成高分子两大类。前者包括淀粉、纤维素、甲壳质、木质素等，这些高分子可被微生物完全降解，但因纤维素等存在物理性能上的不足，不能满足工程材料的性能要求，因此大多与其他高分子如脱乙酰基多糖（由甲壳质制得）等共混，得到有使用价值的生物降解材料。人工合成高分子除了一般的化学合成（例如聚合）外，另外的途径是微生物合成方法。微生物合成高分子是生物通过各种碳源发酵制得的一类高分子材料，主要包括微生物聚酯、聚乳酸及微生物多糖，具有生物可降解性。具有代表性的是聚 β-羟基烷酸酯。由于在自然界中酯基容易被微生物或酶分解，所以化学合成生物降解高分子材料大多是分子结构中含有酯基结构的脂肪族聚酯。

8.5.3.1 生物可降解高分子材料的制备

生物可降解高分子材料主要是从单体聚合（化学合成）或通过现成的高分子材料（如天然高分子）改性得到。

(1) 化学合成　人工合成的生物可降解高分子如聚乙交酯（PGA）、聚丙交酯（聚乳酸，PLA）、乙交酯-丙交酯共聚物（PGLA）、聚己内酯（PCL）和聚丁二酸丁二醇酯（PBS）等，是通过小分子单体缩聚而成的。这里以聚乳酸的合成为例。乳酸含有一个手性碳，因此有两种旋光异构体，即 L-乳酸和 D-乳酸，因此聚乳酸亦有聚 D-乳酸（PDLA）、聚 L-乳酸（PLLA）和聚 D，L-乳酸（PDLLA）之分。两个 L-乳酸分子间发生酯化，脱水缩合生成环状的 L-丙交酯，结构式如图 8-5 所示。聚乳酸的合成可以通过乳酸的直接缩聚得到，也可以通过丙交酯的开环聚合反应得到。

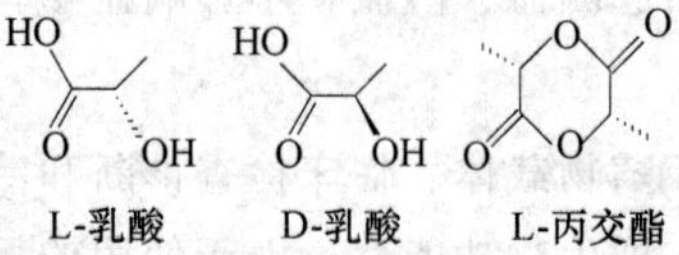

L-乳酸　　D-乳酸　　L-丙交酯

图 8-5　乳酸和 L-丙交酯的结构

直接缩聚法的反应如图 8-6 所示。当脱水缩聚，聚乳酸分子量达到一定程度后，体系黏度增大，体系中的水分不易除去，于是反应达到平衡。因此，该方法得到的聚合物分子量较低。直接聚合物要求高纯度的乳酸作为原料。该法的优点是产率高、流程简短，而且不需要催化剂。

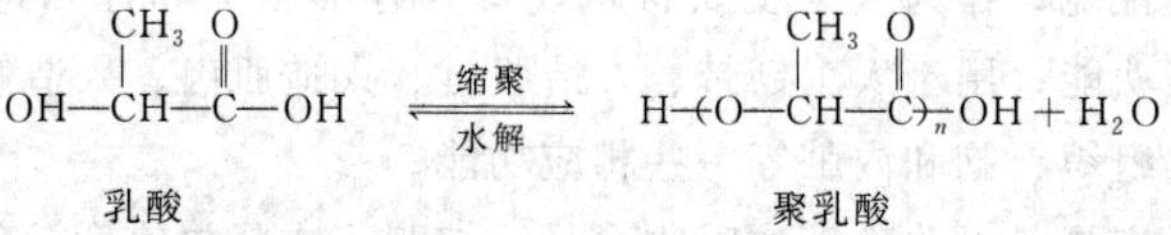

$$\underset{\text{乳酸}}{HO-CH(CH_3)-C(=O)-OH} \underset{\text{水解}}{\overset{\text{缩聚}}{\rightleftharpoons}} \underset{\text{聚乳酸}}{H\!\left(O-CH(CH_3)-C(=O)\right)_n OH} + H_2O$$

图 8-6　直接缩聚法制备聚乳酸

开环聚合法是先将乳酸脱水缩合成低聚物，然后在高温、高真空的条件下开环裂解出丙交酯，后者在一定的温度和真空度下开环聚合得到高分子量的聚乳酸（也叫聚丙交酯）。反应过程如图 8-7 所示。

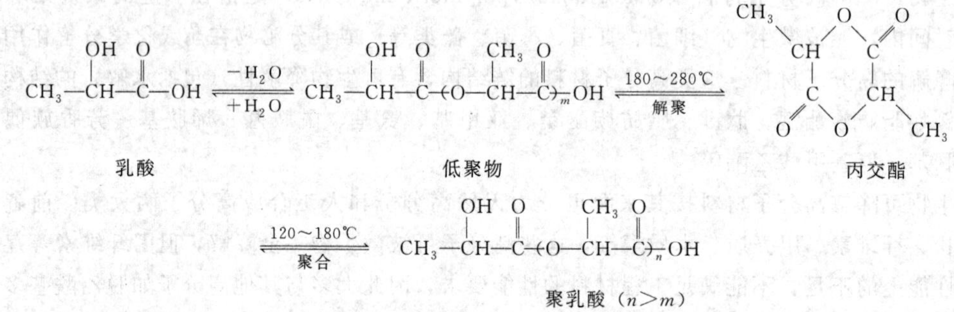

$$\underset{\text{乳酸}}{CH_3-CH(OH)-C(=O)-OH} \underset{+H_2O}{\overset{-H_2O}{\rightleftharpoons}} \underset{\text{低聚物}}{CH_3-CH(OH)-C(=O)\!\left(O-CH(CH_3)-C(=O)\right)_m OH} \underset{\text{解聚}}{\xrightarrow{180\sim280^{\circ}C}} \text{丙交酯}$$

$$\underset{\text{聚合}}{\xrightarrow{120\sim180^{\circ}C}} \underset{\text{聚乳酸}\ (n>m)}{CH_3-CH(OH)-C(=O)\!\left(O-CH(CH_3)-C(=O)\right)_n OH}$$

图 8-7　开环聚合法合成聚乳酸

开环聚合法是目前广泛应用的合成方法，其优点是可得到高分子量的 PLLA，而且可使用纯度不高的乳酸为原料，甚至可以用下脚料、废料。但是丙交酯必须通过结晶法或减压蒸馏法提纯才能得到高分子量的产品。

(2) 化学改性　化学改性主要是对天然高分子例如多糖进行化学处理。这里以甲壳素和壳聚糖的化学改性作为例子。甲壳素（chitin）是一种 *N*-乙酰-D-氨基葡萄糖多糖体，以 β-1，4 糖苷键相连。甲壳素脱除乙酰基后所得产物称为壳聚糖（chitosan）。甲壳素和壳聚糖的分子中存在羟基和氨基，可利用这些基团进行化学改性，在重复单元上引入不同基团。一方面可改善它们的溶解性能，更重要的是不同取代基的引入可赋予甲壳素和壳聚糖更多的功能。

① 羧基化　甲壳素和壳聚糖引入羧基后一方面能得到完全水溶性的高分子，更重要的是能得到含阴离子的两性壳聚糖衍生物。甲壳素和壳聚糖本身可用于医药缓释载体材料，但进入人体后要消耗一定的胃酸才能溶解，这对其应用有一定限制。引入羧基后可避免这种情况。碱性条件下，用氯乙酸与甲壳素反应，可制得羧甲基化的产物，反应过程如图 8-8 所示。

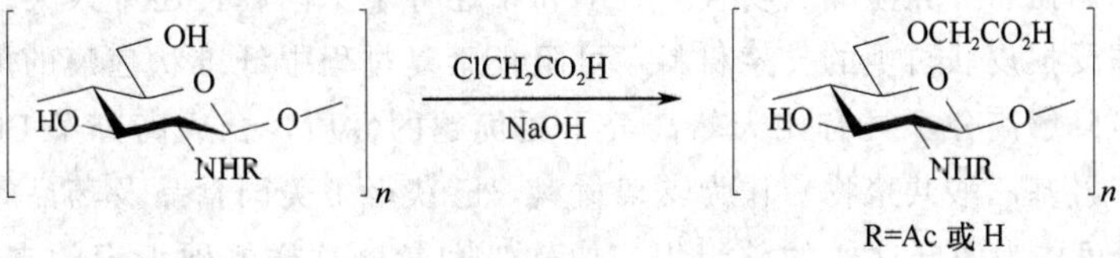

图 8-8　羧甲基甲壳素的合成反应式

相似条件下，壳聚糖也可进行羧甲基化反应，但反应是同时发生在羟基和氨基上的。

用乙酰丙酸与壳聚糖反应，可以制得 *N*-2-羧丁基壳聚糖，如图 8-9 所示。*N*-2-羧丁基壳聚糖具有良好的生物活性和相容性，作为新型生物材料已用于伤口愈合的涂覆剂和组织修复的促长剂。

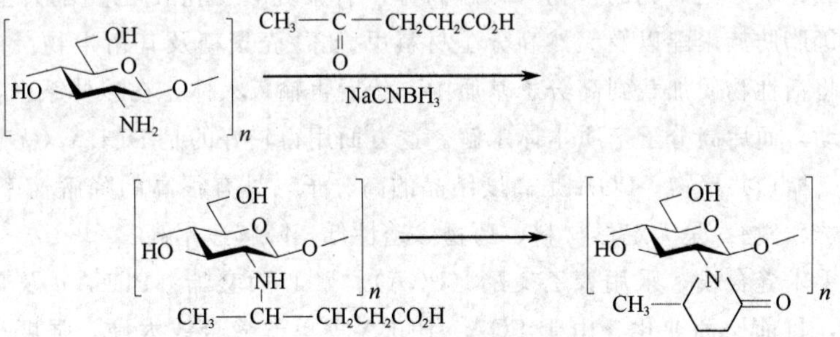

图 8-9　*N*-2-羧丁基壳聚糖的合成反应式

② 季铵盐化　壳聚糖的季铵盐是一种两性高分子，取代度在 25%以上季铵盐化壳聚糖一般可溶于水。这类改性壳聚糖具有良好的抑菌性能。季铵盐化有两个途径，一是利用壳聚糖的氨基反应制得，具体方法是用过量卤代烷和壳聚糖反应得到卤化壳聚糖季铵盐。由于碘代烷的反应活性较高，是常用的卤代化试剂。另一途径是用含有环氧烷烃的季铵盐和壳聚糖反应，得到含有羟基的壳聚糖季铵盐。

除了这两种改性方法外，甲壳素和壳聚糖还可以通过酰化、烷基化、羟基化以及接枝共聚等方法进行改性，获得性能各异的生物可降解材料。

8.5.3.2　生物可降解高分子材料在生物医学中的应用

(1) 骨内固定材料　骨内固定材料的应用包括两个方面：一方面是要求植入聚合物在创伤愈合过程中缓慢降解，主要用于骨折内固定高分子材料，如骨夹板、骨螺钉等；另一方面要求在相当时间内聚合物缓慢降解，在初期或一定时间内在高分子材料上培养组织细胞，让其生长成组织、器官，如软骨、肝、血管、皮肤等。如 γ-聚谷氨酸（γ-PGA）、聚 L-丙交酯（PLLA）、聚丁二酸丁二醇酯（PBS）等均可用作骨折固定材料。分子量约 7 万以上的聚乳酸经熔融成型和 4 倍拉伸的骨结合材料，也是良好的骨折固定材料，并且具有明显的组织亲和性。

（2）组织修复　将聚乳酸及其共聚物用作支撑材料，在其上移植器官、组织的生长细胞，使其形成自然组织，称为外科替代疗法，也就是组织工程。采用生物可降解高分子作为组织工程的植入物，其优势在于可避免非降解材料长期存在造成的免疫排斥及其综合征，可使新生组织逐渐生长渗入植入物并完全取代植入的细胞支架，长成预定形状的组织。用生物降解高分子材料制成胃肠道吻合套，可以改变现行手术的缝合或铆合过程，从而防止现行手术中经常发生的出血、针孔泄漏、吻合口狭窄和粘连等手术问题，还可大大缩短手术时间。胶原纤维被用作受损皮肤再生的支架材料，可阻止康复过程中纤维状疤痕的形成。近年来，由于合成生物可降解高分子具有比天然高分子更优越的性质，合成高分子 PLLA、PGA 和 PLGA（聚乳酸-羟基乙酸共聚物）作为支架材料，已获得了美国食品及药品管理局（FDA）的认可。PLLA 可作为像肝这样的软组织、像软骨和骨骼这样的硬组织的支架材料，PGA 被用作细胞移植和器官再生的人造支架，PLGA 被用于肠和肝的再生以及骨组织工程上。

（3）药物控制释放　生物可降解高分子材料可作为药物载体应用在各种控制释放体系中，如凝胶控制释放、微球和微胶囊控制释放、体内埋置生物降解高分子材料的研究等。由于这些聚合物具有被人体吸收代谢的功能，与不可降解的药物载体聚合物相比，具有缓释速率对药物性质的依赖性小、更适应不稳定药物的释放要求及释放速率更为稳定等优点。作为药物控制释放载体被广泛研究的生物可降解高分子有聚乳酸、乳酸-己内酯共聚物、乙交酯-丙交酯共聚物等脂肪族聚酯以及天然高分子材料甲壳素/壳聚糖及其衍生物。初期的药物控制释放体系是将活性物质加载到高分子基质中，然后再输入人体。在该体系中，药物释放主要是由扩散驱动，而后高分子基质本体水解。这方面用得较好的是 DLLA（无规右、左旋乳酸）/GA（乙交酯）共聚物。PGA 是高度结晶的高分子，具有很高的降解速率。而 PDLLA（右、左旋乳酸聚合物）是无定形材料，药物渗透性低，降解速率高。

（4）外科手术缝合线　采用聚乙交酯（PGA）、聚 L-丙交酯（PLLA）及其共聚物制成的外科缝合线，目前已商业化。由于 PGA、PLLA 等单丝缝合线太硬，强度小，所以现阶段的研究热点是如何提高缝合线的柔软性和机械强度，同时加入增塑剂增加线的韧性和调节降解速度。研究发现，用甲壳质制成的手术线不但力学性能良好、打结不易滑脱，而且无毒性。用改进工艺制成的单根甲壳质纤维缝合线在使用初始 10～15 天中有很大的强度，而此后强度迅速下降，有利于生物体的迅速吸收。

（5）其他应用　医用降解高分子还可用于医用抗粘剂、血管移植和人造皮肤。明胶和谷氨酸共聚物水凝胶作为软组织的抗粘剂也已见报道。大量商业用的人造皮肤是用胶原蛋白、甲壳质、聚 L-亮氨酸等酶催化生物降解材料。

8.5.4 医药高分子

8.5.4.1 高分子药物

高分子药物是指本身具有药物疗效、在体内可以作为药物直接使用的高分子化合物。根据结构形态，高分子药物主要包括高分子结构本身起治疗作用的骨架型高分子药物、小分子接入骨架后形成的高分子药物和高分子配合药物等类型。

（1）骨架型高分子药物　骨架型高分子药物是指高分子骨架本身起治疗作用，包括直接治疗、通过诱导活化免疫系统发挥药理作用或与其他药物有协同作用。这类药物只有整个高分子链才显示出医药活性，它们相应的低分子模型化合物一般并无药理作用。例如，不少聚氨基酸具有良好的抗菌活性，但其相应的低分子氨基酸却并无药理活性。

聚乙烯-N-氧吡啶对于治疗因大量吸入含游离二氧化硅粉尘所引起的急性和慢性肺沉着病有较好效果，并有较好的预防效果。研究表明，只有当聚乙烯-N-氧吡啶的分子量大于3万时才有较好的药理活性，其低聚物以及其低分子模型化合物异丙基-N-氧吡啶却完全没有药理活性。

肝素是生物体中的一种多糖类化合物，分子结构中含有羧基、磺酸基和磺酰胺基等功能基团。肝素与血液有良好的相容性，具有优异的抗凝血性能。模拟它的化学结构，人工合成含有这三种功能基团的丙烯酸酯共聚物（图8-10），同样具有很好的抗凝血性能。

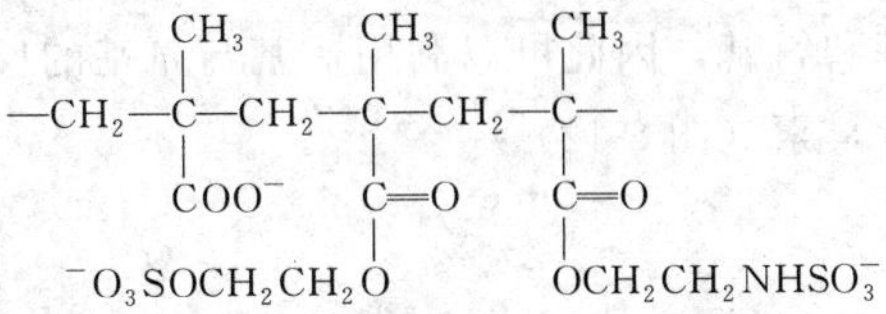

$$-CH_2-\underset{\underset{COO^-}{|}}{\overset{\overset{CH_3}{|}}{C}}-CH_2-\underset{\underset{\underset{^-O_3SOCH_2CH_2O}{|}}{C=O}}{\overset{\overset{CH_3}{|}}{C}}-CH_2-\underset{\underset{\underset{OCH_2CH_2NHSO_3^-}{|}}{C=O}}{\overset{\overset{CH_3}{|}}{C}}-$$

图8-10　人工合成的仿肝素聚合物

(2) 低分子药物高分子化　这类高分子药物亦称高分子载体药物，其药效部分是低分子药物，以某种化学方式连接在高分子链上。低分子药物分子中常含有氨基、羧基、羟基、酯基等活性基团，这些基团是与高分子化合物结合的极好反应点。低分子药物与高分子化合物结合后，起医疗作用的仍然是低分子药物单元，高分子仅起了骨架或载体的作用。某些情况下，高分子骨架也对药理基团有着一定的活化和促进作用。

低分子药物高分子化后的优点主要有：

① 能控制药物缓慢释放，使代谢减速、减少排泄、延长药效和提高疗效；

② 载体能把药物有选择地输送到体内确定部位，并能识别变异细胞；

③ 稳定性好；

④ 释放后的载体高分子是无毒的，不会在体内长时间积累，可排出体外或水解后被人体吸收，因此副作用小。

从化学角度考虑，可以引入小分子药物的聚合物骨架种类繁多，但是由于药物的特殊性，应满足以下条件：

① 高分子骨架的可代谢性和代谢产物的无毒性；

② 药物活性基团与聚合物骨架连接键应能在体内条件下分解；

③ 聚合物骨架的亲水性和生物相容性。

有两种途径可以把小分子药物高分子化：一是通过高分子的反应性基团与小分子药物中的基团反应，把小分子药物键合在高分子骨架；二是先把小分子药物接上可聚合基团（如丙烯酸酯双键），然后聚合成高分子。

高分子骨架中，除了接上药物单元外，一般还考虑引入亲水性基团如羧酸盐、季铵盐、磷酸盐等，使药物可溶于水。有时也会适当引入烃类亲油性基团，以调节溶解性。此外，高分子骨架中还可以引入输送基团，这是一些与生物体某些性质有关的基团，如磺酰胺基团与酸碱性有密切依赖关系，通过它可将药物分子有选择地输送到特定的组织细胞中。

低分子药物高分子化的一个例子是青霉素的高分子化，即利用青霉素结构中的羧基、氨基与高分子载体反应，可得到疗效长的高分子青霉素。例如将青霉素与乙烯醇-乙烯胺共聚物以酰胺键相结合，得到水溶性的药物高分子（图8-11）。这种高分子青霉素在人体内停留时间比低分子青霉素长30～40倍。

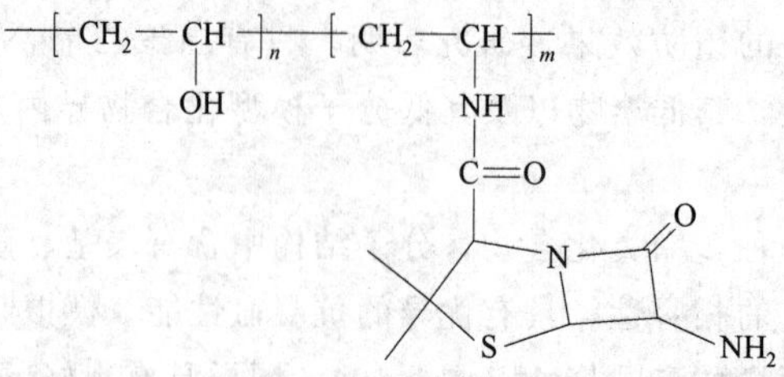

图 8-11　乙烯醇-乙烯胺共聚物载体青霉素

青霉素分子中含有羧基和氨基，因此可以利用羧基与氨基的反应，把小分子青霉素缩聚成大分子链，即主链型聚青霉素（图 8-12）。

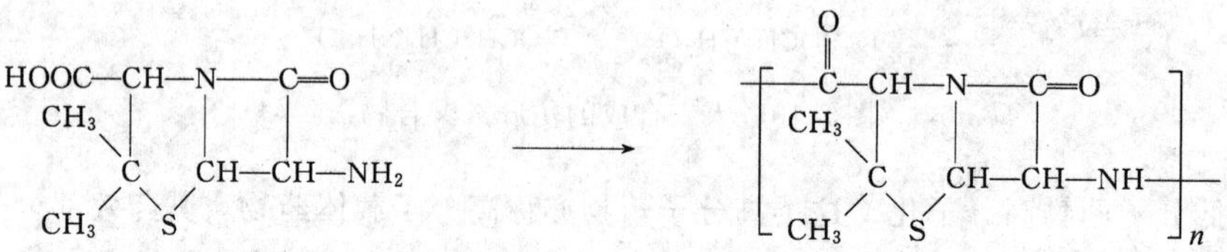

图 8-12　主链型聚青霉素

维生素 B_1 含有羟基，利用这个羟基与聚丙烯酸的羧基的酯化反应，可以制成大分子化的维生素 B_1（图 8-13），药效大大提高。

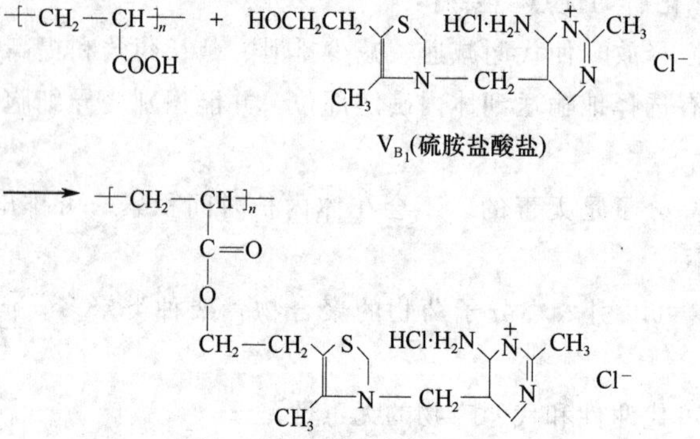

V_{B_1}(硫胺盐酸盐)

图 8-13　大分子化维生素 B_1

8.5.4.2　药物控释高分子材料

药物控释（controlled release）高分子材料是指本身并无药理活性、与药物不形成化学反应的高分子载体材料。药物的控制释放是将药物活性分子与高分子载体材料组合（如复合、包囊）后，投施到生物活性体内，通过扩散、渗透等控制方式，让药物活性分子再以适当的浓度和持续时间释放出来。其目的是通过对药物医疗剂量的有效控制，降低药物的毒副作用，减少耐药性，提高药物的稳定性和有效利用率。在一定条件下，还可以实现药物的靶向输送，减少服药次数，减轻患者的痛苦，并能节省人力、物力和财力等。而作为载体的高分子材料要最小限度地阻碍药物基团发挥其药理活性，并在药物释放完毕后不滞留体内，或经代谢、降解后排出体外，以免引起不良的后果。

图 8-14 比较了传统分次给药方式和药物控制释放给药方式的血药浓度（药物在血液中的浓度）随时间变化曲线。药物在血液中的浓度低于一定值（最小治疗浓度 MEC）时没有

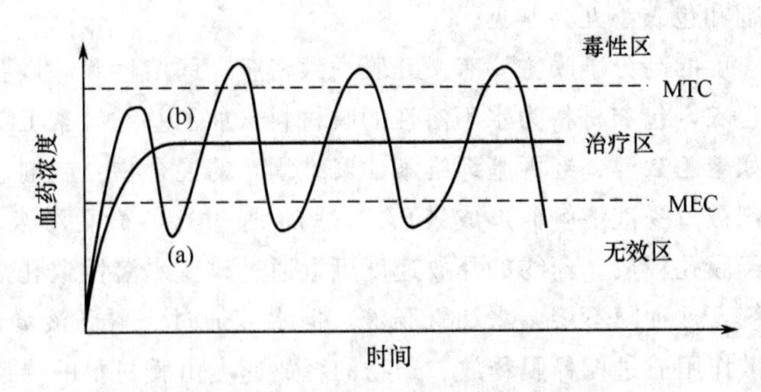

图 8-14　血药浓度随时间的变化图

(a) 传统的连续多次给药方式；(b) 药物控制释放给药方式

治疗效果；浓度高于某一值（最低中毒浓度 MTC）时则具有毒性，对人体有害。由图中可见，药物控制释放给药方式下，血药浓度可以长时间维持在有效的浓度区域（治疗区）。

（1）用于药物控制释放的高分子材料　目前用作药物控制释放载体的高分子材料主要是脂肪族聚酯类生物降解聚合物，如聚乳酸、丙交酯-己内酯共聚物、乙交酯-丙交酯共聚物、丙交酯-聚醚共聚物、己内酯-聚醚共聚物、左旋聚乳酸-乙交酯（或ε-己内酯）共聚物等。另外，甲壳素和壳聚糖由于具有生物活性、良好的生物相容性、完全可降解性及无毒性等优点而越来越多地应用于药物控制释放领域。一般的非生物降解材料作为药物载体时，其释放药物的速度随着载体中药物含量的减少而下降，无法保持药物的恒量释放。然而用生物降解性聚合物作药物载体时，随着聚合物载体在体内的降解，结构变得疏松，药物更容易从载体中扩散和溶解出来。聚合物降解越多，药物释放就越多，从而实现药物的长期恒量释放（图 8-15）。

图 8-15　以可生物降解聚合物为载体的药物缓释示意

一些非生物降解高分子也适用于药物控制释放体系。例如乙烯-醋酸乙烯酯共聚物，可用来做载体释放毛果芸香碱，治疗青光眼，其缓释时间在 7 天以上。这种共聚物还可以用于计划生育，以其为载体释放孕激素。有机硅橡胶类是目前用于医疗领域中重要的弹性高分子材料，其特点是具有生理惰性、无毒副作用、无味及理化的稳定性。如交联的硅橡胶可作为疏水药物（麻醉剂、激素等）的载体进行控制释放，在临床上已取得良好效果。此外，用亲水性的高聚物制成水凝胶载体，具有较好的生物相容性，对化学介质、pH 值、离子强度、温度、电场、光、机械应力等周围环境因素的改变能做出相应的响应，据此可控制药物的定时定点释放。

（2）药物缓释类型

① 膜控制型　该类型是在药库外周包裹有控制释药速度的高分子膜。根据需要，药物制剂可以制备成多层型、圆筒形、球形或片型等。如以乙基纤维素、渗透性丙烯酸树脂包衣的各种控释片剂，以乙烯-醋酸乙烯共聚物为控释膜的毛果芸香碱周效眼膜，以硅橡胶为控释膜的黄体酮宫内避孕器，以微孔聚丙烯为控释膜、聚异丁烯为药库的东莨菪碱透皮贴膏。

其中以各种包衣片剂和包衣小丸为常见。

用于控制释药速度的高分子膜主要有微孔膜、致密膜、肠溶性膜。微孔膜控释系统是在药物片芯或丸芯上包衣，包衣材料为水不溶性的膜材料（如乙基纤维素 EC、丙烯酸树脂等）与水溶性致孔剂（如聚乙二醇、羟丙基纤维素、聚维酮）的混合物。制剂进入胃肠道后，包衣膜中水溶性致孔剂被胃肠液溶解而形成微孔。胃肠液通过这些微孔渗入药芯使药物溶解，被溶解的药物溶液经膜孔释放。药物的释放速度可以通过改变水溶性致孔剂的用量来调节。

致密膜控释系统：这种膜不溶于水和胃肠液，但水能通过。胃肠液渗透进入释药系统，药物溶解，利用扩散作用通过控释膜释放。药物的释放速度由膜材料的渗透性决定，选用不同渗透性能的膜材料及其混合物，可调节释药速度达到设计要求。常用膜材料有乙基纤维素，丙烯酸树脂 RL、RS 型，醋酸纤维素等。

肠溶性膜控释系统：这种膜材料不溶于胃液，只溶于肠液，如肠溶性丙烯酸树脂、羟丙甲纤维素酞酸酯等。为了达到缓控释目的，这类膜材常常与其他成膜材料混合使用，如不溶性的乙基纤维素、水溶性的羟丙基甲基纤维素（HPMC）等。在胃中药物释放很少或不释放，进入小肠后，肠溶材料溶解，形成膜孔，药物可通过膜孔的扩散作用从释药系统释放。药物的释放速度可通过调节肠溶性材料的用量加以控制。如采用丙烯酸树脂肠溶Ⅱ号、HPMC、EC 等不同配比，制成的硫酸锌包衣颗粒，其体外释放时间可达 24h。

② 骨架型（基质型）　这种类型的药物制剂制备简单，不需控释膜，将药物直接分散在高分子材料形成的骨架中。药物释放速度取决于骨架材料的类型和药物在该材料中的扩散速度。如以聚乙烯醇（PVA）和聚乙烯基吡咯烷酮（PVP）为骨架的硝酸甘油贴膏，以 HPMC、聚羧乙烯（carbopol）为骨架材料的各种缓释片剂，以羟丙基纤维素（HPC）/聚羧乙烯为黏附材料的黏膜黏附制剂等。

采用亲水性聚合物，如甲基纤维素、羟丙基纤维素、羟丙基甲基纤维素（K4M，K15M、K100M）、聚羧乙烯、海藻酸钠、甲壳素、聚乙烯醇（PVA）等，可以构筑亲水凝胶骨架缓控释系统。这些材料的特点是遇水以后经水合作用而膨胀，在释药系统周围形成一层稠厚的凝胶屏障。药物可以扩散通过凝胶屏障而释放，释放速度因凝胶屏障的作用而被延缓。材料的亲水能力是控制药物释放的主要因素，可以通过调节聚合物的亲水性或在亲水聚合物中混合适量的疏水组分获得合适的控制释放速度。例如双氯芬酸钾水凝胶骨架缓释片，以羟丙甲纤维素（K4M）为主要骨架材料，并辅以其他疏水性阻滞剂如乙基纤维素、硬脂酸、肠溶性丙烯酸树脂等，以调节释药速度。为达到适宜的释药速度，还可加入亲水性的材料作填充剂或致孔剂，如乳糖、微晶纤维素、PVP。

骨架基质材料也可以采用不溶性（非亲水性）的聚合物，如聚氯乙烯、聚乙烯、聚氧硅烷等。这些材料口服后不被机体吸收，无变化地从粪便排出。制作片剂时，把骨架材料与药物相混，再用丙酮等有机溶剂为润湿剂制成软材，然后制粒、压片即可。应用这类材料制成的释药系统一般适合于水溶性药物。如国外有用聚氯乙烯制成的硝酸异山梨酯、硫酸奎尼丁控释片上市。

③ 微胶囊和微粒型　这类控释制剂可以看成是微型化的膜控制型制剂和骨架制剂，尺寸一般在 5～200μm。微胶囊是以高分子膜为外壳的微小包囊物，其中包有被保护或被密封的物质，如药物。经微胶囊化后，药物的外观、密度、溶解性、反应性、温敏性、光敏性等性质将发生变化。与普通的药物相比，药物微胶囊有不少优点。药物被高分子膜包裹后，避免了与人体的直接接触，只有通过对聚合物壁的渗透或聚合物膜在人体内被浸蚀、溶解后才

能逐渐释放出来。因此能够延缓、控制药物释放速度，掩蔽药物的毒性、刺激性、苦味等不良性质，提高药物的疗效。此外，微胶囊化等于给药物多了一层保护，使其与空气隔绝，能有效防止药物储存过程中的氧化、吸潮、变色等不良反应，增加储存稳定性。

用于药物微胶囊包裹的高分子材料，除了满足药用高分子应具备的基本性能外，还应该对药物有良好的渗透性，或能在人体中溶解或水解，使药物能以一定方式释放出来。合成高分子材料中，目前应用较多的有聚葡萄糖酸、聚乳酸、乳酸与氨基酸的共聚物、甲基丙烯酸甲酯与甲基丙烯酸-β-羟乙酯的共聚物等。此外，天然高分子如骨胶、明胶、阿拉伯树胶、琼脂等，以及基于天然高分子改性得到的聚合物如乙基纤维素、羧甲基纤维素、醋酸纤维素等，也作为药物微胶囊材料获得实际应用。

（3）靶向给药系统　靶向给药系统（targeted drug delivery system，TDDS）是指药物通过局部或全身血液循环而浓集定位于靶组织、靶器官或靶细胞的给药系统。与普通制剂和缓释制剂相比，靶向给药系统可将药物靶向病灶部位，对非靶器官、组织和细胞影响很小，既提高疗效，又减少了药物的毒副作用。

按靶向源动力，可把靶向制剂分为被动靶向和主动靶向。被动靶向依尺寸、表面电荷和亲疏水性使药物载体在体内某些组织自然聚集发挥药效；主动靶向是选择外部环境响应性载体材料（如温敏、pH 敏感或磁性材料），或通过连接于特定器官、组织和细胞具有选择性亲和力的配体（如抗体）修饰药物载体表面，使其主动聚集在靶点释放药物。一般的微粒给药系统具有被动靶向的性能，靶向机理在于体内的网状内皮系统（RES，包括肝、脾、肺和骨髓等组织）具有丰富的吞噬细胞，可将一定大小的微粒作为异物而摄取，较大的微粒由于不能滤过毛细血管床，而被截留于某些部位。Brused 等通过实验证实，未经修饰的 100～200nm 的微粒系统进入血液循环后很快被 RES 巨噬细胞从血液中清除，最终达到肝 Kupfer 细胞溶酶体中；大小为 50～100nm 纳米粒系统能进入肝实质细胞中；小于 50nm 的微粒则能透过肝脏内皮细胞或者通过淋巴传递到脾脏或者骨髓；7～30μm 的微粒可以被肺滤阻而摄取；大于 10nm 的微粒可以阻滞于毛细血管床，达到肝脏、肾脏和荷瘤器官中。据此，可将药物制成不同大小的纳米粒子，实现对于不同器官、组织的生物物理靶向，或者将药物包裹于可生物降解的生物相容性高分子纳米粒子中，以实现缓释与生物物理靶向。

可用于制备靶向给药系统的天然高分子材料有蛋白类的白蛋白、明胶和植物蛋白；多糖类的纤维素、淀粉及其衍生物、海藻酸盐、壳多糖和脱乙酰壳多糖等。人工合成的高分子材料中，生物可降解的聚酯类如聚乳酸、乳酸羟基乙酸共聚物，都是目前公认的良好的可降解生物相容性材料，其作为纳米给药载体材料的研究较多，主要作为控释骨架，具有骨架和缓释的双重作用。另外，聚氰基丙烯酸酯、聚原酸酯以及聚酐也用于纳米靶向给药系统的制备。

8.6 纳米生物材料

纳米生物材料是指用于诊断、治疗、修复或替换生物体病损组织、器官或增进其功能的新型纳米材料（纳米材料的概念见本书第 10 章）。在生命体中，细胞具有微米量级的空间尺度，而生物大分子的尺度为纳米量级。这两者之间的层次是亚细胞结构，具有几十到几百纳米量级的空间尺度。由于纳米微粒的尺寸一般比生物体内的细胞、红细胞小得多，这就为生物学研究提供了一个新的研究途径即利用纳米微粒进行细胞分离、疾病诊断，利用纳米微粒制成特殊药物或新型抗体进行局部定向治疗等。

天然纳米生物材料早就存在于自然界，例如蛋白质就有许多纳米微孔；人类及兽类的牙齿也是由纳米级有机物质所构成。在医学领域中，纳米材料也已经得到成功的应用，最引人注目的是作为药物载体，或制作人体生物医学材料，如人工肾脏、人工关节等。国外用纳米陶瓷微粒作载体的病毒诱导物也取得成功。由于纳米微粒比红细胞还要小很多，因此，可以在血液中自由运行，从而在疾病的诊断和治疗中发挥独特的作用。

8.6.1 纳米生物材料的分类

用于生物医学的纳米材料，按其形态特性可分为以下几种。

（1）纳米脂质体　其粒径在100nm左右，并以亲水材料（如聚乙二醇）进行表面修饰，用于静脉注射，在减少肝脏巨噬细胞对药物的吞噬、提高药物靶向性、阻碍血液蛋白质成分与磷脂等结合、延长体内循环时间等方面具有重要作用。

（2）固体脂质纳米粒（solid lipid nanoparticle，SLN）　是由多种类脂材料（如脂肪酸、脂肪醇及磷脂等）形成的固体颗粒，性质稳定，制备简便，主要用于难溶药物的包裹，常被用作静脉注射或局部给药达到靶向定位的控释作用的载体。

（3）纳米囊（NC）和纳米球（NS）　主要由聚乳酸、丙交酯-乙交酯共聚物、壳聚糖、明胶等生物降解高分子材料制备，可用于包裹亲水性药物，也可包裹疏水性药物，根据材料性能的不同，可适合于不同的给药途径。

（4）聚合物胶囊　有目标地合成水溶性嵌段共聚物或接枝共聚物，使之同时具有亲水基团和疏水基团，在水中溶解后自发形成高分子胶囊，完成对药物的增溶和包裹。因为具有亲水性外壳和疏水性内核，故适用于携带不同性质的药物。亲水性外壳还具有“隐形”的特点。

（5）纳米药物　在表面活性剂与水等附加剂存在的条件下，直接将药物粉碎加工成纳米混悬剂，适用于口服、注射等途径给药，以提高吸收和靶向性，特别适合大剂量难溶性药物。

（6）无机纳米颗粒　主要用于物理靶向定位（如磁性纳米粒子）、生物诊断（如发光纳米粒子）、纳米载体等。在纳米铁微粒表面覆盖一层聚合物后，可以固定蛋白质或酶，以控制生物反应。用纳米陶瓷微粒作载体可制成病毒诱导物。

（7）纳米固体材料　包括由纳米颗粒在高压或热处理加工后所生成的致密型固体材料以及含纳米分散体的复合材料。比较典型的有纳米医用陶瓷，例如纳米级羟基磷灰石复合材料。

这些纳米材料在生物医学领域有不同的用途，例如可用于细胞分离、细胞内部染色、抗菌及创伤敷料、组织工程、生物活性材料等。

8.6.2 纳米载体

在纳米生物材料研究中，目前研究的热点和已有较好基础及做出实质性成果的是纳米药物载体和纳米颗粒基因转移技术。这种技术是以纳米颗粒作为药物和基因转移载体，将药物、DNA和RNA等基因治疗分子包裹在纳米颗粒之中或吸附在其表面，同时也在颗粒表面偶联特异性的靶向分子，如特异性配体、单克隆抗体等，通过靶向分子与细胞表面特异性受体结合，在细胞摄取作用下进入细胞内，实现安全有效的靶向性药物和基因治疗。

8.6.2.1 用于载体的纳米材料

可作为纳米材料的载体包括金属纳米颗粒、无机非金属纳米颗粒、可生物降解高分子纳米颗粒和生物性颗粒等。

(1) 金属纳米颗粒　由于毒副作用少，胶体金和铁是金属材料中作为基因载体、药物载体的重要材料。胶体金于20世纪70年代开始用于细胞器官染色，以便在电镜下对细胞分子进行观察与分析。胶体金对细胞外基质胶原蛋白表现出特异结合的特性，启发人们考虑用胶体金作为药物和基因的载体，用于恶性肿瘤的诊断和治疗。

(2) 无机非金属纳米颗粒　其中磁性纳米材料最为引人注目，已成为目前新兴生物材料领域的研究热点。特别是磁性纳米颗粒表现出良好的表面效应，比表面激增，官能团密度和选择吸附能力变大，携带药物或基因的百分数量增加。在物理和生物学意义上，顺磁性或超顺磁性的纳米铁氧体纳米颗粒在外加磁场的作用下，温度上升至40～45℃，可达到杀死肿瘤的目的。

(3) 可生物降解高分子纳米颗粒　可生物降解性是药物载体或基因载体的重要特征之一，通过降解，载体与药物或基因片段定向进入靶细胞之后，表层的载体被生物降解，芯部的药物释放出来发挥疗效，避免了药物在其他组织中释放。

用于制备可生物降解高分子纳米颗粒的材料包括聚丙交酯（PLA）、聚乙交酯（PGA）、聚己内酯（PCL）、PMMA、聚苯乙烯（PS）、纤维素、纤维素-聚乙烯、聚羟基丙酸酯、明胶以及它们之间的共聚物。这类材料最突出的特点是生物降解性和生物相容性。通过成分控制和结构设计，生物降解的速率可以控制，部分聚丙交酯、聚乙交酯、聚己内酯、明胶及它们的共聚物可降解成细胞正常代谢物质——水和二氧化碳。

(4) 生物性颗粒　生物性高分子物质，如蛋白质、磷脂、糖蛋白、脂质体、胶原蛋白等，利用它们的亲和力与基因片段和药物结合形成生物性高分子纳米颗粒，再结合上含有RGD定向识别器，靶向性与目标细胞表面的整合子（integrins）结合后将药物送进肿瘤细胞，达到杀死肿瘤细胞或使肿瘤细胞发生基因转染的目的。其中RGD是由精氨酸（Arg）、甘氨酸（Gly）、天冬氨酸（Asp）三个氨基酸组成的序列肽，它是细胞外基质及体内多种黏附蛋白分子所共有的细胞黏附和分子识别位点。RGD序列肽在内皮细胞的识别、抗血栓、抗血凝、抑制肿瘤、眼科诊治、治疗烧伤和皮肤溃疡、治疗急性肾衰、抗炎、治疗骨质疏松及皮肤再生等方面具有重要的作用。

8.6.2.2 纳米药物载体

将一些药物通过药剂学和纳米技术的高度结合，使药物经特殊的方法高度分散于药物载体中，制成载药纳米微粒，用液体载体的流动形式给药，这样可以避免一些药物因理化性质不稳定而降解破坏或因不良反应较大而影响其使用的问题。这类药物制剂中，纳米颗粒主要是作为载体，无需考虑其他功能。

智能化的药物纳米载体则具有高度靶向、药物控制释放、提高难溶药物的溶解率和吸收率优点，提高药物疗效和降低毒副作用。纳米粒子不但具有能穿过组织间隙并被细胞吸收，还可通过人体最小的毛细血管甚至可通过血脑屏障等特性。除了缓释、靶向功能外，这类药物还具有高效、低毒且可实现口服、静脉注射及敷贴等多种给药途径等许多优点。

(1) 纳米控释系统　药物控制释放的原理是通过物理、化学等方法改变制剂结构，使药物在预定时间内，自动按某一速度从剂型中恒速释放。纳米控释系统包括纳米粒子和纳米胶囊，它们是粒径在10～500nm间的固体胶态粒子。与一般的控释制剂不同，载药纳米微粒的控释过程具有其特殊的规定，囊壁溶解和微生物的作用，均可使囊芯物质向外扩散。将药物制成纳米制剂后，不但达到缓控释效果，而且改变其药物动力学的特性，使一些免疫系统的慢性病能得到更好的治疗。

(2) 靶向定位载药纳米微粒　在纳米控释系统中，利用纳米载体的pH敏感性、温敏性、磁性等特点，可以实现在外部环境的作用下（如外加磁场）发生变化实现对病灶实行靶向给药。从原理上看，这种定位作用属于物理化学导向。载药磁性微粒是在微囊基础上发展起来的新型药物运载系统。这种载有高分子和蛋白的磁性纳米粒子作为药物载体静脉注射到生物体内后，在外加磁场下，通过纳米微粒的磁性导航，使药物移向病变部位，达到定向治疗的目的。例如10～50nm的Fe_3O_4的磁性粒子表面包裹甲基丙烯酸，尺寸约为200nm，这种亚微米级的粒子携带蛋白、抗体和药物可以用于癌症的诊断和治疗，这种局部治疗效果好，副作用少。

基于生物导向的靶向给药是利用细胞膜表面抗原、受体或特定基因片段的专一性作用，将抗体、配体结合在载体上，通过抗原-抗体、受体-配体的特异性结合，使药物能够准确送到肿瘤细胞中，实现恶性肿瘤的主动靶向治疗。例如采用异型双功能交联剂将人肝癌单抗HAb18与载有米托蒽醌的白蛋白纳米粒化学偶联，构建人肝癌特异的免疫纳米粒。

药物（特别是抗癌药物）的靶向释放面临网状内皮系统（RES）对其非选择性清除的问题。再者，多数药物为疏水性，它们与纳米颗粒载体偶联时，可能产生沉淀，利用高分子聚合物凝胶成为药物载体可望解决此类问题。因凝胶可高度水合，如合成时对其尺寸达到纳米级，可用于增强对癌细胞的通透和保留效应。

图8-16是一个抗肿瘤药物磷脂复合物纳米粒的实例。首先进行磷脂的改性及功能化，然后引入靶向基团制成纳米复合物药物。这种药物同时具有靶向和智能控制释放的功能。

关于控制释放和靶向给药，可进一步参看本章8.5.4.2的内容。

8.6.2.3　纳米基因载体

纳米颗粒作为基因载体具有一些显著的优点，包括：①纳米颗粒能包裹、浓缩、保护核苷酸，使其免遭核酸酶的降解；②比表面积大，具有生物亲和性，易于在其表面偶联特异性的靶向分子，实现基因治疗的特异性；③在循环系统中的循环时间较普通颗粒明显延长，在一定时间内不会像普通颗粒那样迅速地被吞噬细胞清除，让核苷酸缓慢释放，有效地延长作用时间，并维持有效的产物浓度，提高转染效率和转染产物的生物利用度；④代谢产物少，副作用小，无免疫排斥反应等。

8.6.3　纳米细胞分离技术

纳米细胞分离技术始于20世纪80年代初。人们开始利用纳米微粒进行细胞分离，建立了用纳米SiO_2微粒实现细胞分离的新技术。该技术的基本原理和过程是：首先制备SiO_2纳米微粒，尺寸大小控制在15～20nm，结构一般为非晶态，再将其表面包覆单分子层。包覆层的选择主要依据所要分离的细胞种类而定，一般选择与所要分离细胞有亲和作用的物质作为附着层。这种SiO_2纳米粒子包覆后所形成复合体的尺寸约为30nm。然后制取含有多种细胞的聚乙烯吡咯烷酮胶体溶液，适当控制胶体溶液浓度。最后将纳米SiO_2包覆粒子均匀分散到含有多种细胞的聚乙烯吡咯烷酮胶体溶液中，再通过离心技术，利用密度梯度原理，使所需要的细胞很快分离出来。此方法的优点是：①易形成密度梯度；②易实现纳米SiO_2

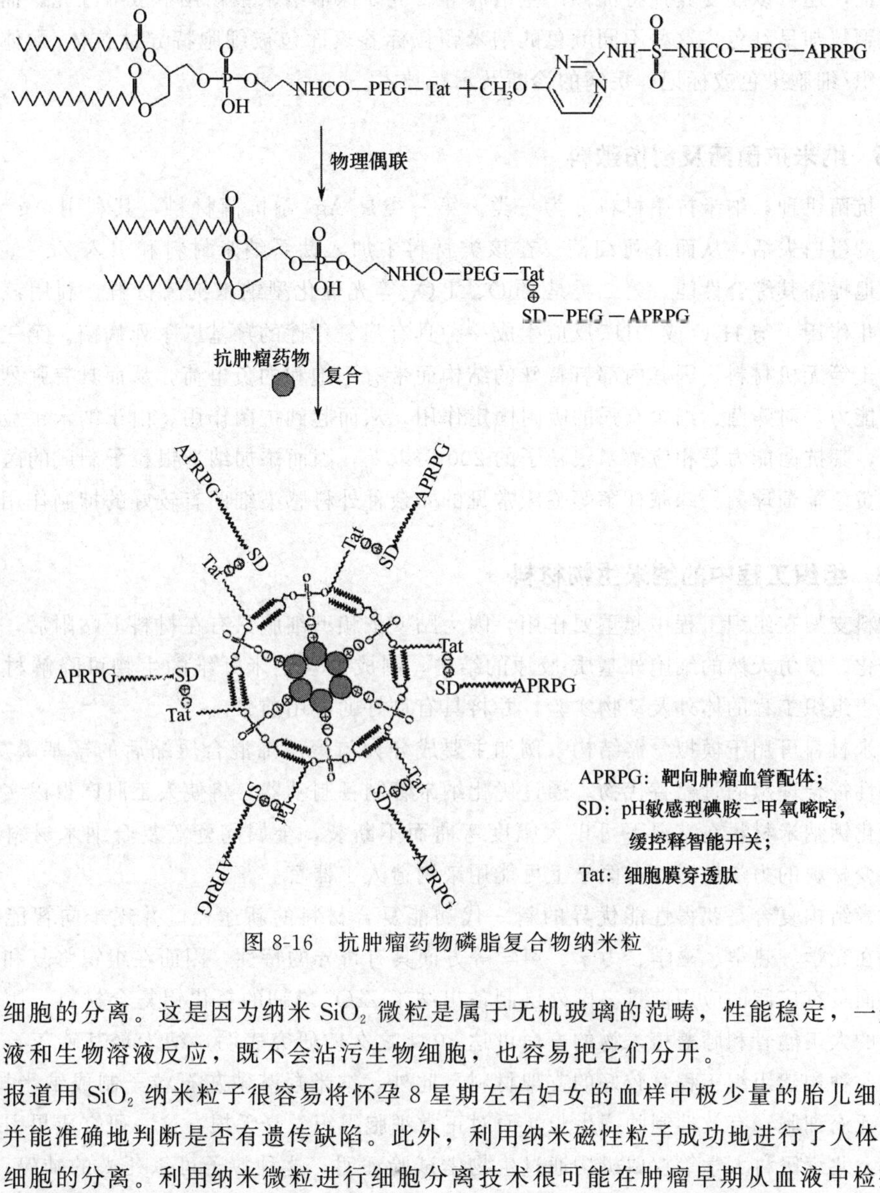

NH−S−NHCO−PEG−APRPG
NHCO−PEG−Tat +CH3O
OH
物理偶联
NHCO−PEG−Tat
SD−PEG−APRPG
抗肿瘤药物
复合
APRPG
SD
Tat
APRPG: 靶向肿瘤血管配体;
SD: pH敏感型磺胺二甲氧嘧啶,
缓控释智能开关;
Tat: 细胞膜穿透肽

图 8-16 抗肿瘤药物磷脂复合物纳米粒

粒子与细胞的分离。这是因为纳米 SiO_2 微粒是属于无机玻璃的范畴，性能稳定，一般不与胶体溶液和生物溶液反应，既不会沾污生物细胞，也容易把它们分开。

有报道用 SiO_2 纳米粒子很容易将怀孕 8 星期左右妇女的血样中极少量的胎儿细胞分离出来，并能准确地判断是否有遗传缺陷。此外，利用纳米磁性粒子成功地进行了人体骨骼液中肿瘤细胞的分离。利用纳米微粒进行细胞分离技术很可能在肿瘤早期从血液中检查出癌细胞，实现癌症的早期诊断和治疗。

8.6.4 染色纳米材料

金属纳米粒子在光照下会呈现某种颜色，这一特点被用于细胞内部染色。利用不同抗体对细胞内各种器官和骨骼组织的敏感程度和亲和力的显著差异，选择抗体种类，将纳米金粒子与预先精制的抗体或单克隆抗体混合，制备成多种纳米金/抗体复合物。借助复合粒子分别与细胞内各种器官和骨骼系统结合而形成的复合物，在白光或单色光照射下呈现某种特征颜色（如 10nm 的金粒子在光学显微镜下呈红色），从而给各种组合“贴上”了不同颜色的标签，因而为提高细胞内组织的分辨率提供了一种急需的染色技术。

采用不同的材料制备纳米颗粒并通过改变其大小和形状，可以改变纳米颗粒的光散射性质。以此为基础可制备多种颜色的纳米颗粒标签。改变纳米颗粒的形状不仅可以改变其光散射特征，还可以改变其他特征如产生谐波等。例如球形纳米银颗粒不散射红光，而棱柱形纳米银颗粒却呈红色。这些不同颜色的纳米颗粒标签表面包被细胞特异性抗体/配体后，可进行组织/细胞染色或标记、疾病的诊断及示踪技术。

8.6.5 纳米抗菌药及创伤敷料

按抗菌机理，纳米抗菌材料分为三类。第一类是 Ag^+ 系抗菌材料，其利用 Ag^+ 可使细胞膜上的蛋白失活，从而杀死细菌。在该类材料中加入钛系纳米材料和引入 Zn^{2+} 、Cu^+ 等可有效地提高其综合性能。第二类是 ZnO、TiO_2 等光催化型纳米抗菌材料，利用该类材料的光催化作用，与 H_2O 或 OH^- 反应生成一种具有强氧化性的羟基以杀死病菌。第三类是纳米蒙脱土等无机材料，因其内部有特殊的结构而带有不饱和的负电荷，从而具有强烈的阳离子交换能力，对病菌、细菌有强的吸附固定作用，从而起到抗菌作用。由于纳米银粒子的表面效应，其抗菌能力是相应微米银粒子的 200 倍以上，因而添加纳米银粒子制成的医用敷粒对诸如黄色葡萄球菌、绿脓杆菌等临床常见的 4 余种外科感染细菌有较好的抑制作用。

8.6.6 组织工程中的纳米生物材料

材料支架在组织工程中起重要作用，因为贴壁依赖型细胞只有在材料上贴附后，才能生长和分化。模仿天然的细胞外基质-胶原的结构，制成的含纳米纤维的生物可降解材料已开始应用于组织工程的体外及动物实验，并将具有良好的应用前景。

纳米材料可用于模拟骨骼结构，例如主要成分为与聚乙烯混合压缩后的羟基磷灰石网，物理特性符合理想的骨骼替代物。通过优化纳米管制备制动器，将使人工肌肉得以实现。有报道氟化钙纳米材料在室温下可以大幅度弯曲而不断裂，金属陶瓷等复合纳米材料则能更大地改变材料的力学性质，在医学上可能用来制造人工器官。

纳米结构复合是获得性能优异的新一代功能复合材料的新途径，并逐步向智能化方向发展，在光学、热学、磁学、力学、声学等方面具有奇异的特性，因而在组织修复和移植等许多方面具有广阔的应用前景。国外已制备出纳米 ZrO_2 增韧的氧化铝复合材料，用这种材料制成的人工髋骨和膝盖植入物的寿命可达 30 年之久。研究表明，纳米羟基磷灰石胶原材料也是一种构建组织工程骨较好的支架材料。此外，纳米羟基磷灰石粒子制成纳米抗癌药，还可杀死癌细胞，有效抑制肿瘤生长，而对正常细胞组织丝毫无损，这一研究成果引起国际的关注。北京医科大学等权威机构通过生物学试验证明，这种粒子可杀死人的肺癌、肝癌、食道癌等多种肿瘤细胞。

参考文献

[1] 景凤娟，黄楠．与血液接触材料表面活化的研究进展．材料导报，2003，17（z1）：187-190.

[2] 滕燕青，顾兴华，王克强，等．人造血管制作中从单根脐带获取内皮细胞和平滑肌细胞的方法．解剖学杂志，2001（4）：397-399.

[3] 赵治国，万怡灶，王玉林，等．生物材料的离子注入表面改性．金属热处理，2006（8）：4-7.

[4] 肖琳琳，魏雨，计剑．基于聚多巴胺辅助自组装单分子层技术的 PTFE 表面修饰及其内皮细胞选择性黏附研究．高分子学报，2010（4）：479-483.

[5] de Oliveira M R A. Corrosion fatigue of biomedical metallic alloys：mechanisms and mitigation. Acta Bioma-

terialia，2012，8（3）：937-962.

[6] Hoppe A，Guldal N S，Boccaccini A R. A review of the biological response to ionic dissolution products from bioactive glasses and glass-ceramics. Biomaterialis，2011，32（11）：2757-2774.

[7] 阮建明，邹俭鹏，黄伯云．生物材料学．北京：科学出版社，2004.

[8] 任伊宾，杨柯，梁勇．新型生物医用金属材料的研究和进展．材料导报，2002（2）：12-15.

[9] Rautray T R，Narayanan R，Kim K H. Ion implantation of titanium based biomaterials. Progress in Materials Science，2011，56（8）：1137-1177.

[10] 马宁，汪琴，孙胜玲，等．甲壳素和壳聚糖化学改性研究进展．化学进展，2004（4）：643-653.

[11] Brusa P，Dosio F，Pacchioni D. Phamaco kinetics of an antibody-ricin conjugate administered intraperitoneally to mice. J Pharm Sci，1994，83（4）：514-519.

[12] 金海龙，王新宇，王洪森，田宏毅．纳米材料在生物医学领域的应用与发展．仪器仪表学报，2006（6）：986-988.

[13] 苗宗宁，戴涟生，祝建中，等．纳米材料复合人骨髓成骨细胞培养的研究．实用临床医药杂志，2003（3）：212-214.

思考题

1. 生物医用材料的研究主要针对哪些方面？
2. 对生物材料的要求主要有哪些？
3. 钛作为生物医用材料，其耐腐蚀性是如何产生的？
4. 简述形状记忆合金的原理及其在生物医学方面的用途。
5. 试述生物陶瓷的结构和性能特点。
6. 通过哪些途径可以制备得到生物可降解高分子材料？
7. 为何要进行药物控释？药物控释有哪几种类型？
8. 用于载体的纳米材料有哪些？各有什么性能特点或作用？

第 9 章

高性能复合材料

9.1 复合材料概述

复合材料（composite）是由两种或两种以上物理和化学性质不同的物质组合而成的一种多相固体材料。复合材料的组分材料虽然保持其相对独立性，但其性能却不是组分材料性能的简单加和，而是有着重要的改进。在复合材料中，通常有一相为连续相，称为基体；另一相为分散相，称为增强材料。分散相是以独立的形态分布在整个连续相中的，两相之间存在相界面。分散相可以是增强纤维，也可以是颗粒状或弥散的填料。

从上述的定义中可以得出，复合材料可以是一个连续物理相与一个连续分散相的复合，也可以是两个或者多个连续相与一个或多个分散相在连续相中的复合，复合后的产物为固体材料才称得上复合材料，若复合产物为液体或气体时就不能称为复合材料。复合材料既可以保持原材料的某些特点，又能发挥组合后的新特征，它可以根据需要进行设计，从而最合理地达到使用要求的性能。

由于复合材料各组分之间“取长补短”“协同作用”，极大地弥补了单一材料的缺点，产生单一材料所不具有的新性能，刚度、强度、耐热性等性能大幅提高，密度降低，其他力学性能以及声、光、电、磁等功能性质的改善，都有可能通过基础材料间的有效复合来获得。复合材料的出现和发展，是现代科学技术不断进步的结果，也是材料设计方面的一个突破。它综合了各种材料如纤维、树脂、橡胶、金属、陶瓷等的优点，按需要设计、复合成为综合性能优异的新型材料。

当前，不同组织机构对复合材料给出了略有不同的定义描述，但大同小异，对各种定义进行解释总结，复合材料应包括以下条件。

① 组元是人们根据材料设计的基本原则有意识地选择，至少包括两种物理和力学性能不同的独立组元，其中一组元的体积分数一般不低于 20%，第二组元通常为纤维、晶须或颗粒。

② 复合材料是人工制造的，而非天然形成的。

③ 复合材料的性质取决于组元性质的优化组合，它应优于独立组元的性质，特别是强度、刚度、韧性和耐高温性能。

复合材料区别于传统单一材料，在性能和结构上应具备以下 3 个特点。

① 复合材料是由两种或两种以上不同性能的材料组元通过宏观或微观复合形成的一种新型材料，组元之间存在着明显的界面。

② 复合材料中各组元不但保持各自的固有特性，而且可最大限度发挥各种材料组元的

特性，并赋予单一材料组元所不具备的优良特殊性能。

③ 复合材料具有可设计性。可以根据使用条件要求进行设计和制造，以满足各种特殊用途，从而极大地提高工程结构的效能。

9.2 复合材料的命名与分类

复合材料通常由占主要份额的基体材料和起改善性能的少量增强材料组合而成，玻璃纤维、碳纤维就是其中常用的增强材料。复合材料可根据增强材料与基体材料的名称来命名。将增强材料的名称放在前面，基体材料的名称放在后面，再加上“复合材料”。例如，玻璃纤维和环氧树脂构成的复合材料称为“玻璃纤维环氧树脂复合材料”。为书写简便，也可仅写增强材料和基体材料的缩写名称，中间加一斜线隔开，后面再加“复合材料”。如上述玻璃纤维和环氧树脂构成的复合材料，也可写作“玻纤/环氧复合材料”。有时为突出增强材料和基体材料，根据强调的组分不同，也可简称为“玻璃纤维复合材料”或“环氧树脂复合材料”。碳纤维和金属基体构成的复合材料叫“金属基复合材料”，也可写为“碳/金属复合材料”。碳纤维和碳构成的复合材料叫“碳/碳复合材料”。

复合材料可按其性能、用途分类，也可以按基体材料种类、增强材料种类及形状进行分类。按复合材料的性能高低，可分为普通复合材料和先进复合材料（或高性能复合材料）。按复合材料的用途，则可分为

① 结构复合材料：用于制造受力构件的复合材料。

② 功能复合材料：具有各种特殊性能（如阻尼、导电、导磁、换能、摩擦、屏蔽等）的复合材料。

③ 智能复合材料：能感知外部刺激，能够判断并适当处理且本身可执行的复合材料。

按所采用的基体材料种类，复合材料可分为

① 聚合物基复合材料：以有机聚合物（主要为热固性树脂、热塑性树脂及橡胶）为基体制成的复合材料。

② 金属基复合材料：以金属为基体制成的复合材料，如铝基复合材料、钛基复合材料等。

③ 无机非金属基复合材料：以陶瓷材料（也包括玻璃和水泥）为基体制成的复合材料。

按增强材料形状，可分为

① 颗粒增强复合材料：属于零维增强，微小颗粒状增强材料分散在基体中。

② 纤维增强复合材料：属于一维增强，包括连续纤维复合材料（作为分散相的长纤维的两个端点都位于或靠近复合材料的边界处）和非连续纤维复合材料（短纤维、晶须无规则地分散在基体材料中）。

③ 片状增强体或平面织物增强复合材料：属于二维增强，以平面二维物为增强材料与基体复合而成。

④ 三向编织物增强复合材料：属于三维增强，以三向编织物为增强体与基体复合而成。此外，与这种按增强体维度分类相类似，也可以按增强材料的种类把复合材料分为颗粒增强复合材料、晶须增强复合材料和纤维增强复合材料。其中纤维可以直接作为一维增强体使用，也可以编织成二维、三维增强体。

以上各种分类可归纳成图 9-1 的分类树枝图。

除此之外，还可以对复合材料更具体地划分，例如按增强纤维种类，可分为玻璃纤维复合材料、碳纤维复合材料、有机纤维（芳香族聚酰胺纤维、芳香族聚酯纤维、高强度聚烯烃纤维等）复合材料、金属纤维（如钨丝、不锈钢丝等）复合材料、陶瓷纤维（如氧化铝纤维、碳化硅纤维、硼纤维等）复合材料等。如果用两种或两种以上纤维增强同一基体制成的复合材料，可称为混杂复合材料。又如，增强材料和基体材料属于同种物质的复合材料称为同质复合材料，如碳/碳复合材料；而当增强材料和基体材料不是同种物质，则为异质复合材料，复合材料多属此类。

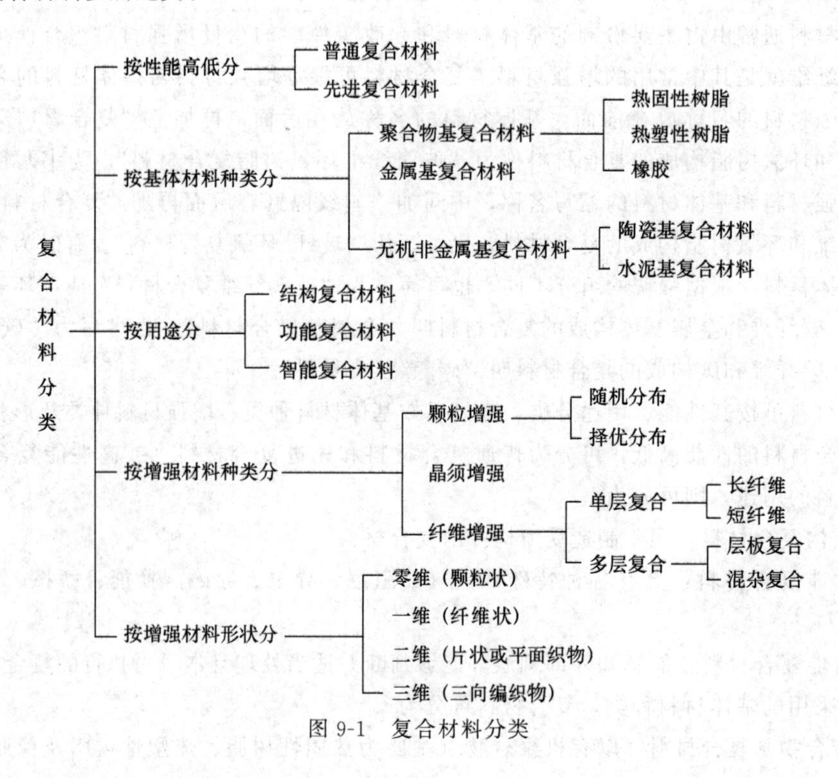

图 9-1　复合材料分类

9.3 复合材料的基体材料

复合材料的原材料包括基体材料和增强材料。其中，基体材料主要来自金属材料、陶瓷材料和聚合物材料，在复合材料中经常以连续相形式出现；增强材料主要包括各种高性能纤维、晶须和颗粒等。

9.3.1 金属基体材料

金属基复合材料中的金属基体起着固结增强物、传递和承受各种载荷（力、热、电）的作用。基体在复合材料中占有很大的体积分数。在连续纤维增强金属基复合材料中基体占50%～70%的体积。颗粒增强金属基复合材料中根据不同的性能要求，基体含量可在25%～90%范围内变化。多数颗粒增强金属基复合材料的基体占80%～90%。而晶须、短纤维增强金属基复合材料中基体含量在70%以上，金属基体的选择对复合材料的性能起决定性作用，金属基体的密度、强度、塑性、导热性、导电性、耐热性、抗腐蚀性等均将影响复合材料的比强度、比刚度、耐高温、导热、导电等性能。

以金属为基体，可得到结构复合材料和功能复合材料。

9.3.1.1 作为结构复合材料的基体

结构复合材料的基体大致可分为轻金属基体和耐热合金基体两大类。

用于各种航天、航空、汽车、先进武器等结构件的复合材料一般均要求有高的比强度和比刚度，有高的结构效率，因此大多选用铝及铝合金、镁及镁合金作为基体金属。目前研究发展较成熟的金属基复合材料主要是铝基、镁基复合材料，用它们制成各种高比强度、高比模量的轻型结构件，广泛用于航天、航空、汽车等领域。

在发动机，特别是燃气轮机中所需要的结构材料是热结构材料，要求复合材料零件的使用温度在650～1200℃，同时要求复合材料有良好的抗氧化、抗蠕变、耐疲劳和良好的高温力学性质。铝、镁复合材料一般只能用在450℃高温下连续安全工作，而钛合金基体复合材料可用在工作温度650℃左右，镍、钴基复合材料可在1200℃使用。新型的金属间化合物也有望作为热结构复合材料的基体。

9.3.1.2 作为功能复合材料的基体

为满足电子、信息、能源、汽车等工业领域的技术需要，功能性的金属基复合材料得到快速发展。在这些高技术领域中，要求材料和器件具有优良的综合物理性能，如同时具有高力学性能、高导热、低热膨胀、高电导率、高抗电弧烧蚀性、高摩擦系数和耐磨性等。单靠金属与合金难以具有优良的综合物理性能，需要靠优化设计和利用先进制造技术将金属与增强物做成复合材料来满足需求。例如，电子领域的集成电路，由于电子器件的集成度越来越高，器件工作发热严重，需用热膨胀系数小、导热性好的材料做基板和封装零件，以避免产生热应力，从而提高器件可靠性。

由于工况条件不同，所用的材料体系和基体合金也不同。目前，功能金属基复合材料（不含双金属复合材料）主要用于微电子技术的电子封装、高导热和耐电弧烧蚀的集电材料和触头材料、耐高温摩擦的耐磨材料、耐腐蚀的电池极板材料等。主要的金属基体是纯铝及铝合金、纯铜及铜合金、银、铅、锌等。用于电子封装的金属基复合材料有：高碳化硅颗粒含量的铝基、铜基复合材料，高模、超高模石墨纤维增强铝基、铜基复合材料，金刚石颗粒或多晶金刚石纤维增强铝基、铜基复合材料，硼/铝基复合材料等，其基体主要是纯铝和纯铜。用于耐磨零部件的金属基复合材料有：碳化硅、氧化铝、石墨颗粒、晶须、纤维等增强铝、镁、铜、锌、铅等金属及其合金。用于集电和电触头的金属基复合材料有：碳（石墨）纤维、金属丝、陶瓷颗粒增强铝、铜、银及合金等。

功能用金属基复合材料所用的金属基体均具有良好的导热、导电性和良好的力学性能，但有热膨胀系数大、耐电弧烧蚀性差等缺点。通过在这些基体中加入合适的增强物就可以得到优异的综合物理性能，满足各种特殊需要。如在纯铝中加入导热性好、弹性模量大、热膨胀系数小的石墨纤维、碳化硅颗粒就可使这类复合材料具有很高的热导率（与纯铝、铜相比）和很小的热膨胀系数，满足了集成电路封装散热的需要。

9.3.2 无机非金属材料（陶瓷）

传统的陶瓷是指陶器和瓷器，也包括玻璃、水泥、搪瓷、砖瓦等人造无机非金属材料。由于这些材料都是以含二氧化硅的天然硅酸盐矿物质，如黏土、石灰石、砂子等为原料制成的，所以陶瓷材料也是硅酸盐材料。随着现代科学技术的发展，出现了许多性能优异的新型陶瓷，它们不仅含有氧化物，还有碳化物、硼化物和氮化物等。

陶瓷是金属和非金属元素的固体化合物，其键合为共价键或离子键，与金属不同，它们不含有大量电子。一般而言，陶瓷具有比金属更高的熔点和硬度，化学性质非常稳定，耐热性、抗老化性皆佳。通常陶瓷是绝缘体，虽然在高温下也可以导电，但比金属导电性差得多。虽然陶瓷的许多性能优于金属，但它也存在致命的弱点，即脆性大，韧性差，很容易因存在裂纹、空隙、杂质等细微缺陷而破碎，引起不可预测的灾难性后果，因而大大限制了陶瓷作为承载结构材料的应用。

近年来的研究结果表明，在陶瓷基体中添加其他成分，如陶瓷粒子、纤维或晶须，可提高陶瓷的韧性。粒子增强虽能使陶瓷的韧性有所提高，但效果并不显著。碳化物晶须强度高，与传统陶瓷材料复合，综合性能得到极大改善。

用作基体材料使用的陶瓷一般应具有优异的耐高温性质、与纤维或晶须之间有良好的界面相容性以及较好的工艺性能等。常用的陶瓷基体主要包括：玻璃、玻璃陶瓷、氧化物陶瓷、非氧化物陶瓷等。

作为基体材料的氧化物陶瓷主要有 Al_2O_3、MgO、SiO_2、ZrO_2、莫来石（$3Al_2O_3 \cdot 2SiO_2$）等，它们的熔点在2000℃以上。氧化物陶瓷主要为单相多晶结构，除晶相外，可能还含有少量气相（气孔）。

微晶氧化物的强度较高，粗晶结构时晶界面上的残余应力较大，对强度不利。氧化物陶瓷的强度随环境温度升高而降低，但在1000℃以下降低较小。由于 Al_2O_3 和 ZrO_2 的抗热振性较差，SiO_2 在高温下容易发生蠕变和相变，所以这类陶瓷基复合材料应避免在高应力和高温环境下使用。

陶瓷基复合材料中的非氧化物陶瓷是指不含氧的氮化物、碳化物、硼化物和硅化物。它们的特点是耐火性和耐磨性好，硬度高，但脆性大。碳化物和硼化物的抗热氧化温度达900～1000℃，氮化物略低些，硅化物的表面能形成氧化硅膜，所以抗热氧化温度达1300～1700℃。氮化硼具有类似石墨的六方结构，在高温（1360℃）和高压作用下可转变成立方结构的β-氮化硼，耐热温度高达2000℃，硬度极高，可作为金刚石的代用品。

9.3.3 聚合物基体材料

9.3.3.1 聚合物基体的种类

聚合物基复合材料应用颇为广泛，作为复合材料基体的聚合物的种类很多，大体上包括热固性聚合物与热塑性聚合物两类。

热固性聚合物常为分子量较小的液态或固态预聚体，经加热或加固化剂发生交联化学反应并经过凝胶化和固化阶段后，形成不溶、不熔的三维网状高分子。主要包括：环氧、酚醛、双马、聚酰亚胺树脂等。各种热固性聚合物的固化反应机理不同，由于使用要求的差异，采用的固化条件也有很大的差异。一般的固化条件有室温固化、中温固化（120℃左右）和高温固化（170℃以上）。这类高分子通常为无定形结构。具有耐热性好，刚度大，电性能、加工性能和尺寸稳定性好等优点。

热塑性聚合物是一类线型或有支链的固态高分子，可溶可熔，可反复加工而不发生化学变化。包括各种通用塑料（聚丙烯、聚氯乙烯等）、工程塑料（尼龙、聚碳酸酯等）和特种耐高温聚合物（聚酰胺、聚醚砜、聚醚醚酮等）。这类高分子分非晶（或无定形）和结晶两类。通常结晶度在20％～85％。具有质轻，比强度高，电绝缘、化学稳定性、耐磨润滑性好，生产效率高等优点。与热固性聚合物相比，具有明显的力学松弛现象；在外力作用下形变大；具有相当大的断裂延伸率；抗冲击性能较好。

9.3.3.2 聚合物基体的作用

复合材料中的基体有3种主要的作用：把纤维粘在一起；分配纤维间的载荷；保护纤维不受环境影响。制造基体的理想材料，其原始状态应该是低黏度的液体，并能迅速变成坚固耐久的固体，足以把增强纤维粘住。尽管纤维增强材料的作用是承受复合材料的载荷，但是基体的力学性能会明显地影响纤维的工作方式及其效率。例如，在没有基体的纤维束中，大部分载荷由最直的纤维承受，基体使得应力较均匀地分配给所有纤维，这是由于基体使得所有纤维经受同样的应变，应力通过剪切过程传递，这要求纤维和基体之间有高的胶接强度，同时要求基体本身也具有高的剪切强度和模量。

当载荷主要由纤维承受时，复合材料总的延伸率受到纤维的破坏延伸率的限制，这通常为1%～1.5%。基体的主要性能是在这个应变水平下不应该裂开。这种情况下，基体材料趋于在低破坏应变和高模量的脆性方式下工作。

在纤维的垂直方向，基体的力学性能和纤维与基体之间的胶接强度控制着复合材料的物理性能。由于基体比纤维弱得多，而柔性却大得多，所以在复合材料结构件设计中应尽量避免基体的直接横向受载。

基体以及纤维/基体的相互作用能明显地影响裂纹在复合材料中的扩展。若基体的剪切强度和模量以及纤维/基体的胶接强度过高，则裂纹可以穿过纤维和基体扩展而不转向，从而使这种复合材料变成脆性材料，并且其破坏的试件将呈现出整齐的断面。若胶接强度过低，则纤维将表现得像纤维束，并且这种复合材料将很弱。对于中等的胶接强度，横跨树脂或纤维扩展的裂纹会在另面转向，并且沿着纤维方向扩展，这就导致吸收相当多的能量，以这种形式破坏的复合材料是韧性材料。

在高胶接强度体系（纤维间的载荷传递效率高，但断裂韧性差）与胶接强度较低的体系（纤维间的载荷传递效率不高，但有较高的韧性）之间需要折中。在应力水平和方向不确定的情况下使用的或在纤维排列精度较低的情况下制造的复合材料往往要求基体比较软，同时不太严格。在明确的应力水平情况下使用的和在严格地控制纤维排列情况下制造的先进复合材料，应通过使用高模量和高胶接强度的基体以更充分地发挥纤维的最大性能。

9.3.3.3 聚合物基体的性能

聚合物复合材料的综合性能与所用基体聚合物密切相关。

(1) 力学性能　作为结构复合材料，聚合物的力学性能对最终复合产物影响较大。一般复合材料用的热固性树脂固化后的力学性能并不高。决定聚合物强度的主要因素是分子内及分子间的作用力。聚合物材料的破坏，无非是聚合物主链上化学键的断裂或是聚合物分子链间相互作用力的破坏。

热塑性树脂与热固性树脂在分子结构上的显著差别体现在前者是线型结构而后者为体型网状结构。由于分子结构上的差别，使热塑性树脂在力学性能上有如下几个显著特点：具有明显的力学松弛现象；在外力作用下，形变较大，当应变速度不太大时，可具有相当大的断裂延伸率；抗冲击性能较好。

复合材料基体树脂强度与复合材料的力学性能之间的关系不能一概而论，基体在复合材料中的一个重要作用是在纤维之间传递应力，基体的粘接力和模量是支配基体传递应力性能的两个最重要的因素，这两个因素的联合作用，可影响到复合材料拉伸时的破坏模式。

如果基体弹性模量低，纤维受拉时将各自单独地受力，其破坏模式是一种发展式的纤维断裂，由于这种破坏模式不存在叠加作用，其平均强度是很低的。反之，如基体在受拉时仍有足够的粘接力和弹性模量，复合材料中的纤维将表现为一个整体，可以预料强度会是高的。实际上，在一般情况下材料表现为中等的强度，因此，各种环氧树脂如在性能上无重大不同，则对复合材料影响是很小的。

（2）聚合物的耐热性能　从聚合物结构上分析，为改善材料耐热性能，聚合物需具有刚性分子链、结晶性或交联结构。为提高耐热性，首先是选用能产生交联结构的聚合物，如聚酯树脂、环氧树脂、酚醛树脂、有机硅树脂等。此外，工艺条件的选择会影响聚合物的交联密度，因而也影响耐热性。提高耐热性的第二个途径是增加高分子链的刚性。因此在高分子链中减少单键，引进共价双键、叁键或环状结构（包括脂环、芳环或杂环等），对提高聚合物的耐热性很有效果。

（3）基体聚合物的耐化学腐蚀性能　化学结构和所含基团不同，表现出不同的耐化学腐蚀性能，树脂中过多的酯基、酚羟基，将容易首先遭到腐蚀性试剂的进攻，由此，也决定了所形成聚合物复合材料的最终耐化学腐蚀性能。常用热固性树脂的耐化学腐蚀性能见表 9-1。

表 9-1　常用热固性树脂的耐化学腐蚀性能

性能	酚醛	聚酯	环氧	有机硅
吸水率（24h）/%	0.12～0.36	0.15～0.60	0.10～0.14	少
弱酸影响	轻微	轻微	无	轻微
强酸影响	被侵蚀	被侵蚀	被侵蚀	被侵蚀
弱碱影响	轻微	轻微	无	轻微
强碱影响	分解	分解	轻微	被侵蚀
有机溶剂影响	部分侵蚀	部分侵蚀	耐侵蚀	部分侵蚀

通常情况下，由环氧树脂所形成的复合材料表现出较好的耐化学侵蚀性能。

（4）聚合物的介电性能　聚合物作为一种有机材料，具有良好的电绝缘性能。一般来讲，树脂大分子的极性越大，则介电常数越大、电阻率越小、击穿电压越小、介质损耗角值越大，材料的介电性能就越差。常用热固性树脂的介电性能见表 9-2。

表 9-2　常用热固性树脂的介电性能

性能	酚醛	聚酯	环氧	有机硅
密度/（g/cm^3）	1.30～1.32	1.10～1.46	1.11～1.23	1.70～1.90
体积电阻率/Ω·cm	10^{12}～10^{13}	10^{14}	10^{16}～10^{17}	10^{11}～10^{13}
介电强度/（kV/mm）	14～16	15～20	16～20	7.3
介电常数（60Hz）	6.5～7.5	3.0～4.4	3.8	4.0～5.0
功率因数（60Hz）	0.10～0.15	0.003	0.001	0.006
耐电弧性/s	100～125	125	50～180	—

9.4 复合材料的增强相

在复合材料中，凡是能提高基体材料力学性能或某方面性能的物质，均称为增强材料（也称为增强剂、增强相、增强体）。纤维在复合材料中起增强作用，是主要承力组分。它不仅能使材料显示出较高的抗张强度和刚度，而且能减少收缩，提高热变形温度和低温冲击强度等。复合材料的性能在很大程度上取决于纤维的性能、含量及使用状态。如聚苯乙烯塑料，加入玻璃纤维后，拉伸强度可从600MPa提高到1000MPa，弹性模量可从3000MPa提高到8000MPa，热变形温度从85℃提高到105℃，−40℃下的冲击强度提高10倍。

复合材料常用增强材料包括三类，即纤维与其织状物、颗粒、晶须。其中碳纤维、凯芙拉（Kevlar）纤维和玻璃纤维应用最为广泛。

9.4.1 纤维增强体

自然界中的棉麻植物纤维、丝毛动物纤维以及石棉等矿物纤维属于天然纤维，一般强度较低，较少用于复合材料，但强度较好的竹纤维曾用于聚合物复合材料制造。现代复合材料所采用的纤维增强体大多为合成纤维，合成纤维分为有机纤维与无机纤维两大类。Kevlar纤维、尼龙纤维、聚乙烯纤维等属于有机增强纤维，无机增强纤维包括玻璃纤维、碳纤维、硼纤维、碳化硅纤维等。

（1）聚芳酰胺纤维　芳酰胺纤维丝分子主链上含有密集芳环与芳酰胺结构的聚合物经溶液纺丝获得的合成纤维，最有代表性的商品为Kevlar纤维，是由杜邦公司1968年发明，在我国亦称芳纶。20世纪80年代，国内研发成功相似的聚芳酰胺纤维——芳纶-14与芳纶-1414。杜邦公司该合成纤维有20多个品牌，如Kevlar-49（相当于国内芳纶-1414）、Kevlar-29（相当于国内芳纶-14）。Kevlar-49由对苯二胺与对苯二甲酸缩聚而得，结构如下：

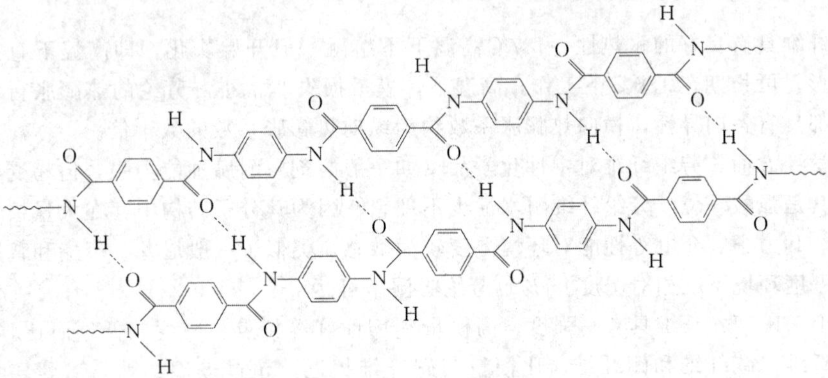

Kevlar-29来源于对氨基苯甲酸的自缩聚，结构如下：

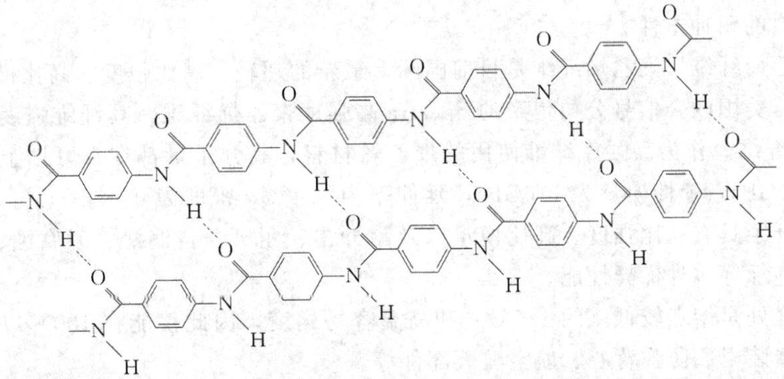

这种刚硬的直线状分子键在纤维轴向是高度定向的，各聚合物链是由氢键作横向连接。这种在沿纤维方向的强的共价键和横向弱的氢键，将是造成芳纶纤维力学性能各向异性的原因，即纤维的纵向强度高而横向强度低。芳纶纤维的化学链主要由芳环组成。这种芳环结构具有高的刚性，并使聚合物链呈伸展状态而不是折叠状态，形成棒状结构，因而纤维具有高的模量。芳纶纤维分子链是线型结构，这又使纤维能有效地利用空间而具有高的填充效率

的能力，在单位体积内可容纳很多聚合物。这种高密度的聚合物具有较高的强度。

从其规整的晶体结构可以说明芳纶纤维具有化学稳定性、高温尺寸稳定性、不发生高温分解以及在很高温度下不致热塑化等特点。通过电镜对纤维观察表明，芳纶是一种沿轴向排列的有规则的褶叠层结构。这种模型可以很好地解释横向强度低、压缩和剪切性能差及易劈裂的现象。

芳纶主要应用于橡胶增强、特制轮胎、三角皮带等。其中，Kevlar-29 主要用于复合材料绳索、电缆、高强度织物以及防弹背心制造；Kevlar-49 主要用于航天、航空、造船工业的复合材料制件。芳纶纤维单丝拉伸强度可达 3773MPa，254mm 长的芳纶纤维束拉伸强度为 2744MPa，大约为铝线的 5 倍。其冲击强度约为石墨纤维的 6 倍，为硼纤维的 3 倍，为玻璃纤维的 0.8 倍。其性能比较见表 9-3。

表 9-3　芳纶纤维与其他材料性能的比较

项目	芳纶纤维	尼龙纤维	聚酯纤维	石墨纤维	玻璃纤维	不锈钢丝
拉伸强度/（kgf/cm^2）	28152	10098	11424	28152	24528	17544
弹性模量/（kgf/cm^2）	1265400	56240	140760	2.25×10^6	7.04×10^5	2.04×10^6
断裂伸长率/%	2.5	18.3	14.5	1.25	3.5	2.0
密度/（g/cm^3）	1.44	1.14	1.38	1.75	2.55	7.83

注：$1kgf/cm^2=0.098MPa$。

芳纶纤维具有良好的耐热性，487℃高温下不熔融，但开始炭化，即高温下直接发生分解而不变形，可长期在 180℃下工作，高温下，模量损失非常小。芳纶的热膨胀行为与碳纤维相似，都具有各向异性，横向热膨胀系数约为纵向热膨胀系数的数十倍。

耐化学性方面，芳纶纤维对中性化学品（如一般溶剂）耐腐蚀能力强，但易受各种酸碱侵蚀，尤其是强酸环境。芳纶纤维耐水性也不理想，因为其分子结构中存在大量极性亲水的酰胺基团。其力学、介电等性能对环境湿度较为敏感，类似于一般尼龙、聚酯和普通聚酰胺材料，高湿度环境下（相对湿度 85%）芳纶吸湿率可达 7%。

总体上，Kevlar 纤维具有高强度、高模量和韧性好等特点。密度较低，而比强度极高，超过玻璃纤维、碳纤维和硼纤维，比模量与碳纤维相近，超过玻璃、钢、铝等。由于韧性好，它不像碳纤维、硼纤维那样脆，因而便于纺织。Kevlar 纤维常用于和碳纤维混杂，提高纤维复合材料的耐冲击性。

（2）聚乙烯纤维　聚乙烯纤维是目前国际上最新的超轻、高比强度、高比模量纤维，成本也比较低。美国联合信号公司生产的 Spectra 高强度聚乙烯纤维，其纤维强度超过杜邦公司的 Kevlar 纤维。作为高强度纤维使用的聚乙烯材料，其分子量都在百万以上，纤维的拉伸强度为 3.5GPa，弹性模量为 116GPa，延伸率为 3.4%，密度为 $0.97g/cm^3$。在纤维材料中，聚乙烯纤维具有高比强度、高比模量以及耐冲击、耐磨、自润滑、耐腐蚀、耐紫外线、耐低温、电绝缘等多种优异性能。

其不足之处是熔点较低（约 135℃）和高温容易蠕变，因此仅能在 100℃以下使用，可用于制作武器装甲、防弹背心、航空航天部件等。

制造聚乙烯纤维的方法有凝胶拉伸法和原位拉伸法，其中凝胶拉伸法是一种具有工业应用价值的方法。该法以十氢萘、石蜡油、煤油等碳氢化合物为溶剂，将超高分子量聚乙烯调制成半稀溶液，经由喷丝孔挤出骤冷成原丝，经萃取、干燥后，进行 30 倍以上的热拉伸，制成高强度聚乙烯纤维。其强度随分子量增大而增大，但加工拉丝难度也增加。聚乙烯纤维的性能比较见表 9-4。

聚乙烯纤维主要用于缆绳材料和高技术军用材料，制作武器装甲、防弹背心、航空航天部件等。

(3) 玻璃纤维　玻璃纤维是由含有各种金属氧化物的硅酸盐类，在熔融态以极快的速度拉丝而成（图 9-2）。

表 9-4　聚乙烯纤维性能比较

纤维	直径/μm	密度/(g/cm³)	拉伸强度/GPa	拉伸模量/GPa	比强度/[GPa/(g/cm³)]	比模量/[GPa/(g/cm³)]
Septra 900	38	0.97	2.6	117	2.7	121
Spectra 1000	27	0.97	3.0	172	3.2	177
芳纶	12	1.44	2.8	131	1.9	91
S玻璃纤维	7	2.49	4.6	90	1.8	36

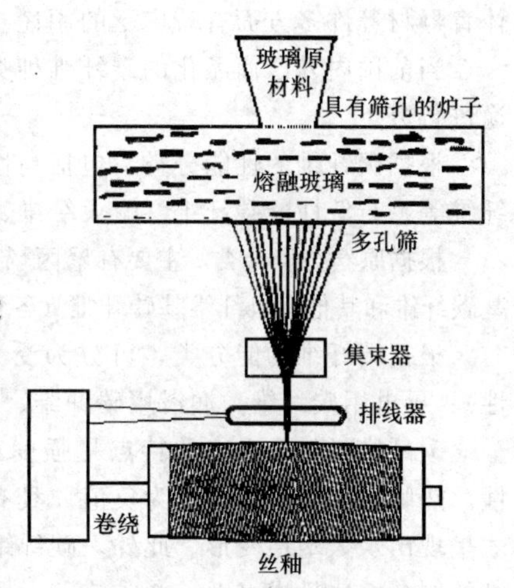

图 9-2　玻璃纤维抽丝过程

玻璃纤维质地柔软，可以纺织成各种玻璃布、玻璃带等织物。玻璃纤维成分中一个关键指标就是其含碱量，即钾、钠氧化物含量，根据含碱量，玻璃纤维可以分类为：有碱玻璃纤维（碱性氧化物含量>12%，亦称A玻璃纤维）、中碱玻璃纤维（碱性氧化物含量6%～12%）、低碱玻璃纤维（碱性氧化物含量2%～6%）、无碱玻璃纤维（碱性氧化物含量<2%，亦称E玻璃纤维）。通常，含碱量高的玻璃纤维熔融性好，易抽丝，产品成本低。

按用途分类，玻璃纤维又可分为：高强度玻璃纤维（S玻璃纤维，强度高，用于结构材料）、低介电玻璃纤维（亦称D玻璃纤维，电绝缘性和透波性好，适用于雷达装置的增强材料）、耐化学性玻璃纤维（亦称C玻璃纤维，耐酸性优良，适用于耐酸件和蓄电池套管等）、耐电腐蚀纤维及耐碱纤维（AR玻璃纤维）。玻璃纤维性能见表 9-5。

表 9-5　玻璃纤维性能

项目	有碱A玻璃纤维	化学C玻璃纤维	低介电D玻璃纤维	无碱E玻璃纤维	高强度S玻璃纤维	粗R玻璃纤维	高模量M玻璃纤维
拉伸强度/GPa	3.1	3.1	2.5	3.4	4.58	4.4	3.5
弹性模量/GPa	73	74	55	71	85	86	110
延伸率/%	3.6				3.37	4.6	5.2
密度/(g/cm³)	2.46	2.46	2.14	2.55	2.5	2.55	2.89
比强度/[GPa/(g/cm³)]	1.3	1.3	1.2	1.3	1.8	1.7	1.2
比模量/[GPa/(g/cm³)]	30	30	26	28	34	34	38
热膨胀系数/($\times 10^{-6}$/K)		8	2～3			4	
折射率	1.52			1.55	1.52	1.54	
损耗角正切值			0.0005	0.0039	0.0072	0.0015	
相对介电常数							
10^6 Hz			3.8			6.2	
10^{10} Hz				6.11	5.6		
体积电阻率/μΩ·m	10^{14}			10^{19}			

玻璃纤维的结构与普通玻璃材料没有不同，都是非晶态玻璃体硅酸盐结构，也可视为过

冷玻璃体。玻璃纤维的伸长率和热膨胀系数较小，除氢氟酸和热浓强碱外，能够耐受许多介质的腐蚀。玻璃纤维不燃烧，耐高温性能较好，C玻璃纤维软化点688℃，S玻璃纤维与E玻璃纤维耐受温度更高，适于高温使用。玻璃纤维的缺点是不耐磨，易折断，易受机械损伤，长期放置则强度下降。玻璃纤维成本低，品种多，适于编织，作为常用增强材料，广泛用于航空航天、建筑、日用品加工。

（4）碳纤维　碳纤维（Cf）是由有机纤维经固相反应转变而成的纤维状聚合物碳，是一种非金属材料。它不属于有机纤维范畴，但从制法上看，它又不同于普通无机纤维。碳纤维性能优异，不仅质量轻、比强度大、模量高，而且耐热性高以及化学稳定性好（除硝酸等少数强酸外，几乎对所有药品均稳定，对碱也稳定）。其制品具有非常优良的γ射线透过性、阻止中子透过性，还可赋予塑料以导电性和导热性。以碳纤维为增强剂的复合材料具有比钢强、比铝轻的特性，是一种目前最受重视的高性能材料之一。它在航空航天、军事、工业、体育器材等许多方面有着广泛的用途。

当前国内外已商品化的碳纤维种类很多，一般可以根据原丝的类型、碳纤维的性能和用途进行分类。

根据碳纤维的性能分类，包括高性能碳纤维（高强度碳纤维、高模量碳纤维、中模量碳纤维等）与低性能碳纤维（耐火纤维、碳质纤维、石墨纤维等）。

根据原丝类型分类，主要有聚丙烯腈基纤维、黏胶基碳纤维、沥青基碳纤维、木质素纤维基碳纤维和其他有机纤维基碳纤维（各种天然纤维、再生纤维、缩合多环芳香族合成纤维）。

根据碳纤维功能分类，可分为受力结构用碳纤维、耐焰碳纤维、活性碳纤维（吸附活性）、导电用碳纤维、润滑用碳纤维、耐磨用碳纤维。

碳纤维材料最突出的特点是强度和模量高、密度小，和碳素材料一样具有很好的耐酸性。热膨胀系数小，甚至为负值。具有很好的耐高温蠕变能力，一般碳纤维在1900℃以上才呈现出永久塑性变形。此外，碳纤维摩擦系数低，且具有自润滑性、导电性等特点。碳纤维的制备方法见本书8.4.2.4节。

（5）碳化硅纤维　碳化硅纤维具有良好的耐高温性能、高强度、高模量和化学稳定性，主要用于增强金属和陶瓷，制成耐高温的金属或陶瓷基复合材料。碳化硅纤维的制造方法主要有两种——化学气相沉积法和烧结法（有机聚合物转化法）。烧结法是以二甲基二氯硅烷为主要原料，其工艺过程包括聚碳硅烷的合成与纺丝、不熔化处理、烧结等。二甲基二氯硅烷在氮气的保护下与钠反应，生成聚硅烷，然后将低分子量成分分离，生成高分子量的聚碳硅烷，再进行纺丝加工。为了提高聚碳硅烷纤维的强度以及防止烧结过程中纤维间的粘连，将其在200℃的条件下氧化。将处理后的纤维在1300～1500℃的惰性气体中进行烧结，除掉无用的有机基，得到碳化硅纤维。气相法是通过高温化学气相沉积过程，将碳化硅沉积在钨丝上。其生产过程为在反应器中通入氢气和硅烷气，将连续通过反应器的钨丝加热到1300℃。混合气体在热钨丝上发生反应，形成钨芯碳化硅单丝。也可用碳丝取代钨丝，制成碳芯碳化硅单丝。

碳化硅纤维具有优良的耐热性能，在1000℃以下，其力学性能基本上不变，可长期使用；当温度超过1300℃时，其性能才开始下降，是耐高温的好材料。耐化学性能良好，在80℃下耐强酸，耐碱性也良好。1000℃以下不与金属反应，而且有很好的浸润性，有利于和金属复合，主要用来增强铝基、钛基及金属间化合物基复合材料。

由于碳化硅纤维具有耐高温、耐腐蚀、耐辐射的性能，是一种理想的耐热材料。用碳化硅纤维编织成双向和三向织物，已用于高温的传送带、过滤材料，如汽车的废气过滤器等。碳化硅复合材料已应用于喷气发动机涡轮叶片、飞机螺旋桨等受力部件透平主动轴等。在军事上，作为大口径军用步枪金属基复合枪筒套管、作战坦克履带、火箭推进剂传送系统、先进战术战斗机的垂直安定面、导弹尾部、火箭发动机外壳、鱼雷壳体等。

（6）硼纤维　硼纤维是一种高性能增强纤维，具有很高的比强度和比模量，也是制造金属基复合材料最早采用的高性能纤维。用硼铝复合材料制成的航天飞机主舱框架强度高、刚性好，代替铝合金框架节省重量，取得了十分显著的效果，也有力地促进了硼纤维金属基复合材料的发展。

硼纤维是利用化学气相法制成的。使用的原料为钨丝、三氯化硼和氢气。高温通电的钨丝周围通过氯化硼与氢的混合气体，氢与氯化硼反应生成单质硼，附着于钨丝上。目前所指的硼纤维，实际上是芯部为钨丝（也可采用碳纤维做芯）而表面包覆硼的纤维。化学反应式为：

$$2BCl_3(g)+3H_2(g)\longrightarrow 2B(s)+6HCl(g)$$

美国、俄罗斯是硼纤维的主要生产国，并研制发展了硼纤维增强树脂、硼纤维增强铝等先进复合材料，用于航天飞机、B-1轰炸机、运载火箭、核潜艇等军事装备，取得了巨大的效益。

硼纤维具有良好的力学性能，强度高、模量高、密度小。硼纤维的弯曲强度比拉伸强度高，硼纤维在空气中的拉伸强度随温度升高而降低，在200℃左右硼纤维性能基本不变，而在315℃下，经过1000h，硼纤维强度将损失70%，650℃时硼纤维强度将完全丧失。在室温下，硼纤维的化学稳定性好，但表面具有活性，不需要处理就能与树脂进行复合，而且所制得的复合材料具有较高的层间剪切强度。对于含氮化合物，亲和力大于含氧化合物。在高温下，易与大多数金属发生反应。

9.4.2 晶须增强体

晶须（wisker）是指具有一定长径比（一般大于10）和截面积小于$52\times10^{-5}cm^2$的单晶纤维材料，晶须的直径为0.1μm至数微米，长度与直径比在5～1000之间。晶须是含有较少缺陷的单晶短纤维，其拉伸强度接近其纯晶体的理论强度。自1948年贝尔公司首次发现以来，迄今已开发出100多种晶须，但进入工业化生产的不多，如SiC、Si_3N_4、TiN、Al_2O_3、钛酸钾和莫来石等少数几种晶须。晶须可分为金属晶须，如Ni、Fe、Cu、Si、Ag、Ti、Cd等；氧化物晶须，如MgO、ZnO、BeO、Al_2O_3、TiO_2、Y_2O_3、Cr_2O_3等；陶瓷晶须，如碳化物晶须SiC、TiC、ZrC、WC、B_4C，氮化物晶须Si_3N_4、TiN、ZrN、BN、AlN等，硼化物晶须TiB_2、ZrB_2、TaB_2、CrB、NbB_2等；无机盐类晶须，如$K_2Ti_6O_{13}$、$Al_{18}B_4O_{33}$。

晶须的制备方法有化学气相沉积法（CVD）、溶胶-凝胶法（sol-gel）、气-液-固法（VLS）、液相生长法、固相生长法和原位生长法等。陶瓷晶须可以采用CVD法，如利用金属卤化物高温气相反应，在衬底材料上沉积形成陶瓷晶须，反应过程如下所示：

$$2MCl_4(g)+4H_2(g)+N_2(g)=\!=\!=2MN(s)+8HCl(g)$$

$$MCl_4(g)+CH_4(g)=\!=\!=MC(s)+4HCl(g)$$

其中，M代表难熔金属，类似反应还有很多。

利用固相生长法制造SiC晶须的典型方法是通过灼烧稻壳先获得无定形SiO_2，再与无定形碳反应形成SiC晶须。

表9-6为部分晶须增强材料的性能，SiC、Si_3N_4等陶瓷晶须熔点高，具有良好的耐高温性能，多用于增强陶瓷基与金属基复合材料。无机盐晶须（$CaSO_4$、$K_2O\cdot6TiO_2$等）大多具有1000℃以上的较高熔点，耐热性好，可用于树脂基和铝基复合材料的增强。晶须用作增强体时，其体积分数一般低于35%即可。

表 9-6　晶须增强材料基本性能

晶须材料	熔点 /℃	密度 /(g/cm³)	拉伸强度 /GPa	弹性模量 /×10²GPa
Al_2O_3	2040	3.96	14～28	4.3
BeO	2570	2.85	13	3.5
B_4C	2450	2.52	14	4.9
α-SiC	2316	3.15	21 (7～35)	4.823
β-SiC	2316	3.15	21 (7～35)	5.512～8.279
Si_3N_4	1960	3.18	14	3.8
石墨	3650	1.66	20	7.1
TiN	—	5.2	7	2～3
AlN	2199	3.3	14.21	3.445
MgO	2799	3.6	7.14	3.445
$K_2O\ [TiO]_n$	1350	—	700	280
Cr	1890	7.20	9	2.4
Cu	1080	8.91	3.3	1.2
Fe	1540	7.83	13	2.0
Ni	1450	8.97	3.9	2.1

晶须是目前已知纤维中强度最高的一种，其机械强度几乎等于相邻原子间的作用力。晶须高强度的原因，主要是它的直径非常小，容纳不下能使晶体削弱的空隙、位错和不完整等缺陷。晶须材料的内部结构完整，使它的强度不受表面完整性的严格限制。晶须分为陶瓷晶须和金属晶须两类，用作增强材料的主要是陶瓷晶须。晶须兼有玻璃纤维和硼纤维的优良性能。它具有玻璃纤维的延伸率（3%～4%）和硼纤维的弹性模量［(4.2～7.0)×10^6MPa］，氧化铝晶须在2070℃高温下，仍能保持7000MPa的拉伸强度。晶须没有显著的疲劳效应，切断、磨粉或其他的施工操作，都不会降低其强度。晶须在复合材料中的增强效果与其品种、用量关系极大。另外，晶须材料在复合使用过程中，一般需经过表面处理，改善与基体的相互作用性能。

晶须复合材料由于价格昂贵，目前主要用在空间和尖端技术上，在民用方面主要用于合成牙齿、骨骼及直升机的旋翼和高强离心机等。除起到增强力学性能外，某些晶须材料也被用以增强复合材料的某些性质，如四针状氧化锌晶须材料可以较低的填充体积，赋予复合材料优异的抗静电性能。

9.4.3　颗粒增强体

用以改善基体材料性能的颗粒状材料，称为颗粒增强体（particle reinforcement），该类增强体与其他增强材料略有不同，它在复合材料体系中，很大程度上是起到体积填充作用。颗粒增强体一般是指具有高强度、高模量、耐热、耐磨、耐高温的陶瓷、石墨等无机非金属颗粒，如SiC、Al_2O_3、Si_3N_4、TiC、B_4C、石墨、细金刚石等。这些颗粒增强体具有较高的刚性，也被称为刚性颗粒增强体。颗粒粒径通常较小，一般低于10 μm，掺混到金属、陶瓷基体中，可提高复合材料耐磨、耐热、强度、模量和韧性等综合性能。在铝合金基体中加入体积分数为30%、粒径0.3 μm的Al_2O_3颗粒，所得金属基复合材料在300℃高温下的拉伸强度仍可保持在220MPa，所掺混的颗粒越细，复合材料的硬度和强度越高。在Si_3N_4陶瓷中加入体积分数20%的TiC颗粒增强体，复合产物韧性提高5%。

另有一类非刚性的颗粒增强体具有延展性，主要为金属颗粒，加入到陶瓷基体和玻璃陶瓷基体中改善材料的韧性，如将金属铝粉加入到氧化铝陶瓷中，金属钴粉加入到碳化钨陶瓷中等。延展性颗粒材料的加入，虽能改善韧性，但常常导致高温力学性能有所降低。此类增韧颗粒的作用一般通过桥联机理实现。常见颗粒增强体列于表 9-7。

表 9-7　常见颗粒增强体及其性能

名称	密度/（g/cm^3）	熔点/℃	膨胀系数/（$\times 10^{-6}/K$）	硬度/MPa	弯曲强度/MPa	弹性模量/GPa
SiC	3.21	2700	4.0	27000	400～500	
B_4C	2.52	2450	5.13	27000	300～500	360～460
TiC	4.92	3300	7.4	26000	500	
Al_2O_3		2050	9			
Si_3N_4	3.2～3.35	2100（分解）	2.5～3.2	HRA 89～93	900	330
莫来石（$Al_2O_3 \cdot 2SiO_2$）	3.17	1850	4.2	3250	约 1200	

9.5 复合材料主要性能与制造

9.5.1 聚合物基复合材料

聚合物基复合材料（polymer matrix composite，PMC）按所用增强体不同，可以分为纤维增强（FRC）、晶须增强（WRC）、粒子增强（PRC）三大类。

9.5.1.1 聚合物基复合材料主要性能

聚合物基复合材料具有许多突出的性能与工艺特点，主要包括以下几点。

（1）比强度、比模量大　玻璃纤维复合材料有较高的比强度、比模量，而碳纤维、硼纤维、有机纤维增强的聚合物基复合材料的比强度相当于钛合金的 3～5 倍，比模量相当于金属的 3 倍之多，这种性能可由纤维排列的不同而在一定范围内变动。

（2）耐疲劳性能好　金属材料的疲劳破坏常常是没有明显预兆的突发性破坏，而聚合物基复合材料中纤维与基体的界面能阻止材料受力所致裂纹的扩展。因此，其疲劳破坏总是从纤维的薄弱环节开始逐渐扩展到结合面上，破坏前有明显的预兆。大多数金属材料的疲劳强度极限是其抗张强度的 30%～50%，而碳纤维/聚酯复合材料的疲劳强度极限可达到其抗张强度的 70%～80%。

（3）减振性好　受力结构的自振频率除与结构本身形状有关外，还与结构材料比模量的平方根成正比。复合材料比模量高，故具有高的自振频率。同时，复合材料界面具有吸振能力，使材料的振动阻尼很高。由试验得知：对于同样大小的振动，轻合金梁需 9s 才会停止，而碳纤维复合材料梁只需 2.5s 就会停止。

（4）过载时安全性好　复合材料中有大量增强纤维，当材料过载而有少数纤维断裂时，载荷会迅速重新分配到未破坏的纤维上，使整个构件在短期内不至于失去承载能力。

（5）具有多种功能性　包括良好的耐烧蚀性、耐摩擦性、电绝缘性、耐腐蚀性，特殊的光学、电学、磁学的特性等。

但是复合材料还存在着一些缺点，如耐高温性能、耐老化性能及材料强度一致性等有待于进一步研究提高。

聚合物基复合材料的结构与性能存在广泛的灵活关系，通过不同的工艺控制，可以形成不同的结构形态，从而获得目标性能。在增强体与树脂体系确定后，主要决定于成型工艺。

成型工艺包括两方面：一是成型，即将预浸料按产品的要求，铺置成一定的形状，一般就是产品的形状；二是固化，即使已铺置成一定形状的叠层预浸料，在温度、时间和压力等因素影响下使形状固定下来，并能达到预计的性能要求。

9.5.1.2 预浸料/预混料制备

预浸料是指定向排列的连续纤维（单向、织物）浸渍树脂后所形成的厚度均匀的薄片状半成品。预混料是指不连续纤维浸渍树脂或与树脂混合后所形成的较厚的片状［SMC (sheet molding compound)、GMT（glass mat reinforced thermoplastics）］、团状［BMC (bulk molding compound)］或粒状半成品以及注射模塑料［IMC（injection molding compound）］，这四种形式的预混料均为聚合物基复合材料制备中比较重要的半成品，其中，SMC 指片状模塑料；BMC 指团状模塑料；GMT 指玻璃毡增强热塑性塑料；IMC 指注射模塑料。

(1) 预浸料制备　预浸料分热固性与热塑性两类，其制备工艺略有不同。热固性预浸料组成简单，通常仅由连续纤维或织物及树脂（包括固化剂等添加组分）组成，一般无其他填料。根据浸渍设备或制备方式不同，热固性 FRP 预浸料制备分为轮鼓缠绕法（图 9-3）和阵列排铺法，按浸渍树脂状态分为湿法（溶液预浸）和干法（热熔体预浸）。

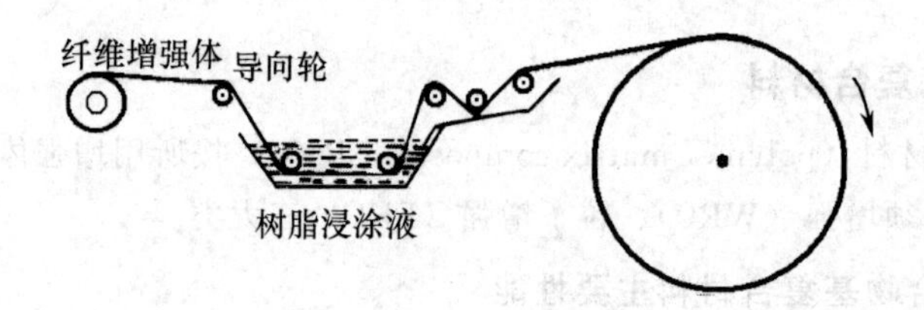

图 9-3　热塑性预浸料轮鼓缠绕法工艺原理

热塑性复合材料预浸料制备，按照树脂状态不同，可分为预浸渍技术和后浸渍技术。预浸渍技术的特点是：预浸料中树脂完全浸渍纤维；后预浸技术包括膜层叠、粉末浸渍、纤维混杂、纤维混编等，其特点是：预浸料中树脂是以粉末、纤维或包层等形式存在，对纤维的完全浸渍要在复合材料成型过程中完成。

溶液预浸是将热塑性高分子溶于适当的溶剂中，使其可以采用类似于热固性树脂的湿法浸渍技术进行浸渍，将溶剂除去后即得到浸渍良好的预浸料。

(2) 预混料制备

① SMC 和 BMC 制备　这是可直接进行模压成型而不需要事先进行固化、干燥等其他工序的纤维增强热固性模塑料。其组成包括短切玻璃纤维、树脂（大多使用聚酯或不饱和聚酯）、引发剂、固化剂或催化剂、填料（碳酸钙）、内脱模剂（硬脂酸锌）、颜料、增稠剂（碱性的氧化钙或氧化镁等）、热塑性低收缩率添加剂等。SMC 一般用专用 SMC 机组制备，生产上，一般先把除增强纤维以外的其他组分配成树脂糊，再在 SMC 机组上与增强纤维复合、热压成 SMC。

BMC 生产方法很多，常用捏合法。即在捏合机（桨叶式混合器）中，将短切纤维、填料与液态树脂（如不饱和聚酯）或树脂溶液（如酚醛树脂溶于乙醇）充分搅拌混匀，移出后（晾干溶剂），即得产品。用连续粗纱或织物浸渍树脂后切断的方法可生产纤维更长、强度更高的 BMC 。

② GMT 制备　GMT 是一种类似于热固性 SMC 的复合材料半成品，它除了具有与热固性 SMC 相似甚至更好的力学性能外，还具有生产过程无污染、成型周期短、废品及制品可

回收利用等优点，产品应用广泛，其中绝大部分用于汽车材料。GMT所采用的增强剂是无碱玻璃纤维无纺毡或连续纤维，最常用的热塑性树脂是聚丙烯，其次为热塑性聚酯PBT、PET和聚碳酸酯PC，其他如聚氯乙烯等也有使用。制备GMT的工艺有两类，即熔融浸渍法和悬浮浸渍法。

熔融浸渍法是最普通的GMT制备工艺。两层玻璃毡与三层树脂膜叠合在一起，在高温（树脂熔点以上）、高压下使树脂熔化并浸渍纤维，冷却后即得GMT。熔融浸渍可采用不连续的层压方法，也可采用连续的双带辗压机辗压的方法。悬浮浸渍法也称造纸法，它是利用造纸机，采用类似于造纸的工艺，将玻璃纤维切成长6～25mm的短切纤维，分散在含树脂粉、乳胶的水中，添加絮凝剂时，各原材料呈悬浮状态，在筛网上凝聚，干燥，高温高压下使树脂熔融并浸渍纤维，冷却后得GMT。

③ IMC制备　IMC一般使用双螺杆挤出机制备，连续纤维纱束与熔融态基体树脂混合后挤出，由切割机切断，颗粒长度一般为3～6mm，用于后期注射成型。

9.5.1.3　PMC成型工艺简介

在上述制成的预混料基础上，根据产品目的要求，选择相应成型工艺，即可获得由聚合物复合材料构成的有形产品。聚合物基复合材料的制备方法可以按如下分类：

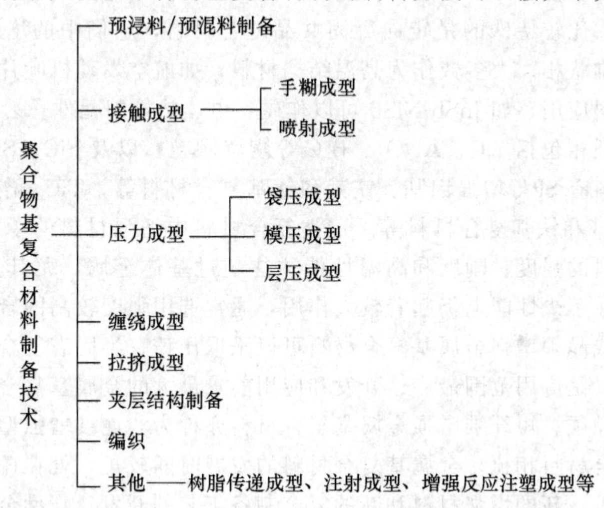

其中比较重要的制备方法包括：手糊工艺、模压成型工艺、喷射成型工艺、挤出成型工艺和树脂传递成型等技术。

碳纤维增强的聚合物基复合材料也可采用相似的预制和成型工艺进行加工。粉体增强的复合材料大多采用混炼、螺杆挤出的方法预制成半成品，如粒料等。再根据成品要求，采用注射、压塑等工艺加工制得成品。

9.5.2　金属基复合材料

9.5.2.1　金属基复合材料主要性能特点与类别

金属基复合材料（metal matrix composite，MMC），是以金属及其合金为基体，与其他金属或非金属增强相进行人工结合成的复合材料。其增强材料大多为无机非金属，如陶瓷、碳、石墨及硼等，也可以用金属丝。它与聚合物基复合材料、陶瓷基复合材料以及碳/碳复合材料一起构成现代复合材料体系。

现代科学技术对现代新型材料的强韧性、导电、导热、耐高温、耐磨等性能都提出了越来越高的要求。例如，在航空航天工业和汽车工业中，动力结构与机械结构的主要构件除要保证有优良的物理与力学性能外，还要求重量轻。为了保证构件具有一定的强度与刚度，同时减轻重量，就要求材料具有更高的比强度和比模量（刚度）。纤维增强聚合物基复合材料具有比强度、比模量高等优良性能，但由于聚合物耐热有限，工作温度一般不超过300℃，且耐磨性、导电性、导热性差，使用期间逐渐老化，尺寸不够稳定。而金属基复合材料则不存在这些缺陷，作为结构材料不但具有一系列与其基体金属或合金相似的特点，而且在比强度、比模量及高温性能方面甚至超过其基体金属及合金。

金属基复合材料制备过程在高温下进行，有的还要在高温下长时间使用。活性金属基体与增强相之间的界面会不稳定。金属基复合材料的增强相/基体界面起着关键的连接和传递应力的作用，对金属基复合材料的性能和稳定性起着极其重要的作用。因此从20世纪80年代开始，人们逐渐重视对金属基复合材料界面及界面稳定性的研究。包括：界面的稳定性、界面产物及作用、界面结构、界面反应的控制以及界面与复合材料性能的关系等方面。

金属基复合材料可以按其所用增强相的不同来分类，主要包括纤维增强相MMC与颗粒、晶须增强MMC，MMC常用的纤维包括硼纤维、碳化硅纤维、氧化铝纤维和碳与石墨纤维等。其中增强材料绝大多数是承载组分，金属基体主要起粘接纤维、传递应力的作用，大都选用工艺性能（塑性加工、铸造）较好的合金，因而，常作为结构材料使用。在纤维增强金属基复合材料中比较特殊的是定向凝固共晶复合材料，它们中的增强相是和基体共同生长的层片状和纤维状相。大多数作为高温结构材料，如航空发动机叶片材料；一部分可以作为功能型复合材料应用，如InSb-NiSb可以作磁、电、热控制元件。

颗粒、晶须增强相包括SiC、Al_2O_3、B_4C等陶瓷颗粒，以及SiC、Si_3N_4、B_4C等晶须，这类典型的复合材料有SiC_p增强铝基、镁基和钛基复合材料等，TiC_p增强钛基复合材料和SiC_w增强铝基、镁基和铁基复合材料等。这类复合材料中增强材料的承载能力尽管不如连续纤维，但复合材料的强度、刚度和高温性能往往超过基体金属，尤其是在晶须增强情况下。由于金属基体在不少性能上仍起着较大作用，通常选用强度较高的合金，一般均进行相应的热处理。颗粒或晶须增强金属基复合材料可以采取压铸、半固态复合铸造以及喷射沉积等工艺技术来制备，是应用范围最广、开发和应用前景最大的金属基复合材料，并已应用于汽车工业。颗粒、晶须、短纤维增强金属基复合材料亦称为非连续增强型金属基复合材料。

与聚合物基复合材料相比，金属基复合材料的发展时间较短，处在蓬勃发展阶段。随着增强材料性能的改善，新的增强材料和新的复合制备工艺的开发，新型金属基复合材料将会不断涌现，原有各种金属基复合材料的性能也会继续提高。

9.5.2.2 金属基复合材料典型代表

一般来说，金属基复合材料所用基体金属可以是单一金属，也可以是合金，就单一金属基体分类，比较常见的为铝、钛、镁等以及它们的合金。

（1）铝基复合材料　这种复合材料是当前品种和规格最多、应用最广泛的一种复合材料。它包括硼纤维、碳化硅纤维、碳纤维和氧化铝纤维增强铝；碳化硅颗粒与晶须增强铝等。铝基复合材料是金属基复合材料中最早开发、发展最迅速、品种齐全、应用最广泛的复合材料。纤维增强铝基复合材料，因具有高比强度和比刚度，在航空航天工业中不仅可以大大改善原来采用铝合金部件的性能，而且可以代替中等温度下使用的昂贵的钛合金零件。在汽车工业中，用铝及铝基复合材料替代钢铁的前景也看好，可望起到节约资源的作用。

（2）钛基复合材料　主要包括硼纤维增强钛、碳化硅纤维增强钛、碳化钛颗粒增强钛。钛基复合材料的基体主要是Ti-6Al-4V或塑性更好的β型合金（如Ti-15V-3Cr-3Sn-3Al）。以钛及其合金为基体的复合材料具有高的比强度和比刚度，而且具有很好的抗氧化性能和高温力学性能，在航空工业中可以替代镍基耐热合金。颗粒增强钛基复合材料主要采用粉末冶金制备方法，如冷等静压和热等静压相结合的方法制备，并与未增强的基体钛合金实现扩散连接制成所谓共基质微宏观复合材料。

(3) 镁基复合材料　镁及其合金具有比铝更低的密度，在航空航天和汽车工业应用中具有较大潜力。大多数镁基复合材料的增强材料为颗粒与晶须，如 SiC_p 或 SiC_w/Mg、B_4C_p、Al_2O_{3p}/Mg。虽然石墨纤维增强镁基复合材料，与碳纤维、石墨纤维增强铝相比，密度和热膨胀系数更低，强度和模量也较低，但具有很高的导热/热膨胀比值，在温度变化环境中，是一种尺寸稳定性极好的宇宙空间材料。镁基复合材料的基体主要有 AZ31（Mg-3Al-1Zn）、AZ61（Mg-6Al-1Zn）、ZK60（Mg-6Zn-Zr）以及 AZ91（Mg-9Al-1Zn）等。

(4) 高温合金基复合材料　这类复合材料主要包括由两种不同制备方式的金属基复合材料。

① 难熔金属丝增强型　主要采用钨、铬等难熔合金丝，较多研究的是以钨丝增强的复合材料。制备工艺一般采用热压扩散结合工艺，亦可采用粉末冶金法。基体一般采用高温合金，如镍基、钴基或铁基。

② 定向凝固共晶复合材料　亦称原位生成自增强型。选用合适的共晶成分高温合金，在定向凝固条件下使共晶两相以层片或纤维状增强相与基体相按单向凝固结晶方向同时有规则地排列生长，以达到增强效果。采用的高温共晶合金主要有 Ni-TaC、Co-TaC、Ni-Cr-Al-Nb 和 Ni_3Al-Ni_3Nb 金属间化合物型。

除上述之外，还有铜基、锌基以及金属间化合物基复合材料。

9.5.2.3 金属基复合材料制备方法

制备金属基复合材料的工艺方法非常多，如扩散结合、粉末冶金、压铸、半固态复合铸造、喷射沉淀、原位复合等。这些制备工艺大体上可归入固态法、液态法、喷涂与喷射沉积法、原位复合法四大类基本方法。

(1) 固态法　金属基复合材料的固态制备工艺主要为扩散结合和粉末冶金两种方法。

① 扩散结合（diffusion bonding）是一种制备连续纤维增强金属基复合材料的传统工艺方法。早期研究与开发的硼纤维增强铝、碳纤维增强铝、Borsic（SiC 涂覆硼纤维）增强钛基复合材料以及钨丝增强镍基高温合金等都是采用扩散结合方式制备的。该制备方法是传统金属材料的一种固态焊接技术，在一定温度的压力下，把新鲜清洁表面的相同或不相同的金属，通过表面原子的互相扩散而连接在一起。

② 粉末冶金（powder metallurgy）技术制备金属基复合材料也是基于增强相共存下的金属粉体热熔焊工艺，可用于连续纤维、短纤维、颗粒、晶须增强 MMC 制备。其特点是制备温度低，界面反应可控；利于增强相与金属基体的均匀混合；组织致密、细化、均匀，内部缺陷明显改善；二次加工性能好。但工艺流程较长，成本较高。

(2) 液态法　液态法亦可称为熔铸法，其中包括压铸、半固态复合铸造、液态渗透以及搅拌法和无压渗透法等。这些方法的共同特点是金属基体在制备复合材料时均处于液态。和传统金属材料的成形工艺，如铸造、压铸等方法非常相似，制备成本较低，因此液态法得到较快的发展。液态法是目前制备颗粒、晶须和短纤维增强金属基复合材料的主要工艺方法。

(3) 喷涂与喷射沉积法　喷涂与喷射沉积制备金属基复合材料的工艺方法大多是由金属材料表面强化技术衍生而来的。

喷涂沉积（spray deposition）主要应用于纤维增强金属基复合材料的预制层制备，也可以获得复合层状复合材料的坯料。喷涂沉积的主要原理是以等离子体或电弧加热金属粉末或金属线、丝，甚至增强材料的粉末，通过喷涂气体喷涂沉积到沉积基板上。

喷射沉积（ospray）则主要用于制备颗粒增强金属基复合材料。该工艺过程是将基体金属在坩埚中熔炼后，在压力作用下通过喷嘴送入雾化器，在高速惰性气体射流的作用下，液态金属被分散为细小的液滴，形成“雾化锥”；同时通过一个或多个喷嘴向“雾化锥”喷射入增强颗粒，使之与金属雾化液滴一齐在基板（收集器）上沉积并快速凝固形成颗粒增强金属基复合材料。

喷射与喷涂沉积工艺的最大特点是对增强体与基体金属的润湿性要求低，增强体与熔融金属基体的接触时间短，界面反应量少，基体金属的选择范围广。

(4) 原位（in-situ）复合法　增强材料与金属基体之间的相容性控制往往影响到金属基复合材料在高温制备和高温应用中的性能和性能稳定性，如果增强材料（纤维、颗粒或晶须）能从金属基体中直接（即原位）生成，则上述相容性问题可以得到较好的解决。因为原位生成的增强相与金属基体界面结合良好，生成相的热力学稳定性好，也不存在基体与增强相之间的润湿和界面反应等问题。这种方法已经在陶瓷基、金属间化合物基复合材料制备中得到应用。目前开发的原位复合或原位增强方法主要有共晶合金定向凝固法直接金属氧化法（DIMOX）和反应主成法（XD）。

9.5.2.4　MMC 界面化学结合

金属基复合材料中增强体相与金属基体相界面处的结合状态对复合材料整体性能影响较大。如碳纤维增强铝基复合材料中，在不同界面结合受载时，如果结合太弱，纤维就大量拔出，强度较低；结合太强，复合材料脆断，既降低强度，又降低塑性；只有结合适中，复合材料才呈现高强度和高塑性。增强相与基体金属界面结合作用一般包括机械结合、浸润溶解结合、化学反应结合、混合结合。其中化学反应结合较为重要。

大多数金属基复合材料属于热力学非平衡体系，即增强体与基体金属之间只要存在有利的动力学条件，就可能发生增强体与基体之间的扩散和化学反应。增强体与基体界面发生化学反应，在界面上生成新的化合物层。例如，硼纤维增强钛基复合材料中，界面化学反应生成 TiB_2 界面层，碳纤维增强铝基复合材料界面反应生成 Al_4C_3 化合物。在许多金属基复合材料中，实际界面反应层不仅仅是单一化合物。Al_2O_3FP 纤维增强铝合金，在界面上有 2 种化合物α-$LiAlO_2$ 和 $LiAl_5O_8$ 存在；而硼纤维增强 Ti/Al 合金中界面反应层也存在多种反应产物。

金属基复合材料的化学反应界面结合是其主要结合方式。在界面产生一定程度适量的化学反应，可以增加复合材料的强度。但超过一定量的化学反应生成物，因大多数为脆性物质，化学反应结合的界面层达到一定厚度后会引起开裂，严重影响复合材料的性能。

9.5.3　陶瓷基复合材料

9.5.3.1　陶瓷基复合材料的主要性能

陶瓷材料强度高，硬度大，耐高温，抗氧化，高温下抗磨损性好，耐化学腐蚀性优良，热膨胀系数和密度较小，这些优异的性能是一般常用金属材料、高分子材料及其复合材料所不具备的。但陶瓷材料抗弯强度不高，断裂韧性低，限制了其作为结构材料使用。当用高强度、高模量的纤维或晶须增强后，其高温强度和韧性可大幅度提高，陶瓷基复合材料（ceramic matrix composite，CMC）的主要目的就是增韧。最近，欧洲动力公司推出的航天飞机高温区用碳纤维增强碳化硅基体和用碳化硅纤维增强碳化硅基体所制造的陶瓷基复合材料，可分别在 1700℃ 和 1200℃ 下保持 20℃ 时的抗拉强度，并且有较好的抗压性能、较高的层间剪切强度；而断裂延伸率较一般陶瓷高，耐辐

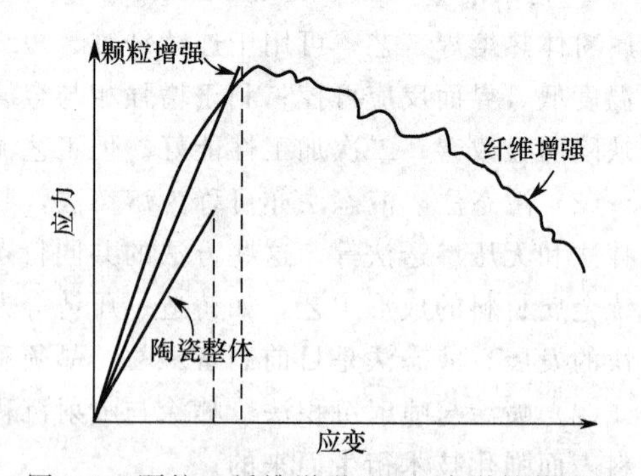

图 9-4　颗粒、纤维增强 CMC 力学性能对比

射效率高，可有效地降低表面温度，有极好的抗氧化、抗开裂性能。图 9-4 是颗粒、纤维增强陶瓷基复合材料的力学性能对比。

陶瓷基复合材料与其他复合材料相比发展仍较缓慢，主要原因是制备工艺复杂，且缺少耐高温的纤维。

9.5.3.2 CMC 制备工艺方法

(1) 粉末冶金法　也称粉体压制烧结或混合压制法，主要工艺过程就是将原料（陶瓷粉末、增强剂、黏结剂和助烧剂）通过球磨、超声等手段混合均匀，冷压成型，再进行烧结，烧结时可以加压，促进致密化。烧结伴随体积收缩，易产生裂纹。该法适用于颗粒、晶须和短纤维增韧陶瓷基复合材料。

(2) 浆体法（湿态法）　为了克服粉末冶金法中各组元混合不均的问题，可采用浆体（湿态）法制备颗粒、晶须和短纤维增韧陶瓷基复合材料。其混合体为浆体形式。混合体中各组元保持散凝状，即在浆体中呈弥散分布。采用浆体浸渍法也可制备连续纤维增韧陶瓷基复合材料。

(3) 反应烧结法　将碾磨后的硅粉聚合物黏结剂和有机溶剂混合制备成稠度适中，轧制成硅布。带有短效黏结剂的纤维缠绕制成纤维席（如 SiC_f），把纤维席和硅布按一定交错次序堆垛排列，加热去除黏结剂，放入钼模中，在氮气环境或真空下热压成可加工的预制件，最后将预制件再放入 1100～1140℃的氮气炉中，使硅基转换成碳化硅。该法增强剂体积分数可以很高，但基体中气孔率较高。

(4) 液态浸渍法　与前面介绍的液态聚合物浸渍法和液态金属渗透法相似。所不同的是，陶瓷熔体的温度要比聚合物和金属高得多，且陶瓷熔体黏度较高，浸渍预制件操作困难。高温下陶瓷基体与增强材料之间会发生化学反应，引起陶瓷基体与增强材料的失配。因此，用液态浸渍法制备陶瓷基复合材料，化学反应性、熔体黏度、熔体对增强材料的浸润性是需要考虑的。

此外还有一些制备 CMC 的方法应用也较为广泛，且富有特点，如直接氧化法、CVD 法、溶胶-凝胶法、化学气相浸渍（CVI）法 、聚合物前驱体热解法、原位复合法等。

CMC 制备过程中，为获得最佳界面结合强度，希望避免界面化学反应或尽量降低界面的化学反应程度和范围。实际当中除选择增强剂和基体在制备和材料服役期间能形成热动力学稳定的界面外，还对纤维表面涂层处理。纤维表面涂层处理对纤维还可起到保护作用。纤维表面双层涂层处理是最常用的方法。其中底涂层起键接及滑移作用，而外部涂层在较高温度下防止纤维机械性能降解。

陶瓷基复合材料的设计与性能提高，还需更多从材料力学、增强体物理化学性能与转变、界面反应等方面考虑，提高增韧效果。

参考文献

[1] ASM International. Engineered materials handbook，Composites，Vol. 1，Metals，Park，1987.

[2] Everett R K，Arsenault R J. Metal Matrix Composites. New York：Academic Press，1991.

[3] Chawla K K. Ceramic Matrix Composites. New York：Chapman and Hall，1993.

[4] Savage G. Carbon-Carbon Composites. New York：Chapman and Hall，1993.

[5] 倪礼忠，陈麟. 聚合物基复合材料. 上海：华东理工大学出版社，2007.

[6] Interrante Leonard V，Hampden-Smith M J. Chemistry of Advanced Materials，an Overview. Weinheim：Wiley-VCH，1998.

[7] 吴培熙，沈健. 特种性能树脂基复合材料. 北京：化学工业出版社，2003.

[8] 王荣国. 复合材料概论. 哈尔滨：哈尔滨工业大学出版社，1999.
[9] 黄伯云，肖鹏，陈康华. 复合材料研究新进展（上）. 金属世界，2007，2：16.
[10] 黄伯云，肖鹏，陈康华. 复合材料研究新进展（下）. 金属世界，2007，3：16.
[11] 鲁云. 先进复合材料. 北京：机械工业出版社，2004.
[12] 于化顺. 金属基复合材料及其制备技术. 北京：化学工业出版社，2006.
[13] 赵玉涛，等. 金属基复合材料. 北京：机械工业出版社，2007.
[14] 孙康宁，等. 金属间化合物/陶瓷基复合材料. 北京：机械工业出版社，2003.
[15] 贾成厂. 陶瓷基复合材料导论. 2版. 北京：冶金工业出版社，2002.
[16] 张长瑞. 陶瓷基复合材料：原理、工艺、性能与设计. 北京：国防科技大学出版社，2001.
[17] 闻荻江. 复合材料原理. 武汉：武汉理工大学出版社，1998.
[18] 陈华辉，邓海金，李明. 现代复合材料. 北京：中国物资出版社，1998.
[19] Matthews F L, Rawling R D. Composite Materials: Engineering and Science. New York: Chapman and Hall, 1994.

思考题

1. 判断以下各论点的正误。

1）复合材料是由两个组元以上的材料化合而成的。

2）混杂复合总是指两种以上的纤维增强基体。

3）层板复合材料主要是指由颗粒增强的复合材料。

4）最广泛应用的复合材料是金属基复合材料。

5）复合材料具有可设计性。

6）竹、麻、木、骨是天然复合材料。

7）分散相总是较基体强度和硬度高、刚度大。

8）所有的天然纤维是有机纤维，所有的合成纤维是无机纤维。

9）聚乙烯纤维是所有合成纤维中密度最低的纤维。

10）玻璃纤维是晶体，其晶粒尺寸约 20 μm。

11）氧化铝纤维仅有 δ-Al_2O_3 晶体结构。

12）硼纤维是由三溴化硼沉积到加热的丝芯上形成的。

13）PAN 是 SiC 纤维的先驱体。

14）纤维表面处理是为了使纤维表面更光滑。

15）Kevlar 纤维是一种聚酯类化学纤维。

16）石墨纤维的碳含量、强度和模量都比碳纤维高。

17）基体与增强体的界面在高温使用过程中不发生变化。

18）比强度和比模量是材料的强度和模量与其密度之比。

19）浸润性是基体与增强体间黏结的必要条件，但非充分条件。

20）基体与增强体间界面的模量比增强体和基体越高，则复合材料的弹性模量也越高。

21）界面间黏结过强的复合材料易发生脆性断裂。

22）不饱和聚酯树脂是用量最大的聚合物复合材料基体。

23）环氧树脂是用于耐高温的热固性树脂基体。

24）双马树脂的主要成分是马来酸酐与芳香族二元胺的缩聚物，典型成分为双马来酰亚胺。

25）手糊成型设备投资少，劳动强度低。

26）玻璃钢是一种金属基复合材料。

27）热固性树脂是一种交联的高分子，一般不结晶；而热塑性树脂是线型、结晶的高分子。

28）聚酰亚胺是一类分子中含有 $-\overset{\overset{\displaystyle O}{\|}}{C}-\overset{|}{N}-\overset{\overset{\displaystyle O}{\|}}{C}-$ 基团的热固性树脂。

29）氧化铝作为复合材料的增强体，一般都是利用颗粒状的氧化铝。

30）碳纤维与石墨具有一样的结构。

31）不饱和聚酯就是含有丙烯酸酯基团的聚酯。

32）陶瓷基复合材料的制备过程大多涉及高温，因此仅有可承受高温的增强材料才可被用于制备陶瓷基复合材料。

33）陶瓷基复合材料的最初失效往往是陶瓷基体的开裂。

2. 名词解释

增强体；玻璃纤维、碳纤维；晶须；SMC；BMC；Kevlar 纤维；聚酰亚胺；硅烷偶联剂；钛酸酯偶联剂；Volan 偶联剂。

3. 试论述复合材料中增强体表面改性的必要性。

4. 谈谈你对金属基复合材料界面反应的认识。

5. 列举几种你所知道的复合材料，谈谈它们可能的原料与制造方法。

第10章

纳米材料

纳米（namometer，nm）是一个尺度概念，1nm 等于 1×10^{-9}m，相当于数十个原子排列起来的长度。化学以原子和分子为研究对象，其尺度通常小于 1nm；凝聚态物理的研究对象则通常为尺度大于 100nm 的固态物质。显然，在这两个领域之间存在一个范围为 1～100nm 的尺度空隙，即所谓纳米尺度。人们发现，当物质达到纳米尺度以后，将具有传统材料所不具备的物理、化学性能，表现出独特的光、电、磁和化学特性。因此，人们把处于纳米尺度的材料从传统材料中分离开来，称为纳米材料（nanomaterials，nanoscale materials）或纳米结构材料（nanostructured materials）。广义地说，所谓纳米材料，是指微观结构至少在一维方向上受纳米尺度（1～100nm）调制的各种固体超细材料，或由它们作为基本单元构成的材料。与纳米材料研究相关的学科则是纳米科学技术。

纳米科学技术是 20 世纪 80 年代中后期逐渐发展起来的，融介观体系物理、量子力学等现代学科为一体并与超微细加工、计算机、扫描隧道显微镜等先进工程技术相结合的多方位、多学科的新科技。它是在纳米尺度上研究自然界现象中原子、分子行为与规律，以期在深化对客观世界认识的基础上，实现由人类按需要制造出性能独特的产品。纳米科技主要包括纳米体系物理学、纳米化学、纳米材料学、纳米生物学、纳米电子学、纳米加工学、纳米力学这七个相对独立又相互渗透的学科和纳米材料、纳米器件、纳米尺度的检测与表征这三个研究领域。其中，纳米物理学和纳米化学为纳米技术提供理论依据，纳米电子学是纳米技术最重要的内容，而纳米材料的制备和研究则是整个纳米科技的基础。

10.1 纳米材料的种类

纳米材料种类繁多，这是由于很多传统固体材料都可以制成纳米尺度并产生特殊性能。同时，随着纳米技术的飞速发展，新型纳米材料层出不穷。我们可以从不同角度对纳米材料进行分类。例如，从化学组成和结构来看，可以分为纳米金属材料、纳米陶瓷材料、纳米高分子材料和纳米复合材料；从力学性能来分，则有纳米增强陶瓷材料、纳米改性高分子材料、纳米耐磨及润滑材料、超精细研磨材料等；以光学性能来分，则有纳米吸波（隐身）材料、光过滤材料、光导电材料、感光或发光材料，纳米改性颜料，纳米抗紫外线材料等；以电子性能来分，有纳米半导体传感器材料、纳米超纯电子浆料；以磁性能来分，则有高密度磁记录介质材料、磁流体，纳米磁性吸波材料，纳米磁性药物，纳米微晶永磁或软磁材料、室温磁制冷材料等；以热学性能来分，则有纳米热交换材料、低温烧结材料、低温焊料、特种非平衡合金等；以生物和医用性能来分，则有纳米药物、纳米骨和齿修复材料、纳米抗菌材料；从表面活性来分，有纳米催化材料、吸附材料、防污环境材料等。

在纳米材料研究中，通常按不同的维度，把纳米材料的基本单元分为零维、一维和二维。零维纳米材料是指空间三维尺度均在纳米尺度的材料，如纳米颗粒、原子团簇等；一维纳米材料是指有两维处于纳米尺度的材料，如纳米丝、纳米管、纳米棒等；二维纳米材料是指有一维在纳米尺度的材料，如超薄膜、多层膜、超晶格等。此外，由这些低维纳米材料作为基本单元构成的块状材料，可划分为三维纳米材料，其纳米单元作为纳米相存在于块状材料中。下面简单介绍各种不同维度的纳米材料。

10.1.1 零维纳米材料

(1) 原子团簇　原子团簇（atomic clusters）是介于单个原子与固态块体之间的原子集合体，其尺寸一般小于1nm，约含几个到几百个原子。原子团簇比普通无机分子大，比具有平移对称性的块体材料小。它们的原子结构（键长、键角和对称性等）和电子结构不同于分子，也不同于块体。根据原子团簇的组成，可以分为一元、二元、多元原子团簇以及原子簇化合物。原子簇化合物是原子团簇与其他分子以配位化学键结合成的化合物。原子团簇的结构有线状、层状、管状、洋葱状、骨架状、球状等。

原子团簇是由原子、分子的微观尺寸向宏观尺寸的过渡阶段，因而具有许多奇特的性质，诸如：“幻数”个原子稳定性或奇偶数稳定性；气、液、固态的并存与转化；极大的表面/体积比；异常高的化学活性和催化活性；结构的多样性和排列的非周期性；电子的原子壳层、原子簇壳层和能带结构的过渡和转化；光的量子尺寸效应和非线性效应；电导的几何尺寸效应；等等。实际上，原子团簇的种种奇特性质是纳米材料许多特性的科学基础。

原子团簇中最著名的是富勒烯（fullerenes），它是于1985年发现的继金刚石和石墨之后碳元素的第三种晶体形态。C_{60} 是最先发现的富勒烯，由60个碳原子构成，与足球拥有完全相同的外形（图10-1）。60个碳原子处于60个顶点上，构成20个正六边形环与12个正五边形环组成的球形32面体，其大小仅有0.71nm，堪称是世界上最小的“足球”了。C_{60} 本身更有着无数优异的性质，它本身是半导体，掺杂后可变成临界温度很高的超导体，由它所衍生出来的碳纳米管比相同直径的金属强度高100万倍。

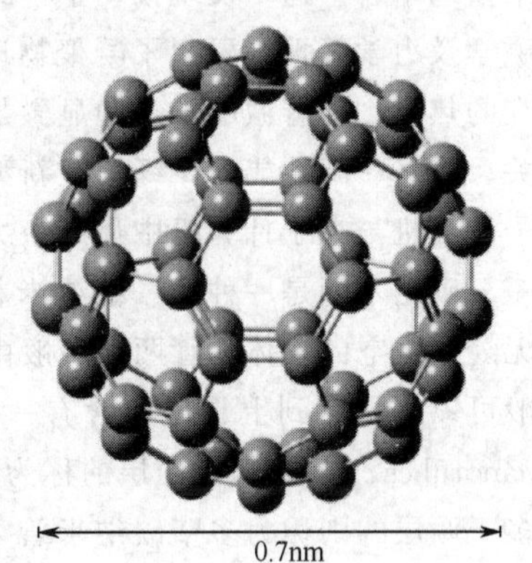

图10-1　C_{60} 结构示意

目前，研究原子团簇的结构与特性主要有两方面的工作：一方面是理论计算原子团簇的原子结构、键长、键角和排列能量最小的可能存在结构；另一方面是实验研究原子团簇的结构与特性，制备原子团，并设法保持其原有特性压制成块，进而开展相关应用研究。

(2) 纳米颗粒　纳米颗粒（nanoparticles）是指颗粒尺寸为纳米量级的超微颗粒，它的尺度大于原子团簇、小于通常的微粉，一般在1～100nm之间，其原子数范围应该是 10^3～10^5 个。这样小的物体在肉眼和一般显微镜下是看不见的，只能用高分辨的电子显微镜观察。

纳米颗粒与原子团簇不同，它们一般不具有幻数效应。但纳米颗粒的比表面积远大于块体材料，这将导致其电子状态发生突变。已经发现，当粒子尺寸进入纳米量级时，粒子将具有量子尺寸效应、小尺寸效应、表面效应和宏观量子隧道效应，因而表现出许多特有的性质，在催化、滤光、光吸收、医药、磁介质及新材料等方面有广阔的应用前景。

（3）量子点　量子点（quantum dot）通常是一种由Ⅱ－Ⅵ族或Ⅲ－Ⅴ族元素组成的纳米颗粒，尺寸小于或者接近激子波尔半径（一般粒径介于1～10nm之间）。

在块体材料里，电子在三个维度的方向上都可以自由运动。但当材料的特征尺寸在一个维度上与光波波长、德布罗意波长以及超导态的相干长度等物理特征尺寸相当或更小时候，电子在这个方向上的运动会受到限制，电子的能量不再是连续的，而是量子化的。对于量子点来说，其三个维度上的尺寸都要比电子的德布罗意波长小，电子在三个方向上都不能自由运动，能量在三个方向上都是量子化的。

量子点能接受激发光产生荧光，其发射光谱可以通过改变量子点的尺寸大小来控制。通过改变量子点的尺寸及其化学组成，可以使其荧光光谱覆盖整个可见光区。以CdTe量子点为例，当它的粒径从2.5nm生长到4.0nm时，它们的发射波长可以从510nm红移到660nm。同时，量子点具有很好的光稳定性，可以对标记的物体进行长时间的观察。此外，量子点的荧光寿命长，发射的荧光可持续数十纳秒。由于这些特点，量子点是一种理想的荧光探针。量子点还具有良好的生物相容性，经过各种化学修饰之后，可以进行特异性连接，其细胞毒性低，对生物体危害小，可进行生物活体标记和检测。

10.1.2　一维纳米材料

一维无机纳米材料是指在材料的三维空间尺度上有两维处于纳米尺度的线（管）状材料，包括纳米丝、纳米线、纳米棒、纳米管、纳米纤维等。

法国科学家在1970年首次制备出直径约为7nm的碳纤维。1991年，日本的Ijima和美国的Bethune等在掺加过渡金属催化剂的石墨电极间起弧放电，并在制备产物中各自发现了单壁纳米管。这一发现推动了一维纳米材料的研究。一维纳米材料因其优异的光学、电学、磁学及力学等性质引起了凝聚物理、化学界和材料界研究者的关注，近年来成为纳米材料研究的热点。随着微电子学和显微加工技术的发展，一维无机纳米材料有可能在纳米导线、开关、线路、高性能光导纤维及新型激光或发光二极管材料等方面发挥极大的作用，是未来量子计算机与光子计算机中最有潜力的重要元件材料。

碳纳米管是一种准一维纳米材料。理想碳纳米管是由碳原子形成的石墨烯片层卷成的无缝、中空的管体，管两端一般由含五边形的半球面网格封口（图10-2）。石墨烯的片层一般可以从一层到上百层，含有一层石墨烯片层的称为单壁碳纳米管（single walled carbon nanotubes，SWNT），两层的称为双壁碳纳米管（double walled carbon nanotubes，DWNT），多于两层的则称为多壁碳纳米管（multi-walled carbon nanotubes，MWNT）。SWNT的直径一般为1～6 nm，最小直径大约为0.5 nm，与C_{36}分子的直径相当，但SWNT的直径大于6nm以后特别不稳定，会发生塌陷。SWNT管的长度则可达几百纳米到几个微米。因为SWNT的最小直径与富勒烯分子类似，故也有人称其为富勒管。MWNT的层间距约为0.34nm，直径在几个纳米到几十纳米，长度一般在微米量级，最长者可达数毫米。

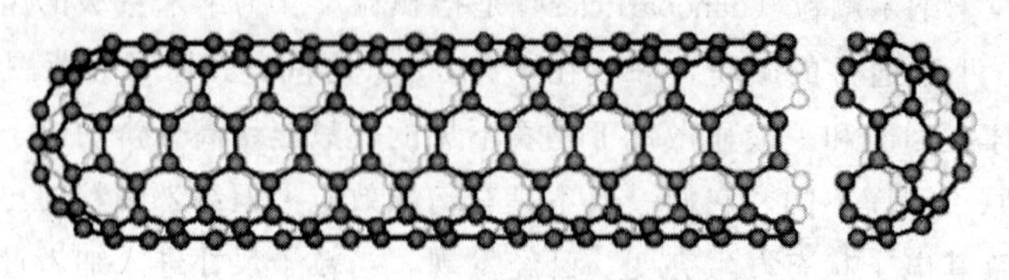

图10-2　碳纳米管结构示意

碳纳米管尺寸尽管只有头发丝的十万分之一，但它的电导率是铜的1万倍，它的强度是钢的100倍而重量只有钢的1/7。它像金刚石那样硬，却有柔韧性，可以拉伸。它的熔点是已知材料中最高的。

由于碳纳米管自身的独特性能，决定了这种新型材料在高新技术诸多领域有着诱人的应用前景。在电子方面，利用碳纳米管奇异的电学性能，可将其应用于超级电容器、场发射平板显示器、晶体管集成电路等领域。在材料方面，可将其应用于金属、水泥、塑料、纤维等诸多复合材料领域。它是迄今为止最好的储氢材料，并可作为多类反应的催化剂的优良载体。在军事方面，可利用它对波的吸收、折射率高的特点，作为隐身材料广泛应用于隐形飞机和超音速飞机。在航天领域，利用其良好的热学性能，添加到火箭的固体燃料中，从而使燃烧效率更高。

10.1.3 二维纳米材料

(1) 纳米超薄膜、纳米薄膜与纳米涂层　纳米超薄膜指薄膜厚度处在纳米数量级的薄膜。与纳米颗粒类似，当薄膜厚度达到纳米级时，也会出现许多不同寻常的特性，比如一些薄膜厚度小到纳米级时会产生巨磁阻效应，其他如导电、电致发光、光电转换等多种功能，可用于制备传感器、太阳能电池以及光通信元件，近年来受到广泛的重视。

纳米超薄膜可通过Langmuir-Blodgett（LB）法、自组装法（self-assembly，SA）等制备。自组装技术是由法国科学家Decher等提出的一种基于静电相互作用制备超薄膜的方法，它和气相沉积、旋转涂布、浸泡吸附等方法最大的不同就是它制备的超薄膜是高度有序和具有方向性的。其特点是方法简单，无需特殊装置，采用水为溶剂，具有沉积过程和膜结构分子级可控制的优点。可利用连续沉积不同组分制备膜层间二维甚至三维的有序结构，实现膜的光、电、磁等性质。还可模拟生物膜，故近十余年来受到广泛的重视。

纳米薄膜与纳米涂层主要是指含有纳米粒子和原子团簇的薄膜、纳米尺寸厚度的薄膜、纳米级第二相粒子沉积镀层、纳米粒子复合涂层或多层膜。这些纳米膜系一般都具有准三维结构与特征，性能异常。

一般而言，金属、半导体和陶瓷的细小颗粒在第二相介质中都有可能构成纳米复合薄膜。这类二维复合膜由于颗粒的比表面积大，且存在纳米颗粒尺寸效应和量子尺寸效应，以及与相应母体的界面效应，故具有特殊的物理性质和化学性质。

(2) 超晶格（superlattice）　超晶格是由两种极薄的不同材料的半导体单晶薄膜周期性地交替生长的多层异质结构，每层薄膜一般含几个以至几十个原子层。超晶格中，每一层的尺寸都在纳米尺度范围。由于这种特殊结构，半导体超晶格中的电子（或空穴）能量将出现新的量子化现象，以致产生许多新的物理性质。

超晶格的概念是由美国IBM实验室的江崎和朱兆祥于1970年提出的。他们设想如果用两种晶格匹配很好的半导体材料交替地生长周期性结构，每层材料的厚度在100nm以下，则电子沿生长方向的运动将会产生振荡，可用于制造微波器件。他们的这个设想两年以后在一种分子束外延设备上得以实现。人们对许多种材料间组成的超晶格进行过大量的实验研究，表明的确存在两种组元单独存在时所没有的性质，其中半导体超晶格研究目前最为系统和深入，可望成为新一代的微电子、光电子材料。

最初的半导体超晶格是由砷化镓和镓铝砷两种半导体薄膜交替生长而成的。当前半导体超晶格材料的种类已扩展到铟砷/镓锑、铟铝砷/铟镓砷、碲镉/碲汞、锑铁/锑锡碲等多种。组成材料的种类也由化合物半导体扩展到锗、硅等元素半导体，特别是近年来发展起来的硅/锗硅应变超晶格，由于它可与当前硅的平面工艺相容和集成，格外受到重视，甚至被誉为新一代硅材料。在集成光电子学中，为了在硅芯片上制造锗检波管，可以用这种超晶格材料来作为过渡，使能隙逐渐缩小到锗的能隙。

半导体超晶格结构不仅给材料物理带来了新面貌，而且促进了新一代半导体器件的产生，除可制备高电子迁移率晶体管、调制掺杂的场效应管、高效激光器、红外探测器外，还能制备先进的雪崩型光电探测器和实空间的电子转移器件，并正在设计微分负阻效应器件、隧道热电子效应器件等，它们将被广泛地应用于雷达、电子对抗、空间技术等领域。

（3）石墨烯　碳有多种同素异形体，具有不同的维度。我们所熟悉的金刚石和石墨是三维的；前述的富勒烯和碳纳米管则分别是零维和一维的纳米材料。而英国曼彻斯特大学安德烈·海姆（Andre Geim）和康斯坦丁·诺沃肖洛夫（Konstantin Novoselov）于2004年在*Science*杂志首次报道合成的单层石墨材料，也就是石墨烯（graphene），则是属于二维的。他们二人因在石墨烯材料方面的卓越研究而获得2010年的诺贝尔物理学奖。

石墨烯是一种由碳原子构成的单层片状结构的新材料。理想石墨烯具有二维晶格结构，可看成被剥离的、仅0.335 nm厚单原子层石墨片，是目前发现的最薄的二维材料，可以翘曲形成零维的富勒烯，卷曲形成一维的碳纳米管，或者堆垛成三维的石墨（图10-3）。在二维平面上，碳原子之间以sp^2杂化轨道通过σ键与相邻的3个碳原子连接，这些C—C键使石墨烯片具有很好的结构刚性，拉伸模量和本征强度分别为1060 GPa和130 GPa；剩余的1个p电子轨道垂直于石墨烯平面，与周围的原子形成π键，每个碳原子贡献1个未成键的π电子，这些π电子可在晶体中自由移动，使石墨烯具有良好的导电性。石墨烯是零带隙半导体，具有完美的量子隧道效应及半整数的量子霍尔效应等一系列性质，电子在石墨烯晶体中的传导速率为8×10^5 m/s，比在一般导体中要快得多。换言之，其电阻率甚至比铜或银更低，为世上电阻率最小的材料之一。此外，石墨烯的传热速度比银和铜的高十多倍。

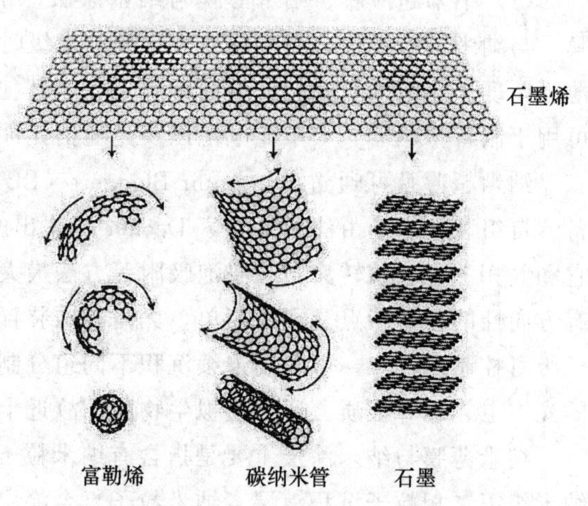

图10-3　碳的几种同素异形体

石墨烯的应用将主要集中在超级电容器、场效应管、触摸屏、太阳能电池、复合材料等领域。由于石墨烯具有极高的理论比表面积，结构上属于独立存在的单层石墨晶体材料，故石墨烯片层的两边均可以负极电荷形成双电层。化学法得到的石墨烯具有200～1200 m^2/g的比表面积，小于其理论值，但测得比电容仍有100～230 F/g，与碳纳米管和碳纤维的容量相近。由于石墨烯片层所特有的皱褶以及叠加效果，可以形成的纳米孔道和纳米空穴，有利于电解液的扩散，因此石墨烯基的超级电容器具有良好的功率特性。石墨烯具有良好的透光性和导电性，利用其制作透明导电膜并应用于太阳能电池中也成为新能源开发研究的热点。复合材料方面，把石墨烯与聚合物复合，可改善聚合物基体的电性能和热传导特性，此外还能提高力学性能。研究发现，在聚丙烯腈及聚甲基丙烯酸甲酯中加入仅1%及0.05%的石墨烯后，其玻璃化转变温度提升30℃，而杨氏模量、拉伸强度、热稳定性等一系列力学及热学性质都得到提高。

10.1.4 纳米固体材料

具有纳米特征结构的固体材料称为纳米固体材料。例如，由纳米颗粒压制烧结而成的三维固体，结构上表现为颗粒和界面双组元；原子团簇堆压成块体后，保持原结构而不发生结合长大反应的固体。其中，由原子团簇堆压成的纳米金属材料具有很大的强度和稳定性，以及很强的导电能力，这类材料存在大量晶界，呈现出特殊的机械、电、磁、光和化学性质。

由纳米硅晶粒和晶界组成的纳米固体材料，其晶粒和晶界几乎各占体积一半，具有比本征晶体硅高的电导率和载流子迁移率，电导率的温度系数很小。

此外，通过引入很高密度的缺陷核，密度高至50%的原子（分子）位于这些缺陷核内，可以获得一类新的无序固体，其中含有晶界、相界、位错等类型的缺陷，从而得到不同结构的纳米晶体材料。在纳米晶体材料中，各晶体间边界原子的取向和晶界倾斜导致特殊结构的形成，即边界区中集中了晶格错配，形成远离平衡的结构。

10.1.5 纳米复合材料

纳米复合材料（nanocomposites）是由两种或两种以上的固相至少在一维上以纳米尺度复合而成的复合材料。例如当分散相至少有一维处于纳米尺度，则所形成的复合材料就是纳米复合材料。较常用的分散相有纳米颗粒、纳米晶须、纳米晶片、纳米纤维等。基体材料（连续相）可以是金属、无机非金属和有机高分子，可以同样是纳米级的，也可以是常规材料。例如当纳米材料为分散相、有机聚合物为连续相时，就是聚合物基纳米复合材料。

聚合物基纳米复合材料与常规的无机填料/聚合物体系不同，不是有机相与无机相的简单混合，而是两相在纳米尺寸范围内复合而成。由于分散相与连续相之间界面面积非常大，界面间具有很强的相互作用，产生理想的粘接性能，使界面模糊。作为分散相的有机聚合物通常是指刚性棒状高分子，包括溶致液晶聚合物、热致液晶聚合物和其他刚直高分子，它们以分子水平分散在柔性聚合物基体中，构成无机物/有机聚合物纳米复合材料。作为连续相的有机聚合物可以是热塑性聚合物、热固性聚合物。聚合物基无机纳米复合材料不仅具有纳米材料的表面效应、量子尺寸效应等性质，而且将无机物的刚性、尺寸稳定性和热稳定性与聚合物的韧性、加工性及介电性能糅合在一起，从而产生许多特异的性能。

把纳米粒子分散到二维的薄膜材料中可以形成纳米复合材料，这种复合材料又可分为均匀弥散和非均匀弥散两大类，均匀弥散是指纳米粒子在薄膜中均匀分布；非均匀弥散是指纳米粒子随机地、混乱地分散在薄膜基体中。此外，由不同材质构成的多层复合膜也称为纳米复合材料。近年来引人注目的凝胶材料（也称介孔固体），同样可以作为纳米复合材料的母体，通过物理或化学的方法将纳米粒子填充在纳米级或亚微米级的孔洞中，这种介孔复合体也是纳米复合材料。

10.2 纳米材料的特性

由于纳米材料具有特殊的结构和处于热力学上极不稳定的状态，因而表现出独特的效应以及由此衍生出的各种特殊性能。

10.2.1 纳米效应

纳米材料的独特效应包括小尺寸效应、表面与界面效应、量子尺寸效应和宏观量子隧道效应。

（1）小尺寸效应　当超细微粒的尺寸与光波波长、传导电子的德布罗意波长、超导态的相干长度或透射深度等物理特征尺寸相当或比它们更小时，一般固体材料赖以成立的周期性边界条件将被破坏，声、光、电、磁、热力学等特性均会呈现新的尺寸效应。

（2）表面与界面效应　球形颗粒的表面积与直径的平方成正比，其体积与直径的立方成正比，故其比表面积（表面积/体积）与直径成反比。随着颗粒直径变小，比表面积将会显著增大，从而表面原子所占的百分数将会显著地增加，产生相当大的表面能。随着纳米粒子尺寸的减小，比表面积急剧加大，表面原子数及比例迅速增大。例如，粒径为5nm时，比表面积为$180m^2/g$，表面原子的比例为50%；粒径为2nm时，比表面积为$450m^2/g$，表面原子的比例为80%。由纳米晶构成的块体材料同样存在类似的效应，即随着晶粒尺寸减小，晶界原子占总原子数的百分数快速增加，如图10-4所示。由于表面与界面效应，纳米粒子表现出独特的化学活性和催化性能。

（3）量子尺寸效应　当粒子尺寸下降到某一值时，金属费米能级附近的电子能级由准连续变为离散能级的现象，以及纳米半导体微粒存在不连续的最高被占据分子轨道和最低未被占据的分子轨道能级，这些能隙变宽现象均称为量子尺寸效应。能带理论表明，金属费米能级附近电子能级一般是连续的，这一点只有在高温或宏观尺寸情况下才成立。对于只有有限个导电电子的超微粒子来说，低温下能级是离散的；对于宏观物体包含无限个原子（即导电电子数N趋于无穷大），对大粒子或宏观物体能级间距几乎为零；而对纳米微粒，所包含原子数有限，N值很小，这就导致能级间距发生分裂。当能级间距大于热能、磁能、静磁能、静电能、光子能量或超导态的凝聚能时，必须要考虑量子尺寸效应，这会导致纳米微粒磁、光、热、电以及超导电性与宏观特性有着显著的不同。

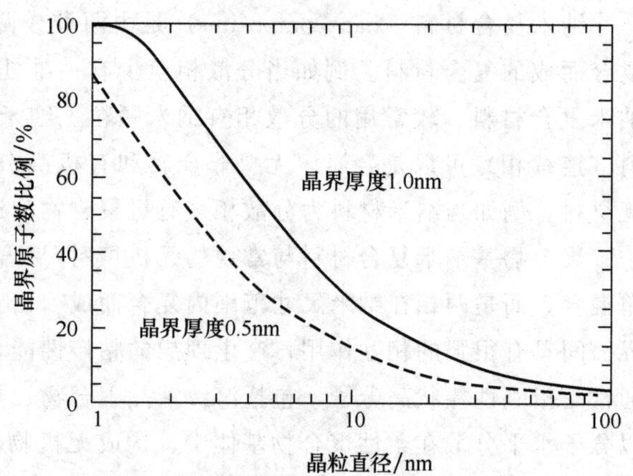

图10-4　不同晶界厚度时晶界原子数占总原子数百分比随晶粒直径变化关系

（4）宏观量子隧道效应　量子隧道效应是从量子力学的粒子具有波粒二象性的观点出发的，解释粒子能够穿越比总能量高的势垒，这是一种微观现象。近年来，发现一些宏观量（如微颗粒的磁化强度和量子相干器的磁通量等）也具有隧道效应，称为宏观量子隧道效应。

量子尺寸效应、宏观量子隧道效应将会是未来微电子、光电子器件的基础。由于上述效应的存在，微电子器件不能无限制地缩小尺寸，即存在微型化的极限。例如，在制造半导体集成电路时，当电路的尺寸接近电子波长时，电子就通过隧道效应而溢出器件，使器件无法正常工作。因此，为了进一步减小电路尺寸，就必须应用新的技术。目前研制的量子共振隧穿晶体管就是利用量子效应制成的新一代器件。

10.2.2 纳米材料的特殊性质

由于存在上述四种效应，纳米材料具有很多不同于块体材料的特殊性质。

10.2.2.1 光学性质

主要表现在宽频带强吸收、蓝移（吸收带移向短波方向）和特异发光现象。

当纳米粒子的粒径与超导相干波长、玻尔半径以及电子的德布罗意波长相当时，小颗粒的量子尺寸效应十分显著。与此同时，大的比表面使处于表面态的原子、电子与处于小颗粒内部的原子、电子的行为有很大的差别，这种表面效应和量子尺寸效应对纳米微粒的光学特性有很大的影响，甚至使纳米微粒具有同样材质的宏观大块物体不具备的新的光学特性。主要表现在宽频带强吸收、蓝移（吸收带移向短波方向）和特异发光现象。

(1) 宽频带强吸收　大块金属具有不同颜色的光泽，这表明它们对可见光范围各种颜色（波长）的反射和吸收能力不同。当尺寸减小到纳米级时各种金属纳米微粒几乎都呈黑色，它们对可见光的反射率极低。例如，Pt 纳米粒子的反射率为 1%，Au 纳米粒子的反射率小于 10%。对可见光低反射率、强吸收率导致粒子变黑。

纳米氮化硅、碳化硅及氧化铝粉末对红外有一个宽带吸收谱。这是因为纳米粒子大的比表面导致了平均配位数下降，不饱和键和悬键增多，与常规大块材料不同，没有一个单一的、择优的键振动模式，而存在一个较宽的键振动模的分布，在红外光场作用下它们对红外吸收的频率也就存在一个较宽的分布，这就导致了纳米粒子红外吸收带的宽化。

利用这一光学特性，纳米材料可以作为高效率的光热、光电等转换材料，可以高效率地将太阳能转变为热能、电能，也可以应用于红外敏感元件、红外隐身技术等。

(2) 蓝移现象　与大块材料相比，纳米微粒的吸收带普遍存在蓝移现象，即吸收带移向短波方向。对纳米微粒吸收带蓝移的解释有几种说法，归纳起来有两个方面：一是量子尺寸效应，由于颗粒尺寸下降能隙变宽，这就导致光吸收带移向短波方向。另一种是表面效应，由于纳米微粒颗粒小，大的表面张力使晶格畸变，晶格常数变小，对纳米氧化物和氮化物小粒子研究表明第一近邻和第二近邻的距离变短，键长的缩短导致纳米微粒的键本征振动频率增大，结果使光吸收带移向了高波数。

(3) 量子限域效应　半导体纳米微粒的半径小于激子玻尔半径时，电子的平均自由程受小粒径的限制，被局限在很小的范围，空穴很容易与它形成激子，引起电子和空穴波函数的重叠，这就很容易产生激子吸收带。激子带的吸收系数随粒径下降而增加，即出现激子增强吸收并蓝移，这就称作量子限域效应。纳米半导体微粒增强的量子限域效应使它的光学性能不同于常规半导体。

(4) 纳米微粒的发光　当纳米微粒的尺寸小到一定值时可在一定波长的光激发下发光。例如粒径小于 6nm 的 Si 在室温下可以发射可见光，随粒径减小，发射带强度增强并移向短波方向。当粒径大于 6nm 时，这种光发射现象消失。有科学家指出，大块 Si 不发光是它的结构存在平移对称性，由平移对称性产生的选择定则使得大尺寸 Si 不可能发光，当 Si 粒径小到某一程度时（6nm），平移对称性消失，因此出现发光现象。

10.2.2.2 热学性质

(1) 熔点　纳米微粒的表面能高、比表面原子数多，这些表面原子近邻配位不全、活性大以及体积远小于大块材料，因此纳米粒子熔化时所需增加的内能小得多，这就使得纳米微粒熔点急剧下降。例如常规尺寸金的熔点为 1064℃，其颗粒小到 2nm 以下时熔点仅为

327℃。常规银的熔点为960℃，其纳米颗粒的熔点低于100℃。因此，超细银粉制成的导电浆料可以在较低温度下熔合，此时元件的基片不必采用耐高温的陶瓷材料，甚至可用塑料。采用超细银粉浆料，可使膜厚均匀，覆盖面积大，既省料又具高质量。超微颗粒熔点下降的性质对粉末冶金工业具有一定的吸引力。

(2) 烧结　纳米微粒尺寸小，表面能高，压制成块材后的界面具有高能量，在烧结中高的界面能成为原子运动的驱动力，有利于界面中的孔洞收缩、空位团的湮没，因此，在较低的温度下烧结就能达到致密化的目的，即烧结温度降低主要表现为当微粒达到纳米尺寸时，扩散率显著提高，烧结温度和熔点急剧下降。常规氧化铝烧结温度在1700～1800℃，而纳米氧化铝可在1150～1400℃烧结，致密度可达99%以上。例如，在钨颗粒中附加0.1%～0.5%质量分数的超微镍颗粒后，可使烧结温度从3000℃降低到1200～1300℃，以致可在较低的温度下烧制成大功率半导体管的基片。

(3) 比热容和热膨胀系数　例如纳米金属Cu的比热容是传统纯Cu的2倍；纳米固体Pd的热膨胀系数比传统Pd材料提高1倍；纳米Ag作为稀释制冷机的热交换器效率比传统材料高30%。

10.2.2.3　电学特性

主要表现为超导电性、介电和压电特性。例如金属银是优异的良导体，而10～15nm的银微粒电阻突然升高已失去常规金属的特征，变成非导体；具有绝缘性能的二氧化硅，当尺寸小到10～15nm时电阻大大下降，而具有导电性。

10.2.2.4　磁学性质

磁性材料达到纳米尺度后，其磁性往往发生很大变化。例如10～15nm的铁磁金属纳米粒子矫顽力比相同的常规尺寸材料大1000倍，而当颗粒尺寸小于10 nm时矫顽力变为零，表现为超顺磁性。在小尺寸下，当各向异性能减少到与热运动能可相比拟时，磁化方向就不再固定在一个易磁化方向，易磁化方向做无规律的变化，结果导致超顺磁性的出现。纳米磁性微粒进入超顺磁状态存在一个临界尺寸，其数值因微粒的种类而异。

另外，磁性材料进入纳米尺寸后，磁化率也会发生明显变化。纳米磁性金属的磁化率是宏观状态下的20倍，而饱和磁矩是宏观状态下的1/2。

鸽子、海豚、蝴蝶、蜜蜂以及生活在水中的趋磁细菌等生物体在地磁场导航下能辨别方向，是因为在这些生物中存在超微的磁性颗粒。电子显微镜的研究表明，在趋磁细菌体内通常含有直径约为20nm的磁性氧化物颗粒。这些磁性超微颗粒实质上是一个生物磁罗盘，生活在水中的趋磁细菌依靠它游向营养丰富的水底。

利用磁性超微颗粒具有高矫顽力的特性，已做成高储存密度的磁记录磁粉，大量应用于磁带、磁盘、磁卡以及磁性钥匙等。利用超顺磁性，人们已将磁性超微颗粒制成用途广泛的磁性液体。

10.2.2.5　力学性质

主要表现为强度、硬度、韧性的变化。陶瓷材料在通常情况下呈脆性，然而由纳米超微颗粒压制成的纳米陶瓷材料却具有良好的韧性。因为纳米材料具有大的界面，界面的原子排列是相当混乱的，原子在外力变形的条件下很容易迁移，因此表现出甚佳的韧性与一定的延展性，使陶瓷材料具有新奇的力学性质。例如晶粒大小为6nm的铁其断裂强度比一般多晶铁高12倍；晶粒大小为6nm的铜其硬度比粗晶铜高5倍。德国萨尔大学格莱德和美国阿贡国家实验室席格先后研究成功纳米陶瓷氟化钙和二氧化钛，在室温下显示良好的韧性，在180℃经受弯曲并不产生裂纹。人的牙齿之所以具有很高的强度，是因为它是由磷酸钙等纳米材料构成的。呈纳米晶粒的金属要比传统的粗晶粒金属硬3～5倍。

10.2.2.6 化学特性

由于表面原子数增多，比表面积大，原子配位数不足，存在未饱和键，导致了纳米颗粒表面存在许多缺陷，使这些表面具有很高的活性，特别容易吸附其他原子或与其他原子发生化学反应。纳米颗粒的表面具有很高的活性，在空气中金属颗粒会迅速氧化而燃烧。如要防止自燃，可采用表面包覆或有意识地控制氧化速率，使其缓慢氧化生成一层极薄而致密的氧化层，确保表面稳定化。利用表面活性，金属超微颗粒可望成为新一代的高效催化剂和储气材料以及低熔点材料。

纳米粒子作催化剂，可大大提高反应效率，控制反应速度，降低反应条件，甚至使原来不能进行的反应也能进行。纳米微粒作催化剂比一般催化剂的反应速度提高 10～15 倍甚至更高。例如，利用纳米镍粉作为火箭固体燃料的反应催化剂燃烧效率提高 100 倍；纳米铂黑催化剂可使乙烯的氧化反应温度从 600℃降至室温。

纳米 TiO_2 可作为光催化剂使用，把纳米 TiO_2 复配到涂料中，制成自清洁涂层，可以在太阳光下催化附在上面的油污使其分解，易于清洗。纳米 TiO_2 既有较高的光催化活性，又能耐酸碱，对光稳定，无毒，便宜易得，是制备负载型光催化剂的最佳选择。

10.3 纳米材料的制备

纳米材料的尺度介于微观粒子和宏观块体材料之间，因此制备纳米材料有两个基本方向：一是将宏观块体材料分裂成纳米微粒，即自上而下；二是通过原子、分子、离子等微观粒子聚集形成微粒，并控制微粒的生长，使其维持在纳米尺寸，即自下而上。制备纳米材料的方法有很多，本书第 5 章介绍的材料制备方法通过控制一定条件，很多都可以用于制备纳米材料。按照制备原理，纳米材料的制备方法可以分为物理方法和化学方法。此外，纳米粒子、纳米线和纳米管等纳米体的分散与稳定化也是纳米材料制备中常常要考虑的。

10.3.1 物理方法

10.3.1.1 物理粉碎法

粉碎法是自上而下的方法。理论上，通过物理机械方法粉碎固体，最小粒径可达 10～50nm。然而，用目前的机械粉碎设备与工艺很难达到这一理想值。因此，要通过物理粉碎法制备纳米粒子，必须采用一些特殊手段。具体方法有高能球磨法、电火花爆炸法、高能气流粉碎法等。

(1) 高能球磨法　高能球磨法是利用球磨机的转动或振动，使硬球对原料进行强烈的撞击、研磨和搅拌，将金属或合金粉碎为纳米级颗粒。它除了可用来制备单质金属纳米粉体外，还可通过颗粒间的固相反应直接化合成化合物粉体，如金属碳化物、氟化物、氮化物、金属氧化物复合粉体等。另外，该法甚至可以将相图上几乎不互溶的几种元素制成纳米固溶体，为发展新材料开辟了新途径。近年来通过对高能机械球磨过程中的气氛控制和外部磁场的引入，使得这一技术有了进一步的发展。该法操作简单，成本低。缺点是制备过程中，由于球的磨耗，易在粉体引入杂质，所得粉体粒径分布也不均匀。

(2) 电火花爆炸法　该法是用物料在两极放电产生电火花爆炸而形成超微粒。该法的优点是操作简单、成本较低。缺点是产品纯度低，颗粒分布不均匀。此外，随着助磨剂物理粉碎法和超声波粉碎法的应用，可制得粒径小于100nm的微粒，但仍有产量低、成本较高、粒度分布不均匀等缺点。

(3) 高能气流粉碎法　该法是把常规粉体加入气流磨中，利用高速气流（3～500m/s）或热蒸气（300～450℃）的能量使固体颗粒之间发生激烈的冲击、碰撞、摩擦而被较快粉碎。粉碎的颗粒被尾气气流带出，分为不同粒度范围的粉体产品。在粉碎室中，固体颗粒之间碰撞频率远高于固体颗粒与器壁之间的碰撞，所得产品具有粒度细、颗粒分布均匀、颗粒表面光滑、纯度高、活性大等优点。

10.3.1.2　物理气相沉积法（PVD）

PVD法的基本原理可参看本书第5章5.2，该法可用于制备纳米粉体或薄膜。PVD法制备纳米粉体的原理是利用气相中的原子或分子处于过饱和状态时，将会开始成核析出为固相或液相。如在气相中进行匀质成核时控制其冷却速率，则可逐渐成长为纯金属、陶瓷或复合材料的纳米粉体。若在固态基板上缓慢冷却而成核-成长，则可长成薄膜、晶须等纳米级材料。

(1) 惰性气体蒸发-凝聚法　PVD法中的真空蒸镀技术是在高真空下把金属等原料加热-蒸发，金属原子会在容器壁或固体基体上形成薄膜。该技术通过改进也可用于制备纳米粉体。具体做法是：在压力为0.01Torr至数百托的惰性气体（He、Ar、Xe等）环境下把原料蒸发，则蒸发原子会与惰性气体原子相互碰撞而失去能量，从而冷却，造成很高的局部过饱和，这将导致均匀的成核过程。在工作室上方置有充液氮的冷却棒，过饱和蒸气在接近冷却棒过程中，首先形成原子簇，然后形成单个纳米微粒，并在冷却棒表面积聚起来。冷却，从而在气相中凝结成纳米粉体。通过蒸发温度、气体种类和压力控制颗粒的大小，可制得粒径低至10nm的纳米颗粒。表10-1列出了Xe气氛下蒸发-凝聚法所制备各种金属微粒粒径大小的分布。

惰性气体蒸发-凝聚法的蒸发源可用电阻加热、高频感应加热，对高熔点物质则可采用等离子体、激光和电子束加热等。电阻加热法是将蒸发原料置于电阻加热器上加热蒸发，设备简单易行，但一次生成量较少，一般在实验室中采用，用来制备Al、Cu、Au等低熔点金属的超微粉。高频感应加热法则是以高频感应线圈作热源，使耐火坩埚内的物质在低压（1～10kPa）的惰性气体中蒸发，蒸发后的金属原子与惰性气体原子相碰撞，冷却凝聚成超微粉。该法的优点是由于电磁波对熔融金属的感应搅拌作用，使得产生的超微粉粒径均匀、纯度较高，并且可以进行大功率长时间运转，但对W、Mo、Ta等高熔点、低蒸气压物质的超微粉制备非常困难，而且制备速度较慢、产量不高。等离子体法是在惰性气氛或反应性气氛下，通过直流放电使气体电离产生高温等离子体，从而使原料熔化和蒸发，蒸气遇到周围的气体就会被冷却或发生反应形成超微粉。在惰性气氛下，由于等离子体温度高，采用此法几乎可以制取任何金属的超微粉。

表10-1　Xe气氛下蒸发-凝聚法所制备各种金属微粒粒径大小的分布

元素	晶格	粒径大小/nm
Be	六方晶	100～400
Mg	六方晶	500～3000
Al	面心立方	100～400
Cr	βW型	50～100
Fe	体心立方	50～200
Ni	面心立方	5～60

续表

元素	晶格	粒径大小/nm
Co	面心立方	10～20
Cu	面心立方	10～200
Zn	六方晶	50～200
Ag	面心立方	100～300
Cd	六方晶	100～400
Au	面心立方	30～200

影响纳米微粒制备的因素主要有如下几方面。

① 惰性气体种类　惰性气体的作用是与蒸发原子相互碰撞而令其失去能量。显然，惰性气体原子的大小影响着蒸发原子与其碰撞后的能量变化和运动方向。惰性气体的原子量越大，蒸发原子与其碰撞后造成的能量损失就越大，例如蒸发原子在氩气中比在氦气中能量损失更快。另外，如果惰性气体的原子质量比蒸发气体的小，则蒸发原子碰撞惰性气体原子后方向不变，但运动速度减小。相反，如果惰性气体的原子质量比蒸发气体的大，则蒸发原子碰撞惰性气体原子后被反弹，方向改变，金属蒸气难以扩散至惰性气体中，从而在更靠近蒸发源的地方凝结。对较重的氙气与较轻的氦气和氩气进行比较，可以发现，在相同的气体压力下，凝结在氦气中会较在氩气和氙气中发生在远离蒸发源之处，而得到较高的饱和蒸气压。因而在相同气压下，氦气中可得到较小粒径的纳米微粒。目前，大部分气相合成法皆以氦气为主要工作气体。

② 惰性气体压力　当惰性气体压力很高时，金属蒸发原子的冷却率以及和气体原子碰撞的频率增加，因此，成核凝结会发生在靠近蒸发源之处，而使凝结核有足够的时间在被冷凝阱收集之前长大。当气体压力低时，凝结发生在远离蒸发源之处，有较高的饱和蒸气压，成核速率高，成核数目多，因此粒子会小于高压状态。

③ 蒸发温度　当金属开始蒸发时，烟雾会在一定的温度之下形成，然后在另一温度下稳定下来。在蒸发温度低时，其与稳定温度的温差小，而且因为蒸发率较低而使稳定蒸发的时间相对较长。当在稳定温度下收集粒子时，粒子尺寸分布变得很窄。在高蒸发温度下，它提供了一个高的金属蒸气流，金属原子有更多的机会碰撞、凝结并形成大粒子。

④ 蒸发源与冷凝阱之距离　蒸发源与冷凝阱的距离决定金属原子成核、成长到被捕捉所需之时间。距离越长，所需时间越长，纳米微粒相互碰撞概率增加，使纳米微粒之平均粒径变粗，而粒径分布变宽。

(2) 旋转油面真空沉积法　真空蒸镀技术使用固态基体，在其上面形成蒸镀膜。旋转油面真空沉积法（VEROS）则是采用流动的液面作为基体，让蒸发物沉积在油面上，并形成纳米粉体。其装置是在真空工作室中设置旋转圆盘，基体油（硅油）通过导管注入圆盘中心，再借助旋转离心力使油层布满整个圆盘表面，形成液态基体。该法装置如图10-5所示。

VEROS法制备纳米粒子的特点是可以得到平均粒子粒径小于10nm的各类纳米粒子，粒径分布窄，而且彼此相互独立地分散于油介质中，为大量制备纳米粒子创造了条件。但是VEROS法制备的纳米粒子太细，所以从油中分离这些粒子比较困难。

(3) 溅射法　也就是PVD中的溅镀技术，通常用于镀膜，经改进或控制一定条件也可以用于制备纳米粉体。将两块金属极板平行放置在压力40～250Pa的惰性气体（Ar）中，一块为阳极，另一块为阴极靶材料。在两极之间加上直流电压（0.3～1.5kV），使其产生辉光放电，两极板间辉光放电中的离子撞击在阴极上，靶材中的原子就会由其表面蒸发出来，

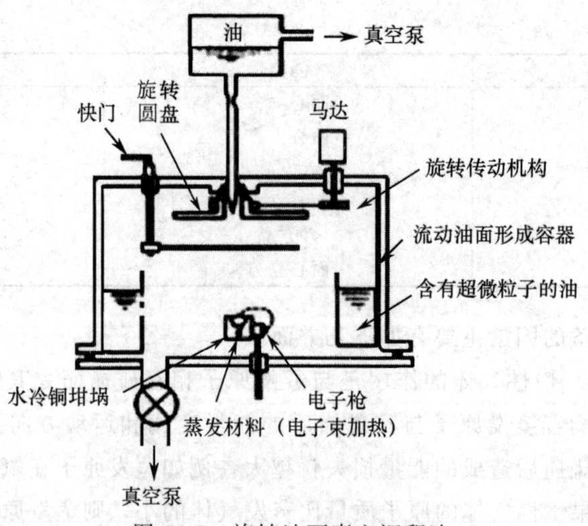

图 10-5　旋转油面真空沉积法

形成超微粒子。在该法中靶材料无相变，化合物的成分不易发生变化。

利用溅射法制备纳米粒子，粒子的大小及尺寸分布主要取决于两电极间的电压、电流和气体压力。靶材的表面积越大，原子的蒸发速度越高，纳米微粒的获得量越多。高压气体中的溅射法其原理是：当靶材达高温时，表面产生熔化（热阳极），在两极间施加直流电压，使高压气体产生放电。例如 13kPa 的（15％H_2＋85％He）混合气体中，解离的离子冲出阳极靶面，使原子从熔化的蒸发靶材上蒸发出来，形成纳米微粒子，并在附着面上沉淀下来，并利用刮刀来收集纳米微粒。此种方法制作纳米微粒具有如下特点：可制作多种纳米金属，包括高熔点和低熔点金属，而常见的热蒸发法只适用于低熔点金属；能制作多组元的化合物纳米微粒，如 $Al_{52}Ti_{48}$、$Cu_{91}Mn_9$ 等；通过加大被溅射的阳极表面可提高纳米微粒的获得量。

溅射法制备纳米粒子具有很多优点，如靶材料蒸发面积大，粒子收率高，制备的粒子均匀、粒度分布窄，适合于制备高熔点金属型纳米粒子。目前，溅射技术已经得到了较大的发展，最常用的有阴极溅射、直流磁控溅射、射频磁控溅射、离子束溅射以及电子回旋共振辅助反应磁控溅射等技术。

10.3.2　化学方法

化学方法基本上是自下而上的方法，通过适当的化学反应，从分子、原子、离子出发制备纳米物质。很多化学合成方法，如第 5 章介绍的化学气相沉积法（CVD）、液相沉淀法、溶胶-凝胶法、水热法等都可用于纳米材料的制备。而在纳米材料的制备中，不仅仅是通过化学反应得到特定的化学成分，更关键的是要采用一定的手段控制产物的尺寸和形状。

10.3.2.1　化学气相沉积法（CVD）

CVD 法是利用挥发性的金属化合物的蒸气，通过化学反应生成所需要的化合物，在保护气体环境下快速冷凝，从而形成纳米尺度的材料。其关键是在远高于热力学临界反应温度条件下反应，反应产物迅速生成，形成很高的过饱和蒸气压，从而自动凝聚形成大量的晶核。这些晶核在加热区不断长大，聚集成颗粒。由于气相中的粒子成核及生长的空间增大，制得的产物微粒细小，形貌均一，具有良好的分散性。而反应常常在封闭容器中进行，保证了粒子具有更高的纯度，有利于合成高熔点无机化合物微粒。通过选择适当的浓度、流速、温度和组成配比等工艺条件，可实现对粉体组成、形貌、尺寸、晶相的控制。

按体系反应类型可将气相化学反应法分为气相分解和气相合成。气相分解法是对待分解的化合物或经前期预处理的中间化合物进行加热、蒸发、分解，得到目标物质的纳米粒子。其所用原料是含有制备目标纳米粒子物质的全部所需元素的化合物，通常是容易挥发、蒸气压高、反应性好的有机硅、金属氯化物或其他化合物，如 $Fe(CO)_5$、SiH_4、$Si(NH)_2$、$(CH_3)_4Si$、$Si(OH)_4$ 等。例如 $Si(NH)_2$ 热分解制备纳米氮化硅：

$$3Si(NH)_2 \longrightarrow Si_3N_4(s)+2NH_3(g) \tag{10-1}$$

气相合成法通常是利用两种以上物质之间的气相化学反应，在高温下合成出相应的化合物，再经过快速冷凝，从而制备各类物质的纳米粒子。利用气相合成法可以进行多种纳米粒了的合成，具有灵活性和互换性。利用气相合成法制备纳米碳化硅的反应如下：

$$2\,SiH_4(g)+C_2H_4(g) \longrightarrow 2\,SiC(s)+6H_2(g) \tag{10-2}$$

更多的化学气相沉积法合成纳米粒子的例子可参看表 10-2。

表 10-2　化学气相沉积法合成的各种纳米粒子及反应条件

气相反应	温度条件	生成物
用 NO_2 将氯化物、氧基氯化物氧化	约 400℃	Nb_2O_5, MoO_3, WO_3, B_2O_3, V_2O_5
	175～500℃	Al_2O_3
用氧气将氯化物氧化	1000～1700℃	TiO_2, Al_2O_3, ZrO_2, SiO_2, Zn, Cr_2O_3, Fe_2O_3, $NiFe_2O_4$, TiO_2 系复合氧化物
用氧气将氯化物、氧基氯化物氧化	＞5000K 等离子体	α-Cr_2O_3, δ-Al_2O_3, Cr_2O_3-Al_2O_3 固溶体, TiO_2（锐钛矿）
挥发性金属卤化物的水解	氢氧焰	SiO_2, Al_2O_3, ZrO_2-Al_2O_3
金属烷氧物蒸气的热分解	320～450℃	TiO_2, ZrO_2, HfO_2, ThO_2, Y_2O_3, Dy_2O_3
金属烷化物燃烧		Yb_2O_3
金属蒸气的氧化	约 1000℃	Al_2O_3
甲烷存在下用氢还原氯化物	约 3000℃等离子体	ZnO, MgO, TaC, TiC, NbC, SiC
氯化物和甲烷反应	1200～1500℃	TiC
硅氧烷热分解	900～1500℃	SiC
	等离子体	SiC
利用甲烷还原氧化物	等离子体	SiC
挥发性氧化物和氨气反应		BN
挥发性卤化物和氨气反应	1000～2000℃	AlN, Si_3N_4, BN, Zr_3N_4, TiN, VN, NbN, TaN
氮存在下用氢还原氯化物	约 3000℃	AlN, Si_3N_4, BN, Zr_3N_4, TiN, VN, NbN, TaN
氯化物的氢还原	约 800℃	Mo, W
挥发性氟化物的氢还原	氢氧焰	W, Mo, W-Mo 合金, W-Re 合金

10.3.2.2　化学气相冷凝法（CVC）

CVC 法主要通过金属有机前驱体受热分解获得，然后进行冷凝聚集形成纳米粉体。具体过程是先将反应室抽到 10^{-4} Pa 或更高真空度，然后注入高纯惰性气体（如 He），使气压保持在 100～1000Pa 的低压状态。反应物和载气 He 从外部系统先进入热反应室（例如炉温为 1100～1400℃的钼丝炉）前端，原料热解成团簇，进而凝聚成纳米粒子，通过对流到达后端的转筒式液氮骤冷器并附着在上面，经刮刀刮下进入纳米粉体收集器。

CVC 法实际上是 CVD 法与惰性气体蒸发-凝聚法的结合。因为惰性气体蒸发-凝聚法的优势在于颗粒形态容易控制，其缺陷在于可用的蒸发原料类型不多。CVD 法则由于化学反应的多样性而能够得到各种所需的物料蒸气，但其产物形态不容易控制，易团聚和烧结。CVC 法则在 CVD 的基础上加上冷凝过程，从而克服了上述两种方法的弊端，获得满意效果。

10.3.2.3 液相沉淀法

液相沉淀法就是在原料溶液中添加适当的沉淀剂，从而形成沉淀物。沉淀物包括氢氧化合物、碳酸盐、硫酸盐等。此法为量产纳米陶瓷粉体的重要技术，目前由于液相法技术的突破，使新高性能纳米复合材料的制备渐能符合商业化成本的需求。通过采用冷冻干燥、超临界干燥、共沸蒸馏等技术，可避免粉体制备过程中硬团聚现象的发生。沉淀法的优点为成本低、操作简单、易于放大量产及可制备复杂的化合物；缺点则为团聚严重、易引进杂质等。

利用沉淀法制备纳米微粒，关键是要控制沉淀粒子的大小。沉淀的生成要经历成核、生长两个阶段。这两个阶段的相对速率决定了生成粒子的大小和形状，当晶核的形成速率高，而晶核的生长速率低时，可以得到纳米分散系。成核速率（r_N）与晶核生长速率（r_G）可用下面的式子表示：

$$r_N = k\frac{c-s}{s} \tag{10-3}$$

$$r_G = k\frac{D-d}{\delta}(c-s) \tag{10-4}$$

式中，c 为浓度；s 为溶解度；$(c-s)$ 为过饱和度；D 为粒子的扩散系数；d 为粒子的表面积；δ 为粒子的扩散层厚度。

从这两个式子可以作如下分析。

① 假定开始时 $(c-s)/s$ 值很大，形成的晶核很多，因而 $(c-s)$ 值就会迅速减小，使晶核生长速率变慢，这就有利于胶体的形成。

② 当 $(c-s)/s$ 值较小时，晶核形成得较少，$(c-s)$ 值也相应地降低较慢，但相对来说，晶核生长就快了，有利于大粒晶体的生成。

③ 如果 $(c-s)/s$ 值极小，晶核的形成数目虽少，但晶核生长速率也非常慢，此时有利于纳米微粒的形成。

因此，通过控制反应条件，使其满足第三种情形，就可以获得纳米粒子沉淀物。由此发展出了各种沉淀方法。例如通过降低温度，提高反应物过饱和度，同时增加了介质的黏度而导致粒子在介质中的扩散速率减小，使晶核生长速率下降。也有采用醇类作为介质进行沉淀反应，由于沉淀剂在醇介质中溶解度更小，过饱和度将更大，而且反应物电离度较水中要小得多，金属离子的移动速度也可能小得多，因而晶核的生长也可能缓慢得多。同时，醇的表面张力比水小得多，有利于干燥过程中减弱粒子团聚。

沉淀法包括直接沉淀法、共沉淀法、均匀沉淀法等，详细可参看本书第 5 章相关内容。

10.3.2.4 溶胶-凝胶法

溶胶-凝胶法（sol-gel process）广泛应用于金属氧化物纳米微粒的制备。该法采用金属醇盐或非醇盐作为前驱体（precursor），具体做法是将前驱体溶解于有机溶剂中，再加入蒸馏水使其进行水解、缩合反应形成溶胶，而后随着水的蒸发转变为凝胶，再于低温中干燥得到疏松的干凝胶，或进行高温煅烧处理以得到纳米粉体或薄膜。溶胶-凝胶法的特点是可在低温下制备纯度高、粒径分布均匀、化学活性高的单、多组分混合物（分子级混合），并可制备传统方法不能或难以制备的产物。缺点是前驱体原料价格高、有机溶剂有毒性以及高温热处理下会使颗粒快速团聚等。

在制备氧化物时，复合醇盐常被用作前驱物。例如在 Ti 或其他醇盐的乙醇溶液中，以醇盐或其他盐引入第二种金属离子（如 Ba、Pb、Al），可制得复合氧化物，如粒径小于 15 nm 的 $BaTiO_3$、粒径小于 100 nm 的 $PbTiO_3$ 以及粒径在 80～300nm 的 $AlTiO_5$。

关于溶胶-凝胶法的详细介绍可参看本书第 5 章。

10.3.2.5　水热法

在第 5 章介绍了水热法（hydrothermal method）在晶体生长中的应用。实际上，水热法还可用于纳米粉体的制备，该法已经广泛应用于纳米金属、氧化物、非金属氧化物粉末的规模生产。简单来说，水热法是一种在密闭容器内完成的湿化学方法，与溶胶-凝胶法、共沉淀法等其他湿化学方法的主要区别在于温度和压力。

一般而言，在常温-常压环境中不易氧化的物质，会因水热法中高温-高压的环境而进行快速的氧化反应。例如：金属铁和空气中的水氧化反应非常缓慢，但如果在 98MPa、400℃的水热条件下进行 1h 反应则可完全氧化，得到磁铁矿粉体。水热法工艺上的优势是可连续生产、原料便宜、易得到适合化学计量比的纳米氧化物粉体，其制备的粉体一般具有粒径小、分布均匀、颗粒团聚轻等特点。另外，与溶胶-凝胶法和共沉淀法相比，水热法的最大优点是一般不需高温烧结即可直接得到结晶粉末，从而省去了研磨及由此带来的杂质。同时无须进行高温煅烧处理，可避免晶粒的长大及引入杂质、缺陷等问题，其所制得的粉体一般具有高的烧结活性。如水热法制备的 ZrO_2 纳米粉体，粒径可达 15nm，形成的球状或短柱状粉体于 1350～1400℃温度烧结下，理论密度可达 98.5%。水热法又可分为水热氧化、水热沉淀、水热分解法以及新近发展的微波水热法、超临界水热合成法等，皆为制备纳米氧化物陶瓷粉体的热门方法。

（1）水热氧化法（hydrothermal oxidation）　将金属、金属间氧化物或合金，和高温高压的纯水、水溶液、有机介质反应生成新的化合物，典型的反应可以用式（10-5）表示：

$$mM + nH_2O \longrightarrow M_mO_n + nH_2 \tag{10-5}$$

其中 M 为金属，可为铁及合金等。下面是利用水热氧化法合成纳米粉体的几个例子：

$$3Fe + 4H_2O \longrightarrow Fe_3O_4 + 4H_2 \tag{10-6}$$

$$2Cr + 3H_2O \longrightarrow Cr_2O_3 + 3H_2 \tag{10-7}$$

$$Zr + 2H_2O \longrightarrow ZrO_2 + 2H_2 \tag{10-8}$$

$$Hf + 2H_2O \longrightarrow HfO_2 + 2H_2 \tag{10-9}$$

$$(Zr, Al) + H_2O \longrightarrow (ZrO_2 + Al_2O_3) + H_2 \tag{10-10}$$

$$(Hf, Al) + H_2O \longrightarrow (HfO_2 + Al_2O_3) + H_2 \tag{10-11}$$

（2）水热沉淀法（hydrothermal precipitation）　在水热条件下进行沉淀反应生成新的化合物，包括水热均匀沉淀法（hydrothermal homogeneous precipitation）及水热共沉淀法（hydrothermal coprecipitation）两种方法。例如 $KMnF_3$ 和 $KCoF_3$ 纳米粉体的合成：

$$3KF + MnCl_2 \longrightarrow KMnF_3 + 2KCl \tag{10-12}$$

$$3KF + CoCl_2 \longrightarrow KCoF_3 + 2KCl \tag{10-13}$$

（3）水热合成法（hydrothermal synthesis）　在水热条件下使两种以上原料反应生成化合物。例如：

$$Nd_2O_3 + 10H_3PO_4 \longrightarrow 2NdP_5O_{14} + 15H_2O \tag{10-14}$$

$$5CaO + 3H_3PO_4 \longrightarrow Ca_5(PO_4)_3OH + 4H_2O \tag{10-15}$$

$$Al_2O_3 + 2H_3PO_4 \longrightarrow 2AlPO_4 + 3H_2O \tag{10-16}$$

$$La_2O_3 + Fe_2O_3 + SrCl_2 \longrightarrow (La, Sr)FeO_3 \tag{10-17}$$

$$FeTiO_3 + KOH \longrightarrow K_2O \cdot nTiO_2 \quad n=4, 6 \tag{10-18}$$

(4) 水热分解法（hydrothermal decomposition） 在水热条件下分解化合物生成有用的化合物。例如：

$$FeTiO_3 \longrightarrow 铁氧化物 + TiO_2 \tag{10-19}$$

(5) 水热还原法（hydrothermal reduction） 在水热条件下还原氧化物生成金属。例如：

$$M_xO_y + yH_2 \longrightarrow xM + yH_2O$$

其中 M 可为 Cu、Ag 等。

10.3.2.6 微乳液法

微乳液通常是由表面活性剂、助表面活性剂（如醇类）、油类（碳氢化合物等）组成的透明的、各向同性的热力学稳定体系。微乳液的液珠大小一般介于 10～60nm，处于纳米尺度。与一般乳液类似，微乳液也分为水包油型（O/W）和油包水型（W/O），前者是水作为连续相，油作为分散相，通过表面活性剂和助表面活性剂的作用形成稳定液滴。后者则是油作为连续相，水则形成分散液滴，这种微乳液通常也称为反相微乳液。另外，还有一种双连续相的微乳液，即水和油各自均为连续相。

W/O 型微乳液中，微小的“水池”为表面活性剂和助表面活性剂所构成的单分子层包围成的微乳颗粒。这些微小的“水池”彼此分离，可以在其中进行一些以水为介质的反应，因此被称为“微反应器”。这个“微反应器”拥有很大的界面，在其中可以增溶各种不同的化合物，是非常好的化学反应介质。如果在微乳液水核内进行化学反应生成固态产物，由于反应物被限制在水核内，最终得到的颗粒粒径将受水核大小的控制，因此可通过控制水核的尺寸和形状制备纳米级的材料，这就是微乳液法。

利用微乳液法制备纳米材料时，如果反应物有两种或更多，可以先把两种反应物分别配成反相微乳液，各自存在于微水核中。然后将两种微乳液混合，此时由于胶团颗粒间的碰撞，发生了水核内物质的相互交换或物质传递，引起核内的化学反应。也可以把一种反应物置于增溶的水核内，另一种以水溶液形式与前者混合。水相内反应物穿过微乳液界面膜进入水核内与另一反应物作用产生晶核并生长。当有气体参与反应时，可以把气体通入另一反应物的微乳液中，充分混合使两者发生反应而制备纳米颗粒。

微乳液法制备纳米材料时，由于成核生长在水核中进行，水核的大小决定了微粒的大小。因此通过控制溶剂剂量、表面活性剂用量及适当的反应条件，可以较易获得粒径均匀的纳米微粒，而且尺寸较易控制。这是微乳液法的主要特点。通过选择不同的表面活性剂分子对粒子表面进行修饰，还可获得所需要的具有特殊物理、化学性质的纳米材料。另外，由于粒子表面包覆表面活性剂分子，不易聚结，得到的有机溶胶稳定性好，可较长时间放置。

10.3.2.7 模板合成法

前述的微乳液法由于反应限制在微乳液滴的水核中，形成的颗粒尺寸受液滴尺寸的限制，因而得到纳米颗粒。模板合成法（template-based synthesis）与此类似，它是利用基质材料结构中的空隙作为模板进行合成，产物的大小及形状被模板所限制。因此，采用纳米尺度的模板，即可合成纳米材料。

模板的类型大致可以分为硬模板和软模板两大类，两者的共性是都能提供一个有限大小的反应空间，区别在于前者提供的是静态的孔道，物质只能从开口处进入孔道内部，而后者提供的则是处于动态平衡的空腔，物质可以透过腔壁扩散进出。硬模板有分子筛、多孔氧化铝以及经过特殊处理的多孔高分子薄膜等。软模板则常常是由表面活性剂分子聚集而成的胶团、反胶团、囊泡等。

许多天然的或人造的多孔材料可以充当硬模板。例如沸石分子筛，其特点是具有纵横交错、四通八达的孔道，孔径尺寸比较规整。阳极氧化铝膜（anodic aluminum oxide，AAO）是近年来人们通过金属铝的阳极电解氧化得到的一种人造多孔材料，这种膜含有孔径大小一致、排列有序、分布均匀的柱状孔，孔与孔之间相互独立，而且孔的直径在几纳米到几百纳米之间，可以通过调节电解条件来控制。前面已经提到的碳纳米管也可以作为模板使用。科学家们尝试利用碳纳米管作为“纳米试管”，在其空腔内合成纳米线。

10.3.2.8 反应电极埋弧法（RESA）

该法是将导电电极插入气体、液体等绝缘体中，提升两极电压至一定值，电极间会产生电弧而放出大量能量。火花放电瞬间放出大能量除出现高温外，并可产生巨大的机械能，将电极本身即被加工物切割成微粒。以火花放电法可制备氧化铝粉，如在铝颗粒反应槽内加入纯水，并在水槽底下放入铝金属颗粒，利用铝颗粒间的火花放电形成 $Al(OH)_3$ 浆料，经过干燥处理，即可制得超细微的氧化铝粉体。图 10-6 为该法的装置示意。

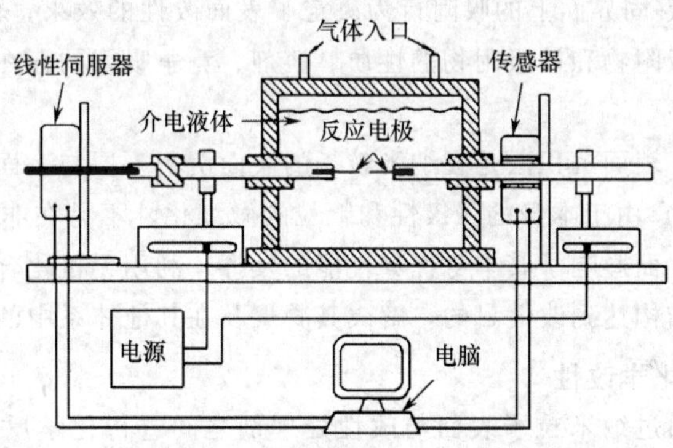

图 10-6 反应电极埋弧法装置示意

应用电弧放电系统，可以改善纳米微粒聚集的状况，此方法所生产出来之微粒均匀分布于冷却液中，可减少收集时的聚集现象及粉体飞扬情形，具有纳米流体的优点。

反应电极埋弧法可以制备出针状纳米体。例如以纯铜为电极，经汽化及凝结过程后在去离子水中产生铜微粒，随之因水之分解而氧化，而得到针状纳米氧化铜分布于冷却液中。形成针状纳米氧化铜，主要由于高电弧下容易解离水分子，形成活化氧与铜快速反应分布于冷却液中之针状纳米氧化铜流体稳定后可直接应用，对于后续的应用发展有相当的优势。

10.3.3 纳米体的分散及稳定化

纳米粒子等纳米体很容易发生团聚，因此在制备过程中或制成纳米颗粒之后必要采取一定措施对纳米粒子进行有效分散和保护。纳米粒子的团聚原因有几方面，首先是纳米粒子的表面原子数与总原子数之比随粒径变小而急剧增大，具有很高的比表面积。例如粒径小于 10nm 的颗粒其表面原子的比例高达 90%以上，即原子几乎全部集中到颗粒的表面，处于高度活化状态，导致表面原子配位数不足和高表面能，从而使这些原子极易与其他原子相结合而稳定下来，这就是所谓的表面效应。其次，在溶剂介质中，颗粒与溶剂的碰撞使得颗粒具有与周围颗粒相同的动能，因此小颗粒运动得快，纳米小颗粒在做布朗运动时彼此经常发生碰撞，由于吸引作用而连接在一起，形成二次颗粒。二次颗粒较单一颗粒运动的速度慢，但仍有机会与其他颗粒发生碰撞，进而形成更大的团聚体，直至大到无法运动而沉降下来。另外，悬浮在溶液中的微粒普遍受到范德华力的作用，很容易发生团聚。范德华力与颗粒直径成反比，纳米颗粒由于尺寸小，因而具有较强的范德华力作用。很多氧化物纳米颗粒表面带有大量羟基，颗粒之间很容易由于氢键作用而团聚。

克服团聚的通常做法是对纳米粒子进行表面改性，包括物理改性和化学改性。

10.3.3.1 表面物理改性

表面物理改性是指通过范德华力、氢键力等分子间作用力将无机或有机改性剂吸附在纳米粒子表面，在表面形成包覆层，从而降低表面张力，减少纳米粒子间的团聚，达到均匀稳定分散的目的。常用的表面物理改性方法有表面活性剂法和表面沉积法。

（1）表面活性剂法　表面活性剂法是采用表面活性剂对无机纳米粒子表面进行修饰，其原理是无机纳米粒子在水溶液中分散，表面活性剂的非极性的亲油基吸附到粒子表面，而极性的亲水基团与水相溶，这就达到了无机纳米粒子在水中分散的目的。通常使用各种表面活性剂或聚合物型分散剂来提高纳米粒子在各种液体介质中的分散性。研究表明，表面活性剂及聚合物型分散剂在液-固界面上的吸附行为决定了表面改性的效果，而各种分子在液-固界面上的吸附行为受到吸附物和被吸附物的性质、溶剂、竞争吸附的存在、温度及混合方式等因素的影响。

（2）表面沉积法　表面沉积法是在纳米粒子的表面沉积一层与表面无化学结合的异质包覆层。例如，纳米 TiO_2 由于本身的强极性和颗粒的微细化，不易在非极性介质中分散，在极性介质中易于凝聚，而影响了其本身优异性能的发挥。利用无机化合物在表面进行沉淀反应，可形成表面包覆结构达到改性目的，解决其凝聚及在其他体系中的分散性问题。

10.3.3.2 表面化学改性

表面化学改性是通过纳米粒子表面与改性处理剂之间进行化学反应或化学吸附，改变纳米粒子表面的结构和状态，达到表面改性的目的。纳米粒子比表面积大，表面键态、电子态不同于粒子内部，配位不全导致悬挂键大量存在，这就为用化学反应方法对纳米粒子表面进行改性提供了有利的条件。常用的改性方法包括偶联改性、酯化反应改性、表面接枝改性等。这些表面改性可以在制成纳米粒子后进行，也可以在制备过程中进行，所加入的改性处理剂同时具有控制粒子生长的作用，得到粒径更小和更均匀的纳米粒子。

（1）偶联改性　偶联改性是纳米粒子表面与偶联剂发生化学偶联反应，两组分之间除了范德华力、氢键或配位键相互作用外，还有离子键或共价键的结合。纳米粒子表面经偶联剂处理后可与有机物产生很好的相容性。一般偶联剂分子带有与无机物纳米粒子表面或制备纳米粒子的前驱物进行化学反应的基团，以及与有机物基体具有反应性或相容性的有机官能团，如 γ-（甲基丙烯酰氧）丙基三甲氧基硅烷［TMSPM，图 10-7（a）］、二（二辛基焦磷酸酯）氧乙酸酯钛酸酯［TTPO，图 10-7（b）］等。由于偶联剂改性操作较容易，偶联剂选择较多，故该方法在纳米复合材料中应用较多。

（2）酯化反应改性　酯化反应是指金属氧化物表面的羟基与醇的反应，利用酯化反应对纳米颗粒表面修饰改性最主要的是使原来亲水疏油的表面变成亲油疏水的表面。纳米粒子表面有大量的悬挂键，极易水解生成羟基，形成具有较强亲水极性的表面，可以产生氢键、共价键、范德华力等来吸附一些物质。这些羟基具有一定的酸性，可与醇发生酯化反应，进

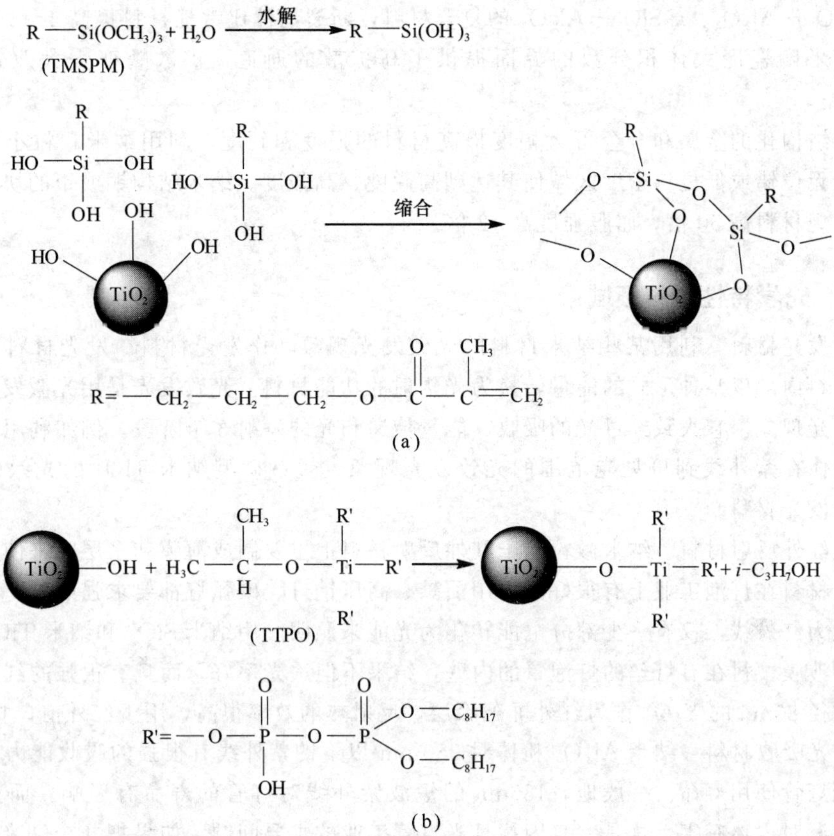

$$R-Si(OCH_3)_3 + H_2O \xrightarrow{\text{水解}} R-Si(OH)_3$$
(TMSPM)

缩合

$$R = -CH_2-CH_2-CH_2-O-\overset{\overset{\displaystyle O}{\|}}{C}-\overset{\overset{\displaystyle CH_3}{|}}{C}=CH_2$$

(a)

$$TiO_2-OH + H_3C-\underset{\underset{\displaystyle H}{|}}{\overset{\overset{\displaystyle CH_3}{|}}{C}}-O-\underset{\underset{\displaystyle R'}{|}}{\overset{\overset{\displaystyle R'}{|}}{Ti}}-R' \longrightarrow TiO_2-O-\underset{\underset{\displaystyle R'}{|}}{\overset{\overset{\displaystyle R'}{|}}{Ti}}-R' + i\text{-}C_3H_7OH$$
(TTPO)

$$R' = -O-\underset{\underset{\displaystyle OH}{|}}{\overset{\overset{\displaystyle O}{\|}}{P}}-O-\overset{\overset{\displaystyle O}{\|}}{P}(O-C_8H_{17})_2$$

(b)

图 10-7 硅烷偶联剂（a）和钛酸酯偶联剂（b）对纳米 TiO_2 进行表面改性反应示意

行表面改性修饰，纳米颗粒即变为亲有机疏无机的表面，有利于其在有机物中均匀分散并和有机相进行有效的结合。

（3）表面接枝改性　在制备无机纳米粒子/有机聚合物杂化材料时，常采用表面接枝改性法。例如把纳米粒子混入聚合单体中，单体在引发剂的作用下完成聚合的同时，立即被纳米粒子表面的强自由基捕获，使高分子的链与无机纳米粒子表面化学连接，实现了颗粒表面的接枝。这种接枝的条件是无机纳米粒子表面有较强的自由基捕捉能力。

10.4 纳米材料的应用

纳米固体材料由于其独特的性能，因此具有非常广泛的应用前景。在力学、光学、磁学、电学和医学等方面都有广泛的用途。

10.4.1 结构材料领域

纳米固体材料在力学方面可以作为高温、高强、高韧性、耐磨、耐腐蚀的结构材料。在陶瓷制造中，纳米添加使常规陶瓷的综合性能得到改善。纳米陶瓷具有优良的室温和高温力学性能，抗弯强度、断裂韧性均有显著提高。把纳米氧化铝与二氧化锆进行混合以获得高韧性的陶瓷材料，烧结温度可降低 100℃。纳米结构碳化硅的断裂韧性比常规材料提高 100

倍。n-$ZrO_2+Al_2O_3$、n-$SiO_2+Al_2O_3$ 的复合材料，断裂韧性比常规材料提高 4～5 倍，原因是这类纳米陶瓷庞大体积分数的界面提供了高扩散的通道，扩散蠕变大大改善了界面的脆性。

纳米结构化的金属和合金可大幅度提高材料的强度和硬度，利用纳米颗粒小尺寸效应所造成的无位错或低位错密度区域使其达到高硬度、高强度。纳米结构铜或银的块体材料的硬度比常规材料高 50 倍，屈服强度高 12 倍。

10.4.2 光学特性材料领域

（1）发光材料　利用某些纳米材料的光致发光现象，作发光材料。发光材料又称发光体，是材料内部以某种形式的能量转换为光辐射的功能材料。光致发光是用光激发发光体而引起的发光现象。它大致经过光的吸收、能量传递和光的发射 3 个阶段。例如利用纳米非晶氮化硅块体在紫外线到可见光范围的光致发光现象、锐钛矿型纳米 TiO_2 的光致发光现象等，制作发光材料。

（2）红外反射材料　纳米微粒用于红外反射材料上主要制成薄膜和多层膜来使用。纳米微粒的膜材料在灯泡工业上有很好的应用前景。高压钠灯、碘弧灯都要求强照明，但电能的 69%转化为红外线，仅有一少部分电能转化为光能来照明。用纳米 SiO_2 和纳米 TiO_2 微粒制成多层干涉膜，衬在有灯丝的灯泡罩的内壁，结果不但透光率好，而且有很强的红外线反射能力。粒径 80nm 的 Y_2O_3 作为红外屏蔽涂层，反射热的效率很高，用于红外窗口材料。

（3）光吸收材料　纳米 Al_2O_3 粉体对 250 nm 以下的紫外线有很强的吸收能力，可用于提高日光灯管使用寿命。一般地，185nm 的短波紫外线对灯管的寿命有影响，而且灯管的紫外线泄漏对人体有害，这是一直困扰日光灯管工业的主要问题。如果把几个纳米的 Al_2O_3 粉掺合到稀土荧光粉中，利用纳米紫外吸收的蓝移现象有可能吸收掉这种有害的紫外线，而且不降低荧光粉的发光效率。

10.4.3 生物医学领域

（1）药物控释及靶向　将超微粒子注入血液中，输送到人体的各个部位，作为检测和诊断疾病的手段。科研人员已经成功利用纳米 SiO_2 微粒进行了细胞分离；用金的纳米粒子进行定位病变治疗，以减少副作用。

（2）生物医学材料　有些纳米材料，在医学方面可作为生物材料。生物材料是用来达到特定的生物或生理功能的材料。生物材料除用于测量、诊断、治疗外，主要是用作生物硬组织的代用材料。作为人体硬组织的代用材料，主要分为生物惰性材料和生物活性材料。前者是指在生物环境中，材料通过细胞活性，能部分或全部被溶解或吸收，并与骨置换而形成牢固结合的生物材料。后者是指化学性能稳定、生物相容性好的生物材料。即把该生物材料植入人体内，不会对机体产生毒副作用，机体也不会对材料起排斥反应，即材料不会被组织细胞吞噬又不会被排斥出体外，最后被人体组织包围起来。纳米 Al_2O_3 和 ZrO_2 等即可作为生物惰性材料。纳米 Al_2O_3 由于生物相容性好、耐磨损、强度高、韧性比常规材料高等特性，可用来制作人工关节、人工骨、人工齿根等。纳米 ZrO_2 也可以制作人工关节、人工齿根等。

关于纳米材料在生物医学领域的应用，可进一步参看本书第 8 章 8.6 节的内容。

10.4.4 磁性材料领域

（1）固体磁性材料　具有铁磁性的纳米材料如纳米晶 Ni、γ-Fe_2O_3、Fe_3O_4 等可作为磁性材料。铁磁材料可分为软磁材料和硬磁材料。前者的主要特点是磁导率高、饱和磁化强度大、电阻高、损耗低、稳定性好等，可用于制作电感绕圈、小型变压器、脉冲变压器、中频变压器等的磁芯，天线棒磁芯，电视偏转磁轭，录音磁头，磁放大器等。硬磁材料的主要特点是剩磁要大，矫顽力也要大，才不容易去磁。此外，对温度、时间、振动等干扰的稳定性要好。其主要用途是用于磁路系统中作永磁体以产生恒定磁场，如制作扬声器、微音器、拾音器、助听器、录音磁头、各种磁电式仪表、磁通计、磁强计、示波器以及各种控制设备等。

有些纳米铁氧体会对作用于它的电磁波发生一定角度的偏转，这就是旋磁效应。利用旋磁效应，可以制备回相器、环行器、隔离器和移项器等非倒易性器件，衰减器、调制器、调谐器等倒易性器件。利用旋磁铁氧体的非线性，可制作倍频器、混频器、振荡器、放大器，制作雷达、通信、电视、测量、人造卫星、导弹系统的微波器件。

此外，具有矩形磁滞回线的纳米铁氧体（矩磁材料）可用于电子计算机、自动控制和远程控制等科学技术中，用于制作记忆元件、开关元件和逻辑元件，磁放大器，磁光存储器等。具有磁致伸缩效应的纳米铁氧体（压磁材料）主要应用于超声波器件（如超声波探伤等）、水声器件（如声呐等）、机械滤波器、混频器、压力传感器等。其优点是电阻率高、频率响应好、电声效率高。

（2）磁流体　磁流体也称磁性液体，是由磁性超细微粒包覆一层长链的有机表面活性剂，高度弥散于一定基液中所形成的。它可以在外磁场作用下整体地运动，因此具有其他液体所没有的磁控特性。磁性微粒可以是铁氧体类，如 Fe_3O_4、γ-Fe_2O_3、MFe_2O_4（M＝Co、Ni、Mn、Zn）等，或金属系如 Ni、Co、Fe 等金属微粒及它们的合金。此外还有氮化铁，因其磁性较强，故可获较高饱和磁化强度。用于磁流体的载液有水、有机溶剂（庚烷、二甲苯、甲苯、丁酮等）、合成酯、聚苯醚、氟聚醚、卤代烃、苯乙烯等。

磁流体的应用很广泛，涉及机械、工程、化工、医药等多个领域，特别是在高、精、尖技术上的应用。传统的磁流体产品，如密封、阻尼器和扬声器在一些国家已经有了很好的工业应用。在最近几年，又出现了大量新的应用，如磁流体传感器、热传递装置、药品输送、能量转换等。

随着高性能的氮化铁磁流体的研制成功和批量生产，这种新型磁流体在宇宙仪器、扬声器等振动吸收装置、缓冲器、汽车悬挂装置、调节器、激励装置、传动器以及太阳黑子、地磁、火箭和受控热核反应等方面的应用，无疑为磁流体的开发拓宽了广阔的思路，也为其发展展示了无限的前景；磁流体在生物磁学中的应用，也为人类探索生命奥秘、攻克危害人类的疾病提供了新的手段。

10.4.5 催化方面的应用

纳米微粒作为催化剂应用较多的是半导体光催化剂，在环保、水质处理、有机物降解、失效农药降解等方面有重要的应用。常用的光催化半导体纳米粒子有 TiO_2、Fe_2O_3、CdS、ZnS、PbS、PbSe 等。将这类材料做成空心小球，浮在含有有机物的废水表面上，在太阳光辐照下进行有机物的降解。利用这种方法可对海上石油泄漏造成的污染进行处理。采用这种方法还可以将粉体添加到人造纤维中制成杀菌纤维。

10.4.6 涂料领域的应用

在传统的涂层技术中添加纳米材料，制成纳米复合涂层，可使涂层的性能或功能得以大大改善。涂层按其用途可分为结构涂层和功能涂层。结构涂层是指涂层提高基体的某些性质和改性，包括超硬、耐磨涂层，抗氧化、耐热、阻燃涂层，耐腐蚀、装饰涂层等；功能涂层是赋予基体所不具备的性能，从而获得传统涂层没有的功能，例如具有消光、光反射、光选择吸收的光学涂层，具有导电、绝缘、半导体特性的电学涂层，氧敏、湿敏、气敏的敏感特性涂层等。在涂料中加入纳米材料，可进一步提高其防护能力，实现防紫外线照射、耐大气侵害和抗降解、变色等，在卫生用品上应用可起到杀菌保洁作用。在标牌上使用纳米材料涂层，可利用其光学特性，达到储存太阳能、节约能源的目的。在建材产品如玻璃、涂料中加入适宜的纳米材料，可以达到减少光的透射和热传递效果，产生隔热、阻燃等效果。

具有半导体特性的纳米氧化物粒子在室温下具有比常规的氧化物高的导电特性，因而能起到良好的静电屏蔽作用。例如把80nm的SnO_2及40nm的TiO_2、20nm的Cr_2O_3与树脂复合可以作为静电屏蔽的涂层。纳米微粒的颜色不同，TiO_2、SiO_2纳米粒子为白色，Cr_2O_3为绿色，Fe_2O_3为褐色，这样还可以控制静电屏蔽涂料的颜色，从而克服了炭黑静电屏蔽涂料只有单一颜色的单调性。纳米材料的颜色不仅随粒径而变，还具有随角度变色效应。在汽车的装饰喷涂业中，将纳米TiO_2添加在汽车、轿车的金属闪光面漆中，能使涂层产生丰富而神秘的色彩效果，从而使传统汽车面漆旧貌换新颜。纳米SiO_2是一种抗紫外线辐射材料。在涂料中加入纳米SiO_2，可使涂料的抗老化性能、光洁度及强度成倍地增加。

10.4.7 其他精细化工中的应用

除涂料领域外，纳米材料在橡胶、塑料、化妆品等精细化工领域同样能发挥重要作用。如在橡胶中加入纳米SiO_2，可以提高橡胶的抗紫外线辐射和红外反射能力。纳米Al_2O_3和SiO_2，加入到普通橡胶中，可以提高橡胶的耐磨性和介电特性，而且弹性也明显优于用白炭黑作填料的橡胶。塑料中添加一定的纳米材料，可以提高塑料的强度和韧性，而且致密性和防水性也相应提高。将纳米SiO_2作为添加剂加入到密封胶和胶黏剂中，可使其密封性和黏合性都大为提高。

此外，纳米材料在纤维改性、有机玻璃制造方面也都有很好的应用。化纤衣服和化纤地毯由于静电效应，容易吸附灰尘，危害人体健康。在其中加入少量金属纳米微粒，就会使静电效应大大降低，同时还有除味杀菌的作用。在有机玻璃中加入经过表面修饰处理的SiO_2，可使有机玻璃抗紫外线辐射而达到抗老化的目的；而加入Al_2O_3，不仅不影响玻璃的透明度，而且还会提高玻璃的高温冲击韧性。

一定粒度的锐钛矿型TiO_2具有优良的紫外线屏蔽性能，而且质地细腻、无毒无臭，添加在化妆品中，可使化妆品的性能得到提高。纳米TiO_2能够强烈吸收太阳光中的紫外线，产生很强的光化学活性，可以用光催化降解工业废水中的有机污染物，具有除净度高、无二次污染、适用性广泛等优点，在环保水处理中有着很好的应用前景。在环境科学领域，除了利用纳米材料作为催化剂来处理工业生产过程中排放的废料外，还将出现功能独特的纳米膜。这种膜能探测到由化学和生物制剂造成的污染，并能对这些制剂进行过滤，从而消除污染。

参考文献

[1] 张立德. 纳米材料. 北京：化学工业出版社，2000.

[2] 张立德，牟季美．纳米材料和纳米结构．北京：科学出版社，2002.
[3] 王世敏，许祖勋，傅晶．纳米材料制备技术．北京：化学工业出版社，2002.
[4] Klabunde K J. Nanoscale Materials in Chemistry. New York：John Wiley & Sons Inc，2001.
[5] Günter S. Nanoparticles. Weinheim：Wiley-VCH，2004.
[6] Rao C N R，Müller A，Cheetham A K. The Chemistry of Nanomaterials. Weinheim：Wiley-VCH，2004.

思考题

1. 什么是纳米材料？你在日常生活中碰到过哪些纳米材料？
2. 试阐述纳米效应及其对纳米材料性质的影响。
3. 惰性气体蒸发-凝聚法制备纳米颗粒的影响因素有哪些？
4. 液相沉淀法中如何控制沉淀颗粒的形成和生长？
5. 微乳液法制备纳米粒子有哪些特点？
6. 为什么要对纳米颗粒进行表面改性？有哪些表面改性方法？
7. 简述纳米 TiO_2 的特性和用途。

第11章 能源材料

11.1 概述

11.1.1 能源材料的种类

能源材料是能源与材料学科的一个新分支，也是当今能源与材料交叉学科中的重要研究方向。能源材料至今尚未有一个很明确的定义，广义地说，凡是能源工业及能源技术所需的材料都可称为能源材料。但在当今可持续发展的新能源领域时代，能源材料往往指那些正在发展的、可能支持建立新能源系统、满足各种新能源及节能技术特殊要求的材料。

能源材料没有一个统一的分类方法。按照应用目的可分为能源转换材料（如太阳能材料、风能材料、生物质能转换材料、化学能转换材料等）、储能材料（储氢材料、相变材料、储热材料、电池材料等）、节能材料（隔热保温材料、建筑节能材料等）等；按照材料功能可分为电能材料（太阳能电池材料、LED材料、有机EL、TEF材料、电子纸等）、化学能材料（光解水材料、燃料电池材料、二次电池材料等）、热能材料（超临界石灰火力发电材料、核发电材料等）、电磁能材料（超导材料、永久磁性材料等）。

11.1.2 能源材料的发展现状

新能源的发展一方面依靠和利用新的原理（如光伏效应、核聚变反应等）来发展新的能源系统，同时还必须依靠新材料的开发和应用，才能使新的系统得以实现，并进一步提高效率、降低成本。

太阳能作为一种清洁环保的自然可再生能源，有着巨大的开发应用潜力。太阳能的利用主要有光热转换、光电转换和光化学转换三种形式。

利用半导体材料光伏效应的光电转换技术是目前太阳能的主要发展途径之一。世界各国制定了一系列优惠政策和光伏工程计划，为太阳能电池产业创造了巨大的市场空间，使其进入了高发展时期。随着科学工作者的不懈努力，光电转换效率不断提高、制造成本大幅降低，太阳能电池产业也正逐步成为稳定发展的新型绿色产业。

氢能是一种可储存的清洁化学能，燃烧热值高，燃烧同等质量的氢产生的热量约为汽油的3倍、酒精的3.9倍、焦炭的4.5倍。燃烧的产物是水，是世界上最干净的能源。氢在地球上主要以化合态的形式出现，主要存在于水中。氢气可以由水制取，而水是地球上最为丰富的资源。从水中获得氢能，作为能源使用后又回到了水的形态（$H_2+\frac{1}{2}O_2=H_2O$），演绎了自然物质循环利用、持续发展的经典过程。水是一种非常稳定的化合物，从水中获取氢气，必然需要外加能量。水制氢的常见方法有电解水制氢、热化学制氢等。

新材料的研究和开发已经成为氢能利用领域的热点。氢能的储运技术仍然有待于发展，氢的安全、高效储存与运输还未能完全实现工业化应用。以氢作为燃料搭载的燃料电池车(FCV) 可以实现完全零排放，是未来交通工具发展的重要方向。燃料电池是一种不燃烧燃料而直接以电化学反应方式将燃料的化学能转变为电能的高效发电装置。与传统的导电体切割磁力线的回转机械发电原理也完全不同，这种电化学反应属于一种没有物体运动就获得电力的静态发电方式。因此，燃料电池具有效率高、噪声低、无污染物排出等优点，这确保了 FCV 成为真正意义上的高效、清洁汽车。

在现已研发的动力电池中，锂离子电池作为公认的理想储能元件，得到了更高的关注。手机、电动车、电动工具、数码相机、平板电脑、可穿戴设备等快速发展，需要使用锂离子电池的产品和场景也越来越多。正极材料、负极材料、电池隔膜、电解液等是锂离子电池最重要的材料。我国是锂离子电池最主要的生产国。对安全性、一致性要求更高的动力锂离子电池近年来也正飞速发展，为电动汽车的普及化起到极大的推进作用。

催化剂是通过改变反应物的活化能来改变化学反应速率而其自身在反应前后的量和质均不发生变化的材料。从合成氨的工业催化到汽车尾气净化的环境催化，催化材料发挥着无可替代的作用。在倡导低碳经济和绿色发展的今天，催化在碳基能源转化利用等方面的应用可以期待。从热催化到光催化的催化材料已成为能源材料中新的重要分支。

我们现有的绝大多数利用能源的方式，归根到底都来源于太阳在过去和现在辐射到地球的能量。而太阳以及其他宇宙中恒星的能量来源，却是核聚变。核能有着比化学能、机械能大得多的能量密度：在人类已知的反应中，核聚变反应所能释放出来的能量仅次于正反物质湮灭。因此，可控核聚变简直就是人类梦想中的能源形式，一旦实现，人类文明势必再上一个台阶。

11.2 储氢材料

为解决清洁能源获取和输出的不连续、分散、不稳定等问题，需要利用适当的二次能源和相应的装置对一次能源进行储存和转换，并实现稳定输出和输送。化学电源、氢储存、电容器、飞轮等都是常用的能量储存与转换装置。表 11-1 列出了常见的各种储能介质的储能密度。由表中数据可见，用氢来储存能量，具有能量储存密度高的优势，

表 11-1 常见储能系统和材料的储能密度

储能系统	质量能量密度/(MJ/kg)	体积能量密度/(MJ/L)
铅酸电池	0.14	0.36
镍氢电池	0.40	1.55
锂离子电池	0.54～0.9	0.9～1.9
高压氢(30MPa)	120	6.87
液氢	120	8.71
MgH_2	10.63	14.68
$LiAlH_4$	11.04	12.58
NH_3BH_3	18.87	19.57
汽油	43.9	32.05
液化天然气	50.24	22.61

11.2.1 储氢方式

利用氢能就需为氢能源转换装置提供氢气，对于多数情况，特别是分布式、移动式装置，如分布式电站、汽车等，一般用储氢装置提供氢气。这就要求储氢装置能够大规模高密度储氢，以提供足够的能源输出。对于移动储氢而言，最主要的应用是汽车的动力供给。但如前所述，氢气的密度很低，且容易逸出，这就给氢气的储存和运输带来极大的困难。因此，发展安全、高效的氢储存技术是实现氢能应用的一个关键。氢的储存方式根据其存在状态可分为三种：气态储氢、液态储氢和固态储氢。

11.2.1.1 气态储氢

如前所述，氢气密度很低，气态储存要达到比较高的储氢密度，必须采用高压对氢气进行压缩，这就要求储氢容器有高的耐压强度。常见的高压钢瓶气压为15MPa，容积为40L，可储存氢气0.5kg，相当于标准状态下气体体积约$6m^3$。基于对高压容器的安全要求，高压钢瓶需一定厚度以保证强度，高压钢瓶的质量约100kg。由此可知，高压钢瓶的质量储氢密度和体积储氢密度分别约为0.5%（质量分数）和$10kg/m^3$。显然，这样的储氢密度偏低，不能满足高密度储能的要求。因此，需通过提高容器的压力来提高储氢密度。当然，压力提高，相应也对氢气瓶提出了更高的要求。如仍采用钢瓶，则要增加钢瓶的强度设计，钢瓶的质量会大大增加，使质量储氢密度受到限制。因此，新型高压气瓶均采用复合材料设计。第三代高压氢气瓶采用铝合金作内胆，用碳纤维缠绕内胆以保证强度，第四代高压氢气瓶甚至采用了塑料内胆，以进一步减轻气瓶质量。目前压力为35MPa的高压气瓶已商品化，其质量储氢密度达到5.0%（质量分数）。现在的氢燃料电池汽车多采用这种高压气瓶作为氢源系统。

11.2.1.2 液态储氢

根据氢的相图，在一个标准大气压下，温度降至－252.7℃以下，氢气将被液化。液氢的体积能量密度和质量能量密度分别约为10MJ/L和120MJ/kg。显然，从储氢密度上看，液态氢有显著的优势。但是将氢液化，需要能将温度降至很低的制冷系统，这无疑增加了能量消耗和成本。氢液化消耗的能量约是氢燃烧热值的40%。此外，由于储存液氢需极低温度，就需要设计特殊的杜瓦容器，且液氢挥发难以避免。目前，液态储氢系统的质量储氢密度和体积储氢密度可达5.5%（质量分数）和$70.8kg/m^3$。但液氢的挥发很难完全避免，一般情况下达4%/d（质量分数）。因此，液氢一般不作为大规模使用的氢源，但在许多特殊用途上，液氢有其优势，如火箭发动机的液体推进器等。

11.2.1.3 固态储氢

固态储氢是指将氢气以吸附或化学键等方式储存到固体材料中，如碳纳米管、金属氢化物、配位氢化物、多孔聚合物等。在储氢材料中，氢气以分子、原子、离子等形式存在。固态储氢的核心在于固态储氢材料，固态储氢材料可以根据吸附机理和使用方式进行分类。根据氢气的吸附机理可以分为物理吸附和化学吸附，而根据使用方式可以分为可逆储氢和不可逆储氢。无论是哪一种方式，能否作为良好的储氢材料取决于以下几点：

（1）单位体积内所储存氢气的密度和体积大。

（2）能够迅速地产氢或放氢，具有良好的动力学特性。

（3）可循环利用率高，性能稳定，材料经济性可行。

（4）在整个过程中，每一阶段的产物对环境无污染。

11.2.2 主要储氢材料

近年来储氢材料发展迅速，从最初的 $SmCo_5$ 磁性材料开始，已经逐渐地发展了金属储氢材料、配位氢化物储氢材料、碳纳米管储氢材料、多孔聚合物储氢材料、有机液体储氢材料和金属/共价有机框架储氢材料等，引起了广泛关注。

11.2.2.1 基于化学吸附机理的储氢材料

(1) 金属氢化物　在金属储氢材料中，氢以金属键形式与金属元素结合。一些金属具有很强的与氢气结合的能力，因此可以在某些特定的条件（如一定温度、压力）下，与氢气结合形成含有金属氢键的金属氢化物，而通过对条件（温度、压力等）的控制，又可以将这些金属氢化物分解释放出氢气。这样就使氢气得以储存和释放，此类金属材料称为金属合金。它主要由与氢的结合能为负的金属元素 A 和与氢结合能为正的金属元素 B 构成。

① AB_5 型合金　这类合金被称为第一代合金，它是由荷兰飞利浦实验室在研究磁性材料 $SmCo_5$ 时，意外发现该合金可以大量地吸收氢气。并随后进一步发展了 $LaNi_5$ 型储氢材料。其晶体结构为 $CaCu_5$ 结构（如图 11-1），吸氢时氢原子进入其晶格间隙形成 $LaNi_5H_6$。这类合金的优点在于，室温下即可吸氢和放氢，其理论质量储氢密度约为 1.5%（质量分数）。

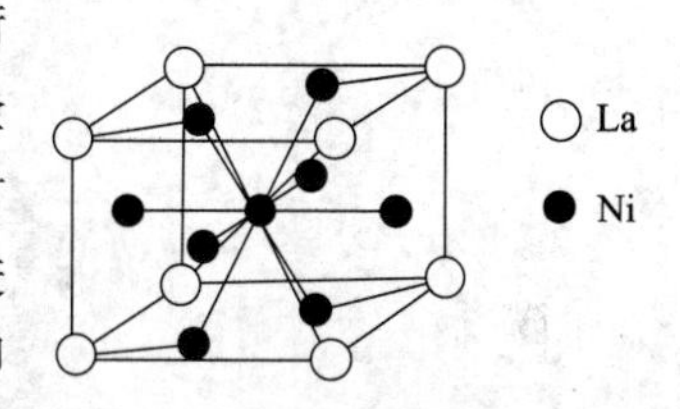

图 11-1　$LaNi_5$ 合金结构示意图

② AB_2 型合金　这类合金主要以钛元素和锆元素为 A 元素构成，其质量储氢密度可以达到 1.8%～2.4%（质量分数）。这类储氢合金以 $TiCr_2$、$TiMn_2$ 为代表，其典型的晶体结构是配位数为 14 和 15 的拉弗斯相，如 C14 型 $MgZn_2$ 六方结构、C15 型 $MgCu_2$ 立方结构等。吸氢时原子进入拉弗斯相的四面体间隙。目前典型的 AB_2 型合金有 $ZrMn_{0.3}Cr_{0.2}V_{0.3}Ni_{1.2}$、$TiMn_{1.4}V_{0.6}$ 等。AB_2 型合金也用于 Ni-MH 电池作为负极材料，但其含 Zr、Ti 等元素，不易活化，价格高昂。

③ AB_3 型合金　这类储氢合金以 $LaMg_2Ni_9$ 为代表，其晶体结构可看成由 AB_5 单元和 AB_2 单元构成。AB_3 型合金是在 AB_5 型合金的基础上为提高其电化学容量而发展起来的。AB_3 型合金在常压下的吸、放氢温度可控制在室温附近，理论质量储氢密度约为 1.8%（质量分数），理论电化学容量超过 400mA · h/g。以此为基础，通过合金元素替代发展了一系列不同成分的 AB_3 型储氢合金，以满足不同的应用要求。典型的合金有 $LaMg_2Ni_9$，$LaCaMgNi_9$，$La_{0.7}Mg_{0.3}Ni_{2.8}Co_{0.5}$ 等。在 Ni-MH 电池负极材料应用领域，AB_3 型合金目前正逐渐取代 AB_5 型合金。

④ AB 型合金　AB_5 型和 AB_2 型合金的研究发现引发了科学家对于合金储氢材料的兴趣，继而发现了 TiFe、TiCr 等 AB 型存在的合金，TiFe 相的结构是 CsCl 型结构。TiFe 相与氢反应生成氢化物相，其氢化反应分两步，先形成 $TiFeH_{1.04}$（通常又称为 β 相），然后再生成 $TiFeH_{1.95}$（通常又称为 γ 相）。这类合金具有储氢量大、成本较低、吸氢放氢过程可在常温常压下进行等特点，其中 TiFe 的储氢量可达 1.8%（质量分数）。

⑤ 钒（V）基固溶体合金　与前述的储氢合金不同，这类储氢材料是固溶体而非金属间化合物。V 基固溶体型合金吸氢时形成 VH 和 VH_2 两种氢化物，其中 VH 过于稳定，室温平衡氢压约为 10^{-9}MPa，因此吸入的氢很难释放，仅有 VH_2 能够在适当温度和压力条件下可逆吸/放氢，质量储氢密度约为 2%（质量分数）。目前发展的 V 基固溶体合金有 V-Ti 系、V-Ti-Cr 系、V-Ti-Mn 系等。

如前所述，只有以轻金属元素为主的金属氢化物才有可能获得高的质量储氢密度，Mg就是一个例子。沿这个思路，研究人员进行探索，先后研究了基于 Al、Ca、Si 等轻元素合金，如 AlH_3、$KSiH_3$ 等。例如，AlH_3 可在 60～200℃释放出 10.1%（质量分数）的氢，但 AlH_3 的放氢不可逆，且合成 AlH_3 的过程比较复杂。也有研究表明，KSi 合金可在适宜的条件下反应实现可逆储氢，质量储氢密度可达 4%（质量分数），但其稳定性和可逆性等仍有待进一步研究。

⑥ Mg 基储氢合金及其他储氢合金　在上述的金属氢化物中，氢是作为间隙原子存在于金属间化合物的间隙中，金属氢化物的形成不改变金属间化合物的结构。但 Mg 与氢反应生成 MgH_2 时，结构由纯 Mg 的密排六方转变为四方晶氢化物（α-MgH_2，低压下形成）或正交晶氢化物（γ-MgH_2，高压下形成）。MgH_2 理论质量储氢密度达 7.6%（质量分数），是目前储氢合金中质量储氢密度最高的。Mg 吸氢过程如图 11-2 所示。

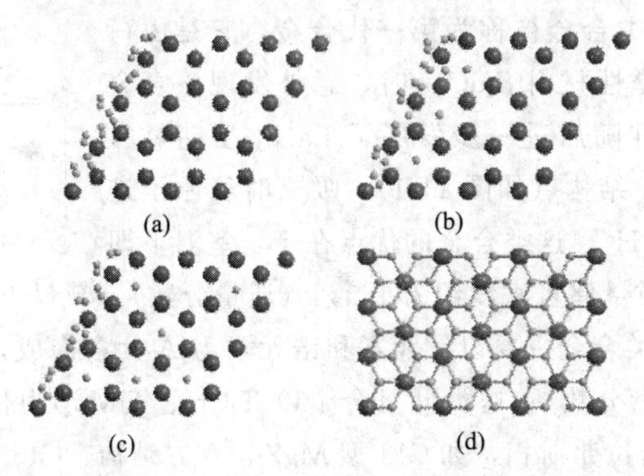

图 11-2　Mg 吸氢过程的四步示意图：(a) 氢分子在 Mg 表面吸附、分解；
(b) 分解出的氢原子穿过固相界面在 Mg 中扩散；(c) 在金属内部形成含氢固溶体；
(d) 固溶体氢浓度达到一定值时，发生相变生成 MgH_2

(2) 配位氢化物　配位化合物又称络合物，为一类具有特征化学结构的化合物，由中心原子或离子和围绕它的称为配位体的分子或离子，完全或部分由配位键结合形成。配位氢化物是指氢与金属形成配位化合物［通式为 $A(BH_4)_n$，其中 A 为碱金属（Li、Na、K 等）及碱土金属（Be、Mg、Ca 等）；B 为 Al、N 或 B 等；n 为（BH_4）基团的个数，视金属化合价而定］，其理论氢含量为 5.5%～21%（质量分数）。一般情况下，配位氢化物需在高温才能放氢，因此，过去并未将它们作为储氢材料考虑。1997 年，B. Bogdanovic 等首次发现掺 $Ti(O^nBu)_4$ 催化的 $NaAlH_4$ 体系可在较温和条件下实现可逆吸/放氢，开启了配位氢化物储氢材料研究的大门，引发了对配位氢化物储氢材料的广泛研究。目前研究的配位氢化物储氢材料主要有 $NaAlH_4$、$LiAlH_4$、$NaBH_4$、$LiBH_4$、$MgBH_4$ 等。但是除 $NaAlH_4$ 在较温和条件下可实现约 5%（质量分数）可逆吸/放氢之外，其他的配位氢化物虽有很高的质量储氢密度，但由于热力学或动力学的限制，反应路径复杂，经常是多步反应，它们的放氢比较困难，需要较高的温度，特别是它们放氢后再吸氢困难，可逆性比较差，不易恢复到放氢前的化合物结构。

(3) 化学氢化物　化学氢化物是指通过化学反应实现放氢的含氢化合物。这类化学氢化物可通过热解、水解等反应放氢，且放氢量高。在化学氢化物体系中，目前最引人关注的是含 N 的体系。陈萍等于 2002 年首先报道了轻金属氮氢化物体系（Li_3N-H），其理论质量储氢密度高达 10.5%（质量分数），实际获得的可逆质量储氢密度约为 7%（质量分数），但是其吸/放氢的压力平台偏低、放氢温度较高。用电负性较高的 Mg 部分替代电负性较低的 Li，能明显降低此类储氢材料吸/放氢的工作温度，可逆质量储氢密度约 5%（质量分数）。随后，多国学者对 Mg（NH_2）-LiH 体系进行了大量系统研究，目前该体系被认为是最具实用前景的储氢体系之一。

11.2.2.2 基于物理吸附机理的储氢材料

基于物理吸附机理的储氢材料有碳纳米材料、介孔材料、金属有机框架材料等。在这些储氢材料中，氢以分子状态吸附在材料的表面，实现储氢。这些材料的储氢受物理吸附控制。由于氢与材料的相互作用较弱，获得高的比表面积和氢在表面较强的吸附能力是提高这类材料储氢性能的关键。

（1）碳纳米材料　1991 年日本科学家 Ijima 通过高分辨透射电镜观察首次发现了碳纳米管（carbon nanotube，CNT），这种全新型结构的碳材料引起了科学家的极大兴趣。碳纳米管可看作是石墨片层结构卷曲而成的无缝中空管，根据构成管壁碳原子的层数，分为单壁碳纳米管（SWCNT）和多壁碳纳米管（MWCNT）。碳纳米管具有纳米尺度的中空孔道，一度被认为是一种极具潜力的储氢材料。1997 年美国国家可再生能源实验室的 A. C. Dillon 等首次报道电弧法制备的未经提纯的单壁碳纳米管具有储氢特性，并推算出单壁碳纳米管的储氢容量达 5%～10%（质量分数），这一发现引发了碳纳米管物理吸附的储氢机理，H_2 与碳纳米管之间的相互作用很弱，吸氢需要极低的温度和很高的压力，常温下可逆质量储氢密度很小。尽管这方面做了大量的研究，碳纳米管的储氢仍需在较低温度，距室温储氢还有很大的距离。

除了碳纳米管之外，研究人员也广泛探索了其他碳纳米材料的储氢性能。例如，高比表面积的活性炭、介孔碳、碳气凝胶等。利用介孔碳材料的纳米中空特点，可将储氢材料装载到纳米孔道中，从而实现对储氢材料的纳米限域。由于纳米限域效应，储氢材料的性能会大幅改变，降低放氢温度，改善动力学性能和可逆性能。A. F. Gross 等将 $LiBH_4$ 嵌入纳米多孔碳中，其放氢活化能由其块体的 146kJ/mol 下降到 103kJ/mol，放氢速率提高、温度下降。这种空间约束的纳米限域方法为改善储氢性能提供了一条重要途径。

（2）金属有机框架材料　金属有机框架（MOFs）材料主要是以含羧基有机阴离子配体为主，或与含氮杂环有机中性配体共同使用，它们大多具有高的孔隙率和良好的化学稳定性，其结构如图 11-3 所示。其孔结构易于控制，且比表面积大，基于这样的结构特点，MOFs 有广泛的应用前景，如用于气体的吸附和分离、催化剂、磁性材料和光学材料等。另外，MOFs 作为一种超低密度多孔材料，在存储甲烷和氢气等燃料气方面有很大的潜力。与

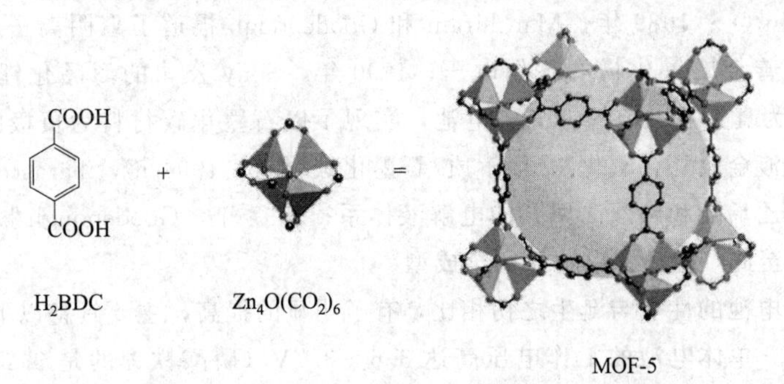

图 11-3　MOFs 的合成路径及结构示意图

碳纳米管类似，这种高比表面积的材料可以吸附氢气，2003 年，O. M. Yaghi 等合成了一种 MOF——$Zn_4O(BDC)_3$，在－195.2℃、中等压力条件下质量储氢密度达到 4.5%（质量分数）。从原理上讲，MOFs 储氢与碳纳米管一样，但 MOFs 结构的空隙易于调整，其表面特性也更容易通过控制其所含离子种类进行调控。因此，通过合成控制孔的结构和表面特性可提高配合物与氢气分子之间的作用力，从而提高其储氢性能。尽管如此，要在工程上实现这些材料的近室温高容量可逆储氢仍然相当困难。目前为止，人们还没有找到一种能在 1 个标准大气压以下可逆质量储氢密度 3%（质量分数）以上的 MOFs 材料。

11.3 二次电池材料

在电池中，有一类电池的充放电反应是可逆的。放电时通过化学反应可以产生电能，通以反向电流（充电）时则可使体系回复到原来状态，即将电能以化学能形式重新储存起来。这种电池称为二次电池，又称为充电电池或蓄电池。

11.3.1 二次电池工作原理简介

二次电池作为一种通过电化学反应存储及释放能量的电化学装置，一般都包括正极、负极、隔膜及电解液等基本组成部分。化学能转变成电能（放电）以及电能转变为化学能（充电）都是通过电池内部两个电极上的氧化还原等化学反应完成的。储能电池的负极材料一般是由电位较负并在电解质中稳定的还原性物质组成，如锌、镉、铅和锂等。正极材料由电位较正并在电解质中稳定的氧化性物质组成，如 MnO_2、PbO_2、NiO 等金属氧化物，O_2 或空气，卤素及其盐类，含氧盐等。电解质则是具有良好离子导电性的材料，如酸、碱、盐等水溶液，有机溶液，熔融盐或固体电解质等。

常见的二次电池有锂离子电池、铅酸电池、镍镉电池、镍氢电池、钠硫电池以及全液钒电池等。本节着重介绍锂离子电池相关材料。

11.3.2 锂离子电池的特点

早在 20 世纪 60 年代，人们就已经开始锂离子电池的研究。20 世纪 80 年代后，锂离子电池的研究取得了突破性的进展：1980 年，Goodenough 课题组制成了 $LiCoO_2$ 正极材料；1981 年，贝尔实验室将石墨用于锂离子电池的负极材料中；1983 年，Goodenough 课题组制成正极材料 $LiMn_2O_4$；1989 年，Manthiram 和 Goodenough 报道了聚阴离子（如 SO_4^{2-}）的诱导效应能够改善金属氧化物的工作电压；1990 年，Sony 公司的商品化锂离子二次电池（$C/LiCoO_2$）成为真正意义上的锂离子电池，实现了以石墨化碳材料为负极的锂二次电池，其组成为锂与过渡金属复合氧化物/电解质/石墨化碳材料；1994 年，Tarascon 和 Guyomard 制成了基于碳酸乙烯酯和碳酸二甲酯的电解液体系；1997 年，Goodenough 报道了一种正极材料 $LiFePO_4$。至此，锂离子电池已完全成型。

目前锂离子电池的性能与诞生之初相比，有了明显的提高，主要具备以下特点：

（1）电压高。单体电池的工作电压高达 3.6～3.7V（磷酸铁锂的是 3.2V），是 Ni-Cd、Ni-MH 电池的 3 倍。

（2）能量密度高。UR18650 型的体积比容量和质量比容量可分别达到 620W·h/L 和

250W·h/kg，随着技术的发展，目前还在不断提高。

(3) 循环寿命长。一般可达到500次以上，甚至1000次以上，磷酸铁锂的可以达到2000次以上。对于小电流放电的电器，电池的使用期限更长，将倍增电器的竞争力。

(4) 可快速充放电。现在以磷酸铁锂作正极的锂离子电池充电10min可以达到标准容量的90%。

因此，设计高比容量、高倍率性能、优异循环性能的锂离子电池对于发展可持续性的能量传输系统，减少对传统化石燃料的依赖，创造一个清洁、安全的能源系统具有重要意义。

11.3.3 锂离子电池的组成和材料

锂离子电池主要由正极、负极、电解液、隔膜、集流体及外壳组成。在锂离子电池的研究领域中，寻找、开发新型电解质和高性能电极材料一直是人们重点关注的研究热点领域。

11.3.3.1 锂离子电池的工作原理

锂离子电池是指以两种不同的能够可逆嵌入和脱出的嵌锂化合物作为电池正负极的二次电池体系。锂离子在电解液中从一个电极游弋到另一个电极，电解液是良好的离子导体和电子绝缘体。图11-4是典型锂离子电池（含锂过渡金属氧化物|电解液|石墨，如 Li_xCoO_2 | $LiPF_6$（EC/DMC）| Li_xC_6）的充放电过程。一个电池放电完全时，层状结构的正极（Li_1CoO_2）层间充满 Li^+（富锂态），同样为层状结构的负极（C）层间是空的（贫锂态）。电池发生的电化学反应是离子与电子的传输，是一个氧化还原过程。在充电过程中，Li^+ 从正极（阴极）产生，穿过电解液，进入负极（阳极），电子通过外电路循环；在这个过程中，正极失去 x 个电子被氧化（$Li_{1-x}CoO_2$），负极得到 x 个电子被还原（Li_xC_6）。

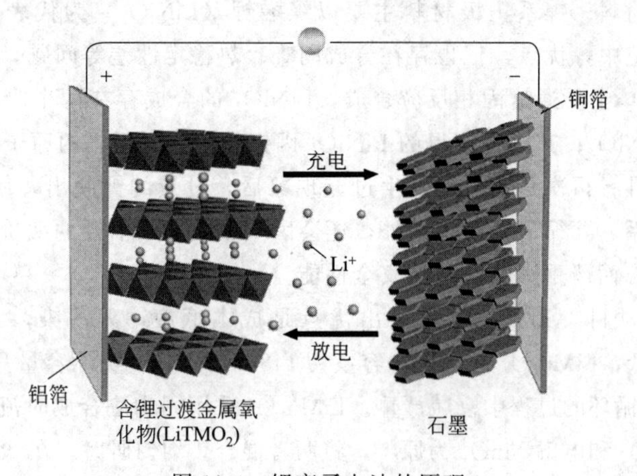

图11-4 锂离子电池的原理

$LiCoO_2$ 作正极、碳作负极的锂离子电池，充放电的化学反应式如下（上方箭头表示放电，下方箭头表示充电）：

负极反应：$xLi^+ + xe^- + 6C \rightleftharpoons Li_xC_6$

正极反应：$LiCoO_2 \rightleftharpoons Li_{1-x}CoO_2 + xLi^+ + xe^-$

总反应：$LiCoO_2 + 6C \rightleftharpoons Li_{1-x}CoO_2 + Li_xC_6$

11.3.3.2 锂离子电池正极材料

二次锂离子电池正极材料应满足以下条件：

① 在很大的固-液界面上发生锂离子可逆的嵌入/脱嵌反应；可充电池要求化学反应具

有良好的可逆性，大的固-液界面是高比容量的前提。

② 正极材料和电解液有良好的化学稳定性；电池良好的储存寿命要求在充电状态下电解液有良好的热力学稳定性，以保证电解液不被氧化；同时，在放电时发生嵌入反应的主体材料结构保持稳定。

③ 具有较高的嵌锂容量：对应每个过渡金属原子，平均有多于一个的锂离子与其反应，单位质量和单位体积的物质中有足够大的能量储存密度。

④ 材料的工艺性能好，材料容易制成晶体和无定形小颗粒；大多数能作为正极材料的物质是过渡金属化合物，而且以氧化物为主。目前研究最多的有钴系、镍系、锰系、钒系材料以及具有橄榄石结构的磷酸亚铁锂，许多新型的无机化合物和有机化合物也逐渐受到关注。

目前，锂离子电池的正极材料主要分为钴系、镍系、锰系、铁系、钒系及硅酸盐六大类。

(1) 钴系正极材料　钴系正极材料以层状的钴酸锂为代表。钴酸锂是商品化最早的锂离子电池正极材料，也是目前应用最广泛的，用于4V电池。对于Li_xCoO_2，当锂离子的脱嵌量大于50%时，正极材料的电化学性能会有退化，这是因为电解质自身的氧化和Li_xCoO_2($x<0.5$) 结构的不稳定性导致电池极化增加，从而降低了正极的有效容量；当$x>0.5$时，理论容量为156mA·h/g，在此范围内($x>0.5$)电压表现为4V左右的平台。

层状钴酸锂的制备方法一般为固相反应，为了克服固相反应的缺点，也有很多研究采用溶胶-凝胶法、沉降法、冷冻干燥旋蒸法、超临界干燥法和喷雾干燥法等，这些方法的优点是锂离子和钴离子能充分接触，基本上实现了原子级别的反应。

(2) 镍系正极材料　镍系正极材料主要以镍酸锂($LiNiO_2$)为代表，$LiNO_2$具有容量高、功率大、价格适中等优点，但也存在合成困难、热稳定性差等问题，其实用化进程一直较慢。目前，$LiNiO_2$主要通过固相反应合成，$LiNiO_2$的合成存在两个难点：首先是较难得到化学计量比的$LiNiO_2$；其次是制得的$LiNiO_2$因锂、镍原子层内的原子位置的互换而失去该位置的电化学活性；再次是当电池发生过充现象后，过量的锂脱出，使$LiNiO_2$层状结构扭曲转变为单斜晶系，除循环寿命缩短外，还会因生成大量高活性的四价镊氧化物，能与有机电解质发生反应，而严重影响电池的安全性能。

(3) 锰系正极材料　$LiMn_2O_4$的突出优点是成本低廉，无污染，工作电压高，但是$LiMn_2O_4$的比容量低，$LiMn_2O_4$的理论比容量为148mA·h/g，实际容量只有110～130mA·h/g，且容量在多次循环的过程中衰减严重。$LiMn_2O_4$采用固相法合成时流程较为简单，容易操作。一般以Li_2CO_3和电解MnO_2为原料，将两者混合，均匀研磨，在280～840℃下烧结并保温1天后，降至室温后取出。也有采用分段灼烧的办法，但效果并不理想。固相反应所得的$LiMn_2O_4$正极材料的比容量一般都不太高。液相合成方法较多，有溶胶-凝胶法、乳液-干燥法、Pechini法采用$LiNO_3$和$Mn(NO_3)_2$再与柠檬酸混合成黏液，发生酯化反应，经真空干燥、氧化焙烧、球磨粉碎等工艺可得到符合要求的产品。

(4) 铁系正极材料　含多元酸根$(XO_n)^{n-}$的铁化物，如$Li_3Fe_2(PO_4)_3$、$Fe_4(P_2O_7)_3$和$LiFePO_4$等铁的磷酸盐，它们作为正极材料表现出了较好的放电电压和容量，尤其是橄榄石型结构的$LiFePO_4$还具有较稳定的循环性能。原因是PO_4和FeO_6共存使得O—O键明显缩短，有助于相互屏蔽阳离子电荷，该结构如图11-5所示，具有可脱出锂离子的一维通道，不同于钴酸锂等的层状结构的锂离子嵌入情况。$LiFePO_4$的理论容量为170mA·h/g，实际容量为140～160mA·h/g。由于$LiFePO_4$和完全脱锂状态下的$FePO_4$结构类似，所以其循环性能稳定。

目前，制备$LiFePO_4$粉体的主要合成方法是烧结法和球磨法；此外，还有水热法、溶胶-凝胶法和微波合成法等。$LiFePO_4$具有高的能量密度和理论容量、放电电压稳定、循环性能好等特点。目前，$LiFePO_4$研究中遇到的主要困难之一是它的室温电导率低，电化学过程受扩散控制，使之在高倍率放电时容量衰减较大。从比容量和电池密度来看，可通过合成$LiFePO_4$/导电体的复合材料，制备出尺寸小、分散性好的颗粒，或者利用掺杂提高电导率等对$LiFePO_4$进行改性研究。

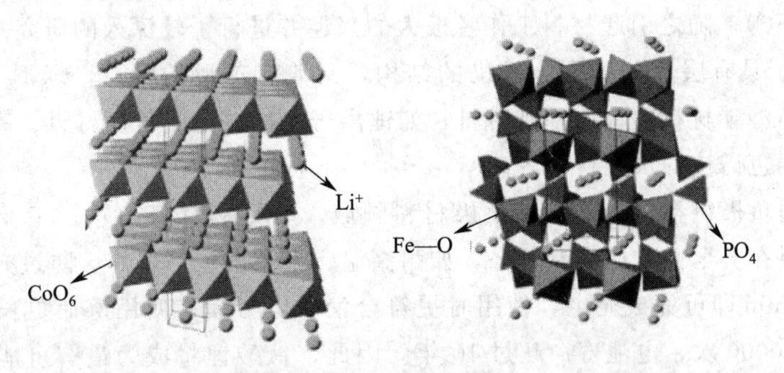

图11-5　含二维锂离子通道的层状结构正极（钴酸锂等）和含二维锂离子通道的橄榄石结构正极（磷酸铁锂）

11.3.3.3　锂离子电池负极材料

锂离子电池的负极材料要求具备以下条件：

① 具有层状或隧道结构，以利于锂离子的嵌入和脱嵌，且在锂离子嵌、脱过程中结构无明显变化，保证电极具有良好的充放电可逆性和循环寿命。

② 锂离子能够尽可能多地发生可逆嵌入和脱嵌，保证得到高容量密度。

③ 负极的电位足够低，使正负极的电位差值大，从而获得高功率的电池。

④ 氧化还原电位随锂含量的变化应尽可能小，使电池有较平稳的充放电电压。

⑤ 主体材料表面结构与电解质溶剂相容性（浸润性）好，形成良好的SEI膜。

现有的负极材料同时满足上述要求的几乎做不到，如存在首次充放电效率低、大电流充放电性能差等缺点，因此，研究和开发新的电化学性能更好的负极材料及对已有的负极材料进行改性成为锂离子电池研究领域的热点。目前，锂离子电池负极材料的研究主要集中在：碳材料、硅、锡及其氧化物，过渡金属氧化物，钛酸锂等。

（1）碳材料　性能优良的具有充放电可逆性好、容量大和放电平台低等优点。多年来研究的碳材料包括石墨、碳纤维、石油焦、无序碳和有机裂解碳。

① 石墨材料　石墨作为锂离子电池负极时，锂发生嵌入反应，形成不同阶的化合物Li_xC_6。石墨材料导电性好，结晶度高，有良好的层状结构，适合锂的嵌入和脱嵌，形成锂和石墨层间化合物Li-GIC，充放电比容量可达300mA·h/g以上，充放电效率在90%以上，不可逆容量低于50mA·h/g。锂在石墨中脱嵌反应发生在0～0.25V左右（vs. Li^+/Li），具有良好的充放电电压平台，可与提供锂源的正极材料$LiCoO_2$、$LiNiO_2$、$LiMn_2O_4$等匹配，组成的电池平均输出电压高，是目前锂离子电池应用最多的负极材料。石墨包括人工石墨和天然石墨两大类。人工石墨是将石墨化炭（如沥青、焦炭）在氮气气氛中1900～2800℃经高温石墨化处理制得。

常见人工石墨有中间相碳微球（MCMB）和石墨纤维。

天然石墨有无定形石墨和鳞片石墨两种。无定形石墨纯度低，石墨晶面间距（d_{002}）为0.336nm。主要为2H晶面排序结构，即按ABAB……顺序排列，可逆比容量仅260mA·h/g，不可逆比容量在100mA·h/g以上。鳞片石墨晶面间距（d_{002}）为0.335nm，主要为2H+3R晶面排序结构，即石墨层按ABAB……及ABCABC……两种顺序排列。含碳99%以上的鳞片石墨，可逆容量可达300～350mA·h/g。

② MCMB系负极材料　20世纪70年代初，日本的Yamada首次将沥青聚合过程的中间相转化期间形成的中间相小球体分离出来并命名为中间相碳微球（MCMB或mesophase fine carbon，MFC），随之引起材料工作者极大的兴趣并进行了较深入的研究。

MCMB由于具有层片分子平行堆砌的结构，又兼有球形的特点，球形小而分布均匀，已经成为很多新型碳材料的首选基础材料，如锂离子二次电池的负极材料、高比表面活性碳微球、高效液相色谱柱的填充材料等。

（2）钛酸锂负极材料　在非碳基负极材料领域，主要是$Li_4Ti_5O_{12}$，工业界称之为钛酸锂。钛酸锂材料在安全性方面具有优势，如耐高温、不燃烧、不爆炸、防过充，能快速解决充放电问题，3min即可完成充电，使用时更符合消费者习惯，使用寿命更长。钛酸锂材料循环寿命高达10000次，电池寿命超过10年。因此，钛酸锂将成为最有可能替代碳材料的最佳负极材料。

$Li_4Ti_5O_{12}$通常采用固相法制备，如将TiO_2和Li_2CO_3在高温（750～1000℃）下反应。为了补偿在高温下Li_2CO_3的挥发，通常使Li_2CO_3过量约8%。但是如果与机械法结合，先用高能球磨法来得到TiO_2和Li_2CO_3的非晶混合物，然后加热烧结得到尖晶石相$Li_4Ti_5O_{12}$，可以缩短反应时间，降低烧结温度，在450℃时就出现相转变。同时，烧结后的产物粒度较小，分布比较均匀并减小在高温下由于挥发而导致Li的损失。

$Li_4Ti_5O_{12}$作为锂离子电池的负极材料，导电性较差，且相对于金属锂的电位较高且容量较低，因此希望对其进行改性。目前而言，改性的方法主要有掺杂、包覆等。

表11-2列出了到目前为止研究开发比较热门、商业化最成功的锂离子电池组合。

表11-2　使用最普遍的锂离子电池

缩写	正极	负极	电压/V	比能量/(W·h/kg)
LCO	$LiCoO_2$	石墨	3.7～3.9	140
LNO	$LiNiO_2$	石墨	3.6	150
NCA	$LiNi_{0.8}Co_{0.15}Al_{0.05}O_2$	石墨	3.65	130
NMC	$LiNi_xMn_yCo_{1-x-y}O_2$	石墨	3.8～4.0	170
LMO	$LiMn_2O_4$	石墨	4.0	120
LMN	$LiNiMn_{1/2}$	石墨	4.0	140
LFP	$LiFePO_4$	$Li_4Ti_5O_{12}$	2.3～2.5	100

11.3.3.4　锂离子电池电解质

电解质在电池正负极间起到离子导电、电子绝缘的作用。在二次锂离子电池中，电解质的性质对电池的循环寿命、工作温度范围、充放电效率、安全性及功率密度等性能有重要影响。锂离子电池电解质材料应具备以下性能：

① 锂离子电导率高，一般达10^{-3}～10^{-2}S/cm。

② 电化学稳定性高，在较宽的电位范围内保持稳定。

③ 与电极的兼容性好，负极上能有效地形成稳定的SEI膜，正极上在高电位条件下有足够的抗氧化分解能力。

④ 与电极接触良好，对于液态电解质而言，能充分浸润电极。

⑤ 低温性能良好，在较低温度范围（$-20\sim20$℃）能保持较高的电导率和较低的黏度，从而在充放电过程中保持良好的电极表面浸润性。

由于锂离子电池负极的电位与锂接近，比较活泼，在水溶液体系中不稳定，必须使用非水性有机溶剂作为锂离子的载体。该类有机溶剂和锂盐组成非水液态电解质，也称为有机液态电解质，是液态锂离子电池中不可缺少的成分，也是凝胶电解质的重要组分。当前锂离子电池电解质材料主要为液态电解质和聚合物凝胶电解质，研究开发的还包括聚合物电解质、室温熔融电解质、无机固态电解质等。

(1) 有机电解质　有机电解液主要由两部分组成，即电解质锂盐和非水有机溶剂。此外，为了改善电解质的某方面性能，有时会加入各种功能添加剂。

① 电解质锂盐　理想的电解质锂盐应能在非水溶剂中完全溶解，不缔合，溶剂化的阳离子应具有较高的迁移率。阴离子应不会在正极充电时发生氧化还原分解反应，阴阳离子不应和电极、隔膜、包装材料有反应，盐应是无毒的，且热稳定性高。高氯酸锂（$LiClO_4$）、六氟砷酸锂（$LiAsF_6$）、四氟硼酸锂（$LiBF_4$）、三氟甲基磺酸锂（$LiCF_3SO_3$）、六氟磷酸锂（$LiPF_6$）、二（三氟甲基磺酰）亚胺锂［$LiN(CF_3SO_2)_2$，LiTFSI］、双草酸硼酸锂（LiBOB）等得到广泛研究。但最终得到实际应用的是$LiPF_6$。虽然它的单一指标不是最好的，但在所有指标的平衡方面是最好的。含$LiPF_6$的电解液已基本满足锂离子电池对电解液的要求，但是存在制备过程复杂、热稳定性差、遇水易分解、价格昂贵的缺点。

② 非水有机溶剂　溶剂的许多性能参数与电解液的性能优劣密切相关，如溶剂的黏度、介电常数、熔点、沸点、闪点对电池的使用温度范围、电解液锂盐的溶解度、电极电化学性能和电池安全性能等都有重要的影响。

目前主要用于锂离子电池的非水溶剂有碳酸酯类、醚类和羧酸酯类等。碳酸酯类主要包括环状碳酸酯和链状碳酸酯两类。碳酸酯类溶剂具有较好的化学、电化学稳定性，较宽的电化学窗口，因此在锂离子电池中得到广泛的应用。目前，大多数采用碳酸乙烯酯（EC）作为有机电解液的主要成分，它和石墨类负极材料有着良好的兼容性，主要分解产物$ROCO_2Li$能在石墨烯表面形成稳定、致密的SEI膜，大幅度延长了电池的循环寿命。但由于EC的熔点（36℃）高而不能单独使用，一般将其与低黏度的链状碳酸酯如碳酸二甲酯（DMC）、碳酸二乙酯（DEC）、碳酸甲乙酯（EMC）、碳酸甲丙酯（MPC）等混合使用。

醚类有机溶剂包括环状醚和链状醚两类。环状醚有四氢呋喃（THF）、2-甲基四氢呋喃（2-MeTHF）、1,3-二氧杂环戊烷（DOL）和4-甲基-1,3-二氧杂环戊烷（4-MeDOL）等。THF与DOL可与PC等组成混合溶剂用在一次电池中。

羧酸酯同样包括环状羧酸酯和链状羧酸酯两类。环状羧酸酯中主要的有机溶剂是γ-丁内酯（γ-BL）。γ-BL的介电常数小于PC，其溶液电导率也小于PC，遇水分解，且毒性较大。链状碳酸酯主要有甲酸甲酯（MF），也有遇水分解和毒性大的缺点。

③ 功能添加剂　在锂离子电池中使用的有机电解液中添加少量物质，能显著改变电池的某些性能，这些物质称为功能添加剂，针对不同目的的功能添加剂得到了广泛研究。主要目的包括：改善电极SEI膜性能、过充电保护、改善电池安全性能（阻燃）、控制电解液中

酸和水的含量等等。

(2) 聚合物电解质材料　液态电解质存在漏液、易燃、易挥发、不稳定等缺点，因此人们一直希望电池中能采用固态电解质。1973年，Fenton等发现聚环氧乙烷（PEO）能溶解部分碱金属盐形成聚合物-盐的配合物。1975年，Wright等报道了PEO的碱金属盐配合体系具有较好的离子导电性。1979年，Armand等报道了PEO的碱金属配合物体系在40～60℃时离子电导率达到10^{-3}S/cm，且具有良好的成膜性能，可作为锂电池的电解质。从此，聚合物固态电解质得到广泛关注。

聚合物电解质具有高分子材料的柔性和良好的成膜性、黏弹性、质轻、成本低的特点，而且还具有良好的力学性能和电化学稳定性。在电池中，聚合物电解质兼具电解质和电极间隔膜两项功能。按照电解质的形态，又可以分为全固态聚合物电解质和凝胶聚合物电解质。

① 全固态聚合物电解质　到目前为止，研究最多的体系是PEO基的聚合物电解质。在该体系中，常温下存在纯PEO相、非晶相和富盐相三个相区，其中离子传导主要发生在非晶相高弹区。一般认为，碱金属离子先同高分子链上的极性醚氧官能团配合，在电场的作用下，随着高弹区中分子链段的热运动，碱金属离子与极性基团发生解离，再与链段上其他基团发生配合。通过这种不断的配合-解配合过程，而实现离子在电场中的定向迁移（图11-6）。

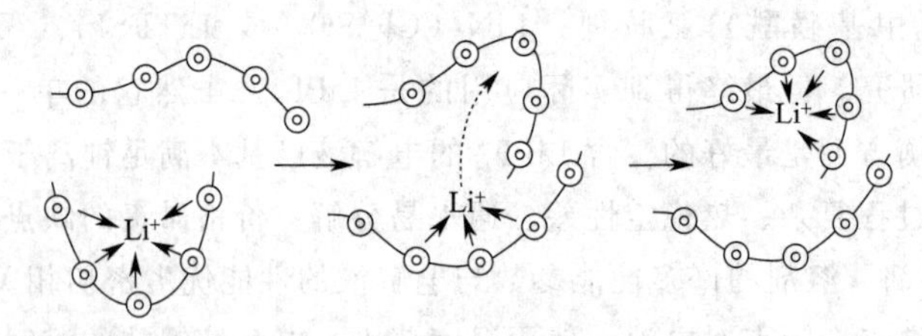

图11-6　Li^+在PEO链段间的传导

② 凝胶聚合物电解质　凝胶聚合物电解质是在前述全固态聚合物电解质的基础上，添加了有机溶剂等增塑剂。在微观上，液相分布在聚合物基体的网络中，聚合物主要表现出其力学性能，对整个电解质起支撑作用，而离子输运主要发生在其中包含的液体电解质部分。因此，其电化学性质与液态电解质相当。广泛研究的聚合物包括PAN、PEO、PMMA、PVDF。凝胶聚合物电解质兼有固态电解质和液态电解质的优点。因此，可以采用软包装来封装电池，提高了电池的能量密度，并且使电池的设计更具柔性。

(3) 无机固态电解质材料　近年来，电解质体系的优化与改性为锂离子电池安全、高容量和长寿命发展作出了突出贡献。由于有机液态电解质容易出现漏液，存在突出的安全隐患，且原料价格高，包装费用昂贵，无机固态电解质用于锂及锂离子电池近年来得到迅速发展。锂无机固态电解质又称为锂快离子导体（super ionic conductor），包括晶态电解质（又称为陶瓷电解质）和非晶态电解质（又称为玻璃电解质）。这类材料具有较高的Li^+电导率（大于10^{-3}S/cm）和Li^+迁移数（接近1），电导的活化能低（$E<0.5$eV），耐高温性能和可加工性能好，装配方便，在高比能量的大型动力锂离子电池中有较好的应用前景。然而，机械强度差、与电极活性物质接触时的界面阻抗大和电化学窗口不够宽是制约锂无机固态电解质应用于锂离子电池的主要障碍。因此，如何进一步优化无机固态电解质材料正在成为锂离子电解质的一个重要研究方向。

11.4 燃料电池材料

11.4.1 燃料电池概述

1839年，英国科学家G. R. Grove首次提出了燃料电池理论，距今已有160多年的历史。燃料电池是一种把燃料所具有的化学能直接转换成电能的化学装置，又称电化学发电器。由于燃料电池是通过电化学反应把燃料的化学能中的吉布斯自由能部分转换成电能，不受卡诺循环效应的限制，因此效率高；另外，燃料电池用燃料和氧气或空气作为原料，同时没有机械传动部件，故没有噪声污染，排放出的有害气体也非常少。因此，从节约能源和保护生态环境的角度来看，燃料电池是最有发展前途的发电技术。

燃料电池的工作温度、电极上所采用的催化剂以及发生反应的化学物质受电解质影响重大。根据所用电解质的不同，燃料电池一般分为质子交换膜燃料电池（PEMFC）、熔融碳酸盐燃料电池（MCFC）、固体氧化物燃料电池（SOFC）、碱性燃料电池（AFC）、磷酸燃料电池（PAFC）等五类（见表11-3）。

表11-3　各种燃料电池的技术性能参数

类型	质子交换膜燃料电池(PEMFC)	碱性燃料电池(AFC)	磷酸燃料电池(PAFC)	熔融碳酸盐燃料电池(MCFC)	固体氧化物燃料电池(SOFC)
燃料	氢气、甲醇	纯氢	氢气	氢气/煤气/天然气	氢气/煤气/然气/沼气
氧化剂	空气、氧气	纯氧	空气/氧气	空气/氧气	空气/氧气
电解质	聚合物膜	氢氧化钾	磷酸盐基质	碳酸锂/碳酸钠/碳酸钾	稳定氧化锆等薄膜
催化剂	铂	无	铂	无	无
工作温度	80～100℃	90～100℃	190～200℃	600～700℃	700～1000℃
水管理	蒸发排水+动力排水	蒸发排水	蒸发排水	气态水	气态水
发电效率	固定式35%运输60%	60%	40%	45%～50%	60%
发电能力	1kW～2MW	10～100kW	1～100kW	100～400kW	300kW～3MW
用途	备用电源、移动电源、分布式发电、运输、特种车辆	太空、军事	分布式发电	分布式发电、电力公司	辅助电源、电力公司、分布式发电

11.4.2 质子交换膜燃料电池材料

PEMFC是指采用具有质子传导功能的高分子膜作为固态电解质的燃料电池，其燃料通常为氢气或有机小分子（如甲醇），氧化气为空气或纯氧，催化剂一般采用贵金属。以氢气PEMFC为例，其工作原理如图11-7所示，阴极、阳极和总反应式如下：

阳极反应：$2H_2 \longrightarrow 4H^+ + 4e^-$

阴极反应：$O_2 + 4H^+ + 4e^- \longrightarrow 2H_2O$

总反应：$O_2 + 2H_2 \longrightarrow 2H_2O$

PEMFC具有清洁高效、工作温度低、启动速度快等突出优点，在新能源汽车和分布式发电领域具有非常广阔的应用前景。

11.4.2.1 电催化剂材料

目前商业化的PEMFC通常采用Pt/C作为催化剂，其由纳米级的Pt颗粒（3～5 nm）

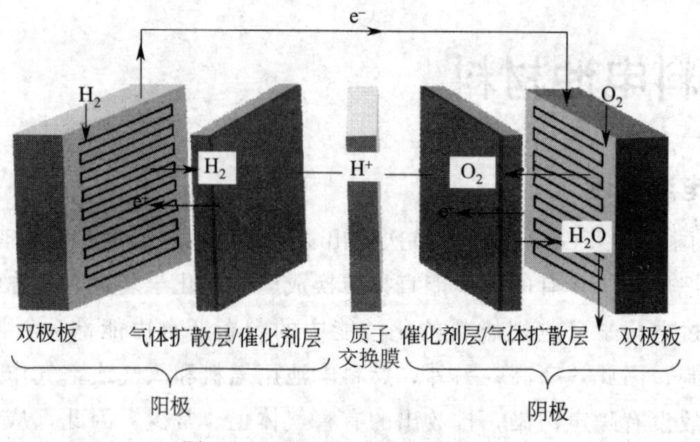

图 11-7 PEMFC 的工作原理

和支撑这些 Pt 颗粒的大比表面积活性炭构成。但铂资源稀缺、昂贵，是 PEMFC 商业化进程中的主要阻碍之一。除此之外，Pt 催化剂也面临着耐久性差的问题，例如，在高电位下运行时，Pt 纳米颗粒会发生团聚、迁移、流失等现象。针对这些成本和耐久性问题，研究新型高稳定、高活性的低 Pt 或非 Pt 催化剂是目前热点之一。

提高 Pt 基催化剂的活性方面，主要有两种途径：一种是调控催化剂形貌，进而增加催化活性位点数，比如降低催化剂尺寸，构筑中空多级孔结构（纳米框架、纳米笼和空心球等）等，提高 Pt 原子利用率的同时，也能降低 Pt 使用量。另一种是增加催化剂的本征活性，比如合金化、掺杂、缺陷控制等。造成耐久性差的主要原因包括催化剂的毒化、碳载体腐蚀、纳米颗粒的熟化、聚集、金属溶解、纳米结构在催化过程中破坏等。已有研究表明，通过形成合金、金属间化合物、Pt 表层结构、过渡金属掺杂以及构建自支撑的具有多尺度延展性表面的结构或研发新的耐久性的催化剂支撑体等，可以提高催化剂的稳定性。尽管人们进行了大量的探索，然而截至目前，仍然很难兼顾成本、活性和稳定性三方面。

另外，将催化剂如何有效集成到膜电极（MEA）上也会严重影响 PEMFC 整体的活性和稳定性。目前制备 MEA 的装配工艺有热压法、CCM（catalyst coated-membrane）和有序化方法等。热压法是第一代技术，目前很少采用，已基本被淘汰。目前广泛使用的是第二代的 CCM 方法，包括转印、喷涂、电化学沉积、干粉喷射等，制备的 MEA 具有高铂利用率和耐久性的优点。有序化方法可使 MEA 具有最大反应活性面积及孔隙连通性，以此实现更高的催化剂利用率，是新一代 MEA 制备技术的前沿方向。

非铂系催化剂的研究重点有三个：钯基催化剂、非贵金属催化剂和非金属催化剂。钯基催化剂使用金属钯（Pd）代替 Pt，Pd 具有储量丰富、价格便宜的优点。但 Pd 基催化剂的催化活性远不及 Pt 基催化剂，需要通过调节表面电子结构来获得与 Pt 基催化剂相当的催化活性。非贵金属催化剂主要包括金属-氮-碳催化剂、过渡金属氧化物、硫属化合物、金属氧氮化合物和金属碳氮化合物。因过渡金属-氮-碳化合物具有可观的 ORR（氧还原反应）催化活性（在酸性介质中）、稳定性、低成本和环境友好等特点，被认为是最具潜力代替铂基催化剂的非贵金属燃料电池催化剂之一。非金属催化剂的研究主要是各种杂原子掺杂的纳米碳材料，包括硼掺杂、氮掺杂、磷掺杂等。碳材料掺杂后能明显提升氧还原催化活性，但催化剂的稳定性较 Pt 基催化剂仍有较大差距。

11.4.2.2 质子交换膜材料

质子交换膜（PEM）是 PEMFC 的关键材料，其性能对 PEMFC 的使用性能、寿命、成本等起着决定性的作用。作为燃料电池的电解质时，PEM 的作用包括：①防止电池阴阳极接触，避免两极燃料直接反应，确保能源利用率；②传输氢质子，高质子电导率的 PEM 是燃料电池效率的保证；③阻隔电子，确保电子从外电路传输，达到使用电能的目的。

根据氟含量，可以将燃料电池 PEM 分为全氟 PEM、部分氟化聚合物 PEM、非氟聚合物 PEM 以及复合 PEM。目前常用的商业化 PEM 是全氟磺酸膜（结构如图 11-8）。

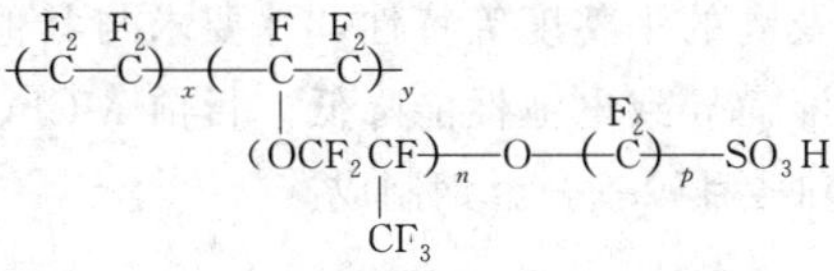

$$\text{-}(\overset{F_2}{C}-\overset{F_2}{C})_x\text{-}(\overset{F}{C}-\overset{F_2}{C})_y\text{-}$$
$$\qquad (OCF_2\underset{CF_3}{CF})_n-O-(\overset{F_2}{C})_p-SO_3H$$

图 11-8　全氟磺酸膜的结构示意图

11.4.2.3　双极板材料

双极板又称集流板，是 PEMFC 的核心零部件之一，其主要作用是通过表面的流场运输气体，收集、传导反应生成的电流、热量和水。根据不同的材料类型，其重量约占 PEMFC 电堆的 60%～80%，成本占比约为 30%。双极板根据材料主要分为石墨板、复合板、金属板三类，其中石墨双极板具有良好的导电性、导热性、稳定性和耐腐蚀性等性能，是目前 PEMFC 最常用的。但此类双极板也面临着机械性能相对较差、较脆、加工困难导致成本较高等问题。

11.4.2.4　气体扩散层材料

在质子交换膜燃料电池中，气体扩散层（gas diffusion layer，GDL）的主要作用是为参与反应的气体和生成的水提供传输通道、支撑催化剂以及收集电流等，成本占比约为 20%～25%。GDL 由基底层和微孔层组成，其中基底层材料大多是碳纸及碳布，微孔层通常由导电炭黑和憎水剂构成。

11.4.3　熔融碳酸盐燃料电池材料

熔融碳酸盐燃料电池（MCFC）是一种高温燃料电池（600 ～ 700 ℃），可用煤、天然气等多种燃料发电，不但发电效率可达到 50% ～ 65%，而且污染排放远远低于火力发电，因此特别适合用于大型发电厂，是未来绿色大型发电厂的首选模式。熔融碳酸盐燃料电池的阴极、阳极和总反应式如下：

阳极：$2H_2 + 2CO_3^{2-} \longrightarrow 2CO_2 + 2H_2O + 4e^-$

阴极：$O_2 + 2CO_2 + 4e^- \longrightarrow 2CO_3^{2-}$

总反应：$2H_2 + O_2 + CO_2 \longrightarrow 2H_2O + CO_2$

11.4.3.1　电催化剂材料

MCFC 的阳极电催化剂经历了 Ag、Pt、Ni 等金属，目前则主要采用成本低且更耐烧结和蠕变的 Ni-Cr 合金或 Ni-Al 合金。

阴极催化剂目前普遍采用 NiO。其典型的制备方法是将多孔镍电极在电池升温过程中就地氧化，而且部分被锂化，形成非化学计量化合物，从而使电极导电性得到极大提高。由于 NiO 电极在 MCFC 工作过程中会缓慢溶解，同时还会被从隔膜渗透过来的氢还原而导致电池短路，所以 $LiCoO_2$ 等新型阴极材料将逐渐取代 NiO。

11.4.3.2　隔膜材料

电解质隔膜是构成 MCFC 的最关键核心部件，在电池中起到电子绝缘、离子导电、阻气密封等作用。早期曾选用 MgO 和 Al_2O_3 作为电解质隔膜材料，目前普遍使用具有良好抗高温溶解性的 $LiAlO_2$。

11.4.3.3 双极板材料

双极板是 MCFC 电池堆的重要部件，具有承载电池电极、在电池内分配燃料与氧化剂、分隔电池堆中的单个电池、收集电流等作用。理想的 MCFC 双极板应当具有良好的导电性、耐腐蚀性、高的机械强度以及高的平整度等特性，并要求与其他 MCFC 组件之间有较好的热膨胀匹配，以防止气体泄漏而导致电池性能降低。目前 MCFC 的双极板材料一般采用不锈钢（如 SS316 和 SS310）和各种镍基合金钢制成。

11.4.4 固体氧化物燃料电池材料

固体氧化物燃料电池使用在高温（700～1000 ℃）下具有氧离子（氧空穴）传递能力的固体氧化物为电解质，其工作原理如图 11-9。

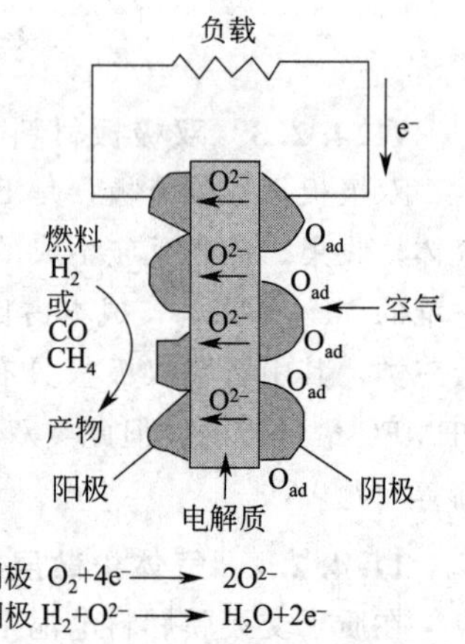

阴极 $O_2+4e^- \longrightarrow 2O^{2-}$

阳极 $H_2+O^{2-} \longrightarrow H_2O+2e^-$

或 $CH_4+O^{2-} \longrightarrow CO,CO_2,C_2H_4,C_2H_6$

图 11-9 固体氧化物燃料电池工作原理

11.4.4.1 电解质材料

固体电解质作为固体氧化物燃料电池的核心组件，其性能的好坏决定了燃料电池性能的优劣。固体电解质一般需要一定的机械稳定性和化学稳定性，同时要保证在工作温度下还原和氧化环境中的高离子导电性和低电子导电性，以及低欧姆电阻。固体氧化物电解质多采用萤石结构的氧化物，如：Y_2O_3、ZrO_2、CeO_2、Bi_2O_3、ThO_2、$LaGaO_3$ 等，但是离子电导率、稳定性、相容性等参数指标很难达到统一，例如，高离子电导率需要高的运行温度，而高的运行温度则加速了部件之间的相互反应。因此，需要研发出低运行温度下具备高离子电导率和稳定性等特性的电解质来更好地适应市场化需求。

11.4.4.2 阴、阳极催化剂材料

固体氧化物燃料电池的阴极催化剂材料在氧化环境中必须是导电且稳定的，多孔结构便于 O_2 扩散至阴极/电解质界面。此外，阴极材料不能与电解质发生反应，同时需要与电解质保持良好的相容性和匹配的热膨胀系数。虽然贵金属能够基本满足要求，但考虑到贵金属材料价格昂贵，高温易挥发，因此多采用导电氧化物进行替代。目前，人们开发出在低至500℃温度下改善性能的复合阴极材料，展现出了更强的应用前景。固体氧化物燃料电池的阳极材料主要作用是催化燃料氧化。因此，贵金属可以用作阳极电催化剂材料。阳极材料需要高温下保持高的电子电导率、结构与化学稳定性、电催化活性、气体扩散性和力学性能。目前研究较多的固态氧化物燃料电池阳极材料主要集中在 Ni-YSZ 金属陶瓷阳极、钙钛矿阳极、氧化铈基阳极等。

11.4.4.3 双极连接材料

固体氧化物燃料电池双极连接材料的主要作用是将相邻的单电池阳极和阴极连接起来，同时要隔离电池堆中的氧化还原反应产生的气体。连接材料一般具有高的电子电导率、低面积比电阻、高稳定性与致密性、高机械强度、价格低廉等属性。目前固体氧化物燃料电池常用陶瓷氧化物和金属合金作为其连接材料。

11.4.4.4 密封材料

固体燃料电池中氧化剂和气体燃料不但需要彼此隔离，而且要防止氧化剂与燃料气体泄漏。所以其所需的密封材料需要满足：较高的热力学与化学稳定性、适宜的热膨胀系数、粘连性强和致密度高等条件。目前使用的密封性材料可分为刚性密封材料与压缩密封材料两类。

11.4.5 碱性燃料电池材料

碱性燃料电池是最早发展的现代燃料电池之一，20 世纪 60～70 年代，碱性燃料电池在阿波罗宇宙飞船及航天飞机上得到实际应用，燃料电池由碱性物质（NaOH、KOH）作为电解质。载流子 OH^- 从阴极传导至阳极。其工作原理和反应方程式如图 11-10。

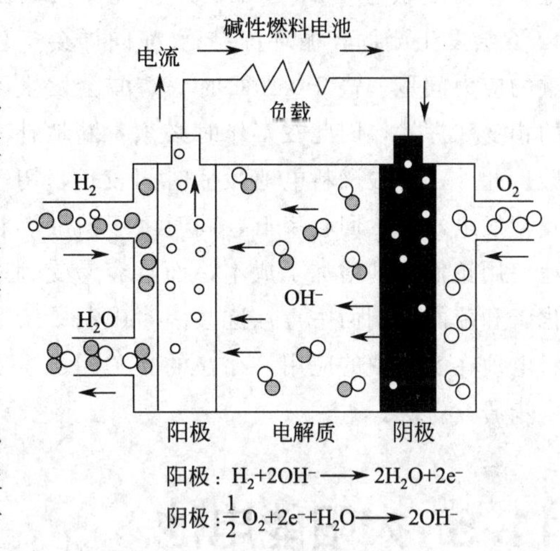

图 11-10 碱性燃料电池工作原理

11.4.5.1 电解质隔膜材料

碱性燃料电池结构可分为基体型和自由电解液型。早期的碱性燃料电池系统多采用饱吸 KOH 溶液的石棉膜做电解质隔膜。然而，石棉膜在碱性电解液中存在一定的腐蚀，一般会将石棉纤维在强碱中处理，加入少量的硅酸钾或使用钛酸钾作为电解质的隔膜来提高电池的寿命。自由电解液型系统内设电解液循环系统，可以利用循环电解液将电池产生的水和热量带出，此外，该系统能更好地适应液体体积变化和电解液交换。

11.4.5.2 电催化剂和双极板材料

在特定环境下，碱性燃料电池 ORR 动力学过程迅速，甚至其阴极催化剂材料可采用非铂催化剂，工作电压一般在 0.80～0.95 V，电能转化率高达 60%～70%。碱性燃料电池根据电解液浓度的不同可以在 60～250 ℃温度范围内工作，在低温工作环境下碱性燃料电池可采用塑料、镍板、石墨等廉价材料做双极板。

11.4.6 磷酸燃料电池材料

为解决碱性燃料电池易受 CO_2 毒化的问题，1970 年以后，世界各国开始研发磷酸燃料电池。1975 年实现了以天然气重整氢气作为燃料的磷酸燃料电池来供应家庭电力系统。因为重整反应的副产物 CO 会降低阳极的催化效率，需要提升温度来增加去除 CO 的效率，磷酸电解液与铂电极能够在 100 ℃温度以上使用，在 180～210℃性能最佳，具有较好的热稳定性和化学稳定性。磷酸燃料电池发电效率高，发电效率高达 40%，热电合并系统效率高达 70%，具有极佳的可靠性和较低的电解质成本，主要用于学校、医院和小型电站提供动力，是第一代燃料电池，也是最早实现商业化的燃料电池。

图 11-11 为磷酸燃料电池工作原理图。在典型的磷酸燃料电池中，磷酸电解液存在于碳化硅基质中，与涂有铂催化剂的多孔石墨电极组成三明治夹心结构，H_2 作为燃料，空气或氧气为氧化剂，阳极与阴极发生的电化学反应分别为：

阳极：$H_2 \longrightarrow 2H^+ + 2e^-$

阴极：$\frac{1}{2}O_2+2H^++2e^-\longrightarrow 2OH^-$

碳化硅基质为电解质提供了一定的机械强度，在起到隔离电极的同时最大限度地减小了反应物气体的渗透。磷酸燃料电池通常要保持在中温工作温度状态（180～210℃）。纯净的磷酸在42 ℃会发生凝固，循环冻结-解冻同样会产生严重的应力问题。高于210℃时，磷酸会发生不利的相变和挥发，因此在工作时必须不断地补充磷酸。此外，磷酸燃料电池激活时间较长，用于静置型发电站余热回收率低，同时由于磷酸燃料电池使用铂催化剂增加了成本，而且容易受到一氧化碳和硫的影响而中毒。这些因素限制了磷酸燃料电池在实际中的应用，存在的相关问题需要进一步研究解决。

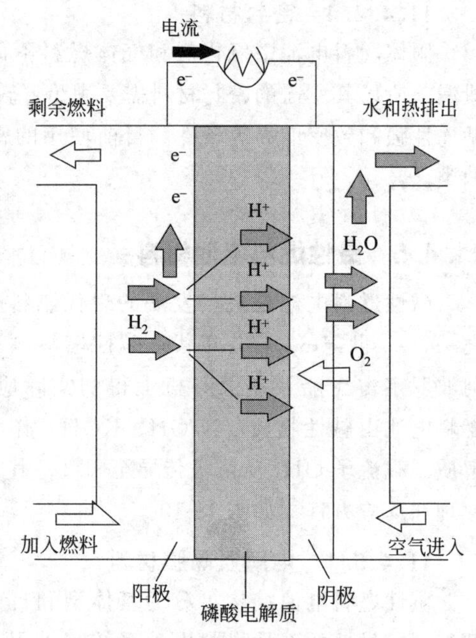

图 11-11　磷酸燃料电池工作原理

11.5 太阳能电池

11.5.1 太阳能电池材料概述

太阳能电池材料也被称为光伏材料，是指能直接将太阳能转化为电能的一类材料。太阳能电池材料一般都是半导体材料，室温下其导电性介于导体和绝缘体之间，主要依靠电子和空穴两种载流子来导电。

11.5.1.1 太阳能电池的发展简史

太阳能电池的发展可分为三代。第一代是20世纪50年代的以单晶、多晶硅材料为代表的晶体硅太阳能电池。晶体硅材料的技术成熟、性能稳定。第二代是60年代发展的以Ⅲ-Ⅴ族化合物材料与Ⅱ-Ⅵ族化合物材料为代表的化合物薄膜太阳能电池。具有可选择的原料丰富、原料消耗少、可制薄膜电池等优点。第三代是新概念太阳能电池，将材料尺度投向了纳米维度。

11.5.1.2 太阳能电池的基本原理

太阳能电池的工作原理基于光生伏打效应，直接把光能转化为太阳能。以p-n结电池为例，在硅晶中掺入少量五价磷或锑元素，杂原子与硅原子形成共价键，多出的一个电子成为自由电子，易被激发到导带使得材料导电，此为n-型半导体；p-型半导体则是掺入少量三价杂原子硼或铟等，杂原子与周围的半导体原子形成共价键的时候，产生一个空穴载流子。

将p-型半导体和n-型半导体紧密结合连为一体，过渡区域称为p-n结（图11-12）。在该空间电荷区（耗尽区），电子和空穴通过复合消失，形成了方向从带正电的n区指向带负电的p区的内建电场，内建电场的方向与载流子扩散运动的方向相反，阻止电子和空穴载流子扩散。太阳光照时，一部分光子被吸收，在p区、n区和耗尽区激发产生光生电子-空穴对。在内建电场的作用下，电子从带负电的p区向带正电的n区迁移，空穴则从n区向p区迁移，使得n区和p区分别拥有过剩的光生电子和空穴，使得p-n结内产生与内建电场方向相

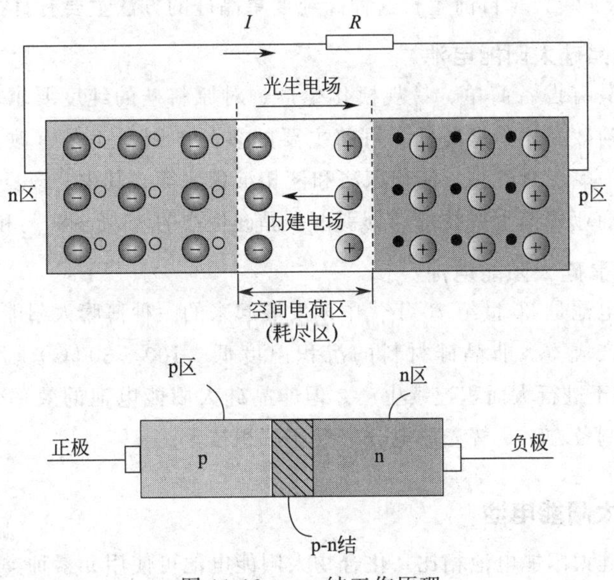

图 11-12　p-n 结工作原理

反的光生电场。这就是光生伏打效应或光伏效应。

11.5.1.3　太阳能电池的性能评价

太阳能电池实际使用中性能好坏的评价可以考虑以下几个参数：

（1）短路电流（I_{sc}）　标准光源照射下，太阳能电池组件输出端短路时，流过太阳能电池的电流。

（2）峰值电流（I_{m}）　亦称为最大工作电流，是指太阳能电池组件输出功率最大时的工作电流。

（3）开路电压（U_{oc}）　光源照射下，电路开路且无负载时，太阳能电池的输出电压值。

（4）填充因子（FF）　太阳能电池组件的最大功率比上开路电压和短路电流的乘积。填充因子越大，太阳电池性能就越好。

（5）转换效率（η）　是指在外部回路上连接最佳负载电阻时的最大能量转换效率，等于太阳能电池的输出功率与入射到太阳能电池表面的能量之比。

11.5.1.4　太阳能电池的种类及特性

按所使用的电池材料分类，太阳能电池可分为：硅基太阳能电池、化合物太阳能电池和新型太阳能电池等。按电池结构可分为同质结、异质结与肖特基太阳能电池。由于本书更注重材料本身的化学性质，下面将按照材料分类对具有代表性的太阳能电池材料进行介绍。

11.5.2　硅基太阳能电池

硅是地球上储量第二大的元素，来源十分广泛。单质硅作为半导体材料，性质稳定、无毒，因此，硅基材料成为了太阳能电池研发应用的主体材料。

11.5.2.1　单晶硅太阳能电池

单晶硅太阳能电池是最早开发的第一代太阳能电池，相关的技术和生产工艺成熟稳定，产品已广泛应用于空间和地面。理论上硅基太阳能电池的光转换效率极限为 29.1 %，目前报道的单晶硅太阳能电池的光转换效率最高可达 26.3 %。单晶硅太阳能电池对晶体硅的纯度要求高，高达 99.999 %。目前生长这种高纯度单晶硅的方法主要有直拉法和悬浮区熔法。

11.5.2.2 多晶硅太阳能电池

多晶硅的制备具有设备简单、易规模化生产、对原料硅的纯度要求较低、能耗小等优点，然而其光电转换效率比单晶硅低。目前主要的多晶硅制备工艺有改良西门子法、硅烷法、四氯化硅法、二氯二氢硅法、流化床法和液相沉积法等。其中，改良西门子法和硅烷法是目前主要应用的商业规模生产技术，分别占多晶硅生产的 75%～80%和 20%～25%。

11.5.2.3 非晶硅太阳能电池

非晶硅太阳能电池是 20 世纪 70 年代中期发展起来的一种薄膜太阳能电池，其最大特点是进一步降低了生产成本。非晶硅材料的沉积温度低（100～300℃）、用量少（厚度小于 1μm）、能耗低，易于进行大面积连续生产。但非晶硅太阳能电池的效率低且光致衰减现象严重。目前常用的制备方法是辉光放电分解气相沉积技术。

11.5.3 化合物太阳能电池

与传统的晶体硅太阳能电池相比，化合物太阳能电池可使用元素种类丰富、制备工艺种类多样、材料消耗小、光电转换效率高、适合薄膜化、成本低，在地面和空间皆有广泛应用。化合物太阳能电池的吸收层材料可分为两类：Ⅲ-Ⅴ族化合物和Ⅱ-Ⅵ族化合物。前者主要有砷化镓（GaAs）、磷化铟（InP）等，后者主要有硫化镉（CdS）、碲化镉（CdTe）和铜铟硒等。

11.5.3.1 GaAs 太阳能电池

GaAs 是直接带隙材料，带隙为 1.45 eV，其单结太阳能电池的理论光电转化效率 27%，是理想的半导体太阳能电池材料。同时 GaAs 化合物材料具有吸收率较高、抗辐照能力强、对热不敏感等优势。然而，GaAs 材料的价格较高，在很大程度上限制了其在太阳能电池中的普及应用，目前这种材料主要应用于空间电池中。金属-有机化学气相沉积法（MOCVD）制备的薄膜 GaAs 电池的光电转换效率高达 28.8%，突破了使用传统模型所计算的理论极限，具有重要的科学意义和实际应用价值。

11.5.3.2 InP 太阳能电池

InP 是一种直接带隙材料，合适晶格常数的 InP 的禁带宽度为 1.56 eV。InP 太阳能电池的显著特点是其对电子和光子的抗辐射能力强，远超 Si 和 GaAs 太阳能电池，且具有良好的稳定性，广泛应用于空间电池上。目前，通过结合半导体键合技术的方式制备多结电池，可以将其光电转换效率提升到 46%，这也是目前光电转换效率最高的太阳能电池器件。

11.5.3.3 CdTe 太阳能电池

CdTe 的带隙为 1.5 eV，与太阳光谱非常匹配，最适合光电能量转换，理论光电转换效率高达 28%，性能十分稳定。并且 CdTe 容易沉积成大面积薄膜，沉积速率快，是一种技术上发展较快的薄膜电池。制备 CdTe 多晶薄膜的工艺技术有近空间升华法、电化学沉积法、丝网印刷烧结法、物理气相沉积法、MOCVD 法等，目前实验室光电转换效率不断攀升，突破了 21.5%。

11.5.3.4 CIGS 太阳能电池

铜铟（镓）硒薄膜（CIGS）太阳能电池具有较高的光吸收系数、高转换效率、可调的禁带宽度和高稳定性等特性，不存在光致衰退问题，转换效率与多晶硅相近。具有成本低廉和工艺简单等优点，被认为是新一代低成本、高光电转换效率的薄膜太阳能电池的最佳候选者。目前这种薄膜的主要制备技术包括真空蒸镀、电沉积、反应溅射、快速凝固、化学气相沉积、分子束外延、喷射热解等，工业界最常采用的是蒸镀法和溅射法。

11.5.3.5 CZTS太阳能电池

铜锌锡硫材料（CZTS）的带隙宽度和晶格常数都与CIGS接近，并且锌和锡在地球上储量高且无毒性，被认为是可以替代CIGS的另一类优良的薄膜太阳能电池吸收层材料。目前CZTS薄膜的制备方法主要有真空蒸发法、溅射法、溶胶-凝胶法、喷雾热解法、电沉积法和溶液涂覆法等。

11.5.4 新型太阳能电池

除上述硅基太阳能电池和化合物太阳能电池外，一系列新型的太阳能电池如聚合物太阳能电池、钙钛矿太阳能电池、染料敏化太阳能电池和量子点太阳能电池等也应运而生。

11.5.4.1 聚合物太阳能电池

聚合物太阳能电池的发展为推动光伏技术的发展提供了另一种方案。聚合物具有来源广、质轻、易加工和大面积制备以及柔性好等优点。聚合物太阳能电池中光敏材料的性能决定着最终电池的光电转化效率。光敏材料分为给体和受体材料，选择和合成电子/空穴迁移效率高、稳定性好、易加工和成本低的给体/受体材料是聚合物太阳能电池研究工作的重点。

11.5.4.2 钙钛矿太阳能电池

钙钛矿材料，尤其是有机-无机杂化钙钛矿材料 $CH_3NH_3PBX_3$ 具有带隙窄、吸收系数高、成本低、载流子迁移数较高、寿命长、激子束缚能低等优点，适用制备太阳能电池吸光薄膜。

钙钛矿太阳能电池一般由五部分组成：FTO导电玻璃、致密电子传输层、钙钛矿吸光层、有机空穴传输层和金属Au背电极。光照强度大于禁带宽度时，钙钛矿分子价带上的电子吸收光子被激发后跃迁到导带，被 TiO_2 吸收后迁移向FTO层，而留下的空穴，通过空穴传输层传输到金属背电极，接通外电路后形成电流，这样便完成了光电转换。

11.5.4.3 染料敏化太阳能电池

染料敏化太阳能电池具有成本低廉、制备工艺简单、性能稳定、寿命较长的优点。染料敏化太阳能电池中，光的捕获与电荷的传输是分开的。主要结构包括工作电极、对电极、电解质。工作电极为透明的导电层上制备的多孔 TiO_2 半导体薄膜，染料吸附在膜中。纳米多孔膜是染料敏化太阳能电池的核心，起着染料分子载体与光生电子传输载体的功能。

11.5.4.4 量子点太阳能电池

2005年，Sargent小组首次在胶体量子点中发现了光伏效应，PbS、PbSe量子点材料的太阳能电池得以迅速发展，各种结构的量子点太阳能电池也得以开发。量子点电池的制备方法有很大的区别，如分子束外延法、MOVCD等。

11.6 核能材料

11.6.1 概述

核能材料是指各类核能系统主要构件所用的材料，常见且含意相近的还有反应堆材料和核材料。前者是各类裂变和聚变反应堆使用的材料。后者泛指核工业所用材料，也专指易裂变材料铀、钚和可聚变材料氘、氚，以及可转换材料钍、锂。目前，国际上禁止核扩散和禁产的核材料则是高富集铀和钚，高富集铀是核武器的主要原料。

核能就是指原子能，即原子核结构发生变化时释放的能量。它包括重核裂变或轻核聚变释放的能量，其能量符合爱因斯坦质能方程 $E=mc^2$，其中 E 代表能量；m 代表质量；c 代表光速（常数）。核子之间存在一种比电磁力要强得多的吸引力，即核力。核力是一种非常强大的短程作用力，当原子核间的相对距离小于原子核的半径时，核力非常强大。但随着核间距的增加，核力会迅速减小，一旦超出原子核半径，核力很快下降为零。

1938 年，德国化学家哈恩首次揭示了核裂变反应。即铀 235 在中子的轰击下分裂成 2 个原子核，同时放出 3 个中子。这一过程伴随着能量的释放，即核能，它比化学能大几百万倍甚至上千万倍。另一种核能释放方式是轻元素原子核聚变，释放的能量是铀裂变反应的 5 倍。由于核聚变要求很高的温度，目前在氢弹爆炸和由加速器产生的高能粒子的碰撞中才能实现。

11.6.1.1 核能的特点

主要优点有：具有其他能源所没有的属性——超高能量密度；核原料资源丰富；核能不释放温室气体；核能发电的成本比燃料费用低。缺点有：核能电厂会有放射性废料；核能发电厂热效率低等。

11.6.1.2 核能的分类

核能是靠原子核里的核子（中子或质子）重新分配获得能量。核能可分为以下三类。

（1）裂变能　如重元素（铀、钚等）的原子核发生分裂时释放出来的能量。它是将平均结合能比较小的重核设法分裂成两个或多个平均结合能大的中等质量的原子核，同时释放出能量的反应过程。

（2）聚变能　由轻元素（氘和氚）的原子核发生聚合反应时释放出来的能量。它是将平均结合能较小的轻核在一定条件下将它们聚合成一个较重的平均结合能较大的原子核，同时释放出巨大的能量。

（3）原子能衰变时发出的放射能　也称为反物质能。构成物质的基本粒子有电子、中子和质子。但是，宇宙中还存在反粒子，如正电子、反质子等。由反粒子构成的原子称为反原子，由反原子构成的物质称反物质。当常规物质与反物质相遇时，随即发生“湮灭反应”，它们的质量全部消失而转变为能量，这也是核能的一种。“湮灭反应”放出的能量比核聚变能大 266 倍，比核裂变能大 1000 倍。

11.6.2 裂变反应堆材料

核能的可控利用开始于裂变反应堆的发展。裂变反应堆的可控利用缓解了化石燃料的危机，但由于核能所蕴含的巨大能量和裂变后元素的辐射性，对生命可造成毁灭性的伤害，在设计裂变反应堆和材料的选择方面，安全性是重要的原则。

11.6.2.1 裂变反应堆原理

一些原子核可以通过吸收中子，使原子核不稳定发生裂变并释放出能量。裂变反应堆常用铀 235 作为裂变材料，由一个中子引发铀 235 裂变，并产生两个中子继而引发周围的铀 235 裂变，形成链式反应。在这一过程中每一个铀裂变都可释放约 173MeV 的能量。

$$^{235}_{92}\mathrm{U}+^{1}_{0}\mathrm{n}\longrightarrow ^{137}_{55}\mathrm{Cs}+^{97}_{37}\mathrm{Rb}+2^{1}_{0}\mathrm{n}$$

11.6.2.2 核燃料

在反应堆中能够实现核裂变的材料或用这些制成的金属、金属合金、氧化物、碳化物、氮化物等称为核燃料。核燃料中最重要的材料为可裂变原料。通常放射性原料可以分为两类：直接作为活性源的裂变同位素^{235}U，^{233}U和^{239}Pu；另一种是再生同位素^{238}U，^{232}Th。铀235作为主要的且天然存在的裂变原料，自然界中其丰度为0.7204%，通常用作重水堆和石墨堆燃料。高于此浓度的称为浓缩铀，其他堆型反应堆用的核燃料多为浓缩铀。

目前应用最广泛的核燃料是固体核燃料，可以分为金属型燃料、陶瓷型燃料、弥散型燃料。

金属型燃料：主要包括铀及其合金。它们易加工，导热性好，密度高，单位体积内的可裂变核素多。但是其熔点低，工作温度低，燃料消耗深度受较差的相容性和辐照变形等影响，一般在0.3%～0.35%。

陶瓷型燃料：主要包括含铀和钚的氧化物、氮化物和碳化物。其中UO_2被广泛应用于动力堆的核燃料。它热稳定性好，熔点高，辐照稳定性好，与包壳的相容性较好，燃耗深度也比金属型燃料高。但是其硬且脆，密度也低，不易于加工，导热性能较小，因而燃料中心和外部温差较大，易造成肿胀、开裂等情况。

弥散型燃料：它是将细微的燃料相均匀地分散在非裂变材料基底中的核燃料。燃料相可以是金属和陶瓷（铀与铝的金属间化合物或铀的氧化物），基底也可以为金属和陶瓷（Al、Be、Mg、Zr、Nb、W、不锈钢和陶瓷材料）。彼此组合，以提高辐照稳定性、增大燃耗深度、提高经济效益。

11.6.2.3 包壳材料

核燃料通常要由包壳材料密封包裹以分开燃料和冷却剂，防止放射性产物的逸散和防止燃料受冷却剂腐蚀，并且给核电站提供安全屏障。包壳材料应具有：良好的化学稳定性；较高的导热性能；易加工；机械性能稳定；中子吸收率低；高熔点。

根据上述要求，高温热解碳、铝及铝合金、镁合金、锆合金、奥氏体不锈钢等可以被用作包壳材料。低的中子吸收率和高熔点是选择包壳材料的首要原则。图11-13列出了各种元

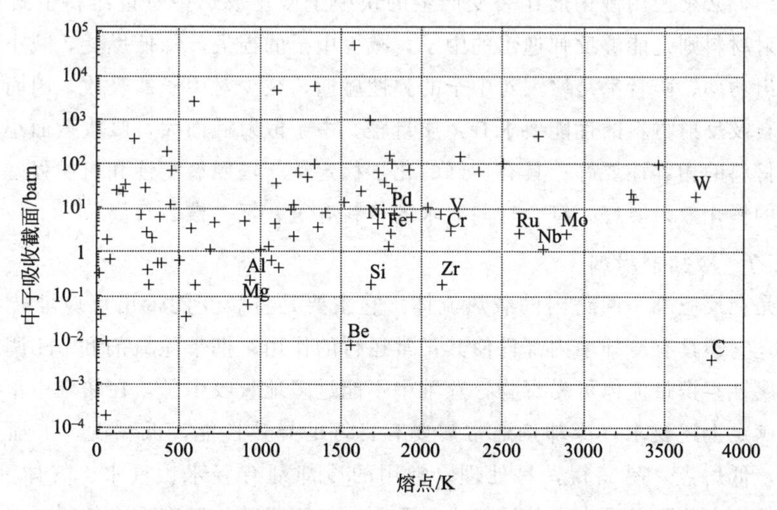

图11-13 元素的中子吸收截面与熔点图（突出显示的元素是在裂变反应堆中使用的重要元素）

$1barn=10^{-24}cm^2$，下同

素的中子吸收截面与熔点图。高温气冷堆包壳材料要求能耐受1000℃以上的高温，且还要能均衡其他机械性能并耐腐蚀。碳具有低的中子吸收截面和高的熔点，是一种理想的包壳材料。然而碳的延展性很差，因而只能做成小尺寸且简单的包壳。作为替代，铍、铝及其合金、镁合金、铁基材料、锆基材料也被尝试用作包壳材料，但仍各有局限性，有待进一步研究。

11.6.2.4 控制材料

控制材料是控制堆芯内裂变反应快慢的材料。通过吸收堆内中子的多少来控制反应的快慢。因而控制材料首先要具有中子吸收截面大、良好的机械性能、抗辐照等特点。铪、镉、硼、钆、铕等元素的中子吸收截面大。铪可以直接制备成裸露的控制棒，而不会被腐蚀。为了取代昂贵的铪，发展了Ag-In-Cd合金，其被广泛应用于压水堆控制棒。碳化硼（B_4C）的综合性能更符合上述标准，应用最为广泛。大部分热堆和快堆都可以使用碳化硼作为控制材料。通常碳化硼制作成粉末状，填充在不锈钢管中使用。硼硅酸玻璃因加工方便，成本低，也被用作压水堆可燃毒物棒；缺点是易胀大，需要不锈钢包裹。后期也研发了一些稀土元素作为控制棒材料，如钆、铕等元素。实际使用中，为多个控制棒组合成不同形状结构，组成控制棒束组件方便使用。

11.6.2.5 压力容器材料

压力容器是核反应堆第三道安全屏障，内部包含堆芯、第一道回路及内部的冷却剂和其他结构支撑材料。压力容器起到防止核燃料及放射性产物逸散的作用，它是反应堆中最大的不可拆换的结构部件。一旦发生破裂将是严重安全事故，故对其材料要求较高。反应堆压力容器材料应具有：①高强度，高冲击韧性，抗辐射，好的冷却剂相容性；②内部均匀纯净，性能稳定，无杂质，无偏析等缺陷；③易加工；④成本低。压水堆压力容器可采用A5083钢，重水堆则可采用奥氏体铬镍不锈钢，快堆可采用奥氏体不锈钢以抵抗钠的腐蚀，石墨气冷堆可采用预应力混凝土压力容器。

11.6.2.6 慢化材料和反射材料

在热堆中，必须使用慢化剂让裂变产生的快中子慢化成热中子以维持链式反应的持续进行。而反射材料则是能够反弹逸出的中子，减少中子的损失，降低燃耗，减小堆芯临界体积，增大输出功率。两者都是增大对中子的弹性碰撞，减少对中子的吸收，因而可以互用。

慢化材料及反射材料的性能要求有：质量轻，中子散射截面大，吸收截面小；和包壳材料、冷却剂材料的相容性要好；具有良好的化学稳定性、辐照稳定性和机械强度。通常轻原子核对中子的慢化效果要好。符合这些要求的材料有氢、氘、铍、石墨。

11.6.2.7 冷却剂材料

冷却剂是在反应堆一回路内的载热流体。它主要是将裂变能带出反应堆转化成电能和热能。另外，它还具有冷却堆内部件使其正常运行的作用；携带除氧剂和pH调节剂，减小一回路设备腐蚀；携带流体可燃毒物；热堆中不能过多地吸收中子，在快堆中不能过多地慢化中子。为满足上述要求，冷却剂通常需要有良好的导热性能，低黏度，抗辐照，腐蚀性小，高沸点，低熔点，易获得，易处理。常用的冷却剂有轻水、重水、气体（CO_2/He）、液态金属钠等。在热中子堆中常使用轻水、重水、二氧化碳、氦作为冷却剂。在快中子堆中使用液态金属钠作为冷却剂。轻水是应用最广泛的冷却剂，在轻水堆中轻水还兼做慢化材料和反射材料。气体冷却剂的优点是中心吸收率低，较为安全。缺点是导热性能较低，密度低。液态金属钠的导热性好，沸点高，熔点低，没有辐照损伤，因而被用作快堆的冷却剂。其缺点是容易发生钢的脱碳渗碳，易溶失钢中的其他元素，降低抗腐蚀性能。而且钠易与水发生激烈反应，是一个安全隐患。

11.6.2.8　屏蔽材料

能够防止光子、中子、辐射危害的材料被称为屏蔽材料。反应堆中常伴随大量射线，为保障人员与设备安全，需要用大量屏蔽材料阻挡射线。原子序数大的高密度固体可以屏蔽 γ 射线，如铁、铅、重混凝土等。屏蔽热中子的材料则需要原子序数小的材料，可以是硼钢、石墨、轻水等。

11.6.2.9　安全壳材料

安全壳起到防止放射性物质逸散到大气中的作用。安全壳不仅要能够承受内部环境的变化，也要能够抵御外部环境的冲击。安全壳由外部预应力混凝土或钢筋混凝土和内部 2～3 cm 厚的密封钢壳组成。其气密性要求在规定压力下，一天内气体的泄漏量小于壳内空气质量的 0.1%。由于安全壳很大，需要焊接而成，因而需要材料焊接性好，具有高强度、高韧性。根据上述要求，锰碳钢、低合金高强度钢常用做安全壳材料。

11.6.3　核聚变材料

11.6.3.1　聚变原理

聚变反应：两个氢原子核融合形成重原子核。发生核聚变反应时放出更大的能量。聚变反应的示意图如下：

$$D+T \longrightarrow {}^{4}He+n+17.6MeV$$

$$D+D \longrightarrow T+P+4.0MeV$$

$$D+D \longrightarrow {}^{3}He+n+3.27MeV$$

要使两个核聚合发生聚变反应，必须克服它们间的静电斥力，可用“受约束的高温等离子体”方案来实现。

（1）高温　要进行聚变反应，就要把聚变燃料加热到数万摄氏度乃至数亿摄氏度的高温，这时燃料会变成正负电荷相等的混合气体——等离子体。其中，所有粒子都处于高度无规热运动状态，它们之间发生碰撞产生聚变反应，又称热核反应。加热等离子体的方法很多，如高速中性粒子入射加热、电阻加热、高频加热、激光加热等。

（2）等离子体约束　高温等离子体必须约束在一定体积内，使其有足够的密度，同时约束时间要足够长，以确保有足够大的碰撞反应概率。等离子体有两种约束方式：①磁约束。用磁约束的方法，即运动的带电粒子在磁场中受洛伦兹力而绕磁力线旋转时不会横越磁力线飞散掉，从而实现对它们的约束。②惯性约束。在真空容器的中心，脉冲式地制成等离子体，用瞬间压缩将等离子体扩散加以约束的方法。

11.6.3.2　托卡马克装置

聚变堆的概念设计中最有代表性的是托卡马克（Tokamak）聚变装置。图 11-14 是托卡马克聚变堆示意图。主要部件有：第一壁，它直接面向等离子体并形成等离子体室；偏滤器系统，它从 D-T 反应中提取氦；包层系统，它将聚变能转换成热能，同时增值燃料循环中所需的氚 1 磁场屏蔽；容器结构；磁场系统；燃料和等离子体辅助热源。

托卡马克是一种利用磁约束来实现受控核聚变的环形容器。托卡马克的中央是一个环形的真空室，外面缠绕着线圈。在通电的时候，托卡马克的内部会产生巨大的螺旋形磁场，磁场将其中的等离子体加热到很高的温度，以达到核聚变的条件。

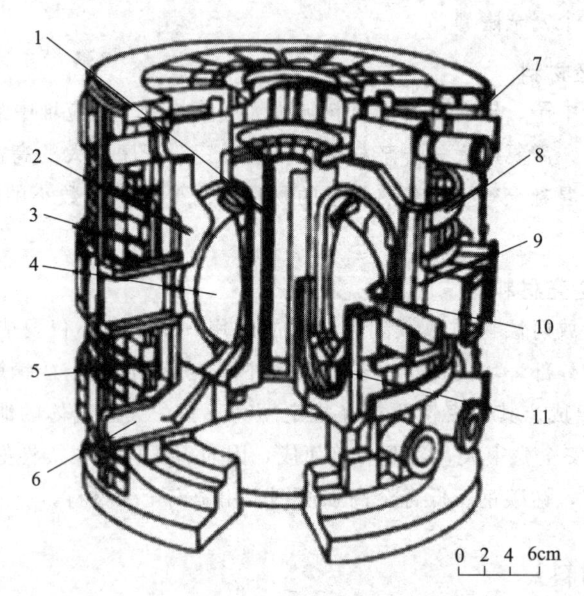

图 11-14 托卡马克聚变堆示意图

1—中央螺线管；2—屏蔽/包层Ⅰ；3—活动线圈Ⅰ；4—等离子体；5—真空容器屏蔽；6—等离子体排出；7—低温恒温器；8—轴向场线圈；9—环向场线圈；10—第一壁；11—滤板

11.6.3.3 聚变堆主要材料及其特征

聚变堆材料是聚变技术的主要难点之一，特别是第一壁材料要经受 14 MeV 中子和其他高能带电粒子的轰击，其辐照效应更加严重，是研究的重点。

按目前托卡马克磁约束聚变装置，聚变堆材料主要包括以下几类：

（1）聚变核燃料　主要是氘和氚。

（2）氚增值材料　这里指的是含有可与中子反应而生成氚、锂的陶瓷或合金。通过锂与中子反应生成氚。这种材料主要有 Al-Li 合金、陶瓷型 Li_2O、偏铝酸锂（$LiAlO_2$）、偏锆酸锂（Li_2ZrO_3）等，还有液态锂铅合金（Li-Pb，17%原子分数 Li）、锂铍氟化物（FLiBe）熔盐等。氚增值材料的基本要求是：有一定的氚增值能力，化学稳定性好，与第一壁结构和冷却剂有好的相容性，氚回收容易，残留量低。

（3）中子倍增材料　这是含有能产生（n，2n）和（n，3n）核反应的核素的材料。铍（Be）、铅（Pb）、铋（Bi）和锆（Zr）产生这种核反应的截面较大。含有这些元素的化合物或合金如 Zr_3Pb_2、PbO 和 Pb-Bi 合金等都可以作为中子倍增材料。

（4）第一壁材料　第一壁是托卡马克聚变装置包容等离子体区和真空区的部件，又称面向等离子体部件，它与外围的氚增值去结构紧密相连。如前所述，第一壁经受很强的高能中子和聚变反应产生的高能氦的轰击，辐照效应很严重。第一壁材料主要包括第一壁表面覆盖材料，可以选择与等离子体相互作用性能好的材料，如铍、石墨、碳材料，以及碳/碳、碳/碳化硅纤维强化复合材料。第一壁材料要在高温、高中子负荷下有合适的工作寿命，目前使用的有奥氏体不锈钢（AISI 316、PCA）、铁素体不锈钢（HT9）、钒（V）、钛（Ti）、铌（Nb）和钼（Mo）等合金。第一壁材料还包括高热流材料、低活化材料等。

参考文献

[1] 朱敏．先进储氢材料导论．北京：科学出版社，2015.

[2] 上官文峰，江治，屠恒勇，沈水云．能源材料：原理与应用．上海：上海交通大学出版社，2017.

[3] 克里斯汀·朱利恩，艾伦·玛格，阿肖克·维志，卡里姆·扎赫伯．锂电池科学技术．刘兴江，等译．北京：化学工业出版社，2017.

[4] 朱继平，罗派峰，徐晨曦．新能源材料技术．北京：化学工业出版社，2015.

[5] 雷永泉，万群，石永康．新能源材料．天津：天津大学出版社，2000.

[6] 吴其胜，张霞，戴振华．新能源材料．广州：华南理工大学出版社．2015.

[7] 王健，丁炜，魏子栋．超低铂用量质子交换膜燃料电池．物理化学学报，2021，37（9）：5-11.

[8] Jiang C，Ma J，Corre G，Jaina S L，Irvine J T S. Challenges in developing direct carbon fuel cells. Chemical Society Reviews，2017，46（10）：2889-2912.

[9] Wachsman E D，Lee K T. Lowering the temperature of solid oxide fuel cells. Science，2011，334（6058）：935-939.

[10] Sammes N，Bove R，Stahl K. Phosphoric acid fuel cells：fundamentals and applications. Current Opinion in Solid State and Materials Science，2004，8（5）：372-378.

[11] 张艳敏，郭国信，郭国哲，曹俊华．染料敏化太阳能电池的研究进展．山东化工，2019，48（05）：57-58，65.

[12] National Renewable Energy Laboratory. Best research-cell efficiencies. https：//www. nrel. gov/pv/national-center-for-photovoltaics. html [2015-7-28]．

[13] Yoshikawa K，Kawasaki H，Yoshida W，et al. Silicon heterojunction solar cell with interdigitated back contacts for a photoconversion efficiency over 26%. Nature Energy，2017，2（5）：17032.

[14] 梁启超，乔芬，杨健，姜言森，徐谦，王谦．太阳能电池的研究现状与进展．中国材料进展，2019，38（05）：505-511.

[15] 王哲焱，冯涛，张学俊．有机-无机杂化钙钛矿材料的研究进展．现代化工，2019，39（01）：72-76.

[16] 上官文峰．能源材料原理与应用．上海：上海交通大学出版社，2013.

[17] Robert Ehrlich. 可再生能源基础．王社教，闫家泓，胡俊文，等译．北京：石油工业出版社，2017.

[18] 杜伟娜．未来能源的主导核能．北京：北京工业大学出版社，2015.

[19] 雷永泉．新能源材料．天津：天津大学出版社，2000.

[20] 朱继平．新能源材料技术．北京：化学工业出版社，2015.

[21] Whittle K. Nuclear Materials Science. second edition. IOP Publishing，2020.

[22] Bragg W H，Bragg W L. The reflection of X-rays by crystals. London：Proc R Soc，1913：A88 428-A884 38.

[23] Whittle K R，Blackford M G，Augtherson R D，et al. Ion irradiation of novel yttrium/ytterbium-based pyrochlores：the effect of disorder. Acta Materialia，2011，59（20）：7530-7537.

[24] 杨文斗．反应堆材料学．北京：原子能出版社，2000.

[25] 刘建章．核结构材料．北京：化学工业出版社，2007.

思考题

1. 与其他金属材料相比，Mg 基合金作为储氢合金的最大优势是什么？

2. 基于化学吸附机理的储氢材料对氢气吸附较稳定，安全性较佳，你觉得这类储氢材料的不足之处是哪点？

3. 碳纳米管的储氢仍需在较低温度，距室温储氢还有很大的距离，主要原因是什么？

4. 二次电池可反复充放电，一次电池是否还有存在的必要？

5. 镍氢电池中的负极材料能否替换成其他储氢合金？加入替换成储氢的碳纳米管，使用时有何异同？

6. 锂离子电池中，一般认为 $LiFePO_4$ 比 $LiCoO_2$ 稳定性更佳，其结构上的原因是什么？

7. 金属锂作为锂离子电池的负极材料是否可行？会存在什么问题？如何解决？

8. 与液态电解质相比，固态电解质有何优势和劣势？

9. 什么是燃料电池？简述质子交换膜燃料电池的工作原理。

10. 质子交换膜的作用是什么？全氟磺酸质子交换膜是如何传输质子的？

11. 质子交换膜燃料电池中降低铂催化剂使用量的手段有哪些？

12. 为何采用不锈钢作为熔融碳酸盐燃料电池的双极板材料？

13. 固体氧化物燃料电池中对电解质材料的要求是什么？目前所采用的电解质材料面临的问题有哪些？

14. 什么是 p-n 结？简述太阳能电池的工作原理。

15. 请简述硅基太阳能电池的种类及各自的优缺点。

16. 太阳能电池的分类有哪些？试举例几种你身边的太阳能电池。

17. 请简述核电站对包壳材料的主要性能要求。

18. 请简述聚变堆的优势及挑战。

第 12 章

环境材料

环境材料的英文 eco materials 源自 environment conscious materials（环境意识材料）或者是 ecological materials（生态材料），因此，在中文上也称为“生态环境材料”“环境协调性材料”，类似的还有“绿色材料”“环境友好材料”“环境兼容性材料”等表达方式。1998 年中国生态环境材料研究战略研讨会上，各位专家建议将环境材料、环境友好型材料、环境兼容性材料等统一称为“生态环境材料”。并给出了一个有关环境材料的基本定义：生态环境材料是指同时具有满意的使用性能和优良的环境协调性，或者能够改善环境的材料。其中的环境协调性是指资源和能源消耗少、环境污染小和循环再利用率高。至今，对环境材料这一概念的定义或解释仍在不断完善中。

“环境材料”作为一门学科，也有学者称之为“环境材料学”。从出版的书籍教材和文献资料来看，该学科所涉及内容包括理论和实用研究两大部分。理论部分包括：①对材料的环境性能的评价，主要是生命周期评估（life cyele assessment，LCA）；②材料的可持续发展理论，包括研究资源的使用效率、生态设计理论等；③材料流理论（materials flow）和生态加工、清洁生产理论，再循环、降解、废物处理理论。实用研究包括：①环境协调材料、传统材料的环境材料化。强调材料与环境的兼容与协调，使材料在完成特定使用功能的同时，减少资源和能源的消耗，降低环境污染。如开发天然材料、绿色包装材料和绿色建筑材料等。②环境净化和修复材料，如分离、吸附、转化污染物的材料。③可降解材料，指通过自身的分解减小对环境的污染。本章将聚焦于上述几大类环境材料，具体包括绿色包装材料、绿色建筑材料、环境可降解材料和环境净化材料。

12.1 绿色包装材料

实现绿色包装，其中一个重要环节就是包装材料的绿色化，也就是所谓绿色包装材料(green packaging materials)。绿色包装材料是指在生产、使用和回收的包装物中，对人体健康无害，对生态环境有良好保护作用的、符合可持续发展要求的包装材料。目前绿色包装材料主要有：①重复再用和再生的包装材料；②可食性包装材料；③可降解包装材料；④纸包装材料。

12.1.1 重复再用和再生的包装材料

包装材料中，塑料包装占很大一部分，很多都是可以进行再生处理的。回收后的废弃塑料可以通过适当加工处理，重新作为原材料，用于再生包装容器或其他物品。一些包装塑料也可以通过化学方法进行解聚，得到的单体或低聚物重新作为原材料使用。一个典型的例子就是 PET（聚对苯二甲酸二乙酯）塑料。

PET 具有良好的物理化学性能，被广泛用于食品包装、纤维、薄膜、片基等众多领域。随之而来的是，大量的 PET 废弃物排入大自然中。尽管废 PET 对环境不产生直接污染，但因其具有极强的化学惰性，很难被空气或微生物所降解，会对环境造成很大的影响。因此，实现 PET 聚酯生产、加工、回收利用的资源良性循环，已经成为 PET 聚酯工业发展中日益重要的问题。PET 循环利用的途径之一就是物理循环，即废 PET 聚酯及其制品经过直接掺混、共混、熔融造粒等简单的物理处理后制成再生切片，然后用于纺丝、拉膜和工程塑料等。这种方法回收的 PET 只能降级使用，生产低附加值产品，在材料的后生产过程中，残留的金属催化剂会影响 PET 的物理性能如透明性。

PET 循环使用的另一途径是化学方法，即化学解聚法。该方法是将 PET 聚酯在一定条件下发生解聚反应，生成低分子量的产物，如对苯二甲酸（PTA）、对苯二甲酸二甲酯（DMT）、对苯二甲酸乙二醇酯（BHET）、乙二醇（EG）等，产物经分离、纯化后，可重新作为生产聚酯的原料或其他化工原料，从而实现资源的循环利用。PET 解聚方法可分为醇解法、糖酵解、水解法、胺解/氨解法。下面简单介绍这几种方法。

（1）醇解法 醇解法是指以小分子一元醇如甲醇、乙醇等作为原料，将 PET 在特定条件下解聚生成对苯二甲酸二甲酯和乙二醇的过程，如式（12-1）所示。反应在惰性气氛（氮气或氩气）中进行，避免 PET 及甲醇被氧化。此外，需加入酯交换催化剂如醋酸锌、醋酸铅、异丙醇铝等促进反应进行。反应结束后，利用离心和重结晶作用纯化对苯二甲酸二甲酯，对乙二醇则采用蒸馏提纯。整个解聚反应过程中甲醇可循环利用。甲醇醇解法的优点是生产过程中产生的 PET 废料可直接回收成单体，用于聚合物的生产。德国赫斯特、美国伊士曼和杜邦等大型 PET 制造商都采用这种方法处理回收 PET。

$$HO-CH_2CH_2-O\left[\overset{O}{\overset{\|}{C}}-C_6H_4-\overset{O}{\overset{\|}{C}}-O-CH_2CH_2-O\right]_n H + 2nCH_3OH \longrightarrow$$

$$nCH_3-O-\overset{O}{\overset{\|}{C}}-C_6H_4-\overset{O}{\overset{\|}{C}}-O-CH_3 + (n+1)HOCH_2CH_2OH \qquad (12\text{-}1)$$

甲醇解聚工艺可分为低压甲醇解聚、中压甲醇解聚，两者各有优劣。低压解聚对反应器材的要求不高，易于实现连续操作，但 PET 转化率一般较低，且产物含一定量的低聚物。甲醇中压解聚相对低压解聚 PET 转化率高，但产物对苯二甲酸二甲酯中含有部分甲基羟乙基对苯二甲酸酯（MHET）和低聚体，对产品精制不利。

另外，也可以采用乙二醇（或其他二元醇）作为解聚剂，其反应方程见式（12-2）。反应一般在 180～250℃、0.1～0.6MPa、氮气保护下进行。反应十分缓慢，需加少量催化剂如醋酸锌、氯化锌、硫酸钠、碳酸钠等以提高反应速度。控制乙二醇加入比例可以改善解聚反应效果，随着乙二醇含量的增加，PET 分解速率增加。产物除了对苯二甲酸双羟乙酯（BHET）外，还有少量酯类低聚物。BHET 难以用传统结晶、蒸馏方法提纯，通常在一定压力下过滤结合活性炭吸收进行除杂。纯化回收后的 BHET 可与原生的 BHET 混合用于 PET 生产。此外，反应得到的酯类低聚物可进一步生产聚酯多元醇，用于聚氨酯合成，或用于制备黏合剂和涂料等。

$$HO-CH_2CH_2-O\left[\overset{O}{\overset{\|}{C}}-C_6H_4-\overset{O}{\overset{\|}{C}}-O-CH_2CH_2-O\right]_n H+(n-1)HOCH_2CH_2OH \longrightarrow$$

$$nHOCH_2CH_2-O-\overset{O}{\overset{\|}{C}}-C_6H_4-\overset{O}{\overset{\|}{C}}-O-CH_2CH_2OH \quad (12\text{-}2)$$

（2）水解法 类似于醇解，PET主链上的酯基同样可以水解，得到对苯二甲酸和乙二醇，如式（12-3）所示。这两者是生产PET的常用原料。水解反应在酸性、碱性、中性条件下都可进行，酸性水解采用浓硫酸或浓硝酸催化，反应时间短，对苯二甲酸纯度高（>99%），但反应中会产生大量废水，对设备有腐蚀性。碱性水解通常在低浓度NaOH溶液中进行，反应完成后用酸洗涤，同样会产生大量废液。中性水解则没有类似问题，对环境友好。但水解反应温度较高，产率较低。加入少量$Zn(OAc)_2$催化，可以提高反应速率。

$$HO-CH_2CH_2-O\left[\overset{O}{\overset{\|}{C}}-C_6H_4-\overset{O}{\overset{\|}{C}}-O-CH_2CH_2-O\right]_n OH+nH_2O \longrightarrow$$

$$HO-\overset{O}{\overset{\|}{C}}-C_6H_4-\overset{O}{\overset{\|}{C}}-OH+(n+1)HOCH_2CH_2OH \quad (12\text{-}3)$$

（3）胺解/氨解法 PET的酯基可以与胺类如乙二胺（EDA）、乙醇胺（MEA）、二亚乙基三胺（DETA）等发生亲核反应，使大分子链断裂，也就是胺解，反应如式（12-4）所示。

$$HO-CH_2CH_2-O\left[\overset{O}{\overset{\|}{C}}-C_6H_4-\overset{O}{\overset{\|}{C}}-O-CH_2CH_2-O\right]_n OH+nRNH_2 \longrightarrow$$

$$nRNH-O-\overset{O}{\overset{\|}{C}}-C_6H_4-\overset{O}{\overset{\|}{C}}-O-NHR+(n+1)HOCH_2CH_2OH \quad (12\text{-}4)$$

若以氨水与PET反应，则称为氨解。氨解反应在多醇类溶剂中进行，反应时间取决于压力，反应速度和反应选择性与所选择的二醇类溶剂有很大关系，多醇类化合物除了起溶剂作用外，还对酯的氨解反应起到催化作用。经氨解得对苯二甲酰胺（TDA），再经过Hoffmann重排反应，使TDA在0～30℃甲醇中氯化后先生成N,N'-二氯对苯二甲酰胺，然后加入NaOH水溶液，重排后生成对苯二胺（PPD）。PPD是农药、医药、染料等的重要原料和中间体。

12.1.2 可降解包装材料

除了尽量少用塑料包装外，解决塑料污染问题的另一途径是研究开发可降解塑料。简单来说，就是在高分子链中引入特定的结构，或在塑料中加入添加剂，使其高分子链可以在特定的自然环境下发生断裂，从而降解成较小的分子。目前可降解塑料主要包括下面几种。

（1）光降解塑料 该类材料包括聚酮类聚合物，分子链上的羰基能吸收紫外线的能量而导致其旁边的碳碳单键断裂。对于主链上不含羰基的聚合物，例如PP、PE等，可以在其中加入光敏剂而获得光降解性。

（2）生物降解塑料 较简单的做法是在塑料中加入玉米淀粉填充剂，共混。淀粉在环境中被微生物分解，剩余的聚合物自然散开不成形。但实际上土壤中仍含有难以降解的聚合物分子链。要达到实质性的微生物降解效果，就需要从聚合物分子链结构着手。例如脂肪族聚酯，主链上的酯键可以在土壤中被微生物分泌的脂肪酶水解，从而分子链断裂成小分子。日本三井化学品公司还开发出利用氨基酸生产的天冬氨酸聚合物塑料，可以在土壤中完全降解，并可以促进植物的生长。此外，微生物、动植物体内的高分子经过加工制成可降解材料。例如由很多细菌合成的聚羟基脂肪酸酯（PHA，一种胞内聚酯），具有类似于合成塑料的物化特性及合成塑料所不具备的生物可降解性，可制成可生物降解的包装材料。天然大分子如植物胶、动物胶、纤维素、半乳糖、甲壳质等也具有可生物降解特性，与淀粉复合同样可以得到可生物降解包装材料。

生物降解也可以与光降解相结合。例如通过淀粉或纤维素等可生物降解材料与 PE、PP 共混改性或接枝改性，并加入光降解剂，所得材料兼具生物降解性和光降解性能，可用于包装。

（3）水溶性塑料　分子链上含有较多亲水基团的聚合物如聚乙烯醇、羟甲基纤维素等具有水溶性，将其用于农药、消毒剂、洗涤剂的小袋内包装，可以不必打开塑料包装而直接投放在水中，减少其他非降解性材料如 PE、PP 薄膜对环境的污染。市面上各种牌子的洗衣凝珠就属于这一类包装洗涤剂。

可降解材料属于环境材料的一类，除了用于绿色包装外，还有其他各种用途。本章的 12.3 节将对可降解材料进行更详细的描述。

12.2 绿色建筑材料

12.2.1 建筑材料与环境

绿色建筑材料，又称生态建材、环保建材和健康建材，是指采用清洁生产技术，不用或少用天然资源和能源，大量使用工农业或城市固态废物生产的无毒害、无污染、无放射性，达到使用周期后可回收利用，有利于环境保护和人体健康的建筑材料。

绿色建筑材料基本特征主要有如下五方面：

（1）其生产所用原料尽可能少用天然资源，大量使用尾渣、垃圾、废液等废弃物；

（2）采用低能耗制造工艺和无污染环境的生产技术；

（3）在产品配制或生产过程中，不得使用甲醛、卤化物溶剂或芳香族碳氢化合物，产品中不得含有汞及其化合物的颜料和添加剂；

（4）产品的设计是以改善生产环境、提高生活质量为宗旨，即产品不仅不损害人体健康，而应有益于人体健康，产品具有多功能化，如抗菌、灭菌、防霉、除臭、隔热、阻燃、调温、调湿、消磁、防射线、抗静电等；

（5）产品可循环或回收利用，无污染环境的废弃物。

绿色建筑材料有时不单是指单独的建材产品，它更多地意味着对建筑材料的“健康、环保、安全”品性的评价，这类似于环境材料的定义。

12.2.2 生态水泥

生态水泥（ecological cement）是指利用城市垃圾焚烧灰和废水中污泥等废弃物为主要原料，在生产和使用过程中尽量减少对环境影响的水泥，也称为绿色水泥（green cement）、健康水泥（healthy cement）等。生态水泥按使用特性分为“普通生态水泥”和“快硬生态水泥”两种，前者具有和普通水泥相同的质量，作为预搅拌混凝土，广泛应用于钢筋混凝土结构和以混凝土产品为主的地基改善材料等。快硬生态水泥则是一种比早强水泥凝固速度更快的水泥，早期强度发展很快，可利用于无钢筋混凝土领域。粉煤灰、矿渣等工业废弃物常常用作生态水泥生产的主要原料，所得到的水泥分别称为粉煤灰硅酸盐水泥和矿渣硅酸盐水泥。

（1）粉煤灰硅酸盐水泥　粉煤灰是燃煤电厂排出的主要固体废物，是具有一定活性的火山灰质混合物。粉煤灰的主要氧化物组成：SiO_2 为 40%～65%，Al_2O_3 为 15%～ 40%，Fe_2O_3 为 4 %～20%，CaO 为 2%～7%。按照国标 GB1344，凡由硅酸盐水泥熟料、粉煤灰和适量石膏磨细制成的水硬性胶凝材料，称为粉煤灰硅酸盐水泥。水泥中粉煤灰的掺加量为 20%～40 %（质量分数）。

粉煤灰的掺入量通常与水泥熟料的质量、粉煤灰的活性和要求生产的水泥标号等因素有关，主要由强度试验结果来决定。粉煤灰的早期活性很低，因此，粉煤灰水泥的强度（尤其是早期强度）随粉煤灰掺入量的增加而下降。当粉煤灰掺入量小于 25%时，强度下降幅度较小；当掺入量超过 30%时，强度的下降幅度增大（见表 12-1）。在粉煤灰水泥中，掺入部分粒化高炉矿渣代替粉煤灰，水泥的强度下降幅度减小。也有研究发现，粉煤灰的掺入虽然降低了水泥砂浆的早期强度，但提高了砂浆的后期强度，尤其是当粉煤灰掺入量为 30%时，28d 龄期时强度最高。

表 12-1　粉煤灰掺入量对水泥强度的影响

粉煤灰掺入量/%	细度/%	抗弯强度/MPa			抗压强度/MPa		
		3d	7d	28d	3d	7d	28d
0	6.0	6.3	7.0	7.2	32.1	41.5	55.5
25	5.6	4.7	5.7	6.5	23.1	29.1	44.0
35	5.6	4.2	5.3	6.4	18.5	24.9	42.2

粉煤灰与其他天然火山灰相比，结构比较致密，内比表面积小，有很多球状颗粒。所以，粉煤灰水泥需水量较低，干缩性小，抗裂性好，水化热低，抗蚀性也较好。因此，粉煤灰水泥可用于一般的工业和民用建筑，尤其适用于地下和海港工程等。粉煤灰水泥是我国 5 大品种水泥之一。

（2）矿渣硅酸盐水泥　矿渣硅酸盐水泥简称矿渣水泥，是由硅酸盐水泥熟料和粒化高炉矿渣、适量石膏磨细制成的水硬性胶凝材料。按国家标准，水泥中粒化高炉矿渣掺入量按质量分数计为 20%～70%。允许用石灰石、窑灰、粉煤灰和火山灰质混合材料中的一种材料代替矿渣，代替数量不得超过水泥重量的 8%，替代后水泥中粒化高炉矿渣不得少于 20%。这里所提到的高炉矿渣是冶炼生铁时的副产品。粒化高炉矿渣的化学成分主要为 CaO、MgO、Al_2O_3，其总量一般在 90%以上，另外还有少量 FeO 和一些硫化物，如硫化钙等。

矿渣水泥的生产过程与普通硅酸盐水泥相同，粒化高炉矿渣烘干后与硅酸盐水泥熟料、石膏按一定比例送入共同粉磨。根据水泥熟料、矿渣的质量，改变熟料和矿渣的配合比及水泥的粉磨细度，可生产出不同标号的矿渣水泥，如 325、425、525 和 625 等系列标号。

与普通水泥比较，矿渣水泥有如下特点。

① 矿渣水泥在硬化过程中放热量比普通的硅酸盐水泥低得多，因为硅酸盐水泥中铝酸三钙、硅酸三钙水化时放热量最大，而硅酸二钙放热量较小。矿渣中多为低碱度的硅酸盐，

水化时放热量很小，由于这个特性，这种水泥适用于大体积混凝土构筑物中。

② 矿渣硅酸盐水泥具有较强的抗溶出性硫酸盐侵蚀性能。研究发现，硅酸盐水泥在硫酸盐溶液的侵蚀下，其试件经过 6～12 个月后崩溃，而矿渣硅酸盐水泥非但没有被破坏，强度反而有所提高。同时矿渣硅酸盐水泥的抗溶出性硫酸盐侵蚀性能随着矿渣掺量的增加而提高，故矿渣硅酸盐水泥适用于水上工程、海港及地下工程等，但在酸性水及含镁盐的水中，矿渣水泥的抗侵蚀性较普通水泥差。

③ 耐热性较强，使用在高温车间及高炉基础等容易受热的地方比普通水泥好。

④ 矿渣硅酸盐水泥早期强度低，而后期强度增长率高，所以在施工时应注意早期养护。此外，在循环受干湿或冻融作用条件下，其抗冻性不如普通硅酸盐水泥，所以不适宜用在水位时常变动的水工混凝土建筑中。

12.2.3 生态混凝土

生态混凝土是指既能减少给地球环境造成的负荷，又能与自然生态系统协调共生，为人类构造更加舒适环境的混凝土材料。生态混凝土的特点包括：具有比传统混凝土更高的强度和耐久性，能满足结构物力学性能、使用功能以及使用年限的要求；具有与自然环境的协调性，减轻对地球和生态环境的负荷，实现非再生型资源可循环性使用；具有良好的使用功能，能为人类构筑温和、舒适、便捷的生活环境。

生态混凝土可分为环境友好型（也称环境负荷降低型）生态混凝土和生物相容型（也称生物对应型）生态混凝土两大类。

（1）环境友好型生态混凝土　环境友好型生态混凝土是指可以降低环境负荷的混凝土，目前主要通过以下 3 种技术途径加以实现：

① 在混凝土生产过程中降低环境负荷 这种技术途径主要通过固体废物的再生利用来实现，类似于生态水泥。例如，采用城市垃圾焚烧灰、下水道污泥和工业废弃物作原料生产的水泥来制备混凝土。又如利用火山灰、高炉矿渣等工业副产品混合生产混凝土，这种方法不仅节约了能源，而且少占用土地，还可以将废弃混凝土粉碎作为再生骨料使用，这种再生混凝土可有效地解决建筑废弃物、骨料资源、石灰石资源、CO_2 排出等资源和环境问题。

② 在使用过程中降低环境负荷 主要是通过使用技术和方法来降低混凝土的环境负担，使混凝土结构中增加更多的“绿色”元素。相当于节省了资源和能源，减少了 CO_2 排放量。例如，通过技术手段提高混凝土的耐久性，使混凝土结构的使用寿命得到延长而维修费用得到减少；通过设计，优化混凝土结构，降低消耗。

③ 利用混凝土本身特性降低环境负荷 这种技术途径是利用其本身所具有的降低环境负荷的能力来降低周围环境负荷。例如有一种多孔混凝土，它本身含有大量的连续小孔隙，单个孔隙和孔隙相连时其性质会很不同。通过控制不同孔隙的特性和孔隙量，可使混凝土有不同的性能，如良好的透水性、吸音隔音性、蓄热性，以及气体吸附、植物种植、水质净化和生物的生息等功能。

（2）生物相容型生态混凝土　生物相容型生态混凝土是指能与动、植物等生物和谐共存的混凝土。根据用途，这类混凝土可分为植物相容型生态混凝土、海洋生物相容型生态混凝土、淡水生物相容型生态混凝土以及水质净化混凝土等。

植物相容型生态混凝土利用多孔混凝土的透气、透水等性能，渗透植物所需营养，生长植物根系这一特点来种植小草、低灌木等植物，用于河川护堤的绿化，美化环境。我国吉林省水利科学研究院、水土保持研究院、水利实业公司等研究单位于1998年开始，根据水利防护工程的特点，提出了复合随机多孔型绿化混凝土结构。

海洋生物、淡水生物对应型混凝土是将多孔混凝土设置在河川、湖沼和海滨等水域，让陆生和水生小动物附着栖息在其凹凸不平的表面或空隙中，通过相互作用或共生作用，形成食物链，为海洋生物和淡水生物生长提供良好的条件，保护生态环境。

水质净化混凝土是利用多孔混凝土外表面对各种微生物的吸附，通过生物层的作用间接净化水质。将其制成浮体结构或浮岛，设置在富营养化的湖沼内以净化水质，使草类、藻类生长更加繁茂，从而保护生态环境。

12.2.4 生态玻璃

玻璃广泛用于窗户、幕墙、隔断等。玻璃在建筑用途上的生态化，其中一条途径是从结构设计上考虑，达到环保节能的效果。例如双层玻璃窗和中空玻璃窗的结构由于低的热导率而具有建筑保温的作用；在中空玻璃内表面涂一层透明热反射薄膜，可大大降低传热能力，用作窗户玻璃，可显著提高窗户的节能效果。

玻璃生态化的另一途径是对玻璃进行功能化处理，如引入热反射、电磁屏蔽、抗菌、光致变色等功能，由此衍生出各种各样具有良好使用功能、能有效改善人类生活环境的玻璃品种。

12.2.4.1 热反射玻璃

在玻璃表面上镀上金属膜、金属氮化物膜或金属氧化物膜面，以达到大量反射太阳辐射热的目的。热反射玻璃具有良好的遮光性能和隔热性能，可创造一个舒适的室内环境，同时在夏季能起到降低空调能耗的作用。

几乎所有的镀膜方法都可以生产热反射玻璃，目前我国主要以在线CVD工艺方法和磁控溅射工艺方法两种为主，以其他如真空蒸镀法、溶胶-凝胶镀膜法等为辅，这些工艺的原理可参考本书第5章的相关内容。

热反射膜通常由三层膜组成，表层为保护膜，第二层为金属或金属化合物，第三层为金属氧化物膜。例如 $Bi_2O_3/Ag/Bi_2O_3$ 膜系，第一层为 Bi_2O_3 膜，厚40nm，与玻璃紧密结合；第二层Ag膜厚10～20nm，起反射作用；第三层 Bi_2O_3 膜厚40nm，起保护作用。此膜系采用溅射法镀制，对太阳能反射率为47%～49%，可见光透过率34%～55%。

表12-2对比了普通浮法玻璃和某种热反射玻璃对太阳能传播的特性。从表中可见，太阳光入射时，热反射玻璃外表面反射了22%的太阳能，另有45%的太阳能被玻璃的外表面再辐射和对流所阻挡。剩下的太阳能通过透射（17%）以及内表面再辐射、对流（16%）进入室内。也就是说，该热反射玻璃挡住了67%的太阳能。而普通的浮法玻璃只挡住了18%的太阳能，却有82%的太阳能进入室内。

表12-2 热反射玻璃和浮法玻璃对太阳能传播的特性（以入射太阳能为100%）

性能	6mm无色浮法玻璃/%	6mm热反射玻璃/%
外表面反射	7	22
外表面再辐射和对流	11	45
透射进入室内	78	17
内表面再辐射和对流	4	16

12.2.4.2 电磁屏蔽玻璃

电磁屏蔽玻璃是一种防电磁辐射，抗电磁干扰的透光屏蔽器件，广泛应用于通信、IT、电力、医疗、银行、证券、政府、军队等民用和国防等领域。主要解决电子系统与电子设备间的电磁干扰，防止电磁信息泄漏，防护电磁辐射污染；有效保障仪器设备正常工作，保障机密信息的安全，保障工作人员身体健康。

电磁屏蔽玻璃主要有平面屏蔽玻璃、曲面屏蔽玻璃、电加温屏蔽玻璃、防爆屏蔽玻璃和中空屏蔽玻璃等。其生产方法上主要有如下三种。

(1) 镀膜电磁屏蔽玻璃　将含金、银、铜、铁、铟、锡等金属或某些盐类，通过物理（真空蒸发、阴极溅射）和化学（化学气相沉积、化学热分解、溶胶-凝胶）的方法，在玻璃表面形成薄膜屏蔽体。这种屏蔽薄膜厚度只有被屏蔽电磁辐射波长的1/4，主要是通过反射损耗进行屏蔽。

(2) 夹金属丝网电磁屏蔽玻璃　金属丝网夹于两块无机玻璃或有机玻璃之间，是常用的非实壁型屏蔽体。金属丝网的材料一般为铜、铝、镀锌铁丝等。金属丝的直径、丝网的目数对屏蔽效果有直接影响。

(3) 镀膜玻璃夹金属丝网的电磁屏蔽玻璃　这种屏蔽玻璃的生产同时采用了上述两种方法。

电磁屏蔽玻璃具体使用在如下几个方面：

① 电子设备的观察窗口，例如CRT显示器、LCD显示器、OLED等数码显示屏幕、雷达显示器、精密仪器仪表等显示器窗口；

② 建筑物重点部位的观察窗，例如采光屏蔽窗、屏蔽室可视窗、可视隔断屏风等；

③ 要求电磁屏蔽的机柜、指挥仪方舱、通信车观察窗等。

12.2.4.3 生态夹层玻璃

通过在两块玻璃间形成夹层，可以产生各种有利于生态环境的效果。

(1) 调光玻璃　调光玻璃是一款将液晶膜复合进两层玻璃中间，经高温高压胶合后一体成形的夹层结构的新型特种光电玻璃产品。使用者通过控制电流的通断控制玻璃的透明与不透明状态。玻璃本身不仅具有一切安全玻璃的特性，同时又具备控制玻璃透明与否的隐私保护功能。由于液晶膜夹层的特性，调光玻璃还可以作为投影屏幕使用，替代普通幕布，在玻璃上呈现高清画面图像。

调光玻璃的工作原理是利用电场控制液晶分子的排列，从而改变其透光性。自然（非通电）状态下，玻璃夹层里面的液晶分子呈现不规则的散布状态，此时电控玻璃呈现透光而不透明的外观状态；当给调光玻璃通电后，里面的液晶分子在电场作用下呈现整齐排列，光线可以自由穿透，此时调光玻璃瞬间呈现透明状态。

除了液晶调光外，还有一种电致变色玻璃。两块导电玻璃片分别涂有还原状态变色的WO_3层和氧化状态下变色的普鲁士蓝层，两层同时着色、消色，通过改变电流方向可自由调节光的透过率，调节范围达15％～75％。

(2) 高性能隔热玻璃　在玻璃夹层内填充热导率低的空气夹层即可获得较好的隔热效果。而高性能隔热玻璃是在夹层内的一面涂上一层特殊的金属膜，由于该膜的作用，太阳光能照射进入室内，而室外的冷空气被阻止在外，室内的热量不会流失。据介绍，采用这种玻璃后，冬天取暖可节能达60％。

(3) 隔音玻璃　隔音玻璃是将隔热玻璃夹层中的空气换成氦、氩或六氮化硫等气体并用不同厚度的玻璃制成，可在很宽的频率范围内有优异的隔音性能。

12.2.4.4 抗菌自洁玻璃

抗菌自洁玻璃是采用目前成熟的镀膜玻璃技术（如磁控浇注、溶胶-凝胶法等）在玻璃表面涂盖一层 TiO_2 薄膜，利用这层 TiO_2 薄膜吸收太阳光中的紫外线能量，催化分解各种污染物并杀菌。TiO_2 光催化机理将在稍后详述（12.4.4.1）。

12.2.4.5 光致变色玻璃

这种玻璃在紫外线或者可见光的照射下，可产生可见光区域的光吸收，使玻璃透光度降低或者产生颜色变化，并且在光照停止后又能自动恢复到原来的透明状态。一般途径是在普通的玻璃成分中引入光敏剂，如卤化银、卤化铜等。通常光敏剂以微晶状态均匀地分散在玻璃中，在日光照射下分解，降低玻璃的透光度。当玻璃在暗处时，光敏剂再度化合，恢复透明度，这些过程是可逆的。式（12-5）为卤化银的光致变色原理。

$$n\mathrm{AgX} \xrightleftharpoons{h\nu} n\mathrm{Ag} + n\mathrm{X} \qquad \text{(12-5)}$$
$$\Updownarrow$$
$$(\mathrm{Ag})_n\text{（暗化）}$$

12.3 环境可降解材料

所谓降解，一般指有机化合物分子中的碳原子数目减少，分子量降低。材料领域中的有机化合物一般就是有机高分子，所以对可降解材料的研究和应用主要集中在高分子材料领域，例如可降解塑料。

有机高分子的分子链上的原子通过共价键连接，理论上，只要施加一定的条件，例如高温或高剪切力，这些共价键总可以被打断，从而达到降解的目的。而对于环境材料领域来说，材料的可降解性是指材料可以在自然环境作用下，经过自然吸收、消化、分解，从而避免废弃物的大量堆积而破坏环境，这就是环境可降解材料。很多天然高分子都可以自然降解，例如淀粉、聚糖、纤维素等，有的可直接作为材料或与其他材料配合使用，而有的则需要进行改性，以满足加工工艺要求和获得合适的使用性能。但天然高分子的资源总是有限的，而且其性能特点在应用上也有局限性。因此，人们致力于开发环境可降解的合成高分子材料。

高分子材料的降解反应，机理上可以分为热降解、机械降解、氧化降解、化学降解、光降解和生物降解等，其中光降解和生物降解可以在自然环境中实现。因此可降解高分子材料的设计合成思路很多时候都是基于这两种机理。

12.3.1 光降解高分子材料

12.3.1.1 光降解机理

光降解反应是指在光的作用下聚合物链发生断裂、分子量降低的光化学过程。光降解过程包括无氧、氧参与及光敏剂参与等三种形式。

（1）无氧光降解　聚合物分子中含有羰基或其他一些不饱和键（称为生色基或生色团、发色团）时，较容易吸收光能形成激发态，然后发生一系列能量转移和化学反应，导致聚合物链断裂，其过程无需氧分子的参与。聚合物链断裂主要发生在羰基处［Norrish Ⅰ裂解，见式(12-6)]或在 α 位［Norrish Ⅱ裂解，见式（12-7）］。

$$\sim\sim CH_2-CH_2-\underset{\underset{O}{\|}}{C}-CH_2-CH_2\sim\sim \xrightarrow{h\nu} \sim\sim CH_2-CH_2-\underset{\underset{O}{\|}}{C}\cdot + \cdot CH_2-CH_2\sim\sim \\ \downarrow \\ \sim\sim CH_2-\dot{C}H_2 + CO \tag{12-6}$$

$$\sim\sim CH_2-CH_2-\underset{\underset{O}{\|}}{C}-CH_2-CH_2\sim\sim \xrightarrow{h\nu} \sim\sim CH_2-CH_2-\underset{\underset{O}{\|}}{C}-CH_3 + CH_2=CH\sim\sim \tag{12-7}$$

（2）氧参与的光降解 不含生色团的聚合物链吸光特性较差，光裂解难度较大，空气中的氧分子参与则能够促进其光降解。其反应如式（12-8）所示，产生的自由基能够引起聚合物的降解反应。

$$\sim\sim\underset{\underset{CH_3}{|}}{CH}-CH_2-\overset{\overset{H}{|}}{\underset{\underset{CH_3}{|}}{C}}-CH_2\sim\sim \xrightarrow{h\nu} \sim\sim\underset{\underset{CH_3}{|}}{CH}-CH_2-\overset{\overset{H}{|}}{\underset{\underset{CH_3}{|}}{C^*}}-CH_2\sim\sim \xrightarrow{O_2} \sim\sim\underset{\underset{CH_3}{|}}{CH}-CH_2-\overset{\overset{O-OH}{|}}{\underset{\underset{CH_3}{|}}{C}}-CH_2\sim\sim$$

$$\sim\sim\underset{\underset{CH_3}{|}}{CH}-CH_2-\overset{\overset{O-OH}{|}}{\underset{\underset{CH_3}{|}}{C}}-CH_2\sim\sim \longrightarrow \begin{cases} \sim\sim\underset{\underset{CH_3}{|}}{CH}-CH_2-\overset{\overset{O\cdot}{|}}{\underset{\underset{CH_3}{|}}{C}}-CH_2\sim\sim + \dot{O}H \\ \sim\sim\underset{\underset{CH_3}{|}}{CH}-CH_2-\underset{\underset{CH_3}{|}}{\dot{C}}-CH_2\sim\sim + \dot{O}-OH \end{cases} \tag{12-8}$$

12.3.1.2 光降解高分子的合成

利用上述的光降解机理，可以通过分子设计提升聚合物光降解的能力。在有机物的光解中，生色基起着重要的作用。生色基是指可以造成有机物分子在紫外及可见光区域内（200～800nm）有吸收且吸光系数较大的基团。例如碳碳双键、羰基、醛基、羧基、偶氮基、亚硝基等含有不饱和键的基团均属于生色基。分子中含有单个这些生色基时，其吸收波段在紫外线区间（一般在200～400nm），所以仍是无色的。如果在化合物分子中有两个或更多的生色基共轭时，则由于共轭体系中电子的离域作用，而使激发这些电子所需的能量比单独 π 键的要低，也就是这些化合物可以吸收波长较长的光。基于此，可以通过引入各种生色基，改善高分子材料的光降解能力。

（1）通过共聚引入生色基 一些含有生色基的聚合物如聚砜［式(12-8)］、聚酰胺等，本身就是光降解材料。含有双键的聚合物如聚丁二烯、聚异戊二烯等在太阳光和氧的作用下也较容易分解。对于结构中不含生色基的聚合物，可以通过共聚或改性等方法引入生色基，如羰基、双键等。

$$\left[O-C_6H_4-\overset{\overset{CH_3}{|}}{\underset{\underset{CH_3}{|}}{C}}-C_6H_4-O-C_6H_4-\overset{\overset{O}{\|}}{\underset{\underset{O}{\|}}{S}}-C_6H_4\right]_n \tag{12-9}$$

双酚A型聚砜

例如在聚合过程中加入CO、甲基乙烯基酮、甲基丙烯基酮等含羰基单体参与共聚，可以在分子链上引入羰基，这是制备光降解塑料最常用的方法。例如乙烯与CO的共聚物中，随羰基含量的增大，在老化计中测得的脆化时间缩短。当羰基含量为0.1%时，寿命为655h，羰基含量提高到12%，则寿命缩短至40h。

类似的有甲基乙烯基酮与乙烯、苯乙烯、甲基丙烯酸酯、氯乙烯等共聚。一些缩聚产物如聚酯则可以用含有羰基的双官能团单体来制备。此外，用少量的丁二烯与乙烯或丙烯共聚而引入碳碳双键，也可得到光降解型的聚乙烯和聚丙烯。

除了羰基和碳碳双键，塑料中含有—N ═N—NH—、—NH—NH—、CN ═N—以及醚、硫醚等单元都容易发生降解。

(2) 通过高分子改性引入生色基 除了共聚，还可以通过已有高分子的化学改性在分子链上引入感光基团。例如，用辐射接枝法将含有酮基的单体直接接在塑料上，苯乙酮衍生物在乙烯-乙烯醇共聚物上接枝共聚的方法制得可光降解的聚乙烯。

12.3.1.3 添加型光降解高分子

对聚合物材料成品，可以通过添加光敏剂的方法加速其光降解。常用的光敏剂有羰基甲基酮类、金属化合物、含有芳环结构的物质、过氧化物、卤化物、颜料等。这些光敏剂吸收光能后产生自由基，或者将激发态能量传递给聚合物材料，进而产生自由基，加速聚合物材料光降解。

例如含有芳环和羰基结构的蒽醌，对波长350nm的光波具有较高吸光率，经光激发转变为激发态并产生光化学活性，将能量转移给聚合物链上的羰基或不饱和键，从而降解。

金属卤化物中，氯化铁是最有效的光敏剂。在光作用下，产生氯化亚铁和活性氯原子，后者能捕获聚烯烃中的氢原子，形成氯化氢，促使聚烯烃分子形成烷基自由基，发生氧化反应，形成过氧化自由基，然后降解。

12.3.1.4 光降解高分子材料的应用

光降解塑料主要用于代替不易降解的传统塑料，消除白色污染源，可广泛应用于大量使用的一次性包装制品、卫生用品、农用制品，如购物袋、垃圾袋、餐具、尿布、玩具、农用地膜等。

例如降解塑料制造的农用地膜，保温效果好，60天左右出现裂纹，80～90天出现大裂崩解，3个月后失重率达60%～80%。使用当年，地表地膜降解为粉末状最终被微生物吞噬，放出二氧化碳和水，对土壤和作物无毒无害。

添加型光降解塑料的一个问题是，这些添加的低分子物质由于扩散会从聚合物表面析出，会降低分解效果。若添加剂对人体有害，则不适于包装食品或制造容器。

12.3.2 生物降解高分子材料

12.3.2.1 概述

生物降解高分子材料是指在一定条件下，能够在细菌、霉菌、藻类等自然界的微生物作用下降解的高分子材料，其中以生物降解塑料居多。理想的生物降解高分子材料应具有优良的使用性能，废弃后可被环境微生物完全分解，最终被无机化而成为自然界中碳素循环的一个组成部分。相对于光降解高分子来说，生物降解高分子因其对环境要求不太苛刻，更容易自动降解为对环境无污染的小分子物质，甚至进而可参与生物代谢循环而被同化吸收；而且其强度高、易加工、生产污染小，以及资源化产品价值高、市场广阔，已成为可降解材料发展的热点。

最初的生物降解塑料以天然原料为基础进行加工，多为淀粉和甲壳素等多糖类天然高分子。其后，通过改性天然原料生产的塑料能更好地满足材料的性能要求，例如利用淀粉进行改性，包括改性淀粉塑料和淀粉/聚合物共混物。天然高分子与普通的非降解塑料共混得到的产物只能部分降解，属于不完全降解塑料；而与完全降解塑料共混仍可得到完全降解塑料。

随着塑料制品需求量的增大，化学合成降解塑料逐渐占有重要的地位。化学合成生物降解塑料多为聚酯类、聚酰胺类、聚酸酐等，这些大分子中含有可水解的酯键、酰胺键或杂原子官能团。其中聚酯类塑料易水解，主链柔顺，可被微生物或动物酶分解代谢为二氧化碳和水。目前常用的有聚己内酯、聚乳酸、聚乙醇酸等，通过相应单体的缩聚或开环聚合得到。为改善其力学性能，常添加第三组分改性，或将杂原子官能团引入聚酯主链上，例如酰胺键、醚键、氨基甲酸酯等。此外，通过生物合成的方法也可得到可降解塑料。这些化学或生物合成得到的塑料能够在生物作用下降解成小分子，属于完全降解塑料。

12.3.2.2 高分子材料的生物降解机理

目前，生物降解的具体机理尚未完全研究透彻。生物降解大致有以下3种方式：①生物的细胞增长使物质发生机械性破坏；②微生物对聚合物作用产生新的物质；③酶的直接作用，即微生物侵蚀聚合物从而导致裂解。一般认为聚合物生物降解经历两个过程，首先是微生物向体外分泌水解酶并和材料表面结合，令其水解断链，生成分子量小于500的小分子量的有机酸和糖类等；然后，降解的生成物被微生物摄入体内，经过种种的代谢路线，合成为微生物体物或转化为微生物活动的能量，最终都转化为水和二氧化碳。这种降解具有生物物理、生物化学效应，同时还伴有其他物化作用，如水解、氧化等，其过程非常复杂。大体上，高分子材料的生物降解通常情况下需要满足以下几个条件：①存在能降解高分子材料的微生物；②有足够的氧气、潮气和矿物质养分；③要有一定的温度条件；④pH值大约在5～8之间。

在生物降解过程中，细菌、真菌、酵母、海藻类等微生物提供的酶起到了相当重要的作用。这些酶可以在聚合物链端攻击，除去链端单元，使分子量缓慢减小；也可以在聚合物链骨架的任何位置攻击，导致分子量快速下降。

除外部环境外，高分子材料的化学结构直接影响着生物可降解能力的强弱。一般情况下，可生物降解能力为：脂肪族酯键、肽键＞氨基甲酸酯＞脂肪族醚键＞亚甲基。直链高分子比支链高分子、交联高分子易于降解；主链柔顺性越大，降解速度越快，所以可生物降解聚酯基本上都是脂肪族聚酯。此外，分子量大、易于结晶、疏水性大的高分子材料不利于微生物的侵蚀和生长，影响生物降解。

12.3.2.3 生物降解高分子材料的化学合成

生物降解高分子材料的合成分为化学合成和微生物合成两大类。可以用化学合成法生产的生物降解高分子包括聚乳酸（PLA）、聚ε-己内酯（PCL）、聚乙烯醇（PVA）等。

（1）聚乳酸的化学合成 聚乳酸（polylactic acid，PLA）是研究开发最活跃的生物可降解高分子材料，具有很好的生物降解性、生物相容性和生物可吸收性，在降解后不会遗留任何环保问题。其原料乳酸可通过生物发酵得到，例如淀粉水解得到葡萄糖，然后在乳酸杆菌作用下形成乳酸。聚乳酸的化学合成主要有两个途径：乳酸直接缩聚和丙交酯开环聚合。

直接缩聚法就是通过乳酸分子间的脱水，直接制备聚乳酸，当脱水缩聚，聚乳酸分子量达到一定程度后，体系黏度增大，体系中的水分不易除去，于是反应达到平衡［式(12-10)］。

$$nHO-\underset{}{\overset{CH_3}{\underset{|}{CH}}}-\overset{O}{\overset{\|}{C}}-OH \underset{水解}{\overset{缩聚}{\rightleftharpoons}} H\!\left[O-\overset{CH_3}{\underset{|}{CH}}-\overset{O}{\overset{\|}{C}}\right]_n OH + (n-1)H_2O \tag{12-10}$$

乳酸　　　　　　聚乳酸（PLA）

该方法由于存在着平衡，得到的高分子量的聚合物往往分子量较低，机械性能较差。但是乳酸的来源充足，价格便宜，所以直接法合成聚乳酸比较经济合算。工艺上，延长聚合时间，适当提高反应温度，采用高真空度可以有效降低体系水分含量，或者通过高沸点溶剂共沸除水，可以提高聚合物分子量。

开环聚合法是通过丙交酯在一定的温度和真空度下进行开环聚合，得到高分子量的聚乳酸［式(12-11)］。

$$n\,(\text{丙交酯}) \xrightarrow[\text{开环聚合}]{\text{催化剂}} \left[O-\overset{CH_3}{\underset{|}{CH}}-C-\overset{O}{\overset{\|}{C}}\right]_n \tag{12-11}$$

丙交酯　　　　　　聚乳酸

其中丙交酯单体是通过乳酸脱水缩合成低聚物，然后在高温、高真空的条件下开环裂解得到。开环聚合法是目前广泛应用的合成方法，其优点是可得到高分子量的聚乳酸。丙交酯单体的制备可使用纯度不高的乳酸为原料，甚至可以用下脚料、废料，但必须提纯才能得到高分子量的聚乳酸。

聚乳酸还可以通过熔融缩聚法合成。熔融状态下，聚合所形成的副产物如水、丙交酯等通过惰性气体带离或减压排出。该法的优点是产物纯净，不需要分离介质。但由于随着反应的进行，体系的黏度越来越大，小分子不易排出，导致平衡难以向聚合方向进行，产物分子量不高。催化剂、反应时间、反应温度及真空度对产物分子量的影响很大。

（2）聚己内酯（polycaprolactone，PCL）的化学合成 聚己内酯又称聚ε-己内酯，是通过ε-己内酯单体在金属阴离子配位催化剂（如四苯基锡）催化下开环聚合得到，如式（12-12）所示。

$$n\,(\varepsilon\text{-己内酯}) \xrightarrow[\text{开环聚合}]{\text{催化剂}} \left[O\left(CH_2\right)_5\overset{O}{\overset{\|}{C}}\right]_n \tag{12-12}$$

PCL具有良好的生物相容性及生物降解性，可与多种常规塑料互相兼容，自然环境下6～12个月即可完全降解。被广泛应用于药物载体、增塑剂、可降解塑料、纳米纤维纺丝、塑性材料的生产与加工领域。

（3）聚二元羧酸酯的化学合成 聚二元羧酸酯是由脂肪族的二元酸与二元醇聚合而成的一系列共聚物，二元酸可为乙二酸、丁二酸，二元醇可为乙二醇、丁二醇等。产品具有优异的成型性能，可采用注射、挤出、吹塑成型；具有良好的可降解性，在微生物作用下发生降解。目前已用来生产包装瓶、薄膜等。

（4）二氧化碳全降解塑料的化学合成 二氧化碳全降解塑料是二氧化碳与环氧化物、环硫化物、二元胺、乙烯基醚、双炔或单炔等许多单体进行共聚，生成脂肪族聚酯（APC）、脂肪族含硫聚酯、聚脲、脂肪族聚醚酮、聚吡咯等多种共聚物。利用二氧化碳合成塑料，可以变废为宝，减少二氧化碳对环境的影响，增加可以使用的资源。同时，所得到聚合物具有良好的生物降解性，属于环境友好材料，有资源和能源消耗少、对生态和环境污染小、再生利用率高的特点。

以二氧化碳与环氧丙烷的共聚为例［式(12-13)］，其聚合产物为聚甲基亚乙基碳酸酯［poly（propylene carbonate），PPC］，是一种典型的二氧化碳全降解塑料。

$$O{=}C{=}O + \underset{\diagdown O \diagup}{CH_2{-}CH(CH_3)} \xrightarrow{\text{催化剂}} {-}\!\!\left[\overset{\displaystyle O}{\overset{\|}{C}}{-}OCH_2\overset{CH_3}{\overset{|}{C}H}{-}O\right]_m\!\!\left[CH_2\overset{CH_3}{\overset{|}{C}H}{-}O\right]_n + \text{(碳酸丙烯酯环状产物，含 } CH_3\text{ 与 } C{=}O\text{)} \tag{12-13}$$

用于 CO_2 与环氧化物共聚反应的催化剂可分为均相、非均相和负载型 3 种，基本上都是有机金属化合物和有机金属配合物。不同的催化剂催化合成的 PPC 的结构不同。有些催化剂催化合成的 PPC 含有部分的醚键，称为“共聚聚醚”，这些聚醚链段的存在使得分子链柔顺性进一步提高，从而导致其性能降低。利用负载型有机羧酸锌类催化剂催化合成的 PPC 具有严格的交替共聚结构，不含醚键，使得二氧化碳的固定效率达到了最高。

PPC 的分子链段柔软，易分解，生物相容性好，且具有极低的氧透过率，可广泛应用于包装材料（如一次性食品包装材料、一次性餐具材料、降解发泡材料、薄膜材料、降解性热熔胶及全塑无压力饮料瓶等）。PPC 的缺点是加工热稳定性较差，在高温条件下，很容易产生大分子主链的断裂及从端基开始的解拉链式降解。另外，PPC 较低的玻璃化转变温度使其作为通用塑料应用时机械性能略显不足。通过化学改性和物理改性可提高 PPC 的热稳定性和机械性能。化学改性是通过加入特定的第三单体与 CO_2 和环氧丙烷进行共聚，在链段中引入极性或刚性基团，提高 PPC 的热性能和机械性能。物理改性则主要采用填充和共混等方法。

12.3.2.4　生物降解高分子材料的微生物合成

细菌（如产碱杆菌属、假单细胞菌属、甲基营养菌属、固氮菌属和红螺菌属等）、藻类等微生物在生命活动代谢过程中，在合成蛋白质、核酸和多糖等大分子物质的同时，其细胞内还积聚起作为能源和碳源物质的一类脂肪族聚酯［式(12-14)］，统称聚羟基烷酸酯（polyhydroxyalkanoates，PHAs）。

$$-O\underset{\displaystyle R}{\underset{|}{C}H}CH_2{-}\overset{\displaystyle O}{\overset{\|}{C}}{-} \qquad R={-}(CH_2)_x{-}\quad x=0\sim 8\text{ 或更高} \tag{12-14}$$

聚羟基烷酸酯

以聚羟基丁酸酯（PHB）为例，有机基体在代谢过程中产生的醋酸经过一系列酶催化下形成聚合物，其过程如式（12-15）所示。

$$2CH_3{-}\overset{\displaystyle O}{\overset{\|}{C}}{-}OH \xrightarrow{\text{酶}} 2CH_3{-}\overset{\displaystyle O}{\overset{\|}{C}}{-}CoA \xrightarrow{\text{酶}} CH_3{-}\overset{\displaystyle O}{\overset{\|}{C}}{-}CH_2{-}\overset{\displaystyle O}{\overset{\|}{C}}{-}CoA$$

$$\xrightarrow{\text{酶}} HO{-}\underset{\displaystyle CH_3}{\underset{|}{C}H}{-}CH_2{-}\overset{\displaystyle O}{\overset{\|}{C}}{-}CoA \xrightarrow{\text{酶}}\xrightarrow{\text{酶}} {-}\!\!\left[O{-}\underset{\displaystyle CH_3}{\underset{|}{C}H}{-}CH_2{-}\overset{\displaystyle O}{\overset{\|}{C}}\right]_n \tag{12-15}$$

聚羟基丁酸酯（PHB）

其中 CoA 代表酶作用产物。PHB 的微生物合成需要三种酶的参与，包括 β-酮硫解酶、乙酰乙酰辅酶 A 还原酶和 PHB 聚合酶。不同的微生物菌种可以合成出不同的 PHAs，包括均聚物和一些共聚物，目前已合成出的不同结构的 PHAs 已有一百多种。

PHB作为一种微生物合成塑料，不仅具有化学合成塑料的特性，同时还具有良好的生物降解性，其分解产物可全部为生物利用，对环境无任何污染。PHB还具有生物相容性、光学活性、压电性、抗潮性、低透气性等其他性能，可广泛应用于工农业和医学等领域，如各类容器、瓶、袋、薄膜、包装材料等一次性塑料用品，以及农用抗真菌剂、杀虫剂、废料等作为生物缓释载体。PHB的缺点是机械性能差、容易热解、耐溶剂性差、结晶度过高、难以加工。与其他无机填充物或化学合成材料相配合，通过热处理或共聚可改变其结晶与非结晶结构，使其抗冲击性和耐溶剂性得到改善，获得机械性能优良的制品。

12.3.2.5　天然高分子的改性

(1) 淀粉的化学改性和共混　淀粉是目前使用最广泛的一类可完全生物降解的多糖类天然高分子。它具有原料来源广泛、价格低廉、易生物降解等优点，在生物降解材料领域占有重要的地位。但淀粉的加工性能很差，无法单独作为塑料材料使用。为此，需要对淀粉进行改性或与其他材料共混，以达到使用要求。淀粉的改性方法有很多，其中一些改性是用于食物方面的，这里主要介绍几种作为材料的淀粉改性方法。

淀粉是以葡萄糖基组成的大分子环式结构，分子中带有较多的醇羟基，相邻分子链之间往往存在氢键，形成微晶结构完整的颗粒。所以淀粉虽然含有大量亲水的羟基，但溶解性差，直接加热不出现熔融过程，于300℃以上发生分解。但若在一定条件下通过物理方法破坏氢键结构使淀粉转化成凝胶化淀粉（gelatinized starch），因其结晶结构被破坏，分子结构呈无序化，从而具有热塑性，故又称为热塑性淀粉（thermoplastic starch）。这类淀粉具有抗水解性，在酸性水解或酶解过程中的降解性与天然淀粉没有差异，成型加工可沿用传统的塑料加工设备，如挤出、注塑、压延和吹塑等。

淀粉可与通用的聚烯烃共混而得到不完全降解的填充型淀粉塑料，但亲水性的淀粉在亲油性的聚烯经中难以分散；同时淀粉的强亲水性导致共混物容易吸水，引起制品的尺寸稳定性和力学性能下降。因此，通常需对淀粉进行改性，以提高与其他聚合物的相容性，以利于形成有效的多相共混聚合物体系。

利用淀粉的醇羟基与各种化学试剂反应，可得到各种类型的改性淀粉。淀粉的化学改性有酸水解、氧化、醚化、酯化和交联等。化学法是淀粉改性应用最广的方法。例如利用环氧化合物的环氧基与淀粉羟基反应进行改性［式(12-16)］，通过引入烷基R降低淀粉的亲水性，增加其与普通塑料的相容性。

$$\underset{\text{淀粉}}{\text{St—OH}} + \underset{\diagdown\,\text{O}\,\diagup}{\text{CH}_2\text{—CH}}\text{—R} \longrightarrow \text{St—O—CH}_2\text{—}\underset{\text{OH}}{\underset{|}{\text{CH}}}\text{—R} \tag{12-16}$$

此外，在淀粉分子链上引入可聚合或可引发聚合的活性点，然后在其上聚合形成大分子链，可形成共聚改性淀粉塑料。通过共聚不同的分子链，可以获得各种各样特性的共聚改性淀粉。

(2) 纤维素改性　天然的纤维素是高度结晶的高分子量聚合物，不熔化，也不能像热塑性塑料那样进行加工，不溶于一般的溶剂。因此，需要对其进行改性，破坏其氢键，使纤维素分子上的羟基发生反应，形成醚、酯、缩醛等，这样形成的改性产物可以作为生物降解塑料使用。

① 纤维素酯化 在酸催化作用下，纤维素分子链中的羟基与酸、酸酐、酰卤等发生酯化反应。使用硝酸、硫酸、磷酸进行酯化可得到纤维素无机酸酯，其中以纤维素硝酸酯（也称

硝化纤维）应用最广，它是由纤维素经不同配比的浓硝酸和硫酸的混合酸硝化制得。纤维素硝酸酯应用于制造火药、爆胶、电影胶片和硝基清漆等。

纤维素经碱化、老化、磺化或黄原酸酯化等工序处理得到可溶性的纤维素黄原酸酯，产物再溶于稀碱液制成黏度较大的溶液（黏胶），经湿法纺丝形成纤维，经酸处理后，纤维素重新析出［式(12-17)］。这种纤维素纤维工业上称为黏胶纤维。黏胶纤维吸湿性好，穿着舒服，可纺织性优良，常与棉毛或各种合成纤维混纺、交织，用于各类服装及装饰用纺织品。高强黏胶纤维还可用于轮胎帘子线、运输带等工业用品。

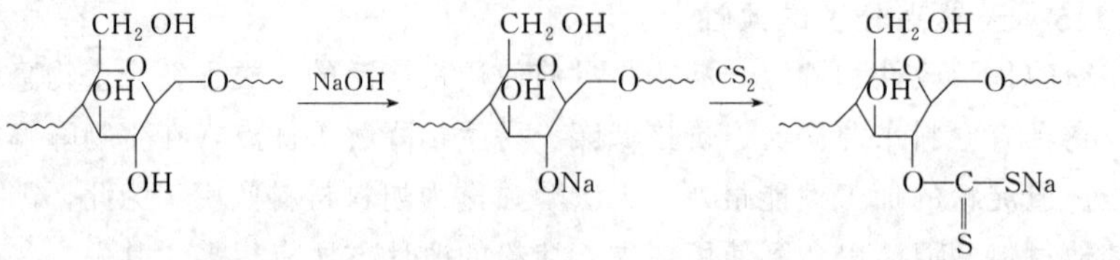

$$\text{天然纤维素}(\text{-OH}) \xrightarrow{NaOH} \text{-ONa} \xrightarrow{CS_2} \text{-O-C(=S)-SNa}\ \text{纤维素黄原酸酯} \qquad (12\text{-}17)$$

$$\text{纤维素黄原酸酯} \xrightarrow[\text{纺丝}]{H_2SO_4} \text{纤维素} + Na_2SO_4 + CS_2$$

纤维素分子链中的羟基与有机酸、酸酐或酰卤反应则得到纤维素有机酸酯，主要有纤维素的甲酸酯、乙酸酯、丙酸酯、丁酸酯、乙酸丁酸酯、高级脂肪酸酯、芳香酸酯和二元酸酯等。

② 纤维素醚化 纤维素经过碱处理后进行醚化，可得到纤维素醚。例如利用氯甲烷与纤维素的醚化反应，可得到甲基纤维素［式(12-18)］。甲基纤维素可用于食品包装膜等。

$$\underset{\text{纤维素}}{\text{Rcell—OH}} + NaOH + CH_3Cl \longrightarrow \underset{\text{甲基纤维素}}{\text{Rcell—OCH}_3} + NaCl + H_2O \qquad (12\text{-}18)$$

将碱、纤维素与氯乙酸钠反应可制得羧甲基纤维素 CMC［式(12-19)］。羧甲基纤维素可形成高黏度的胶体、溶液，具有黏着、增稠、流动、乳化分散、赋形、保水、保护胶体、薄膜成型、耐酸、耐盐、悬浊等特性，且生理无害，可用于制造胶体保护剂、粘接剂、增稠剂、表面活性剂等，在食品、医药、日化、石油、造纸、纺织、建筑等领域生产中得到广泛应用。

$$\text{Rcell—OH} + NaOH + ClCH_2COONa \longrightarrow \underset{\text{羧甲基纤维素}}{\text{Rcell—OCH}_2\text{COONa}} + NaCl + H_2O \qquad (12\text{-}19)$$

③ 纤维素接枝改性 与淀粉类似，可以通过共聚接枝的方法在纤维素分子链上引入聚合物链，从而获得各种各样的接枝改性纤维素。例如，纤维素与苯乙烯单体的均相接枝可获得新型聚合物；黏胶纤维通过与苯乙烯的乳液接枝共聚，其耐氧、耐水性均得到明显提高，可代替羊毛作纺织材料；亚麻、罗布麻等韧皮纤维通过接枝可改善纺织性能。纤维素与烯类单体的接枝共聚，由于可以在很大程度上改善其性能而引起学术界及工业界的极大兴趣。

④ 纤维素共混改性 纤维素可以在非水相溶剂（如二甲亚砜/多聚甲醛、氯化锂/*N*，*N*-二甲基乙酰胺等）中与其他聚合物共混。例如在氯化锂/*N*，*N*-二甲基乙酰胺体系中纤维素与聚乙烯醇（PVA）、聚丙烯腈（PAN）、聚氧乙烯（PEO）、聚 ε-己内酯、尼龙 6 及聚乙烯基吡啶（PVP）等合成高分子进行共混。

(3) 其他天然高分子材料的改性 除了淀粉和纤维素外，其他天然高分子材料如甲壳素、壳聚糖等同样可以进行改性，获得性能合适的生物降解材料。例如，在适当条件下可对甲壳素、壳聚糖进行醚化、酯化、交联、氧化、磺化、降解、接枝共聚以及与金属离子配合等反应，生成具有新型功能性的甲壳素和壳聚糖衍生物。与甲壳素相比，壳聚糖的溶解性能大为改善，分子间作用力相对较弱，因而更易进行化学修饰。这些壳聚糖衍生物的临界含量普遍比纤维素衍生物低。较低的临界含量对于液晶纺丝、液晶成膜都是非常有利的。壳聚糖是第一个作为生物高分子的液晶纺丝的再生纤维，对开拓新一类高强度生物高分子纤维具有重要意义。

12.4 环境净化材料

材料对环境造成污染和损害的因素除了材料使用后产生的废弃物外，还有就是生产和生活中的排放物，如工业生产所排放的废水、废气、废渣，即所谓“工业三废”，以及生活中的粪便、垃圾、污水，也就是“生活三废”。对“三废”的处理，需要用到各种各样的材料，通过过滤、吸附、化学转化等方式对“三废”中的有毒有害物质除去，从而达到排放标准。这样的材料就是所谓的环境净化材料。

“三废”多种多样，且性状各异，而不同的净化处理工艺对材料的要求也有所不同。例如过滤净化工艺中针对不同污染物所用到的各种滤料，吸附净化工艺的吸附剂等等，这导致净化材料品种门类繁多。本节将着重介绍几种主要的环境净化材料。

12.4.1 颗粒物过滤材料

“三废”中相当一部分是颗粒状物质，比如粉尘、煤烟和雾等，属于“一次颗粒物”。此外，一些排放到环境中的有害气体也会通过化学反应形成颗粒物，如二氧化硫、氮氧化物、有机气体等在大气中经光化学反应形成硫酸盐、硝酸盐和有机气溶胶等颗粒物，也就是“二次颗粒物”。这些颗粒物一般是排放到空气中，或在空气中形成。此外，也有部分“三废”颗粒物排放到水中或在水中形成，这些颗粒物不溶于水，主要分为矿物、金属水合氧化物、腐殖质、悬浮物以及胶体和半胶体几大类。

为了净化环境，这些颗粒物需要进行处理，比如过滤，而过滤工程中需要使用到材料，就是颗粒物过滤材料。颗粒物过滤材料按其形貌划分主要有粒状滤料、纤维滤料和织物滤料（滤布）等。

12.4.1.1 粒状滤料

（1）石英砂滤料　石英砂滤料是目前水处理行业中使用最广泛、使用量最大的净水材料。该滤料无杂质，机械强度高，硬度大，抗腐蚀性好，截污能力强，使用周期长，适用于单层、双层过滤池和过滤器中。石英砂的过滤作用，就像水经过砂石渗透到地下一样，将水中的悬浮物阻拦下来，主要针对那些细微的悬浮物。

常用的石英砂滤料有普通石英砂和精制石英砂两种。普通石英砂滤料主要用在污水处理中，其截留的污泥可以进行好氧或者厌氧呼吸，将污水中的污染物降解；使用过程中只要防止石英砂流失，可以使用长达三到五年。精制石英砂滤料则用在纯水处理中，在砂滤器中，一般 2 到 3 年就要更换，通常被污染后，污染物包住石英砂就不能再起到很好的过滤作用了，只能更换。

石英砂滤料采用天然石英矿石，经破碎、水洗、筛选、烘干、二次筛选而成。为满足工业上的需求，可以通过选矿工艺提高品位。主要有以下一些提纯方法：

① 擦洗脱泥　擦洗是指借助机械力和砂粒间的磨剥力来除去石英砂表面的薄膜铁、黏结及泥性杂质矿物，进一步擦碎未成单体的矿物集合体，再经分级作业达到进一步提纯石英砂的效果。主要有棒磨擦洗和机械擦洗。

② 磁选　主要用于除去石英砂中的磁性矿物，如可以通过强磁选机除去赤铁矿、褐铁矿、黑云母等弱磁性矿物，而强磁性矿物如磁铁矿则可以通过弱磁选机除去。

③ 浮选　用于除去石英砂中的长石、云母等一些磁选无法除去的杂质，进一步提高其纯度。

④ 酸浸　利用石英不溶于酸（HF 酸除外）而其他杂质矿物能被酸液溶解的特点，可以实现对石英的进一步提纯。

⑤ 微生物浸出　利用微生物浸除石英砂颗粒表面的薄膜铁或浸染铁。

此外，还可以对石英砂进行改性，提高其过滤效果。例如通过在石英砂表面涂氧化铁和氢氧化铝涂层，得到涂铁砂和涂铝砂。前者适合于除浊、除有机物和锌，而对除氟的耐久性较差；后者则适于除氟，在除浊、除有机物和除锌方面优于天然石英砂但稍逊于涂铝砂。

（2）无烟煤滤料　无烟煤（anthracite）滤料是一种水处理行业过滤用滤料，其机械强度高，化学性能稳定，不含有毒物质，耐磨损，在酸性、中性、碱性水中均不溶解，颗粒表面粗糙，有良好的吸附能力，孔隙率大，有较高的纳污能力。

无烟煤滤料在过滤过程中直接影响过滤的水质，故对滤料的选择必须满足以下几点要求：①机械强度高，破碎率和磨损率之和不应大于 3%；②化学性质稳定，不含有毒物质，不应含可见的页岩、泥土或碎片杂质，在一般酸性、碱性、中性水中均不溶解；③粒径级配合理，比表面积大；④粒径范围小于指定下限粒径按重量计不大于 5%，大于指定上限粒径按重量计不大于 5%。

无烟煤滤料是采用优质无烟煤为原料，经精选、破碎、筛选加工而成。对滤料进行表面改性可以改善其比表面积，增强孔隙率等，提高其吸附性能。常用的改性剂为 $NaCl$、$AlCl_3$ 和 $FeCl_3$ 等。主要过程包括预处理、碱性沉积、浸泡改性。

（3）陶粒滤料　陶粒滤料主要化学成分为 SiO_2、Al_2O_3 和熔剂（CaO、MgO、MnO、Fe_2O_3、FeO、TiO_2 和 K_2O 等）。陶粒滤料粒度均匀，外部为铁褐色或棕色坚硬外壳，表面粗糙，不规则；内部具有封闭式微孔结构，比表面积较大，化学和热稳定性好，具有较好的吸附性能，易于再生和重复利用。由于陶粒的比表面积和孔隙率均高于石英砂滤料，因此不仅适用于城镇和工业给水处理，也可广泛用于冶金、石油、化工、纺织等工业废水的治理，对金属离子的去除也有显著的效果。

陶粒种类繁多，按形状可分为圆柱形、圆球形、碎石型；按原料不同可分为黏土陶粒、页岩陶粒、粉煤灰陶粒、煤矸石陶粒、垃圾陶粒、生物陶粒等。其中生物陶粒是以生物污泥为主要原材料，采用烘干、磨碎、成球、烧结成的陶粒，也称为污水处理生物污泥陶粒。污水处理厂处理完污水后所产生大量的生物污泥，有的制成农用肥，有的直接用于绿化，也有的排放到海里或者焚烧，这样会造成二次生态环境污染。用生物污泥代替部分黏土来烧制陶粒既节省黏土，又保护农田，也起到了一定的环保作用。生物陶粒滤料能吸附水体中的有害元素、细菌，矿化水质等，可用作工业废水高负荷生物滤料池的生物挂膜载体，给水中的微污染物（氨氮）处理材料，含油废水的粗粒化材料，离子交换树脂垫层，用于微生物干燥贮存等。

12.4.1.2 纤维滤料

使用粒状滤料时，滤池通过颗粒的表面附着悬浮固体，利用颗粒间的空隙来贮存所截留的悬浮固体。因此粒状滤料所具有的比表面积和空隙度大小也就反映了快滤池所具有的去除悬浮固体的极限能力。但作为滤料的颗粒只能做到毫米级的大小，因此比表面积和空隙度受到限制。例如粒径1mm石英砂滤层空隙度只有45%，纳污量有限，滤池效率难以提高。

以纤维作为滤料则可以克服粒状滤料这一短板。纤维单丝直径可达几十微米到几微米，属于微米级过滤材料，与毫米级的粒状滤料相比，比表面积大大提高，其空隙度高达90%～95%，解决了粒状滤料的过滤精度受滤料粒径限制等问题，滤池效率大大提高，滤速可以比石英砂滤料高数倍。

纤维滤料使用丙纶、腈纶等合成高分子纤维作原料，可做成束状（纤维束）、球形（纤维球）等。过滤时，由上部进水，下部出水，利用过滤器或滤池中的水位由上而下的重力使滤层压缩，滤料处于密实状态，滤层孔隙直径和孔隙逐渐减小，从而形成一个变孔隙深层过滤状态。其过滤过程既有横向深层过滤，也有纵向深层过滤，从而有效地提高了过滤精度；利用纤维表面所沾附的大量生物团与污水反复接触和充氧，使不易沉淀去除的微小悬浮物得以截留及降解有机物，而达到净化的目的。当滤层被污染需清洗再生时，使用气水混合清洗技术，气水由下而上地冲击扰动，使束状滤料处于悬浮松散状态，纤维滤料纵向处于不断抖动状态，由此使得纤维滤料清洗得十分彻底，从而达到理想的清洗效果。

12.4.1.3 织物滤料

织物滤料主要用于空气除尘装置，例如水泥行业的旋窑窑尾、烘干机等袋收尘器；铁合金行业收集硅铁粉、钛白粉及电石炉袋收尘器；炭黑行业收集炭黑，电厂燃煤锅炉、垃圾焚烧炉以及钢铁厂高炉煤气净化等等。也有用于液-固过滤中，分离液体中的悬浮颗粒。所采用的滤料主要有无机纤维（如玻璃纤维）、天然纤维（棉、麻等）和有机合成纤维（化纤），编制成滤袋、滤筒、滤板等。这里简单介绍其中一些常用的滤料。

（1）玻璃纤维织物　玻璃纤维可用于制成玻纤织布、玻纤膨体纱织布和针刺毡。玻璃纤维滤料具有阻燃、几乎不吸湿水解、极佳的尺寸稳定性和合理的强度特性等优点。玻璃纤维织布抗拉强度特好，但抗折性相对较弱，在处理时应避免折弯和摩擦。此外，玻璃纤维可以用反应性有机硅、聚四氟乙烯悬浮液等组分进行覆膜处理。这种经过覆膜的玻璃纤维具有微米级的孔径，几乎能截留含尘气流中的全部粉尘，具有极高的过滤效率。性能上，这种滤料柔软光滑，易清灰，能在250℃下连续使用，而且价格便宜。聚四氟乙烯表面处理后的玻璃纤维具有自洁、憎水的特性，滤料易清灰，粉尘也不会深入滤料内部，因而能在不增加运行阻力的情况下保证气流的最大通量，是理想的高温烟气过滤材料。玻璃纤维滤料是目前应用最广的无机纤维滤料。

（2）聚苯硫醚织物　聚苯硫醚全称聚亚苯基硫醚（polyphenylene sulfide，PPS），聚苯硫醚分子主链由苯环和硫原子交替排列，大量的苯环赋予聚苯硫醚以刚性，大量的硫醚键又提供柔顺性。分子结构对称，易结晶，无极性，电性能好，不吸水。PPS所合成的纤维滤料可以在190℃温度下连续工作运行，瞬间可以承受232℃的高温。当运行温度超过190℃，PPS纤维会发生分解。这种滤料具有极佳的耐酸、碱性，广泛应用于燃煤烟气的处理领域。

（3）聚酰亚胺纤维织物　聚亚酰胺（polyimide）制成的纤维，商品名为P84，是一种阻燃的、耐温稳定的纤维。所制成的针刺滤料，在240℃温度的条件下，机械性能不会发生变化，最高耐温可达260℃。P84纤维滤料没有熔点温度，呈自然的金黄色，纤维可用作滤料的基布和纺制长丝纱，可应用于化学条件苛刻的场合（但应避免用于强酸条件）。此外，由于P84纤维是异型（叶子型）断面结构，具有很大的过滤表面积，有优异的过滤性能，所以P84纤维也经常被植入滤料表层。

P84纤维针刺毡主要应用在烘干、燃烧、冶炼各种工业窑、燃煤锅炉及垃圾焚烧炉领域的烟气除尘的治理。

（4）聚酯纤维织物　聚酯纤维（polyesters fibers）中是由有机二元酸和二元醇缩聚而成的聚酯经纺丝所得的合成纤维。工业化大量生产的聚酯纤维是用聚对苯二甲酸乙二醇酯（PET）制成的，商品名为涤纶。涤纶有优良的耐皱性、弹性和尺寸稳定性，有良好的电绝缘性能，耐日光，耐摩擦，不霉不蛀，有较好的耐化学试剂性能，能耐弱酸及弱碱。聚酯（涤纶）纤维所制作的过滤材料，可用于连续工作温度低于132℃的工业烟气除尘场合，瞬间耐温最高可达150℃。聚酯（涤纶）纤维可以制成连续长丝和纤维原料，用于制造针刺毡或机织布等滤料。

在工业的烟气除尘过滤领域，聚酯（涤纶）纤维所制成的过滤材料广泛应用在水泥、钢铁、制药、食品加工、室内空气净化等空气过滤领域。

（5）芳香族聚酰胺纤维织物　芳香族聚酰胺纤维（aramid fibers）也称芳纶，是一类新型的特种用途合成材料，具有阻燃性，俗称“防火纤维”，作为新兴的特种纤维，应用非常广泛。芳香族聚酰胺纤维可以制成连续长丝和纤维原料，用于制造针刺毡或机织布滤料。芳香族聚酰胺纤维滤料的热稳定性极好，在177℃时收缩率小于1%，所制成的空气过滤材料主要应用在工况高温烟气除尘，被广泛应用在钢铁、沥青搅拌、铁合金冶炼、铝加工等领域。

（6）聚丙烯纤维织物　聚丙烯（polypropylene，PP）合成纤维可以制成连续长丝和纤维原料，用于制造针刺毡或机织布滤料。聚丙烯纤维过滤材料只限于低温应用，连续运行温度不能超过90℃。在有氧化剂、铜及相关的盐类物质条件下纤维会受损。它的抗紫外线能力很差，所以聚丙烯纤维或滤料贮存应避免阳光照射。其基本优点是耐水解性能优异，不与水发生化学反应。聚丙烯滤料还有良好的耐磨性能，有效防止粉尘的静电产生，同时光滑的滤料表面有助于清灰效果。

聚丙烯纤维所制成的空气过滤材料广泛应用于食品加工、清洁剂生产、药品制造、化肥等化学过程，及烟草工业除尘过滤。

（7）聚四氟乙烯纤维织物　聚四氟乙烯（polytetrafluroethylene，PTFE）由四氟乙烯单体聚合得到，用其制成的纤维所生产的针刺滤料是一种独特的过滤材料，能在240℃的高温中连续运行，瞬间在260℃的温度条件下，能耐全部pH值范围内的酸、碱侵蚀。在针刺空气过滤应用领域所使用的PTFE纤维有两种，一种是白色PTFE纤维，另一种是棕色PTFE纤维。该纤维所生产的针刺过滤材料广泛应用于垃圾焚烧、钢铁、铝加工等温度高、腐蚀性强的恶劣工况烟气除尘。

12.4.2　吸附分离材料

吸附（adsorption）是一种物质的原子或分子（吸附质）附着在另一物质（吸附剂）表面的现象。固体表面分子或原子因受力不对称而产生表面能，通过吸附其他物质则可使表面能降低（见第2章相关内容）。吸附现象用于环境净化，主要是利用吸附剂的吸附富集能力和选择吸附特性。按照吸附原理，吸附剂本身的物理化学特性影响其对吸附质的吸附能力和选择性；而对于同样的吸附剂，其表面积越大，对吸附质的吸附量就越大。因此，吸附剂作为环境净化材料使用，一方面要选择合适化学结构的材料，或对材料的分子结构进行有针对性的设计；另一方面要尽可能增大比表面积，比如制成多孔材料、微粒状等。除了吸附容量和选择性外，还需要有良好的稳定性、耐磨性、耐腐蚀性，较好的机械强度，并且廉价易得等特点。

吸附分离材料按化学结构可分为矿物吸附剂、高分子吸附剂和碳质吸附剂三类。工业上常用的吸附剂主要有活性炭、活性炭纤维、碳分子筛、沸石分子筛、活性氧化铝、硅胶、聚酰胺、大孔吸附树脂等。

12.4.2.1 粒状活性炭

活性炭是由煤、重油、木材、果壳等含碳类物质加热炭化，再经活化处理制成的多孔性碳结构的吸附剂。外观呈黑色，孔隙结构发达，具有巨大的比表面积。活性炭对气体、溶液中的无机物或有机物及胶体颗粒等都有很强的吸附能力，而且化学稳定性好，可耐强酸及强碱，能经受水浸、高温、高压的作用，是水处理技术中的重要吸附材料。

活性炭的制备通常需要经过炭化和活化两个阶段，其中活化是造孔阶段，最为关键。一般使用气体（如水蒸气）或药剂（磷酸、氯化锌、氢氧化钾、氢氧化钠、硫酸、碳酸钾、多聚磷酸和磷酸酯等）进行活化，通过侵蚀溶解，原料中所含有的氢和氧以 H_2O、CH_4 等小分子形式脱离逸出，从而产生大量孔隙。对于粒状活性炭的制备，首先要把原料破碎制成一定粒度（约 200 目以下），加入焦油和沥青等黏合剂加热混合，通过挤压机挤压成形，切成一定尺寸的团块，然后经过固化烧结、干燥，缓缓地加热炭化制成致密坚硬的炭材，再放入活化炉，控制氧气量进行蒸汽活化。通常煤质和果壳活性炭采用上述方法制备时，产品形状以颗粒状为主；而木质活性炭的产品形状则以粉状为主。

活性炭还可以通过表面改性提高其吸附能力和选择性。活性炭本身是非极性的，但由于表面的共价键不饱和，易与其他元素如氧、氢结合，生成各种含氧官能团，使其带有微弱的极性。改性后的活性炭，表面极性官能团增加，极性大大增强，有利于吸附极性污染物。

颗粒活性炭广泛应用于废水、废气处理中，对于处理有机废水、印染废水、含油废水、含酚废水、含重金属废水等均具有良好效果。在废气治理中，主要用于烟气脱硫和空气净化等方面。

12.4.2.2 活性炭纤维

活性炭纤维（activated carbon fiber，ACF）亦称纤维状活性炭，是性能优于颗粒活性炭的高效吸附材料和环保工程材料。ACF 具有发达的比表面积和丰富的微孔径，比表面积可达 $1000 \sim 1600 m^2/g$。人们最初将传统的粉状或粒状活性炭吸附在有机纤维上或灌到空心有机纤维里制成纤维状活性炭，但产品性能不够理想。目前应用的 ACF 是将碳纤维及可碳化纤维经过物理活化、化学活化或物理化学活化反应后制得的。其具有丰富和发达孔隙结构，多用作吸附材料、催化剂载体、电极材料等。

活性炭纤维能以纤维束、布、毡、纸等各种不同的集合形态存在和使用。形状不同，应用时吸附层的基本特性值也不相同。目前国内外生产的产品大多数是毡状，因为活性炭毡的充填密度小，质量轻，吸附时蓄热少，在强度方面也基本上能满足加工处理时的基本要求。但和有机纤维毡相比，其断裂强度和冲击强度都较低。因此在要求有特别高强度时，通常与高强度的纤维一起制成复合毡。

活性炭纤维的制备包括预处理、炭化、活化三个阶段。预处理的目的是使某些纤维在高温炭化时不致熔融分解，以及能改善产品的性能和提高产品的生产率。炭化是在惰性气氛中加热升温，排除纤维中可挥发的非碳组分，残留的碳经重排，局部形成类石墨微晶。活化过程与粒状碳纤维类似，炭化纤维经活化剂处理，产生大量的空隙，并伴随比表面积增大和质量损失，同时形成一定活性基团。常用的活化剂有热的水蒸气或二氧化碳或其他化学物质，如一些金属氯化物、强酸、强碱等。

活性炭纤维在环境净化方面用途广泛。例如在工业废水处理方面，ACF对废水中的有机染料、磷化物、苯酚、碘以及无机污染物等具有较强的吸附能力。此外，还可以用于空气净化、溶剂回收、贵金属回收等。

12.4.2.3 膨胀石墨

膨胀石墨是一种新型碳素材料。除了具有石墨的耐高温、耐腐蚀、自润滑等特点外，还具有其他特性。由于天然鳞片石墨沿微晶 c 轴方向膨胀数十倍到数百倍，从而在材料表面和内部形成许多微小的孔，比表面积大大增加，是一种很好的吸附材料。同时，膨胀石墨表面主要为非极性，疏水亲油，在水中具有选择性吸附特性，对轻质油、重质油具有良好的吸附性。膨胀石墨还具有低密度、质轻的特点，并且耐氧化、耐腐蚀，具有高的化学稳定性，还可以耐高温、低温，无毒，不会造成环境污染。这些特性使膨胀石墨很适合作为环境净化材料使用。

膨胀石墨的制备包括如下步骤：①让天然鳞片石墨氧化，以消除鳞片石墨层间作用力，从而使石墨层间打开。可直接利用氧化剂进行化学氧化，也可在电场作用下进行电化学氧化。②加入酸类物质作为插层剂，在石墨层间已经打开的情况下，插层剂分子或离子得以插入层间，所得石墨被称为酸化石墨或可膨胀石墨。③高温膨化，1000℃左右的瞬间高温处理，体积可膨胀为原来的百倍到数百倍。

膨胀石墨可用于废水处理，对印染废水、重金属废水、农药废水及有机废水均有较好的处理效果；在处理有机废水和重金属废水方面有很好的降解效果。油类污染治理方面，由于膨胀石墨具有疏水亲油的性能，在吸附了大量的油后，结成块状浮在水面而不下沉，便于收集。膨胀石墨对重油的吸附性能远远高于其他吸附剂。此外，膨胀石墨也可用于废气治理，可以对煤和石油燃烧产生的 SO_2 和 NO_x 等有害气体进行脱除。

12.4.2.4 离子交换树脂

离子交换树脂是由交联结构的高分子骨架与能离解的基团两个基本组分所构成的不溶性、多孔的、固体高分子电解质。其中的高分子骨架有苯乙烯体系树脂、丙烯酸-甲基丙烯酸酯体系树脂、苯酚-间苯二胺体系树脂以及环氧氯丙烷体系树脂等，其中使用较多的是苯乙烯体系树脂和丙烯酸-甲基丙烯酸酯体系树脂。聚合物骨架上带有大量的可交换离子的活性基团，如磺酸基、磷酸基、羧基、酚羟基、氨基等，这些基团有不同的酸碱性。其中带有酸性基团的离子交换树脂，能与溶液中其他阳离子进行交换；而带有碱性基团的离子交换树脂，则能与溶液中的阴离子吸附结合，从而产生阴离子交换作用。

通过离子交换，把需要分离的离子富集在树脂骨架中，这一过程属于化学吸附。吸附的杂质接近饱和状态后，可用化学药剂将树脂所吸附的离子和其他杂质洗脱除去，使之恢复原来的组成和性能，也就是再生处理［式(12-20)］。离子交换树脂对吸附离子的选择性，不仅取决于树脂本身的功能基团，还会受树脂骨架种类、交联程度、小孔结构等因素影响，也与被交换离子的离子价、浓度、pH值有关。

$$\text{●—}SO_3H + NaCl \xrightleftharpoons[\text{再生}]{\text{交换吸附}} \text{●—}SO_3Na + HCl \tag{12-20}$$

离子交换树脂可通过带有功能基的单体（如对乙烯基苯磺酸、丙烯酸等）与交联单体共聚合得到，或者先合成交联聚合物然后再对大分子骨架改性（例如磺化等）而引入功能基团。

离子交换树脂主要用于水处理，近年来在化工、冶金、食品、超纯制药、三废处理及原子能等领域的应用也得到迅速发展。利用离子交换树脂对废水中阴、阳离子的选择性交换作用来处理废水的方法，可以用于含铬、含镍、含锌、含铜、含锌、含氰等废水的治理，还可以使部分水循环利用。离子交换树脂处理贵金属废水的经济效益最为显著，用于处理含银或含金电镀漂洗水时，金或银可被完全回收。还可净化有毒物质，除去有机废水中的酸性或碱性的有机物质如酚、酸、胺等离子。

12.4.2.5 沸石和膨润土

沸石是沸石族矿物的总称，是一种含水的碱或碱土金属铝硅酸盐矿物。全世界已发现天然沸石40多种，其中最常见的有斜发沸石、丝光沸石、菱沸石、毛沸石、钙十字沸石、片沸石、浊沸石、辉沸石和方沸石等。已被大量利用的是斜发沸石和丝光沸石。

沸石内部充满了细微的孔穴和通道，具有吸附性、离子交换性、催化、耐酸、耐热等性能，因此被广泛用作吸附剂、离子交换剂和催化剂，也可用于气体的干燥、净化和污水处理等方面。它能吸收水中氨态氮、有机物和重金属离子，能有效降低池底硫化氢毒性，调节pH值，增加水中溶解氧，为浮游植物生长提供充足碳素，提高水体光合作用强度，同时也是一种良好的微量元素肥料。

膨润土是以蒙脱石为主要矿物成分的非金属矿产，蒙脱石是由两个硅氧四面体夹一层铝氧八面体组成的2∶1型晶体结构。由于蒙脱石晶胞形成的层状结构存在某些阳离子，如Cu^{2+}、Mg^{2+}、Na^{+}、K^{+}等，且这些阳离子与蒙脱石晶胞的作用很不稳定，易被其他阳离子交换，故具有较好的离子交换性。膨润土的比表面积一般为$300\sim900m^2/g$，孔径范围较广，有很高的吸水性，其溶胀倍数高达几十倍。在环境净化方面，膨润土可用来去除水中重金属离子，对有机污染物有较强的吸附能力。

12.4.3 膜分离材料

12.4.3.1 分离膜的种类和特性

膜是具有选择性分离功能的材料。利用膜的选择性分离实现料液的不同组分的分离、纯化、浓缩的过程称作膜分离。与传统过滤的不同在于，膜可以在分子范围内进行分离，并且这一过程是一种物理过程，不需发生相的变化和添加助剂。膜分离过程具有低能耗、分离效率高、设备体积较小等优点，是一项高效、节能的分离技术，该技术被广泛用于饮用水净化，工业用水处理，食品、饮料用水净化、除菌、废水处理等。

分离膜种类繁多，按材料类型划分，有无机膜（陶瓷膜、金属膜、分子筛膜等）和有机膜；按膜的分离原理及使用范围，可分为微孔膜、超过滤膜、反渗透膜、渗析膜、电渗析膜、渗透蒸发膜等；按膜断面的物理形态分，则有对称膜、不对称膜、复合膜、平板膜、管式膜、中空纤维膜等。此外，按物质透过分离膜的驱动力，可以把膜分离分为渗析式膜分离、过滤式膜分离和液膜分离。

膜分离材料是膜分离技术中的核心。通过对膜材料的结构组成、形貌进行设计、制备，可以得到各种具有不同分离特性和功能的分离膜，用于不同场合。本节主要介绍几种环境净化中较常用的膜分离材料，包括微滤膜、超滤膜、纳滤膜和反渗透膜。表 12-3 列出了这些分离膜的类型和相关特性。图 12-1 比较了几种膜分离技术的截留区间和可截留物。

表 12-3　分离膜的类型和相关特性

膜过程	推动力	传递机理	透过物	截留物	膜的构造
微滤(microfiltration,MF)	压力差	颗粒大小、形状	水、溶剂溶解物	悬浮物颗粒	纤维多孔膜
超滤(ultrafiltration,UF)	压力差	分子特性大小、形状	水、溶剂小分子	胶体和超过截留分子量的分子	非对称性膜
纳滤(nanofiltration,NF)	压力差	离子大小及电荷	水、一价离子、多价离子	有机物	复合膜
反渗透(reverse osmosis,RO)	压力差	溶剂的扩散传递	水、溶剂	溶质、盐	非对称性膜复合膜

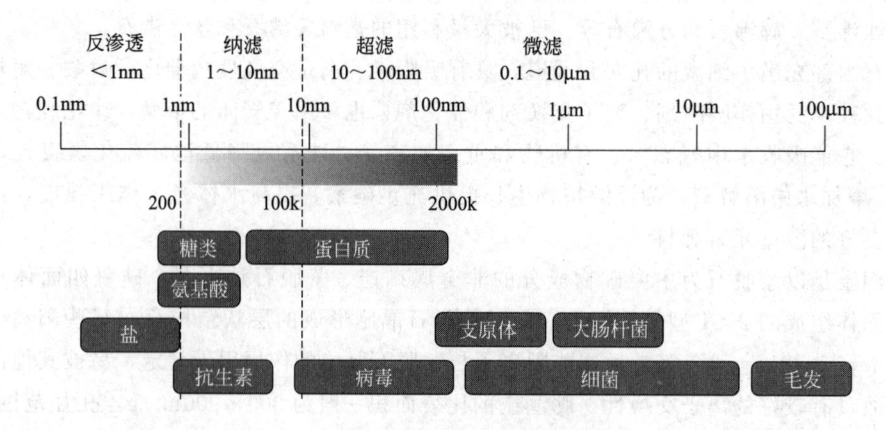

图 12-1　几种膜分离技术比较

12.4.3.2　微滤膜及其材料

微滤膜是均匀的多孔薄膜，厚度在 90～150μm 左右，平均孔径 0.02～10μm。过滤时，以静压差为推动力（运行压力一般为 0.01～0.2MPa），对被过滤物进行“筛分”截留，从而达到分离效果。微滤膜允许大分子和溶解性无机盐等通过，但会截留 0.1～1μm 之间的颗粒，包括悬浮物、细菌、大分子量胶体等。

（1）微滤膜的种类　微滤膜按材质可以分为陶瓷膜、金属膜、高分子膜（天然或合成高分子）等。根据膜的形式可分为平板膜、管式膜、卷式膜和中空纤维膜。其中应用较广的是聚合物中空纤维膜。

微滤膜有的适用于水相，有的适用于有机相，而有的两者均可用，于是又可以把微滤膜划分为如下三大类：

① 水系微滤膜　一般用于纯水相的过滤。水系微滤膜一般由纤维素类的材料制成，例如醋酸纤维素、硝酸纤维素［式(12-21)］等，其特点是亲水性好、成孔性好、来源广泛，但耐酸碱和有机溶剂能力差，抗蠕变性能差。也有采用聚醚砜［式(12-22)］等制备微滤膜。在过滤含有机相的混合溶剂时应尽量避免使用水系微滤膜，以防微滤膜被溶解。

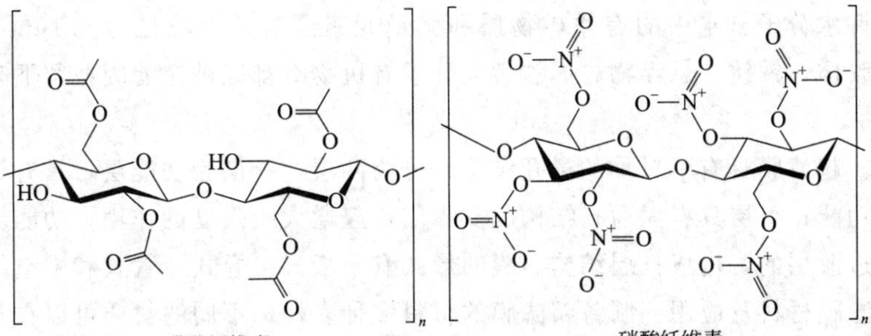

醋酸纤维素　　硝酸纤维素　　(12-21)

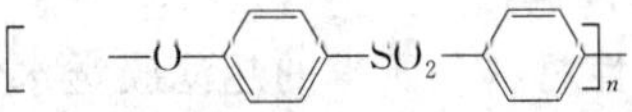

聚醚砜　　(12-22)

② 有机系微滤膜　用于有机溶剂的过滤。常用的有机系微滤膜有聚四氟乙烯膜（PTFE）、聚偏二氟乙烯膜（PVDF）。

③ 混合滤膜过滤　一般水系、有机系通用，包括尼龙膜、改良亲水性的聚偏氟乙烯膜、改良亲水性的聚四氟乙烯膜等。其中脂肪族尼龙微滤膜是适用范围最广的微滤膜之一，有良好的亲水性，耐适当浓度的酸碱，不仅适用于含有酸碱性的水溶液，亦适用于含有有机溶剂，例醇类、烃类、醚类、酯类、酮类、苯和苯的同系物、二甲基甲酰胺、二甲基亚砜等等。

(2) 微滤膜的优缺点　微滤膜的优点包括：①孔径均匀，过滤精度高，能将液体中所有大于指定孔径的微粒全部截留。②孔隙大，流速快。一般微滤膜的孔密度为10^7孔/cm^2，微孔体积占膜总体积的70%～80%。由于膜很薄，阻力小，其过滤速度较常规过滤介质快几十倍。③无吸附或少吸附。微滤膜厚度一般在90～150μm之间，因而吸附量很少，可忽略不计。④无介质脱落。微滤膜为均一的高分子材料，过滤时没有纤维或碎屑脱落，因此能得到高纯度的滤液。

微滤膜的缺点主要是颗粒容量较小，易被堵塞；使用时必须有前道过滤的配合，否则无法正常工作。

(3) 微滤膜的制备　微滤膜的制备方法多种多样，无机膜的制备方法主要有溶胶-凝胶法、烧结法、化学沉淀法等；聚合物膜则有溶出法（干-湿法）、拉伸成孔法、相转化法、热致相法、浸涂法、辐照法、表面化学改性法、核径迹法、动力形成法等。

制备工艺的关键是要形成孔径大小合适的开放式网格结构。先用制膜液成膜，然后溶剂首先从膜表面开始蒸发，形成表面层。表面层下面仍为制膜液。溶剂以气泡的形式上升，升至表面时就形成大小不等的泡。这种泡随着溶剂的挥发而变形破裂，形成孔洞。此外，气泡也会由于种种原因在膜内部各种位置停留，并发生重叠，从而形成大小不等的网格。

(4) 微滤膜的应用　微滤膜应用广泛，在环境净化中主要用于去除大气中悬浮的尘埃、纤维、花粉、细菌、病毒等，以及过滤溶液和水中存在的微小固体颗粒和微生物。也可用于水的高度净化、食品和饮料的除菌、药液的过滤、发酵工业的空气净化和除菌等。

12.4.3.3　超滤膜及其材料

(1) 超滤膜　超滤膜是一种孔径规格一致、平均孔径范围为1～100nm的微孔过滤膜。超滤膜筛分过程中，以膜两侧的压力差为驱动力，以超滤膜为过滤介质，在一定的压力下，当原液流过膜表面时，超滤膜表面密布的许多细小的微孔只允许水及小分子物质通过而成为透过液，而原液中粒径大于膜表面微孔径的物质则被截留在膜的进液侧，成为浓缩液，因而实现对原液的净化、分离和浓缩。每米长的超滤膜丝管壁上约有60亿个0.01μm的微孔，其孔径只允许水分子、水中的有益矿物质和微量元素通过，而粒径为0.1μm以上的颗粒，包括细菌、胶体、铁锈、悬浮物、泥沙、大分子有机物等都能被超滤膜截留下来，从而实现了净化过程。

结构上，超滤膜具有不对称的微孔结构，分为两层，上层为功能层，具有致密微孔和拦截大分子的功能；下层具有大通孔结构的支撑层，起增大膜强度的作用。功能层和支撑层之间也有加上过渡层的，构成三层结构。膜的形式有平板式、卷式、管式和中空纤维状等。

（2）超滤膜材料及应用　制备超滤膜的材料多种多样，不同的材质可以在不同的环境工作，下面介绍几种常用的超滤膜材料。

① 聚丙烯腈（PAN）　亲水性材料，所得的超滤膜透水性能好，具有良好的耐光和耐气候性，截留分子量稳定，耐酸碱程度适中（pH2～10），尤其适用于水中有机物含量低、水质较好的场合，截留分子量10万。

② 聚氯乙烯（PVC）　具有优良的机械强度和极佳的化学侵蚀性能，材料来源广泛、稳定，成本适中，使用寿命长。PVC可以制造出优良的超滤膜，尤其是可以制造出在跨膜压差很低的条件下，单位膜面积产水量很高的超滤膜。

③ 聚醚砜（PES）　具有较强的热稳定性和抗氧化性，适用于超滤膜的制备。用其制造的超滤膜具有良好的化学稳定性和热稳定性等特点，可有效去除蛋白质等物质，并且使用寿命长。适用于污废水处理、市政给水净化处理、乳清蛋白和乳清分离蛋白的分离和浓缩以及食品、医药加工等领域。

④ 聚丙烯（PP）　常做成中空纤维超滤膜，外径为450～460μm，内径为350～360μm，管壁厚50μm，是属热相拉伸膜。截留分子量（5～10）万。原水在中空纤维外侧或内腔加压流动，分别构成外压式与内压式。超滤是动态过滤过程，被截留物质可随浓缩排除，抗污性中等，可长期连续运行。PP超滤膜广泛用于水的净化、溶液分离浓缩、废水净化再利用领域。

⑤ 聚砜（PS）具有良好的化学稳定性，耐酸碱性能优良（pH2～13），透水性能较好，强度在高分子膜中较高，使用寿命长。聚砜制成外压式中空纤维超滤膜，其截留分子量6000～20000，尤其适用于生化、医药、化工等行业的浓缩、分离、提纯，截留性能稳定。

⑥ 聚偏氟乙烯（PVDF）　利用自动连续制膜机将聚偏氟乙烯树脂和溶剂、致孔添加剂构成的铸膜液，经相转化法制备得到PVDF超滤膜。这种滤膜具有良好的耐热性和化学稳定性，能耐受小于138℃的高压蒸汽消毒；能耐受强酸、脂肪族、芳香族以及酮、醚等多种有机、无机溶剂。该膜有较强的负静电性及疏水性，是一种能够用于液体除菌、除微粒，又可应用于气体除湿、除尘、除菌过滤的新型精密过滤介质，是食品工业、医药工业、生物工程下游产品分离用的较理想材料。

⑦ 纤维素酯类　主要有二醋酸纤维素（CA）、三醋酸纤维素（CTA）、混合纤维素（CA-CN）等。这类材料制造的超滤膜亲水性好，成孔性好，材料来源广泛、稳定，成本较低。但这种材料耐酸碱性能差，也不适用于酮类、酯类和有机溶剂。

（3）超滤膜的制备方法

① 溶剂蒸发法　将高分子溶于一双组分溶剂混合物（由一易挥发的良溶剂和一相对不易挥发的非溶剂组成），将此铸膜液在玻璃板上铺展成一薄层，随着易挥发的良溶剂不断蒸发逸出，非溶剂的比例愈来愈大，高分子就沉淀析出，形成薄膜。

② 水蒸气吸入法　高分子铸膜液在一平板上铺展成一薄层后，在溶剂蒸发的同时，吸入潮湿环境中的水蒸气使高分子从铸膜液中析出并进行相分离。

③ 热致相分离法　又称 TIPS 法（thermally induced phase separation），其工艺过程是在聚合物的熔点以上，将聚合物溶于高沸点、低挥发性溶剂中，形成均相溶液，并制成膜，然后降温冷却，发生沉淀、分相。控制适当的工艺条件，在分相之后，体系形成以聚合物为连续相、溶剂为分散相的两相结构。然后选择适当的萃取剂把高沸点溶剂萃取出来，从而获得一定结构形状的聚合物微孔膜。

(4) 超滤技术的改进　由于超滤膜的孔径大于以水合离子形式溶解或以低分子量配合物的形式存在的金属离子，这些离子很容易通过超滤膜而不被截留。为此，产生了两种重要的改进技术——胶束增强超滤（micellar enhanced ultrafiltration，MEUF）和聚合物增强超滤（polymer enhanced ultrafiltration，PEUF），以有效地去除金属离子。

在 MEUF 过程中，表面活性剂以相当于或高于临界胶束浓度（CMC）的水平加入到水溶液中。在这种特殊的表面活性剂浓度下，表面活性剂单体会聚集并形成集合体（称为胶束）。负电荷的阴离子胶束能与带正电荷的金属结合。然后，该胶束溶液通过一个孔径小于胶束大小的超滤膜过滤，从而将胶束截留。因此，吸附在胶束上的金属阳离子可以从污染的水中去除。这种技术被认为是传统膜分离工艺的一种经济可行的选择，因为它降低了对高压力和高膜成本的要求。

与此类似，在 PEUF 过程中，水溶性聚合物被用于与金属离子结合形成比膜更大分子量和尺寸的大分子配合物。因此，这些大分子配合物将被保留和去除，而非配位离子则会通过膜。所使用的水溶性聚合物主要是含有羧基或氨基的聚合物。PEUF 工艺具有更强的经济竞争力，因为与金属离子结合的聚合物的非质子化形式，在加入酸时会释放金属离子。这导致了聚合物的再生和再利用，因此，pH 对溶液中金属物种的结合和去除起着重要的作用。例如使用壳聚糖、聚乙烯亚胺和果胶作为水溶性聚合物，利用 PEUF 从水溶液中去除镉和铬，研究表明，pH 值为 7 或更高的聚合物的截留率较高，当 pH 值降低，截留率就会降低。

12.4.3.4 反渗透膜及其材料

(1) 渗透和反渗透　把相同液面高度的稀溶液（如淡水）和浓溶液（如海水或盐水）分别置于一容器的两侧，中间用半透膜阻隔，稀溶液中的溶剂（如水分子）将自然地穿过半透膜，向浓溶液侧流动，这一过程称为渗透（osmosis）。渗透导致浓溶液侧的液面会比稀溶液的液面高出一定高度，形成一个压力差。当达到渗透平衡状态时，其压力差即为渗透压$\Delta\pi$。若在浓溶液侧施加一个大于渗透压的压力Δp 时，浓溶液中的溶剂会向稀溶液流动，此种溶剂的流动方向与原来渗透的方向相反，这一过程称为反渗透（reverse osmosis，RO），如图 12-2 所示。其中的半透膜是指能够让溶液中一种或几种组分通过而其他组分不能通过的选择性膜。渗透压的大小取决于浓液的种类、浓度和温度。

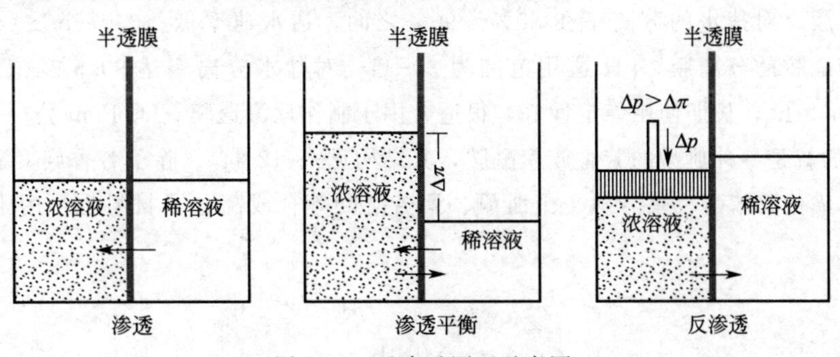

图 12-2　反渗透原理示意图

(2) 反渗透膜及其分类　反渗透过程可应用于生产生活实际中，即反渗透技术。在反渗透技术中，通过模拟生物半透膜制成具有一定特性的人工半透膜，也就是反渗透膜，简称RO膜，这是反渗透技术的核心构件。反渗透膜的孔径为0.1～10nm，孔隙率为50%以下，孔密度10^{12}个/cm^2以上，操作压力为0.69～5.5MPa。所分离的物质的分子量一般小于500，可截留溶质分子。

反渗透膜按其本身的结构形态可分为：①均质膜，为同一种材质、厚度均一的膜。为了增加强度以便耐压，膜的厚度较厚，整个膜厚都起着屏蔽层的作用，因而透水性较差。②非对称膜，为同一种材质，制作成致密的表皮层和多孔支持层。表皮层很薄，起盐分离作用，厚约0.1～0.2μm，因为阻力较小，膜的水通量较均质膜高。③复合膜，为不同材质制成的几层膜的复合体，表层为致密屏蔽表皮，起阻止并分离盐分的作用，厚约为0.2μm，表皮敷在强度较高的多孔层上，多孔层厚约40μm，最底层为无纺织物支撑层，厚约120μm，起支持整个膜的作用。

反渗透膜按其加工外形，可分为：①平面膜，由平面膜作为中间原材料，可以加工成板式、管式或卷式反渗透膜；②中空纤维膜，以熔融纺丝经过中空纤维的纺丝、热处理等工艺制成的很细的非对称结构的中空纤维膜。

(3) 反渗透膜材料　反渗透膜材料的性质对渗透压大小没有影响，但影响着反渗透膜的透过性，有的高分子材料对盐的排斥性好，而水的透过速度并不好；有的高分子材料化学结构具有较多亲水基团，因而水的透过速度相对较快，这样的反渗透膜适用于水处理过程，例如海水淡化。

一些纤维素等天然高分子的衍生物可用于反渗透膜的制作，例如乙酸纤维素、羧甲基纤维素、甲壳素和甲壳胺［式(12-23)］等。这类膜材料原料易得，成膜性好，成膜后具有选择性高、亲水性强、透水量大等优点，除了作为反渗透膜材料外，也广泛用于微滤膜、超滤膜等的分离膜的制作。这些基于天然高分子的膜材料，其缺点是易受微生物侵蚀，pH值适应范围较窄，不耐高温和某些有机溶剂或无机溶剂。

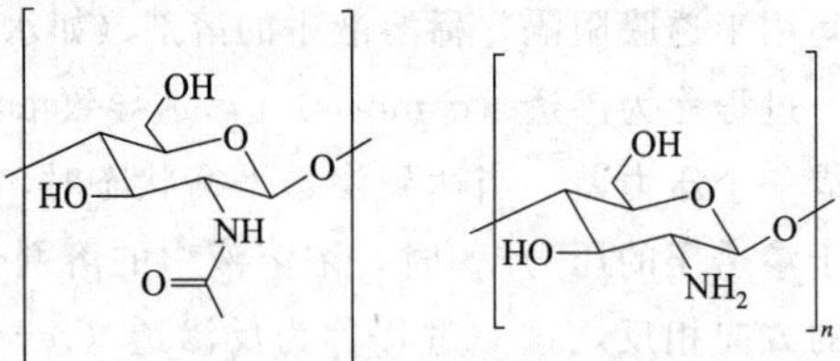

OH, HO, O, NH, O=　　　OH, HO, O, NH_2

甲壳素　　　甲壳胺　　　(12-23)

合成高分子中，聚酰胺是一种常用的膜材料。脂肪族聚酰胺如尼龙-4、尼龙-66等制成的中空纤维膜，对盐水的分离率在80%～90%之间，透水速率低［0.076mL/(cm^2·h)］；而芳香族聚酰胺的分离膜，pH适用范围为3～11，对盐水分离率达99.5%，透水速率为0.6mL/(cm^2·h)，长期使用稳定性好，很适合用于制作反渗透膜。Du Pont公司生产的DP-I型膜采用的就是一种典型的芳香族聚酰胺，其结构见式(12-24)。除了芳香族聚酰胺外，聚苯并咪唑、磺化聚苯醚、聚芳砜、聚醚酮、聚芳醚酮等合成高分子材料也可用于反渗透膜制作。

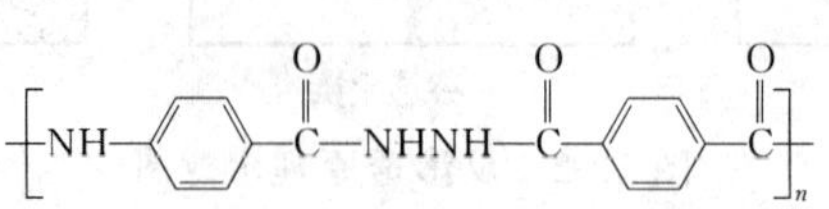

$$\left[NH-C_6H_4-\overset{O}{\overset{\|}{C}}-NHNH-\overset{O}{\overset{\|}{C}}-C_6H_4-\overset{O}{\overset{\|}{C}} \right]_n \qquad (12\text{-}24)$$

(4) 反渗透技术在环境净化领域中的应用　反渗透技术除了脱盐（海水淡化等）和纯水的制备领域外，应用最多的是工业废水处理。由于反渗透膜对进水要求较高，运用反渗透技术对废水进行深度处理时，往往还要结合沉降、混凝、微滤、超滤、活性炭吸收、pH 调节等预处理工艺。

早在 20 世纪 70 年代，反渗透技术已经在电镀废水处理中有所应用，主要是大规模用于镀镍、铬、锌漂洗水和混合重金属废水的处理。现在，反渗透技术已经广泛用于印染废水处理、电厂循环废水处理、化工废水处理等等。反渗透一般作为工业废水终端处理，对水中的无机盐、有机物、重金属离子等都有很高的截留率，出水水质优良，可回用作冷却水或工艺用水循环利用，不仅节约了新鲜水的使用量，节约生产成本，还减少了污水的排放量，对环境保护和可持续发展都有着重要意义，对缺水地区具有巨大的经济效益。

12.4.3.5　纳滤膜及其材料

(1) 纳滤膜　纳滤膜是超低压反渗透技术的延续和发展，其孔径在 1nm 以上，一般 1～2nm，主要用于截留粒径在 0.1～1nm、分子量为 1000 左右的物质，具有较小的操作压力（0.5～1MPa）。纳滤膜的操作区间介于超滤和反渗透之间，截留溶解盐类的能力为 20%～98%之间，对可溶性单价离子的去除率低于高价离子。

纳滤过程的关键是纳滤膜。对膜材料的要求是：具有良好的成膜性、热稳定性、化学稳定性，机械强度高，耐酸碱及微生物侵蚀，耐氯和其他氧化性物质，有高水通量及高盐截留率，抗胶体及悬浮物污染。纳滤膜多为非对称的复合膜，由两部分结构组成，一部分为起支撑作用的多孔膜；另一部分为起分离作用的一层较薄的致密膜，其分离机理可用溶解扩散理论进行解释。膜组件的形式有中空纤维、卷式、板框式和管式等。

(2) 纳滤膜材料及制备方法　常用的膜材料包括纤维素类、聚砜类、聚酰胺类、聚烯烃类等，不同材料其特性各异。纤维素膜的高结晶度使其溶解性、可加工性、机械性能等较差，因此目前用于纳滤膜的主要是其衍生物，如在纤维素主链中引入共轭双键、环状键或其他基团，以提高其抗氧化能力、热稳定性或可塑性。聚芳醚砜膜对强酸、强碱和常规溶剂具有很好的化学稳定性，并可承受高温灭菌处理。聚酰胺具有耐高温、耐酸碱、耐有机溶剂的优点，常作为纳滤基膜材料，通过界面聚合形成薄的皮层（主要是胺类和酰氯或哌嗪反应）制备复合膜。烯烃衍生物类聚合物也可作为纳滤基膜材料，经改性后制备表面荷电的纳滤膜。例如将聚丙烯腈超滤膜为基膜，在其表面涂覆季铵化后的壳聚糖，经过适度交联后可以得到表面带正电的纳滤膜。此外，还有聚苯并咪唑及其衍生物的纳滤中空纤维膜等。

纳滤膜的制备有共混法、转化法、L-S 相转移法和复合法等。

① L-S 相转化法　L-S 相转化法是使均相制膜液中的溶剂蒸发，或在制膜液中加入非溶剂、或使制膜液中的高分子热凝固，都可使制膜液由液相转变为固相。用该法制备纳滤膜，关键是选择合适的膜材质、铸膜液配方（包括聚合物浓度、溶剂、添加剂种类及含量等）及铸膜工艺条件（包括蒸发温度及时间、相对湿度、凝胶浴组成和温度以及凝胶时间、热处理温度及时间等）。

② 共混法　将两种或多种高聚物进行液相共混，通过共混改性在保持原有材料本身性能的同时，还可弥补原有材料性能的缺陷，并产生原有材料所不具备的优异性能。在相转化成膜时，关键是采用适宜的工艺条件来调节铸膜液中各组分的相容性差异，制出具有纳米级表层孔径的合金纳滤膜。

③ 转化法　纳滤膜孔径介于反渗透膜和超滤膜之间，因此可以通过调节制膜工艺将反

渗透膜表层疏松化或将超滤膜表层致密化来制备纳滤膜。

④ 复合法　复合法为当今制取纳滤膜的有效方法。此法是在微孔基膜上，复合上一层具有纳米级孔径的超薄表层，微孔基膜面常用L-S法形成，常用的基膜有聚芳酯、聚砜、聚碳酸酯、聚烯烃等。超薄表层的制备及复合方法主要有涂敷法、界面聚合法、就地聚合法、等离子体聚合法、动力形成法等。

(3) 纳滤膜的应用　纳滤膜对疏水性胶体油、蛋白质和其他有机物具有较强的抗污染性。与反渗透膜相比，纳滤膜具有操作压力低、水通量大的特点；与微滤膜相比，纳滤膜又具有截留低分子量物质能力强的特点，对许多中等分子量的溶质，如消毒副产物的前驱物、农药等微量有机物、致突变物等杂质能有效去除，从而确立了纳滤在水处理中的地位。

纳滤膜在水净化领域主要脱除三氯甲烷中间体、低分子有机物、农药、合成洗涤剂、微生物、异味、色度、硫酸盐、碳酸盐、氟化物、砷、细菌，以及重金属污染物（大多来源于工业废弃物泄漏和工业废水排放等）镉、六价铬、铜、铅、锰、汞、镍等有害物质。

12.4.4 环境净化光催化剂

光催化剂是一种在光的照射下，自身不起变化，却可以促进化学反应的物质。利用光催化剂的这一特性对环境进行净化，就是光催化净化技术。通过光催化，几乎可分解所有对人体和环境有害的有机物质及部分无机物质，加速反应，不造成资源浪费与二次污染的形成。因此光催化剂是一种治理环境污染的理想材料。

目前使用的光催化剂是宽禁带n-型半导体金属氧化物或硫化物，如TiO_2、ZnO、α-Fe_2O_3、ZnS、CdS、WO_3、SnO_2、$SrTiO_3$、MgO等，以及其他如有机光催化剂TPP（三苯基吡喃盐）、g-C_3N_4和石墨烯等。这里以目前在水处理和空气净化领域用得较多的光催化剂TiO_2为例进行介绍。

12.4.4.1 光催化机理

光催化反应的本质是在光电转换中进行氧化还原反应。根据半导体的电子结构，当半导体（光催化剂）吸收一个能量大于其带隙能（E_g）的光子时，电子（e^-）会从价带跃迁到导带上，形成导带电子e_{cb}^-，同时在价带留下空穴h_{vb}^+。价带空穴具有强氧化性，而导带电子具有强还原性，它们可以直接与反应物作用，还可以与吸附在光催化剂上的其他电子给体和受体反应。例如空穴可以使H_2O和OH^-氧化，电子使空气中的O_2还原，生成H_2O_2、$HO^·$等。

以TiO_2为例，其光催化历程如下：

$$TiO_2 + hv \longrightarrow TiO_2(e_{cb}^- + h_{vb}^+) \tag{12-25}$$

$$e_{cb}^- + O_2(ads) \longrightarrow O_2^-(ads) \tag{12-26}$$

$$O_2^-(ads) + H^+ \longrightarrow HO-O^· \tag{12-27}$$

$$2HO-O^· \longrightarrow O_2 + H_2O_2 \tag{12-28}$$

$$H_2O_2 + ·O_2^- \longrightarrow HO^· + OH^- + O_2 \tag{12-29}$$

$$H_2O_2 \longrightarrow 2HO^· \tag{12-30}$$

$$h_{vb}^+ + H_2O(ads) \longrightarrow HO^· + H^+ \tag{12-31}$$

$$h_{vb}^+ + Ti-OH \longrightarrow Ti^+ + HO^· \tag{12-32}$$

式中的下标cb、vb以及ads分别表示导带、价带和吸附。除了h_{vb}^+的强氧化性外，

$HO^{\cdot}$ 作为高活性自由基，其氧化能力也很强，能有效地将有机污染物氧化，最终将其分解为 CO_2、H_2O，达到净化的目的。

$$HO^{\cdot} + \text{有机物} \longrightarrow CO_2 + H_2O \tag{12-33}$$

$$h_{vb}^{+} + \text{有机物} \longrightarrow CO_2 + H_2O \tag{12-34}$$

12.4.4.2 纳米 TiO_2 光催化剂

半导体光催化剂可制备成不同的形貌，例如纳米粒子、多孔材料。对于纳米级的半导体粒子，由于量子尺寸效应（详见本书第 10 章），其导带和价带能级变成分立的能级，能隙变宽，导带电位变得更负，而价带电位变得更正。这意味着纳米半导体粒子获得了更强的还原及氧化能力，从而提高了催化活性。其次，粒子尺寸越小，其表面积越大，则粒子表面的活性物质与有机物或水分子的接触机会就越大。此外，粒径越小，电子从体内扩散到表面的时间越短，其复合概率就越小，结果是电荷分离效果越好，导致催化活性越高。因此，纳米粒子的光催化活性要优于块体材料。基于此，TiO_2 作为光催化剂常常制备成纳米粒子形态。

纳米 TiO_2 的制备方法有很多，包括物理气相沉积法（PVD）、化学气相沉积法（CVD）、水热合成法、溶胶-凝胶法、微乳液法、液相沉淀法等等（详细的方法介绍可参看本书第 4 章和第 10 章相关内容）。以 CVD 法为例，纳米 TiO_2 可通过下面几种反应途径制备得到。

（1）$TiCl_4$ 氢氧火焰水解法　该方法所用原料是 $TiCl_4$、H_2 和 O_2。将 $TiCl_4$ 气体导入 700～1000℃的高温氢氧火焰中进行气相水解，化学反应式为：

$$TiCl_4(g) + 2H_2(g) + 4O_2(g) \xrightarrow{700\sim1000℃} 4TiO_2(s) + 4HCl(g) \tag{12-35}$$

所得到的晶体类型一般是锐钛矿型和金红石型的混晶型。

（2）$TiCl_4$ 气相氧化法　该方法用的原料是 $TiCl_4$ 和 O_2，化学反应式为：

$$TiCl_4(g) + O_2(g) \xrightarrow{900\sim1400℃} TiO_2(s) + 2Cl_2(g) \tag{12-36}$$

利用 N_2 携带 $TiCl_4$ 蒸气，预热到 435℃后经套管喷嘴的内管进入高温管式反应器，O_2 预热到 870℃后经套管喷嘴的外管也进入反应器，$TiCl_4$ 和 O_2 在 900～1400℃下反应，生成的纳米 TiO_2 微粒经粒子捕集系统，实现气-固分离。

（3）钛醇盐气相水解法　该方法可以生产单分散的球形纳米 TiO_2，化学反应式是：

$$nTi(OR)_4(g) + 4nH_2O(g) \xrightarrow{\triangle} nTi(OH)_4(s) + 4nROH(g) \tag{12-37}$$

$$nTi(OH)_4(s) \xrightarrow{\triangle} nTiO_2 \cdot H_2O(s) + nH_2O(g) \tag{12-38}$$

$$nTiO_2 \cdot H_2O(s) \xrightarrow{\Delta} nTiO_2(s) + nH_2O(g) \tag{12-39}$$

（4）钛醇盐气相分解法　该方法以钛醇盐为原料，将其加热气化，用气体 N_2、He 或 O_2 作载气把钛醇盐蒸气经预热后导入热分解炉，进行热分解反应，以钛酸丁酯为例：

$$nTi(OC_4H_9)_4(g) \xrightarrow{\triangle} nTiO_2(s) + 2nH_2O(g) + 4nC_4H_8(g) \tag{12-40}$$

纳米 TiO_2 光催化剂具有反应速率快、降解率高等优点，但是以悬浮相使用时，存在机械强度低、热稳定性差、易中毒、失活、易团聚、难以固-液分离等问题，使其在某些应用领域的应用受到了一定的限制。为了解决以上这些问题，可将光催化剂负载到载体上。用于负载 TiO_2 的材料有活性炭、氧化铝、玻璃微珠、玻璃纤维、石英砂、硅胶、有机聚合物小球、陶瓷、磁铁矿粉、分子筛等。以多孔硅胶负载 TiO_2 为例，将洗净烘干的多孔硅胶浸渍黏度适中的水玻璃（硅酸钠溶液），放入 TiO_2 粉体中，搅拌至多孔硅胶颗粒上均匀负载 TiO_2，自然干燥后，在 300℃马弗炉中煅烧 1h，即可制得负载型 TiO_2 光催化剂。

12.4.4.3 介孔 TiO_2 光催化剂

介孔材料是指孔径在 2～50nm 之间的多孔材料。介孔 TiO_2 因其具有高比表面积、发达有序的孔道结构、孔径尺寸在一定范围内可调、表面易于改性等特点，可以有效地增强 TiO_2 光催化、光电转换等功能，使其在水处理、空气净化、太阳能电池、纳米材料微反应器、生物材料等方面表现出广阔的应用前景。

介孔 TiO_2 的合成方法主要有软模板法（soft-templating method）和硬模板法（hard-templating method）。

软模板法中，可以使用表面活性剂构筑模板。表面活性剂在高于临界胶束浓度时，在溶液中随浓度的不同可形成球状、柱状、层状或六方等高度有序结构的胶束，为形成介孔结构提供了空间上的模板。若与无机反应体系混合时，模板剂同无机物分子相互作用，使无机反应中间体在反应过程中沿模板定向排列，形成有序结构。

用于合成介孔 TiO_2 材料的表面活性剂主要有磷酸盐、季铵盐等离子型表面活性剂，以及长链伯胺、聚氧化乙烯、嵌段共聚物等非离子型表面活性剂。以季铵盐表面活性剂软模板为例，使用十六烷基三甲基氯化铵（CTAC）作为模板剂，在乙醇中水解 $Ti(n\text{-}C_4H_9O)_4$，凝胶化过程中形成表面活性剂吸附在凝胶颗粒表面的中间结构，煅烧去除模板后得到柱间距 10nm、柱状孔道的 TiO_2 介孔膜，介孔孔径为 10nm。如果用苄基三甲基氯化铵（BTAC）代替 CTAC，则可得到孔径为 5nm 的介孔膜。表面活性剂浓度、分子大小及其形成胶束的大小等因素对介孔形貌有着重要的影响。

蒸发诱导自组装法（evaporation-induced self-assembly，EISA）也是一种使用表面活性剂作为软模板的方法。在该方法中，可溶性前驱物和表面活性剂溶于乙醇溶剂中，形成均相溶液，此时表面活性剂浓度低于临界胶束浓度；随着乙醇优先蒸发，表面活性剂和前驱物浓缩，然后逐渐增加的表面活性剂浓度会驱使前驱物-表面活性剂胶束自组装，然后进一步形成有序的液晶中间相。制成湿膜后自然干燥一段时间，然后在马弗炉中烘烤，得到介孔膜。

硬模板法是指将前驱物引入硬模板孔道中，然后经焙烧在纳米孔道中生成氧化物晶体，去除硬模板后制备出相应的介孔材料。理想情况下所得材料可保持原来模板的孔道形貌。例如以 KIT-6 氧化硅介孔分子筛作为硬模板，把钛酸四异丙酯 $Ti(OPr)_4$ 前驱体和乙醇吸附进入分子筛孔道中，室温下水解，然后在 85℃下干燥去除乙醇，在 750℃煅烧下得到 TiO_2/KIT-6 复合物，放入 2mol/L NaOH 溶液中搅拌、离心，除去 KIT-6 硬模板，得到介孔结构的 TiO_2 晶体。

介孔 TiO_2 比纳米 TiO_2 具有更高的光催化活性，这是因为介孔结构的高比表面积增加了表面吸附的水和羟基，水和羟基可与催化剂表面光激发的空穴反应产生羟基自由基，而羟基自由基是降解有机物的强氧化剂。此外，介孔结构更利于反应物和产物的扩散。

12.4.4.4 TiO_2 光催化剂的改性

由于 TiO_2 是宽禁带半导体，带隙为 3.2eV，只能吸收太阳光中小于 387.5nm 波长的紫外线（约占太阳光的 3%～4%）来进行光催化反应。特别是对于纳米 TiO_2，由于量子尺寸效应而导致带隙变得更宽，吸光波长更短，大量的可见光能量不能被吸收，因而限制了其光电转换效率，作为光催化材料极大地影响了其实际应用。为此，有必要对 TiO_2 进行改性，扩大 TiO_2 对可见光区域的吸收。目前对 TiO_2 的改性主要有贵金属沉积、半导体复合、表面敏化及过渡金属掺杂。改性后的 TiO_2 在光吸收性能和光催化活性方面能够得以大大提高。

(1) 贵金属沉积　在半导体中引入贵金属可以通过改变半导体的表面性质而改变光催化过程。贵金属可以提高光催化过程中某种产物的产量或提高光催化反应的速率，也可以改变反应的产物。常见的合成方法为将二氧化钛颗粒浸渍在所要沉积的贵金属的盐溶液中，如 $H[AuCl_4]$、$RhCl_3$、$Pd(NO_3)_2$ 或 H_6PtCl_6 等，盐溶液的浓度依所要沉积的贵金属的含量而定。搅拌均匀后将溶液蒸发，再经过进一步的干燥煅烧即可得到沉积后的二氧化钛。已见报道的贵金属主要包括 Pt、Ag、Au、Ir、Ru、Pd、Rh 等。其中 Pt 的改性效果最好，但成本较高，而 Ag 改性的催化剂相对毒性较小，成本较低。

(2) 半导体复合　半导体复合是指使用另一种半导体颗粒对 TiO_2 进行修饰，通过半导体复合可以提高系统的电荷分离效果，扩展 TiO_2 的光谱响应范围。复合方式包括简单地组合、掺杂、多层结构和异相组合等。采用能隙较窄的硫化物、硒化物等半导体修饰 TiO_2，因混晶效应而提高其光催化活性。例如制备 CdS/TiO_2 复合半导体，可将 TiO_2 薄膜或粉末样品置于一定浓度的 $CdCl_2$、NH_4Cl、NH_3 以及硫脲的混合溶液中，83℃下搅拌 7min，所得沉淀用 1mol/L 的 HCl 溶液与蒸馏水洗涤后于 160℃下煅烧 1h 而得到。这种方法的优点是通过改变颗粒的大小，可以很容易地调节半导体的带隙及光谱吸收范围，并增加其光稳定性。

(3) 离子掺杂　该方法是利用物理或化学方法将掺杂离子引入到 TiO_2 晶格中，从而引入新电荷、形成缺陷或改变晶格类型，影响光生电子和空穴的运动状况、调整其分布状态或改变 TiO_2 的能带结构，最终可导致光催化活性发生改变。掺杂的离子包括过渡金属离子、稀土金属离子和无机官能团离子及其他离子，以金属离子掺杂为主。可以采用原位掺杂的方式，在合成二氧化钛的同时添加所掺杂离子的无机盐；也可以采用浸渍的方式，将已合成的二氧化钛浸渍在无机盐溶液中，最后通过高温煅烧制备掺杂型二氧化钛光催化剂。离子掺杂作为对二氧化钛进行复合的一种方式，侧重掺杂离子进入二氧化钛晶格后对光催化活性的影响。

过渡金属元素存在多个化合价，在 TiO_2 中掺杂少量过渡金属离子可在其表面产生缺陷或改变其结晶度，成为光生电子空穴对的浅势捕获阱，延长电子与空穴的复合时间，降低复合概率；另外，离子掺杂能够大幅度提高半导体 TiO_2 中的载流子浓度，使到达 TiO_2 表面的光生电子和空穴的数目大大增加，从而提高分解污染物的概率。许多过渡金属如 W、Mo、Fe、Nb、Ta、V、Ce、Cu 和 Cr 都被用来合成各种形态的离子掺杂型半导体氧化物 TiO_2。

12.4.4.5　TiO_2 光催化的应用

二氧化钛光催化材料具有降解废水和空气中的有机物，去除空气中氮氧化合物、含硫化合物、还原水中部分重金属有害离子，杀菌，除臭等用途。

(1) 降解有机污染物　利用纳米二氧化钛的光催化特性可处理含有机污染物的废水，也可以降解空气中的有机物。TiO_2 可将水体中的烃类、卤代烃、羧酸、表面活性剂、染料、含氮有机物、有机磷杀虫剂等较快地完全氧化为 CO_2 和 H_2O 等无害物质，达到除毒、脱色、去臭的目的，从而消除水中有机物的污染。

对空气中有机污染物的去除可采用在居室、办公室的窗玻璃、陶瓷等建材表面涂敷二氧化钛薄膜或在房间内安放二氧化钛光催化设备，均可有效降解这些有机物，达到净化室内空气的目的。

此外，二氧化钛也可用于石油、化工等行业的工业废气的光催化降解。

（2）分解去除大气中氮氧化物及含硫化合物　汽车、摩托车尾气及工业废气等都会向空气中排放 NO_x、H_2S、SO_2 等有害气体，空气中这些气体成分浓度超标会严重影响人体健康。利用 TiO_2 的高活性和空气中的氧气可直接实现这些物质的光催化氧化。在污染严重的地域利用建筑物外墙壁或高速公路遮音壁等配置这种光催化薄板，利用太阳能可有效去除空气中的有害气体，薄板表面积聚的 HNO_3、H_2SO_4 可由雨水冲洗，不会引起光催化活性降低。也可以利用二氧化钛的特点，将其涂敷于玻璃表面，制成环保建筑玻璃。在阳光照射下，既可以去除空气中的有害气体，也可以降解受污玻璃表面的有机附着物，降解产物可以被雨水冲洗除去，达到自洁净效果。

（3）还原金属离子　光照激发下形成的导带电子 e_{cb}^- 具有很强的还原能力，水中的重金属离子可通过接受二氧化钛表面上的电子而被还原。例如把具有较强致癌性的 Cr^{6+} 还原成 Cr^{3+}（前者其毒性比后者高出 100 倍）。利用这种方法可以处理一些含重金属离子的污水。

参考文献

[1] 孙胜龙．环境材料．北京：化学工业出版社，2002.

[2] 左铁镛，聂祚仁．环境材料基础．北京：科学出版社，2003.

[3] 张震斌，杜慧玲，唐立丹．环境材料．北京：冶金工业出版社，2012.

[4] 聂祚仁，王志宏．生态环境材料学．北京：机械工业出版社，2004.

[5] 翁端，冉锐，王蕾．环境材料学．2 版．北京：清华大学出版社，2011.

[6] Eric L，Jan S，Didier R. Green Materials for Energy，Products and Depollution. Berlin：Springer，2013.

思考题

1. PET 解聚方法有多种，请问，哪种方法得到的解聚产物适用于重新用于生产 PET？哪种方法得到的解聚产物可作为制备聚氨酯的原料？

2. 生活中你碰到过哪些可食性包装？或者想象一下，能否设计出适合某些场合或用途的可食性包装材料？

3. 什么是环境友好型生态混凝土？其环境友好可通过哪些途径实现？

4. 生态夹层玻璃是如何实现高的隔热性能的？又如何达到良好的隔音效果？

5. 怎样结构的高分子材料容易发生光降解？对于高分子材料成品，有什么途径改善其光降解性能？

6. 使用何种方法合成聚乳酸容易获得高分子量产物？

7. 生物陶粒滤料是怎样得到的？主要有哪些用途？

8. 纤维滤料相比颗粒滤料有什么优势？

9. 环境净化材料中的吸附剂有哪些特性要求？

10. 简述微滤膜的制备工艺。

11. 反渗透膜过滤的推动力是什么？哪些物质能通过反渗透膜？

12. 纳米 TiO_2 的小尺寸对其光催化效果有什么影响？